中国科学院研究生教学丛书

神经生物学纲要

徐　科　主编

科学出版社
北京

内 容 简 介

本书由10余位神经生物学各领域的专家和学科带头人共同编写，是一部既有较系统的神经生物学基础知识，又能反映当代最新进展，文字简洁、图文并茂的教材。全书共14部分，内容包括神经系统结构、突触传递和信号传导、神经系统的发育、递质在脑内的分布及其功能通路、感觉器官、运动系统、脑的高级功能与行为、神经-内分泌-免疫系统的相互调节等。另外还介绍了分子生物学技术、影像技术在神经生物学中的应用。

本书可作为神经生物学硕士、博士研究生的教材，对从事生理学及生物学其他相关专业的科研人员、大学师生等也有重要参考价值。

图书在版编目（CIP）数据

神经生物学纲要/徐科主编. -北京：科学出版社，2000. 1
（中国科学院研究生教学丛书）
ISBN 978-7-03-007397-6

Ⅰ. 神…　Ⅱ. 徐…　Ⅲ. 神经-生物学　Ⅳ. R322. 8

中国版本图书馆CIP数据核字（1999）第27363号

责任编辑：李　锋　刘　丹／责任校对：陈玉凤
责任印制：赵　博／封面设计：槐寿明

科学出版社出版
北京东黄城根北街16号
邮政编码：100717
http://www.sciencep.com
北京厚诚则铭印刷科技有限公司印刷
科学出版社发行　各地新华书店经销
*
2000年1月第 一 版　开本：787×1092 1/16
2025年1月第六次印刷　印张：28
字数：639 000

定价：138.00元

《神经生物学纲要》编写人员名单

主　编　徐　科

编　委　（以姓氏笔画为序）

吴建屏　李朝义　李葆明　陈宜张

周长福　贺　林　徐　科　梁之安

梅镇彤　董新文　蒋春雷

《中国科学院研究生教学丛书》序

在21世纪曙光初露，中国科技、教育面临重大改革和蓬勃发展之际，《中国科学院研究生教学丛书》——这套凝聚了中国科学院新老科学家、研究生导师们多年心血的研究生教材面世了。相信这套丛书的出版，会在一定程度上缓解研究生教材不足的困难，对提高研究生教育质量将起到积极的推动作用。

21世纪将是科学技术日新月异、迅猛发展的新世纪，科学技术将成为经济发展的最重要的资源和不竭的动力，成为经济和社会发展的首要推动力量。世界各国之间综合国力的竞争，实质上是科技实力的竞争。而一个国家科技实力的决定因素是它所拥有的科技人才的数量和质量。我国要想在21世纪顺利地实施“科教兴国”和“可持续发展”战略，实现邓小平同志规划的第三步战略目标——把我国建设成中等发达国家，关键在于培养造就一支数量宏大、素质优良、结构合理、有能力参与国际竞争与合作的科技大军。这是摆在我国高等教育面前的一项十分繁重而光荣的战略任务。

中国科学院作为我国自然科学与高新技术的综合研究与发展中心，在建院之初就明确了出成果出人才并举的办院宗旨，长期坚持走科研与教育相结合的道路，发挥了高级科技专家多、科研条件好、科研水平高的优势，结合科研工作，积极培养研究生；在出成果的同时，为国家培养了数以万计的研究生。当前，中国科学院正在按照江泽民同志关于中国科学院要努力建设好“三个基地”的指示，在建设具有国际先进水平的科学研究基地和促进高新技术产业发展基地的同时，加强研究生教育，努力建设好高级人才培养基地，在肩负起发展我国科学技术及促进高新技术产业发展重任的同时，为国家源源不断地培养、输送大批高级科技人才。

质量是研究生教育的生命，全面提高研究生培养质量是当前我国研究生教育的首要任务。研究生教材建设是提高研究生培养质量的一项重要的基础性工作。由于各种原因，目前我国研究生教材的建设滞后于研究生教育的发展。为了改变这种情况，中国科学院组织了一批在科学前沿工作，同时又具有相当教学经验的科学家撰写研究生教材，并以专项资金资助优秀的研究生教材的出版。希望通过数年努力，出版一套面向21世纪科技发展，体现中国科学院特色的高水平的研究生教学丛书。本丛书内容力求具有科学性、系统性和基础性，同时也兼顾前沿性，使阅读者不仅能获得相关学科的比较系统的科学基础知识，也能被引导进入当代科学研究的前沿。这套研究生教学丛书，不仅适合于在校研究生学习使用，而且也可以作为高校教师和专业研究人员工作和学习的参考书。

“桃李不言，下自成蹊。”我相信，通过中国科学院一批科学家的辛勤耕耘，《中国科学院研究生教学丛书》将成为我国研究生教育园地的一丛鲜花，也将似润物春雨，滋养莘莘学子的心田，把他们引向科学的殿堂，不仅为科学院，而且也为全国研究生教育的发展作出重要贡献。

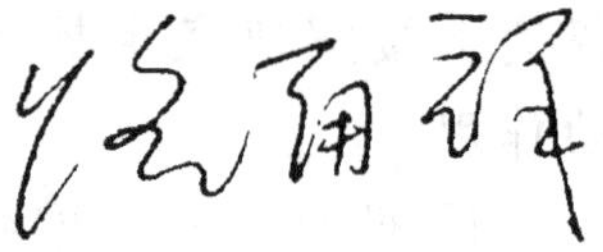

序

神经生物学（或神经科学）是近年来发展得极为迅速的一门学科，按照美国神经科学会所下的较有代表性的定义："神经科学是为了了解神经系统内分子水平、细胞水平及细胞间的变化过程，以及这些过程在中枢功能控制系统内的整合作用而进行的研究。"这一定义一方面清楚地反映了这门学科正在向细胞和分子水平发展的重要趋势，另一方面也点明了神经系统活动的本质——整合性。一般来说，人们多半是在广泛的交叉学科的意义上来论述神经生物学的，它涵覆了所有层次（自分子生物学上达行为科学）与认识脑和神经系统有关的科学。

对脑和神经系统的研究源远流长。早在2000多年前，在古代中国和希腊，当时人们虽然并不认为精神和思维是脑的产物，但哲学家们已经开始思考精神的本质，以及精神、灵魂和肉体的关系。到了中世纪，许多人都同意精神来自大脑，但对它如何产生仍然一无所知。至18世纪末，人们认识到，脑可以区分为不同的部位，它们可能行使不同的功能；脑与躯体通过神经进行通讯。从19世纪起，对脑的研究逐渐开始从理性的推测转入实证。19世纪中叶，实验心理学方法曾主导过对脑的研究。这种方法的特点是，把脑视为"黑箱"（blackbox），通过研究黑箱输入和输出的关系，演绎出黑箱内部的结构和运转过程。这种研究途径对神经系统功能的分析曾经起到重要的作用，色觉的三色性就是通过心理物理方法推断而得的。但是其基本困难在于，脑的复杂特性常常会使研究在某一阶段陷入困窘的境地：几种对立的假设都可以同样完好地解释所获得的研究结果，很难判断何者是正确的。因此，就总体而言，这类研究只能对脑的活动和工作方式提供粗线条的推测。

几乎与此同时，脑研究的一些先驱者们已经尝试插入脑这个黑箱。他们利用脑的某一特定部位因疾病和损伤受到破坏的病例观察其行为上的明显缺陷，从而获得了关于脑功能的重要信息。大脑中涉及语言的专门化区域（Broca区和Wernicke区）的阐明是其中突出的例子。

对脑和神经系统的真正的实验性探索始于19世纪末叶。经过几个世纪漫长的历程，人们认识到，认识脑的主要途径应该是描绘神经系统的各种组件，搞清楚组件之间的相互联系，然后分析各部分如何工作，以及如何协同实现各种功能。这些内容构成了神经系统研究中两个最有传统的分支——神经解剖学和神经生理学。

20世纪前期，在神经解剖学和神经生理学两方面都出现了一些划时代的进展。在神经解剖学方面，S. R. Cajal提出了著名的神经元学说，确认神经元是神经系统构建的基本单元和信号单位。此外，他还提出了动态极化原理（电信号在神经元内自树突或胞体的接收部位流向轴突的触发区）和连接特异性原理（神经元间的连接是高度有序而特异的），在神经系统的研究历程中均有深远的意义。在Cajal研究的基础上，C. S. Sherrington提出了神经元间突触的概念，在神经生理学方面，揭示了神经元传递信息的电信号和化学信号的双重信号系统。E. Adrian发现了动作电位后，在神经冲动的发生和传导机制以及突触的化学传递的理论的确立和完善方面，都出现了重要的进展。

自本世纪50年代起，神经解剖学和生理学的协同和交叉表现得日益明显，这两门学科在传统意义上的壁垒逐渐被打破。之后，随着化学传递成为研究的中心问题，神经化学和神经药理学开始崛起；其他学科也逐渐介入了对神经系统的研究。其中细胞生物学和分子生物学的急速发展对神经系统的研究产生了深远的影响，使人们对神经活动的了解逐渐进入到细胞和分子水平。围绕着同一主题（神经系统）的不同学科的交叉最终在60年代末导致一门统一的综合性学科——神经生物学（神经科学）的诞生。

如果以美国神经科学会的成立（1970年）作为这门新学科诞生的标志，这近30年来其发展可以说是爆炸性的，新成果、新进展以令人眩目的速度不断涌现。按极粗略的估计，最近30年来关于神经系统的知识至少已有70%～80%已得到更新，而新的分支又不断派生，神经生物学成了一个日益膨胀的庞大的信息库。

随着细胞生物学和分子生物学的崛起，神经科学家们正努力把对神经活动机制的研究迅速推向细胞和分子水平，这是神经生物学发展的主要趋势。我们已经看到，微电极细胞内记录和染色技术在单个神经元上把功能和结构紧密地联系了起来，同时也大大推动了对神经元之间联系模式的了解。由于免疫组织化学方法的应用，又有可能把神经元的功能与其神经递质的分析溶为一体。组织培养、细胞培养，以及组织薄片方法，使人们能把复杂的神经元回路还原成简单的单元进行分析。新的电生理技术（膜片钳位技术）和分子生物学方法（重组DNA技术等）使我们对神经信号发生、传递的基本单元——离子通道的结构、功能特性及运转方式的认识完全改观。对突触部位所发生的细胞和分子事件，如神经递质的合成、维持、释放及与受体的相互作用的研究，都取得了令人瞩目的进展。在脑的高级功能方面，研究也已深入到细胞和分子水平。对记忆的分子基础的了解已非往昔可同日而语。在基因水平上的新技术的发展（如基因转移、剔除技术）大大扩展了研究手段，拓展了研究思路，已经渗透到神经生物学的许多领域。对困扰人们已久的神经系统疾病的基因定位已经成功，在分子水平对某些疾病的致病原因的认识已大大深化。这20年来，大量细胞生物学家、分子生物学家，如S. Brenner，F. Crick，G. S. Stent，M. Nierenberry等进入了这一领域，而神经科学家也正在广泛地应用细胞、分子生物学技术。这两方面的力量汇合起来，卓有成效地把对脑的研究深入到了细胞和分子水平。

与上述趋势相呼应，从另一侧面人们又日益深刻地认识到脑活动的整合性。近年来，一些有远见的神经科学家特别强调要用整合的观点来研究脑。整合观点的涵义是多方面的。首先，神经活动是多侧面的，要认识这些不同的侧面，就需要多学科的研究途径。目前，许多实验室都装备有多种技术，不少科学家一身数任，熟悉多种方法，因而往往是几个不同侧面的工作同时在一个实验室里进行，甚至由同一个人完成。神经生物学家们已经清楚地认识到，任何单一方面的研究所能提供的资料在广度和深度上都有明显的局限性，只有多方面研究的配合，才能在更深的层次上揭示神经活动的本质。整合观点的另一层涵义是，对脑的活动的研究必须是多层次的。神经系统活动，不论是感觉、运动，还是脑的高级功能（如学习、记忆、情绪等）都有整体上的表现，而对这种表现的神经基础和机理的分析不可避免会涉及各种层次。这些不同层次的研究互相启示，互相推动。在低层次（细胞、分子水平）上的工作为较高层次的观察提供分析的基础，而较高层次的观察又有助于引导低层次工作的方向和体现其功能意义。

神经生物学这些发展趋势反映了人们对这门学科的一个基本认识：对神经活动本质的了解需要还原到最基础的细胞和分子事件；与此同时，在研究中必须强调整合观点，这是由神经活动的内涵所决定的。这就是说，在脑研究中，必须把还原论的分析和综合性分析紧密地结合起来，才有可能使我们逐渐形成更深入、更全面的认识。

在神经生物学发展历程中，中国科学家在若干领域中作出了卓越的贡献。中国科学院上海生理研究所的研究人员在从事研究的同时，与上海脑研究所、第二军医大学等单位的同仁一起，从 80 年代起就为研究生开设了神经生物学的有关课程和讲座，最初内容集中于神经解剖学和神经生理学，之后逐渐扩展到其他领域，目的是为已经具备有关神经系统基本知识的研究生们提供神经生物学的一幅较全面的图景。在这些课程和讲座的基础上，各位专家在本书中努力按神经生物学发展的脉络，介绍了各主要领域的现代进展，以及必需的基础知识，因此本书适合广大的读者群。作者们在有关领域具有丰富的研究经验，对素材的组织、处理以及近年的发展趋势均有良好的把握，这是本书的特色。

近年来，国际上神经生物学的教程和专著接踵问世，国内也已有不少力作。本书希望以其特色在繁花似锦的神经生物学著作的百花园中能聊备一格，为推进中国的神经生物学研究略尽绵薄。

现在我们把这一共同劳动的结晶贡献给读者，并衷心期待来自各个方面的评论和指教。

杨雄里

1998 年 1 月戊寅春节

于中国科学院上海生理研究所

目　录

第一章 绪 论

神经生物学（Neurobiology）是一门对神经系统进行生物学研究的综合性学科。对神经系统的研究原本是分散在生物学和医学的各有关分支学科内进行的。随着研究资料的大量积累和人们越加清楚地认识到神经系统在动物和人体活动中的特殊重要性，各分支学科中先后分离出并形成了从不同角度、以不同的方法、在不同的水平研究神经系统的许多独立学科。如历史长一些的有神经解剖学、神经生理学、神经药理学和临床神经病学（Clinical Neurology）及精神病学等，近些年来又出现了如神经遗传学、神经内分泌学、分子神经生物学和细胞神经生物学等新的学科。随着新研究技术的涌现和普及以及研究内容的相互交叉和渗透，神经系统的研究正不断进入新的阶段。大致从20世纪60年代起，开始了形成将研究神经系统的各领域学科综合起来的神经科学（Neuroscience）或神经生物学（Neurobiology）的进程，人们制定共同研究纲领和成立神经科学会，以推动神经系统的多学科的综合研究。在我国刊载神经科学研究的数种专门杂志也先后创刊，并于1997年成立了全国性神经科学会。这些都显示着神经科学研究在我国的发展。

作为一门科学，神经科学和神经生物学的定义在学者中间未必一致。但一般说来，前者的范围要比后者的更广些，即一般认为在神经科学中应包括临床神经学研究的有关内容，但在神经生物学中则不一定如此。

§1.1 神经系统的进化及其结构与功能概述

细胞是动物和人体的结构单元。单细胞动物直接由周围环境摄取 O_2 和营养物质，并将代谢废弃物排到环境中去以维持生存。但构成多细胞动物体的细胞则在进化中随数量的增加，出现了结构分化和功能分工，如腺细胞可分泌化学活性物质，肌细胞获得了收缩能力，神经细胞有了传导兴奋的功能等。这样一来，机体中的每种细胞都对维持整个机体的生存有不可或缺的重要性，而每种细胞则又只有在整个机体中方能得到维持自身生存的必要条件。在机体内由那些执行共同功能的细胞集合成组织（tissue），如上皮组织、结缔组织、肌肉组织和神经组织。由多种组织形成具有特定功能的器官（organ），如司泵血的心脏、摄取 O_2 和排放 CO_2 的肺脏、消化食物与吸收营养物质的胃肠道、承担繁衍后代的生殖器官和排除可溶性代谢废弃物的肾脏等。一些器官为实现广泛和复杂的活动又在功能上或结构上联系起来结成器官系统（organ system），如心血管系统、呼吸系统、消化系统、内分泌系统、免疫系统、生殖系统、肌肉系统和神经系统等。这样一来，体细胞（除少数位于体表的细胞）便不再与外环境直接接触和进行物质交换，而是置身于较少变化的细胞外液，即体液（在高等动物可分为位于细胞间隙中的组织液，流动在淋巴管中的淋巴液和流动在血管中的血液）之中，通过体液的中转进行物质交换。

通常把体液称为机体的内环境（internal medium），以区别于整个机体所处的外环境。于 1865 年首先将内环境概念引入生理学并指出内环境稳态（homeostasis）对动物和人体自由活动具有重要意义的是法国生理学家 Bernard。所谓内环境稳态即指内环境始终维持着动的平衡状态，因为内环境必须将从外环境摄取的 O_2 和营养物质分送到位于机体各处的体细胞，再将由各处体细胞送来的 CO_2 和代谢废弃物排放到外环境中去。还有，外环境条件（如温度、气压和大气成分等）的不断变化也影响着内环境的稳态。随着进化水平的逐步提高，机体对内环境稳态的需求也越加严格。这不仅表现在需维持稳态的范围的扩大（如从变温动物进化到恒温动物），也表现在容许波动范围的缩小（如从冬眠动物到不冬眠的恒温动物）。这种内环境稳态的演化在人体发展到了顶点，即人体的内环境稳态调节最为精密。

为了维持内环境的动态平衡，机体必须随内与外环境的不断变化及时地协调体内各器官的功能活动，将内环境持续地稳定在应有的水平上，以保证所有体细胞的正常活动。机体内环境稳态的调节与维持首先是由内分泌系统和免疫系统通过体液实现的。但这两个系统的体液性调节又是在神经系统的协调下完成的。

很显然，这种调节能力是有限度的。当内外环境发生剧烈变化而超出其调节能力时，机体会受到损伤或导致死亡。于是动物在进化中又获得了认识、利用直至改造外环境的能力，如通过穴居、迁徙、洄游、造巢等行为活动（behavioral activity），以维持自身的生存和发展。行为活动也是在人类发展到了顶点。人在深入认识内与外环境的基础上大规模改造着环境，使世界变了样。如果说机体的体液性稳态调节是在神经系统的主导下通过内分泌系统和免疫系统实现的，那么动物和人的行为活动便是由神经系统，特别是脑的活动所主宰的。由此不难看出神经系统在维持动物和人的生存与发展中的重要性，因为它们的功能是维持内环境稳定和主宰机体对外环境的适应。

1.1.1　神经系统是进化的产物

通常将动物界（Animal Kingdom）分成原生（单细胞）动物亚界（Subkingdom Protozoa）。和后生（多细胞）动物亚界（Subkingdom Metazoa）。在多细胞动物中最低等的海绵动物（sponges）体中尚无典型的神经细胞出现。

弥散神经系统

一般认为，原始神经元（protoneuron），即具有能对刺激给出兴奋反应的细胞，最早出现在比海绵动物稍高等的腔肠动物（Coelenterata）。在它们（如海葵）体内分化出来的少数原始神经元分散在体壁各处，由突起相互交叉连接成网状，故称弥散神经系统（diffuse nervous system）。原始神经元的功能是将受到刺激而产生的兴奋通过神经网弥散地传送到肌细胞引起收缩。这种神经系统的兴奋传导通常是衰减式的，突触传递是双向的。

水母和水螅等属腔肠动物，它们的身体呈袋状，由内与外层细胞构成。相邻细胞间由缝隙连接紧密地连在一起，形成上皮组织。在内与外层上皮间夹着非细胞的中胶质层。体腔内无脏器。在体壁的上皮细胞中已有带突起的神经细胞和具有收缩功能的肌细胞分化出来。神经细胞分散在体内各处，交织成网，因此这种神经系统也称网状神经系统（图 1-1A）。

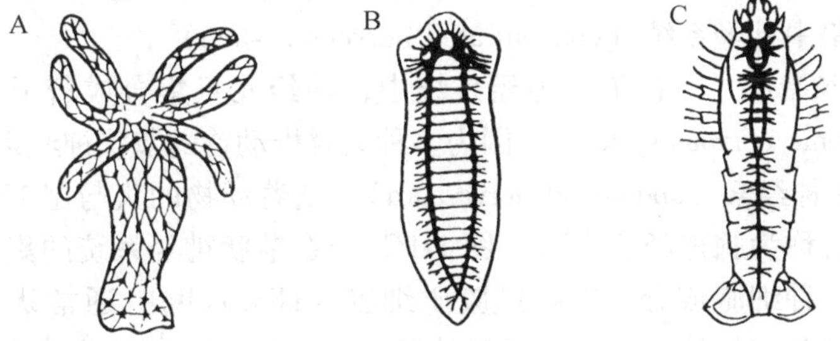

图 1-1
水螅的弥散神经系统（A）；蜗虫的梯状神经系统（B）；螯虾的节状神经系统（C）示意图

在高等腔肠动物的神经系统中已有由双极神经细胞构成的快传导神经网和由多种神经细胞构成的慢传导神经网的出现，这是因为双极神经细胞体较大和突起较长。

神经细胞的进化过程可形象地示于图 1-2，即首先在上皮性细胞中出现了对刺激较为敏感又能给出机械反应的细胞，这是一种感受和反应尚未分化的细胞（A）。此细胞的一部分进而获得了收缩特性，形成了未分化的肌细胞（B，见于海绵动物）。接着又

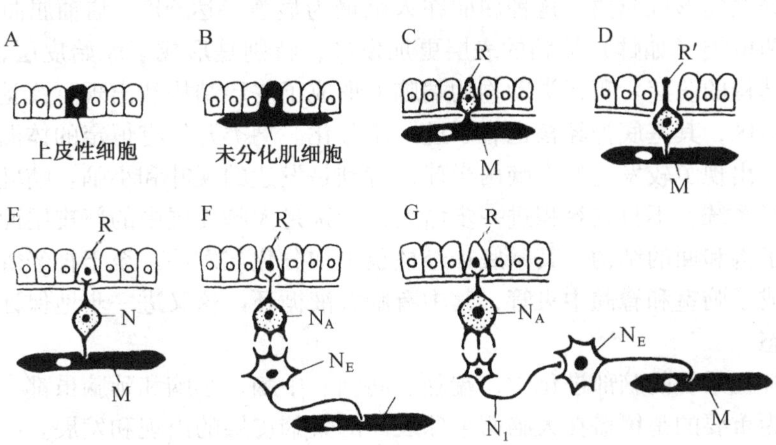

图 1-2　神经细胞进化过程示意图（说明见正文）

出现了感受细胞（R）与肌细胞（M）的分化（C，见于低等腔肠动物），而后在感受细胞形成了具有传导性部分（D），进而又出现了感受细胞（R）与传导细胞的分离，后者即神经细胞（N）（E，见于高等腔肠动物）；进一步又分化出了向中传导的感觉神经细胞（N_A）和支配肌细胞的运动神经细胞（N_E）（F）；最后，在感觉与运动神经元细胞出现了数量不等的中间神经细胞（N_I），即有神经中枢的出现（G）。

集中神经系统

在进化过程中随着体细胞数的增加和分化的加速，原始神经元在发展成可发生和传导全或无式电信号的神经元（neuron）的同时，数目也逐渐增多。无脊椎动物体中的神经元数由数百增至数千，多至10万左右，并集合起来形成神经节（ganglion）。节内神经元伸到节外的突起也集合成束，即形成神经干，分布到机体各处。这种神经元集中化了的神经系统称集中神经系统（concentrated nervous system）。

（1）节状神经系统　在集中神经系统中，神经元只集合成若干神经节的称节状神经系统（ganglionic nervous system）。因为多种无脊椎动物的节状神经系统都位于腹侧和呈链状而被称为腹神经索（abdominal nerve cord）。随着动物的头与尾部的分化，增大了的头神经节又被特称为脑神经节或脑（图1-1C）。在节状神经系统的集合中又出现了构成神经系统的另一种细胞成分，即神经胶质细胞（glial cell），通常认为它们是一类不直接参与信号传递和信号处理活动，只对神经元起支持、隔离和营养等作用的细胞。

（2）管状神经系统　这是集中神经系统的更高级类型。这是在个体发生中由外胚叶的神经板封闭围成的神经管（neural tube）发育而成的神经系统，首见于低等的脊索动物（如文昌鱼）。管状神经系统（tubular nervous system）位于机体背侧中线。文昌鱼的神经管的前端只是略有膨大，称脑泡（cerebral vesicle），接在其后的神经管段比较均匀，在每体节只发出1条背根。最低等的脊椎动物（如圆口类的七鳃鳗）的神经系统已在脑泡的基础上分化出端脑（telencephalon）、间脑（diencephalon）、中脑（mesencephalon）、小脑（cerebellum）和菱脑（rhombencephalon）五个部分。鱼类的神经系统又进一步完善，分化出端脑、间脑、中脑、小脑和延髓（medulla oblongata），并且脑轴开始在中脑与其以上部分之间形成屈曲。这种屈曲在人脑最为显著，达90°。脑轴屈曲的出现是进化的表现。两栖类（如蛙）端脑的表层更加发展，特别是形成了原始皮层，即有了古、旧和新皮层结构的萌芽。爬行类动物的端脑上形成了皮层结构和出现了视觉、体感觉和听觉系统投射区，其基底神经核也有了进一步分化。鸟类开始有恒定的体温，脑的体积进一步增大，出现了较发达的大脑两半球，特别是发达的视叶和小脑。哺乳动物具有高度发达的神经系统，不只脑容积进一步增大，特别是大脑皮层中的新皮层面积的扩大和加厚，出现了沟和回的结构，其基底神经核也更加分化与发展。至于神经管的管腔，则在进化中形成了脑室和脊髓中央管，其中有脑脊液循环。这又进一步地保证了神经系统内环境的稳态。

在管状神经系统的脑部进化中，端脑、间脑、中脑、小脑和延脑虽都有逐步集中和增大，但更为重要的是覆盖在大脑两半球表面的大脑皮层的出现和发展。高等哺乳动物的大脑皮层虽已有了相当程度的发展，但人的大脑皮层不但面积大而厚，其分化程度也远超过动物脑的。具有最为发达的大脑皮层的人脑是自然界在地球上创造出的功能最高超和结构最复杂的物质。人类便是凭借自身的最为发达的大脑，精确地控制着内环境恒定，特别是在深刻地认识外环境的基础上，以自身的行为大规模地改造外环境，使之造福于自身的生存和发展。在改造外环境的过程中人脑创造了灿烂的人类文明，使人类成为凌驾于一切生物之上的万物之灵。

无论自然科学或社会科学，都是人脑活动的结晶，而人脑的结构和活动规律又是神经生物学的研究对象。这便形成了以人脑活动来阐明人脑活动规律的特殊课题。这对人类说来，无疑是一个最具挑战性的课题，并且它的研究的每一进展也无疑将极大地影响人类自身的生存和发展。

由于神经系统是进化的产物，因此在神经生物学中已形成了从种族发生和个体发生的角度研究神经系统的重要分支，它们已经并将进一步推动神经生物学的发展，有关内容构成本书的独立一章。

人脑功能可塑性举例

在神经系统的种族发生，特别是个体发生的研究中有一个重要课题值得提出，即人脑和动物脑之间除共同的活动规律及其结构基础外，是否尚存在何种根本性的区别？为了回答这一问题，神经科学家一直在进行着不懈的探索，但对此迄今还没有较为肯定的答案。但一般认为，即使是高等哺乳动物脑所能实现的行为多数是定型化了的，即它们的生后习得性行为是很少的，而人脑则不同，其功能在出生后尚有非常长时期的发育成熟阶段，如人脑为了能支配四肢肌肉，使之达到能蹒跚地走路和能支配口腔肌肉，使之能发出咿哑的语音和开始使用语言就需要花上二三年的时间。一般说来人脑的这种功能可塑性在外环境的作用下大致在 15～17 岁时方达到顶峰。这表明人脑在生后尚有为动物脑所不可比拟的发展潜能，即人脑在个体发生，特别是生后发育时期尚有着巨大的可塑性。很显然，对这一时期的可塑性 的研究是阐明人脑与动物脑区别的一个重要突破口，这里引用两个例子以加深对人脑可塑性的认识。《你的脑确系必需吗?》（Is your brain really necessary?）是在 *Science*（1980）上发表的一篇科学报道的标题，文章中报道了英国某大学生得过数学一等奖，智商（IQ）高达 126（注：IQ 达 140～120 者只占人群的 10%），过着正常人的社会生活，但经 CT 检查，他两侧刁脑部分因曾患过脑积水而如纸薄，从脑室到皮层外缘仅厚约数毫米，而正常人的为 4～5cm。这一报道使脑研究者们震惊，但并不惊奇，因为人们知道，人脑，特别在其发育早期阶段，有巨大的可塑性。另一例子是据报道，早年（1797）在法国南部 Aveyron 县森林中找到一个被研究者称为阿维伦的野孩，年龄应在 12～15 岁，找到他时他还不能发语音，走路左右摇摆，疲劳时也用四肢爬行。一位医生对他进行了较长时间的训练教育，给他起名为 Victor，让他达到呼名有反应、用手势可和他做简单交流，味觉和嗅觉也有进步，但其语言的学习未能成功。这与脑研究者认为，语言获得存在临界期的观点相符合。

由于不能在人脑做实验，这类例子应是有价值的。它们显示了，即使人脑的最高级部位发生了障碍，但在其早期发育阶段，如能得到正常环境的刺激，其功能也有可能得到显著的代偿；另一方面，看上去虽属正常发育的脑，但由于和文明社会隔绝而未得到应有的刺激，也可能发生无可挽回的障碍。这两个例子清楚地表明，人类的早期培养教育是多么不寻常的重要！

1.1.2 神经元是神经系统的结构和功能单元

动物和人的神经系统都主要由两大类细胞，即神经细胞（也称神经元）和神经胶质细胞构成，但其中只有神经细胞具有传导信号和处理信息的功能。虽然在多数动物的神经系统中胶质细胞在数量上明显超过神经细胞，但它们都不能传导兴奋和直接参与信息的处理，而只是对神经细胞起支持、隔离与营养作用。但近年来有工作提及神经胶质细胞，如星形细胞可能直接参与信号传递活动。

人的神经系统的功能活动与脊椎动物的相比，虽有了质的飞跃，但构成人或动物神经系统的神经细胞之间无论在结构上或功能上都尚未发现有本质性区别。如在结构上都具有不规则的形状，特别是从胞体部发出数量不等、长短不一的突起，并且其中多数是向胞体传送信号的树状突起，简称树突（dendrite），和1根从胞体向外周传导电信号的轴突（axon）。由于历史的原因，在神经生物学中又往往把神经细胞胞体连同其所有树突和轴突，即整个神经细胞称为神经元（neuron），而把神经细胞一词仅用于代表神经元的胞体部分。这是因为神经系统曾被认为是由相互连接的网络所组成，而神经细胞曾被认为只是这种网状结构中的节结。直到20世纪初叶西班牙著名神经解剖学家Cajal始证实神经细胞及其树突与轴突是一个独立的结构单元，而有关学说便被称为神经元学说。

无论在简单的或复杂的神经系统中，传导信号和处理信息的结构都是以神经元为单元相互联接成的神经网络，即各神经元之间在结构上只是相互接触而不相通。至于神经元膜相互接触并可传递信号的特化部位称突触。突触既可在两个神经元的突起与突起以及胞体与胞体之间形成，又可在突起与胞体之间形成。当一个神经元通过突触接受上位神经元传来的电信号后，便依自身机制独立地对它们进行处理或再产生电信号，并将其传送给下位神经元，或终止该信号，不再下传。这表明神经元又是神经系统的功能单元。

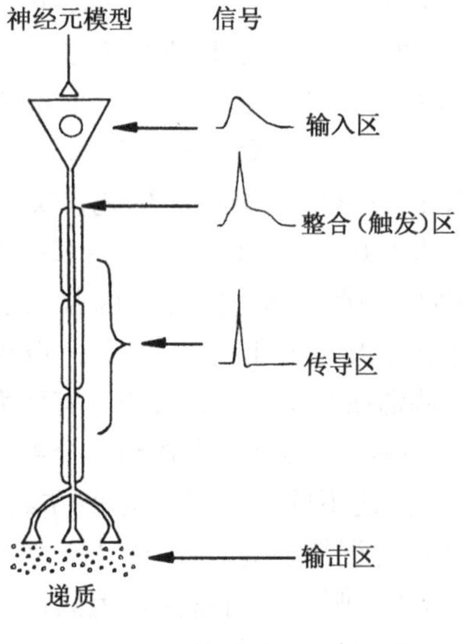

图1-3 神经元的功能分区

按功能可分为：1. 输入区；2. 触发（整合）区；3. 传导区和4. 输出区（引自Kandel，1995）

无论形状大小或突触性质（电或化学）的不同，神经元都可模型化地分为4个功能部位：接受区（与上位神经元形成突触的成分或感觉神经元的感受成分）、整合区（轴丘，即轴突从胞体发出部位）、传导区（轴突）和输出区（轴突末梢）（图1-3）。1个神经元对接受区接受的多路信号在整合区进行处理，由传导区给出输出信号，传给效应器或下位神经的活动称神经元的整合功能。

1.1.3 神经系统活动的基本过程是反射

关于无脊椎动物神经系统中为数不多的神经元自不待言，即使最发达的人神经系统中的庞大数量的神经元，按结构分类也只约千余种类型，包括亚型也不过在万余种水平。若按功能分类，则都可归为与各种感受器相联、由外周向神经中枢传导信号的感觉神经元（sensory neuron），从神经中枢向外周的效应器方向传导信号的运动神经元（motor neuron）和介于这两类神经元之间的中间神经元（interneuron）三大类。无论简单的节状神经系统或进化的管状神经系统，它们的基本活动模式都是首先由分布在体表或体内各处的多种感受器（如温、冷、痛、压和触感受器）或眼与耳等感觉器官，将来自体内外的刺激转换成神经信号，传递给感觉神经元，传入神经中枢（对输入信号进行处理的部位，可能包括初级和高级中枢），经整合后发出的神经信号，由运动神经元传至效应器（肌肉或腺体），给出相应反应。这种从感受器产生并沿感觉神经元传导的信号（冲动），在神经中枢转换处理，不受意识控制地即行传递给运动神经元，最后由效应器给出反应的活动在神经生物学中称为反射（reflex）。实现反射活动的通路称反射弧（reflex arc），进行信号转换处理的部位称反射中枢（reflex center）。

反射弧为阶层结构

神经元间只是 1 对 1 地以突触相互联接一般虽罕见，但事实上中枢位于脊髓中的最简单的基本反射弧可少至只由 2 个神经元构成。但叠加在此基本反射弧之上的、越有高位中枢参加的反射弧，其结构也越加复杂化。如图 1-4 所示，1 个上位神经元和多个下位神经元形成突触联系，称分散（divergence）。反过来，多个上位神经元和 1 个下位神经元形成突触，称聚合（convergence）。

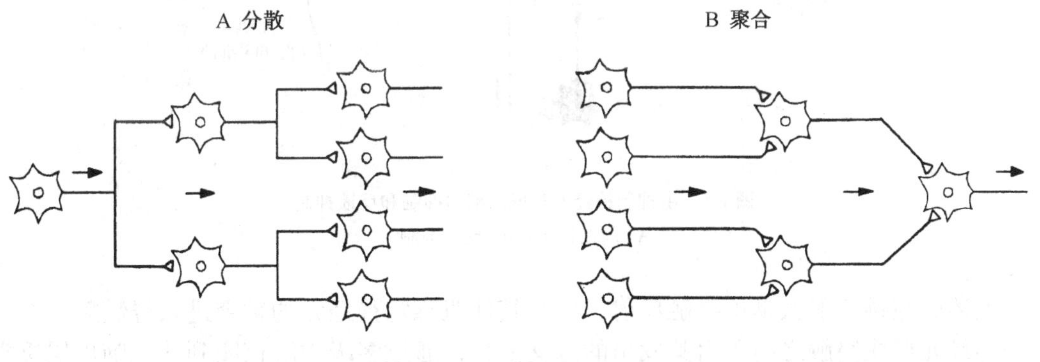

图 1-4 神经元联接的分散和聚合
A. 分散；B. 聚合

单纯的分散或聚合回路极少，因为反射弧不是孤立的，所以在反射弧的相互联系的网路中一般都既有分散，又有聚合，并且其中既有兴奋性神经元，又有抑制性神经元参与。反射中枢在脊髓中的膝跳反射弧就是只由 2 个神经元构成的单突触反射。具体说伸肌（股四头肌）与屈肌（股二头—半腱样肌）反射都是单突触反射。当伸肌受到牵拉，便由支配该肌的多个感觉神经元将兴奋各经 1 个兴奋性突触传递给支配该肌的相应运动神经元，导致肌肉收缩，但与此的同时，又以侧枝兴奋 1 个抑制性中间神经元，后者又与屈肌（拮抗肌）运动神经元形成抑制性突触，抑制该拮抗肌的兴奋，即形成交互抑制。这种上位神经元对下位神经元的抑制称前馈抑制（feed-forward inhibition）（图 1-5A 上）。通过这种抑制可增强伸肌反射效应（因为其拮抗肌同时受到了抑制）。又如图 1-5B 所示，屈肌运动神经元的轴突以侧枝兴奋 1 个抑制性中间神经元，后者又反回与该运动神经元形成抑制性突触。这种逆向传递的抑制称反馈抑制（feed-back inhibition）。此反馈抑制可制限该神经元的发放几率。

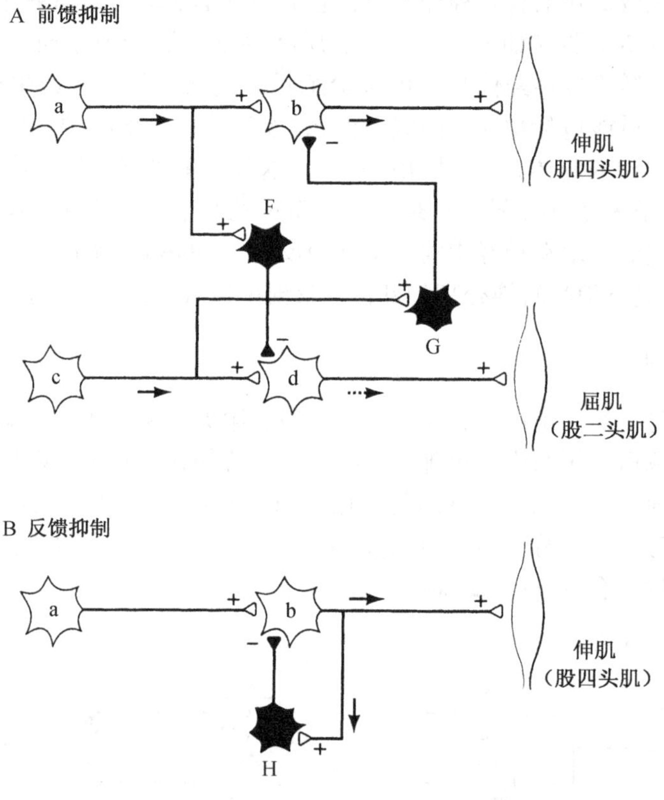

图 1-5 由抑制神经元实现的前馈抑制和反馈抑制

A. 前馈抑制；B. 反馈抑制

上述的膝跳反射虽是单突触反射，但当其伸肌感觉神经元的轴突进入脊髓后，在与运动神经元形成突触之前还由其发出的分支上行，通过多级中继核团到达大脑皮层感觉区。因此反射动作虽不是自主活动，但我们可以感知它的出现。越有高位中枢参加的反射弧，其结构也越加复杂化。但一般说来，各反射弧的感觉系统或运动系统的结构都有些共同特征：（1）通过一些中继神经核团逐次相联。在各核团中都有两类中间神经元。一类叫局部中间神经元（local interneurons），它们的轴突短，只与核团内神经元形成突触，实现内部的功能联系。另一类叫投射中间神经元（projection interneurons），其轴突较长投射到其他核团，与其中的神经元形成突触，以实现核团间的功能联系。（2）每个系统中又都有在解剖上独立的和在功能上实现特定任务的多条通道，如在皮肤受到刺激时有传送触觉、温觉和痛觉等的独立通路等。(3) 外周感受器细胞的空间排列都逐次地投射到各上位神经核团中的固定代表部位，但这种投射不是均匀的，而是那些具有精细感觉的感受器部位的代表区的范围比较大，如视网膜中心区在视皮层的代表区和手指尖的皮肤感觉在皮层体感区的代表区都比较大。运动系统的投射联系虽不如感觉系统那样精确，但在各级核团之间也存在类似的功能结构关系，如手和口在皮层运动区中的代表区的范围就比较大。这些都表明，反射弧是阶层结构（hierarchical organization）。

将由若干条反射的感觉通路传到反射中枢的信号组织在一起，调整成为统一的传出模式（pattern）的活动称为整合。我国著名神经生理学家张香桐（1947）首次以实验证明了大脑运动区所支配的是单块肌肉，否定了前人认为中枢是支配由肌肉群参与的运动模式。因此肢体的任何动作的完成都需要有多数肌肉的有序配合的活动。这种将各肌肉的收缩动作有序地联系起来的活动称运动协调（motor coordination）。

本能

在脊髓和脑中的反射中枢的结构是由遗传基因表达而形成的，正如一般人都知道的那样，无论动物或人都有一些由遗传得来的行为动作，如小鸭子出壳便会游泳，人生下来便会吸奶等，还有更复杂一些、如候鸟的迁徙和鱼的洄游等也是遗传的行为。通常把这些遗传行为称为本能（instinct）。

1.1.4 脑的高级功能

在非条件反射之上建立条件反射

如上所述，中枢神经系统可谓是反射弧的集合体。位于脊髓中的基本反射中枢虽很简单，只含 1 或 2 个突触，但位于更高级的各级脑结构，如延髓、中脑、间脑和小脑等之中的反射中枢都有在脊髓的基本反射中枢之上逐层地叠加各自的特定回路，从而形成了逐层复杂化的阶层组织。俄国生理学家巴甫洛夫又提出了在这种先天遗传决定的、固定的阶层组织之上，还有一层被称为条件反射的功能性结构。他所提出的条件反射学说认为，可将上述由遗传基因决定的，既独立而又相互联系的反射称为非条件反射（unconditioned reflex），脑的最基本的高级功能则是动物和人在出生后在各非条件反射之上依条件建立暂时性的条件反射（conditioned reflex）的活动。例如他发现，实验员每天进入实验室给狗喂食，以便从其人工瘘管收集唾液用于分析，如此经若干天之后，每当狗听到该实验员的脚步声，不待进食便开始有大量唾液流出。这种由实验员（不是别人）的脚步声引起的唾液分泌反射便是条件反射。该脚步声称为条件刺激，食物引起唾液分泌称非条件反射。另一方面，如此后该实验员在狗的面前出现，不再喂食，则经若干次之后，则他的脚步声便不再能引起狗的唾液反射了。很显然，条件反射是经过学习过程建立起来的、暂时性的反射。非条件反射由于有了条件反射的上层建筑便成为可由多种条件刺激诱发的反射，从而显著地增加了机体的适应能力。

条件反射的形成机制被认为是在接受条件刺激的感觉中枢与非条件刺激中枢之间形成了暂时性联系。一般说来，这种联系发生在脑的高级部位，如脑的高级部位受到损伤的植物人虽尚能吃喝，但无智能可言了。在实验中可依条件反射的建立过程测试脑的学习功能，以及由条件反射的被贮存时间可判断脑的记忆（特别是短期记忆）功能。因此条件反射又是简单易行的研究学习与记忆功能的实验方法。

学习、记忆、语言和思维活动

只用条件反射方法研究学习与记忆这类脑的高级功能显然是不够的。迄今关于学习与记忆的神经基础的知识尚不多。巴甫洛夫在提出了条件反射学说之后，又提出了第二信号系统学说。他认为，在人脑活动中又在上述条件反射的基础上，增添了一层为动物脑所没有的功能性上层建筑，即语言（包括文字）又成了具体的条件刺激的刺激，所以他把这一系统称为第二信号系统。换句话说，以具体客观事物为条件刺激建立起来的条件反射为第一信号系统，惟将以语言（包括文字）为条件刺激所建立起来的条件反射归为第二信号系统。前者为动物和人所共有，后者则为人类所特有，所以不难想象人脑在进化中由于有了第二信号系统这一功能性上层建筑，其处理信息的容量又得到了难以计算的扩展。这一学说的提出虽很有指导意义，但由于缺乏可用的客观研究方法，而进展尚不大。

人的思维活动是在语言的基础上进行的，并且是以语言或文字表达出来，以进行相互交流的。关于语言和思维活动的研究，迄今虽从一些脑功能障碍的病人身上收集到了许多重要资料。但这种被动的观察难以满足研究的要求。近年来快速发展起来的脑成像技术为人脑功能的研究带来了希望。本书将有关技术的概述作为附录，供参考。

1.1.5 人的神经系统概述

迄今大量的神经生物学研究都是在无脊椎和脊椎动物上进行的，因此如何将在实验动物上所得结果与人神经系统的结构与功能联系起来考察应是非常重要的。另一方面，近年来除脑电图和脑磁图等技术的发展提高外，还开发了多种脑成像技术，使得研究者有越来越多的可能性对人脑的活动进行无伤的直接的在位观测，因此有必要对人神经系统的结构做极简略的叙述。

人神经系统可分为中枢神经系统（central nervous system，CNS）和外周神经系统（peripheral nervous system，PNS）。CNS包括位于头颅腔内的脑和与脑连在一起的、走在脊椎管内的脊髓两部分。至于脑和脊髓以外的神经成分均属PNS。脑和脊髓外面由三层脑膜包着，并且在两层脑膜之间留有一个较宽间隙，即蛛网膜下腔。此腔与各脑室和脊髓内的中心管相通，内部循环着脑脊液，为脑和脊髓提供特殊的内环境。

脑和脊髓

人中枢神经系统可分为7部分，即脊髓、延脑（心跳、呼吸和消化等植物神经中枢）、桥脑（主要传输从大脑半球向小脑的信息）、小脑（协调运动功能）、中脑（协调感觉与运动功能）、间脑（丘脑：编码和转输传向大脑皮层的信息；下丘脑：协调植物性、内分泌和内脏功能）和大脑半球（包括大脑皮层、基底神经节、海马和杏仁核）。

- 脊髓（1）——颈髓、脑髓、腰髓和骶髓
- 脑
  - 前脑
    - 大脑半球（7）——大脑皮层（分为额叶、颞叶、顶叶和枕叶）基底神经节、海马和杏仁核
    - 间脑（6）——丘脑、下丘脑等
  - 中脑（5）——四叠体、大脑脚
  - 后脑
    - 桥脑（3）、小脑（4）
    - 延脑（2）
  - 脑干（小脑除外）：中脑、桥脑、延脑

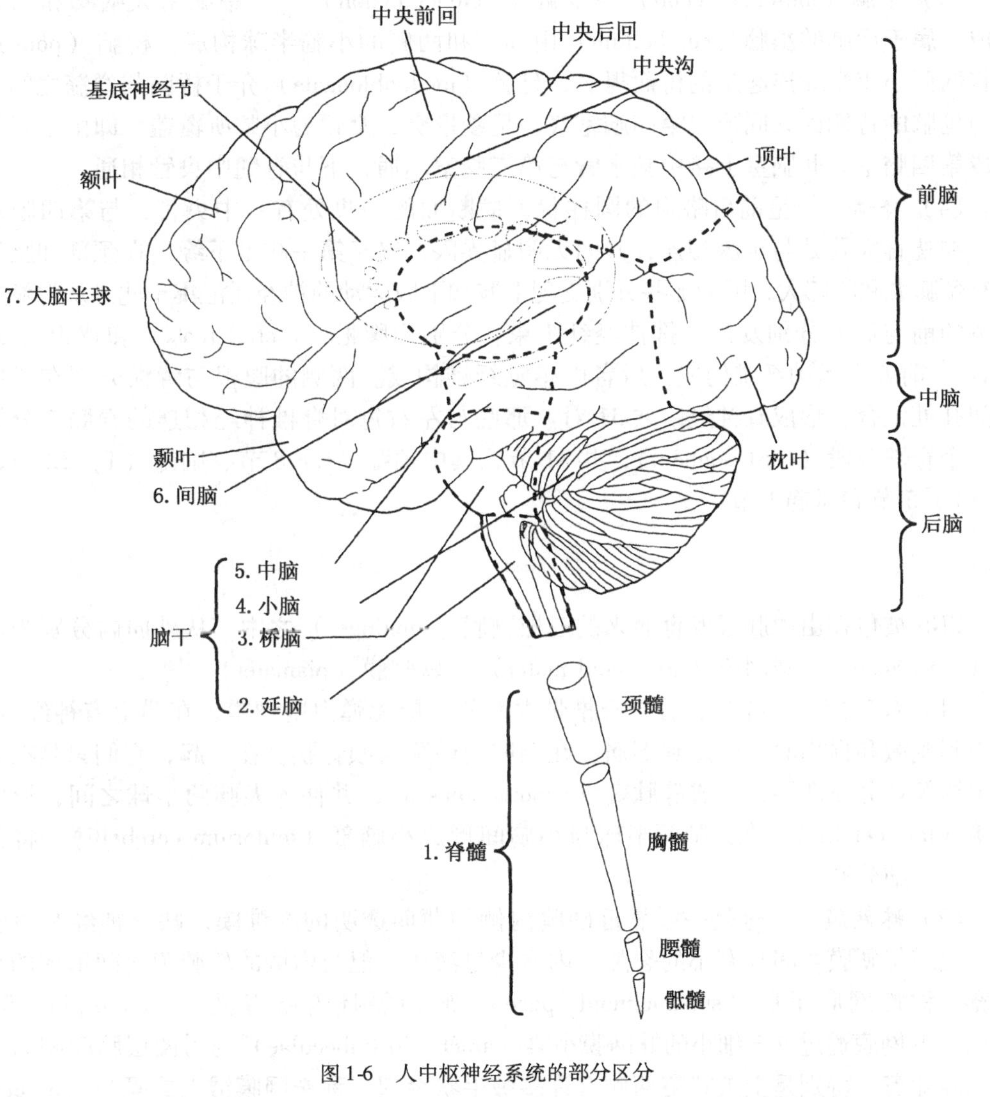

图 1-6　人中枢神经系统的部分区分

（1）大脑（cerebrum）　由左右两个大脑半球（cerebral hemisphere）构成。其间留有一纵裂，裂的底部由被称为胼胝体的横行纤维连接。两半球内均有间隙，左右对称，称侧脑室。半球表面层为灰质，称大脑皮层（cerebral cortex），表面有许多沟和回，增加了皮层的表面面积；内层为髓质，髓质内藏有灰质核团，滩基底神经节、海马和杏仁核。

（2）间脑（diencephalon）　是围成第三脑室的脑区。上壁很薄，由第三脑室脉络丛构成。两侧壁上部的灰质团称丘脑（thalamus）。丘脑背面覆盖一薄层纤维，称带

状层。在丘脑内部有与此带状层相连的Y型白质板称内髓板，将丘脑分为前、内和外侧三大核团。上丘脑（epithalamus）位于第三脑室顶部周围，下丘脑（hypothalamus）包括第三脑室侧壁下部的一些核团，位于丘脑的前下方。后丘脑（metathalamus）是丘脑向后的延伸部，由内（与听觉有关）与外（与视觉有关）膝状体构成，还有底丘脑（subthalamus）为间脑与中脑尾侧的移行地带。

（3）中脑（mesencephalon）和后脑（metencephalon）　中脑由大脑脚和四叠体构成。属于后脑的小脑（cerebellum）由蚓部和两侧的小脑半球构成；桥脑（pons）宛如将两侧小年半球连起来的桥而得名；延脑（meduoblongata）介于桥脑与脊髓之间。桥脑与延脑的背侧面共同形成第四脑室底，呈菱形窝，窝顶为小脑所覆盖，即由三者共同围成第四脑室。此脑室上接中脑水管与第三脑室相通，下与脊髓中央管相通。

（4）脊髓　呈前后略扁的圆柱状，横断面的中央处有一中央管，与第四脑室相通，在枕骨大孔处与延脑相连，其间无明显界限，终于第一腰椎下缘。在颈部和腰部分别有颈膨大和腰膨大，因为那些分别支配上肢和下肢运动的神经元汇集于此。从脊髓左右两侧的前与后方分别发出一排神经纤维束，分别称腹根（ventral roots）和背根（dorsal roots）。前者由运动纤维构成，后者由感觉纤维构成。两侧的腹根与背根分别在相应的椎间孔处汇合，形成脊神经，共31对。那些与左右每对脊椎神经相连的脊髓部分被称为一个脊髓节段（cord segment），共31节，其中颈髓（C）8节、脑髓（T）12节、腰髓（L）5节和骶髓1节。

脑膜

CNS被包在由中胚层发育而来的三层脑膜（meninges）之中，从外向内分别为硬脑膜（dura mater）、蛛网膜（arachnoid mater）和软脑膜（piamater）。

（1）硬脑膜　靠近头骨与脊椎骨内面的一层无弹力坚韧膜，在膜上有神经分布，当受到刺激和损伤时，会感到疼痛。在颅腔内硬膜与颅骨膜合在一起，它们只是在如头顶中缝等处分成两层，形成静脉窦（venous sinuses），并伸入大脑两半球之间，形成大脑镰（falx cerebri）。在大脑两半球与小脑间形成小脑幕（tentorium cerebelli），将大脑枕叶与小脑分开。

（2）蛛网膜　这是一层靠近硬膜内侧的薄而透明的纤维膜，缺乏神经和血管分布。此膜与硬膜之间只有小的裂隙，内含少量液体，但与内侧的软脑膜之间形成的缝隙较宽，称蛛网膜下腔（subarachnoid space）。腔内循环着脑脊液（cerehrospinal fluid，CSF）。蛛网膜通过许多细小的蛛网膜小梁（arachnoid trabeculae）与另两层脑膜相联，并且在静脉窦、特别是上矢状窦两侧有许多绒毛状突起，称蛛网膜绒毛或颗粒（arachnoid villi or granulations）可吸收CSF，使之进入静脉窦。蛛网膜下腔有几处扩大部分，称小脑延脑池、桥脑池和脚间池。

（3）软脑膜　直接覆盖脑和脊髓表面，有丰富的血管。在此膜与CNS之间还有一层由星形胶质细胞的终足（end feet）和基底层（basal lamina）共同构成的外胶质界层（glia limitaus externa）。这一屏障参与选择交换。

包在脊髓外面的硬脑膜并不附在脊椎骨膜上，在其间留有的间隙，称硬膜外腔（epidural space），其间有静脉、淋巴管和脂肪组织。这种结构有利于头部与脊柱的运动。

脑脊液

蛛网膜下腔、脑池和脑室相通，称脑室系统，全量约150ml的脑脊液循环其间，构成中枢神经系统的特化的内环境。脑组织代谢旺盛，如脑的重量仅占体重的约2%，但其血流量却占心血输出量的15%左右，至于脑的耗氧量约占全身耗氧量的20%之多。脑脊液主要由脉络丛分泌和为蛛网膜绒毛所吸收。每天的生成量约800ml。由此可见脑脊液在维持脑内环境恒定中的重要作用。

头颅腔的容积是固定的，其间为脑、脑血管和脑脊液所充满。由于脑组织不可压缩，脑血流量的变化甚小，在其间起缓冲作用的便主要是脑脊液。又由于脑悬浮于髓脊液中而减轻了重量。

脑脊液不只是脑和血液间物质交换的中介，又由于它虽主要由脑室脉络丛分泌，但其成分与血浆却有明显不同，如蛋白含量极微、葡萄糖也明显较少、Na^+与Mg^{2+}的浓度较高，但K^+、HCO_3^-和Ca^{2+}浓度又较低。可见血液与脑脊液间的物质交换不只有被动，还应有主动转运过程。还有些物质不能从血液进入脑脊液。在血液与脑脊液间存在的这些特殊屏障称脑-脑脊液屏障（blood-cerebrospinal fluid barrier）。在科研和临床用药时应对此注意。

1.1.6 几种无脊椎动物的神经标本

多数无脊椎动物可完成相当专一的活动，但其神经系统的结构又都比较简单，所含神经元的数目不多，因而成为借以分析神经系统的感觉、运动和整合功能的良好材料。此外在某些无脊椎动物神经系统中含有的巨轴突、巨突触和巨神经元等又是分子和细胞水平的研究的良好材料。至于容易饲养、繁殖力强、生活周期短等以及有些低等动物的身体透明等特点，也都受到研究者的欢迎。

下边简单介绍几种无脊椎动物神经系统标本。

扁形动物——背平涡虫

扁形动物（platyhelminthes），腹背扁平，左右对称，不分体节，成虫体长1～5cm。体壁由三层组织构成。体腔内开始有消化道、排泄和生殖器官等，特别是其神经系统比腔肠动物的有了进展，出现了多至由数千个神经元集合成的头神经节。由神经元发出的神经纤维集合成两条纵向的神经索，它们再由多条横向神经束连接起来，使整个神经系统呈梯形（参照图1-1B）。由于在进化中所处的特殊地位。扁虫的神经系统作为原始脑而受到重视。在扁形动物中特别受到神经生物学者青睐的是海产的背平涡虫（*Notoplana acticola*）。它的头神经节约含几千个神经元，外周部分由神经丛和神经网构成，曾被用于分析习惯化（habituation）的神经机制。虽然背平涡虫原始脑的神经元不能再生，但不同个体间的脑移植能重建功能联系，因此是研究神经修复、再生和移植的好材料。

线形动物——美洲小杆线虫

在线形动物（nemathelminthes）中，美洲小杆线虫（*Caenorhabditis elegans*）较多地

被用于神经系统发育生物学的研究。此虫生活在土壤中，成虫体长仅约 1.2mm，传代时间仅为 3 天，易繁殖，也容易饲养，以大肠杆菌为饵。有雌雄同体和雄性个体者。前者的体细胞核仅 959 个，其中神经细胞在孵化时为 222 个，在胚胎期再生出 80 个，共 302 个。它们分布在头部的环神经节、尾部的后神经节和两者之间的腹神经索中。神经细胞直径为 2～5μm，发出 1 或 2 根直径约 0.1μm 的突起，集合成束，形成纵向腹神经索和多条横向的环路（图 1-7）。神经元间形成约 7000 个化学突触和 600 个缝隙连接。由于身体透明可用 Nimarski 显微镜进行活体观察。

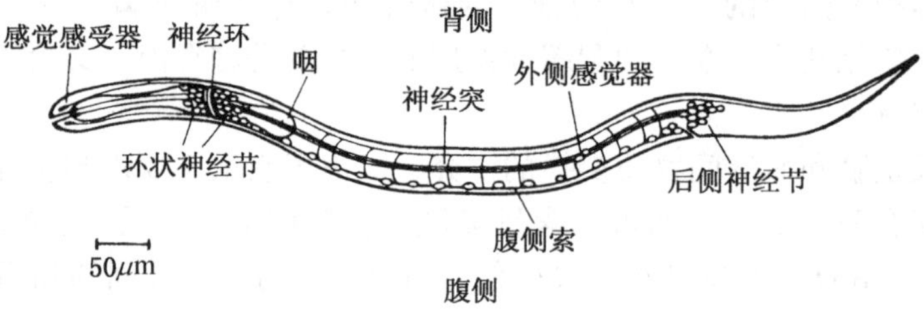

图 1-7　美洲小杆线虫（*C. elegans*）的神经系统

环节动物——水蛭和蚯蚓

在环节动物（annelid）中水蛭（leech）和蚯蚓（earthworm）的神经结构和行为活动被研究较多。水蛭的头部和尾部都有特化的吸盘。在头部和尾部分别有头和尾神经节。这两个神经节由神经干连接，其中有 21 个神经节（图 1-8）。神经节中约含 200 个对称神经元和若干个非对称神经元，其中有些神经元已被鉴定，如对触觉（touch）刺激反应的 T 细胞，对压力（pressure）刺激反应的 P 细胞和对伤害（noxious）刺激反应的 N 细胞等。

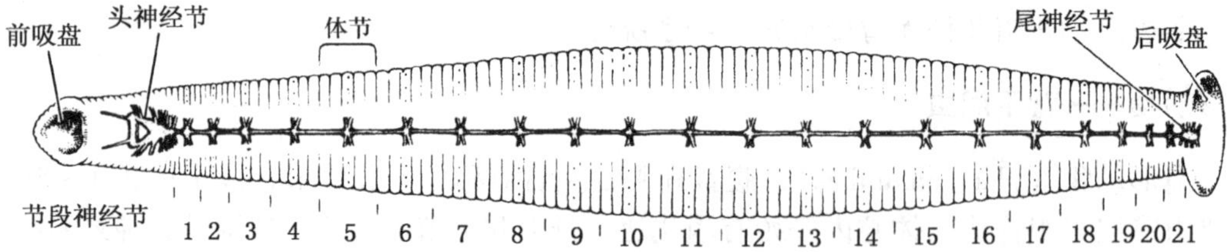

图 1-8　水蛭的神经系统示意图

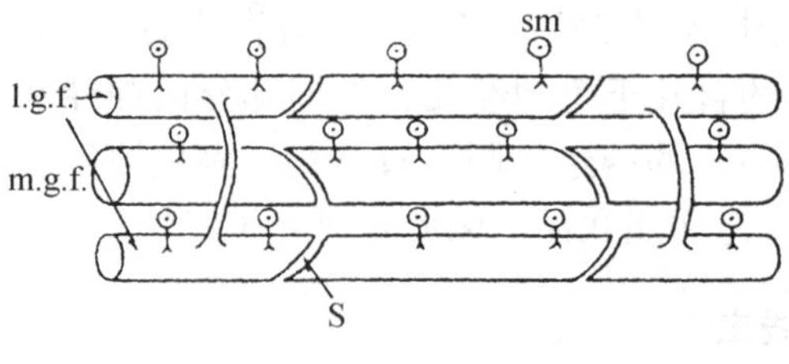

图 1-9　蚯蚓神经系统中的三根巨纤维结构示意图

蚯蚓的神经索中有 3 根巨神经纤维，其中 1 根为正中巨纤维（median giant fiber, MGF），1 对为外侧巨纤维（lateral giant fibers, LGF）（图 1-9）。这三根巨纤维从头神经节发出一直贯穿到尾神经节。正中巨纤维有较疏松的髓鞘，并且已被证明，它以跳跃方式传导动作电位。

软体动物——乌贼、海兔

软体动物（Molluscs）中，属头足类的枪乌贼（loligo）和腹足类的海兔是神经生物学研究所爱用的水生无脊椎动物。

枪乌贼（loligo）　在体壁中的神经干内包含有直径达 500 ~ 1000μm 的巨神经轴突。这是迄今发现的最粗的神经轴突。还有在枪乌贼星状神经节中的二级与三级巨轴突之间形成的轴突与轴突型巨突触为化学突触。它是研究突触传递，特别是递质释放过程的良好材料。虽然此巨突触标本的制备有一定难度。

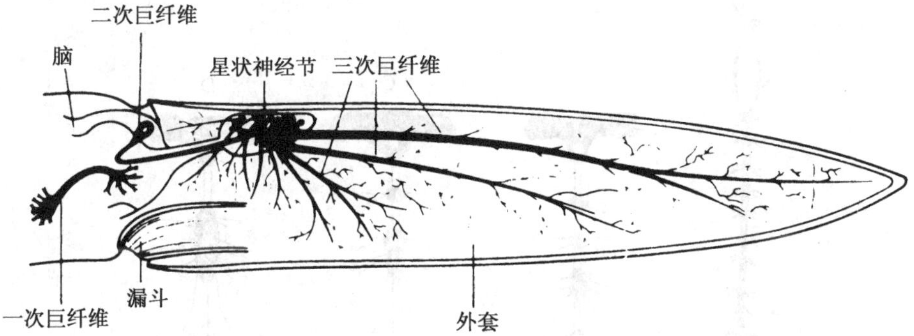

图 1-10　枪乌贼的巨突触位置示意图

在我国枪乌贼产于福建省和广东省沿海。至于在北方青岛（山东半岛沿海）可得到的乌贼为 *Sepia esculenta*。这种乌贼虽亦有巨轴突，但较细，直径仅约 200μm，虽可用于胞内记录，但不能用在轴突灌流实验。

海兔　在文献中常被引用的海兔为 *Aplysia californica*，在一年的大部分时间都可得到，生命力很强，在实验室可由受精卵发育到成体。海兔的神经系统由 5 个神经节构成，每个节中约含 2000 个神经元，特别是其中含有若干巨神经细胞，最大者的直径达 1000μm。海兔有发达的外周神经系统，可实现多种简单的反射行为，还可在这些反射之上建立条件反射，用以分析学习与记忆的分子与细胞基础。在海兔即可以单个巨神经元为对象深入分析其兴奋与突触传递过程，又可以整个动物的行为（如学习与记忆）为指标分析某些特定脑功能的分子与细胞机制。

在我国厦门海滩可采集到海兔，其卵可入药。

节肢动物——虾、蜚蠊、蝇和蜜蜂

多种节肢动物为神经生物学者所爱用，特别是属甲壳纲的螯虾（crayfish）和龙虾（lobster）和对虾（*Penaeus* shrimps）。至于来自昆虫纲的动物被利用较多的有蜚蠊、果蝇和蜜蜂。

鳌虾的神经系统称腹神经索（abdominal nerve cord，ANC）。从头神经节（约含10 000个神经元）、经数个胸神经节（每个约含600个神经元）和腹神经节（约含500个神经元），终止在尾神经节。神经节间由神经纤维束连接，从各神经节发出神经根（图1-1C）。在ANC中含有内侧与外侧巨纤维各1对，从头至尾贯穿全神经索。在各神经节中也包含若干个体积较大的神经元。这些都是研究用的好材料。双向与单向电突触便是首先在鳌虾外侧巨纤维上发现的。由于鳌虾神经系统比较简单（与脊椎动物的相比），又有相当精细的运动控制机制，所以它也是行为分析研究的好材料。龙虾的个体大，成本高，已很少用于神经生物学研究。但我国的经济海洋动物中国对虾（*Penaeus chinensis*）的神经纤维却有相当特点，如在无脊椎动物神经系统也有众多的具有致密片层髓鞘的有髓神经纤维，并以跳跃方式传导冲动的现象便是首先在中国对虾上发现的，并且其跳跃传导的结构基础有别于郎飞氏结，而是可兴奋窗（excitable fenestra）（Hsu and Tarakawa，1996）。

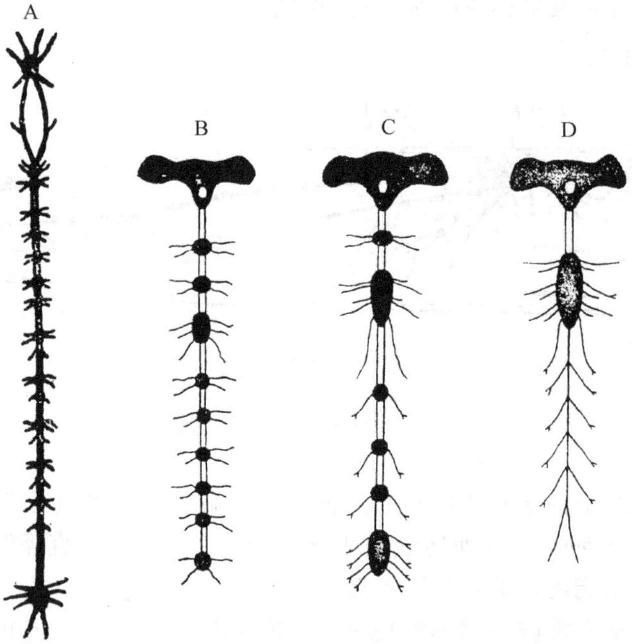

图1-11　中国对虾（A）、蜚蠊（B）、蜜蜂（C）和家蝇（D）的神经系统

果蝇是遗传学研究的经典对象，已有完备的基因谱可利用。如K通道分子结构的研究就是首先在果蝇上取得突破的。至于蜜蜂，由于它们有许多专一的行为以资分析，因而也是神经生物学的常用材料。

（徐　科）

§1.2　神经组织

1.2.1　神经元

一般地说，神经元是由神经细胞体（cell body）及其发出的两种突起——树突

(dentrite) 和轴突 (axon) 构成。细胞体又称为胞体 (soma)，它由一个核和核周围的原生质组成，故细胞体又称为核周体 (perikaryon)。树突和轴突统称为轴索 (neurites) (图 1-12)。19 世纪，Waldeyer (1891) 根据神经元可能是一个独立结构单位的推测，首先提出神经元学说。该学说后来得到 Cajal (1909，1911) 基于 Golgi 浸银技术的大量研究工作的证实和支持。他们郑重提出，不同神经元的轴索是彼此不相连的，神经元之间通过接触 (contact) 相互联络。近代电镜技术证实，神经元彼此间的接触部位以及神经末梢与另一神经元的接触部位都有各自的细胞膜分隔，细胞质和神经原纤维互不相连。从而进一步发展和完善了神经元学说 (neuron theory)。该学说的内容是，神经元是神经系统发生、形态、营养和功能的基本单位。随着神经元学说的确立，彻底摒弃了认为神经

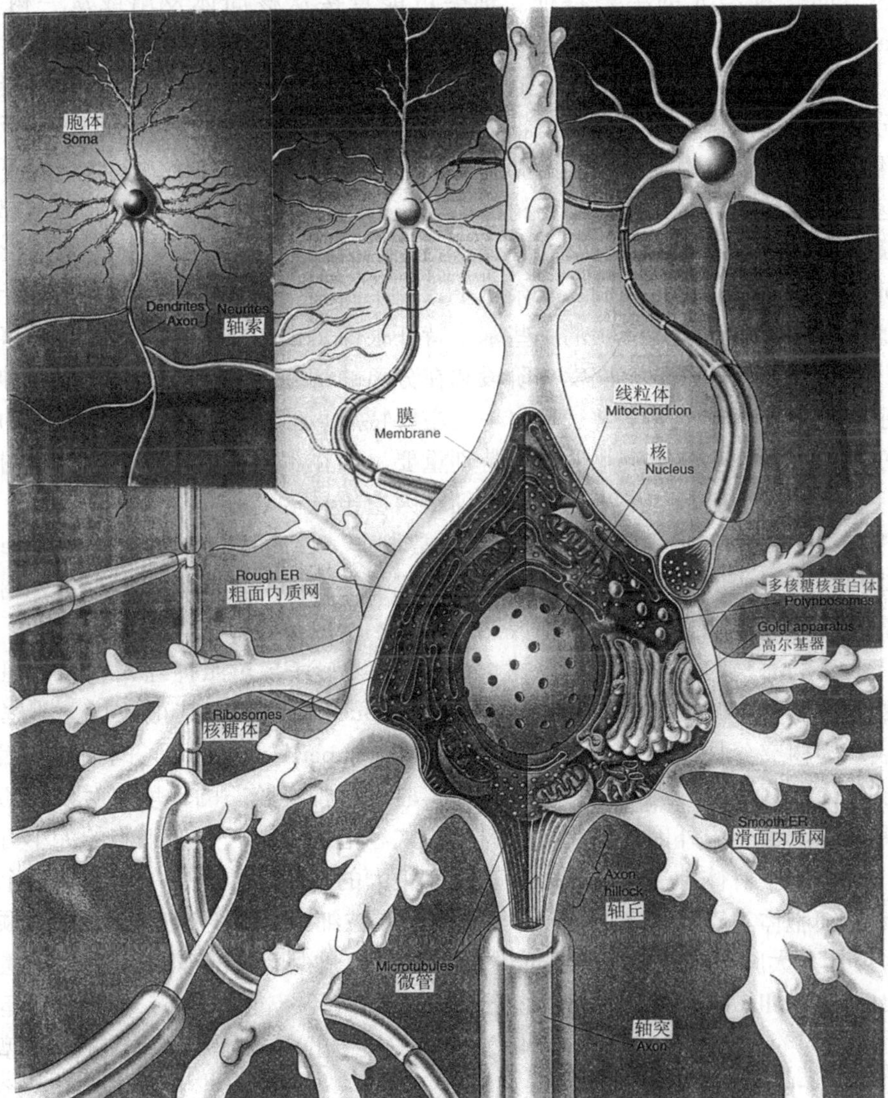

图 1-12　神经元概貌

元之间具有实质性的、在结构上具有相互连系的神经元网状学说（reticular theory）。由于Golgi 和 Cajal 对神经元研究的杰出贡献，他们曾共同荣获诺贝尔奖（1906）。

神经元的形状和大小

神经元的形状和功能密切相关，因为一个神经元的形态决定于它与其他神经元的联系和影响其处理突触信息的途径。这些相互关系说明神经元形态学和影响其形态因素的研究的重要性。脊椎动物的极大多数神经元具有多根树突，但只有一根轴突（图 1-12）。之所以称为树突，是因为它具有树样的分枝。以前常称之为原生质突起（protoplasmic process）。树突的结构不同于轴突；树突分枝的范围限于细胞体的邻近，各类神经元树突形态的不同是神经元的主要特征。轴突可能直接从核周体发出或从一树突基部（proximal portion），通过一个小的圆锥形突起称之为轴丘（axon hillock）发出，轴突外廓平滑，整个长度的直径变化不大，通常沿着其伸延途径很少发出分枝，但在接近其末梢区，分支很丰富。作为一个规律，轴突分支总是呈直角或钝角发自它们的主干。

利用可行性技术，根据形态学的和生理学的特征性差别，在绝大多数情况下我们可清楚地区别脊椎动物神经元系统中的树突和轴突。但在无脊椎动物神经元的突起中，树突和轴突的结构及功能常不易分清。因为这个原因，轴索（neurite）这个术语常用来统称神经元所有的突起。在过去的二十余年里，许多实验研究旨在阐明调控神经元的形状和功能的多种因子。神经元形状的一些基本特征很像是被内在因子所决定。如事实表明的那样，在神经细胞迁移的早期发育阶段和在分离的细胞培养中生长时，培养神经元的形态几乎相当于体内神经元常常表现出一些主要特点。但是，树突和轴突形状的细节可能被外在因子所影响。其中突触的传入特别重要。内在和外在因子都影响神经树突的形态已被一些实验所证明。如果小脑的颗粒细胞因遗传异常（genetic abnormality）或发育时期被损毁（如 X 射线照射）之后而不能正常发育，使浦肯野细胞（Purkinje cell）树突的正常传入联系的大部分被剥夺，在这种情况下，其固有的形状难以保留，树突不能充分发育，并在成年期表现出一种不成熟的发育不全的分枝模式。在发育时期，被剥夺正常传入联系的海马锥体细胞的树突树（dendritic tree）与对照神经元相似，但末端树突节段的大小和数目减少。去除前庭传入的 Mauthner 细胞，在其正常接受前庭末梢的区域中表现为树突分枝减少。由前庭轴突超支配（super innervation）的细胞，因其额外末梢的支配使其树突分枝局部增多。在离体实验中，神经胶质的环境似对树突的形态学施使一些影响。由于内外因子影响树突树的模式和范围不同，神经细胞的大小可有很大的变化。甚至单个机体神经元的大小也表现出很大的变化范围。例如，在人类个体中最小神经元的细胞体其直径是 5 ~ 8μm（如小脑的颗粒细胞，图 1-14E），嗅球的颗粒细胞（图 1-14J），人大脑皮层的 dwarf 或 arachniform 细胞，视网膜的双极细胞，脊髓胶状质的卫星细胞（satellate cell）；而最大神经元的细胞体直径超过 100μm，如脊髓的运动神经元（图 1-14B）脊神经节细胞（图 1-14H）大脑皮层中的 Betz 细胞。不仅不同类型神经元的胞体大小不同，就是机体中的同一类神经元的大小变化也很大。例如老鼠脊神经节中的假单极神经元的细胞体的直径在 10 ~ 80μm，而在人体其胞体直径是 15 ~ 120μm。当然，这些细胞大小的不同应首先考虑其体积而不是直径。人小脑颗粒细胞体的体积可能是 $300\mu m^3$，而大脑皮层 Betz 细胞体的体积可能达到 $200\,000\mu m^3$。

在脊椎动物中，下列一些神经细胞是很大的：硬骨鱼和两栖动物延髓的 Mauthner 细胞，圆口动物（cyclostomes）的 Müller 细胞和一些鱼脊髓中的神经分泌细胞（neurosecretory cell）。另外还有无脊椎动物的某些细胞，如海兔的内脏神经节细胞胞体直径达到 1mm。支配外周区域的脊椎动物神经元胞体的体积与其支配外周区域之间有关。无脊椎动物神经节的神经元也与此相类似。一般地说，支配周围的区域大，其胞体明显增大。由于被一定类型神经元支配（外）周围区域的大小，一般地说大动物比小动物大，因此支配外周的同类神经元胞体的大小一般是大动物比较大。轴突局限在中枢神经系统的某些神经元，不直接与外周联系（如大脑皮层的锥体神经元（图1-14A）和小脑皮层的浦肯野细胞（图 1-14D）在大动物中其胞体比小动物大。这样，胞体大小的不同可能与轴突支配区域变化的范围不同有关。

神经细胞体的大小和它的轴突所支配区域的范围之间的关系可能可以解释为什么在有些种类的动物其神经元极大地大于其他种类动物的情况。事实上，这些神经元支配一个特别大的区域（例如：Mauthner 细胞，Rohon-Bard 细胞和支配某些鱼类的电器官的神经元）。

不仅细胞体的大小，而且作为机体大小的一种功能的树突长度和复杂性也增加．但支配外周区域的范围可能不只是影响神经元大小的因素。在涉及控制性别行为方面的一些神经元，例如，雄性的比雌性大，属于这种类型的神经元有老鼠视前区的某些神经元和蟾蜍、金丝雀控制鸣叫核的神经元和三叉神经前核的特别神经元。对成年雌性作雄激素（androgen）处理可导致三叉神经前核中的神经元增大，达到雄性相应神经元的特征性大小。观察表明，在性激素影响下，神经元的大小可受影响。特别有趣的是，某些成年哺乳动物循环性激素水平的周期变化可导致一些特异神经元胞体和树突范围相应地变化。这些观察揭示，成年哺乳动物中枢神经系统的神经元在正常条件下的可塑性。还有其他激素也影响某些特殊神经元的大小。例如，两栖动物中的三叉神经中脑核的神经元在一定的发育时期增加其大小，可能在这个时期存在较高浓度的甲状腺素。

神经细胞体的体积并不总是给出神经细胞一个合适的真正大小的概念，因为特别是在大神经元，轴突及其分枝的体积可能明显地超过其细胞体的体积。有人曾统计，人脊神经节的一个大神经元的周围轴突分支的体积（除侧枝和末梢分支），约是其胞体相应体积的 125 倍。一个巨大的 Betz 锥体细胞轴突的体积可能相当于对应胞体体积的 350 倍，至于最小神经元，例如，小脑颗粒细胞轴突体积和胞体体积的比例约为 2:1。

一般地说，轴突的管径与神经细胞体的体积呈正相关。基于这个事实，多年来认为，轴突的粗细是神经元内在控制的。这个老观点最近得到形态学观察的支持，观察表明，轴突直径的大小与存在于轴突内的神经原纤维的数目密切相关。神经原纤维基因的表达是决定于轴突管径大小的基础。另一些观察指出，不仅内在因素，外部因素在控制轴突直径的大小中也起重要作用。现在对轴突直径大小的调节问题比过去的考虑更为复杂。当大鼠神经元与其靶细胞失去联系后其轴突直径变小，从而提出一个神经元和它的靶细胞之间的相互作用在控制轴突直径大小是有关的。另外，一根轴突和它供给细胞之间的相互作用在这一调节中也起着重要作用：①大鼠某一运动神经元的轴突，前根中的外周部分（具雪旺氏细胞髓鞘）比中枢部分（具少突胶质细胞髓鞘）粗大；②如把小鼠一根振颤神经的一个节段移植到一根正常神经上，通过移植节段的正常轴突缺乏髓磷脂或被振颤神经的雪旺氏细胞低髓鞘化而减少轴突横切面的直径，但远侧端的具有正常髓鞘的神经断端其直径保持正常；③在大鼠脊神经节神经元的培养中，髓鞘轴突的直径比光裸的轴突粗大；④在有髓鞘和无髓鞘两者都有的正常 lizard 轴突中有髓鞘的轴突直径明显大于无髓鞘部分；⑤在人类脱髓鞘神经疾病中，轴突直径的明显减小局部地发生于脱髓鞘节段的区域。外界因素影响轴突直径大小的机制尚不清楚。已经指出，它们可能影响产生神经微丝内在机制。由于神经元的形状很不规则，故神经元的表面区一般都很大。神经细胞表面区域的范围是神经元更显著的特征之一。它有利于神经元与其环境之间的交换，并允许在神经元之间建立巨大的联系。轴突和树突是扩大神经元表面区域的主要贡献者，这可说明轴突有一个更大的表面区，比其细胞体约大 800 倍。至于树突，在猫脊髓腰骶区的神经元树突及其分支的表面区的大小与其细胞体的比例是 3:1。网状结构的巨大细胞是 5:1，体感皮层区的锥体神经元是 25:1。这些发现揭示，核周体只占神经元整个表面区域的一小部分。但对于不具树突的特别神经元来说，核周体表面区是增加的。在脊椎动物脊神经节神经元的核周体有许多细小的投射物（图 1-13）其长度约在 0.3μm 和 3μm 之间，横切面的直径平均为 0.2μm 在猫和兔，这些投射物增加

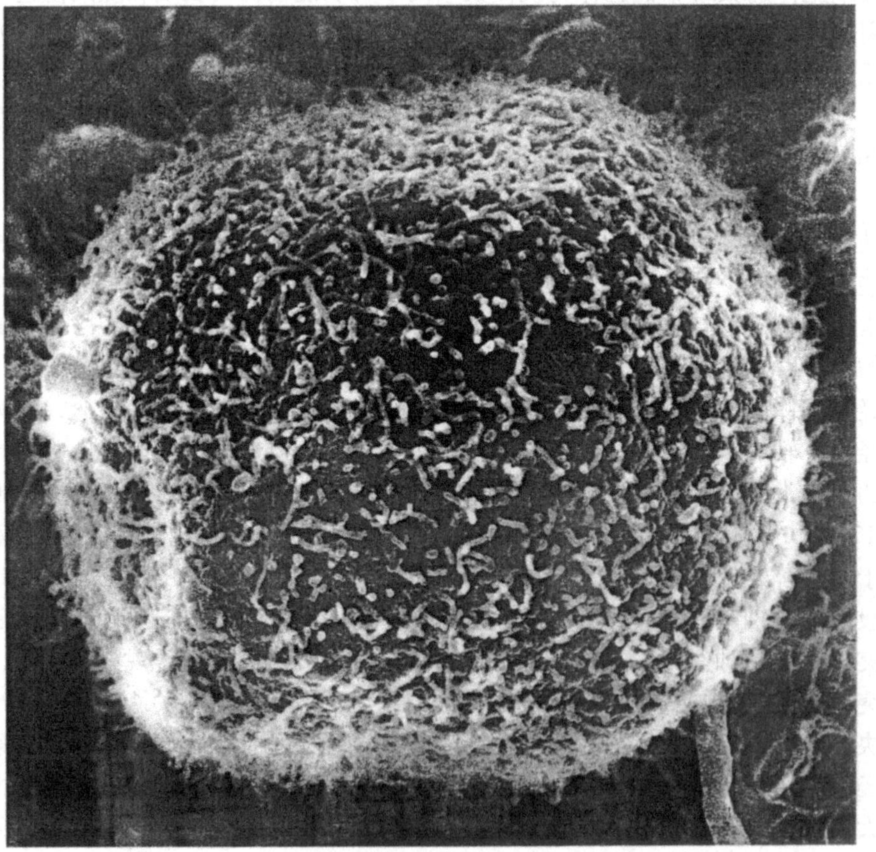

图 1-13　核周体的投射物（perikaryal projections）
图示完全去除外鞘后，暴露兔脊神经节感觉神经元的核周体表面的扫描电镜照片，可见其表面有大量无规则的投射物。

核周体的表面区可达40%；老鼠和负鼠，增加核周体表面区域的12%～14%。

另外，在光镜下检查浸银技术染制的感觉神经节，观察到典型的假单极神经元细胞具有短而粗的投射物或长而细的延伸物，呈棍棒形的终末或网状物，位于核周体的表面区域。这些东西更多地发现于病理学状态或特别的实验条件下（例如移植或损伤的感觉神经节），虽不常见，但在常条件下也可看到。早先，Nageotte（1907a）把这些东西的形成是作为神经细胞再生活动的一种表现，因为这些突起一般不与其他神经元接触，因此，无信号传导功能。曾有人称它们为旁植物（paraphytes），以与轴突和树突相区别。但也有人认为，这些非典型突起具有营养功能，通过扩增大神经元的表面区域，有利于神经元与其环境间代谢的交换。

神经元的不同类型

突起分枝的数目，长度，模式、形状和大小以及胞体的形状、大小和所处位置的多样性和复杂性很难对神经元作出满意的分类。因此，一个最共同的神经元类型是以其突起的特征来划分的。

前面已提到，在脊髓动物中，极大多数神经细胞具有多根树突，但只有一根轴突。故在描述神经细胞时，典型的神经细胞，一般常称为多极神经元。

Golgi（1882）根据轴突结构的不同，将多极神经元分为两种类型，即高尔基Ⅰ型细胞（Golgi type Ⅰ cell）和高尔基Ⅱ型细胞（Golgi type Ⅱ cell）。Ⅰ型细胞具有长轴突，可伸延到胞体范围以外的区域（图1-14 A B D E），终止于神经系统其他部分或分布到皮肤和肌肉等组织中。脊髓前角的运动神经元（图1-14 B），大脑皮质的锥体细胞，小脑皮质的浦肯野细胞（图1-14 D）和颗粒细胞（图1-14 E）都是高尔基Ⅰ型细胞。GolgiⅡ型细胞神经元轴突短，轴突分支只局限在胞体所在的范围内；甚至还不超出其树突显示的范围（图1-14 C）。它们是大脑皮层、小脑皮层和脑干网状结构中的星状细胞（stellate cell）。

已经证明，这两种类型神经元形态学上的不同具有不同的功能意义。GolgiⅠ型细胞主要执行整合（integrative）和投射（projection）功能。它们收集大量来自传入纤维的信息，通过轴突向距离远近不一的远端或近端位点转运其整合反应，如在神经系统的感觉通路中，长轴突细胞将感觉信息在脑内不同水平的中继站整合后，通过特异的传导途径传递到大脑皮层。短轴突的GolgiⅡ型细胞位于中继核团之内，轴突和树突都局限于大致相同的范围，对传导通路施加另外的作用，为神经系统长途传导通路的调制器或起调节作用。

并非所有的神经元都是多极型的。有些神经元无树突只有轴突突起，如脊椎动物的嗅感受器神经元（图1-14F），视网膜的感受器细胞（杆细胞和锥体细胞）和许多无脊椎动物的初级感觉细胞（图1-14G）。其胞体位于体壁或直接位于体壁下，哺乳动物三叉神经中脑核的神经元和感觉神经节中的神经元可能有一个球形、卵圆形或梭形胞体具有两个轴突称为单极感觉神经元。具有分成两个分支的单轴突神经元称为假单极感觉神经元（pseudounipolar sensory neuron，图1-14H）。圆口类、软骨鱼和硬骨鱼以及高等脊椎动物的滑车和前庭神经节中的双极感觉神经元是大量的。而假单极神经元发现于高等脊椎动物的所有其他感觉神经节。一个感觉神经节细胞的形状忠实地反映其功能作用。

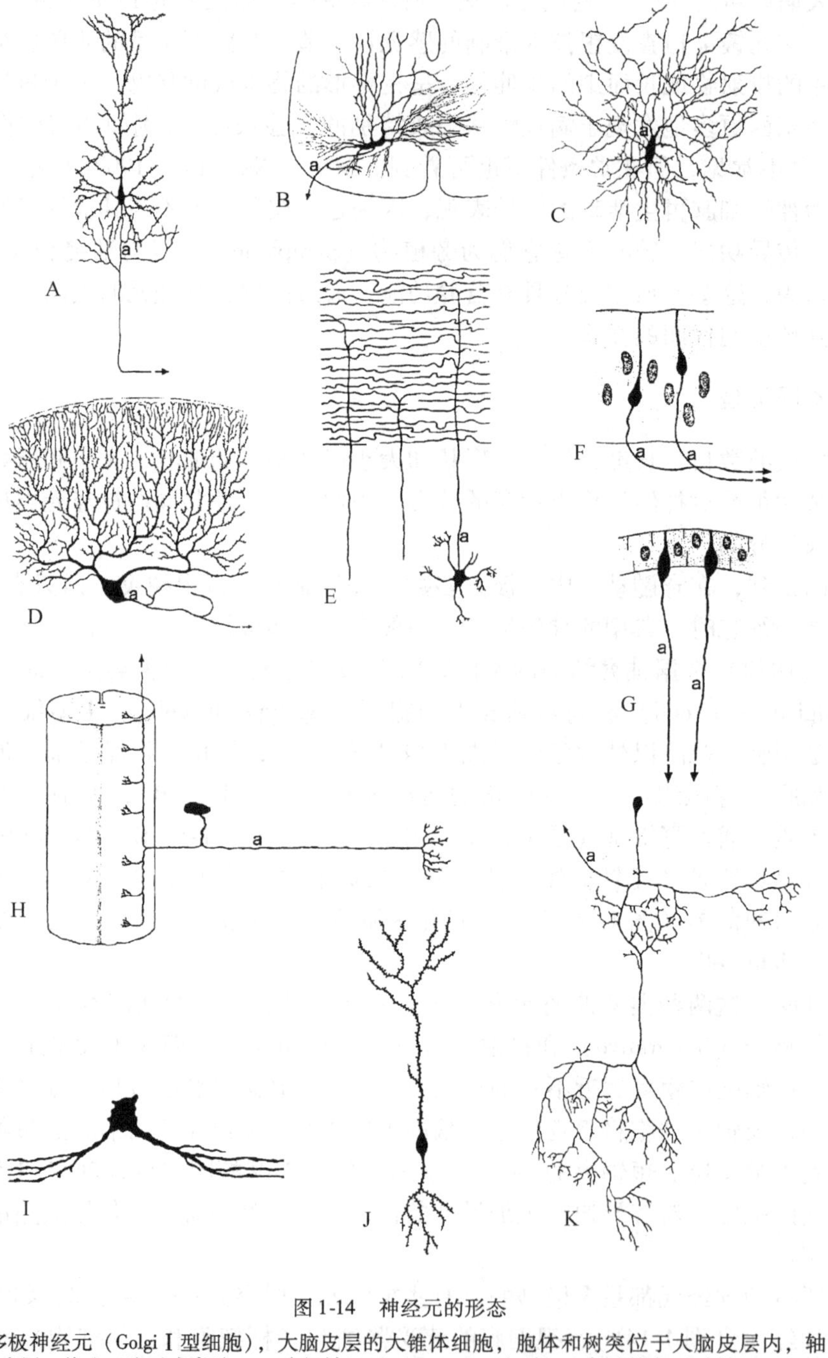

图 1-14　神经元的形态

A. 多极神经元（Golgi Ⅰ型细胞），大脑皮层的大锥体细胞，胞体和树突位于大脑皮层内，轴突离开皮层，终止于脑干或脊髓。B. 多极神经元（Golgi Ⅰ型细胞），脊髓前角远动神经元，胞体和树突在前角内，轴突离开中枢终止于外周。C. 多极神经元（Golgi Ⅱ型细胞），豆状核内神经元，轴突在胞体附近重复分枝，而该神经元的树突也在同一范围内发出分枝。D. 小脑皮层的蒲肯野细胞，胞体和树突在小脑皮层内，轴突离开皮层终止于小脑的中央核。E. 小脑皮层的颗粒细胞，胞体和树突在内皮层，而轴突伸入外皮层。F. 两个只有轴突突起的嗅感受器神经元，可见一些嗅上皮支持细胞核。G. 无脊椎动物只有轴突突起的初级感觉神经元，可见一些体被细胞核。H. 只有轴突突起的假单极神经元，其单个轴突分离成两枝，一枝伸向外周，一枝进入中枢。I. 缺乏轴突突起的视网膜无长突细胞。J. 无轴突突起的嗅球颗粒细胞，其树突上有许多侧棘。K. 无脊椎动物腹节中的运动神经元，从胞体发出一个突起，该突起转而发出好些树突分支和一单轴突，树突分支于节的中央核内，而轴突离开节终止于肌肉。a 指示轴突。

例如，一个脊神经节神经元联络身体或与肌肉的表面并与脊髓相连接。这个细胞传导（transduce）各种类型的刺激进入神经冲动系列，并局部地运送到中枢神经系统各水平的有关结构。该神经元的中枢支再分成上行或下行分支；这些分支再发出侧枝进入背灰质柱（图 1-14H），以这样一种有序的途径将感觉信息分送到其他神经元。

也有神经元缺乏轴突突起，只有树突，如视网膜中的无长突细胞和嗅球中的颗粒细胞（图 1-14IJ），无轴索神经元（anaxonic neuron）也存在于无脊椎动物。一些无脊椎动物（如多毛纲，水蛭和甲壳动物）腹神经节（ventral ganglia）的运动神经元，胞体呈球形或卵圆形，胞体内含有核，只发出单个突起，突起走出一定的距离（几百微米）后，再发出好多个树突分枝和一单根轴突（图 1-14K），在节的中央核，树突分枝，编成致密的突起网，称为神经毡（neuropil）。而离开节的轴突终止于肌肉。

双极和多极神经元也发现于无脊椎动物的外围神经中，但可疑的是，这两类细胞的轴突和树突之间不能清楚地区别，难以与脊椎动物的双极和多极神经元相对应。对于神经元的形状和功能之间的关系尚有一些考虑。已知，多极神经元的细胞体是直接位于冲动传播的通路中，因此，推测它们的遗传器（genetic apporatus）和大分子的合成（两者都位于细胞内）对于与信号加工有关的化学的和电的事件比其他神经元显得更为直接。进一步的推测认为，与其他细胞类型的神经元相比，它们的功能更受过去活动的影响，因此，它们与学习过程有关。相反，某些无脊椎动物腹神经节中运动神经元的细胞体从冲动传播的通路中迁移出来（图 1-14K），受传播有关化学的和电的事件影响少。与神经元胞体相连的树突树的起点的节段又长又细，更完全地从神经元胞体和它的遗传器以及大分子合成的神经元分离出来。因为这个理由，这些神经元是特别适合于对模式化行为的控制。脊椎动物的假单极神经元（图 1-14H）具有上述讨论中的某些相似的特征。

Ramon-Moliner（1968）在树突构型的基础上尝试对神经元进行分类，他区别出同类树突的（isodendritic）、异类树突的（allodendritic）和特异树突的（idiodendritic）神经元。第一种类型具有较直的树突，突起向多个方向放射，带有少量的侧棘（如脊髓和脑干中的运动神经元，前庭核神经元和脑干网状结构中的大神经元）。异类树突神经元树突的特点是波状的，相当短，分枝密而多但分枝局限在一个适当的范围中（例如大脑皮层的锥体细胞、感觉中继核中的许多神经元和很多丘脑神经元）。特异树突的神经元的树突模式按其所属的脑区可立即作出辨认（如小脑皮层浦肯野细胞，嗅球的僧帽（mitral cell）细胞，下橄榄核带有波状树突的神经元，以及耳蜗腹核（ventral cochlear nucleus）中的簇状树突神经元。

这种分类尝试解释进化时期树突的模式，isodendritic 神经元在种系发生上更原始些（phylogenetically more poimitive）；而 idiodendritic 神经元更为高度进化。但这种分类并不满意，特别是它把多种多样的神经元都归于同一类。如把许多较大变化类型的神经元归于 idiodendritic 类。

神经元的结构

（1）核周体（perikaryon）、尼氏质（Nissl substance）

Nissl 建立了观察到这种物质的重要的酒精（alcohol fixation）固定法，在光镜下这种细胞质成分通过碱性染料（如美蓝、甲基胺蓝、硫堇和焦油紫）染成强烈的块状物质，得知它们是易染质，核外染色质，虎斑体等（图 1-15）；不同类型神经元尼氏质的特征不同，例如，脊髓（图 1-15 左）和脑干的运动神经元含大而分离的菱形体尼氏质块；一些感觉神经节的神经元（图 1-15 右）和硬骨鱼的 Mauthner 细胞中尼氏质呈小颗粒状。在光镜下，有些神经元缺乏尼氏质，如小脑皮质的颗粒细胞，视网膜的双极细胞和脊髓背角胶状质的小神经元。

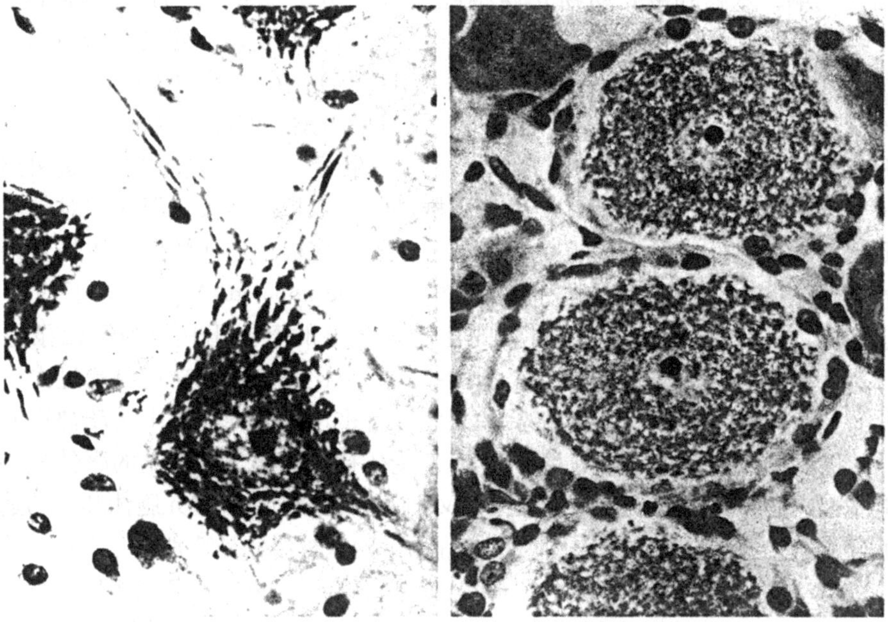

图 1-15　尼氏质

运动神经元（左）核周体内的尼氏体大，呈菱形块状，树突基部呈拉长体；感觉神经元（右）核周体内尼氏体呈小颗粒状。×675

由于固定和死后变化可影响尼氏质的出现，因此有作者认为，切片染色出现的尼氏体是假象，是由于细胞质内一些物质正常的分散所致的沉淀。但尼氏体在活神经元中也被发现，从而不再怀疑其存在。

电镜观察每个尼氏体是由①一些池（cisternae）组成，这些池的膜镶满着多核糖体（polysome），即颗粒内质网池（cisternae of the granular endoplasmic reticulum）和②池之间的细胞质基质中出现游离的多核糖体。每个尼氏体中的极大多数核糖体（ribosome）置入池间细胞质基质中的游离多核糖体。多核糖体一般由少数几个（5 或 6）核糖体组成。而附着在多核糖体上的膜是由大数目的核糖体（高达 30 个）组成。在脊髓和脑干的运动神经元中，每个尼氏体由很多宽阔的有时透明的（fenestrated），相互成平行的颗粒内质网池组成（图 1-16）。因此，形成一个高度有规则的垛（stack），池之间常相融合。除这些很有顺序的尼氏体之外，也存在孤离的和少数不规则分布的池。在脊神经节感觉神经元的尼氏体中，颗粒内质网池缺乏明确的方位，大脑皮层小的和中等大小的锥体细胞中，颗粒内质网池常是孤离的或聚集成小群（图 1-17）。在小脑皮层的颗粒细胞中，尼氏质难以在光镜下看到，只见分离的颗粒内质网微管和游离的多核糖体。

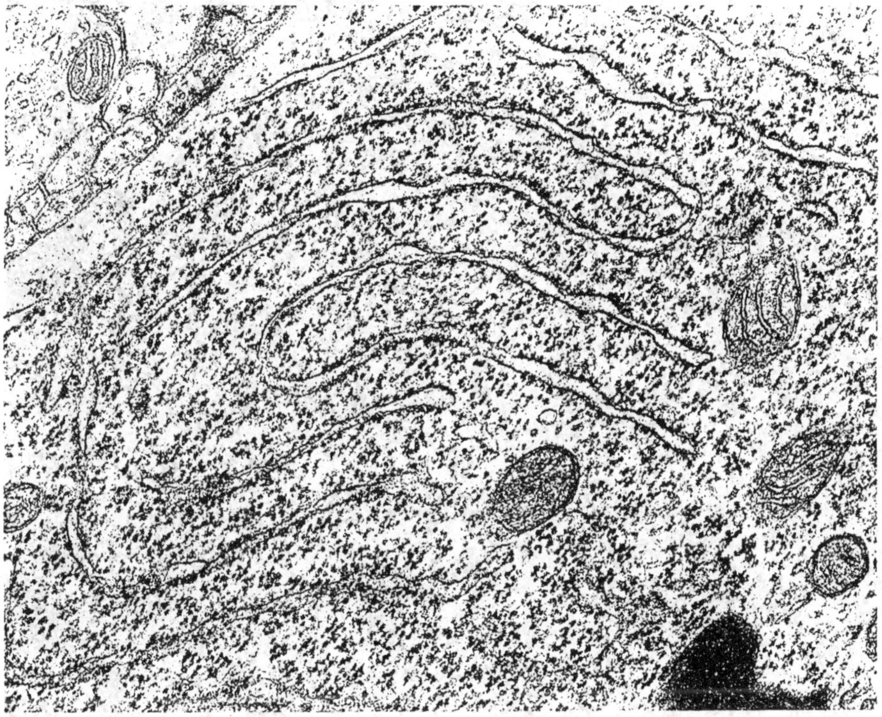

图 1-16　远动神经元中的尼氏体

颗粒内质网池呈顺序排列，核糖体附着于池界膜的外表面；许多核糖体游离于胞基质与池之间。×5000

电镜研究澄清了为什么在光镜下看不到某些神经元的尼氏质。观察确立：①颗粒内质网和游离多核糖体，即尼氏质的组成成分，存在于所有的神经元之中；②在所有的神经细胞之中，极大多数多核糖体游离于细胞质的基质中（cytoplasmic matrix），只有一少部分附着于内质网池；③不同类型神经元其多核糖体和池的量以及池的结构模式是不相同的。在光镜下，某些神经元中的尼氏质看不到的原因是因为保留于游离的和附着于膜上的多核糖体的碱性染料量不足。

应提到的是，神经元尼氏体的结构和合成蛋白的腺细胞的载粒内质网（ergastoplasm）之间有重要的不同。例如，在外分泌的胰细胞中限定于载粒内质网池（ergastoplasmic cisternae）膜上的是均匀地镶附着的多核糖体，只有极少的多核糖体游离出现于细胞质的基质中。而在尼氏体中，大的池膜区域缺乏核糖体，并在池间的细胞间质中存在大量小的游离多核糖体。

在神经发育过程中或当轴突再生时，研究结果提出神经细胞中两类多核糖体可能合成起不同作用的蛋白。未成熟的神经元〔经典术语：神经母细胞（neuroblast）〕在尚未调整进入神经元环路或神经细胞参与轴突再生时两者几乎都只含游离多核糖体。因为在两种情况下，神经细胞主要参与新原生质的合成，其突触活动丧失或缺竭，游离多核糖体可能主要合成结构蛋白，即核周体和突起中为原生质的维持和更新的蛋白。这个假说

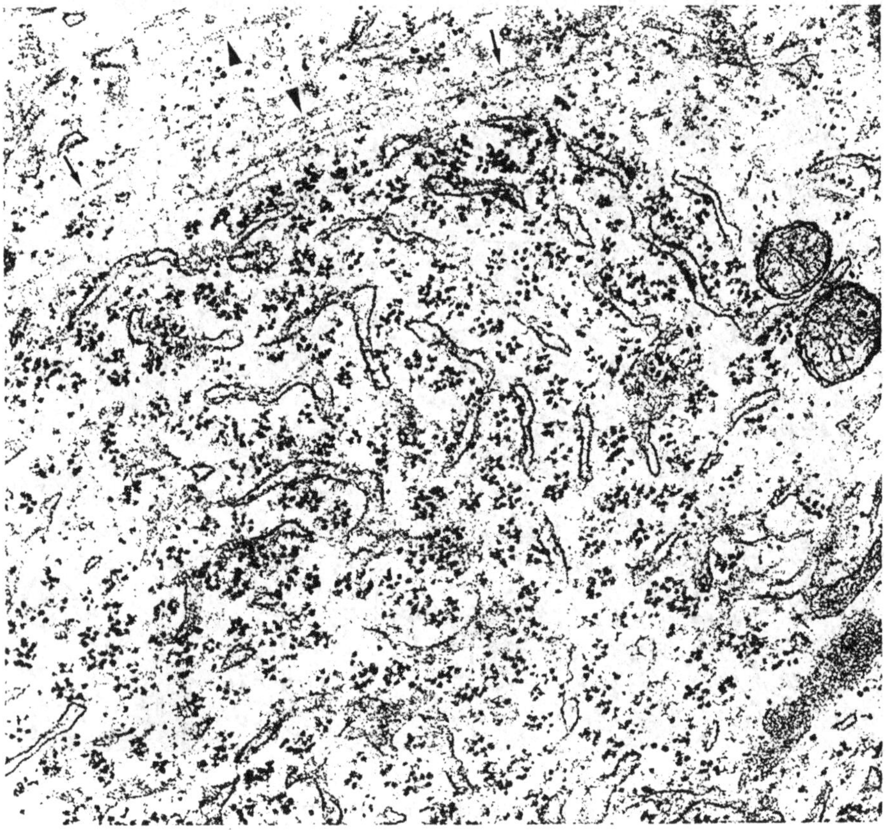

图 1-17 感觉神经元中的尼氏质
颗粒内质网缺乏明确的方向。箭头示微管，箭示神经微丝；
许多核糖体游离于胞基质与池之间。×53000

得到离体研究中游离细胞系统（cell-free system）不是含游离多核糖体便是在膜上附着于核糖体的支持。该技术表明，神经原纤维微丝蛋白（neurofilament protein）是在游离多核糖体上合成，而不是在附着于膜上的多核糖体。后者，在一般情况下，可能参与酶的合成。因为有些酶（如乙酰胆碱脂酶和酸性磷酸酶）通过细胞化学技术定位于颗粒内质网池之内。与此有关的应提到，在神经元内蛋白质合成的比率是很高的，据估计一个大的核周体每天可更新其蛋白质的1/3。

无颗粒网（agranular reticulum） 在核周体内，这种细胞器由不规则分枝和融合管以及缺乏多核糖体池组成，在许多部位多核糖体与颗粒内质网的成分是连续的。因此，在神经元核周体的网（reticulum）中，有些区域附有多核糖体，而另一些区域缺乏多核糖体，无颗粒管和池的分布是不规则的（图 1-18）。

在许多神经元中存在扁平池，它们靠近质膜并与之平行。这些池和质膜（plasma membrane）之间无细胞器嵌入，两者间相隔 10～60nm。Rosenbluth（1962）称这些池为表面下池（subsurface cisternae）；Kaiserman-Abramof 和 Palay（1969）称为膜层下池（hypolemmal cisternae），这些池常与位于神经元核周体中更深部的颗粒网或无颗粒网的

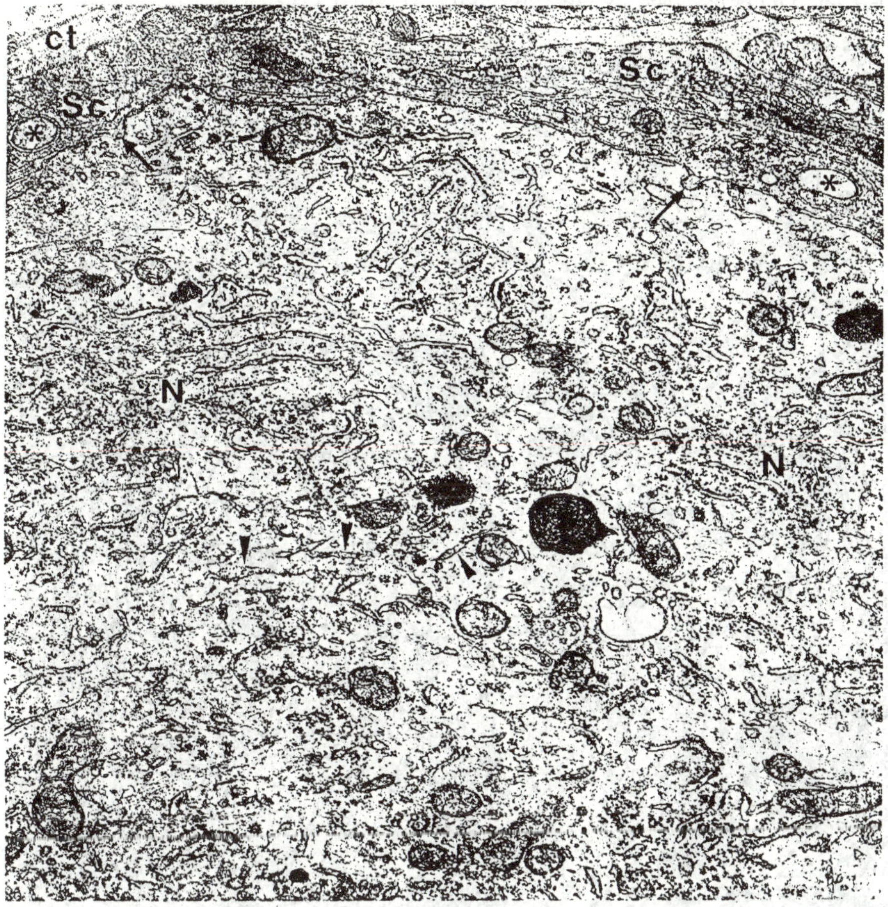

图 1-18　脊神经节神经元的核周体部分

尼氏体（N），箭头示无颗粒内质网，可见核周体中的线粒体和致密体；微管和神经原微丝置于其他细胞器之间；星号示来自于其他水平神经元核周体投射物的横切面；箭指胞饮囊泡；ct 指结缔组织。×28000

成分相连。有时多核糖体附着于深部，但不附着于表面下池的外面。在大多数神经元内，表面下池不很多，也不很大，但在浦肯野细胞中是很发达的，不仅存在于核周体中，也存在于树突和轴突中。在薄切片中常作为鉴别这些神经元独特轮廓的特征。

核周体中的无颗粒网的功能知之甚少。有人认为它可能的功能是作 Ca^{2+} 储蓄器（reservoir）。现在的看法是，表面下池与质膜密切相关，并与位于更深部的颗粒网和无颗粒网两者的成分相连，可能是离子从细胞外间隙摄取并直接引导进入内质网的场所。

高尔基器（Golgi apparatus）　Golgi（1898）首先描述神经细胞中的内网器（internal reticular apparatus）。将厚切片经浸银染色之后，在光镜下可观察到一些连续的、不规则的疏松网，弯曲的带状结构分布于除靠近细胞表面的几乎整个核周体。许多作者质问 Golgi 描写的这种细胞器是否真实存在，为此而发生一场激烈地关于其存在与否的长时期争论。现在普遍认为，Golgi 器不是技术上的假象，而是一种真正的细胞器，几乎存在于所有的真核细胞（eukaryotic cell）中（图1-19）。

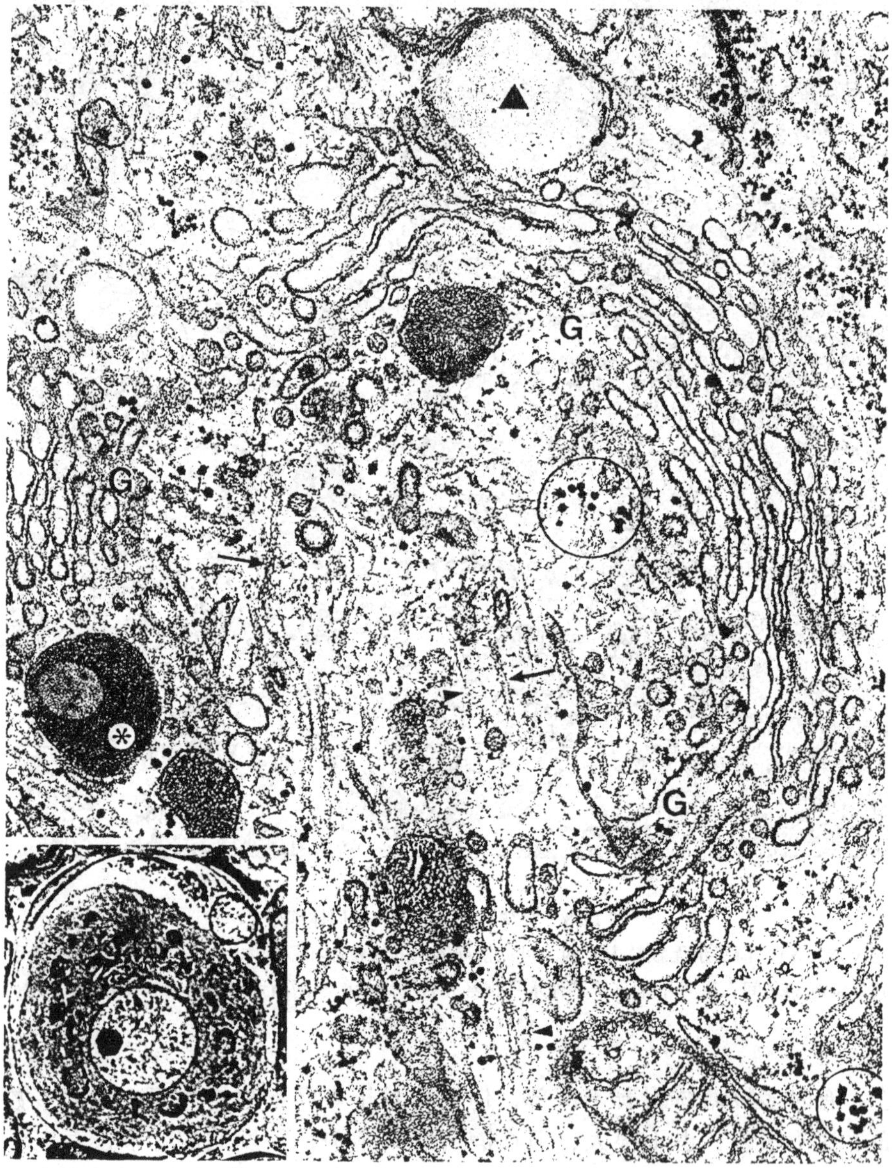

图1-19　Golgi器

左下角示Golgi法染制的感觉神经元。在厚切片中Golgi器似呈连续网；半切片网的节是分离的实体；节段由弯曲的池垛组成，池偏平，表面平滑；星号示脂褐质颗粒；黑三角示脂质小粒。×60000

在光镜下检查半薄片或在电镜下检查薄片时，前者可看到极少数连续网的节段，这些节段像是分离的实体，但在高伏电镜下检查原切片中的同一类型神经元时，观察到这些节段是相互连接的，一系列薄切片的重构也同样看得到一个连续网的结构。

在薄片的电镜观察下，Golgi器的每个节段看来是由5～7个扁平而表面平滑的垛和一簇相关连的囊泡组成，其整个结构称为高尔基复合体（Golgi complex）。鉴别 Golgi 复合体的特征不是缺乏游离的核糖体，便是缺少附着核糖体。池在其中央部是细的，在其周围稍作伸延并靠近间隙，虽然属于同一垛的池是相互连接的，但在单一的薄切片中，在它们之间极少融合，Golgi 复合体常稍弯曲，其凹面与核相对，因此，两个面或两个表面，凸面称为外面或形成面；凹面称为内侧面或成熟面。两者能相互区别。腺细胞中的 Golgi 复合体表现出明显的形态学和细胞化学极性，但在神经元缺乏证明。同一垛的两个表面，池的结构多少有些不同；最外面很透明，而最里面很少有穿孔。

Golgi 池不仅在结构上有些不同，根据它们在堆内的位置，其细胞化学性质表现不同。当组织受锇酸浸渍时间过长时，不管在非神经元还是在神经元（Rambourg et al. 1973）中，只有最外面的池被浸渍。组织用酸性磷酸酶，硫胺素焦磷酸（thiamine pyrophosphatase，TPT）或者腺苷-磷酸酶（adenosine monophosphatase，AMP）、腺苷酸酶组织化学技术染色，反应产物局限于最内面的池和位于沿 Golgi 复合体成熟面的囊泡。非神经细胞的细胞化学研究表明，成熟面池也含糖蛋白（glycoprotein）。与复合体相关的小泡可能是球形或椭圆形，直径 20～60nm，具有平滑的外层界膜和清晰的内含物或含致密颗粒。裹着的囊泡直径 50～60nm，含酸性磷酸酶。因此它们能以初级融酶体加以鉴别。这些外裹的囊泡（coated vesicle）不应与不含水解酶（hydrolase）大的囊泡混淆。它们来自通过质膜胞饮作用的神经元和非神经元细胞；后者涉及从细胞外介质选择性地摄取蛋白质。几乎在所有的神经元中，好几种与高尔基复合体有关的最大的，表面平滑的囊泡都含致密的圆形颗粒。由于在神经系统某些区域中大的致密囊泡（dense-cored vesicle）在交感神经节和含儿茶酚胺的神经元中是共同的，Golgi 复合体囊泡被视为储存 CA 的囊泡。但现在看来，对这些囊泡的功能作出肯定的结论，资料的可靠性尚不足。

Novikoff（1967）解释，靠近 Golgi 复合体成熟面的无颗粒管和囊泡，在与 Golgi 器的局部形态关系中是作为内质网的特异区，他把这些结构称为 GERL 系统（Golgi-associated endoplasmic reticulum from which lysosomes form，形成融酶体的 Golgi 相关内质网），以引起对其在形成溶酶体中，也可能在缩合液（condensing vocuale）的起源中所起的作用的注意。

Golgi 器的好些功能主要来自于对腺细胞的细胞化学研究的结果：①将聚合和分离的分泌产物释放出细胞外；②将终末端糖基化的糖蛋白融合入原生质膜（plasma membrane）和③初级溶酶体的形成。推测神经元 Golgi 器也起类似作用。首先，称为神经内分泌的细胞它们是神经元，产生多肽激素（polypeptide hormone），并释放它们进入细胞外间隙，在这些神经元中，含激素的囊泡取源于 Golgi 器。这样，分离的物质运输至别处的可能发生于所有神经元的 Golgi 器内；好些类型的神经递质在突触末梢内合成和再循环；而合成这些递质所需的酶在神经元的核周体内加工，并通过 Golgi 器进行分离而进入囊泡，之后沿轴突运输至突触末梢。关于非神经元细胞分离的 Golgi 器组分和膜的主要组成成分的细胞化学研究中表明，组分中含有核糖转位酶（glycosyl transferase）。这些酶负责终末已糖对糖蛋白的添加。糖蛋白在神经元 Golgi 器内的装配就像其他类型细胞的 Golgi 器内装配一样，最后递送到质膜。每个含有水解酶（hydrolytic enzyme）的 Golgi 复合体的最内池，常呈现为层膜包围的小泡，这些泡可能从 Golgi 池萌发出来而获取的初级溶酶体。

线粒体（mitochondria）　用 Janus 绿 B 染色后，在活神经细胞中容易显示出线粒体细胞器。线粒体形状不一，有圆形、长条形或棒形，分枝形等。同一神经元或不同神经元中线粒体的形状和大小的变化很大。线粒体几乎分布于整个神经元，包括细胞体、树突和轴突，甚至最小的突起分支和纤维末梢。线粒体由双层膜构成，平滑的外膜具有小孔，可通过自由进入的分子量小于 10kDa 的物质。内膜折叠成嵴，将线粒体分隔成内室和外室，室内含线粒体基质。在线粒体的内表面附着许多颗粒，为 ATP 酶复合体，称为基粒。通过基粒以柄与内膜相连。线粒体内膜可通过不带电荷的小分子（100～150kDa 以下），其他物质需通过内膜上特异的载体来传递。内膜上有电子传递系统及氧化磷酸化系统。位于内膜的基质含有三羟酸循环酶、氧化酶和某些蛋白酶系统。线粒体内还含有 DNA 和 RNA，以及 DNA 聚合酶和 RNA 聚合酶。

线粒体的主要功能是为细胞活动提供能量。它是神经元氧化供能的中心。通过呼吸作用，将细胞摄取的物质氧化，并将氧化所产生的能量转变为化学能储存起来，以供细胞活动之用。神经元内线粒体的另一重要功能是胞内钙的调节因素之一。神经元内线粒体还有储存钙的功能，在胞内钙的调节中起重要作用。

溶酶体（lysosome）　溶酶体是囊泡状结构的细胞器，外裹一层薄膜，内含多种水解酶，故溶酶体是以其化学标准命名的。溶酶体可分为初级溶酶体，次级溶酶体和后溶酶体（或残存小体）。初级溶酶体裹以直径 50～60nm 的同源质小泡，这些泡储存分解酶（lytic enzyme），溶酶在内质网中合成后，在 Golgi 器中分离和包装。一般相信，溶酶体源自于 Golgi 复合体的最内池，并运输分解酶到异体吞噬体或自吞噬体（heterophagosome or autophagosome）。初级溶酶体虽含溶酶，但尚不涉及消化。次级溶酶体比初级溶酶体大，由具有异吞噬体或自吞噬体的初级溶酶体融合而成。次级溶酶体含有消化物质通过胞饮作用进入神经元的外源性物质和内源性的细胞成分可在次级溶酶体中水解。完成消化功能之后的溶酶体称为残存小体或后溶酶体，其中不含消化残粒。神经元内的脂褐素颗粒由后溶酶体形成。脂褐素颗粒出现于成年期，随年龄增长而增多，含脂褐素颗粒是神经元的一个特征。神经元内溶酶体的数量不等。一般地说，随年龄增长而增加。神经末梢内也有溶酶体系统引起的胞饮作用与胞吐作用。这些作用可能与末梢到胞体的运转有关。

神经黑色素（neuromelanin pigment）　哺乳动物包括人类的黑质和蓝斑内的神经元通常都含有神经黑色素细胞质颗粒。这些色素也发现于中枢和周围神经系统的其他部位（例如，一些脑干核团和感觉及自主神经节），这些色素颗粒的直径 1～2.5μm，在光镜下不经染色的切片可观察到黑褐色颗粒。这些颗粒不被周期性酸性 Schiff 试剂染色，在紫外光照射下也不自发荧光。当在电镜下观察时，神经黑色素颗粒的结构有些相似于脂褐素（lipofuscin），是由三种成分组成的不规则的形体：①中等酸度的细颗粒基质；②很致密的粗颗粒物；③低致密的一种或多种同质的圆形小球体。

中心粒和纤毛（centrioles & cilia）　19 世纪末，中心粒见于蛙的脊神经节神经元，以后在脊椎动物包括哺乳动物和无脊椎动物的神经元中都发现其存在。在电镜下，每个神经元的中心粒与其他类型细胞的中心粒很相似。呈短的圆锥状，其壁由 9 个纵向隔，分成三个为一组的微管组成。与中心粒不同，自有了电镜之后，在神经元内才观察到纤毛。单个纤毛在脊椎动物（包括人类）神经系统中的许多区域如下丘脑、交感神经节、海马、视网膜、melathalamus、脑桥被盖、小脑皮层、新皮层等。一般地说，纤毛起源于基体（basal body），基体是具有中心粒样结构的细胞器。横条纹的附属物，每个由一束细的微丝组成，可能从基体壁放射进入周围细胞质的基质。有时，一个中心粒可见于基体附近。在这种情况下，两种细胞器的长轴形成一个直角。纤毛杆含有9个圆形微管双联体，但缺乏中心配对微管。短而细的联系有时可发现于相邻双联体膜之间，但未见臂、放射延伸物和其他附属结构。神经元的纤毛像是不动的。神经元纤毛杆可能紧包于神经元原生质膜凹入，而形成细胞外间隙狭窄的深沟中，或被紧密交织的神经元和神经胶质突起包围着。因此，由于缺乏间隙，其运动在任何方向肯定受阻。缺乏中心配对微管纤毛的神经元出现于大量感觉器官如脊椎动物的视网膜，飞蝗和蝉听觉器官，飞蝗股玄音器（locust femoral chordotonal organ）、蟑螂腿的钟形感器（campaniform sensilla）和海鞘蝌蚪的眼点（ocellus of ascidian tadpol）。基于这些发现，建议具单纤毛（solitary cilia）的神经元可能有感觉功能。单纤毛发出的信号可能由化学成分的变化和/或细胞外液渗透的模式而引起。但这个假说，没有证据支持。由于神经元的祖先即衬附于胚胎神经元管的细胞已知是有纤毛的，因此不属于感受器官的神经元的单纤毛，可能是"发育不全"或"退化"结构。

（2）神经元的细胞骨架

神经元的形态结构、大小和突起（轴突和树突）分枝的多样性和复杂性直接取决于细胞骨架系统。细胞骨架对神经元的生存、功能活动时的变化以及发育过程中轴突和树突的发生至关重要。神经元的形态可因年龄、经验、电活动、去神经或其他损伤发生相应的变化。细胞骨架多聚体的组装和折卸、稳定和不稳定是维持和改变细胞结构的基础。细胞骨架系统由丝状样的多聚体组成。包括微管、微丝和中间丝（神经细丝）。

微管（microtubule） 微管存在于包括神经元在内的所有真核细胞中，是一种长而不分枝的管状物，直径为20~26nm；在横切片上，有厚约6nm的致密管壁。微管中心是明亮的圆柱状腔。微管长度不一，最长可达数米之多。微管的单聚体亚单位是微管蛋白（microtubulin），由两种密切相关的α和β微管蛋白形成的异二聚体球形蛋白，分子量约50kDa。微管腔圆柱的周边由13条原微丝组成，每条原微丝由线性排列的微管蛋白异二聚体以头尾紧密相接构成。神经元内除存在α、β微管蛋白之外，还有一种称为微管相关蛋白（microtubule associated protein，MAP），这种蛋白的功能与促进微管装配和微管定位有关。树突内的微管含高分子量的MAP（MAP2），轴突内微管缺乏MAP2，但含低分子量MAP，称为Tau蛋白（tau protein）。与许多其他类型的细胞一样，神经元微管的表面附着一些束状细丝，称为旁臂（side arm）。它们有规则地相隔排列。旁臂与微管相关蛋白有关，参与细胞内颗粒和细胞器的运动。轴突内的微管通常是稳定的，但不是一成不变，当轴突受到刺激如低温和解聚药物（秋水仙碱，长春新碱）的干扰时，微管断解，轴突的快相运输被阻断，故微管与输浆运输密切相关。

神经细丝（neurofilament） 神经细丝是神经元独有的。其他真核细胞不具有微丝，微丝不分枝，直径约10nm，由厚约3nm的致密外层和明亮的中柱组成。细丝单个地或分散地疏松排列成小束。自核周体进入轴突基部和树突处细丝呈漏斗状。细丝可能是四聚体蛋白亚单位，呈盘绕的螺旋形管状，形态上不同于其他细胞的中间丝，其表面具有旁臂。旁臂互相连接成网络状。神经细丝多聚集于神经元树突的基部和轴丘，这两个部分使神经元在结构上比较稳固。轴突的生长锥和树突棘中未发现。神经细丝是构成神经原纤维的组分。在神经元突起中神经细丝相互间约有 20 ~ 30nm 的间隔，呈螺旋状走向。神经细丝主要起支持作用，也可能与微管、微丝一起参与细胞内物质的运输作用。

微丝（microfilament） 微丝的直径约 5 ~ 6nm，为双股螺旋丝。主要由球状的肌动蛋白（G-actin）组成，也含有肌球蛋白（myosin）、原肌球蛋白（tropomyosin）及辅肌蛋白（α-actin）。肌动蛋白先形成肌动蛋白丝，肌球蛋白丝在肌动蛋白丝的一侧加入并结合形成肌动蛋白—肌球蛋白系统。两者结合过程中激活肌球蛋白的 ATP 酶，使肌动蛋白分子上的 ATP 水解，产生能量、引起收缩。微丝在神经元高度活动部分，如轴突的生长锥和树突棘占优势；而含肌动蛋白丝的丝状网络是树突棘头部的主要胞浆特征。

（3）细胞核

一般地说，神经元具有一个细胞核。但有两个核的神经元也不罕见，例如自主神经节的神经元。神经元的细胞核呈圆形或卵圆形，大小不一，直径范围在 3 ~ 18μm 之间。胞核一般居于核周体中心。但视上核神经元的胞核常是偏心的。核外壳由两层膜（即外膜和内膜）组成。膜间有腔隙。每层膜约 7nm 厚。两层膜之间以内质网池腔相连。因此，可以认为核外壳是内质网的更改部分，核外周有核孔，它们等距离排列，核孔是核和胞浆之间通讯和物质运输的通道。在光镜下，经碱性染料染色之后，核染色质均一地分布于核内，染色浅淡。在电镜下，染色质为稀疏分布的纤维细丝。丝的直径约 20nm，核蛋白少。核内有 1 ~ 2 个碱性染料深染的核仁。核仁由致密度低而排列密集的细丝和颗粒构成，颗粒直径 15 ~ 20nm，细丝（5nm）和颗粒均含核糖蛋白。故核仁内富有核中大部分核糖核酸。

绝大多数哺乳动物出生后或出生后不久，神经元的有丝分裂活动便停止。因为神经元的定向分化一开始，其有丝分裂的潜力就丧失。而且细胞不再回复至可诱发有丝分裂的状态。但小脑皮质和齿状回的颗粒细胞尚属例外，它们在动物出生后可继续增生至好几个月。

（4）树突

用多种染色技术制片，在光镜和电镜下都发现神经元胞体和树突的实质性结构很相似，胞体中所含有的细胞器在树突中也存在；因此，一般将树突看作神经细胞体的延伸部分。树突基部有粗面内质网，Golgi 体和游离核蛋白体。随着树突分枝，这些细胞器逐渐减少。在树突远端只有少量粗面内质网和游离核蛋白。无颗粒网在整个树突树内形成一个连续网并与核周体内的内质网连续。

Nissl 体出现于整个树突，但随着树突延伸和分枝，Nissl 颗粒变小，数量也逐渐减少。树突内的表面下池和池垛相似于核周体所见。

Golgi 器见于原级树突，其池与突起长轴平行排列。在所有的树突细胞器中，Golgi 器是最早随树突的延伸而消失的。

树突中线粒体形状多样，纤细的、细长的和小而圆球等形状，一般宽度 0.1 ~

0.5μm；长度为1～10μm。纤细的线粒体长度达20μm，存在于树突分枝末端及轴突终末前节段。

微管是树突中最明显的细胞器。一般与突起的长轴平行走向。神经细丝一般在树突出现不多，单个地散在于树突之中。但在某些神经元中，如脊髓大运动神经元、大脑皮层的 Betz 细胞、视皮层的 Meynert 细胞等的树突中含有大量的神经细丝。

作为一种规律，树突是无髓鞘的，但包裹着髓鞘的树突在好些哺乳动物的中枢神经系统中被发现，只不过髓鞘很薄，包裹树突的距离较短。它们的功能尚不清楚。

在 Golgi 制片和 Ehrlich 美兰染色材料上，某些神经元树突的表面出现许多细的隆起物，称为树突侧棘（dendritic spines）。树突侧棘在树突树的数量很多。侧棘也发现于神经元的核周体和轴突的起始段，但单位面积上的数量比树突树少得多。侧棘的形状多样，但最常见的是由一个卵圆形或球形的末端球和一个附着于树突上狭细的管构成。侧棘大小因神经元类型的不同而异，如老鼠小脑的浦肯野细胞1～2μm长，管的直径0.2～0.3μm，末端球横断面0.4～0.5μm。而老鼠海马辐射层的神经元长0.2～0.8μm，末端球的横径约0.25μm。很长和更复杂的侧棘见于中枢神经系统不少部位，例如海马的锥体细胞具有长而分枝的侧棘。每个侧棘与一苔藓纤维的膨体末端上的多个突触密切接触。树突侧棘的功能尚不清楚。一些观察认为，树突侧棘是专为一些特殊传入纤维发生的突触；另一假说认为，树突侧棘能经受突触所参与的某些功能性质改变的形状变化。这些有关形状变化的推测在学习和记忆过程可能起作用。许多实验表明，树突侧棘对神经环境的改变非常敏感，如传入轴突变性时，新生兔视投射阻断后一个月，视皮层中锥体细胞顶树突上的侧棘数目约减少30%。成年猫小脑平行纤维切断后7～60天，沿浦肯野细胞树突树末梢分枝上的侧棘数目也减少。而它们的突触前末梢变性后，树突侧棘也消失，这些观察说明传入轴突在形成和维持新生和成年动物树突侧棘的重要性。一些实验提示，侧棘对功能活动很敏感。从出生到22至25天黑暗中喂养的小鼠，视皮层由第五层跨越到第四层的锥体细胞的顶树突部分，其侧棘的密度与对照动物相比明显减少。循环激素的水平似对某些神经元的树突侧棘施有影响，如性腺类固醇可能特异地调节海马锥体细胞的侧棘密度。

值得提到的是，树突侧棘的异常（如数目减少或形状和长度改变）可见于精神障碍的病人。这些发现建议，树突侧棘的异常和精神障碍之间可能有关。

（5）轴突（axon）

轴丘和轴突起始段（axon hillock & axon initial segment） 在光镜下，轴突可看作是核周体的锥形区（conical region）。尤其是大神经元，轴突不被碱性染料显色或色质清淡。在电镜下，在轴突中可观察到游离多核糖体、线粒体、微管、神经微粒、少量颗粒内质网池。微管和神经微粒漏斗从轴丘不断地进入轴突起始段。轴突起始段是指由轴丘的顶端到开始有髓的一段。许多观察表明，有髓鞘或无髓鞘轴突起始段的结构特征是：①游离多核糖体；②微管束；③轴膜（axolemma）下裹着一层致密质。在轴突这个区，多核糖体与内质网无关，其数量在不同轴突中是变化的。微管束起始于轴丘的狭细部，在起始段，微管束的走向与轴突的长轴平行。在横切片中，单个束内可见微管通过细的横径相互连接。微管的数目大致与起始段的横径成比例。这样，大的起始段可能含好几个这样的微管束。而细的节段可能只有一个这样的束。轴突膜下衬的致密质15～20nm厚。当一根轴突终末与轴突起始段形成一个突触时，在突触前末梢接触的轴膜之下的致密下衬是缺乏的，而在此处的突触后致密质一般能够见到。一个轴突膜下衬也出现于髓鞘神经纤维郎飞氏节。这样看来，郎飞氏节和轴突起始段有相似的电性质，并提出位于轴膜下方的致密质层可与电位的产生有关。一个与棘器（spine apparatus）相似的细胞器在轴突的起始段也偶尔可见。

轴突起始段的远侧端是易于识别的髓鞘纤维，大约在这个轴突段成束的微管和下衬于质膜的致密质终止。无髓鞘纤维的鉴别也与此类似。

轴突起始段的长度变化不大，猫脊髓运动神经元是23～38μm，猴的大脑皮层神经元23～54μm；猫和老鼠小脑皮层的浦肯野细胞约17μm。猫脊髓小脑束的单个神经元约28μm。虽然在猴大脑皮层中，一个神经细胞体的平均直径和它的起始段的横径之间有成正比的关系，但细胞体的平均直径与起始段的长度之间无比例关系。

有些神经元的轴突起自于树突基部。微管束在进入轴突起始段之前先行走一段距离，成束的微管在进入轴突后，微管仍彼此分离。在轴突起始段也可能发生侧棘束，其形状、大小和结构相似于树突侧棘。轴突接触可见于这些轴突侧棘。超过起始段的轴突内有许多线粒体、无颗粒内质网、微管和神经细丝；缺乏颗粒内质网和游离核糖体。

一般说，神经元都有一根细长、表面光滑而均匀的轴突，在行途中很少分支，其分支从主干常呈直角发出，构成侧枝（collateral branch）。轴突主干全长粗细基本一致，髓鞘到末梢消失而形成纤维终末，终末与其他神经元的胞体、树突和轴突形成不同类型的突触。轴突处的细胞膜称为轴膜，细胞质称为轴浆（axoplasm）。内含微管、神经细丝、线粒体、滑面内质网小池，常缺乏核糖体。轴突内不合成蛋白质。轴突及其所需的蛋白质和其他活性物质依赖于轴浆运输。

1.2.2 神经胶质细胞

中枢神经胶质（central neuroglia）

神经胶质细胞在中枢神经系统中的不同区域其数量和类型明显地不同。早期，由于胶质细胞胞体小，并要求特殊的染色方法，使神经组织学家不易进行研究。最近，用电子显微镜，生物化学和免疫组织化学，细胞培养和细胞内注射染料等技术，在神经胶质细胞的经典描述（del Rio Hortego 1924）的基础上取得了长足的进展。但关于神经胶质细胞的类型，它们的起源和功能等还有待进一步明确。按其起源可分为两大类，即大胶质（macroglia）和小胶质（microglia）。大胶质在神经板内发生，与神经元平行地构成神经组织的主要部分；小胶质是较小的细胞，一般认为是单核的吞噬型细胞（图1-20）。

（1）大神经胶质

大神经胶质包括星形胶质细胞和少突胶质细胞。星形胶质细胞又有一些特殊的类型如视网膜Muller细胞，小脑的Bergmann胶质（Bergmann glia）神经垂体的垂体后叶细胞，脑室的室管膜细胞（ependymal cell）和室脉络膜细胞（choroidal cells of the ventride）。除此以外，还有在发育和整个生后发育期的来源于大胶质细胞的干细胞（stem cell）。

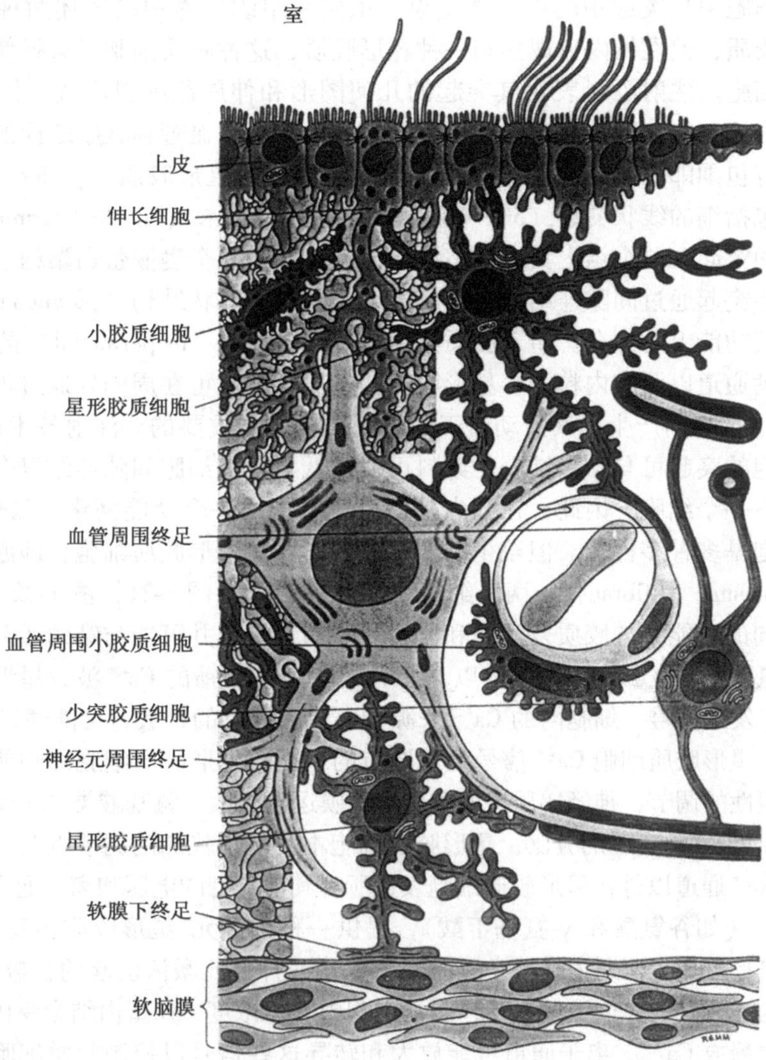

图 1-20　示中枢神经系统中非神经元的细胞类型。深色为上皮和胶质细胞，上皮包括纤毛和非纤毛细胞以及伸长细胞，具有直接从中心发出的基质，两个星形胶质细胞与神经胞体和树突并置；一个（上方）与血管接触，另一个（下方）伸向软膜表面。一个胶质细胞（中间右侧）为两个轴突提供髓鞘。两个扁平小胶质细胞，一个邻接血管（中间右方），另一个在左上端的神经毡中。

星形胶质细胞（astrocyte）　　星形胶质细胞以其形状呈星形而得名，其根状和毛鬓状的突起分枝遍及整个中枢神经毯。它们的突起功能性地与缝隙连结（gap junction），相互形成联络网、紧密地包绕成髓鞘的整个神经元（除突触以外）的质膜，并沿轴突髓鞘的节段攀引。星形胶质细胞以突起的终足（end feet）形式终止于血管胶质界膜（limitan）的基层（basal laminae）和软膜表面，通过胞间桥粒连结（desmosomal junction）与其连接在一起。特别细的突起分枝包绕着郎氏结（Ranvier's node）。超微结构显示，典型的星形胶质具有一个异染色质的清淡的细胞核。苍白的细胞质中含有丰富的糖原、溶酶体（即光镜下的颗粒或神经胶质体）和高尔基复合体以及遍及于（在纤维状星形胶质细胞中）突起中的中间微丝束。虽然在组织培养中已描述两种不同类型和功能的星形胶质，但在体内只观察到一种星形胶质，这种胶质细胞具有行使所有胶质细胞的功能。细胞内注射染料表明其突起的几何图形和伸展范围很广阔。例如在视神经中，用细胞内注射和电镜结合时，星形胶质细胞的突起除血管和软膜表面的经典的终足之外，还具有包围郎氏结节的原生质延伸物。结周围的星形胶质（perinodal astrocytic）的接触结构包括细的线状突起（50～60nm 厚）和终足终末（end-feet termination）及其间的相联系的突起。单个结上具有一串线状丛，来源于几个裹嵌蛋白聚糖基质的星形胶质细胞。一些突起通过间隙连结与少突胶质细胞旁结的环状结构（paranodal loop）相接触，表明与其功能上的配合。星形胶质细胞周围结（astrocyte perinodal）的突起具有高密度的钾和钙通道以及膜内粒子，星形胶质的钠离子电流可在周围处通过神经元间接接触（假突触）传递而产生，其活动对于神经胶质信号是重要的。注射技术同时还表明，星形胶质细胞的突起可与染料结合，染料可通过低阻力的细胞间隙连结复合体，从一个细胞跨越到下一个细胞。因此，在脑内星形胶质可形成一个功能网络。虽然在形态上，星形胶质细胞是多种多样的。但至少有两种主要形式的星形胶质细胞，即原生质型和纤维型（protoplasmic 和 fibraus）。两者细微结构有所不同（图 1-21，图 1-22）。但它们可能服务于共同的功能，如胶质外界膜和血脑屏障的维持；并可能与结的活动有关。通过突触释放谷氨酸的激发，利用细胞内以 7～27μm/s 速度传播的 Ca^{2+} 波，星形胶质细胞结间隙连结相互发出信号。细胞内的 Ca^{2+} 来源于内质网储存的释放，可能通过 G 蛋白结合的受体介导。星形胶质细胞 Ca^{2+} 信号是可调节的。正常星形胶质细胞的功能，如参与突触活动和可塑性的调节，神经递质摄取和代谢；膜运输、肽、氨基酸类二十烷酸、营养因子（trophic factors）NO 等的分泌；星形胶质细胞本身能量代谢的调节以及与血管的相互作用等。除 Na^+ 通道以外，星形胶质细胞表达所有其他类型的电压和离子通道闸门控制的配体（ligand）（如谷氨酸和 γ-氨基丁酸），提供一种神经元/星形胶质相互作用的方式。有人建议，星形胶质离子通道在感觉胶质膜由损伤或神经元激活引起的去极化是重要的。通过去极化的增大，Ca^{2+} 内流的激活，增加细胞内 Na^+ 浓度，G 蛋白结合受体的活力以及由此在细胞内释放 Ca^{2+}，离子通道可能放大和转导这些信号以控制胶质细胞的功能。星形胶质细胞终足分泌硫酸乙酰肝素蛋白聚糖（heparan sulphate proteoglycan），层粘连蛋白（laminin）和纤连蛋白（fibronectin），帮助血管基膜（basal lamina）形成，使终足紧贴血管。星形胶质细胞表达 S100 蛋白，波形纤维蛋白（vimentin）和胶质原纤维酸性蛋白（GFAP），即特意的胶质中间微丝细胞骨架蛋白。星形胶质细胞突起中的 GFAP 和 GFAPmRNA 的水平有区域性的不同，海马星形胶质细胞中的这些物质比其他区域具有较高的滴定度。GFAP 可能是稳固突起形式所需要的，脑损伤后上调，甚至在远离直接损伤后的脑区也是如此。损伤引起的星形胶质细胞增生可归因于损伤表达 GFAP 细胞数目的局部增加，而不是一种新细胞的会聚或局部星形胶质细胞有丝分裂活动增加所致。损伤还伴随一组其他蛋白上调。这些资料提示，星形胶质细胞在中枢神经系统损伤反应中具有保护功能，例如星形胶质细胞分泌：

1）蛋白酶和蛋白酶抑制剂，这些酶抑制剂能装修发展伤疤细胞内的基质，调节主质蛋白含量和清除碎屑。

2）许多重要的细胞激素，这些激素参与免疫症状和血脑屏障的调节。

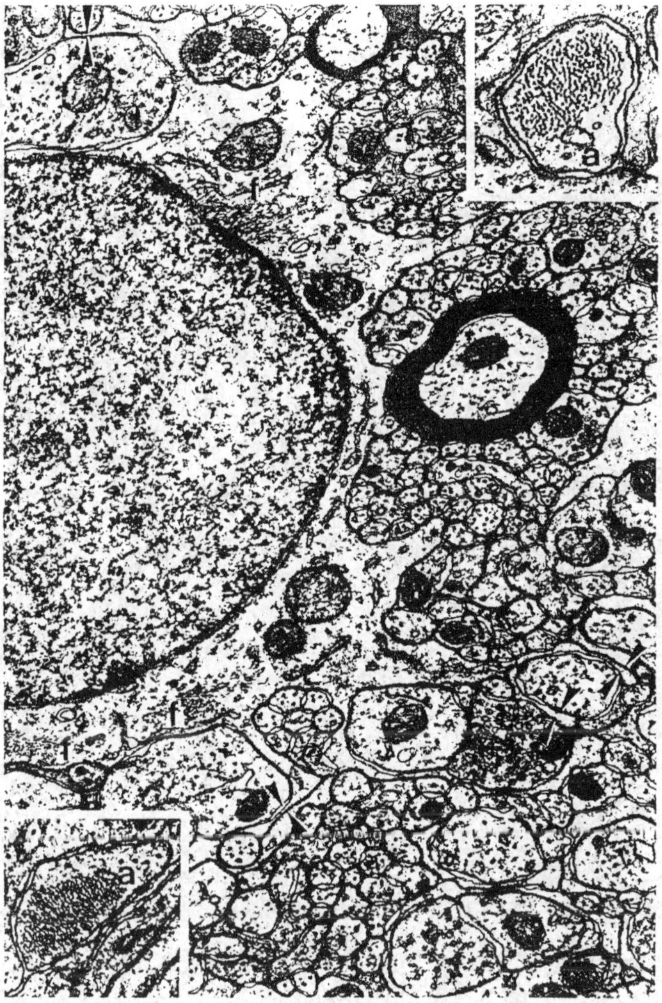

图 1-21　原生质星形胶质细胞

核质均匀致密，胞质淡；线粒体和颗粒内质网池稀少。中间丝（f）比纤维星形胶质细胞少。细层状突起（箭头）插入周围神经毡成分之间。插图示纤维星形胶质细胞（a）的突起，可与原生质星形胶质细胞相比较。纤维星形胶质细胞的突起一般有圆形轮廓，并含一束细丝，线粒体少。

3）神经营养因子，促进神经元存活。

4）针对代谢所产生的兴奋性毒性氨基酸的转运体分子（transporter molecule）和酶，激活抗氧化剂通路，以保护神经元免受死亡。星形胶质细胞对损伤作出反应，沿创口面建立胶质界面，以维护脑/脑脊液屏的完整性。

星形胶质来自神经外胚层（neuroderm），由于其顶突起和基部突起分别与脑室和软膜表面相连，又称为放射胶质（radial glia）。在原始的神经管壁内，先形成的星形胶质细胞在引导成神经细胞迁移到一定的部位是重要的。当成神经细胞迁移停止，极大多数放射胶质先后缩回它们的顶突起和基突起，并分化为成熟的星形胶质。

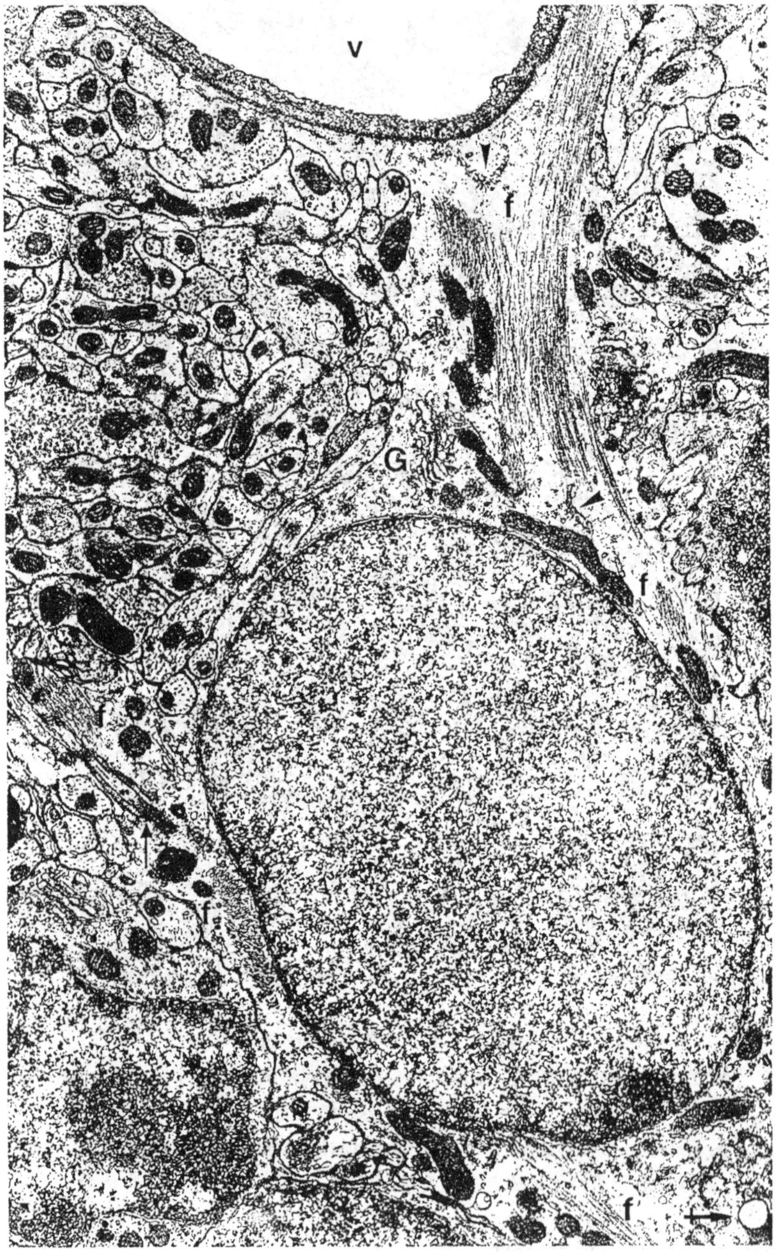

图 1-22　纤维星形胶质细胞

颗粒内质网池短（箭头），Golgi 复合体（G）稀少，紧裹的中间微丝束（f），纤毛（箭），色素颗粒（带叉箭）。胶质的一部分包围着血管（V）。

室管膜细胞在沿脑室和中枢沟排列，它们形成单细胞上皮，按其位置的不同，有鳞状上皮和柱状上皮。在室表面，细胞通过缝隙连结，偶尔也通过细胞桥小体的方式接触。其顶部的表面有无数微绒毛即细胞游离表面的微小突起和纤毛，纤毛是能动的，服务于脑脊液的流动。超微结构显示，室管膜细胞核是异染色质的，其边缘凹陷不平。细胞质富含线粒体、溶酶体、微管和微丝。在室上皮排列中，室管膜细胞的区域性变化很大，但在哺乳动物中四个主要的排列区是可辨认的。其组成是：覆盖于灰质区的一般室管膜，排列于白质的一般室管膜，第三、四脑室中特异区的室管膜，以及脉络上皮（图1-23）。

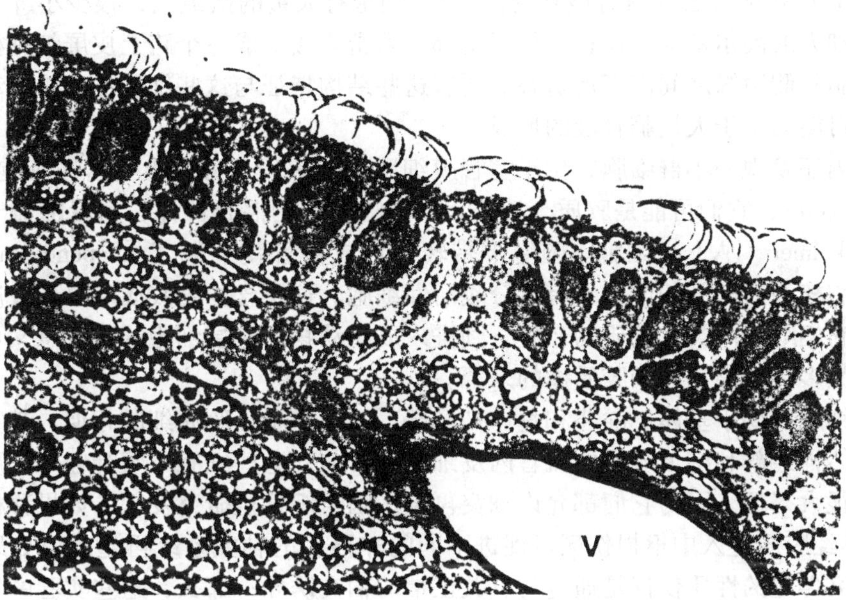

图1-23　上皮细胞

光镜下的上皮细胞呈圆柱状，核卵圆形，从基体发出纤毛，核上方有很多线粒体。

V：血管，取自兔脊髓中央管。×1400

覆盖于灰质区的室管膜细胞是立方形的。每个细胞在其顶部中心约附有20根纤毛，短的微绒毛（即细胞游离表面的微小突起）包围着细胞的边缘，不广泛地褶皱，细胞通过缝隙连结和细胞桥粒相连，细胞的内含物如前所述，不形成基底层，但可能存在室管膜下带。在两到三个细胞深处，细胞由类似室管膜细胞的细胞器和核组成，其底下的血管无穿孔，并很少有胞小泡，即它们是典型的中枢神经系统组成部分。在室管膜排成一列成鞘束道处，细胞很扁平，呈扁平的鳞片状，少数细胞是纤毛状的，有缝隙连结和细胞桥粒，但在细胞外侧缘高度褶皱并交错，不存在室管膜下带。这些细胞不同，在功能上可能灰质比白质与脑脊液之间的代谢产物的交换更为有关，更需要代谢物的交换。

特殊区域的室管膜细胞发现于包围着第三脑室周围器官的四个区域，包括下丘脑内侧隆起和形成连合下器官的壁膜，穹窿下器官和终纹层的血管器以及其他相关区。在第四脑室的下后边界是最后区，结构上有相似之处。这些部位纤毛化的室管膜细胞稀少，它们在室表面有许多微绒毛和顶泡。含有许多线粒体，并形成完整的高尔基复合体。细胞位于相应扁平的基核顶端，细胞侧面通过紧密的连结相连，这些连结形成一个栅以通过室管膜和桥粒传送物质。这些细胞的许多是伸长细胞（tanycyte），即室管膜细胞和室管膜星形胶质细胞（ependymolial cells，ependymal astrocyte）。其基实投入周围血管的空间，包围着下方的微血管，它们具有膜孔，不参与形成血脑屏障；这些区域可能构成特别的带，通过这些带，物质可从神经组织和血管进入脑脊液，在脑室内经室管膜细胞进行活跃的物质运输。

位于脉络丛血管层邻近的室管膜有很大的不同，除没有基突之外，其细胞与室周围器官的那些细胞相类似。它们构成一个居于基膜上的立方上皮。基膜外部邻近软膜（applied pia）和微管层（具有微孔的内皮），细胞有大量的微绒毛，很少小纤毛；有许多线粒体和大的高尔基复合体；核位于基部；紧密连接形成一个跨上皮屏细胞桥粒，在细胞和细胞外侧边缘之间高度地折叠。所有这些结构特征与这些细胞的分泌活动是一致的，它们可能司责于大量脑脊液的形成。

脑室内还发现一小群细胞，位于室管膜细胞顶部表面，称为上室管膜细胞（supra-ependymal cell），它们可能是胶质、神经元和巨噬细胞的混合群体，后者覆盖于脉络丛上，称为 kolmer（丛上）细胞。脑室下带转而形成室管膜下板（subependymal plate），是一层细胞核淡或深染的原始的有丝分裂活性细胞。这层含少突胶质和星形胶质谱系的干细胞，它们继续两类大胶质的产生直到进入成年动物。这层细胞的重要意义可能是因为它们是大多数人类室周围胶质瘤的来源。

垂体细胞发现于垂体、漏斗和垂体神经部，它们与星形胶质细胞相似。其突起大多终止于垂体神经部和结节灰质的血管内皮细胞。目前，这些细胞与嗅神经的胶质都引起研究者的很大兴趣。因为它们都允许轴突再生。脑组织移植研究发现，如果移植垂体细胞/或嗅神经胶质进入中枢损伤区可促进不同的非再生的轴突系统再生。但如果这些胶质允许轴突再生的性质仅仅是通过与有关正常的轴突诱导；那么，这些实验的发现可能是令人失望。

少突胶质细胞（Oligodendrocyte）　少突胶质细胞在髓鞘中是作为束内细胞。其主要功能是在中枢轴突的周围铺设髓鞘质（髓磷脂）。因此，它们是周围神经成髓鞘的雪旺氏细胞在中枢的匹配物。但中枢和周围髓鞘质的成分和形成的细节有所不同。轴突成髓鞘细胞也不相似：一个少突胶质细胞可能以分离的髓鞘紧绕好几根轴突；而雪旺氏细胞只能成鞘一根轴突。有些少突胶质细胞与轴突无关，这些细胞的一部分可能是成年形式的少突胶质前体细胞或是带突起分枝的神经元周围（卫星）的少突胶质细胞，其功能尚不清楚（图 1-24）。

少突胶质细胞的密度在神经系统中的不同区域很不相同。在人类髓鞘厚实的脑桥小脑束中，估计是 64000 个/mm^3。在束内和束间的小突胶质细胞排列成长列；而单个的星形胶质细胞有规律的插入其间隔中。例如在老鼠脑内，大约 8 个连续排列的少突胶质中插入一个星形胶质细胞。成排的少突胶质单元以其突起成髓周围的轴突，放射状地将成排的中枢连成一线。这样，成髓鞘束包含好几组轴突索，通过一排沿索道走向的少突胶质细胞成髓轴突。在相邻索道的长轴中少突胶质细胞单元的范围重叠，索间的距离约 15μm（图 1-25）。

少突胶质细胞的超微结构显示其核圆，胞质含丰富的线粒体、微管和糖原（图 1-26），和星形胶质细胞一样，细胞形态各异。具有大的常染色质的核清淡的细胞质，异染色质的核仁（hetero-chromatic nuclei）和致密的细胞质。氚标记表明，在成年动物它们能增殖；而在这之后的阶段，成熟的和变性的细胞都能观察到。

少突胶质细胞表达半乳糖脑苷脂（galactocerebroside，gal c）CAⅡ（carbonic anhydrase

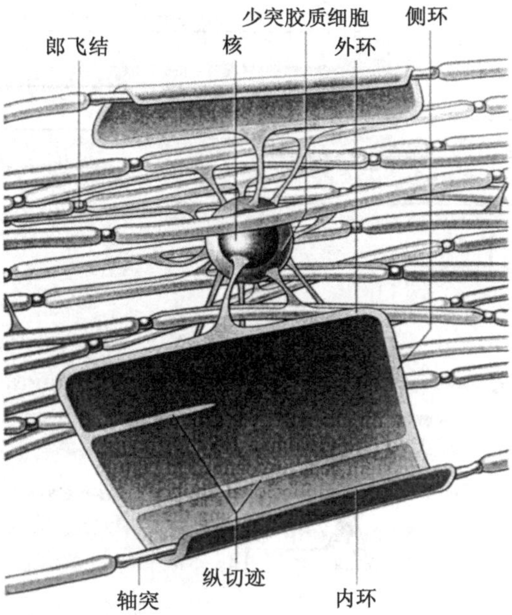

图 1-24 少突胶质细胞

胞体（中心上方）附着大量髓鞘，向外展开，显示其占有的巨大表面区。少突胶质细胞的胞质也为扁平的髓鞘脂狭嵴取代。

Ⅱ)，髓磷脂碱性蛋白（myelin basic protein，MBP)，2′3′环化核苷酸-3′-磷酸二酯酶（2′3′-cyclic nucleotide 3′-phosphodiesterase，CNPase）和铁传递蛋白（transferrin)。除 RIP，即一种尚未鉴别的细胞内决定簇的单克隆抗体之外，这些分子的抗体均被用于鉴别少突胶质细胞。在许多重要方面，由少突胶质细胞形成的髓鞘不同于雪旺细胞所形成的髓鞘。许多抗中枢髓磷脂组分的抗体，如 MBP，髓磷脂相关糖蛋白（myelin associated glycoprotein，MAG）和 Wolfgram 蛋白在外周也发现。为对中枢髓磷脂作明确的鉴定，一些特异组分的抗体，如 PLP（protealipid protein)，MAG，CNPase，髓磷脂-少突胶质细胞-相关糖蛋白（myelin-oligodendrocyte-associated glycoprotein，MOG）和髓磷脂-少突胶质细胞-特异蛋白（myelin-oligodendrocyte-specific protein，MOSP）等都用于实验。直径小的纤维，其髓磷脂、薄板致密层（lamellar compaction）和 schmidt-lanterman 的微细结构在化学性质上不同于大管径轴突，可能反映由于少突胶质单元的有关不同类型（Ⅰ～Ⅵ）的少突胶质细胞有不同的产物。

少突胶质细胞单元可按其与轴突接合的数目分类。Ⅰ型单元（Type Ⅰ unites）是多分枝的细胞通过成髓许多轴突形成。Ⅳ型单元是成髓鞘一根轴突的雪旺氏细胞，Ⅱ型是中间形式。由于Ⅳ型单元与大直径轴突有关，而Ⅰ～Ⅲ型单元为较小直径的轴突具有，因此产生这样一个概念——即所有的少突胶质细胞单元（Ⅰ～Ⅵ）产生等量的髓磷脂，因为与小直径纤维相比，大直径纤维拥有较厚的髓鞘（带有更多的薄片），结节间的长度较长。猫脊髓系列切片的结构重组研究指出，一个单元的髓鞘轴突其直径是近似的。在大鼠、小鼠视神经中注射染料的实验表明，一个单元所有结节间的髓磷脂节段

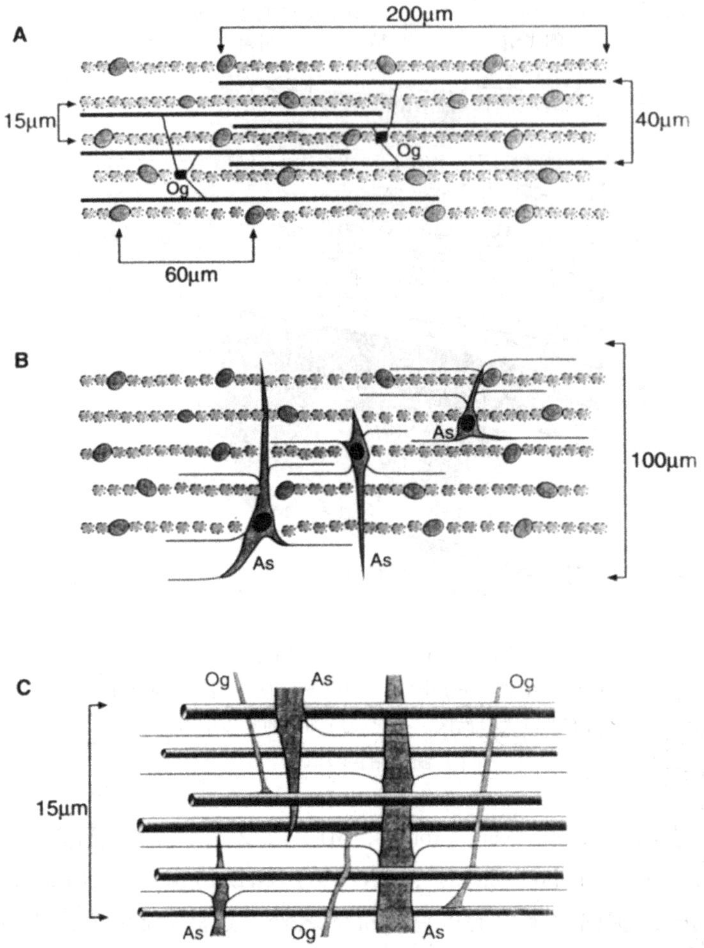

图 1-25　放射和纵向的少突胶质（A）和星形胶质（B）形成突起（C）编织成的突起网络的排列

A. 表示贴靠在索间胶质核排列背景，两个少突胶质细胞的放射状杆和纵向成髓鞘突起（Og，实心方块）。B. 三个星形胶质细胞（AS）典型的放射状和纵向突起。C. 少突胶质细胞（AS）和星形胶质细胞（AS）的突起交织成网络。典型的三维结构：索道间胶质排列之间核心到核心的距离 5μm；各排内星形胶质细胞的距离 60μm；少突胶质细胞放射的跨度 40μm；结节间的高度 200μm；星形胶质细胞的放射跨度 100μm。

的长度是相似的。观察建议，Ⅰ～Ⅵ型少突胶质细胞接收大小和数目相似的轴突进入每一个类型的单元中。髓磷脂膜层的数目与轴突直径呈正相关。节间的长度与轴突的直径呈线型关系。

少突胶质细胞来源于胚胎的室管神经外胚层（ventricular neuroectoderm），生后继续由室管膜下板产生。一些干细胞可能迁移并植入白质和灰质形成成年祖代细胞库，这些祖代细胞后来可能分化以补充丧失的少突胶质细胞，并可能再成鞘病理的脱髓鞘区。有人曾在细胞培养研究中指出，少突胶质细胞和一种特殊的星形胶质细胞可能由共同的祖先细胞形成，但这个观点不被再接受。一般认为，在体内，少突胶质细胞和星形胶质细

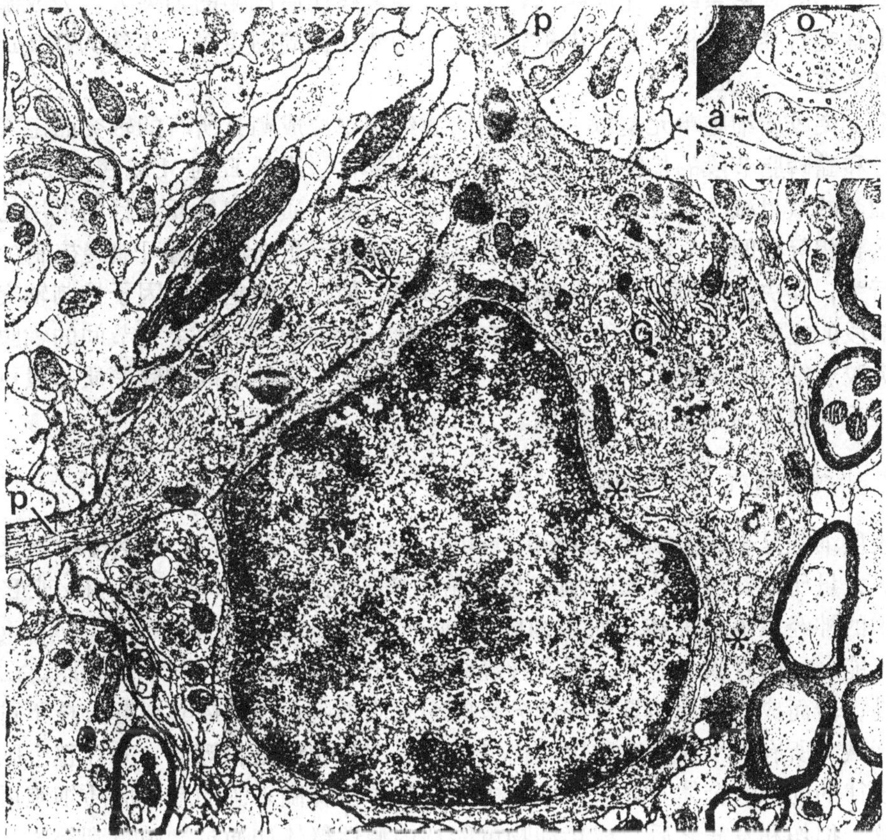

图 1-26　少突胶质细胞

其核中主要是染色质致密块，致密胞质中有线粒体，致密体，Golgi 复合体（G），大量颗粒内质网池，有些排列成垛（星号），核周体和突起（P）中含大量微管。插图示一少突胶质细胞（O）和一纤维星形胶质细胞（a）的突起，前者富含微管，中间微丝极少，而后者少有微管，具有许多排列成束的微丝。

胞来源于不同的细胞谱系。

在组织培养中，少突胶质干细胞定义为能动的原始细胞，与单克隆抗体 A2B5 发生反应，认别四唾液神经节苷酯（tetrasialoganglioside），但不表达被认为与 O_4 抗体反应的硫化物（sulphatide）。它们表达血小板源性生长因子（platelet derived growth factor，PDGF）α 受体，并对 PDGF 碱性成纤维细胞生长因子（basic fibroblast growth factor，FGF）和作为促有丝分裂的胰岛素样生长因子（insulin-like growth factor，IGF）Ⅰ反应。祖代细胞通过一个有 A2B5-阳性/阴性、O_4-阳性和 galc-阴性中间原少突胶质细胞阶段表现型分化成 A2B5 阴性、O_4-阳性和 gal c-阳性少突胶质细胞。星形胶质细胞和神经元分泌 PDGF，可能有助于控制增殖。在 PDGF 存在中，干细胞分化成少突胶质细胞，但 FGF 阻止分化并通过维持 PDGF 受体促进增生。IGF-Ⅰ和Ⅱ诱导原少突胶质细胞分化成为少突胶质细胞。PDGF 和 IGF-Ⅰ都促进干细胞的存活，并因此与少突胶质细胞成鞘轴突的匹配数目的机制有关。少突胶质细胞的突起先是以不致密的细胞质成鞘物族合于轴突，至少有一个完全的旋转，称为 E 鞘（E-sheath）；以后，再变成致密的 M 鞘，呈现出较大和较小的致密条纹。先成鞘的轴突其直径最终比后成鞘的轴突大。为成髓鞘的临界的最小轴突直径是比较小的。中枢轴突大小的变化比周围更多，大约为 0.2μm 左右；周围神经系统 1～2μm。

一个少突胶质细胞单元是以一个少突胶质细胞单位成鞘其所有的轴突而定义的。轴突的直径和髓磷脂节段的长度很一致，但亮度是变化。当从 E 到 M 成髓鞘发生变化时，单元中轴突的数目减少；表明在鞘可能被取得与少突胶质细胞单元数目的可用的轴突的表面区达到相等期间，E 状态是可塑的。虽然一般相信在成髓鞘期间轴突控制少突胶质细胞的行为，如决定结节的长度和回的数目参数。但不了解是什么因子控制轴突结节间髓磷脂节段的空隙。有人认为结节区是在髓鞘化开始前形成，每个结节间的轴膜只接受一个少突胶质细胞的突起。至于轴突的延长可归结于一些结节间的髓鞘质节段可能从大直径纤维丢失被加到小直径纤维所致。

（2）小神经胶质（microglia）

小胶质细胞是小树突细胞（small dendritic cell），发现于整个中枢神经系统，包括视网膜。大量研究支持小胶质细胞来自胚胎单核细胞（fatal monocyte）和/或它们的侵入发育中的神经系统的前体；血源细胞（haematogenous cell）穿过主质（parenchymal）壁，也可能穿过脑脊膜、血管，侵入神经组织。出生前，先作为阿米巴细胞，后来失去其能动性，转而成为典型的具有突起分枝的小胶质细胞。在脑内其突起分枝不重叠地占领同一区域。所有的小胶质细胞以其树突区而界定的领地是相等的。并在整个脑内形成一个有规律的同源嵌合体。在成年动物中，自外源性骨髓来源的新小胶质细胞可能不增加。因此，损伤和发病之后，成年动物可能从内源性群体如通过增殖得到补充。一致的意见是侵入生后脑内的成熟的单核细胞成为巨噬细胞，而不是小胶质细胞。小胶质细胞特异抗原的表达随年龄而变化，许多表达下调以作为小胶质细胞达到成熟树突形态。新近有人提出证据，在脑内成为小胶质细胞可能是星形胶质诱导。在细胞培养中，接种在星形胶质单层上的单核细胞转变成为相似形态学的树突细胞具有抗原表现型和唯一在内部调整 K^+ 膜通道特征的小胶质细胞（图 1-27）。

在啮齿类，也可能在人类脑内，小胶质细胞约占所有胶质细胞的 10%～20%，更多地分布在灰质，白质较少。它们形成一个稳定的群落；在正常脑内其转换型很少见。在电镜贴片上，小胶质细胞有一个周围异染色质的长型核。细胞质淡染，含颗粒和散在的粗面内质网（RER）微管。高尔基器集中在两极。两个或三个原极突起多从胞体的想相对极发出，连续地分叉，形成短的瓜状终末枝。用经典的银染法特别是碳酸银技术（del Rio Hortega 1932）可在形态上识别小胶质细胞。新近一些免疫细胞化学的和外源凝集素标记物可用以鉴别小胶质细胞，包括血细胞共同抗原（leucocyte common antigen，OX-1）、CR-3 补体受体（OX-2）、巨噬细胞胞质蛋白（ED1）和 IgGFC 受体（即 G2 和 Mac-1）等抗体。还有植物凝集素 Bandeiraca（Griffonia）、simplicifolia 凝集素（BS-1 see 8-49，52）和 Ricinus Communis 凝集素-120（RCS-1）。

在正常脑内，小胶质细胞的功能仍然是谜。但像星形胶质细胞一样，它们被外伤和局部缺血损伤激活，在许多疾病中，包括帕金森氏病、老年痴呆症、多重硬化症（multiple sclerosis）、获得性免疫缺陷综合症（AIDS）、肌萎缩性侧索硬化（amiotrophic later-

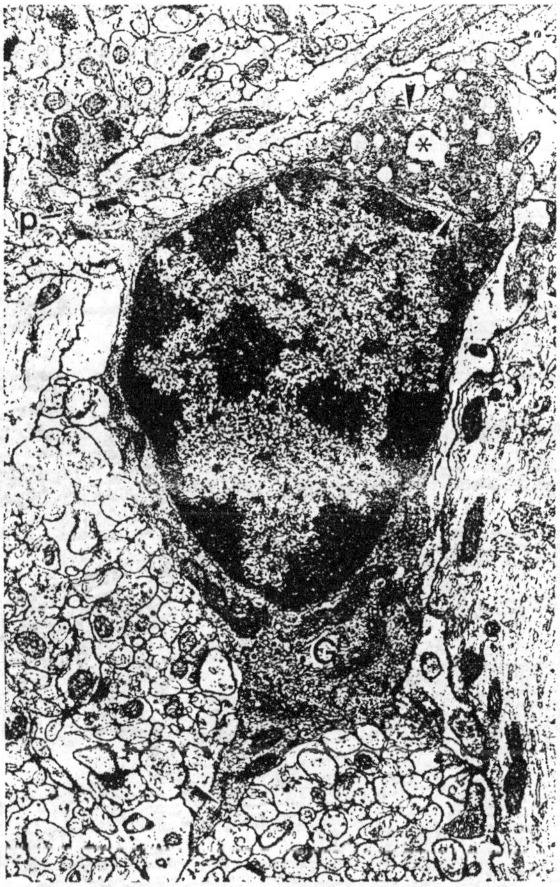

图 1-27　小胶质细胞

染色质块状，致密胞质中有线粒体，颗粒内质网池（箭头）和 Golgi 复合体（G），在细胞一端是包围一空泡的颗粒碎块（星号），细胞外缘不规则。P = 细胞突起。

al sclerosis）和拟瘤性脑炎（paraneoplastic encephalitis），它们成为吞噬的细胞（phagocytolic），有些转变为变形的能动型。之后它们成为与突触脱离而和吞噬细胞的作用息息相关。EDI、OX-42、白细胞共同抗原和主要组织相容性（histocompatibility）复合体Ⅰ和Ⅱ（MHCⅠ和Ⅱ）抗原的上调以及蛋白酶、细胞因子（cytokine）以及反应氧和氮中间物的分泌也细胞活性的特征。

周围神经胶质（peripheral neuroglia）

（1）雪旺细胞（Schwann cell）

雪旺细胞是周围神经系统的卫星细胞，外周神经系统的主要组成成分。它们使周围神经轴突成鞘，并通过雪旺细胞质将轴突自内膜分离开来。在一根成年周围神经中，雪旺细胞沿轴突长轴分布：这种联系的几何图形依赖于轴突是否成髓鞘或不成髓鞘。髓鞘纤维与其成鞘的雪旺细胞的关系是 1:1。一个雪旺细胞的区域限定在一个节间。雪旺细胞之间的间隔是一个郎氏节。节间的雪旺细胞的细胞质以精致的交织条纹网包围着髓鞘。约自节间周围核区的中间朝向旁节领，从核处细胞质的指状突起延伸，越过节间隙到达具有来自于相邻雪旺细胞突起的指间。细胞质的螺旋形卷自细胞质的近轴突层，在 Schmidt-Lanterman 足迹通过髓鞘到达细胞质的近轴突层（adaxnal layer）（图 1-28）。有证据建议，在髓鞘纤维中轴突周围腔和雪旺细胞的近轴突层的维持是依赖于雪旺细胞近轴突膜中的髓磷脂相关糖蛋白（myelin associated glycoprotein，MAG）。

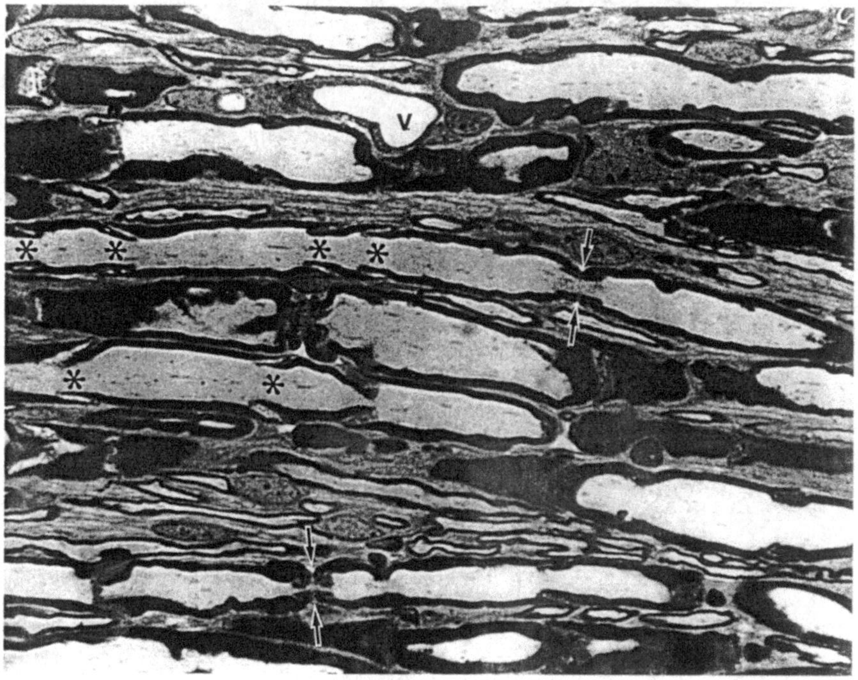

图 1-28　外周髓鞘神经纤维纵切面的光镜照片
箭头示朗飞结，星号示 schmidt-Lanterman 切迹，V = 血管，甲苯胺兰染色。

在非髓鞘纤维中，轴突和雪旺细胞之间的关系是很不相同的。单个雪旺细胞通常与一组小直径轴突有关；人的周围神经中无髓鞘轴突的直径到达 1.5μm。

组织化学染色揭示成年髓磷脂形成的雪旺细胞的分子表现型不同于成年非髓磷脂形成雪旺细胞。这不奇怪，成年髓鞘质形成的雪旺细胞存在好几种髓磷脂蛋白，包括主要的髓磷脂蛋白 Po，髓磷脂碱性蛋白（MBP），髓磷脂关联糖蛋白（MAG），周围髓磷脂蛋白（PMP-22）等为其特征。它们不表达低亲和的神经生长因子受体（NGF-R）、神经细胞粘连分子（N-CAM）、胶质原纤维样酸性中间微丝蛋白（GFAP）、跨膜糖蛋白 L1、生长关连蛋白（GAP-43），而所有这些是成年非髓磷脂形成的雪旺细胞的特征。在腹根和肌神经运动有关轴突的雪旺氏细胞中明显地表达 L2/HNK-1，糖抗原决定簇；但在背根，主要感觉皮神经中表达稀少。所有的雪旺细胞都表达 Ca^{2+} 结合蛋白 S-100，半乳糖脑苷脂（GC）和通过 O_4 单克隆抗体识别的硫化物。非成髓磷脂细胞的分子表达所有雪旺细胞在成髓鞘之前的细胞分子特征。但在成髓鞘到来时下调。最近离体研究表明，Po 蛋白在转录的和翻译的/后翻译的阶段都能被调节。

雪旺细胞来源于神经嵴细胞。在外周神经发育中，部分雪旺细胞被轴突诱导，紧密围绕于其周围，形成外周神经的髓鞘即髓鞘纤维（myelinated fibre）（图 1-29，1-30）。另一部分不参与形成髓鞘的雪旺细胞松散地裹着直径小的神经纤维，或附着在神经肌肉

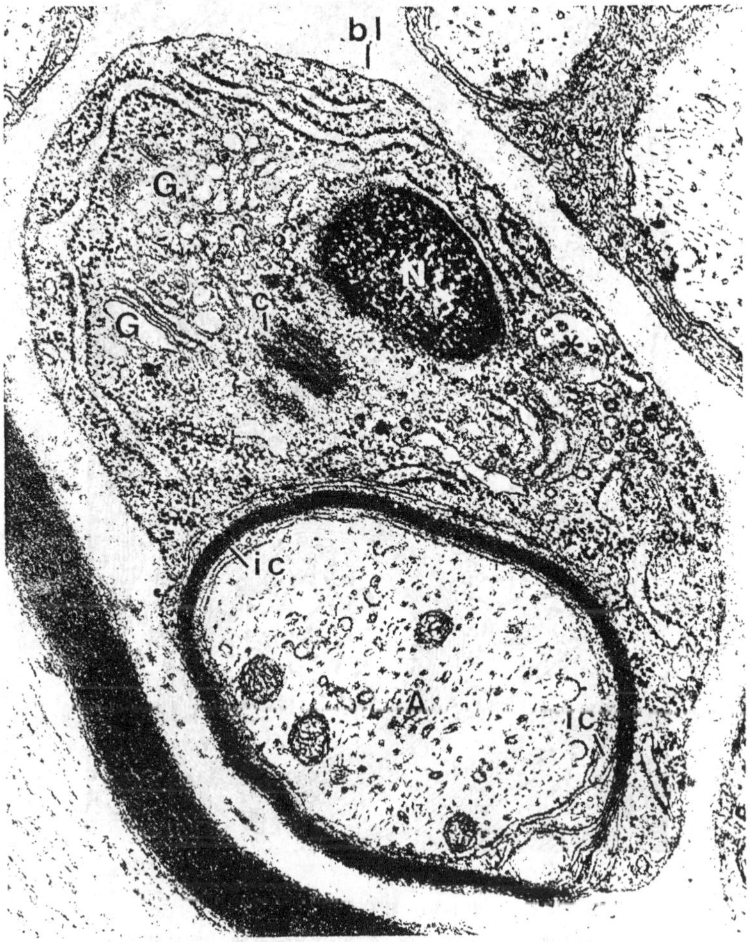

图 1-29　髓鞘神经纤维

雪旺细胞质的内隔（ic）直接与横切轴突（A）邻近，胞质内隔中含颗粒内质网池，游离多核糖体，Golgi 复合体（G），一中心体，多囊泡体（星号），b = 基底层，N = 雪旺细胞核。

接头和其他外周神经联系部位，称为无髓鞘纤维（non-myelinated fibres）。在哺乳动物的皮神经和背根神经节中，75% 是无髓鞘神经。正常情况下，雪旺细胞分泌层粘连蛋白（laminin），Ⅰ、Ⅲ、Ⅳ型胶原蛋白（collagen）和硫酸肝素型蛋白聚糖（heparen sulfate proteoglycan，HSPG）等多种胞外基质成分，已证明这些成分对外周神经纤维周围胞外基质（ECM）环境的组建起重要作用。当外周神经受损时，雪旺细胞反应性的去分化，增殖、并参与清除溃变轴突和髓鞘碎片的过程。之后，雪旺细胞保留在原来包绕于神经纤维外的基底膜管（basal lamina tube）即一种特化 ECN 结构内，长出细长的胞质突起，形成称之为 Bungner 氏带，再生轴突便以这些 Bungner 氏带为支架而攀缘生长。体内体

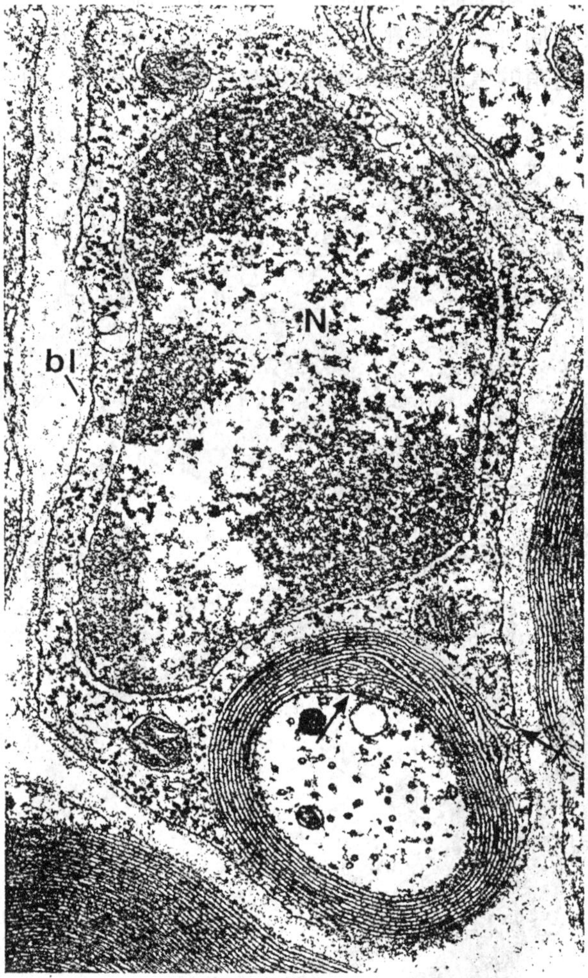

图 1-30　髓鞘神经纤维

通过雪旺细胞核区的横切面。箭头指内轴系膜，带叉箭头指外轴系膜。bl = 基底层；N = 雪旺细胞核。

外实验都证明，雪旺细胞能产生多种神经营养因子，如 NGF、BDNF、CNTF、bFGF 和 GDNF 等，对多种神经元起营养作用，并促进神经突起生长；同时还表达许多细胞表面粘附分子（cell adhesion molecules，CAMs）如免疫球蛋白家族和钙调素家族的成员，以介导与雪旺细胞间的粘连，促进轴突延伸和再生。另外，雪旺细胞分泌产生的基底膜管中含有大量有利于轴突再生的胞外基质分子（如 laminin 等），并且 FGF 等营养因子还可以与之结合。这些因素是导致外周神经再生能力很强的主要原因。

由于雪旺细胞可表达多种神经营养因子，细胞粘连因子和胞外基质成分，因此很适合于用以改善中枢神经轴突的存活和再生环境。Tello（1911）早先的实验将含雪旺细胞的外周神经节段或外周神经节移植到脑内，发现可以促进中枢神经纤维生长。并得到后来不少人用坐骨神经移植到中枢的一系列实验的证明。他们观察到，脊髓、脑干、丘脑、大脑皮层和视网膜神经元的轴突都可长入外周移植物，长达数十毫米之多。进一步研究表明，外周神经的这种促轴突生长的效应主要来源于其中雪旺细胞的作用。由于这些发现，直接将体外培养纯化的雪旺细胞移植到中枢神经系统内的方法得到研究者们的广泛关注。近年来，在隔核胆碱能系统的研究中，植入雪旺细胞能显著地促进隔核胆碱能神经元再生，并且这些再生的纤维可由雪旺细胞桥越过损伤处，重新支配其靶区的海马细胞。除此以外，纯化的雪旺细胞对视神经节细胞、多巴胺能细胞、丘脑细胞等多种其他类型的神经元受损伤后的存活和轴突再生有促进作用。

（董新文）

参 考 文 献

[1] 阿德尔曼，G主编.《神经科学百科全书》编译委员会编译. 神经科学百科全书. 上海：上海科学技术出版社，1992

[2] Lewin R. Is your brain really necessary? Science，1980，210：1232～1234

[3] Kuffler SW，Nicholls JG and Martin AR著，张人骥、潘其丽译. 神经生物学——从神经元到脑. 北京：北京大学出版社，1991

[4] Hsu K and Terakawa S. Fenestration in the myelin sheath of nerve fibers of the shrimp：a novel node of exitation for saltatory conduction. J Neurobiol，1996，30：394～409

[5] Bear MF，Connors BW and Paradiso MA、Neuroscience：exploring the brain. Williams & Wilkins，1996

[6] Pannese E. Neurrocytology. Thieme，1994

第二章　电信号在神经元的产生和传导

§2.1　生物电研究简史

对周围环境的变化能给出反应的能力是细胞和由细胞构成的生物组织的基本特性之一。在生物学中通常将细胞和生物组织的这一特性称为应激性（irritability），并将能引起反应的动因称为刺激（stimulus）。事实上，环境中的任何物理的、化学的或物理化学的动因都可成为刺激。在实验研究中，当由各种类型的刺激器发出的刺激超过了某强度时，便可由测试仪器观测到相应反应。此强度被称为阈强度或阈值（threshold value），而超过或低于此强度的刺激便分别被称为阈上或阈下刺激（supra-or sub-threshold stimulus）。细胞和生物组织对刺激给出的最一般的反应为代谢变化。但这种变化不易准确测量，特别是在测量仪器尚不够十分精确的年代里。唯有神经、肌肉和腺组织的应激性有了特化，当它们受到阈上刺激时，神经出现冲动传导、肌肉出现收缩和腺体出现分泌反应。因此，这三种组织的应激性通常又被特称为兴奋性（excitability），而它们对刺激的特化反应则被相应地被称为兴奋（excitation）。

在很长时期内关于神经兴奋性的研究便主要是以肌肉收缩为指标在神经肌肉标本上进行的。事实上，肌肉收缩这一指标对神经兴奋反应的测量与规律的阐明，如全或无反应的确定、不应期的发现和传导速度的测定等都有过贡献。但随着科学的进步，待有了足够精密的电测量仪器，并且借以阐明了神经受刺激所产生的动作电位可作为代表其兴奋过程的直接指标时，便又进一步只将动作电位的产生定义为兴奋（excitation）。因而神经与肌肉等可产生动作电位的细胞便被称为可兴奋细胞（excitable cell）。至于肌肉的收缩和腺体的分泌则被作为独立现象与兴奋分开。于是在肌细胞由动作电位进一步诱发收缩的过程便被更准确地称为兴奋-收缩耦联（excitation-contraction coupling），而由神经兴奋引起腺体分泌过程则被称为兴奋-分泌耦联（excitation-secretion coupling）。

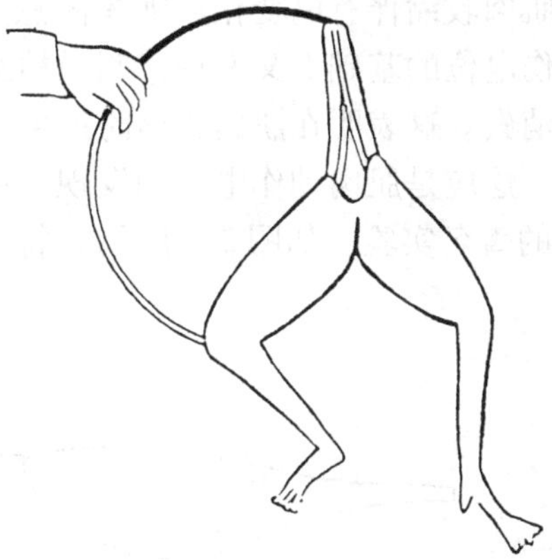

图 2-1　Galvani 用金属弓引起肌肉收缩实验示意图

回顾过去，生物电便是在研究神经与肌肉活动中首先被发现的。在发明了莱顿瓶之后，便探明了用莱顿瓶放电刺激神经可使其支配的肌肉收缩。另一方面又可以说，关于神经系统活动的研究主要是伴随着生物电研究的进展而发展起来的。人们通常把意大利医生和生理学家 Galvani 在 18 世纪末进行的所谓“凉台实验”作为生物电研究的开端。当他把剥去皮肤的蛙下肢标本用铜钩挂到凉台的铁栏杆上，以便观察闪电对神经肌肉的作用时，意外地发现每当蛙腿肌肉被风吹动而触及铁栏杆便出现收缩。后来，他又将实验移到室内进行，如图 2-1 所示，将铁与铜制成的金属弓的两端接触标本，也可引起肌肉收缩。

Galvani 认为，这是生物电存在的证明，即肌肉宛如蓄有电荷的莱顿瓶，由于其电荷通过金属导体放电引起了肌肉的收缩。这一发现在学术界引起了轰动，如有的医生甚至开始用金属弓治疗神经疾病等。但同时代意大利物理学家伏特（Volta）不同意现象发现人对所观察到的现象的解释。他认为刺激肌肉引起收缩的电流是来自两种金属与溶液接触产生的电位差，而肌肉在其中只不过起了导体的作用。这两种观点显然是截然相反的。事实上，伏特不仅对现象做了正确解释，即引起肌肉收缩的是不同金属的接触电位，并在此项研究的基础上，发明了铜锌伏特电池；另一方面，Galvani 为了维护自己的观点，又完成了被称为“无金属收缩”的实验，从而无可怀疑地证实了生物电的存在。

如图 2-2 所示，他发现无需依靠金属导体，当将神经肌肉标本自身的神经干的新鲜

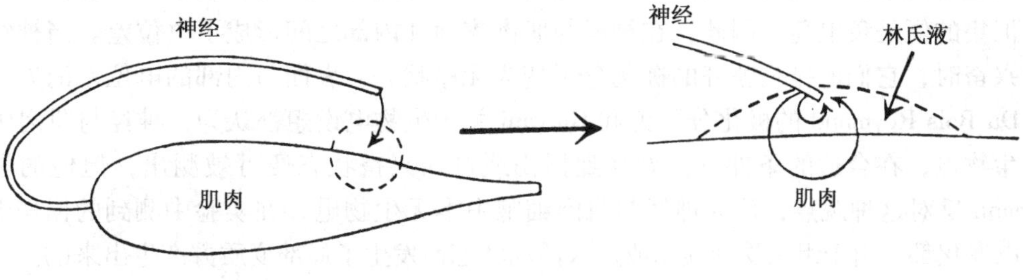

图 2-2　Galvani 无金属收缩实验示意图

切口直接触及肌肉表面时，即可引起该肌肉的收缩。事实上，这是由于神经干切口处产生了损伤电位,此肌肉收缩便是由损伤电流的刺激而引起的。现在看来,这种损伤电位便是静息膜电位的显示,所以 Galvani 被认为是生物电的发现者。在这一学术争论中,双方都拥有部分真理,都为科学的发展做出了重要贡献,而这段历史也成为启迪后学者的佳话。

19 世纪初叶，在物理学中发现了电流的磁效应，1820 年便有电流计问世。1827 年物理学家 Nobeli 改进了电流计，并在肌肉的横切面和完整的纵表面之间记到了电流，其损伤处为负，完整部分为正。这是首次实现了对生物电（损伤电位）的直接测量。至于肌肉收缩伴有电变化，则是由意大利生理学家 Matteucci 所发现的。他在记录到上述损伤电位的基础上又发现，刺激神经肌肉标本的神经使其肌肉收缩时，则损伤电位降低或消失。这表明在肌肉收缩时产生一个与损伤电流方向相反的电流，并将其称为负电变化。这应是肌肉动作电位的发现。此外，1842 年 Matteucci 还进行了被称为“二次收缩”的著名实验。如图 2-3 所示，将左侧神经肌肉标本的神经干搭在右侧标本的肌肉

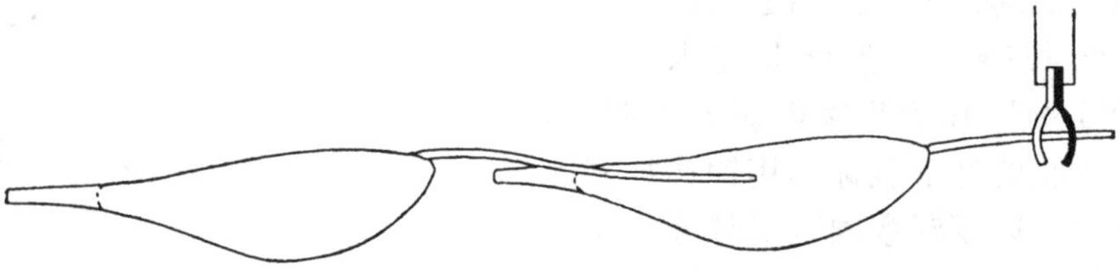

图 2-3　Matteucci 的二次收缩实验示意图

上。当刺激右侧标本的神经干，使其肌肉收缩时，则左侧标本的肌肉也会随之出现收缩。这一实验结果又清楚地表明了左侧标本的肌肉收缩是由于右侧标本的肌肉兴奋（动作电位）所引起的。

生物电的存在被证实后，关于生物电的来源又产生了两种对立观点。德国生理学家 Du Bois Reymond 一方面改进和设计了许多研究生物电现象的设备和仪器，如电键、乏极化电极、感应线圈和更为灵敏的电流计等；另一方面，又对生物电进行了广泛和深入的研究，如在大脑皮层、腺体、皮肤和眼球等生物组织或器官都发现了生物电，特别是 1849 年他又在神经干上记录到损伤电位和活动时产生的负电变化，即神经的静息电位和动作电位，并且在此基础上首次提出了关于生物电产生机制的学说，即极化分子说。他设想神经肌肉细胞表面是由排列整齐的、宛如磁体的极化分子构成。每个分子的中央有一条正电荷带，两侧均带负电荷。正电荷汇集于神经与肌肉的纵表面，在它们的横断面上汇集的便是负电荷。因此，在神经与肌肉表面和内部之间形成了电位差。当神经与肌肉兴奋时，它们的排列整齐的极化分子变为无序状态，表面与内部的电位差消失。

Du Bois Reymond 的极化分子说和 Galvani 关于生物电设想都认为，神经与肌肉中存在着生物电，在合适的条件下，如受到损伤或进入兴奋状态便可被测出，但他的学生 Hermann 反对这种观点，认为神经与肌肉细胞中本无生物电，在实验中测到的损伤电位和负电变化都是由于组织受到损伤或进入活动状态而发生了局部变质方产生出来的。这一学说被称为变质学说（alteration theory），而与此说对立的极化分子学说则被称为既存说（preexistence theory）。于是在发现了生物电之后，又产生了关于生物电为神经与肌肉细胞

所固有，还是在受损伤或活动时方生成的争论。接着 Du Bois Reymond 的另一位学生 Bernstein（1902；见霍奇金，1965）又在电化学进展的影响下，发展了生物电的既存说，提出了现在看来仍相当正确的，并推动了生物电研究的膜学说（membrane theory）。这一学说认为，电位存在于神经和肌细胞膜的两侧。在静息状态，胞膜只对 K^+ 有通透性，对较大的正离子和负离子均无通透性。由于膜对 K^+ 的选择性通透和膜内外存在的 K^+ 浓度差，便产生了静息电位。当神经兴奋时，胞膜对 K^+ 的这种选择性通透的瞬时丧失变成无选择性通透，导致膜两侧电位差的瞬时消失，便形成了动作电位。

在 20 世纪初叶，随着弦线电流计和毛细管电位计等测量仪器的应用，关于生物电的研究虽有进展，但还是比较缓慢。直到进入了 20 年代 Gasser 和 Erlanger 将阴极线示波器等近代电子学设备引入神经生理学研究，方促进了生物电研究的较快发展。于 1944 年他们俩位由于对神经纤维电活动的分析而共同获得了诺贝尔奖。

Young（1936；见霍奇金，1965）报道了乌贼（loligo）神经干中含有直径达 500 μm 的巨轴突（giant axon）。英国生理学家 Hodgkin 和 Huxley（1939；见霍奇金，1965）便将毛细玻璃管电极从切口纵向插入该巨轴突内首次实现了静息电位和动作电位的胞内记录，并在对这两种电位的精确定量分析的基础上，证实并发展了 Bernstein 关于静息电位膜学说的同时，又提出了动作电位的钠学说。接着他们又进一步应用电压箝技术在乌贼巨轴突上记录了动作电流，并证明它可被分成 Na 与 K 电流两个成份。在此研究的基础上他们又提出了双离子通道模型，指引了离子通道分子生物学的研究。另一方面，凌宁（Ling，G 1949）在 Gerard 研究室工作中研制出尖端直径小于 1 μm 的玻璃微电极，并建立了微电极记录技术。在这项技术的推动下，神经细胞生理学的研究又步入了新的发展时期。Eccles 开始应用玻璃微电极对脊髓神经元及其突触的在位的电生理研究，发现了兴奋性和抑制性突触后电位。基于对神经生理学研究的贡献，Hodgkin、Huxley 和 Eccles 三人分享了 1963 的生理学或医学诺贝尔奖。Katz 则开始应用微电极技术开展了神经肌肉接头突触的研究，为此于1970年也获得了诺贝尔奖。在神经系统研究的蓬勃发展的基础上，于20世纪60年代便形成了神经系统研究的综合学科，即神经生物学和神经科学。

§2.2　静息膜电位

因为神经电信号，即动作电位是在静息膜电位的基础上发生的，所以先对静息膜电位进行分析与讨论。将一根参照电极放在盛神经细胞标本的外液中，另一根尖端直径小于 0.5μm 的微电极的尖端放到神经细胞膜的表面附近，并以此作为 0 电位的对照。当将此电极的尖端刺穿胞膜瞬间，便可通过直流放大器在示波器上记到约 -70mV 的电位差。再继续深插此记录电极，只要电极尖端还留在胞内，则此电位值便不再改变。只有当刺穿对侧胞膜，电极尖端再回到胞外时，此电位消失，示波器基线回到零位。在神经元处于不活动状态，即在无电信号传导时此电位值相当稳定，它在不同类型神经细胞间的差异也不大，一般为 -70 ± 10mV。这一简单的实验无疑地证实了静息电位不是在细胞受损伤或兴奋时方产生的，因为微电极尖端极细，由它刺穿胞膜的轻微损伤不能解释 -70mV电位的产生，以及深插电极加大损伤面也不见膜电位增加的事实。由于此电位发生在处于静息状态的神经细胞胞膜的两侧，故称静息膜电位（resting membrane potential）。

静息膜电位（V_R）是神经与肌肉等可兴奋细胞的最基本的电现象，因为当它们活动时所发生的各类瞬时电变化，如感受器电位、突触电位和动作电位等都是在此静息膜电位的基础上所发生的瞬时变化。为了描述方便通常把胞膜两侧存在电位差的状态称为极化（polarization），并且将静息膜电位绝对值向增加方向的变化称为超极化（hyperpolarization），以及向减少方向的变化称为去极化（depolarization）。

2.2.1 测定方法

用尖端直径小于1μm的玻璃微电极测定静息膜电位应是一种较为方便而准确的方法，因为其尖端刺穿胞膜所造成的损伤给电位值带来的影响极小，但还有些较小神经细胞和较细的神经和肌纤维，尚难以用这种方法测定它们的静息膜电位。

胞外记录法

静息膜电位最初是以损伤电位的形式被发现的，所用的方法便属胞外记录法。如前所述，早年 Matteucci 和 Du Bois Reymond 曾用尚不够灵敏的电位计分别测定了肌肉和神经的切口与正常部位间的损伤电位。很显然，以这种损伤电位值代表静息膜电位值是非常不准确的，前者应显著地小于后者。这主要是因为，如以两电极间的神经或肌纤维的胞外与胞内电阻分别为 R_o 与 R_i 和静息膜电位为 V_m，则测得的损伤电位应为：

$$\text{损伤电位} \approx V_m \frac{R_o}{R_o + R_i}$$

可见，当 $R_o \gg R_i$，时所测得的损伤电位值方接近 V_m。另一方面，用于测定的神经干或肌肉切口处所暴露的胞内电位也会随时间的推移而变小。因此，用这种方法测定静息膜电位时要尽量加大 R_o 值，以及利用新鲜切口。这种测定静息电位的方法早已不再被采用。

日本生理学家 Tasaki（田崎，1939；见霍奇金，1965）设计了髓鞘乾燥法，用来测定单根有髓神经纤维的静息膜电位和动作电位。他首先从蛙坐骨神经干中剥制出单根有髓神经纤维标本，如图2-4所示，把它放到被一条狭缝分成二个小池的标本槽中，小池

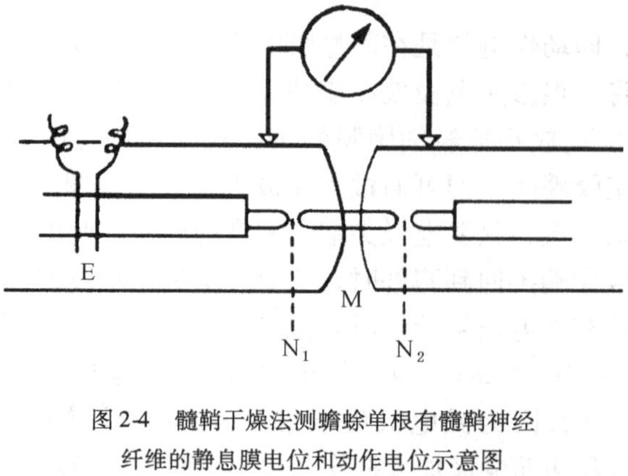

图2-4 髓鞘干燥法测蟾蜍单根有髓鞘神经纤维的静息膜电位和动作电位示意图

E：刺激；N_1，N_2：郎氏结；M：液槽间隙

内先放好生理溶液。实验时将单纤维的有髓鞘部分（M）洽好搭在狭缝上，用分别放在狭缝两侧小池中的电极记录直流电变化。为了增加 R_o，向狭缝吹风，使该段纤维乾燥。此后当将一侧小池中的生理溶液换成等渗 KCl 溶液（代替上述切口），使该处的神经纤维去极化时，便可记录到约 -60mV 恒定的静息膜电位。若用单脉冲刺激神经干部分便可记录到动作电位。若将等渗 KCl 溶液再换成生理溶液，则该恒定电位差再恢复到 0 位。这一可逆的试验结果也表明 KCl 处理单纤维未造成损伤。

鉴于上法的用途有限，因为有些细的神经与肌肉纤维非但难以被制成单纤维标本，即使能被制成，也没有髓鞘保护，而难以对之进行乾燥处理。于是 Bulbring 等又设计了蔗糖间隙法（sucrose gapmethod）。如图 2-5 所示，在一个长方形标本槽上制一条放置标本的横沟和数条通溶液用的纵沟。将神经纤维束或肌肉条放到横沟里，将两端吊起，盖上盖玻片，使等渗蔗糖溶液不断地流过纵沟，经过一定时间的灌流，则随着存在于纤维间的体液逐渐被等渗蔗糖溶液所取代，便可显著升高 R_o。同样将等渗 KCl 溶液放到一侧小池中，使该处标本去极化，便可进行静息膜电位和动作电位的测定，甚至用电压箝方法分析动作电流。本法通常用于测定平滑肌条的静息膜电位和动作电位或电流。

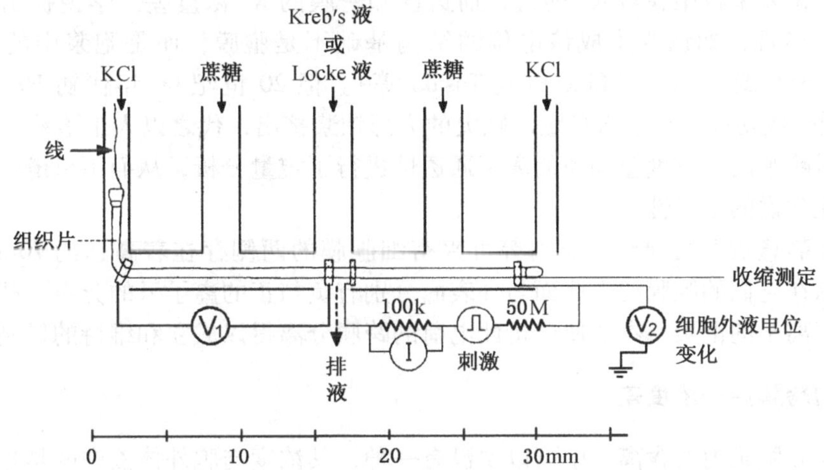

图 2-5　蔗糖间隙法记录平滑肌肉条静息膜电位和动作电位示意图

胞内记录法

在乌贼巨大纤维上用玻璃毛细管电极从一侧切口沿长轴插入胞内。随电极尖端的深入，记录到的电位差随之增大，待插入一定深度（超过空间常数，见后），则电位差便停止增加。这便是静息膜电位值。如给巨轴突以电刺激，便可记到胞内动作电位。

用尖端直径小于 1μm，内充 3mol/L KCl 的玻璃微电极测定静息膜电位的方法简单易行。但这里尚须提到，如需得到关于静息膜电位和动作电位的精确数据，则应用此法测定静息膜电位时应进行尖端电位（tip potential）的校正。所谓尖端电位乃是指由于电极尖端口处与胞浆间存在的离子浓度差所形成的电位差。除此之外，为了降低微电极本身的电阻需用高浓度电解溶液灌充微电极，此溶液由电极尖端漏到胞浆中也将影响细胞功能。还有，由于电极尖端刺穿胞膜所造成的漏电等也可能会影响测得的静息电位的准确性。

光电测定法

将膜电位及其变化转换为光信号进行记录的方法。为此开发了一系列光敏感染料。它们与细胞结合后所发出的光信号与膜电位变化应在所需要范围内呈线性关系。这类染料可分为慢染料和快染料。前者对电位变化以毫秒至秒级的时间常数作出反应。适用于同时测量大群同样细胞的静息电位；后者的时间常数为微秒级，适用于对动作电位等快速电变化的测定。有的快染料已达到可测定 1 个动作电位的感度。光电测定法的优点是，在原理上其测定是无伤的，可测定小细胞，甚至其突起的细小分枝的电位变化，还可测定群体同类细胞的电变化。但不足之处在于，这类染料本身对细胞功能尚可能有轻微作用，以及染料与细胞结合之后可能受到漂白等。

2.2.2　形成机制

1902 年 Bernstein 提出的关于静息电位的学说所以被称为膜学说，是因为它明确地指出了该电位差来自胞膜对 K^+ 的选择通透性和跨膜的 K^+ 浓度差。学说提出后便有一些反对观点出现，如认为生成该电位的结构基础不是胞膜，而是胞浆中的固定电荷（fixed charges）或其相位（Ling 以及 Tasaki 等）。但 20 世纪 60 年代初 Hodgkin 等和 Tasaki 等同时成功地进行了将乌贼巨轴突的大部轴浆挤出，代之以人工溶液的巨轴突灌流实验，对跨膜离子浓度差和膜的离子通透性进行了定量分析，从而不可辩驳地证实了静息电位膜学说的正确性。

在处于静息状态的神经和肌肉等可兴奋细胞膜的两侧存在着高达约 70mV 的电位差。这提示在它们的胞膜的内侧面与外表面分别有负与正的离子云的分布，即分别有多余的负与正离子的汇聚。本节便分析此电荷的跨膜分离得以成立和维持的机制。

神经元膜的跨膜离子浓度差

在神经元胞浆内所含离子中可以说没有一种，其浓度与胞外体液中的是相同的，特别是其中的 K、Na 和 Cl 三种离子，不但其胞内与外的浓度均达 mmol/L 水平（称常量离子），并且跨膜浓度差又均约为 1 个数量级。Na^+ 与 Cl^- 富集于胞外，而 K^+ 则富集于胞内。还有一些大的有机负离子（A^-）可以认为只含于胞内，其总浓度也在 mmol/L 水平。这几种常量离子在乌贼巨大轴突和脊椎动物神经元的膜内外浓度列于表 2-1。

表 2-1　常量离子在乌贼巨轴突和脊椎动物神经元的跨膜浓度差及其平衡电位

	巨大轴突			神经细胞		
	胞内 (mmol/L)	体液 (mmol/L)	平衡电位 (mV)	胞内 (mmol/L)	体液 (mmol/L)	平衡电位 (mV)
K^+	400	20	-75	125	5	-80
Na^+	50	440	+55	12	120	+58
Cl^-	52	560	-60	5	125	-80
* A^-	350	—	—	108	—	—

* A^-：有机负离子

神经元膜是离子扩散障碍物

包括神经细胞在内的所有动物细胞膜都是由厚约 6～8nm 的疏水的类脂双层（lipid bilayer）构成。但位于膜内外的离子是亲水的，在它们的周围都吸附着水分子。这是因为水分子的净电荷虽为零，但在分子内部存在电荷的分离，称为双极子（bipolar），其氧原子倾向于吸引电子，而呈现少许净负电荷，其氢原子则倾向于失去电子而呈现净正电荷。由于水分子中存在着这种电荷分布，其氧和氢原子便分别地被正和负离子吸附在自己的周围，而形成水合离子。因此如无足够的能量供应，离子便不能脱去吸附在周围的水分子而进入并越过类脂双层。这表明膜的类脂双层是离子扩散的障碍物。据计算一个脊髓运动神经元的膜面积约为 $10^{-4}cm^2$。若该膜是纯由类脂双层构成，则它的电导应约为 1pS（$1\times10^{-12}S$）。但实际上测得的该膜的静息电导（resting conductance）要比估算数值大上约 4 万倍，即约为 40nS（40×10^{-9}）。这一事实又提示，神经元膜并不是绝对的离子扩散障碍物，而是具有一定程度的离子通透性。

膜中的离子通道为离子跨膜流动提供孔道

关于某些离子为什么可以选择地和快速地透过胞膜问题曾有多种设想，如早在 1843 年 Brucke 曾设想胞膜中分布着容许水分子通过的微孔道，1918 年 Bayliss 又发表了该微孔道也应能容许离子通过的设想。在 20 世纪 50 年代又有人提出了载体（carrier）的概念，认为离子先与膜中的载体蛋白结合，再由后者将它们运到膜的另一侧。这虽可解释膜对可通透离子的选择性问题，但还是不能说明离子跨膜转运速度极快的现象。这一长期困惑人们的问题。直至近 10 余年前方得以阐明，即在由连续的类脂双层构成的胞膜中分散地镶嵌着被称为离子通道的大蛋白分子。它们横贯胞膜，在其分子中轴含有亲水性微孔道，可选择地容许特定离子通过。按它们可通过的离子种类，如 K^+、Na^+、Cl^- 和 Ca^{2+}，而分别被称为 K、Na、Cl 和 Ca 通道。离子通道至少有两种状态，即开放态和关闭态。离子通道开放便会有特定离子顺浓度差跨膜移动。静息膜电位便是由可兴奋细胞膜中的在静息状态持续开放的所谓静息离子通道（resting ion channel）容许特定离子沿其浓度梯度跨膜移动而形成的。关于离子通道，待与动作电位发生机制一起讨论。

离子跨膜浓度差与渗透平衡

如表 2-1 所示，只在胞内含有 mmol/L 水平的、不能透过胞膜的大有机负离子。由于在胞内存在着由这些离子形成的胶体渗透压，便应有水分子流向胞内（因为胞内的水分子浓度小于胞外的）。如无调节机制进行调节，则胞体势必因之膨涨，甚至破裂。但事实并非如此，于是就产生了胞膜内外的渗透平衡是如何得以维持的问题。在理论上可以有三种策略解决这一问题：①使水不能透过胞膜。虽然上皮细胞膜对水只有很低的通透性，大体上采取了这一策略，但很显然，包括神经元在内的绝大多数体细胞都没有，也不可能采取这种策略。②用无弹性膜将胞膜保护起来，以防止它在渗透压作用下的膨涨。但这只是细菌和植物细胞所采取的策略。③绝大多数动物细胞所采取的策略则是选择地使某胞外可通透溶质成为事实上的不可通透者，从而使得胞内外有相同浓度的不可通透的溶质，以求达到渗透压的平衡。神经元便主要是依靠 Na 泵的耗能做功不断地将胞内 Na^+泵到胞外，以阻止其进入胞内的办法来达到渗透平衡的。

离子跨膜浓度差与膜电位

跨膜电位差和跨膜离子浓度差，两者都是趋动离子跨膜移动的趋动力。那么这两种力又是如何达到平衡，使离子的流入与流出量相等，即净流量为零的状态？虽然已经知道，离子是通过各自的离子通道进行跨膜移动的，但我们仍可沿用膜的离子通透性这一宏观概念，即只对跨膜移动的离子量进行考察，而不涉及它们跨膜移动的机制。

(1) 扩散电位　　如图 2-6A 所示，先设想用一带有无数微孔的硬质隔膜将硬质容器等分为二，其中分别满盛 0.1 和 1mol/L 的 NaCl 水溶液，并且 Na^+、Cl^-和水分子三者都可自由通过隔膜的微孔。由于容器与隔膜均由硬质物质构成，它们不会在渗透压作用下而变形（这样可排除渗透压的因素），从而可以只考虑 Na^+与 Cl^-还有水分子在浓度差的趋使下由各自的高浓度区室向低浓度区室的移动，直至两区室中的浓度相等时达到平衡的现象。在此过程中，若两种离子的移动速度相同，则在两区室间便不会有电位差出现。但事实上，Cl^-比 Na^+的移动速度快些，因为水合 Cl^-离子的直径比水合 Na^+的小些。于是因低浓度区室中的 Cl^-浓度升高快些，便可在两区室间形成电位差，低浓度区室为负，高浓度区室为正。但随着这种电位差的逐渐增大，又会减慢 Cl^-和促进 Na^+的依浓度差的移动速度，直至两种离子的移动速度相等，两区室间的电位差和浓度差均消失，达到平衡。在此过程中所产生的电位被称为扩散电位（diffusion potential）。由这个例子可以看出，扩散电位只是当离子移动速度不同时产生的电位，它并不能被稳定地维持，因而它不应是形成静息膜电位的机制。

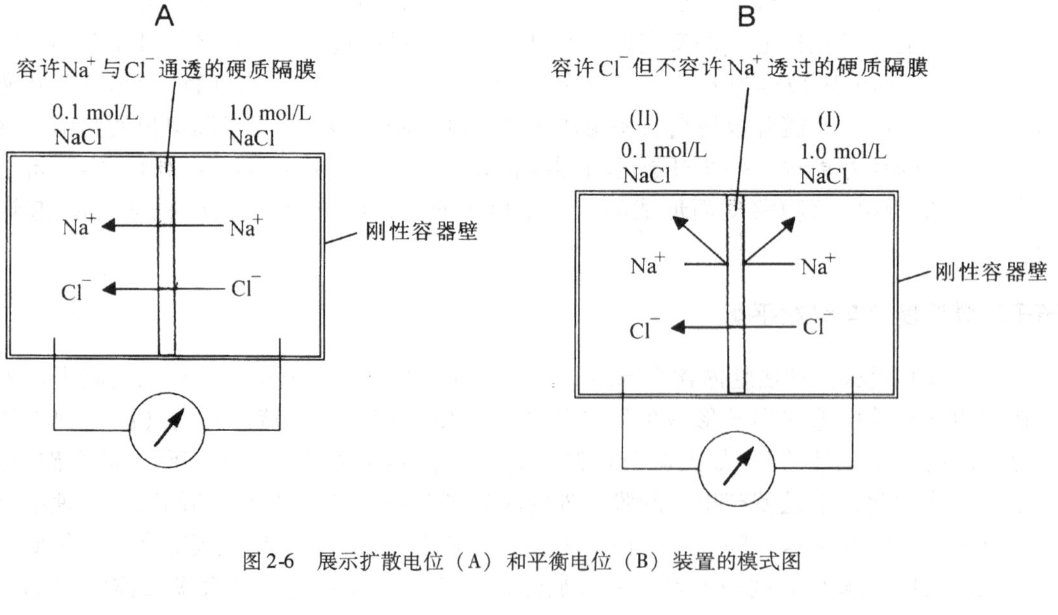

图 2-6　展示扩散电位（A）和平衡电位（B）装置的模式图

(2) 平衡电位　　又如图 2-6B 所示，一切条件均与上例相同，只是假定隔膜孔除水外尚可通过 Cl^-，但不能通过 Na^+，即 Na^+的移动速度为零。因只有 Cl^-可按浓度差从高浓度侧（Ⅰ）流向低浓度侧（Ⅱ），于是（Ⅱ）侧的负电荷便迅速增大，在两区室间出现电位差。由于此电位差的逐渐增大，又逐渐地减慢 Cl^- 受浓度差趋使的移动，直至出现的电位差恰好可抵消浓度差的趋动力时，便达到了电动势与化学势的平衡。这种由于离子的选择性通透而在两区室间形成的恒定的电位称平衡电位（equilibrium potenlial）（图 2-6B）。

若以 E_{Cl} 代表 Cl^- 的平衡电位，则用 Nernst 公式可表达两者的关系：

$$E_{Cl} = \frac{RT}{ZF}\ln\frac{[Cl^-]_{I}}{[Cl^-]_{II}} \qquad (1)$$

式中 R 为气体常数、T 为绝对温度、F 为法拉弟常数、Z 为离子价。如将 E_{Cl} 的单位定为 mV，温度为 18℃，将 R 与 F 的常数值代入式中，再将 ln 换算成 log，则（1）式可简化为：

$$E_{Cl}(mV, 18℃) = 58\log\frac{[Cl^-]_{I}}{[Cl^-]_{II}} \qquad (2)$$

依公式（2）可见，若两区室中的 Cl^- 浓度相差 10 倍，则该离子的平衡单位应为-58mV。

这里尚须稍做解释的是，在此计算中的 Cl^- 浓度为两区室中的初始浓度，虽在形成平衡电位过程中会有一定数量的 Cl^- 从高浓度侧流入低浓度侧，但据计算，为建立平衡电位所需的离子数与膜两侧溶液中的该离子总量相比可忽略不计，即只需汇聚极少量正、负离子于胞膜两侧，则它们所携带的电荷便足以抵消离子浓度对离子跨膜移动的趋动力（图 2-7）。这里我们可得出一个很重要的，可被称为电中性原则（principle of electrical neutrality）的规律，即在生理状态下有机体中的任一区室（compartment）中的正与负离子总浓度应是相等的。

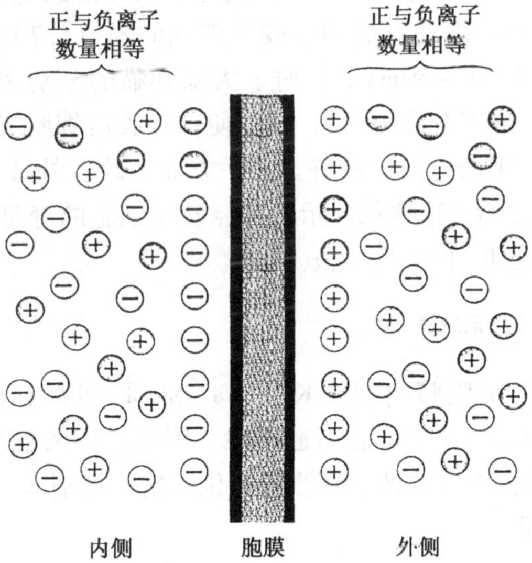

图 2-7　跨膜分离的正（膜外）与负（膜内）
离子数只占膜两侧总数的极微小部分

若将胞膜及分别汇聚在两侧面上的正、负电荷类比为电容器，则胞膜应为绝缘层，分别有正与负电荷汇聚的胞膜外与内侧面为电极板，胞浆与胞外液均为导电的良导体

（图 2-8）。

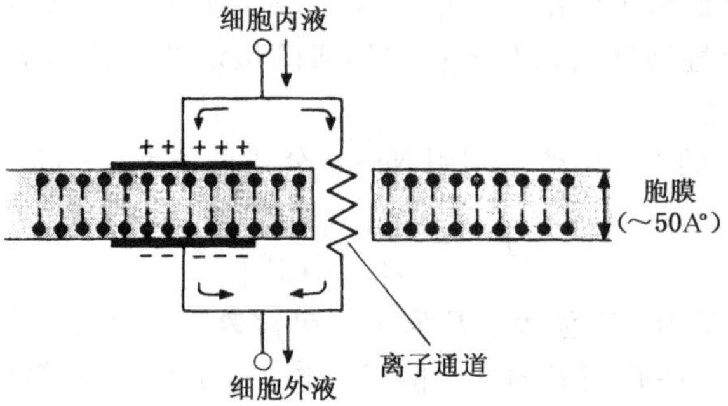

图 2-8　膜电容以及膜电阻示意图

我们知道，当将 1V 电压加到面积为 $1cm^2$ 的电容器电板时，便有电子向一侧（阳极）汇聚，并有电子从另一侧（阴极）电板离开，直至在两电板间形成了与电源电压相等，但极性相反的电位差时达到平衡。若电板的电荷量为 1 库伦时，则该电容器的电容量被定义为 1 法拉弟（F）。直接测定结果表明，神经元膜的比电容量约为 1μF。从此类比中也可知道，如图 2-7 所示，在静息状态下在神经元膜两侧汇聚的正与负电荷只是两侧溶液中的极小部分，并分布在膜的两侧表面。

神经胶质细胞膜只容许 K^+ 通过

事实上，只选择地容许一种离子（K^+）透过胞膜形成膜电位的情况见于神经胶质细胞。无论无脊椎动物和脊椎动物的神经胶质细胞的膜电位都比各自的神经元的要高些。如水蛭的分别为 −75 和 −50mV，青蛙、大鼠和猫的分别为 −90 和 −70mV。在实验中若只将外液中的 K^+ 浓度升高 10 倍，即可使神经胶质细胞膜去极化约 58mV。这与依 Nernst 公式计算的 K^+ 平衡电位值相符。另一方面，改变外液中的 Na^+ 与 Cl^- 浓度均对它们的静息膜电位无影响。这些都提示，神经胶质细胞的静息膜电位是由膜对 K^+ 的选择性通透决定的，即是 K^+ 的平衡电位。

静息骨骼肌细胞膜容许 K^+ 和 Cl^- 通过

在哺乳类动物骨骼肌细胞膜两侧的 K^+、Na^+ 和 Cl^- 虽都有显著的跨膜浓度差，但在静息状态下其胞膜只对 K^+ 和 Cl^- 有高通透性，因此它们的静息膜电位可被简化地认为是由 K^+ 与 Cl^- 的跨膜梯度形成的，即当膜电位差恰好抵消 K^+ 和 Cl^- 在各自浓度差趋动下跨膜移动时达到平衡：

$$\frac{RT}{ZF}\ln\frac{[K^+]_o}{[K^+]_i} = -\frac{RT}{ZF}\ln\frac{[Cl^-]_o}{[Cl^-]_i} \tag{3}$$

将式（3）简化：

$$[K^+]_o \cdot [Cl^-]_o = [K^+]_i \cdot [Cl^-]_i \tag{4}$$

这种平衡状态称为 Donnan 平衡。依式（3）此平衡可表达为胞外两种可通透离子浓度的乘积等于胞内该两种离子浓度的乘积。实验结果也表明，哺乳动物骨骼肌细胞的

K^+、Cl^-和 Na^+的跨膜浓度比分别为：

$$\frac{[K]_i}{[K]_o}=39,\frac{[Cl]_o}{[Cl]_i}=30,\frac{[Na]_i}{[Na]_o}=0.08$$

因此关系式（3）可被认为大体成立。但骨骼肌细胞膜在静息时对 Na^+的通透性虽很小，因它的平衡电位（约 +55mV）与 K^+和 Cl^-的 Donnoan 平衡电位（约 >90mV）偏离甚远，所以它仍可导致有 Na^+的不断内流。

静息神经细胞膜容许 K^+、Na^+和 Cl^-通过

Hodgkin 和 Katz 用 Goldman 方程分析了乌贼巨轴突的静息膜电位：

$$V_m=\frac{RT}{F}\ln\frac{P_K[K^+]_o+P_{Na}[Na^+]_o+P_{Cl}[Cl^-]_i}{P_K[K^+]_i+P_{Na}[Na^+]_i+P_{Cl}[Cl^-]_o}$$

式中 P_{Na}、P_K 与 P_{Cl}分别为 Na^+、K^+和 Cl^-的通透系数（permeability coeffecient），即它们是以在单位时间内通过单位面积的离子量表示的比例常数。Hodgkin 和 Katz（1949）在乌贼巨轴突上的测定结果为 $P_K:P_{Na}:P_{Cl}=1:0.04:0.45$。依此系数，用 Goldman 公式的计算值与实测值相符。考虑到 K^+、Na^+和 Cl^-都被认为是经各自的在静息状态开放的，即静息 K、静息 Na 和静息 Cl 通道跨膜移动的，则此系数应与各通道的电导及其在膜中的密度成正比。

2.2.3 离子泵作功以平衡 K^+与 Na^+的被动跨膜流动

为了维持稳定的静息膜电位就要求跨膜的电荷分离必须维持恒定，即在该静息膜电位条件下正与负电荷的内流与外流必须是平衡的。如果两者不平衡，则膜两侧的电荷分布，即膜电位就会波动。如上所述在静息状态下通过静息离子通道的 K^+外流与 Na^+的内流应是平衡的。但离子的这种恒常流动的平衡难以长时间维持，如伴随着动作电位的发生，就会有 Na^+的内流与 K^+的外流。事实上，在胞膜中存在着被称为 Na-K 泵（Na-K pump）的实体，由它们不断地逆着电化学梯度作功将 Na^+泵到胞外，再将 K^+带入胞内。此 Na-K 泵为跨膜的大蛋白分子，具水解 ATP 的酶活性。它们从水解 ATP 为 ADP 的反应中以获得能量而改变分子构型，在胞内可与 3 个 Na^+结合将它们泵到胞外，在胞外再与 2 个 K^+结合，将它们带入胞内。每活动一周便有 1 个净正电荷被送到胞外。因此它又是一个起电泵。在实验中可用 ouabain 或 oligomycin 阻遏此泵，用无 K^+实验液也可阻遏此泵的活动。这些动因均可降低静息膜电位。

§2.3 神经元膜的电学性质

所有细胞都有或低或高的膜电位，唯可兴奋细胞的膜电位可被动地或主动地产生全或无式的瞬时快速变化，即动作电位，并且以此为电信号，从产生部位起沿胞膜快速地传导到整个细胞，其中发生在某些神经元轴突的电信号，可传导远至 1m 以上的距离。因此胞膜的电学性质与神经电信号的产生和传导都有着密切关系。

2.3.1 膜的等效电路

膜电阻、膜电容和时间常数（τ）

如图 2-9A 所示，将两根微电极插入神经细胞，其中一根作为通电流用刺激电极，另一根作为记录用电极。向刺激电极施加较小的阈下方波电流，便可用记录电极记到如

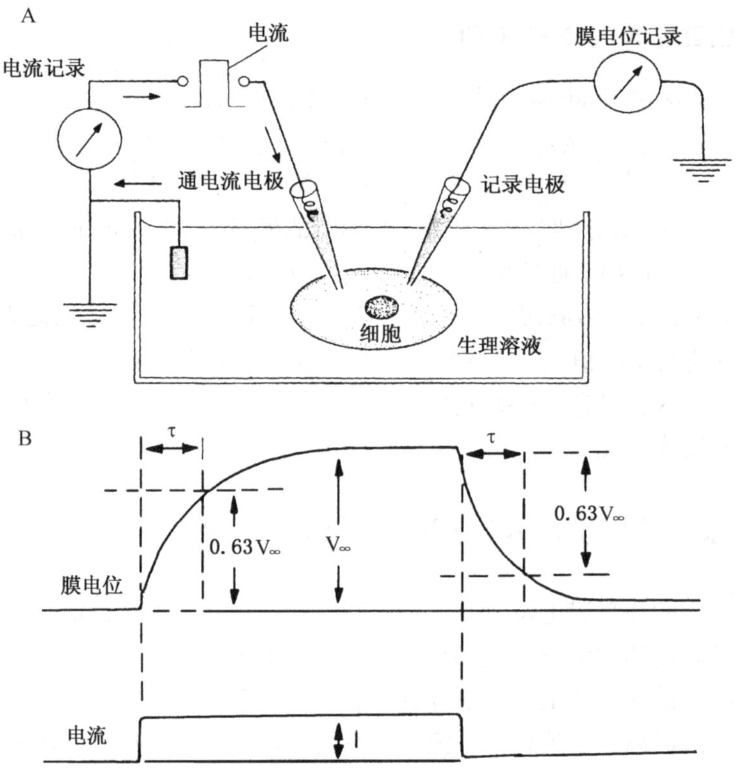

图 2-9　用二根胞内微电极测定膜电阻和膜电容

图所示的膜电位变化，称电紧张电位图（2-9B）。这种由电流作用在膜上诱发出相应电位变化现象表明，胞膜对电流起着电阻作用。这种电阻称膜电阻（membrane resistance）。从记录到的电紧张电位的形状又可看出，当将一定强度的方波电流施加到膜上时，电位并不是立即达到恒定值，而是按指数函数上升到恒定值；另一方面，当切断刺激电流时，电紧张电位也同样不立即消失，也是按指数函数回到零位。这又提示，除电阻作用外，胞膜确实尚起着电容器作用。这种电容称膜电容（membrene capacity）。当向胞膜通电流或断去电流时都要分别地先经电容器的充电或放电过程，从而使得电紧张电位的上升和下降相均以指数曲线变化。如在 $t=0$ 将电流注射入胞内，经任意时间 t 所记录到的电位为 V_t，则：

$$V_t = V_\infty(1 - e^{-t/\tau}) \qquad (5)$$

式中 V_∞ 为电容充电完成后的恒定电位值。不难看出，当 $t=\tau$ 时，则式（5）可简化为

$V_t = V_\infty\left(1-\frac{1}{e}\right)=0.63V_\infty$，即 τ 为电紧张电压升至 $0.63V_\infty$ 时所需时间。于是，就把 τ 定为表示膜的电紧张电位的变化速度的时间常数（time constant），它应等于膜电容（C）与膜电阻（R）的乘积，即：

$$\tau = RC$$

其中 R 可在实验中用通电电流值去除 V_∞ 的值求得。这样便可分别测出膜电阻和求出膜电容值。为了对各种可兴奋细胞膜的电学性质进行比较，通常还进一步求出膜单位面积的比膜电阻和比膜电容值。膜电容来自膜的类脂双层，膜电阻来自膜中的离子通道。

膜空间常数（λ）

神经纤维膜呈圆筒状，当以胞内微电极在其一处通以微小电流时，则用另一根微电极在该点记录到的电紧张电位值最大。随着两电极的距离的加大，记录到的电紧张电位值也逐渐变小。如图 2-10 所示，将一根胞内微电极为通电流电极，用另一根胞内微电极为记录电极，则从不同部位测得的电紧张电位值，便可得到如图 2-10B 所示的结果。

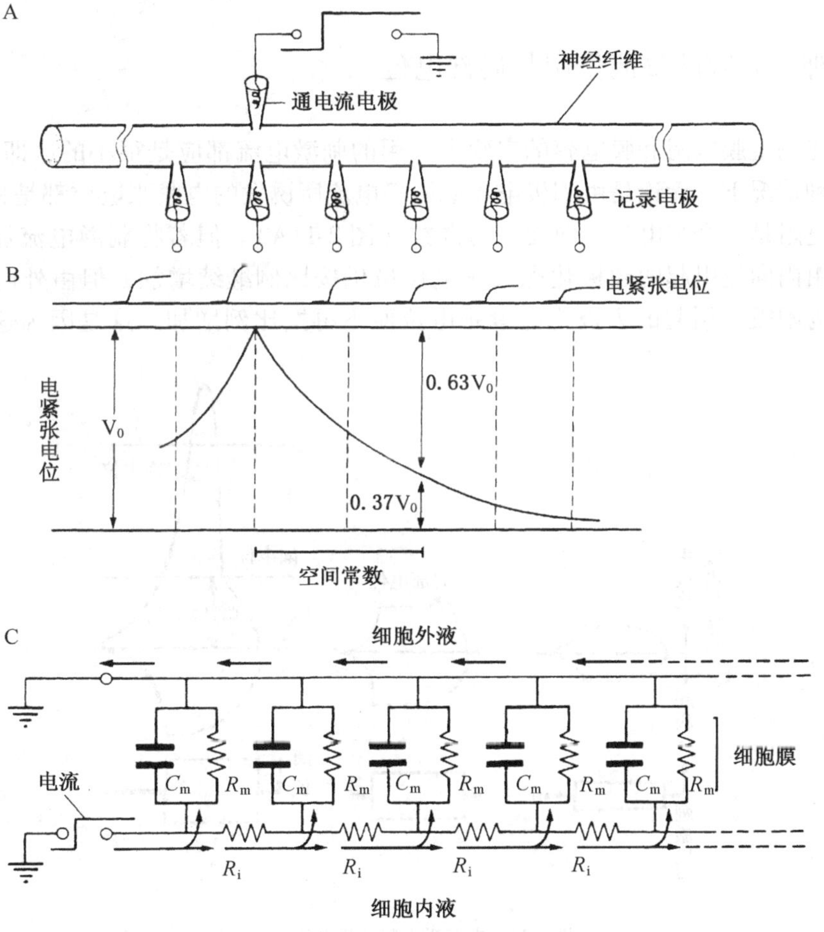

图 2-10　用两根胞内微电极测神经纤维空间常数示意图

A. 示通电及记录电极的距离；B. 电紧张电位的衰减曲线；C. 神经纤维的等效回路。

实验表明，电紧张电位值也是按指数函数衰减的。设从通电流处记到的最大电紧张电位值为 V_{max}，在距该点为 X 处的电位为 V_X，则：

$$V_X = V_{max} e^{-X/\lambda} \tag{6}$$

$$\text{当} X = \lambda \text{时,(6) 式可简化为} V_X = V_{max} \cdot \frac{1}{e} \tag{7}$$

于是又将电紧张电位从最大值降至 $0.37V_{max}$ 处的距离定为空间常数（space constant）。然后再求出单位长度的 λ，即比空间常数。依公式 $\lambda = \sqrt{r_m/r_i}$，故 λ 与 r_i（轴浆电阻）成反比，与 r_m（膜电阻）成正比。不难看出，r_m 越大和 r_i 越小的神经纤维的 λ 值越大，其传导电信号的速度便越快。

上述公式是依描述电流在海底电缆的扩布的电缆方程得来，因为电流在神经纤维的电紧张扩布与它在海底电缆中的扩布相似，其中轴浆与电缆导线、轴膜类脂双层与绝缘层，以及体液与海水均可类比。有关公式的推导可参考其他读物。

通常根据对膜的电学性的分析与测定以及跨膜的静息膜电位绘出如图 2-10C 所示的膜等效电路。

2.3.2 神经元膜的整流作用与局部电位

在上述测定膜电阻和膜电容的实验中所用的刺激电流都应是很小的，即阈下刺激，因为在这种情况下，无论是由阳极电流或阴极电流所诱发的电紧张电位都是相同而对称的，即膜电阻是一个与电流方向无关的常数（图 2-11A）。但若将刺激电流加强至某一水平时，由内向流引起的超极化电紧张电位虽仍按比例继续增加，但由外向流（胞内刺激电极为阳极）引起的去极化电紧张电位便不再按比例增加。这是因为这时对外向

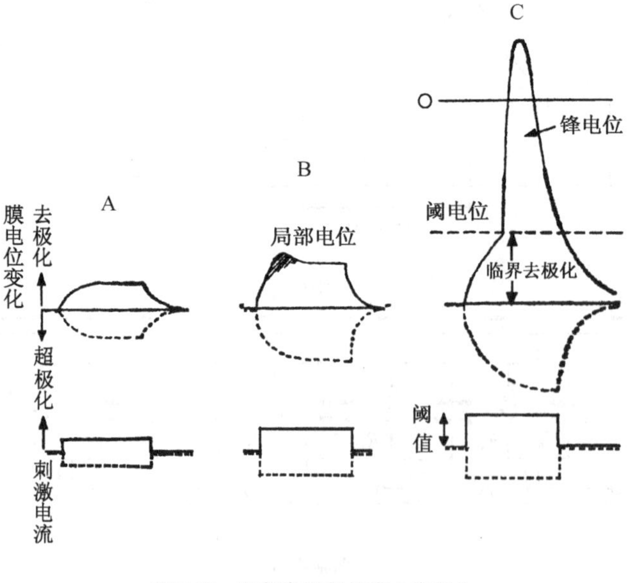

图 2-11　电刺激引起的膜电位变化

A. 阈下刺激；B. 稍强的阈下刺激引起局部电位；

C. 阈和阈上刺激引起动作电位。

电流的电阻开始随外向流的增加而降低的缘故。这现象被称为膜的整流作用。若再继续增强外向电流，则在所引起的电紧张电位的上升相出现如图 2-11B 所示的持续时间很短的局部电变化，称局部电位（local potential）。此局部电位将继续随刺激电流的增强而变大，待至刺激电流的强度达阈值时，局部电位便发展成不再依赖于刺激电流的、恒定大小的被称为动作电位的脉冲式电变化，即动作电位（图 2-11C）。

§2.4 动作电位

在乌贼巨轴突用细胞胞内电极记录到的动作电位示于图 2-12。这是持续约 1ms 的锋形电位（spike potential）。相对应于静息膜电位，此电位是在活动时产生故又称动作电位（action potential）。动作电位的上升枝称去极化相（depolarizing phase），下降枝称复极化相（repolarizing phase）。在两相中膜电位发生例转，即膜电位变成内正外负部分称超射（overshoot）。动作电位下降相在有些可兴奋细胞还越过静息膜电位水平，形成超极化相（hyperpolazing phase）方回到静息膜电位水平。

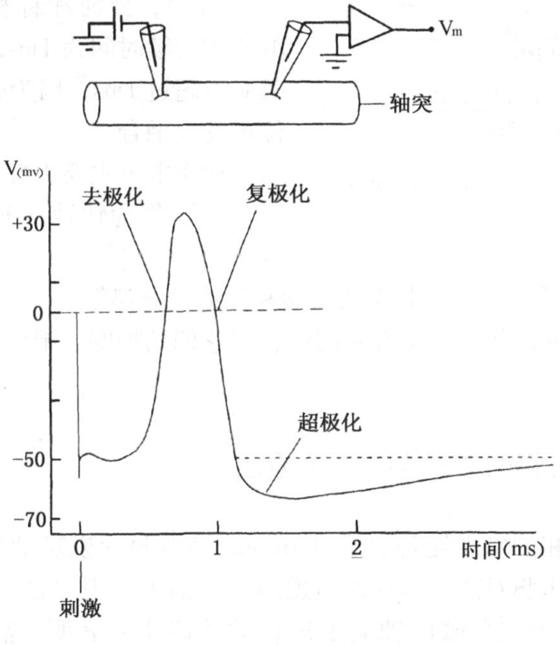

图 2-12　用胞内微电极在乌贼巨轴突记录的静息膜电位和动作电位

2.4.1　性状与功能

全或无式脉冲反应　一定强度的阈下刺激所诱发的局部电流是随刺激的增强而变大，但动作电位则不同，在阈下刺激时根本不出现（无），当刺激一旦达阈值以及超过阈值，便在局部电位的基础上出现，并且自我再生地快速达到固定的最大值(全)，旋又恢复到原初的静息膜电位水平。这种反应方式称全或无反应。

不减衰传导 如上所述，动作电位作为电脉冲，它一旦在神经元的一处发生，则该处的膜电位便爆发式变为内正外负，于是该处便成为电池，对仍处于静息膜电位（内负外正）的相邻部位形成刺激，并且其强度明显超过阈值。因此相邻部位随因受到阈上刺激而进入兴奋状态，并且也随之产生全或无式动作电位。这样，在神经元一处产生的动作电位便以这种局部电流机制依次诱发相邻部位产生动作电位，又由于动作电位是全或无式反应，所以它可不减衰地向远距离传导。但在轴突末梢，因其直径变小而动作电位振幅亦随之变小。

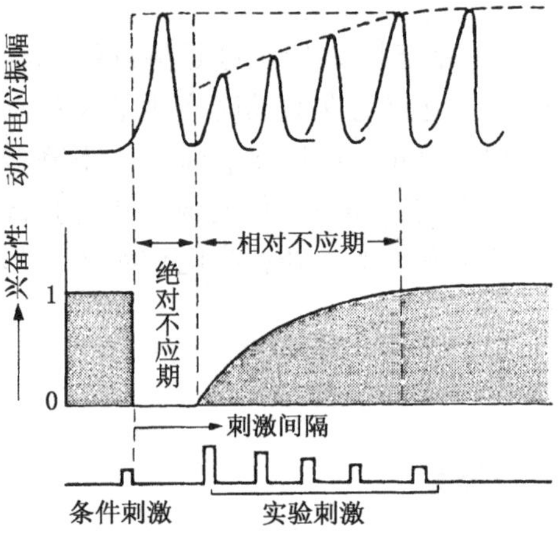

图 2-13 在相对不应期中的动作电位振幅变小

兴奋性后变化 在神经元膜的某处一旦发生了动作电位，则该处的兴奋性便将发生一系列变化。大致在动作电位的超射时相，无论用如何强的刺激电流在该处都不能引起动作电位，此时相称绝对不应期；在随后的短时间内，用较强的阈上刺激方可以在该处引起动作电位，并且其振幅还要小一些（图 2-13），此时相称相对不应期。如动作电位的持续时间为 1ms，则这两时相加到一起应不超过 1ms，因为否则前后两个动作电位将发生融合。

动作电位主要生理功能为：

（1）作为快速而长距离地传导的电信号；

（2）调控神经递质的释放、肌肉的收缩和腺体的分泌等。

各种可兴奋细胞的动作电位虽有共同性，但它们的振幅、形状和甚至产生的离子基础也有一定程度的差异。

2.4.2 动作电流与膜的 Na^+ 与 K^+ 通透性

动作电位超射时相的发现便否定了 Bernstein 经典膜学说对动作电位的解释，即将动作电位的发生归于胞膜对离子选择性通透的瞬间消失的观点是不能成立的。在 20 世纪 50 年代初 Hodgkin 等在乌贼巨轴突上进行的精确实验表明，静息状态时轴突膜的 K^+、Na^+ 和 Cl^- 通透系数为：$P_K:P_{Na}:P_{Cl}=1:0.02:0.45$，在动作电位顶峰时这些系数比变为：$P_K:P_{Na}:P_{Cl}=1:20:0.45$。很显然，$P_K$ 与 P_{Cl} 的比例未变，只是 P_K 与 P_{Na} 之比显著增大了 3 个数量级。根据这些及其他一些实验资料，他们便提出了动作电位的钠离子学说，即认为动作电位的发生取决于胞膜的 Na^+ 通透性的瞬时升高。换句话说，动作电位的发生是胞膜从主要以 K^+ 平衡电位为主的静息状态突变到主要以 Na^+ 平衡电位为主的活动状态。

为了分析动作电位过程中轴突膜的离子通透性变化，Hodgkin 等利用电压箝技术（voltage clamp technique）成功地记录了动作电流。借助这种技术可将乌贼巨轴突的膜电位从静息水平突然变到希望的去极化或超极化水平，并随即固定在该水平不变。由于膜电位向去极化方向的突然变化便可诱发动作电位，又由于膜电位突然变化后便被固定在该水平，则随刺激而出现的电变化便可以电流形式，即动作电流（action current）被记录下来。由于在动作电流的记录过程中，膜电压是固定不变的，所以在分析此电流时可排除膜等效电路中的电容成分。

如图 2-14 所示，将膜电位从静息水平（ -65mV）突然固定在 -9mV，即向去极化方向平移 56mV 时（A 上），此去极化已为阈上刺激，由此刺激所引起的动作电流总变化示于图 2-14A 下。此电流变化可分三个成分：持续仅数微秒的电容电流及小的外向

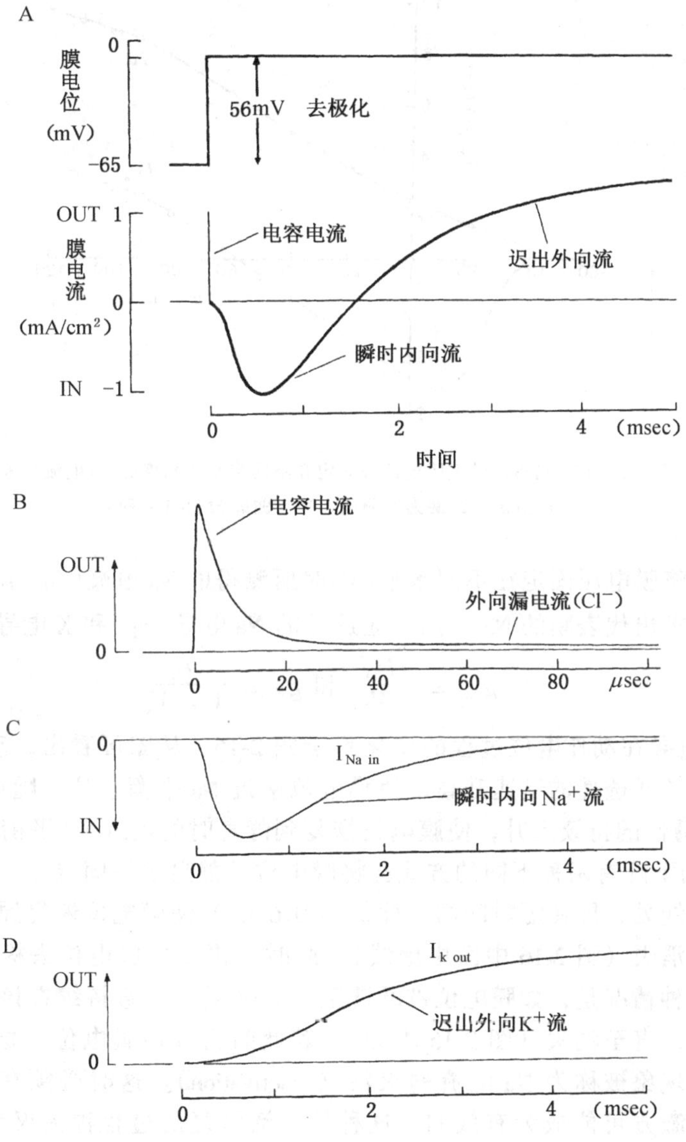

图 2-14

用电压箝法将乌贼巨轴突去极化 56mV（从 -65 至 -9mV）（A 上）时，记录到的总电流变化（A 下）。B 为总电流变化中的电容电流，C 为瞬时性内向流（Na^+流）和 D 为迟出的外向流（K^+电流）。

Cl^-漏电流（B）、瞬时的内向 Na^- 电流（C）和迟出的持续性外向 K^+ 电流（D）。实验表明若将外液中的 Na^+ 完全用胆碱替代时，则测得的动作电流曲线为（D）。由 A 下减 D 得出曲线 C。这样，动作电流 A 下被分为 C 和 D 两个成分。前者被证明为 Na^+ 所运载，称 Na 电流；后者被证明为 K^+ 所运载，称 K 电流。从图可看出，即使膜电位被持续地固定在 -9mV 水平，Na 电流达顶峰后又迅速变小和消失。Na 电流的上升过程被称为 Na 电流的活化（activation），下降过程被称为去活化（deactivation）。

若按膜电位被固定在去极化和超极化的不同水平时所测得的 Na 和 K 电流作图，便得到如图 2-15 所示的（I-V）曲线。在 Na 电流为零时的电压为 Na^+ 平衡电位（V_{Na}）。

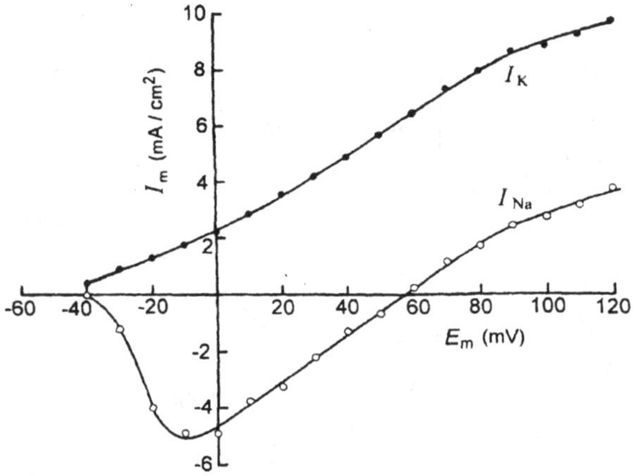

图 2-15 乌贼巨轴突膜电位被固定在不同水平时测得的 Na 电流与 K 电流值（圆圈为实测值，平滑曲线为 H-H 方程解）

如已有了将膜电压固定在不同水平（V）时所测得的 Na 电流（I_{Na}）和 K 电流（I_K）值，便可依下述公式求出代表膜的 Na^+ 与 K^+ 通透性的 Na 电导（g_{Na}）和 K 电导（g_K）：

$$g_{Na} = \frac{I_{Na}}{V\text{-}V_{Na}} \text{ 和 } g_K = \frac{I_K}{V - V_K}$$

Na 与 K 电导在动作电位过程的变化示于图 2-16。从图可看出，动作电位的发生乃是轴突膜的 Na^+ 通透性的迅速升高，使膜电位接近 Na 平衡电位，随后又迅速下降，随之又有 K^+ 通透性的持续上升，使膜电位恢复到静息时的接近 K^+ 平衡电位水平。

Na 电导的下降有两种不同的方式：将膜电位从静息水平固定在 -9mV，再在图 2-16 上图中左侧虚线处，即在短时间内（此例为 0.63ms）使膜电位恢复原初水平，则 Na 电导也随之快速消失（图 2-16 中图中虚线）。此时若再度使膜电位去极化，则 Na 电导仍可出现；另一种情况是，如膜电位被跃迁至 -9mV 后，一直持续在该水平，则 Na 电导也会逐渐变小，直至消失（图 2-15 中图）。若此时再度使膜电位去极化，则不会有 Na 电导出现。此现象被称为 Na 电流的灭活（inactivation）。这时必须在膜电位恢复数 ms 后，第二个刺激方可能成为有效的，这种从灭活恢复的过程称去灭活（deinactivation）。K 电导则有所不同，在去极化持续约 6ms 多（图 2-16 上图中右侧虚线处）仍维持在最高水平，并且在膜电位恢复原初水平时，以与出现时相反的曲线消失。由于 K 电流的去活化很慢，曾被认为无去活化过程。

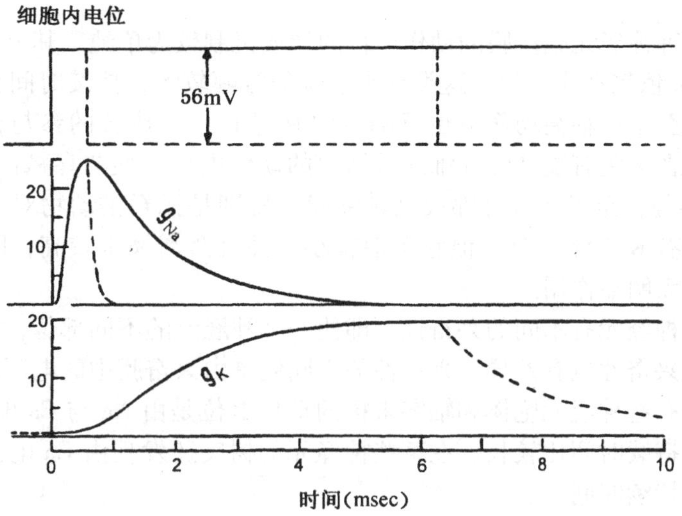

图 2-16　乌贼巨轴突去极化 56mV 时 Na 与 K 电导的变化，示 Na 与 K 电流的活化和去活化过程
（引自霍奇金，1965）

2.4.3　Na 与 K 电导的变化分别来自 Na 与 K 通道的活动

在对动作电位的 Na 电流和 K 电流的研究过程中发现，从有毒的河豚鱼分离的河豚毒素（tetrodotoxin，TTX）和从石房蛤分离的石房蛤毒素（saxitoxin，STX）可选择地阻遏 Na 电流而不影响 K 电流；另一方面，四乙胺（tetraethyl ammonium，TEA）则选择地阻遏 K 电流，而不影响 Na 电流。这提示，在轴突膜中应有两种各自独立的分别容许 Na^+ 或 K^+ 流通过的实体，并且它们的活动动力学也是不同的，如除离子选择性外，还应有不同的电压依赖关系和药物敏感性等。于是 Hodgkin 和 Huxley 在此基础上建立了双离子通道模型，并得出结论，在动作电位过程中发生的 Na^+ 与 K^+ 通透性变化分别来自电压门控 Na 通道和 K 通道的活动。

2.4.4　参与形成动作电位的电压门控离子通道

乌贼巨轴突的动作电流是由内向 Na^+ 流和迟出的外向 K^+ 流合成的，而这两股离子流又是两种离子分别通过各自的电压门控通道进行跨膜流动而产生的。在乌贼巨轴突上取得了进展之后，关于用电压箝技术分析动作电流的研究便迅速地被扩大到其他可兴奋细胞。结果发现这两种电压门控通道几乎存在于所有被研究过的可兴奋细胞膜中，此外又发现了电压门控 Ca 通道。在某些神经元还发现有电压门控 Cl 通道。这 4 种电压门控通道又有不同类型，至少 Na 通道有两种类型（在神经元发现的神经型和在肌肉发现的肌肉型）、Ca 通道有 4 种类型（T，N，L 和 P 型），和 K 通道主要有 4 种类型（延搁整流 K 通道、快瞬时 K 通道或称 A 通道、异常整流 K 通道和 Ca^{2+} 激活 K 通道）。如前所述，产生动作电位的细胞称可兴奋细胞，但不同类型的可兴奋细胞产生的动作电位的振幅和时程有所不同。这是因为参与形成这些动作电位的离子通道的类型和数量的不同。

轴突膜和多种神经元胞体膜的动作电位的形成机制较为单纯，其上升相都是由 Na^+ 流形成的，称 Na 依赖动作电位。这类动作电位的振幅较大，持续时间也较短，其传导速度也比较快。至于在轴突动作电位下降相中有否 K 电流成分的参与，则依动物种类而有所不同，如在家兔有髓神经纤维郎氏结膜的动作电位中便与乌贼巨轴突中的不同，无 K 电流成分参与，至于在青蛙郎氏结轴突膜，特别是无脊椎动物对虾的兴奋结轴突膜动作电位中虽有 K 电流成分，但它不但很小，并且激活阈也较高，因此对缩短动作电位持续时间应无明显作用。

不同类型的神经元有不同的兴奋性，即使一个神经元的不同部位，如轴丘。轴突末梢和树突等处的兴奋性也有差异。兴奋性的不同便是由兴奋膜中的电压门控通道的种类和密度决定的。有些神经元胞体和轴突末梢的动作电位是由 Na 与 Ca 电流共同形成的，这种动作电位的持续时间比较长。在某些神经元的树突还发现由 Ca 电流形成的动作电位，其振幅小和持续时间长。

2.4.5 动作电位的传导

动作电位，即神经冲动（impulse）一旦在神经元（细的树突除外）一处产生，便以恒定的速度和振幅（直径变细的轴突末梢除外）传到其余部分。

阈膜电位

动作电位爆发式出现时，即由局部电位发展为动作电位时的膜电位称阈（膜）电位（threshold membrane potential）。从静息膜电位至阈电位的去极化通常称为临界去极化（critical depolarization）（见图 2-11）。此临界去极化约为 32mV。一般说来，阈值是和静息膜电位与阈电位之差，即临界去极化成正比，所以阈值随这两个电位的相对变化而变化，如细胞外液［K^+］增高时，虽静息膜电位与阈电位都降低，但后者的降低很少，故阈值降低；当增加胞外液中的［Ca^{2+}］时，静息膜电位几乎不变，但阈电位上升，故阈值将升高。所谓阈电位乃是由去极化引起的 Na^+ 通透性的升高达到 Na^+ 的内流量恰好与 K^+ 的外流量相等时的膜电位。至于局部电位的出现乃是 g_{Na} 开始上升，但在去极化未达阈电位水平时，g_K 仍大于 g_{Na}，而 g_K 是导致膜向超极化方向变化的因素，故膜电位终将恢复至静息膜电位水平，所以仅以出现局部反应而告终。当去极化达阈电位时，g_{Na} 一旦增加至等于和大于 g_K 时，因 g_{Na} 是导致去极化的因素，而去极化的增大，又会进一步导致 g_{Na} 的上升，g_{Na} 上升更加促进去极化，如此自我再生地发展，直至 Na^+ 的平衡电位时为止。这过程称即是 Na 电流的活化（activation of sodium current），从 Na 电流的变化曲线（图 2-14C）可看出，当它达顶峰时，即使膜电位仍被钳在该水平不变，也立即迅速变小，直至恢复到静息水平。此过程即是 Na 电流的灭活（inactivation of sodium current）。不难看出（见图 2-16），从局部电位至动作电位虽似经历了突变，但膜 Na 与 K 电导的变化却是连续的，只是以 $g_{Na}=g_K$ 为界，一侧为被动的局部电位，另侧为自我再生的动作电位。

无髓鞘纤维的兴奋传导

1850 年著名德国生理学家 Helmholtz 用自己设计的仪器，后来又以肌肉收缩为指标，首次对蛙神经的传导速度进行了测量，结果为每秒27~30m。这在当时是神经生理学中的一件大事，因为在这之前，人们普遍地认为，神经传导的速度极快，以至无法对之进行测量。接着1879年Hermann又提出了现在看来仍属正确的关于兴奋传导的局部电流学说（local current theory），即认为在兴奋部位产生的电位差又刺激相邻部位，在两者之间产生的局部电流，使相邻部位去极化，达到阈值便在相邻部位产生兴奋。兴奋便是以此机制快速扩布。

根据局部电流学说，如图2-17A所示，应在兴奋点有电流从轴浆中流向相邻的未兴奋点，在该点穿出轴突膜，再从纤维外流回兴奋点形成局部电流回路。如果这种设想是正确的，那么增大或降低纤维外电阻势必影响兴奋的传导速度。于1937年Hodgkin对此进行了实验证明。他将单根蟹神经纤维放在油里以增加外电阻便明显地降低了兴奋传导速度。

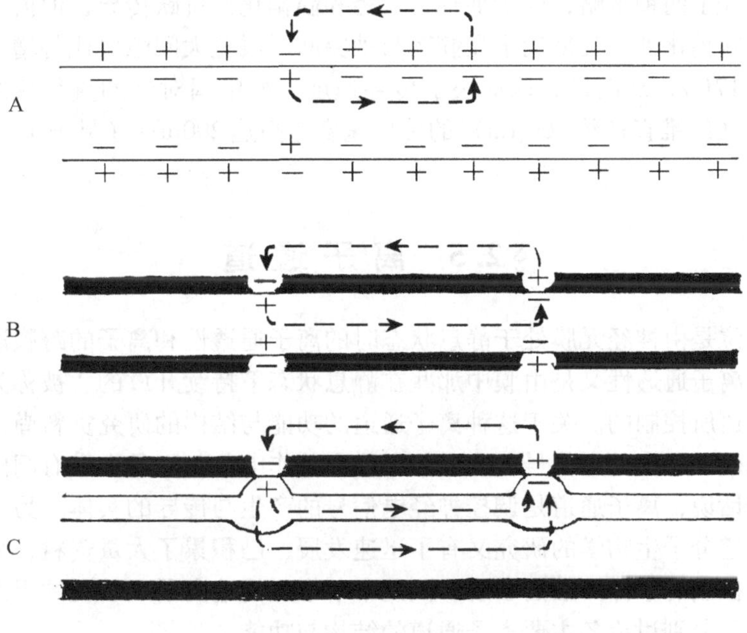

图2-17　兴奋在无髓鞘纤维（A）、脊椎动物有髓鞘纤维（B）和无脊椎动物（对虾）有髓鞘纤维的传导（C）示意图

有髓鞘纤维的跳跃传导

根据髓鞘的有无，脊椎动物神经纤维分为有髓鞘纤维与无髓鞘纤维。早在1871年Ranviar就发现周边有髓鞘纤维的髓鞘不是连续地包在轴突外面，而是有规律地每隔1~2mm便中断一次。后人便将髓鞘中断处称为朗氏结（Ranvier's node）。关于它的生理功能长期未被阐明，只是1925年Lillie曾根据在以金属丝模拟神经纤维传导的实验基础上提出设想，认为神经兴奋可能是从朗氏结到朗氏结进行跳跃式传导。Tasaki（1941—1942；见霍奇金，1965）方以实验显示了有髓鞘纤维的跳跃传导（saltatory conduction）。所谓跳跃传导，如模式图（图2-17B. C）所示，兴奋时的膜电位瞬时倒转只发生在朗氏结处的轴突膜。长期以来，一般认为有髓鞘纤维和跳跃传导只见于脊椎动物。

无脊椎动物没有有髓鞘纤维，也无跳跃传导，这种描述也见于我国的生理学教科书（生理学，1996，38 页）。但于 1964 年在中国对虾（*Penaeus orientalis*，现为 *Penaeus chinensis*）的一对内侧巨纤维上首先发现了跳跃传导，并于近年来又在数种对虾科虾的众多中、小纤维上既发现了片层致密（周期为 8—9nm）的厚髓鞘和规律分布的兴奋结，又证明了它们即是跳跃传导的结构基础。由于这种兴奋结是椭圆形无髓鞘覆盖窗，而被称为可兴奋窗（excitable fenestra）。一般说来，纤维越粗，窗间距越长，最长者达 1cm 以上，从而得出结论：在无脊椎动物神经系统的进化中也出现了有髓鞘纤维和跳跃传导（见 Hsu and Terakawa，1966）。

无论脊椎动物或无脊椎动物的有髓鞘神经纤维的轴突膜中的 Na 与 K 通道的分布都是不均匀的，即 Na 通道集中在朗氏结或兴奋窗处的轴突膜中，至于 K 通道则主要集中在被髓鞘覆盖的、兴奋结间的轴突膜中。还有认为，在进化中神经纤维为获得快速传导冲动的性能采取了两种策略，即增加轴突直径和髓鞘化而跳跃传导，但值得提到的是对虾神经纤维除髓鞘化外，又采用了在髓鞘与轴突间形成宽大间隙以代替增加轴突直径的策略（见图 2-17C），从而显著地加快了传导速度，如中国对虾的直径仅约 20μm 的内侧巨纤维轴突（纤维直径约 200μm）的传导速度竟高达 200m/s（见 Hsu and Terakawa，1996）。

§2.5 离子通道

静息膜电位是由神经元膜处于静息状态时的离子通透性和离子的跨膜浓度梯度决定的，而其中的离子通透性又是由膜中那些在静息状态下持续开放的、被称为静息离子通道或无闸门通道所控制的。关于这种离子通道的功能与结构的研究资料尚少。至于在静息膜电位的基础上产生的电信号，即局部电位和动作电位，则是由带有闸门的离子通道调控的，换句话说，离子通道是调控神经电信号的产生与传导的实体。另一方面，近年来关于离子通道分子生物学的研究又有了迅速发展，已积累了大量资料，从而方对神经电信号的产生机制有了深一层的了解。因此本节中先简述离子通学说的提出、证明及其共同的特征，再分别讨论各主要离子通道的结构与功能。

离子通道不仅应存在于所有细胞的胞膜中，并且在胞内膜结构，如线粒体膜、内质网膜和肌浆网膜中也有分布。迄今虽尚未发现可兴奋细胞膜的离子通道与其他细胞的有何本质上的不同，但可兴奋细胞膜中的离子通道不但类型多，密度也高，以至唯可兴奋细胞可以发出可向远距离传导的电信号。

2.5.1 离子通道模型的提出及其实验证明

如前所述，Hodgkin 和 Huxley 在分析乌贼巨轴突动作电流的基础上建立了 Na 与 K 离子双通道模型。依此模型，轴突膜中分别存在着容许 Na^+ 或 K^+ 被动跨膜流动的微孔道，即 Na 与 K 通道。两种通道都有接收电压变化的感受点（sensor），在微孔道内具有可在开放态和关闭态间转换的闸门（gate）和司识别与选择可通过离子的滤过器（filter）（图 2-18）。他们依此模型建立了一组四元非线性微分方程（通称 H-H 方程），对动作电位进行了数学模拟，卓有成效地为后来的离子通道研究指引了方向。

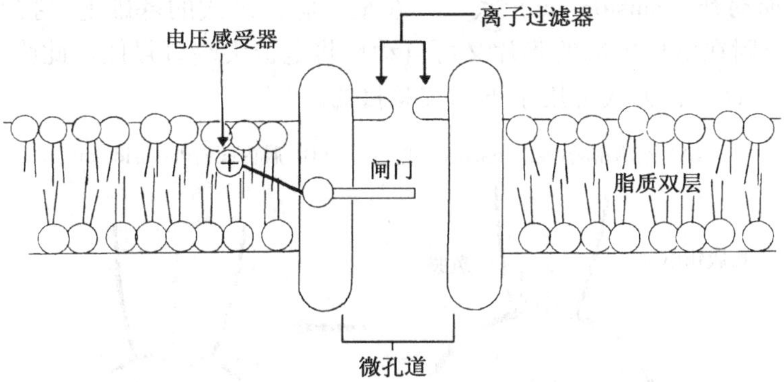

图 2-18　电压门控离子通道结构模式图

1972 年 Katz 通过对在神经肌肉接头后膜记录到的乙酰胆碱（Ach）噪声进行的实验分析。得出了 n 型 Ach 受体（nAchR）离子通道的电导、平均开放时间和开放频率等数据。但这尚不是离子通道的直接实验证明。直到 1976 年 Neher 和 Sakman 用新建立的膜片钳技术成功地记录了 nAchR 单离子通道电流，方开创了直接实验研究离子通道功能的先河。他们为此获得 1991 年度的诺贝尔奖金。随后，英国的 Miledi（1981）研究室将生物合成 nAchR 的 cRNA 注射到处于一定发育阶段（阶段 V）的非洲爪蟾（*Xenopus*）卵细胞中，成功地在其膜中表达了该离子通道型受体。在 1983 至 1984 年日本的 Numa 研究室又利用重组 DNA 克隆技术首次确定了分子量达 20 余万的电鱼器官的 nAchR 和 Na 通道的全一级结构。上述三项工作不仅从功能和结构上直接证明了离子通道的存在，并为分析离子通道的功能与结构提供了有效的研究方法。

2.5.2　记录单离子通道电流的膜片钳技术

用尖端直径稍大（0.5～3.0μm）的玻璃微电极（必要时可用热处理电极尖端使之光滑些），电极内灌充相应的溶液。实验时先将电极尖端抵在胞膜上（表面应平滑），向电极内加少许负压，使电极尖端密着在胞膜上。这时的电极电阻必须达 GΩ（$10^9\Omega$）水平（称 GΩ 封接），否则达不到记录单离子通道电流的要求。

如图 2-19 所示，用膜片钳技术记录单离子通道电流的方式有 4 种：

（1）细胞密着（cell-attached）式　　将电极尖端以 GΩ 封接在细胞表面，用以记录被封在电极尖端口下的膜片中的离子通道（图 2-19A）。Neher 和 Sakman 便是用这种方法首次记到了 nAchR 单通道电流。

（2）膜内面向外（inside-out）式　　按细胞密着式将电极封接好之后，再将电极拉开，使之与胞体脱离即可，也是用以记录封在电极尖端口下的膜片中的离子通道电流（图 2-19B）。

（3）全细胞记录（whole-cell recording）式　　按细胞密着式封接电极后再向电极管内稍加负压，使被封在电极尖端口下的膜片破裂，用以记录全细胞离子通道电流

(图 2-19C)。

(4) 膜外面向外(outside-out)式　在全细胞记录式的基础上，拉开电极使之与胞体脱离，这时附在电极尖端的膜片又可自动地将电极尖端口封住。此膜片的外侧面向外(图 2-19D)。这 4 种方式可用于不同实验目的。

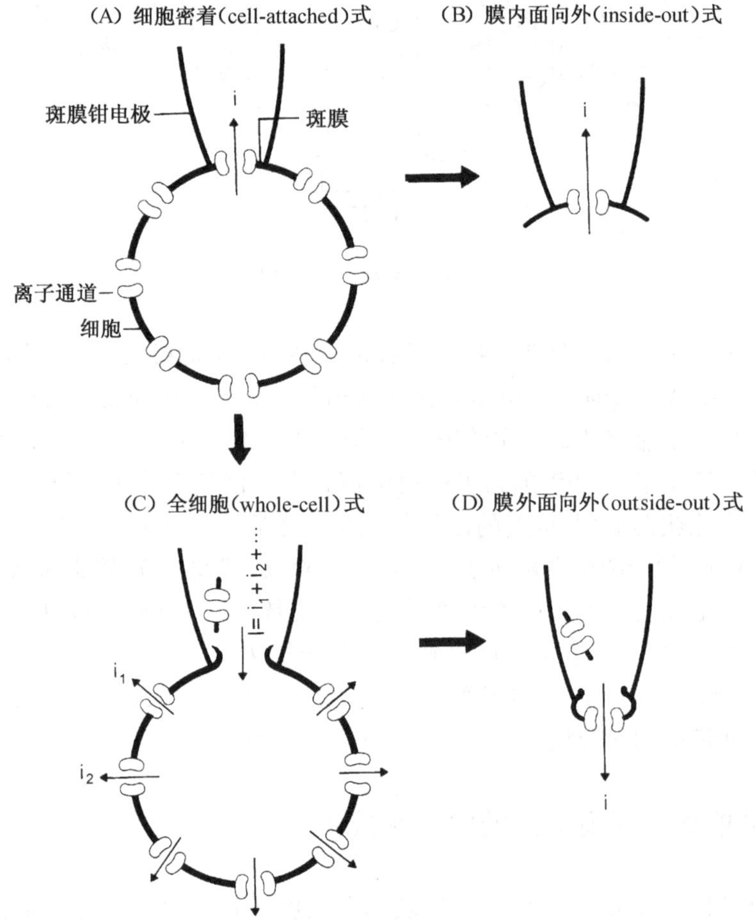

图 2-19　膜片钳技术记录单离子通道电流的几种方式

2.5.3　离子通道蛋白在蟾蜍卵母细胞膜中的表达

将希望表达的离子通道的 cRNA(用重组 DNA 技术克隆制备；用含有合成该离子通道的 polyA RNA 或总 RNA 也可以，但表达率低)注入到处于一定发育阶段(阶段 V)的非洲爪蟾(我国学者开发了中华蟾)的卵母细胞，经一段时间的培养，注入胞内的 cRNA 开始合成离子通道蛋白，并将它们组装到胞膜中去，这样便可用膜片钳技术鉴定及研究所表达的离子通道(图 2-20)。

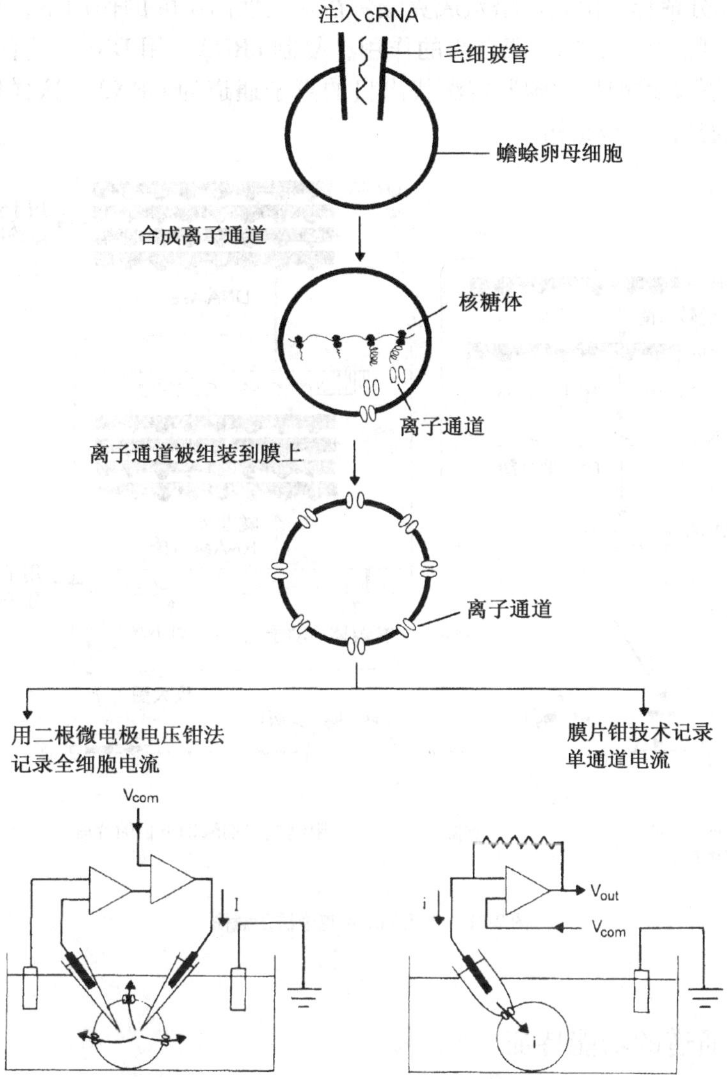

图 2-20　在蟾蜍卵母细胞表达离子通道示意图

2.5.4　测定离子通道等大蛋白分子结构的重组 DNA 技术

离子通道大蛋白分子在组织中含量甚微，难以用传统的生化方法纯化，即使能纯化，又由于分子量大，用经典方法也不可能测得它们的一级结构。自从建立了重组 DNA 克隆技术以来，有关研究才成为可能，并开始了蓬勃的发展。如图 2-21 所示，重组 DNA 克隆技术基本作法是首先从细胞或组织提取总 mRNA。再以它们为模板，在逆转录酶的作用下，以核苷酸（dNTPs）合成 cDNA，用 RNase 消化掉产物中的 mRNA，用 DNA 聚合酶合成双链 cDNA。将合成的这些双链 DNA 片段，重组到噬菌体的 DNA（靠近启动子）内。使噬菌体在菌体内增殖。由于 1 个噬菌体的 DNA 只组装 1 个 cDNA 片段。

由此将噬菌体充分稀释，由它们增殖成克隆。在限制性内切酶的作用下，切下各克隆中的 cDNA 片段。此片段在 RNA 聚合酶的作用，复制 cRNA。用 DNase 消化掉 cDNA，得到 cRNA。用上述蟾蜍卵母细胞鉴定法找出目的离子通道的 mRNA，这样便可依核苷酸顺序推出离子通道的一级结构。

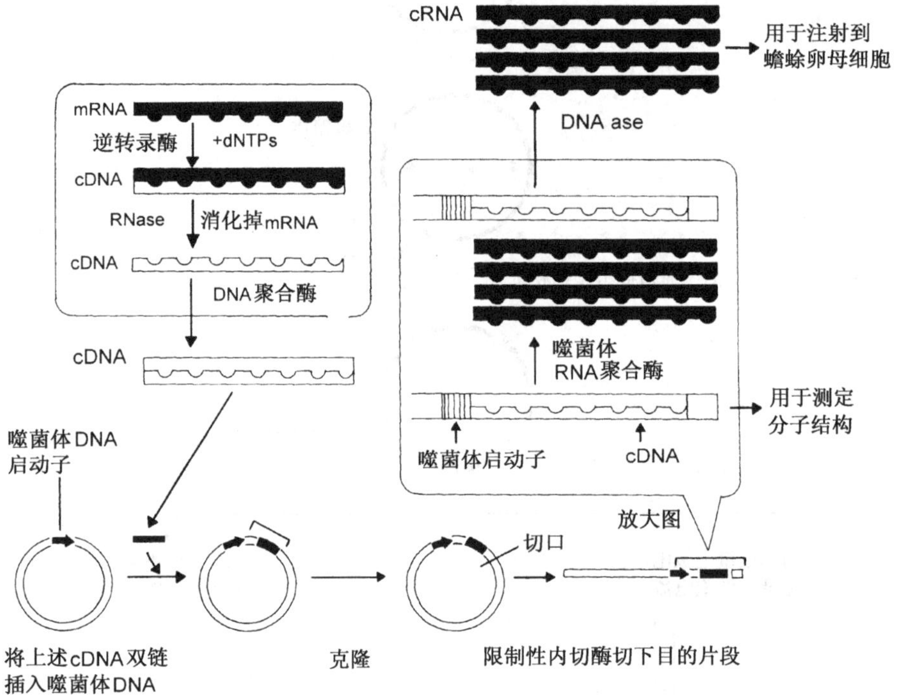

图 2-21　重组 cDNA 克隆法示意图

2.5.5　离子通道的功能特征

在神经元膜中虽已发现了约 1 打以上基本类型的离子通道，每种类型又有一些相近的异构体（isoform），但在它们之间存在着一些共同的功能特征：

离子通道的闸控

离子通道可在多种构象（conformation）之间转换，但从是否容许离子通过其微孔道的现象看，只有开放（open，O）和关闭（close，C）二种状态。离子通道在 C 和 O 之间的转换是由其微孔道的闸门控制的。这一机制被称为闸控（gatting）。实际上在多种离子通道，如 Na 通道除 C 和 O 之外，起码尚有一个被称为灭活（inactivation，I）的关闭态。

去极化使 Na 通道开放，若在 2 ~ 4ms 以内复极化，则通道从 O 转为 C；如去极化持续时间长，则通道进而转入 I。这时必须在膜电位复极化数 ms 后，通道方能再度由去极化而开放。这种从灭活恢复的过程称去灭活（deinactivation）。

用膜片钳技术记录的单通道电流为不连续的全或无式的方波脉冲。单通道方波电流的持续时间在一定范围内波动，通常以平均开放时间作为描述通道功能特征的指标之一。由于离子通道活动给出的是不连续电流脉冲，所以开放频率便是通道的另一个功能特征。当将膜电位钳在不同水平时，则单通道电流的振幅也随之改变。多数离子通道的 I-V 关系为直线变化，其斜率便是该通道的电导（单位为 pS）。但有些通道有整流作用。电导也是描述离子通道特征的指标之一。至于跨膜离子浓度梯度与单通道电流的关系，则在低浓度时通常呈线性，高浓度时出现饱和现象。这提示离子通过孔道不是简单的扩散，尚应有与通道分子中的极性基因发生弱结合的可能。

关于闸控的机制尚不十分清楚，曾设想了如图 2-22 所示的三种方式：①孔道内的一处被闸住（如电压门控 Na 通道和 K 通道）；②全孔道发生结构变化封住孔道（如缝隙连接通道）；③由特殊的抑制粒子将通道口塞住（如电压门控 K 通道）。

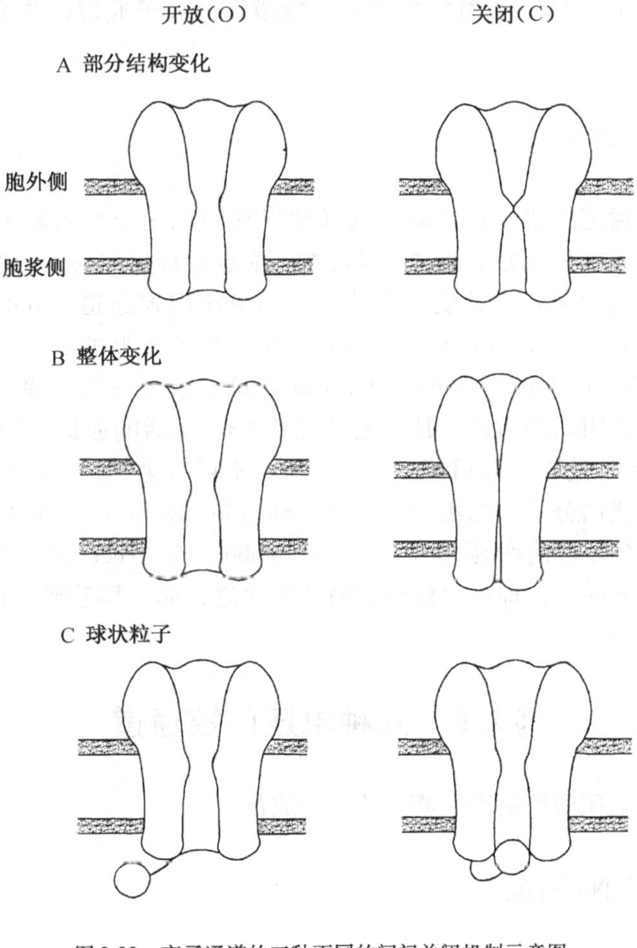

图 2-22 离子通道的三种不同的闸门关闭机制示意图
（说明见正文，引自 Kandel 等，1995）

已知有电压、机械牵拉和化学配基这三类动因可调控通道闸门的活动，相应的离子通道便被分别称为电压门控（voltage-gated），机械门控（mechanic-gated）和配基门控（ligand-gated）离子通道。至于这些动因调控闸门的机制待讨论具体离子通道时叙述。

2.5.6 离子通道分子的结构特征

离子通道是胞膜的结构蛋白中的一类。它们贯穿胞膜并分散地存在于膜中。自从 Numa 研究室首次以 DNA 克隆技术确定了电鱼电器官的 nAchR 和 Na 通道的全氨基酸序列以来，已阐明了多种离子通道的一级结构，再加上由 X 光衍射、电子衍射和电镜技术等所得资料，已有可能对它们的二级结构、分子中的功能基团及其进化与遗传等进行判断与分析。

根据已有关于离子通道一级结构的资料，可将编码它们的基因分为三个家族，因为每个家族成员都有极为相似的氨基酸序列，从而它们被认为是由共同先祖基因演化而来：①编码电压门控 Na、K 和 Ca 通道基因家族；②编码配基门控离子通道基因家族，此族成员中有由 Ach、GABA、甘氨酸或谷氨酸激活的离子通道；③编码缝隙连接通道的基因家族。

2.5.7 离子通道的分类

首先可按离子通道的滤过器的离子选择性将它们总的分为阳离子通道和阴离子通道，并且两类通道都容许水分子通过。通常按感受点所接受的动因的性质，即闸门的调控方式又将离子通道分为：①接受膜电位变化的电压门控通道（voltage-gated channel，VGC）。这类离子通道的闸门是由电压变化控制的，属此类型的有电压门控 Na、K、Ca 和 Cl 通道。②配基门控通道（ligand-gated channel）。这是一类由递质、激素或其它胞内外化学物质激活或阻遏的通道，其中也发现有 Ca^{2+} 激活的通道。如 Ca^{2+} 激活 Ca、K 或 Cl 通道，以及 Na^{+} 激活 K 通道等。在这类通道中可分为其接受配基作用的受点与微孔道结构均在一个蛋白分子内的离子调控型受体（ionotropic receptor）和两者分离，由 G 蛋白实现功能联系的代谢调节型受体（metabotropic receptor）。③机械门控通道（mechnical-gated channel），即由机械牵拉激活的通道，如内耳毛细胞膜中和虾类牵张感受器细胞膜中的通道。

§2.6 几种电压门控通道

在本节只讨论电压门控基因家族中的几个成员。

2.6.1 电压门控 Na 通道

电压门控 Na 通道（voltage-gated sodium channel，VGSC）是首先被确定了氨基酸全序列的通道，关于它的研究资料也多些。哺乳动物的脑和心肌的 Na 通道分子是由 1 个大亚基（α 亚基）和两个小亚基（β_1 和 β_2）构成。但骨骼肌 Na 通道只由 α 和 β_1 亚基构成。还发现有些 Na 通道（电鱼电器官）无小亚基。只将 α 亚基重组到人工膜上便可用膜片钳记录到单个 Na 通道电流，因而被认为是 Na 通道的主体。至于在有的 Na 通道

尚附带有 β 亚基，则它们可能只起调控作用。Na 通道的 α 亚基的分子量约 26 万，是由约 9.820 个氨基酸残基构成的单肽链，含 4 个疏水重复区（MI ~ Ⅳ），每区中有 6 条疏水的穿膜 α 螺旋（$S_1 \sim S_6$），在 S_5 和 S_6 之间尚有 1 个 P 段（pore-forming segment）。它从膜外面进入膜中，但不穿透膜而中途折返，回到膜外面。露在胞膜外和内侧面的连接在二条穿膜 α 螺旋之间的亲水环共 6 条。S_1 与 S_2 螺旋的一侧多为带电荷残基，微孔道便被认为是由 4 个重复区中的 S_1 和 S_2 螺旋围成（图 2-23A）。

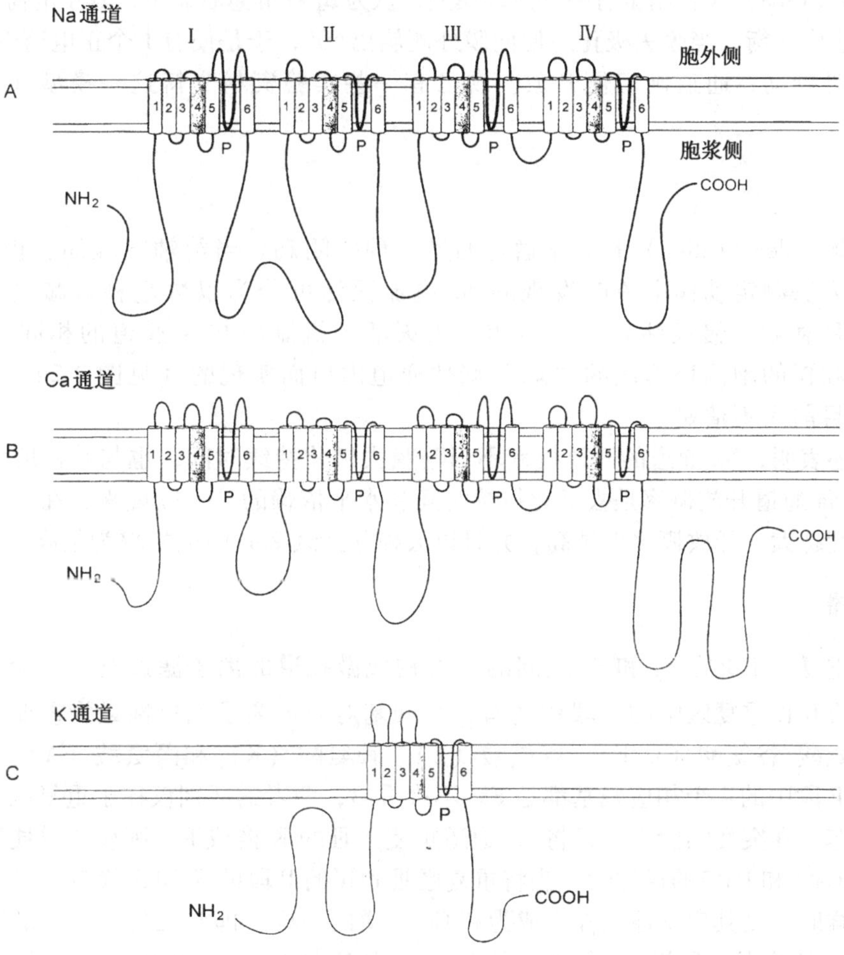

图 2-23　Na（A）、Ca（B）和 K（C）通道分子结构模式图

感受点和活化

关于 Na 通道的感受点（sensor）如何依膜电位的变化而调控通道闸门使之开放或关的问题，Hodgkin 和 Huxley 在提出离子通道模型时就曾设定，膜的去极化或复极化时所发生的电场变化可趋使离子通道中的荷正电的粒子分别向膜外和内侧方向移动，从而使通道开放和关闭。他们还预言，这种正电荷在膜内的移动应能给出小的电容电流，即闸电流（gating current）。后来，在 20 世纪 70 年代借助精密的电压钳装置，记录到了这

种闸电流，并发现当去极化持续时间较短（如2~4ms以内）时，在去极化开始和结束时分别记到了形状相同，但方向相反的闸电流；当去极化持续时间较长足以使Na通道转入灭活关闭态时，则闸电荷的归位便被推迟。只有当膜电位复极化，Na通道从灭活态脱出，闸电荷方移动归位。

Na通道分子的每个重复区的S_4螺旋中每隔2个普通残基便有一个荷正电残基，并且此α螺旋的这些残基都分布在它的一侧，于是S_4被认为是Na通道的电压感受点，接着Gatterall（1988）又提出了有趣的滑动模型，认为S_4在静息状态下，其正电荷与相邻负电荷配对达成平衡，当膜去极化时便向膜外侧旋出60°，于是便有1个正电荷露出膜外。4个S_4同时行动，通道闸门便开放。现已有一些实验资料支持这一模型（Yang等，1996）。

去活化

去活化（deactivation）是离子通道的另一种关闭态。当给轴突施加去极化脉冲，以电压钳方法测定动作电流时发现的Na电流灭活可分为以数毫秒衰减（快灭活）和数百毫秒衰减（慢灭活）两个过程。去灭活的机制应与K通道的相同，由联接重复区Ⅲ和Ⅳ的胞内环形成的“球”堵住通道内口而实现的（见图2-24）。至于慢灭活机制目前尚不清楚。

实验还表明，Na通道的开放概率不只与膜去极化持续时间，也与其幅度大小密切相关，即Na通道开放概率是去极化持续时间和水平依赖的。一般说来，在一定范围内去极化幅度越大，开放概率也越高，并且以去极化持续2ms时的机率为最高。

离子滤过器

每个重复区中夹在S_5和S_6之间的P段构成微孔道的离子滤过器。实验表明，在Ⅰ、Ⅱ、Ⅲ和Ⅳ重复区中的P段中各有一个残基对通道离子选择性最为重要，它们依次是门冬氨酸/谷氨酸（D/E）、谷氨酸（E）、赖氨酸（K）和丙氨酸（A）。在Ca通道分子的P段中的4个相应残基都是E。不难看出，两者的区别仅在于重复区Ⅲ和Ⅳ中的相应残基。在突变实验中如只将Na通道重复区Ⅲ的K换成E，则该通道便出现了一定程度的Ca^{2+}和Ba^{2+}的通透性。当将重复区Ⅲ和Ⅳ的P段的K和A换变成E，即和Ca通道的一样时，则其离子通透性也成为和Ca通道的一样，即对二价正离子的通透性大于对一价正离子的。看来，重复区Ⅲ的K在鉴别Na^{2+}和Ca^{2+}中起着最为重要的作用，重复区Ⅳ的A在其中可能起协调作用。

2.6.2 电压门控Ca通道

依钱（Tsien）等（1988）建议，将电压门控Ca通道（voltage-gated calcium channel，VGCC）分为T（Transient）、L（Long lasting）和N（Neither T，nor L）三种类型，后来又加上P型，共4型（见表2-2）。

T型在多种细胞发现，参与神经元的重复发放。N和P型只见于神经系统，参与递质释放。L型参与神经肽类的释放和海马神经元的LTP现象。

表 2-2 Ca 通道的分类及其特性

	T	L	N	P
活化阈（mV）	低（−70）	高（−10）	高（−20）	中（−60）
灭活速度（ms）	快（20~50）	慢（>500）	中（50~80）	快
单通道电导（pS）	约 8	约 25	约 10~20	约 10~12
离子选择性	$Ba^{2+}=Ca^{2+}$	$Ba^{2+}>Ca^{2+}$	$Ba^{2+}>Ca^{2+}$	$Ba^{2+}>Ca^{2+}$
阻遏离子	$Ni^{2+}>Cd^{2+}$	$Cd^{2+}>Ni^{2+}$	$Cd^{2+}>Ni^{2+}$	
DHP 阻遏	不敏感	敏感	不敏感	不敏感
ω-Conotoxin				
GⅥA	不敏感	不敏感	敏感	不敏感
MⅦC	不敏感	不敏感	敏感	敏感
ω-Agatoxin				
ⅣA	不敏感	不敏感	不敏感	敏感
ⅢA	不敏感	敏感	敏感	不敏感

在电压门控 Ca 通道分子结构的研究中 L 型的资料最多，它由 α_1、α_2、β 和 γ 亚基构成，其 α_1 为通道实体，分子量约 21 万，微孔道由此亚基围成。它与 Na 通道 α 亚基的结构基本相同，但 Na 通道的每个重复区中 S_4 的碱性氨基酸残基数为 4，5，5 和 8 个，Ca 通道的为 5，5，5 和 4 个。这可能是导致两个活化阈不同的原因。S_4 也被认为是电压感受器的所在地。至于灭活化机制可能与重复区 Ⅰ 的 S_6 和其他胞内外连接环有关。DHP 作用在重复区Ⅲ和Ⅳ的 P 段附近，Verapamil 则作用在重复区Ⅳ的 S_6 与 C 末端连接处。现已发现的 α_1 亚基至少有 5 种，这可能是 Ca 通道多样化的原因（图 2-23B）。

2.6.3 电压门控 K^+ 通道

已发现的 K 通道的种类最多，其中电压门控 K 通道有：

（1）延搁整流 K 通道（delayed rectifier） Hodgkin 等在乌贼巨轴突发现的 K 通道属此类型。由去极化激活，与电压门控 Na 通道相比活化速度较慢，并且不易灭活，其时间常数由数百 ms 至数十 s 不等。它的功能为限制 Na^+ 的内流，以缩短动作电位持续时间。由于去极化时的外向电流明显大于超极化时出现的内向流，故又称外向整流 K 通道（outward rectifier），可被四乙胺阻断。

（2）异常整流 K 通道（anomalous rectifier） 整流方向与前者相反，即由超极化激活，去极化时灭活。故又称内向整流 K 通道（inward rectifier）。由此通道形成的电流即使在胞外［K^+］较胞内的低 2 个数量级时也很大。看上去这点也属“异常”。

（3）A 型 K 通道 最初由 Conner 和 Stevens 在海兔神经元记录到而命名的 K 通道。去极化至 −65mV 时即被激活，灭话很快，至 −45mV 时便完全灭活。由于活化后约 1ms 其灭活闸便启动，故又称快瞬时 K 通道（fast，transient K channel）。在测定此通道时最好先超极化至约 −80mV，再去极化激活。如前所述有的神经元的动作电位有一超极化时相，当再次去极化而兴奋时，此通道被激活，以延迟去极化的达阈电位时间。很显然，依此机制可控制神经元的发放频率。事实上，抑制此通道的4-AP，确能缩短冲动持续时间。

（4）Ca^{2+}激活K通道（Ca-activated K channel）　由去极化激活，但还受到胞内［Ca^{2+}］的调控，即在胞内Ca^{2+}达μmol/L数量级也可被激活，并且随胞内［Ca^{2+}］的上升。其激活电压向超极化方向移动，往往见不到灭活过程。它的功能也是调控冲动的发放频率。此通道的另一个特点是电导大，一般在200pS，因此又与肌浆网中的K通道共称最大K通道（maxi K channels）。此通道的阻遏剂为TEA和由蝎毒纯化的蝎神经毒素（charybdotoxin）等。

在早期由于没有合适的特异结合的阻断剂，关于K通道分子结构的研究较为落后。在成功地克隆了颤抖型（shaker）突变型果蝇的K通道基因后方有转机。以*shaker*基因作为探针，从果蝇DNA库中钓出了多种K通道，它们可分为*shab*，*shaw*和*shal*三个K通道基因族，其中*shal*所表达的通道的电流与A型K通道的相似，*shab*和*shaw*的电流即是延搁整流K^+电流。后来又用shaker基因作为探针从哺乳动物钩出很多K通道关连基因。

电压门控K通道分子只由上述电压门控Na和Ca通道分子中的一个重复区构成。同样经6次（S_1～S_6）穿膜和在S_5与S_6之间夹一个相当于Na通道P段的H_5段（图2-23C）。至于整个通道，则被认为是由4种相似分子围成。通道的活化闸门也是由4个S_4构成。经鉴定，如将通道分子的N末端除去，则灭活过程消失，如将切下的N末端段注到胞内，则被切除了N末端而失去灭活过程的K通道可再获得灭活过程。这提示灭活闸门在N末端，可用由Armstrong提出的“球与链”模型说明（见图2-24）。

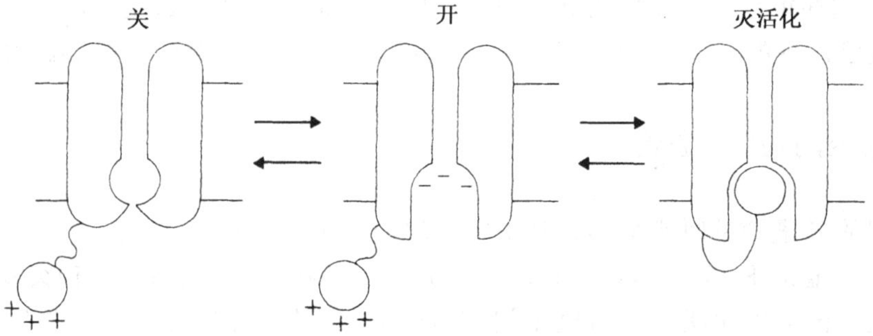

图2-24　K通道灭活化的闸门机制的“球与链”模型

球带正电荷，通道内口带负电荷。

内向整流K通道的分子结构直到1993年方被阐明，它由两次穿膜螺旋和夹于其间的H段构成，即只相当于电压门控K通道分子的后半部，它没有闸门和电压感受器（H_5）结构。

至于对阴离子通道的研究，与对阳离子的研究相比，稍显滞后，但已知它也有多种类型。一般说来，阴离子通道对F^-、Cl^-、Br^-和I^-这4种阴离子都有一定的通透性，虽不同的通道对4种阴离子有不同的通透顺序（如有的对Cl^-或对Br^-的通透性最高等），但都被称为Cl通道。Cl通道可按闸门机制分为：无闸门Cl通道（如参与形成骨骼肌静息膜电位的 Cl 通道）、配基（GABA 和氨基酸）门控 Cl 通道和电压门控 Cl 通道。配基门控 Cl 通道将于第三章讨论。在文献中，虽有关于电压门控 Cl 通道的提法，但迄今尚未发现只由膜电位变化调控的 Cl 通道，如在呼吸道上皮细胞发现的 Ca^{2+} 激活 Cl 通道和 cAMP 激活 Cl 通道等都兼受化学和膜电位的调控。

§2.7 转 运 体

神经元膜是由脂质双层构成，在其中分散地镶嵌着多种蛋白分子。在跨膜物质交换中那些脂溶性和非极性物质便可简单地通过脂质双层，称单纯扩散。但对水溶性和极性物质说来就必须在膜中有特殊道路方可跨膜移动。事实上，为它们提供道路者为跨膜大蛋白分子。大致可分为两类，即如前所述的离子通道蛋白分子和被称为转运体（transporter）的蛋白分子。两种分子中都有容许物质通过的微孔道，但前者开放时其微孔道是贯通的，后者活动时其微孔道的内口与外口轮流开放，即总有一侧处于关闭状态。在转运体中顺浓度差转运物质者称载体，逆浓度差物转运质者称为泵（图 2-25）。

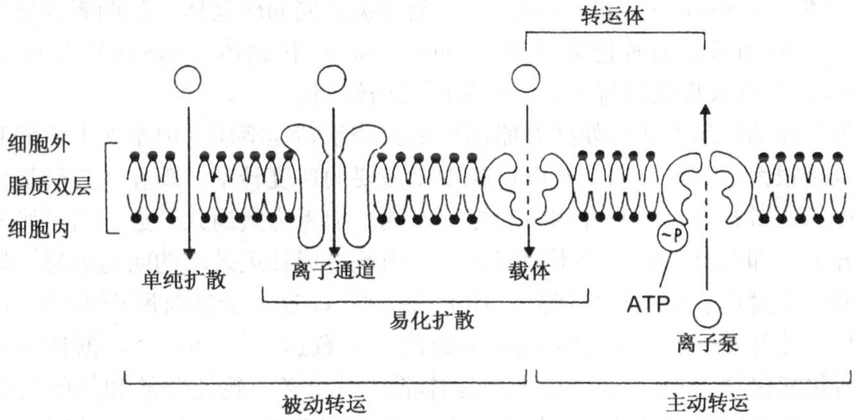

图 2-25　离子通道和转运体分子的模式图

2.7.1　离子泵

在静息状态下 Na^+、K^+ 和 Cl^- 的跨神经元膜浓度梯度差都稳定地维持在约 1 个数量级水平，但 Ca^{2+} 的膜内外浓度差则通常高达约 4 个数量级；另一方面在胞膜每发生 1 个动作电位便有一定数量的 Na^+ 和 K^+（在有些细胞还有 Ca^{2+}）顺各自的浓度梯度经各自的通道流过胞膜。据计算在无髓鞘神经纤维轴突膜的每个动作电位平均约 2 万个离子/μm^2 流过胞膜。因此随神经活动的进行，势必有相当数量的离子顺流越过胞膜，从而降低它们的跨膜浓度梯度。于是，在建立动作电位的双离子通道模型的同时，Hodgkin 和 Keynes（1955）又提出了耗能做功、逆浓度梯度跨膜转运 Na^+ 与 K^+ 的 Na^+-K^+ 泵模型。此模型的活动被认为是维持跨膜离子浓度梯度的机制。1957 年 Skou 便发现，此泵即是胞膜中的 Na^+-K^+ ATP 酶，而 Kawakami 等（1985）又用基因克隆技术确定了此酶的一级结构。

2.7.2 载体

还在 1952 年 Widdas 在分析葡萄糖在胎盘中跨膜输送机制的研究中提出了关于载体（carrier）的概念。Hediger（1987）又用基因克隆技术确定了 Na^+-葡萄糖同向转运体（Na^+-glucose cotransporter）的一级结构，从此开始了转运体（transporter）分子结构与功能的研究。

离子通道以易化扩散机制跨神经元膜转运形成电信号的离子，而离子泵则从水解 ATP 获能作功，逆浓度差主动地跨膜转运离子，以维持其跨膜浓度梯度的稳定。这种转运方式被称为一次性主动转运（primary active transport）。还有，如上述的转运葡萄糖的载体等虽也主动地，即逆浓度梯度进行转运工作，但它们是从其他离子的顺电化学梯度流动中获能而转运特定溶质的。这种活动机制称续发性主动转运（secondary active transport）。在后一机制中势必有两种或两种以上溶质参与转运。当两种溶质为同方向时称同向转运体（symporter），如上述的 Na^+-葡萄糖系同向转运体，如两者为异向者称异向转运体（antiporter）。通常把离子泵（ionic pump）和载体（carrier）统称为转运体（transporter），也有人将载体与转运体作为同义语使用。

曾认为载体的转运方式有如摆渡船那样来去跨膜转运溶质，但事实上它们和离子通道相似，也是很大的穿膜蛋白，难以在膜中以需要的速度转动。现在认为转运体与离子通道分子中都有微孔道，但两者的活动方式不同。前者为贯通式开放，后者则是内口与外口轮流开放，即总有一侧口处于关闭状态，由此造成转运效率的明显差异，转运体转运特定溶质的速度慢、量小和耗能高，如电压门控 Na 通道活动时所产生的动作电位上升相的电位变化达 500V/s，每秒通过单通道的离子数达 $10^6 \sim 10^8$ 个。据计算电压门控 K 通道的活化能仅约 3kCal/mol；由于转运体活动时，必须轮流开放和关闭其微孔道的内口与外口，故每秒可转送的溶质仅为 $10^2 \sim 10^4$ 个，而 Na^+-Ca^{2+} 异向转运体的活化能高达 17kCal/mol。

在细胞膜中的离子通道和转运体虽也同时容许水分子的跨膜移动，但近年来又发现了被称为 aquaporin 的水选择性通道，主要承担水分子的跨膜移动（von Os 等，1994）。

（徐　科）

参 考 文 献

[1] 霍奇金，AL 著．徐科、谭德培译．神经冲动的传导．北京：科学出版社，1965

[2] Kuffler SW, Nicholls JG. and Martin AR 著．张人骥、潘其丽译．神经生物学——从神经元到脑．北京：北京大学出版社，1991

[3] Hsu K and Terakawa S. 1996. Fenestration in the myelin sheath of nerve fibers of the shrimp: A novel node of excitation for salutatory conduction. J Neurobiol, 30: 397 ~ 409

[4] Neher E and Sakmann B. Single-channel currents recorded from membrane of denervated frog muscle fibers. Nature, 1976, 260: 779 ~ 802

[5] Sumikawa K et al. Active multi-subunit Ach receptor assembled by translation of herterolgous mRNA in xenops oocytes.

Nature, 1981, 292: 862 ~ 864
[6] Noda M et al. Primary structure of electrophorus electricus sodium channel deduced from cDNA sequence. Nature, 1984, 312: 121
[7] von Os CH et al. Aquaporins; Water selective channels in biological membranes. Molecular structure and tissue distribution. Biochem Biophys Acta, 1994, 1197: 291 ~ 309
[8] Yang N et al. Molecular basis of charge movement in voltage-gated sodium channels. Neuron, 1996, 16: 113 ~ 122

第三章　神经元间的信号传递——突触传递

还在1888年西班牙著名解剖学家 Ramón y Cajal 就指出“一个神经元的轴突末梢与另一种神经元的树突和胞体的接触处乃是从一个神经元向另一个神经元流通信息之点”。至于“synapse”（张香桐院士将其译为突触，取突起接触点之意）一词则是由英国生理学家谢灵顿（Sherrington）于1897年在研究脊髓反射活动时引入生理学，用以表示神经元之间相互接触并可实现功能联系的那些部位。他正确地论断了，兴奋在反射弧中的单方向传递就是因为有突触介于其中。后来突触一词又被扩展到神经元与效应器之间（如神经肌肉接头）以及感受器细胞与神经元之间实现信号传递的接点。

在生理学中关于构成神经系统的具有多数突起和形状不一的神经细胞之间如何相互接触问题，曾有过较长时期的争论。意大利著名神经解剖学家 Golgi 等认为，细胞学说不能应用于脑，在神经细胞的突起之间有胞浆相通。这种观点把神经系统看成大网，而被称为神经网学说（reticular theory）。Ramón y Cajal 等则主张，神经细胞间无胞浆相通，它们都是独立的单元。这种观点即是有名的神经元学说（neuron theory）。两种学说间的争论一直延续到20世纪30年代，待用电镜观察突触结构时方告结束。电镜观察发现，突触处两侧神经细胞的胞浆并不相通，而是在相互对峙的突触膜之间存在着与胞外间隙相通的突触间隙，并且在膜两侧有不同的结构特征，可成为单向信号传递的结构基础，于是神经元学说最终得到了普遍承认。

关于突触传递的机制问题，早在19世纪70年代Du Bois Reymond就作出了在神经肌肉接头可能是电传递，也有可能是化学传递的论断。在随后的一段时间内便形成了突触传递的电学说和化学学说的争论。Eccles等主张电学说的一方认为，在突触处突触前细胞的动作电流直接扩散到突触后膜，达到阈值又导致下位神经元的兴奋。Dale等主张化学传递学说的一方则认为，突触前细胞的电信号在突触处转换为化学信号，此信号再经突触后膜转换为电信号传出。这一争论也是延续到20世纪中叶，在微电极技术被应用到突触传递研究时方得到解决，如Eccles本人与同事（Brock等，1952；见Eccles，1964）在猫脊髓运动神经元用胞内微电极不只记录到了正向，还记录到负向的突触后电位。很显然，特别是后者是不可能用电传递学说解释的现象。但正当化学传递的观点在大多数突触上被证明是正确的同时，在神经系统中又发现了确有为数不多的电传递的突触，即电突触，并且在电突触处还有连接两侧突触膜的大口径（2nm）的通道，使得两侧神经元胞浆中的1.2kDa以下小分子可以通过。

§3.1 电突触和化学突触

人脑中的突触数惊人地庞大，如按人脑中约含1000亿（10^{11}）个神经元，每个神经元又平均约有10^3个突触计算，则其总数应为10^{14}个。这表明，人脑中的突触数比银河系中的星体还多。突触的数字虽如此庞大，但按其活动机制却只有：电传递和化学传递两大类以及少数电与化学混合突触。电突触不仅见于包括人脑在内的所有神经系统，在心肌、平滑肌和肝脏中也有发现。电突触的传递机制是电耦合，因此在传递中无时间延搁，不易受到环境因素的调制。在神经系统中它们的功能是快速地传递定型化的去极化（兴奋性）信号，并且多数是双向传递的。化学突触则不同，传递的结果既可传递去极化，也可传递超极化（抑制性）信号，并且是单向传递，因为在传递过程中须将突触前的全或无电信号转换成化学信号，在突触后膜再转换成全或无电信号或其他化学信号（如第二信使），所以化学突触的传递过程易于受到调制，可短时间或长时间地改变传递效率，即具有突触可塑性（synaptic plasticity）。这对脑的学习记忆功能非常重要。

总括起来，在结构上突触由突触前膜、突触后膜和介于其间的突触间隙（synaptic cleft）构成。在功能上电突触主要是双向传递的兴奋性突触，虽也发现了单向传递的电突触的例子；化学突触则都是单向传递，并且既有兴奋性的，又有抑制性的。电突触的传递是定型化的快速传递，化学突触的传递则具有可塑性和突触延搁。

§3.2 电突触的结构与功能

电突触在结构上虽也是由突触前膜、后膜和突触间隙三个成分构成，但与化学突触不同的是，其突触前与后膜相同，无结构分化，成为双向传递的基础。在突触间隙处两神经元膜间的距离，如图3-1所示，由通常的20nm变成3.5nm。这种结构又称为缝隙连接（gap junction）。电突触的间隙不仅如此窄小，还有多条排列整齐的、长约15nm的缝隙连接通道（gap junction channel）将两侧突触膜连接起来（图3-1A）。这种横穿两侧突触膜的通道为电突触所特有。它们是由分别位于两侧膜中的圆柱状半通道（semi-channel，又称 connexon）准确对接而成。通道中的微孔道将两神经元胞浆连通起来，其两侧开口的直径约 2nm。中心部稍窄，为 1.5nm。微孔道的离子选择性不强，但阳离子较阴离子易通过。由于孔径较大，分子量在 1.2kDa 以下的小分子物质也可通过。在实验中通常利用这一结构鉴定电突触的存在。当向一侧神经元注射可通过缝隙连接通道的色素（如 lucifer yellow），若能在对侧神经元中发现此色素，即可证明两神经元间有电突触。此现象称色素耦合（dye coupling）。

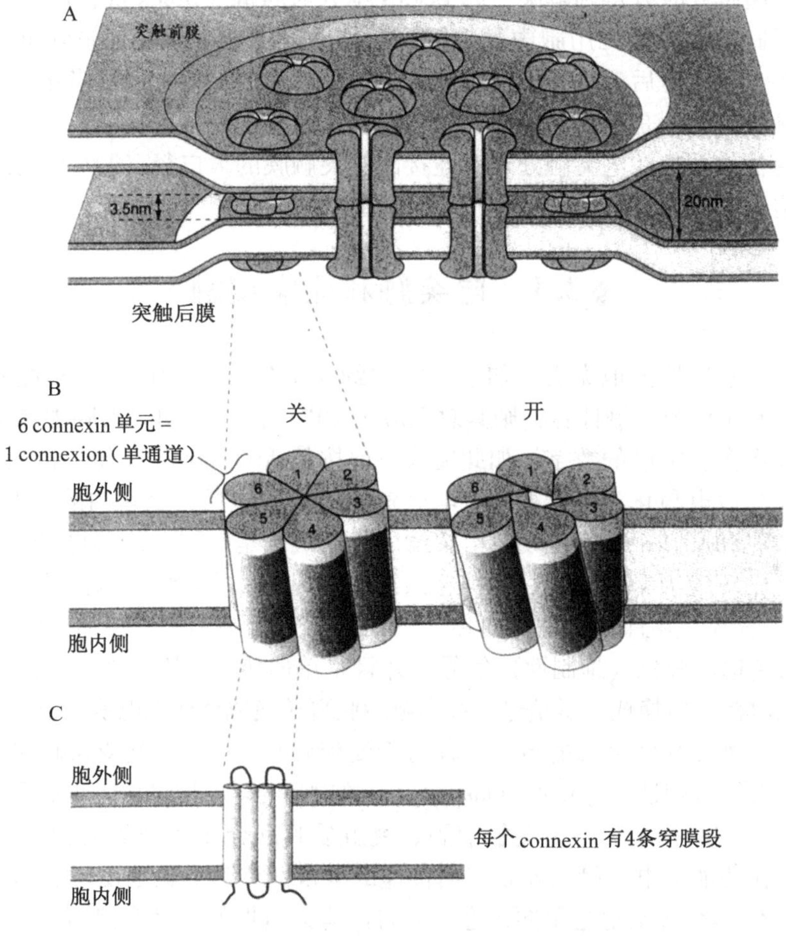

图 3-1　缝隙连接通道三维结构示意图

A. 缝隙连接；B. 缝隙连接半通道由 6 个亚单元围成，当每个亚单元同步地旋转 0.9nm 时，通道开放；C. 每个亚单元肽链穿膜 4 次。（引自 Kandel 等，1995）

每个半通道是由 6 个相同的亚基围成。亚基在胞内合成后，相互连接拼成半通道，并准确地与对侧同伴对接起来，在两神经元间架起通道。来自不同组织的半通道的分子结构相似，都属同一个大基因家族。每个亚基肽链中都有 4 次疏水穿膜段（图 3-1C），N 与 C 末端均在胞内侧。缝隙连接通道可被电压、pH 和 Ca^{2+} 等调控，至于它们的开放与关闭状态，被设想为是以 6 个亚基如照像机快门那样以相互稍作扭转方式而相互转换的（图 3-1B）。

螯虾的腹神经索（abdominal nerve cord）中有两对，即内侧与外侧巨纤维。它们从头神经节穿过若干个胸与腹神经节直通尾神经节。外侧巨纤维每通过 1 个胸或腹神经节便有 1 个间隔（septa）（图 3-2A），即双向传递的电突触。事实上，该纤维是由多个神经元的轴突经电突触连接而成的融合体。每段轴突的胞体位于相近的神经节中。由于电突触的传递的突触延搁仅约为 0. 1 ~ 0. 2ms，又是双向传递，所以该纤维虽由数个神经元的轴突经间隔突触连接而成，但在传导兴奋的功能上，可以说它与普通轴突无明显差异。

外侧巨纤维与由每个腹神经节发出的运动巨纤维形成的巨突触被 Furshpan 等鉴定为单向传递兴奋性电突触。如图 3-2 所示，在突触前与后轴突内各插入 2 根微电极。当刺激突触前轴突时，在突触前与后轴突均可记录到动作电位，但当刺激突触后轴突时，则只能在突触后轴突记录到动作电位。这表明，此电突触为单向传递者（图 3-2B）。进一步的研究表明，这一整流现象主要是因为突触前轴突的静息膜电位比突触后轴突的更负，两者相差 - 14. 6 ± 7. 5mV。如果人工地使突触后轴突膜超极化，则该突触可成为双向传递（Giaume and Korn，1983）。至于此电突触的电压门控机制，目前尚不清楚。

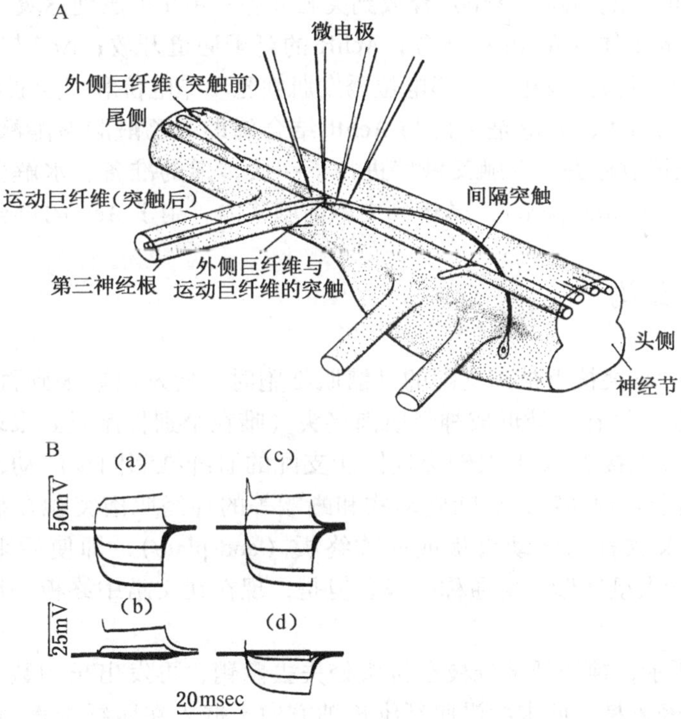

图 3-2　螯虾腹神经索中的电突触

A. 外侧巨纤维与运动巨纤维间形成巨突触（插 4 根微电极）和外侧巨纤维的间隔突触的解剖位置示意图。B. 刺激突触前纤维（外侧巨纤维）在突触前（a）和后（b）记录的电位变化；刺激突触后纤维（运动巨纤维）在突触后（c）和前（d）纤维记录的电位变化，（转引自 Eccles 1964，稍改制）

此外，还有一类电与化学混合突触。这类突触既在无脊椎动物，也在脊椎动物神经系统发现。在多数混合突触往往只可观察到电突触的传递，至于化学传递，则只作为贮备机制，但当突触前动作电位时程延长时有可能出现。在少数混合突触既可观察到快速的电传递成分，也可观察到迟出的化学传递成分。关于混合突触的生理功能尚不十分清楚。

§3.3 化学突触——神经肌肉接头

这是位于脊髓前角中的运动神经元轴突的各分枝与骨骼肌纤维（细胞）间形成的一类突触，又简称神经肌肉接头（neuromuscular junction）。由于具有性质单一，即一块骨骼肌上的所有接头都是以 Ach 为递质的兴奋性化学突触，突触后膜的面积大，容易进行细胞内记录等特点，神经肌肉标本便成为早期研究突触传递的好材料。事实上，我们关于化学突触传递过程的基本知识大都首先来自对这种突触的研究。我国著名生理学家冯德培便是这一领域神经生理学研究的开拓者之一。

神经肌肉突触传递的过程大致是：动作电位沿轴突传导到突触前末梢；由末梢动作电位触发一定量的乙酰胆碱（Ach）释放到突触间隙；Ach 扩散到达突触后膜（终板）；与位于其中的 Ach 受体（AchR）结合；AchR 的离子通道开放；Na^+ 与 K^+ 沿浓度梯度跨膜流动导致突触后膜去极化；达阈电位诱发肌细胞动作电位和引起肌细胞收缩。另一方面，释放出来的 Ach，无论是否已与 AchR 结合旋即被乙酰胆碱酯酶（Ach-esterase，AchE）所水解或扩散移去。突触又做好进行下一次传递的准备。水解生成的胆碱再由胆碱转运体（choline-transporter）转运到突触前胞浆内，用于 Ach 的再合成。

3.3.1 接头的结构

当运动神经元轴突接近被其支配的骨骼肌细胞时，便发出数根到百根以上的分枝。1 根分枝与 1 条肌纤维在一处形成神经肌肉接头（唯在个别骨骼肌如眼球外肌等的慢肌纤维上形成 2 个以上接头）。1 根轴突连同所支配的肌纤维都同步活动，故称运动单位（motor unit）。由于多种动物，如哺乳动物和蜥蜴等的神经肌肉突触在显微镜下膨大呈板状，所以它们又被称为运动终板或简称终板（end-plate），即使后来发现有些动物（如蛇）的接头膨大呈球形，也通称终板。但是，现在在文献中终板一词往往只限于代表接头后膜部分。

如图 3-3A 所示，神经纤维分枝在接头处失去髓鞘，再发出长约数十或数百 μm 的细小分枝，即神经末梢。此末梢沿肌纤维长轴方向半嵌入在肌纤维表面所形成的沟中，上面覆盖着许旺氏细胞。与神经末梢相对应的那部分肌纤维膜特化为突触后膜，即终板。此膜有规律地在与肌纤维长轴成垂直方向形成多数皱褶，称接头皱褶（junctional fold）。突触前侧的结构特点是，在末梢膨大处的轴浆中含有众多直径约 50nm 的突触泡（synaptic vesicle）和一些线粒体。突触泡不是均匀分布的，在靠近突触前膜处的密度较大，并且沿末梢长轴每隔约 1μm 处（大约与突触皱褶相对应处）汇聚成丛（图 3-3B）。在用磷钨酸处理的标本上，用电镜可在突触泡汇聚部位观察到一条横向的致密带（dense bar）。在冰冻蚀刻标本，又可在致密带的两侧，不只有些突触泡排列成行，还有一至二行排列较为整齐的膜内粒子（被认为是 Ca 通道分子）。突触前的这些特化部分称活化区（active zone）（图 3-3）。在突触传递过程中，只是位于活化区的突触泡方能与突触前膜融合和开口，释放内含的 Ach。递质 Ach 是突触前末梢轴浆中由乙酰辅酶 A 和胆碱在胆碱乙酰化酶（CAT）作用下合成的，然后由转运体主动地转运到突触泡内贮存。在突触泡内尚含 ATP 和粘多糖等物质。

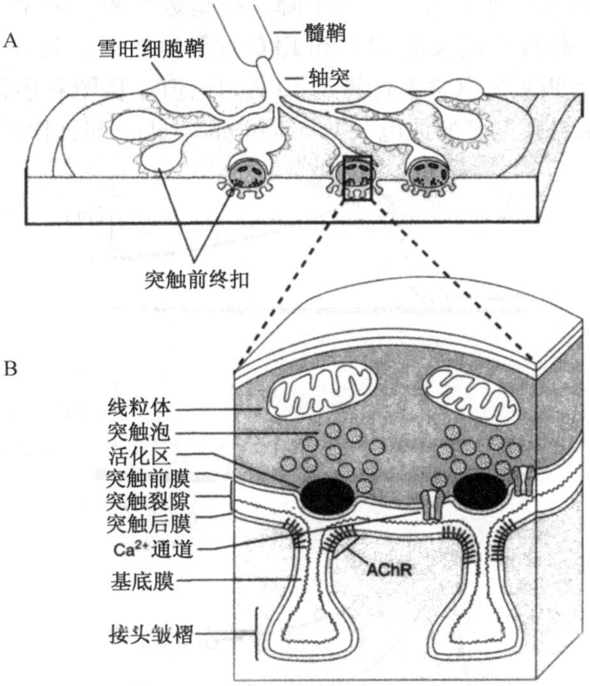

图 3-3　神经肌肉接头的结构示意图

A. 1 根神经末梢一般只与一根肌纤维形成接头；

B. A 图的局部放大，示突触泡和突触皱褶。

3.3.2　接头传递中的接头后变化

为叙述方便，先分析神经肌肉接头传递的突触后过程。

终板电位和终板电流

给神经肌肉标本的神经干以单个方波阈上刺激，便可在肌纤维终板区记录到动作电位，并继之出现单收缩。事实上，在这种动作电位的起始部掩盖着一个被称为终板电位（end-plate potential，EPP）的局部电位变化。在实验中为了单独记录 EPP 往往向标本槽溶液中加一定量的箭毒（d-tubocurarine，d-TC），将 EPP 振幅限制在肌细胞兴奋的阈下水平即可。在箭毒化的脊椎动物神经肌肉接头用细胞内电极记录的 EPP 波形都是急峻上升和缓慢下降、持续时间约 20ms 的局部去极化（图 3-4A）。至于 EPP 振幅，则在生理情况下都超过肌细胞的兴奋阈，故立即诱发动作电位，以至难以将两者分开。EPP 是在 1938～1940 年由几组科学家用胞外电极首先发现的，冯德培教授便是其中之一。在终板区记录的 EPP 的振幅最大，距此点越远便越小，直至振幅为零，但记录到的 EPP 的持续时程都相同。这表明 EPP 是局部电位。

记到如图 3-4A 的 EPP 之后，用电压钳技术将该终板区的膜电位钳在一定水平不变，再刺激神经，便可在终板区记录到一个瞬时内向电流，即终板电流（end-plate current，EPC）。EPC 的波形也是快速上升、缓慢下降，按指数衰减，但全时程仅约 4ms。为了便于比较，将从同一终板区记录的 EPP 和 EPC 重叠地放到一起（图 3-4C）。图中的圆圈乃是由 EPC 和该终板膜的电常数计算的 EPP 理论值。从图看出，计算值与实测值相符。EPP 的长时程来自膜电容的放电（Takeuchi and Takeuchi，1959）。

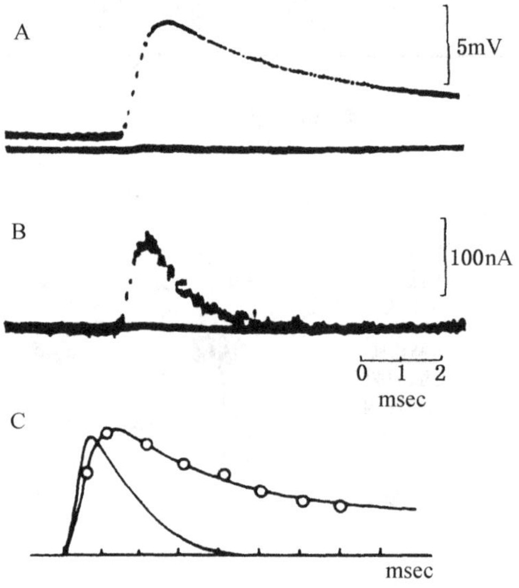

图 3-4　从箭毒化蛙神经肌肉标本记录的 EPP（A）、EPC（B）和两者时程的比较（C）
C 中曲线上的圆圈系由 EPC 计算的 EPP 理论值。
（引自 Takeuch and Takeuchi，1959）

终板电流是由 Na^+ 与 K^+ 同时跨膜流动所产生

如果比较终板区膜电位被固定在不同水平（－150mV～＋50mV）所得到的 EPC，并按膜电位（横座表）与 EPP 振幅（纵座表）作图，可得一直线（图 3-5）。这表明电导不受膜电位变化的影响。平衡电位（EPC 为零处）在 0～15mV 之间。这提示终板电流既不是由 Na^+（平衡电位为＋55mV），也不是由 K^+（接近静息膜电位）所负载。事实上，终板电位是由 Ach 受体通道开放，Na^+ 与 K^+ 同时顺浓度梯度流动所产生。

单通道电流的 Ach 噪声分析

在实验中由于神经末梢兴奋时所释放的 Ach 难以控制，Katz 等建立了 Ach 电泳法，即将用 Ach 溶液灌注的玻璃电泳电极放到终板区，由于 Ach 分子带正电荷，当向电极

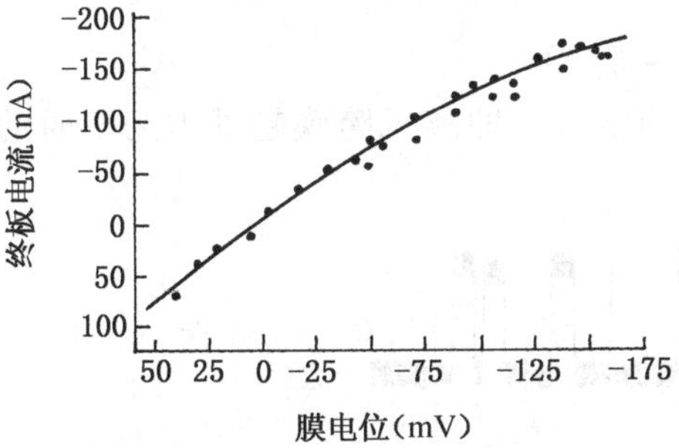

图 3-5 按在蛙神经肌肉标本用电压钳法，将终板膜电位（V）固定在不同水平所测得的 EPC 振幅值（I）制成的 I-V 曲线图
（引自 Magleby and Stevens，1972）

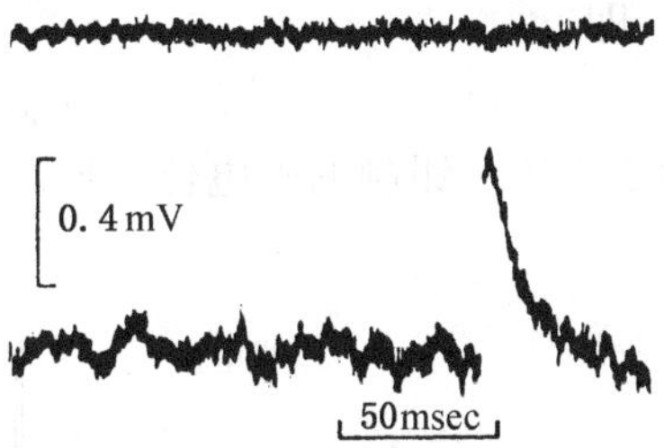

图 3-6 Ach 噪声
A. 在蛙神经肌肉标本终板区记录终板电位时的基线（高放大、示噪声本底、未表示膜电位）；B. 向终板区持续电泳注射 Ach 引起了 8mV 去极化的同时，噪声增大(图中出现一个小终板电位)，此增大的部分称 Ach 噪声。(引自 Katz and Miledi，1970)

通正脉冲电流，便会有 Ach 泳出，作用于终板区。同时用胞内记录电极，便可记录到由 Ach 诱发的瞬时负电变化。这种由 Ach 引起的电位变化称 Ach 电位。若将 Ach 电泳电极插入胞内，向胞内施加 Ach，则不能引起电变化，表明与 Ach 结合并导致电位产生变化的位点在终板膜外侧。

在 Katz 和 Miledi（1972）的实验中当将低浓度的 Ach 持续而恒定地电泳到终板膜上，则在引起所产生约 8mV 的去极化的同时，示波器扫描基线的噪声水平明显增加。若只用电压钳将该终板区膜电位钳在去极化约 8mV 水平，则无上述噪声水平的升高，可见噪声水平的变化系来自 Ach 的作用。此噪声称 Ach 噪声（Ach noise）（图 3-6）。由于设想 Ach 噪声乃是 AchR 通道在 Ach 作用下，进入活化状态所产生的，Katz 等便基于对 Ach 噪声的分析，得出了关于 AchR 通道的电导、开放时间和开放频率的资料并从而创建了对 AchR 单通道的噪声分析法。

3.3.3 Ach 门控通道

EPC 乃是在 Ach 作用下由递质门控通道开放所出现的单位通道电流汇集而成的，因此可用 AchR 单通道电流对宏观的 EPC 进行分析。如前所述，用膜片钳技术记录单通道电流正是首先在 Ach 门控通道上实现的。

AchR 的单通道电流

依膜片钳技术所得研究结果表明，由 Ach 开启的单通道电流为全或无变化。通道每开一次流通的电流的振幅值是固定的，在静息电位为 -90mV 时约为 -2.7pA，电导相当于 30pS。在固定的膜电位条件下记录的单通道电流振幅虽相对固定，但开放持续时间则是随机过程。每次开放的持续时间都有变动，但平均开放时间（数百次平均）也是固定的，约为 1ms。每开放一次约有 17 000 个 Na^+ 流入胞内和少数 K^+ 流出胞外。如图 3-7 所示，单通道电流振幅随膜电动势（$V_m - E_{EPP}$）而改变，这是因为按 Ohm 定律，单通道电流（i_{EPP}）应是单通道电导（γ）和趋动离子通过通道的电化学能（$V_m - E_{EPP}$）的乘积，即：

$$i_{EPP} = \gamma \times (V_m - E_{Epp})$$

式中 V_m 为膜片钳制的膜电位，E_{EPP}为 EPP 的平衡电位，即离子跨膜趋动力为零时的膜电位。

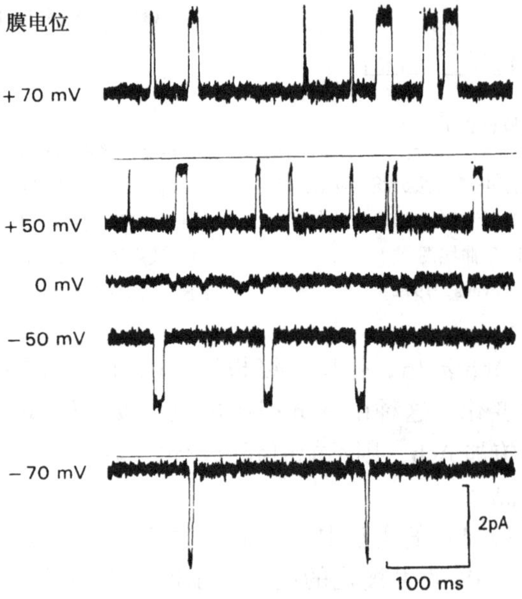

图 3-7 用膜片钳技术记录的由 2μmol/L Ach 诱发的 Ach 受体单通道电流 平衡电位为 0mV

决定 EPP 的四个因素

在终板区由所有正在开放的通道（为 n 个）形成的电导即是接头总电导（g_{EPP}），应为：$g_{EPP} = n \times \gamma \times (V_m - E_{EPP})$。在终板区有大量的 Ach 门控通道（设为 N 个），其开放概率为 ρ_o，则：

$$I_{EPP} = N \cdot \rho_o \cdot \gamma \cdot (V_m - E_{EPP})$$

从上式可知 EPP 是由：①终板区通道总数（N）；②通道开放概率（ρ_o）；③单通道电导（γ）和④离子的电化学趋动势决定的。

平滑地快速上升和缓慢衰减的 EPC 是由全或无的单通道电流汇总而成。当 Ach 被释放到突触间隙，其 Ach 浓度快速升高，导致 ρ_o 升高，多数通道几乎同步开放，形成 EPC 的上升相。此后，随着 Ach 被水解或扩散移去而浓度又快速地在 1ms 以内下降。由于通道随机地，即非同步地关闭，便形成了 EPC 的缓慢衰减的下降相。

AchR 的分子结构

这是集受体与通道于一个大蛋白分子内的所谓递质门控通道的一种，其分子由 5 个亚基构成：2 个 α 和 β、γ、δ 各 1 个。它们的相互关系是 γ 亚基位于 2 个 α 亚基之间

(图 3-8B)。每个亚基有 4 个疏水穿膜区 ($M_1 \sim M_4$) (图 3-8A),微孔道被认为是由 4 个 M_2 围成 (图 3-8C)。

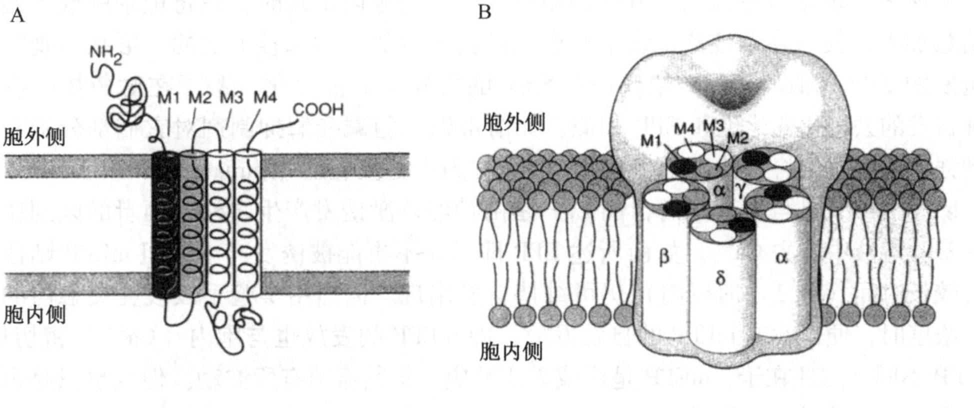

图 3-8 由 $\alpha_2\beta\gamma\sigma$ 亚单元构成的 Ach 门控离子通道分子结构示意图

A. 亚单元肽链穿膜 4 次 ($M_1 \sim M_4$); B. 由每个亚单元的 M_2 围成微孔道。

(引自 Kandel 等, 1995, 稍改制)

3.3.4 Ach 从神经末梢的释放过程

EPP 是由神经末梢去极化所诱发

动作电位虽直接传导到神经末梢,但由于神经末梢变得很细,又失去髓鞘的覆盖,故其振幅变得很小,传导速度也变得很慢 (0.4m/s)。此处的动作电位称末梢动作电位 (terminal action potential)。在生理条件下末梢动作电位是触发 EPP 的必需条件,但在实验中若用 TTX 封闭电压门控 Na 通道,完全阻断动作电位在神经末梢的产生和传导之后,再用电刺激使末梢去极化,虽不再能在神经末梢引起动作电位,但仍可触发 EPP。这表明末梢动作电位之所以能触发 EPP 乃是它使末梢去极化的缘故。

去极化激活接头前膜中的电压门控 Ca 通道

早在 1936 和 1937 年冯德培就发现了 Ca^{2+} 能增加运动神经末梢在神经冲动的作用下释放 Ach。后来有工作证明,神经末梢的去极化引起 EPP 的前提条件是在浸泡神经肌肉标本的生理溶液中必需有正常的 Ca^{2+} 浓度。若在该溶液中无 Ca^{2+},则末梢去极化便不再能引起 EPP。另一方面,在被无 Ca^{2+} 溶液已阻断了接头传递的标本上,若先用电泳电极向接头区表面施放少许 Ca^{2+},则末梢去极化又可引起 EPP。若在电刺激之后再施放 Ca^{2+},则无效。事实上,神经末梢去极化激活突触前膜中的电压门控 Ca 通道 (N 型),导致 Ca^{2+} 内流,使靠近前膜内侧胞浆中的 Ca^{2+} 浓度突然升高方是诱发递质释放的充分条件。

由于 Ca^{2+} 的这种信使作用也无例外地发现在其他类型化学突触的传递过程中,所以 Ca^{2+} 依赖性递质释放已成为鉴定化学突触的条件之一。

Ach 量子释放引起的小终板电位

Katz 等发现把微电极刺入蛙骨骼肌终板区进行胞内记录时，只将记录用放大器的放大倍数加大，便可在示波器基线上观察到随机出现的、约每秒 1 次的、形状与刺激神经所诱发的 EPP 相似的、但振幅仅约 0.5mV 的去极化电位变化。鉴于在对药物反应方面这种自发的去极化变化也和 EPP 相似，如箭毒碱和胆碱酯酶抑制剂对它们都分别有抑制或增强作用等，便将这种自发性去极化变化称为小终板电位（miniature EPP，mEPP）。

除了 mEPP 是自发产生的，而 EPP 是由神经刺激诱发产生之外，两者的区别还在于若在实验溶液中除去 Ca^{2+}，如前所述 EPP 即迅速不再能被诱发产生，但 mEPP 则往往在经过较长时间（如 2 小时以内）仍可维持自发出现。但当用实验手段改变突触前的胞内 Ca^{2+} 浓度时，便可改变 mEPP 的自发发放，即 mEPP 的发放也与胞内［Ca^{2+}］密切相关。与 EPP 不同之点还在于，mEPP 是全或无式反应，虽其振幅有所波动。但这也只是表面上的差异。若按长时间记录到的相同振幅的 mEPP 个数作图，便可得到如图 3-9A 的正态分布，平均振幅为 0.4mV。很显然，mEPP 不可能来自单个 Ach 门控通道的开放，因为它只可引起约 0.3μV 的膜去极化。这提示 mEPP 应是由一固定量的 Ach 分子（约 1 万个）引起若干条通道同步开放而产生的。此单位量的 Ach 被称为量子，递质的量子式释放称为量子释放（quantal release），而 mEPP 便是由 1 个量子的 Ach 所引起的电位变化。

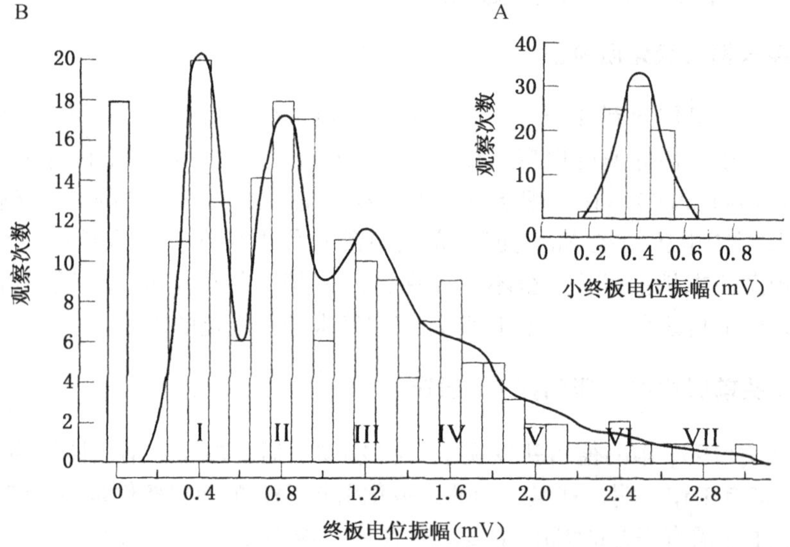

图 3-9 从置于高 Mg^{2+}（12.5mmol/L）溶液中的猫神经肌肉标本记录的 mEPP（A）和 EPP（B）振幅直方图

B 图中连续曲线是由 Poisson 分布计算的理论值。（转引自卡兹，1979）

mEPP 的同步发放形成 EPP

EPP 不是全或无反应，它的振幅随末梢释放的 Ach 量连续可变。但在实验中用适当的低 Ca^{2+}（或高 Mg^{2+}）溶液处理标本，则由刺激神经引起的 EPP 将明显变小。Katz 等观察到，这种小的 EPP 的振幅便不再是连续地下降，而呈现出阶梯式不连续下降。当 Ca^{2+} 浓度降至使 EPP 消失之前，即在某固定阈上刺激条件下有的电刺激已完全不能引起 EPP，但其中另些尚可引起最小的 EPP 时，此 EPP 与 mEPP 的形状极为相似。如在 Boyd 等的哺乳动物接头实验中，得到了 mEPP 的振幅分布（图 3-9A）。当用高 Mg^{2+} 溶液处理标本，再以选定的刺激强度每秒刺激神经一次，共 198 次，其中完全未引起反应，即失败 18 次。在其余的刺激中所得到的 EPP 的振幅分布如图 3-9B。几个峰的中心值都是 mEPP 平均值的倍数。此时，以 mEPP 平均振幅值去除 EPP 平均振幅值所得的商（m），称量子含量（quantum content），可作为突触前递质释放功能的指标（有关统计学计算请参考专著）。这些实验结果表明，EPP 应是由同步发放的 mEPP 形成的。

Ach 量子释放的突触泡假说

mEPP 应是由被称为量子的单位量 Ach 作用于突触后膜由，AchR 开放所引起的电位变化。下一步需要找出答案的问题便是 Ach 量子是如何从突触前膜被释放出来的。1954 年有几组学者报道了用电镜在神经末梢膨大的轴浆内发现了众多的直径约为 50nm 的圆形透明小泡，其中 De Robertis 等当即将其称为突触泡（synaptic vesicle），并指出了它们参与递质释放的可能性。于是 Katz 等便明确地提出了递质释放的突触泡假说，即认为突触泡内含 1 量子 Ach，而 mEPP 便是由单个突触泡释放的 Ach 所引起的。换言之，在安静时神经末梢随机地有少量（约每秒 1 次）突触泡将内含的 Ach 释放到突触间隙，引起 mEPP；待有动作电位传到神经末梢，引起多数（约 200 个）突触泡同步地将内含的 Ach 释放出来，便引起 EPP。

至于 Ca^{2+} 进入神经末梢触发突触泡释放内含 Ach 的机制将在后边讨论。尚须指出，生理与生化测定都表明，除上述 Ach 的量子释放外，在安静状态从神经末梢尚有 Ach 的非量子释放（non-quantal release）。这种 Ach 释放只能引起终板区接头后膜维持着轻度的去极化状态。

3.3.5 接头传递的可塑性、药理和有关疾病

突触传递效率由于活动而发生的短时间或长时间的增强或减弱现象称突触可塑性（synaptic plasticity）。接头为一种化学突触，它的可塑性可来自突触前和后两方面的调控。前者又可分为 Ach 代谢和释放过程的改变，后者又有来自 Ach 灭活、终板膜电位以及 AchR 对 Ach 敏感性等方面的改变。熟悉了接头传递过程和这些调制因素就可用来分析接头药的作用点和某些接头病的病因。

在生理状态下，仅单独一次的接头传递是极少见的，通常都是以不同频率的重复活动，并且前一次传递往往将影响紧接着发生的后来的传递。在实验中 2 个或 1 串刺激所引起的 EPP，若相继变小，称接头压抑（junctional depression），反之若相继变大，称接头易化（junctional facilitation）。如图 3-10 所示的接头压抑和易化现象都是在大鼠箭毒化标本上记录到的，除溶液中的 Ca^{2+} 浓度不同外，其余实验条件均相同。这两个现象都主要来自突触前调制（图 3-10）。

在神经肌肉标本当一串较高频率（可引起肌肉强直收缩）的刺激作用后，再隔不同

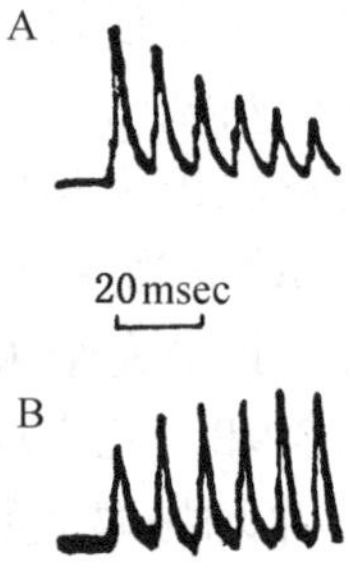

图 3-10
在箭毒化大鼠膈神经膈肌标本记录的传递压抑(A)和传递易化(B)两者都是由一串刺激(120/s)引起的 EPP，但 A 是在正常生理溶液中，B 是在低 Ca^{2+} 生理溶液中记录的。
(转引自 Eccles，1964，稍改制)

时间给与单个刺激，以检测传递效率时，则由检测刺激引起的 EPP 将在一定时间内变大或变小，然后再恢复到正常值。因为这种变化的持续时间较长，通常分别称为强直后增强或抑制（post-tetanic potentiation or inhibition）。

在作用于接头传递的药物中，密胆碱（hemicholine-3，HC-3）的作用是以阻碍神经末梢重吸收胆碱，用于再合成 Ach 的方式而影响接头传递。自然界已知的最强的神经毒素，肉毒杆菌毒素（botulinum toxin，BoTX）是从肉毒杆菌提取的毒蛋白。它选择地阻遏 Ach 的释放过程。从毒蛇毒纯化的 β-银环蛇毒素（β-bungarotoxin，β-BuTX）、从我国北方产蝮蛇毒纯化的 β-蝮蛇毒素（β-agkistrodotoxin，β-AgTX）等也是阻遏接头前释放 Ach 的毒素。还有，从我国中药川楝皮提取的三萜类化合物，川楝素（toosendanin）是植物来源的阻遏 Ach 释放的突触前阻断剂。但 BoTX 与 β-BuTX 或川楝素的作用机制应有不同，因 BoTX 与 β-BuTX 或川楝素同时应用时，接头阻遏作用不是相加，而是部分阻遏解除。

至于接头后阻断剂可分为两类，即竞争型（或非去极化型）和非竞争型（或去极化型）接头后阻断剂。前者以箭毒为代表，它们与 Ach 竞争 AchR 上的结合位点，但它们与 AchR 的 Ach 受点结合后，不能改变 AchR 分子构形，开启闸门，即由于它们占据了位点，而使得 Ach 失去作用。属于这一类者尚有 α-银环蛇毒素（α-BuTX）和眼镜蛇毒素（cobrotoxin）等。去极化型接头阻断剂以琥珀酰胆碱（succinylcholine）为代表，它们与 AchR 的 Ach 受点结合，可以开启通道，但不易被水解，而持续地作用于 AchR，使突触后膜处于去极化状态，导致 Ach 去敏感化（desentization）。它们对接头传递的作用往往是先易化后阻遏。

神经肌肉接头研究的进展又带动了神经肌肉接头病的病因研究。重症肌无力（myathenia gravis，MG）是临床上并非罕见的一种神经肌肉接头病，患者的骨骼肌均可受累，但眼外肌无力和麻痹往往是本病首发症状，其表现是眼睑下垂、复视和斜视等。早已知道，此病系神经肌肉接头病，但长期以来关于其病因曾有接头前与后两种观点。近年来，在成功地纯化了 nAchR 蛋白之后，当以此蛋白制作抗体（给动物注射 nAchR）时，发现实验动物出现了 MG 症状。进一步研究又表明，在多数（约 3/4）MG 病人血清中发现有 nAchR 抗体，并且给实验动物注射 MG 病人血浆也可复制出 MG 症状。MG 病人接头的形态变化为 nAchR 数目减少、突触皱褶变浅和突触间隙变宽等。于是 MG 被确定为 nAchR 的自身免疫病，即由于目前尚不十分清楚的原因在患者体内产生了 nAchR 抗体，影响了 nAchR 的结构功能。但进一步研究资料又表明，尚有部分（约 1/4）MG 病人血中无 nAchR 抗体，并且给实验动物注射这种病人的血浆，仍可复制出 MG 动物模型。因此 nAchR 抗体的产生应不是 MG 的唯一病因。已有工作提示，接头的突触前受体蛋白（β-BuTX 结合蛋白）抗体也是 MG 的致病因子，既在部分 MG 病人血中检测到这种抗体，给动物注射这种病人血浆，也可复制出接头前传递功能变化（Xu et al. 1998）。

还有一种被称为 Lambert-Eaton 肌无力综合征的、以神经肌肉接头受损为主的疾病，其临床症状与重症肌无力的相似，但明显不同的是，以串刺激（频率为 20 至 50Hz）诱发的肌复合动作电位的振幅是逐次增大，而重症肌无力的则是逐次变小。有实验表明，本病的病因是接头前 Ca 通道蛋白的自身免疫病（Vencent 等，1989）。

§3.4 化学突触——乌贼巨突触

如前章所述，乌贼巨轴突标本在阐明动作电位的分子基础中起了极为重要的作用。事实上，取自乌贼星状神经节中的轴突与轴突间形成的巨突触标本（见图 1-10）在为分析化学突触传递，特别是递质释放过程也做出了贡献，弥补了神经肌肉接头标本神经末梢细难以实现胞内记录的不足。乌贼巨突触既是化学突触，又兼其前和后纤维都很粗，可以满足同时在前侧插 2 根（1 根刺激用，另根记录用）和后侧插 1 根胞内微电极的要求。

3.4.1 递质释放量与突触前动作电位振幅成正比

通常在乌贼巨突触的前纤维可记到 110mV 的动作电位和在后纤维记录到很大的突触后电位。若向实验溶液（人工海水）加河豚毒素（TTX）用以阻遏电压门控 Na 通道，则突触前动作电位和突触后电位都逐渐变小，待前者降到约 40mV，后者消失。按所得的突触后电位（半对数）和突触前动作电位数据作图，可得一直线（图 3-11）。这表明递质释放量与突触前动作电位振幅成正比。在可诱发递质释放的去极化范围内（－40～－70mV），每去极化 10mV 导致递质释放增加 10 倍。在此标本若用 TTX 和四乙胺（TEA）分别并完全地封闭了电压门控 Na 和 K 通道之后，再向突触前纤维通去极化电流，则仍可诱发出正常值的突触后电位。这又表明 Na^+ 和 K^+ 本身都不是诱发突触后电位之所必需。

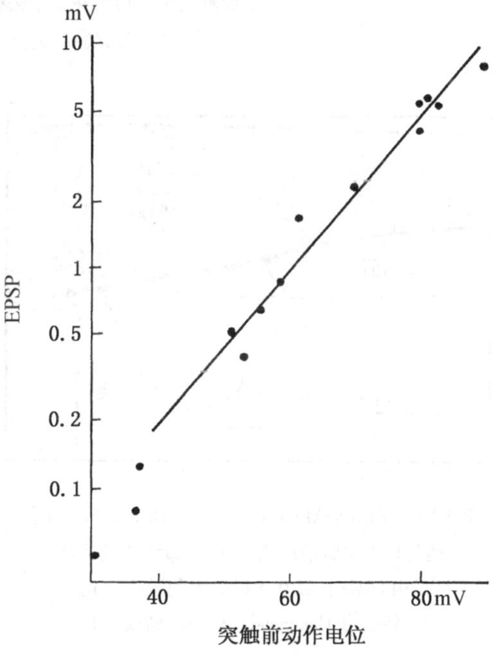

图 3-11 从枪乌贼星状神经节巨突触记录的突触前动作电位与 EPSP 的依赖关系图
（引自 Takeuchi and Takeuchi，1962）

3.4.2 Ca^{2+} 内流与递质释放

在脊椎动物神经肌肉接头标本已证明了 Ca^{2+} 内流是诱发递质释放的必要环节，但 Ca^{2+} 又如何影响递质的释放过程？在乌贼巨突触的实验中仍用 TTX 和 TEA 完全封闭了 Na 和 K 通道之后，由突触前纤维的阶段式去极化可诱发出相应的阶段式 Ca^{2+} 电流（图 3-12）。从图可看出，此 Ca^{2+} 电流无明显灭活过程，即只要去极化存在，此电流便持续出现。

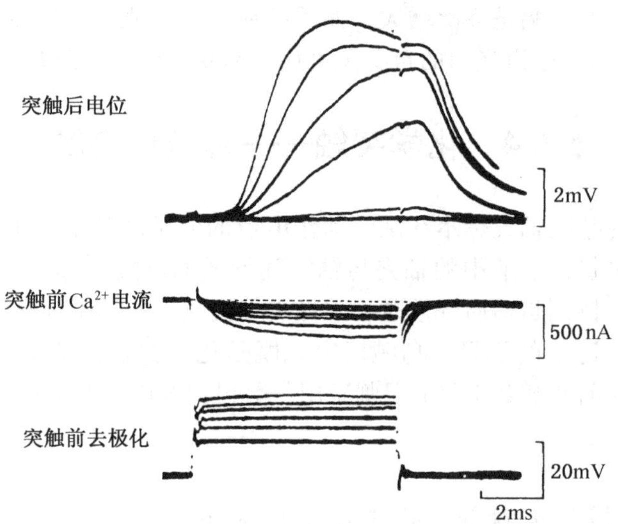

图 3-12
用 TTX 和 TEA 分别封闭乌贼巨突触标本的 Na 和 K 通道后，将突触前轴突膜电位钳在 6 个去极化水平时记录到的相应的突触前 Ca^{2+} 电流和突触后电位。（转引自 Kandel 等，1995）

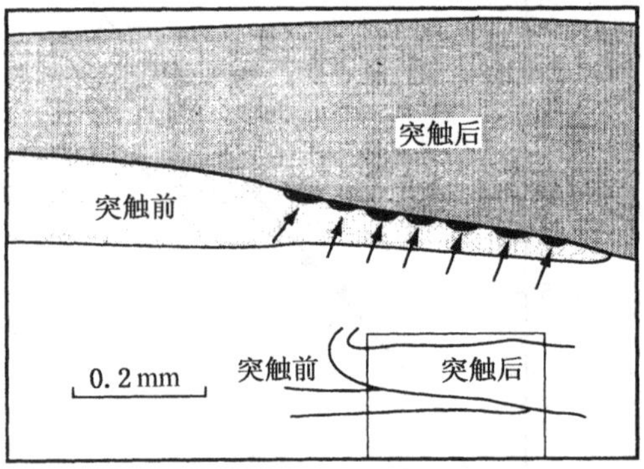

图 3-13 在枪乌贼巨突触以 fera-2 技术显示，在传递过程中突触前纤维活化区 Ca^{2+} 浓度升高（由 80Hz 持续 0.5 秒的串刺激诱发）。（转引自 Hammond，1996，稍改制）

在实验中向突触前纤维注射可显示 Ca^{2+}浓度的色素（fera-2），再测定由一串刺激（80Hz，0.5s）引起的突触前胞内 [Ca^{2+}] 的变化，结果如图 3-13 所示，在活化区处的 [Ca^{2+}] 有了明显升高（多个剪头处），至少比邻近的非活化区的要高出 10 倍。这表明电压门控 Ca 通道在突触前膜的分布不是均匀的，而是显著地汇聚在活化区。从 Ca^{2+} 流入至递质的释放之间的潜伏期仅约 0.2 ~0.3ms。这又提示 Ca 通道应紧靠其作用点，因为在上述时间内 Ca^{2+} 的扩散距离不应大于少数突触泡直径之和。据估算 Ca 通道与突触小泡开口释放处约距 2.5nm。

Llinase 将在乌贼巨突触上得到的资料绘成模式图，用以表示突触前动作电位、Ca^{2+} 电流、突触后电位和动作电位的时间关系（图 3-14）。在突触前动作电位开始下降时 Ca^{2+} 电流开始出现。所谓突触延搁便指这两者间的时间间隔。

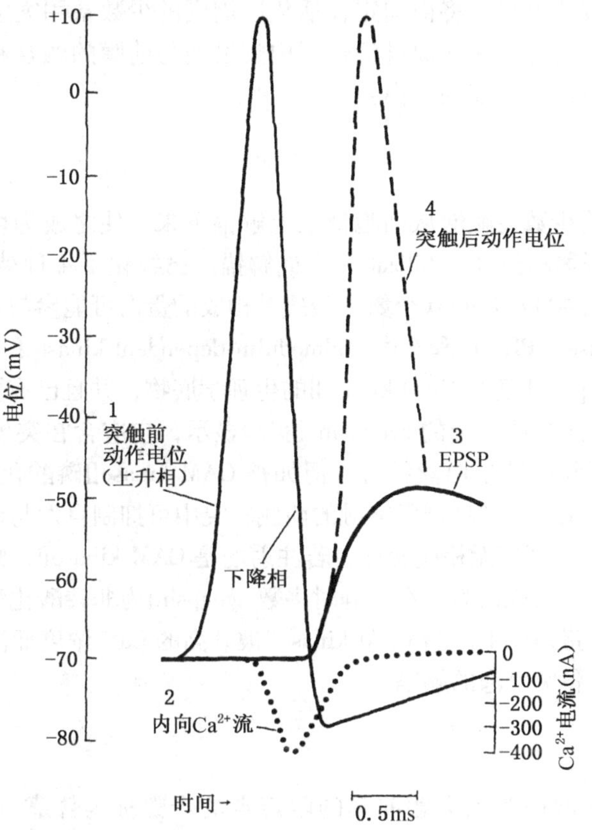

图 3-14　Ca^{2+}进入突触前末梢影响突触传递的时程

突触前动作电位（1）引起末梢电压门控 Ca 通道开放。Ca^{2+}内流（2）触发递质释放，导致突触后出现 EPSP（3）达阈值诱发突触后动作电位（4）。（转引自 Kandel 等，1995，稍改制）

3.4.3　Ca^{2+}对突触泡的动员、停靠、着位和融合以及胞吐的调控

来自乌贼巨突触标本及其他标本的实验资料已证明了，突触前去极化，引起 Ca^{2+}内流，显著地升高活化区的 Ca^{2+}浓度，便引起递质的量子式释放。突触泡假说又认为，递质量子贮存在突触泡内，并由位于活化区的突触泡以胞吐（exocytosis）方式，将递质释放到突触间隙。据估算青蛙神经肌肉接头约有 300 个活化区，约有 10^6 个突触泡，但它们不是均匀分布的，而是较多地汇聚在活化区及其周围。如前所述，神经肌肉接头每个活化区的突触前膜增厚呈棒状（但中枢突触活化区突触前膜增厚呈金字塔形）。在致密棒的两侧有 1 或 2 行被认为是电压门控 Ca 通道的膜内颗粒。用电镜已观察到，突触活动时，突触前膜中有的大颗粒出现变形与附近的突触泡出现与前膜融合现象。

实际上，在同一时间内只有少数突触泡着位在活化区，作为可释放突触泡，大多数则是被肌动蛋白细丝（actin filament）锚在活化区周围的贮备突触泡。因此，Ca^{2+}进入

胞内一方面可能经过几个步骤将被固定在活化区周围的少数备用突触泡移至活化区，着位于那里的突触前膜；另方面又促进活化区内突触泡与前膜的融合和开口放出递质。已得到了几种可能参与这些步骤的蛋白：

动员或解锚

在 Ca^{2+} 作用下将少数突触泡从细胞骨架上解锚下来，使之成为可释放突触泡（releable vesicles）的过程称动员（mobilization）或解锚。已纯化了 4 种被称为 synapsins（Ⅰa，Ⅰb，Ⅱa 和Ⅲb）的、由 4000 到 7000 个氨基酸残基构成的蛋白可能参与这一过程。它们都是 cAMP-dependent kinase（PKA）和 Ca^{2+}-calmodulin-dependent kinase Ⅰ（CAM kinaseⅠ）的生理学底物，其中 synapsin Ⅰ还是 CAM kinaseⅡ的生理学底物，并且已有资料提示，它们可能参与突触泡的动员。用抗体标记的 synapsin Ⅰ实验显示，它应含在突触前膜靠近突触泡部位。在试管中它们能和肌动蛋白丝结合，但如被 CAM kinaseⅡ磷酸化，则其结合力变弱。将非磷酸化型 synapsinⅠ注射到乌贼巨突触的前侧轴突中可抑制自发与诱发的递质释放的同时，该轴浆内的 Ca^{2+} 浓度却无相应变化；若注射的是 CAM kinaseⅡ，则突触后电位振幅增大和持续时间延长。有假说认为，在安静时多数 synapsinⅠ为非磷酸化型，由它们将突触泡锚在细胞骨架的肌动蛋白丝上。当 CAM kinaseⅡ被升高的 Ca^{2+} 浓度而激活，则 synapsonⅠ被磷酸化，导致少数贮备突触泡的解锚。

停靠

将解锚了的突触泡摆渡到突触前膜的限定点的步骤称为停靠（targeting）。停靠可能是在小分子 G 蛋白作用下实现的。由脑组织纯化的蛋白 Rab 3a 和 3b，特别是前者可能参与这一步骤。在突触泡的膜上附有几种小分子 G 蛋白，其中最多的是 Rab 3a。当它与 GTP 结合时为活化型，与 GDP 结合时为灭活型。有实验表明，电刺激可使此蛋白从膜上游离下来（Von Mollard 等，1991），但在包被小泡膜未能发现此蛋白（Maycox 等，1992）。这提示 Rab 3a 可能以 GTP 和 GDP 转换方式将被解锚了的突触泡摆渡到突触前膜上的限定点，即泊位。

着位

将被摆渡来的突触泡又整齐地锚在限定点，即泊位上的步骤称着位（docking）。着位就意味着需要有既能与突触泡膜，又能与突触前膜结合的蛋白的存在。事实上，在所有细胞内都发现了小泡着位（vesicle docking）现象。如图 3-15 所示，在核醣体中合成的分泌蛋白进入内质网腔内，然后内质网膜形成内含此蛋白的小泡，小泡离开内质网着位于高尔基器的膜上，并与之溶合，将内含的分泌蛋白释放到高尔基器腔内，还有些小泡往返于高尔基器小束（cisternae）之间，直到将分泌蛋白调制成熟，形成内含成熟分泌蛋白的小泡，并移动和着位于细胞膜，再以胞吐形式释放内容物。这种发生在高尔基氏器小束之间的小泡运输是持续发生的、Ca^{2+} 非依赖的现象，称结构性胞吐（constitutive exocytosis），但突触前膜的胞吐是 Ca^{2+} 依赖的，为调节式胞吐（regulated exocytosis）。研究发现，两者有共同机制，唯一的区别在于后者有一个“融合钳”（fusion clamp），即有一个在低 Ca^{2+} 浓度时存在着一种可防止着位小泡与泊位突触前膜融合的机制。

关于结构性胞吐机制的分析研究可以说是从在无细胞系统实验中发现了 N-乙烯马来酰亚胺（N-ethyl maleimide，NEM，一种 SH 阻断剂）可阻断上述高尔基小泡与高尔基束堆（stack）的融合现象后开始的，即在此试剂的作用下高尔基束堆虽仍能形成小泡，但失去与小泡融合的功能，于是就有小泡集合在泊位膜附近。利用这种实验条件分离和纯化了一种 NEM 敏感融合（NEM-sensitive fusion，NSF）蛋白。这是一种可溶性 ATP 酶，因此它又需要有一种胞浆蛋白，即可溶性 NSF 附着蛋白（soluble NSF-attachment protein，SNAP）将其附着在高尔基束堆的膜上。这种蛋白也已被纯化。这是在胞浆中普遍存在的蛋白。另一方面，在小泡膜和细胞膜分别存在着可接受 SNAP 选择性作用的受体，即 SNAP 受体（soluble NSF-attachment protein receptor，SNARE）分子。此分子却因分泌或释放系统的不同而各异。突触泡方面的 SNARE（vSNARE）为 synaptobreven（或称 VAMP）；在突触前膜泊位（target）上的 SNARE 受体（tSNARE）为 syntaxin 和 SNAP-25。这三者都是有肽段露出膜外的蛋白，它们与 NSF 和 SNAP 的相互关系见模式图（图 3-15B）。

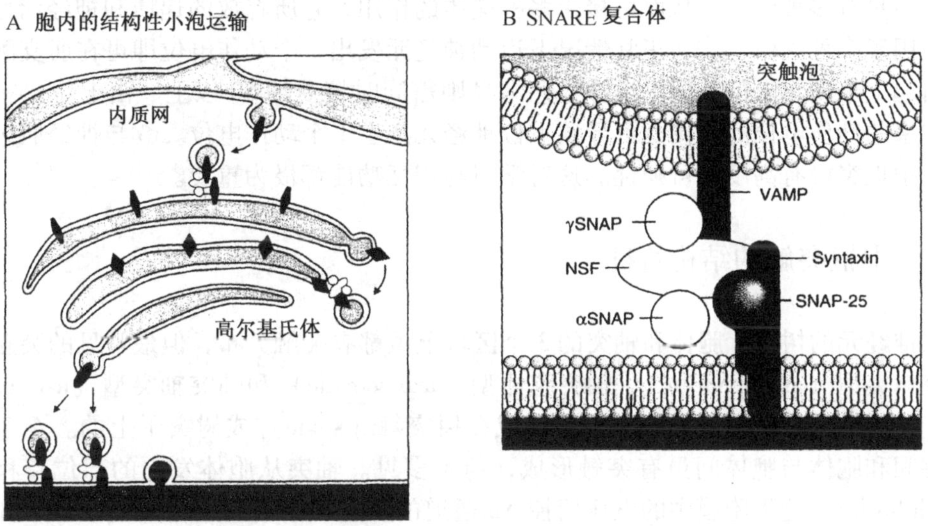

图 3-15 结构性小泡着位、融合和胞吐的分子机制示意
图 B 为图 A 的部分放大。（引自 Kandel 等，1995）

融合（fusion）和胞吐（exocytosis）

在结构式胞吐，当小泡被锚到泊位便发生融合和胞吐。但在调节式胞吐曾设想在结构式胞吐的基础上有一“融合钳”，在低 Ca^{2+} 浓度时可抑制胞吐。synaptotagmin 被认为是此融合钳的候补者。

这里还须提到，有几种阻遏和促进递质释放的毒素在过去的研究中，一方面起了有益的作用，另方面它们的作用机制也得到了进一步阐明。肉毒杆菌毒素（botulinum toxin，BoTX）是肉毒杆菌分泌的体外毒素，共 7 种（从 A 至 G 型），它们的重链（100kDa）选择地与神经细胞膜结合，并将有毒性作用的轻链（5kDa）移送胞内。BoTX 的毒理作用机制被认为是，由于轻链具有的内切肽链酶活性，可分解 VAMP 和 syntaxin。如用黑寡妇蜘蛛毒（α-latrotoxin）作用于神经肌肉接头，则引起 mEPP 发放频率明显增加，然后降低直至其完全无发放。已纯化和克隆了此毒素的结合受体的多种异构体，统称 neurexins。

§3.5 中枢化学突触的整合功能

中枢神经系统中、还有神经节中的化学突触的传递过程虽与神经肌肉接头的基本一致，但无论其突触前或后过程都更为复杂和多样化，例如：①1 根肌纤维只与运动神经元轴突的 1 根分支形成 1 个接头，但 1 个中枢神经元一方面与多个神经元的神经末梢形成突触；另一方面，它的轴突又与多个神经元形成突触。②脊椎动物骨骼肌终板只接受兴奋性输入，但中枢神经元不只接受兴奋，也接受抑制性输入。③参与神经肌肉接头传递的只有 1 种递质（Ach）和激活 1 种受体（nAchR），但在中枢除 Ach 外，被公认的递质已有 8 至 9 种之多。此外尚有许多神经活性多肽参与信息传递。还有，1 个中枢神经元上不只有多种受体，从而可接受多种递质的作用，它所释放的递质和神经活性物质也可作用于多种受体。④在正常情况下运动神经元发出 1 个动作电位即可在所支配的肌纤维引起 1 个动作电位，但中枢神经元本身则需同时接受约 50 以上、由上位兴奋性神经元传来的动作电位的作用方可导致下位神经元产生 1 个动作电位。⑤与神经肌肉接头相比，中枢突触有高度的可塑性。这对学习与记忆功能都极为重要。

3.5.1 中枢突触的结构特征

在神经元的树突、胞体和轴突的 3 个区域上虽都有突触分布，但最常见的突触类型是轴突树突型（axo-dendritic）、轴突胞体型（axo-somatic）和轴突轴突型（axo-axonic）突触。其中轴突树突型突触还可分为形成在树突棘（spine）或树突干上的。至于树突和树突间和胞体与胞体间虽有突触形成，但不多见。轴突从胞体发出的部位特称轴丘（axon hillock）。这里胞膜中的电压门控 Na 通道的密度较高，其兴奋阈值较低，如神经元的膜电位为 -65mV，则在胞体处去极化 30mV，即至 -35mV 方达阈值，但在轴丘处只要去极化约 10mV，即到 -55mV 便可达阈值。因此轴丘又被称为触发区（trigger zone），即神经元是否给出动作电位首先是由这里决定的。在一些大脑皮层神经元的树突上尚发现有 1 个或几个附加触发区，但它们远离胞体，对神经元的兴奋性的影响较小，其功能意义尚不详。

依电镜观察所得资料，Gray 将中枢突触分为Ⅰ型和Ⅱ型。前者多分布在树突棘上，后者多分布在胞体。如图 3-16 所示，GrayⅠ型的突触间隙稍宽（约 30nm）（其间充填无结构基质）、活化区面积稍大（1 ~ 2μm^2）、致密体（dense projection）和突触前膜特化较显著、突触后膜增厚明显，并且范围较大；GrayⅡ型的突触间隙较窄（20nm）（其间无或很少基质充填）、活化区面积较小（小于 1μm^2）、其致密体和突触前膜特化不显著和突触后膜虽有增厚，但面积小也欠明显。尚有报道，GrayⅠ的突触泡为圆形，Gray Ⅱ 为椭圆形。

在中枢突触中发现的突触泡也有一定的多样性，除在有些突触可观察到直径约30 ~ 60nm 的、被认为是贮存 Ach 和氨基酸类递质的透明突触泡，尚有直径为 70 ~ 150nm

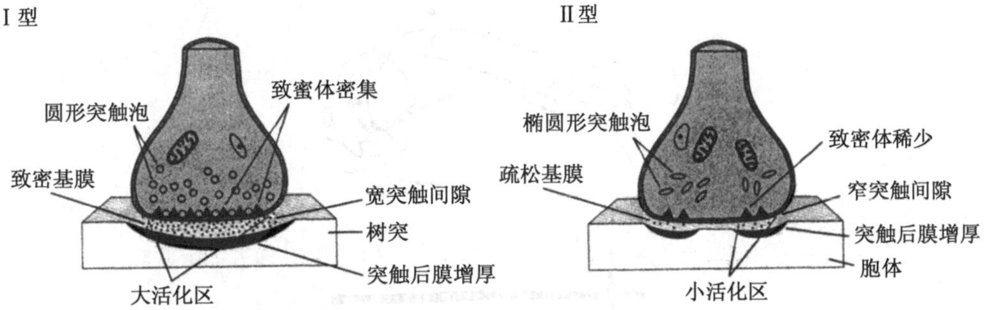

图 3-16　在高等动物中枢突触中最多见的两种精细结构类型：Gray Ⅰ和Ⅱ型

的、带芯突触泡，还夹杂着不同电子密度的直径较小的突触泡。这些可能是含神经活性多肽的小泡。

3.5.2　兴奋性突触后电位和抑制性突触后电位

位于脊髓前角的运动神经元及其突触联系是良好的研究对象，这是因为它们有胞体较大、突触联系较简单和容易定位等特点。不仅运动神经元的轴突与骨骼肌纤维间形成的接头突触标本曾有力地推动了化学突触传递机制的分析研究，其胞体又曾是首先被记录到兴奋性突触后电位（excitatory postsynaptic potential，EPSP）和抑制性突触后电位（inhibitory postsynaptic potential，IPSP）的生物材料。

EPSP　将微电极插入猫脊髓前角支配股二头肌—半腱样肌的运动神经元胞体内，用单个电刺激该肌在脊髓后根中的Ⅰa 感觉纤维（切断有关前根），便可记录到如图 3-17C 所示的去极化反应，称 EPSP。EPSP 和前述的 EPP 相同，也是一种不传导的局部电位。由于在 1 个运动神经元胞体及其树突上有许多与Ⅰa 纤维形成的突触，所以刺激越强，则 EPSP 的振幅就越大，如达阈值，便出现动作电位。这些 EPSP 的振幅虽不同，但时程不变，上升相约 1～2ms，下降缓慢，大致按指数衰减，时间常数（τ）约 5ms，平衡电位为 0～15mV。从不同类型神经元记录到的 EPSP 的时程有所不同，达去极化顶点的时程在 1～20ms 之间，衰减的时间常数在 1～120ms 之间。如乌贼巨突触的 EPSP 的上升时程和衰减时间常数都很短（约 1～1.5ms），但在海兔巨神经元记录到的 EPSP 的持续时间却很长（上升时程为 20ms，衰减时间常数为 120ms）。

IPSP　如仍在上述的股二头-半腱样肌运动神经元作胞内记录，但不是刺激该肌肉的，而是股四头肌（其拮抗肌）的Ⅰa 感觉纤维，则记录到的是形状与 EPSP 相似，但为超级化的电变化，称 IPSP（图 3-17B）。这是因为二头-半腱样肌运动神经元与来自自身的Ⅰa 感觉纤维间形成兴奋性单突触联系，同时又与来自拮抗肌（股四头肌）Ⅰa 感觉纤维间形成双突触联系，即该Ⅰa 纤维先与抑制性中间神经元间形成兴奋性突触，但后者为抑制性神经元，它和股二头-半腱样肌运动神经元间形成的是抑制性突触，所以记录到的为 IPSP。

IPSP 也是迅速上升至顶点，然后按指数曲线衰减，但持续时间比 EPSP 的稍短些。平衡电位为 -80mV。

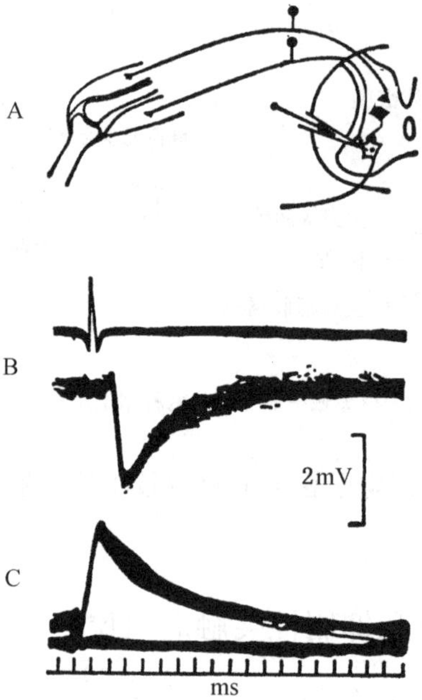

图 3-17　从猫股二头－半腱样肌脊椎神经元
记录的 IPSP（B）和 EPSP（C）
记录均为 40 次重复拍照。A. 实验示意图；B. 刺激
股四头肌 Ia 传入纤维时记录的 IPSP；C. 刺激二
头-半腱肌 Ia 传入纤维时记录的 EPSP。
（引自 Eccles，1964，稍改制）

3.5.3　中枢突触传递的调控

1 个神经元可与来自多个上位神经元形成如多至 10 000 个突触，其中有兴奋性的和抑制性的。一般说来，只 1 个 EPSP 不能达到阈值导致突触后神经元产生动作电位。例如在 1 个运动神经至少要有 25 个牵张感觉神经元同步诱发的 EPSP 方可达约 10mV 的去极化而触发动作电位。由此看来，每个兴奋性或抑制性突触的净效应要受到诸多因素的影响，如其位置、大小、形状以及协同和拮抗突触的强弱等。

时间和空间总和

如模式图 3-18A 所示，当刺激 A 神经元在下位神经元树突上相继引起两个 EPSP 时，如该胞膜的时间常数较长，则在前 1 个 EPSP 尚未消失之前，又发生了第 2 个 EPSP，这两者便可融合在一起。此现象称时间总和（temporal summation）；若时间常数较短，便为两个独立的 EPSP。又如模式图 3-18B 所示，两个轴突树突型突触与触发区的距离相等，并相当于该神经元的 1 个空间常数，则在短时间内先后产生的、强度相同的 EPSP 可能在触发区发生融合（并达阈强度），称空间总和（space summation）。若突触与触发区的距离相当于 3 个空间常数时，则即便有空间总和，振幅也将很小。

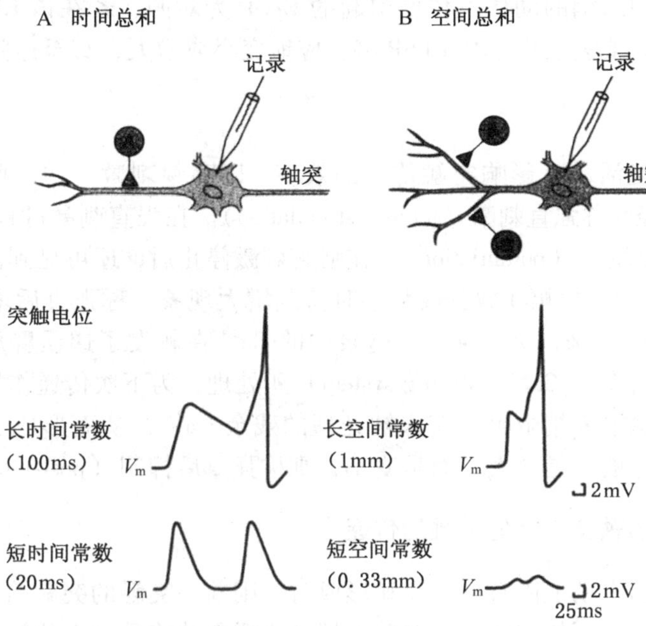

图 3-18 中枢突触电位的时间与空间总和

突触前末梢膜电位对递质释放的影响

因为递质释放与胞内 Ca^{2+} 浓度变化密切相关，所以凡能影响突触前末梢内 Ca^{2+} 浓度的因素便可影响递质释放，如突触前静息膜电位的轻微去极化或超级化便可相应地增加或减少 Ca^{2+} 的内流，从而影响递质的释放。如图 3-19 的模式实验所示，以处于静息

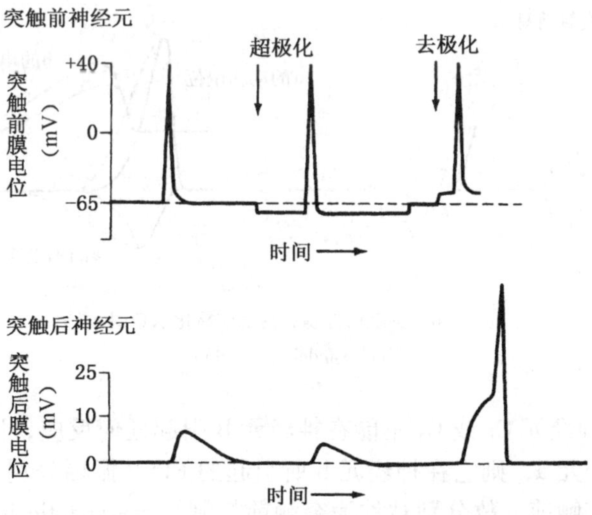

图 3-19 突触前末梢膜电位变化影响胞内 Ca^{2+} 浓度和进而影响递质释放和突触后电位

(引自 Kandel 等，1995)

膜电位水平的突触前末梢的动作电位所引起的 EPSP 为对照，若在该 EPSP 之前将突触前膜电位轻微超级化或去极化，则 EPSP 将相应地变小或增大，直至达阈强度。

重复活动

神经细胞的重复活动可影响突触传递的效率。以高频刺激（在一些神经细胞可达 1 000Hz）突触前神经元称强直刺激（tetanic stimulation）。在强直刺激过程中，其 EPSP 振幅逐渐增大的变化称增强（potentiation）。在强直刺激停止后，还可见到由单个刺激（称检测刺激）引起的 EPSP 振幅在数分或数小时持续增大现象，称强直后增强（post-tetanic potentiation）。一般说来，进入突触前胞浆中的 Ca^{2+} 在触发了递质释放之后，便迅速地被各种 Ca^{2+} 缓冲系统（Ca^{2+} buffering system）所处理，为下次传递作好准备。但在高频活动过后，在突触前末梢中可能有未被处理的残余 Ca^{2+}，从而形成了强直后增强现象。如检测刺激引起的不是增大，而是变小，则称强直后抑制（post-tetanic inhibition）。

在突触前末梢形成的轴突轴突型突触的传递

若在一个突触前末梢上尚有另一突触形成时，则前一突触的突触前成分便可作为后一突触的突触后成分。下位神经元突触前末梢的递质释放将受到上位神经元的影响，如

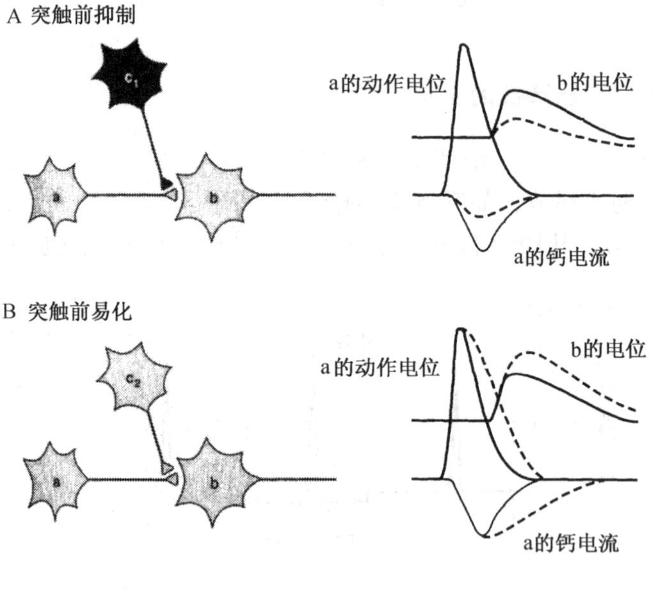

图 3-20　突触前抑制和突触前易化示意图
（引自 Kandel 等，1995）

图 3-20 所示，刺激神经元 C_1 或 C_2 不能在神经元 B 引起任何反应，但若在刺激 C_1 或 C_2 之后，立即刺激神经元 a，则它在神经元 b 所引起的 EPSP 振幅分别会因之变小或增大。由于这种修饰来自突触前，故分别被称为突触前抑制（presynaptic inhibition）和突触前易化（presynaptic facilitation）。突触前抑制的机制可能是由抑制神经元 C_1 的轴突末梢释放抑制性递质，导致电压门控 K 或 Cl 通道开放，使神经元 a 的轴突末梢超级化，从而减少了 Ca^{2+} 的内流。与此相反，如在兴奋性神经元 C_2 所释放的递质的作用下，导致

K 通道关闭，于是神经元 a 轴突末梢的动作电位被拉宽，Ca^{2+} 内流增加，导致易化。

§3.6 递质及内源性活性物质

鉴于肾上腺抽提物，即肾上腺素可模拟交感神经的作用，当时还是英国剑桥大学医学院学生的 Elliott 于 1904 年在生理学会宣读的论文中曾谨慎地指出："冲动传到交感神经末梢，可能是从那里释放肾上腺素、再作用到效应器细胞"。作者甚至没有勇气把这项工作全文发表，但这是明确地指出化学传递的最早记录。于 1921 年首先给化学传递以实验证明的是澳地利生理学家廖维（Loewi）。他以电刺激离体灌流蛙心标本的迷走神经时观察到，在心跳受到抑制同时，在灌流液中出现了可抑制另一个灌流蛙心跳动的物质，并把它称为迷走素（vagusstoff）。于 1926 年他又进一步阐明了迷走素即是 Ach。这是第一个被发现的递质。英国生理学家和药理学家 Dale 和同事曾提出实验证据表明，Ach 是骨骼肌神经肌肉接头的递质。他还把胆碱能（cholinergic）一词引入生理学，用以表示以 Ach 为递质的神经元。Loewi 和 Dale 为这项研究于 1936 年获得了诺贝尔奖。关于交感神经末梢可释放肾上腺素的设想虽最早被提出，在 1921 年 Cannon 还将刺激交感神经从肝脏释放的物质命名为交感素（sympathin），并认为它虽与肾上腺素十分相似，但也有差异，直到 1949 年该物质方被 von Euler 鉴定为去甲肾上腺素（noradrenaline，NA），为此他获得了 1970 年度诺贝尔奖。此后，又相继发现了为数不多的（约 10 种）小分子递质和多种（50 种以上）参与突触传递的神经活性多肽，以及近年又发现了一氧化氮（NO）为气体信使。

3.6.1 鉴定递质的 4 个主要条件

关于判断内源性神经活性物质是否为递质，即递质的鉴定标准曾有过讨论。一般认为，满足下列 4 个条件者可被鉴定为递质：

（1）*存在*　要证明在突触前神经元内有该物质及其合成酶的存在。

（2）*释放*　从突触前末梢可释放足以在突触后细胞或效应器引起一定反应的物质。

（3）*相同的突触后效应*　将适当浓度的该物质人工地施加到突触后细胞应能引起与由神经诱发的相同反应。

（4）*灭活机制*　应找到将该物质从突触间隙除去的机制。

3.6.2 小分子递质

迄今被鉴定为经典的小分子递质见表 3-1。

通常将表 3-1 中所列的 5 种物质都通称为生物胺递质（虽其中组胺的化学结构距胺类较远），其中 DA、NA 和 Ad 属儿茶酚胺（catecholamine，CA），5-HT 属吲哚胺（indolamine）。3 种 CA 递质有共同的合成途径。酪胺酸在酪胺酸羟化酶的作用下转化为 L-DOPA，后者再在脱羧酶（decarboxylase）的作用下转化成递质 DA，DA 又在多巴胺 β-羟化酶（dopamine-β-hydroxylase）作用下转化成 NA，NA 又在苯乙醇胺转甲基酶（phenylethanolanin-N-methgltranferase）作用下转化成 Ad。

表 3-1 小分子递质

乙酰胆碱（Acetylcholine，Ach）	组胺（Histamine，H）
生物胺（Biogenic amines）	氨基酸（Amino acids）
多巴胺（Dopamine，DA）	γ-氨基丁酸（γ-Aminobutyric acid，GABA）
去甲肾上腺素（Norepinephrine，NA）	甘氨酸（Glycine，Cly）
肾上腺素（Adrenaline，Ad）	谷氨酸（Glutamate，Glu）
五羟色胺（Serotonin，5-HT）	

上表中前边 6 种递质是神经元中的特有成分，唯氨基酸递质则不同，它们存在于所有细胞的胞浆中，如支配螯虾螯肢的神经中除兴奋性纤维外，尚有抑制性纤维，其轴浆中的 GABA 含量比前者约高出 15 倍，并且在其中测得的合成 GABA 的谷胺酸脱羧酶（glutamic acid decarboxylase）活力为 1.3（g/kg 纤维湿重/小时），但在兴奋性纤维中为零。至于两种纤维中的 Glu 含量，则未发现差别。因此可以认为，只有那些进入突触泡中的氨基酸方为递质氨基酸。

此外在某些突触泡中的 ATP 及其衍生物，特别是腺甙（adenosine）也被认为起递质作用。腺甙和鸟甙及其衍生物被总称为嘌呤（purine）。有证据表明，与输精管、心肌纤维或肠道平滑肌形成突触的交感神经纤维，以及脊髓背根神经节神经元与某些脊髓背根与后角神经元间形成的突触为嘌呤能（purinergic）突触。

3.6.3 神经（活性）肽

已发现对某些神经细胞有药理活性的肽达 50 种以上，其中有些过去认为是激素（如 angiotensin 和 gastrin），或神经内分泌肽（如 oxytocin、vasopressin、somatostatin、黄体激素和 thyrotropin-releasing 激素）也起递质作用，即被释放后可作用于近傍的受体。这些递质被认为与感觉与情绪活动有关。

有些神经肽已满足了作为递质的 4 个条件，但也有些尚只是部分满足。现将在不同组织发现的一些哺乳动物脑肽它们列入表 3-2，供参考：

上述小分子递质的合成酶都是在神经元胞体中被合成的，然后再以慢轴浆运输被分送到神经元的各个部分，特别是其轴突末梢，用于递质物质的合成。被合成的物质必须经浓缩并填充到突触泡中方可作为递质被释放。儿茶酚胺类递质是借助 H^+ 浓度梯度（泡内和胞浆内的 pH 分别为 5.5 和 7.0）所提供的能量，由转运体输送到突触泡内的。但神经肽则只能在胞体被合成。首先是在内质网内合成前体，然后在高尔基器中受到修饰，再以分泌颗粒形式由轴浆运输到突触前末梢。

表 3-2　神经活性肽：按组织分类的哺乳动物脑肽

hypothalamic-releasing hormones	gastrointestinal peptides	heart
thyrotropin-erlrasing hormone	vasoactive intestinal polypeptide	atrial naturetio peptide
gonadotropin-releasing hormone	cholecystokinin	
somatostatin	gastrin	**others**
corticorpin-releasing hormone	substance P	angiotensin Ⅱ
growth hormone-releasing hormone	neurotensin	bradykinin
	methionine-enkephalin	sleep peptide（s）
neurohypophyseal hormones	leucine-enkephalin	cakcitionin
vasoressin	insulin	calcitonin gene-releted peptide（CGRP）
oxytocin	glucagon	
	bombesin	neuropeptide Y
pitutitary peptides	secretin	neuropeptide Yy
adrenocorticotropic hormone	somatostatin	galanin
β-endorphin	thyrotropin-releasing hormone	substance K（neurokinin）
α-melanocyte-stimulating hormone	motilin	
prolactin		
luteinizing hromone		
growth hormone		
thyrotropin		

引自 Kandel，1995，稍加修改

3.6.4　小分子递质和神经肽的共存和共释放

神经肽和小分子递质可共存在一些神经元内。在成熟神经元内通常存在 1 种小分子递质和 1 种及几种有同一前体的神经肽。如 Ach 和血管活性肽（VIP）在 1 个突触前神经元内，并协同作用到靶细胞，又如在神经肌肉接头 Ach 和 calcitonin gene-relatad peptide（CGRP）同时被释放，在下丘脑还有谷氨酸（兴奋性）和 dynorphin（抑制性）共同释放的例子。神经肽突触泡内可能含有或不含有小分子递质，但都含有 ATP，并与两者同时被释放。至于 ATP 是否有传递效应则要看突触后有否受体。

3.6.5　递质从突触间隙的清除

总的说来，可有 3 种方式，即扩散、酶降解和再摄取。值得注意的是，有的酶降解作用并不是特定地为了终止传递，而更为重要的可能是在于灭活那些扩散到突触间隙以外的递质，或调控该递质在神经元内的浓度。这在临床很重要，因为这可为药物提供作用位点，如因为单胺氧化酶抑制剂可阻遏胺类递质在神经元内的降解而被用来做降血压药和治疗压抑症（depression）。但神经肽从突触间隙被清除较慢，它们可能先只由扩散和水解而被清除，这却有利于它们的长效应。

被释放出来的递质（或其前体，如 Ach 和 ATP 分解后生成的胆碱和腺苷）被主动地再摄取到突触前轴突末梢或近傍的胶质细胞中。此过程是依靠特异的转运体实现的。

根据存在部位和功能，这种转运体可分为：分布在胞膜中向胞浆内转运递质或其组成成分者和分布在突触泡膜中向突触泡内转运递质者。

在胞膜中的转运体的共同特性是，以 Na^+ 跨膜浓度差为动力向胞内转运物质，并且可分为 Na^+-Cl^- 依赖者和 Na^+-K^+ 依赖者。属 Na^+-Cl－依赖者的共同特性有：一级结构相似，N 与 C 末端都在胞内，穿膜 12 次。属 Na^+-K^+ 依赖者迄今只纯化了 3 种 Glu 转运体，即 GLAST、GLT-1 和 EAACl。它们的分子被认为分别穿膜 6、8 和 10 次。

在突触泡膜中的转运体的共同特性是以突触泡内外 H^+ 浓度差的电化学势为动力进行递质的转运。分子结构已被阐明的只有大鼠来源的单胺转运体，其 N 与 C 末端均在胞内，穿膜 12 次。

3.6.6 一氧化氮

近年来在细胞间信息传递的研究领域中出现了一项突破性进展。这个进展是从 1980 年 Furchgott 等在家兔大动脉条标本所获得的重要实验结果开始的。他们观察到，当将标本的内皮剥去后，则 Ach 便失去引起该标本平滑肌舒张的作用，然而只要将此无内皮标本与保有内皮的动脉条标本相接触，则 Ach 便可恢复对它的致舒张作用。他们的结论是，Ach 的这种致舒张作用是因为它引起了血管内皮细胞释放出一种被他们称为血管内皮来源的舒张因子（endothelium-derived relaxing factor，EDRF）的物质。由于此物质极易分解，经数年后方被 Furchgott、Ignarro（同时于 1986 年国际会议中报告，但该会议论文集于 1988 年方出版）和 Moncade（1987）三个研究组鉴定为一氧化氮（nitric oxide，NO）。此三位领导人为这项研究获得了 1998 年度诺贝尔奖。

NO 为气体，仅微溶于水。这种气体信使物的发现使学术界为之惊震，于是有关研究论文迅速增加，迄今已成为新的快速发展的研究领域之一。于 1989 和 1990 两年间分别从神经、血管内皮和巨噬细胞（macrophage）纯化了三种 NO 合成酶（NO synthases，NOS），即神经型 NOS（nNOS）、内皮型 NOS（eNOS）和诱导型 NOS（iNOS）。紧接着 nNOS 于 1991 年、eNOS 和 iNOS 于 1992 年分别被克隆成功，确定了一级结构。三者的分子量分别为 160、135 和 130kDa。随后又于 1993 至 1995 年间研制成功了三者的基因切除小鼠。

NO 是在 NOS 的作用下由 L－精氨酸（L-arginine）氧化生成，不经受体的转导，直接扩散通过胞膜作用于靶物质。它的靶物质很多，其中有代表性者为触媒 GTP 生成 cGMP 的鸟苷酸环化酶（guanilic acid cyclase）。此酶被 NO 激活，通过转导通路降低胞内 Ca^{2+}，导致平滑肌舒张。NO 是分子内含有 1 个不配对电子的自由基。在 100g 水（1 大气压、25℃）中可溶 5.63mg，但在水中的溶解度并不很低，为 1.9mmol/L，足以发挥其生理作用。半衰期为 3～6s。NO 在水中与 O_2 反应生成 NO_2^- 和 NO_3^-，以及与 O_2^- 反应生成细胞毒性很强的 $ONOO^-$ 等。

在 nNOS 作用下生成的 NO 作为信使物参与中枢神经系统中突触可塑性、记忆、视觉和嗅觉等功能。致于在周边神经系统，则主要是非肾上腺素能和非胆碱能神经元的信使物。

3.6.7 神经营养因子

在神经细胞的发生、分化和增殖过程中，以及成熟后虽不再增殖，但在其突起的生长和突触的形成与更新过程中都接受环境中诸多因子的作用和影响，其中那些维持神经细胞生存、促进其突起生长和突触形成的可溶性蛋白因子被总称为神经系统的营养因子（neural trophic factor）。有关研究是从 20 世纪 50 年代开始的。于 1948 年 Bucker 观察到，将小鼠肉瘤植入鸡胚的体壁等处时，便有大量来自脊髓后根的感觉纤维以及交感纤维伸向该组织块，但运动纤维并无此变化。Lovi-Montalchini 等发现，即使在植入的肉瘤细胞不与鸡胚接触的条件下，也会有上述神经纤维的显著生长，从而她们得出结论，认为从肉瘤细胞释放出神经生长因子（nerve growth factor，NGF），促进了该神经纤维的生长、此后经十余年方确定了 NGF 分子的一级结构。

除 NGF 之外，迄今又发现了维持感觉神经细胞生存及其突起生长的脑来源神经营养因子（brain-derived neurotrophic factor，BDTF）、作用于副交感神经细胞的睫状体神经营养因子（ciliary neurotrophic factor，CNTF）和神经营养因子-3（neurotrophine-3，NTF-3）等。此外，还有一些促进各种细胞增殖的细胞生长因子也可维持神经细胞的生存和促进其突起的生长，如纤维母细胞生长因子（fibrobrast growth factor，FGF）、上皮生长因子（epidermal growth factor，EGF）和类胰岛素生长因子（insulin-like growth factor，IGF）等。

在这些神经营养因子中 NGF 的受体研究得较为深入。人和大鼠的 NGF 受体分子分别由 427 和 426 个氨基酸残基构成，至于上述其他因子中的几种受体将在后边提到。

§3.7 受　　体

在神经生物学中关于受体（receptor）的概念最早是由英国药理学家 Langley 于 1905 年提出的。他观察到箭毒虽可拮抗烟碱引起的肌肉收缩，但不能阻遏直接电刺激肌肉引起的收缩，由此他设想这两种试剂都只和细胞中非神经性和非肌肉性的特定物质相结合，所不同的只是烟碱与该特定物质结合可进一步产生生物效应，即肌肉收缩，但箭毒结合所产生的效应则是拮抗烟碱引起的肌肉收缩。他把该特定物质称为接受物质（receptive substance）。事实上，Langrey 当时提出的关于接受物质（受体）的概念现在看来仍是正确的，因为他已指出了受体的二个重要特征，即识别特定物质和产生生物效应。

如上述的烟碱和箭毒等可选择地作用于体内特定分子并能引起生物效应的物质称生物活性物质（biological active substance）。如系体内固有的，则称为内源性活性物质，如递质、激素、营养因子等；如系来自体外者，则称外源性活性物质，如烟碱、箭毒等药物和毒物。那些在胞膜以及胞浆与核中对特定生物活性物质具有识别并与之结合而产生生物效应的大分子被称为受体，而那些与受体有选择性结合特性的生物活性物质称配体（ligand），其中与受体结合可引起生物效应者称激动物（agonist），与受体结合，但其生物效应表现为选择地拮抗由激动物引起的生物效应者称拮抗物（antagonist），至于既有激动作用又有拮抗作用者称部分激动物（partial agonist）。神经元上的受体称神经受体（neuroreceptor），本节中所提到的受体即指神经受体而言。

自从1983年Numa和同事成功地纯化并测定了AchR的一级结构，从而开辟了研究受体分子结构与功能的先河以来，已有众多的受体及其亚型的一级结构被确定，使得我们有可能按分子结构特征对受体进行分类，并对受体分子的活动机制进行分析。

3.7.1 受体的鉴定和分类

一般认为，用生化方法鉴定受体应具备下列4个特性：①饱和性。受体分子的数量是有限的，因此配体与受体结合的剂量效应曲线应具饱和性，并且它们的特异结合应表现为高亲和性和低容量性。细胞往往对配体也可能有非特异性结合，但这种结合既表现为低亲和性和高容量性，又无饱和性。②特异性。特定的受体只与特定配体结合产生生物效应。因此常用比较一系列配体的生物效应的方法来研究受体特性，并对之进行功能分类。③可逆性。在生理活动中配体和受体的结合应是可逆的。配体与受体复合物的解离常数虽有不同，但被解离下来的配体应是原物，而不是其代谢产物。

受体的两个主要功能是选择地识别递质和激活效应器，因此便可按所选择识别的递质将它们分为AchR、GluR、GABA受体、GlyR、5-HTR、组胺受体和识别NA和Ad的Ad受体，以及识别各种神经肽的受体等。另一方面，由于已阐明了多种受体分子的一级结构，故又可按它们作用于效应器的分子机制将其分为直接调控离子通道活动的离子通道型受体（ionotropic receptor）和间接调控离子通道活动的代谢调节型受体（metabotropic receptor）。离子通道型受体分子中既有识别递质的受点（binding site）又有离子通道，故活动速度快。已知属此类型者属1个基因家族，其中有：nAchR（n型AchR）、$GABA_AR$（A型GABA受体）、$5\text{-}HT_3R$（3型5-HTR）和iGluR（离子通道型谷氨酸受体）。代谢调节型受体分子中只含识别递质的位点，并无容许离子

表3-3 神经受体的分类

	离子型受体	代谢型受体
递质	**基因有族Ⅰ**	**基因家族Ⅱ（由G蛋白介导）**
Ach	nAchR	mAch
GABA	$GABA_AR$	$GABA_BR$
5-HT	$5\text{-}HT_3R$	$5\text{-}HT_{1,2,4}R$
Gly	GlyR	—
GLu	NMDA受体	mGluR
	non-NMDA受体	
	Kainic亚型	
	AMPA亚型	
Ad和AN	—	αAd和βAd
感觉刺激		
光		视紫质（rhodopsin）
嗅分子	—	嗅受体
神经肽		神经肽受体

引自Kandel，1995，稍加修改

通过的微孔道。它们与效应器的功能耦联是经鸟嘌呤核苷酸结合蛋白（guanosine nucleotide-binding protein)，即 G-蛋白实现的，因此这类受体又被称为 G 蛋白耦联受体（G-protein coupled receptors）。已知属此类型者又可分为两个基因家族，包括 mAchR（m 型 AchR）、$GABA_B$R、mGluR（代谢调节型谷氨酸受体）和 5-$HT_{1,2,4}$ R（1，2，4 型 5-HTR），以及各种神经肽受体等（见表 3－3）。此外尚有由营养因子、激素和某些神经肽激活的、穿膜一次并在胞内 C 末端带有（或不带有）激酶的受体（图 3-22）。

3.7.2　离子通道型受体

它们都含有 4～5 个穿膜 4 次的亚基，并由这些亚基包围成正离子或负离子通道。前者除 nAchR 之外，尚有 iGluR 和 5-HT_3，后者有 $GABA_A$ 受体和 GlyR 等。它们的分子结构示意图示于图 3-21。

iGluR 是离子通道型受体中结构与功能最多样化的，可依激动剂和拮抗剂的不同分为 NMDA（N-methyl-D-aspartic acid，NMDA）受体（可由 NMDA 激活和被 APV 灭活）和非 NMDA 受体。非 NMDA 受体又进一步分为 AMPA 型（由 AMPA 和 quisqualate 激活）和 kainic acid 型（由 kainate 激活），这两型受体的拮抗剂都是 CNQX（6-cyano-7-nitroquixaline-2，3-dione）。将这三种 iGluR 的特征列于表 3-4。

表 3-4　离子通道型谷氨酸受体

	NMDA 型	non-NMDA 型	
		AMPA 型	kainic acid 型
激动剂	Glu NMDA [Gly]	Glu AMPA quisqualic acid	Glu kainic acid
拮抗剂	APV $<Mg^{2+}>$	CNQX	CNQX
可通过离子	Ca > Na，K > Mg	Na，K≫Ca	
电导	50pS	10pS	2pS
开放时间	10ms	5ms	2ms
脱敏性	弱	强	弱

NMDA 受体　只有当 Glu 或 NMDA 作用于此受体时，并不能使其激活，这是因为它们受到胞外液中 Mg^{2+} 的抑制。如在激动剂作用的同时，再加上膜去极化以解除 Mg^{2+} 的抑制方可激活此受体，离子通道开放，Ca^{2+} 流入胞内。此外，NMDA 受体要在甘氨酸存在下方活动（在它处甘氨酸为抑制递质）。

非 NMDA 受体　无需去极化，只要与 Glu 接触便可被激活，因此由单个突触前动作电位所诱发的、由 Glu 所介导的 EPSP 主要是来自非 NMDA 型受体的活化，待出现了去极化（20mV 或更多），NMDA 型受体方可能被激活，因此这只能构成 EPSP 晚期的小部分。

NMDA 型和非 NMDA 型受体的分子结构相似，都是由 4～5 个在胞外有很长的 N 末端的 4 次穿膜亚单元构成，它们对 Ca^{2+} 的通透性的不同可能因为在（形成微孔道的）M_2 中有 1 个氨基酸残基（NMDA 型为 asparagine，非 NMDA 型为 arqinine 残基）的不同。

5-HT_3R 分子的分子量约 25 万，其结构与 nAchR 的相似，由 4～5 个亚基围成离子通道，每个亚基穿膜 4 次（M_1～M_4），由 M_2 形成微孔道，露出胞外的 N 末端很长，其上有 3 个糖链，M_3 与 M_4 间的胞内环也很长，其上有可接受 PKA 和酪氨酸磷酸化酶的作用而磷酸化的位点各 1 个，它们可能参与通道活性的调控。5-HT_3R 在中枢神经系统和肠道中都有分布，其通道可通过的离子为 Na^+、K^+ 和 Li^+ 等。

$GABA_A$ 受体　分子量为 20～30 万，有 α 和 β 两个主要亚基，每个亚基也是穿膜 4 次（M_1～M_4），由 M_2 构成微孔道壁，在 M_3 和 M_4 的胞内环上有磷酸化位点。后来又发现了 γ 和 δ 亚基，但 $GABA_A$ 受体分子可能是由 α、β 和 γ 等 4～5 个亚基构成，可通透离子为 Cl^-。激动剂为荷包牡丹碱（bicuculine）和 GABA，拮抗剂为 muscimol。在此受体上尚有苯二氮䓬（benzodiazepine，BZP）等位点。

GlyR 主要分布在延脑和脊髓中，参与运动系统的抑制调控。克隆了 α（48kDa）和 β（58kDa）两种亚基。它们也有与上述离子通道型受体亚基相似的结构、可通透的离子为 Cl^-，士的宁（strychnine）结合在 α 亚基上为拮抗剂。

3.7.3　代谢调节型受体

代谢调节型受体分子有共同的结构，即为穿膜 7 次的多肽链（图 3-21）。属于这一家族，并被研究较多的有 mGluR、$GABA_BR$ 和 mAchR 等。

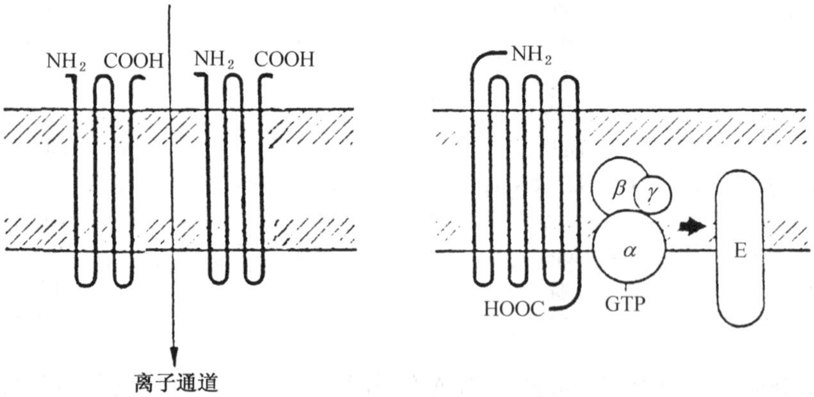

图 3-21　离子通道型受体和代谢调节型受体分子结构示意图

$GABA_B$ 受体分子的分子量约为 8 万，结构尚不十分清楚，应有 7 次穿膜结构，其激动剂为 GABA 和 baclofen。通过 G_i 和（或）G_o 抑制 ACase（后述）和电压门控 Ca 通道，以及激活 K 通道。

mGluR　关于 Glu 在中枢神经系统中作为快速兴奋性递质的功能早被确立。但直到近年方有资料表明，GluR 中也有由 G-蛋白与第二信使耦联者，即 mGluR 的存在（Sugiyama 等，1987）。他们发现 Glu 激活培养神经元的磷酸肌醇水解。于 1991 年成功地克隆了 mGluR，迄今已得到了 8 个 mGluR（$mGluR_{1-8}$）异构体。它们虽也是穿膜 7 次（M_1-M_7）的单肽链，由于与其他代谢调节性受体无同源性，可能来自不同的基因家族。通过这些受体可激活 PLC 或抑制 ACase。它们的激动物结合位点位于胞外的长 N 末端上，与 G 蛋白的耦联位点可能在 M_3 和 M_4 之间的胞内环或 M_7 的胞内 C 末端上。

3.7.4 穿膜 1 次的酶转换受体

这类受体的分子仅穿膜 1 次，有的在其胞浆中的 C 末端上具有 1 个酶活性肽段者、2 个酶活性肽段者或在其近旁有酶分子者。列出一些受体名称供参考（图 3-22）。

A. **具 1 个酶活性肽段者**

receptor-type tyrosine kinase：

Insuline receptor

EGF（epidermal growth factor） receptor

FGF（fibrobrast growth factor） receptor

PDGF（plostetet-derived growth factor） receptor

receptor-type serine/threonine kinase：

Activin receptor

B. **具 2 个酶活性肽段者**

ANP（atrial natri-uretic peptide） receptor（从 C 端起具有 guanylate cyclase 和 tyrosine kinase 肽段）

C. **近旁有酶分子者**

CD_4 和 CD_8（近旁有 tyrosine kinase 分子）

NGF receptor（无效应酶者）

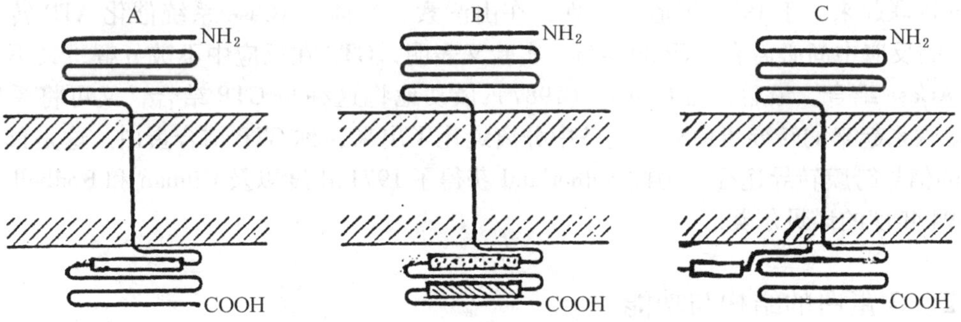

图 3-22 穿膜 1 次的酶转换受体分子结构示意图
（说明见正文）

§3.8 信号跨膜转导

水溶性神经递质一般都不进入胞内，只与胞膜上的受体结合，将信号传给受体便完成了使命。离子通道型受体接受传来的信号便直接通过藏于自身分子内的效应器，即离子通道给出反应，但代谢调节型受体则不同，它们必需经一系列的转传过程将信号传入胞内，再传给离子通道或代谢型效应器分子。受体将接受的信号跨膜转传给离子通道或胞内的代谢型效应器分子的过程称信号（跨膜）转导（signal transduction）。近20年来，这一领域的研究有了快速发展。这一快速发展进程是从激素作用的第二信号学说的提出和其后的转导蛋白（G蛋白）的发现开始的。在激素作用机制的研究中提出的学说和新发现又推动了神经递质和其他生物活性物质作用机制的研究。

3.8.1 第二信使学说和G蛋白的发现

1958年Sutherland发现，胰高血糖素和肾上腺素促使肝细胞糖原分解作用都是通过一种由他发现的新物质，即cAMP（cyclic adenosine monophosphate，环单磷酸腺苷）实现的。这两种激素与各自的受体结合都激活位于膜中的腺苷酸环化酶（adenylate cyclase; ACase），由后者催化ATP生成cAMP。他还发现cAMP是激活cAMP依赖蛋白激酶（cAMP-dependent protein kinase，PAK）所必需，由活化的PAK再激活磷酸酯酶从而催化肝糖原的分解。在这些研究结果的基础上，Sutherland于1965年便提出了激素作用的第二信使学说（the second messenger theory），即激素不进入胞内，只是作为第一信使将信号带给膜上的特定受体，再由受体激活膜中的ACase系统，将胞内的ATP转化为cAMP。另一方面，cAMP作为第二信使将信号送到效应器分子给出反应。由于这一学说的提出又引导了转导蛋白，即G蛋白的发现。

Rodbell在脂肪细胞碎片制备的实验中证明了几种激素（如胰高血糖素、Ad和ACTH等）都通过ACase系统催化ATP生成cAMP这一共同的第二信使。他还设想ACase应是膜中的独立分子，否则难以想象几种不同受体都具有ACase活性，并且在受体与ACase之间应存在一种被他称为transducer（转传体）的第三种分子，可将受体和ACase耦联起来。于1970年他又发现，在由激素、受体、ACase系统催化ATP转化为cAMP的反应中尚必需有GTP的参与。实验又表明，GTP在反应中不被分解，又不与受体和ACase结合。最后，由Gilman（1987）成功地将这种与GTP结合，又可将受体与ACase联系起来的转导蛋白从膜制备中分离纯化了出来，称GTP结合蛋白。这是首先被阐明的信号跨膜转导途径。为此Sutherland获得了1971年度以及Gilman和Rodbell获得了1994年度的诺贝尔奖。

3.8.2 G蛋白的结构与功能

鸟苷酸结合蛋白（guanosine nucleotide binding protein）简称G蛋白。参与神经元的信号跨膜传导的G蛋白是一组分子量约10万的可溶性膜内蛋白，按功能作用分为：G_s、G_i、G_o和G_t等4种。G_s（下角为stimulatory的s）为激活ACase活性者，其药理特性是可被霍乱毒素（CTX）直接激活，它可开启某些Ca通道。G_i（下角为inhibitory的i）为抑制ACase活性者，对百日咳毒素（PTX）敏感，受其作用后便不再能被受体激活。它可开启某些K通道，给出抑制性反应。G_o（下角为other的o）原初是指不作用于ACase的其他G蛋白而言，但现在则仅代表其中对PTX敏感（此特性与G_i的相同)，激活 PKC 的 G-蛋白，而将其中激活 PKC，但对 PTX 不敏感者称 G_{pc} 型，G_o 和 G_{pc} 富含于脑组织中，可开启某些 K 通道，也可以抑制 T 和 N 型电压门控 Ca 通道。G_t（下角为 transducin 的 t）是耦联光感受器中视紫质（rhodopsin）和被级效应器酶 cGMP-PDE（cGMP-phosphodiesterase）的 G 蛋白，它可使 Na 通道关闭。

受体在静息时处于与配体有高亲和力的活化状态，此时在 G 蛋白的 α 亚基的 1 个位点上结合着 GDP（G-GDP）（图 3-23 左上角）。G-GDP 为非活化型。当配体（A）作用于受体（R）而形成 A·R，因 A·R 与 G-GDP 的亲和性高，于是便形成 A·R·G-GDP 复合体（图 3-23 右上角）。此复合体的形成引起 GDP 被胞浆中 GTP 置换的反应，形成 G-GTP（活化型）。此过程是在受体与配体结合而失活的同时，G 蛋白由非活化型转成活化型。在复合体完成 GTP 置换的同时便分解成 A·R + α-GTP + βγ 三部分（图 3-23 下角）。其中 α-GTP 具有水解 GTP 成为 GDP 的酶活性（催化速率低），因而在 α-GTP 激活效应器（E）的同时，失去磷酸分子而变成 α-GDP。α-GDP 与 βγ 亚基亲和性高而再合成为 G-GDP，即恢复到静息时的非活化型。另一方面，A·R 由于和 G-GDP 的结合，便降低了与 A 的亲和性，使之脱离，于是 R 也恢复到静息时的活化状态。此过程又是在使 G-蛋白激活效应器而转化为非活化型的同时，受体则由非活化型恢复为活化型。

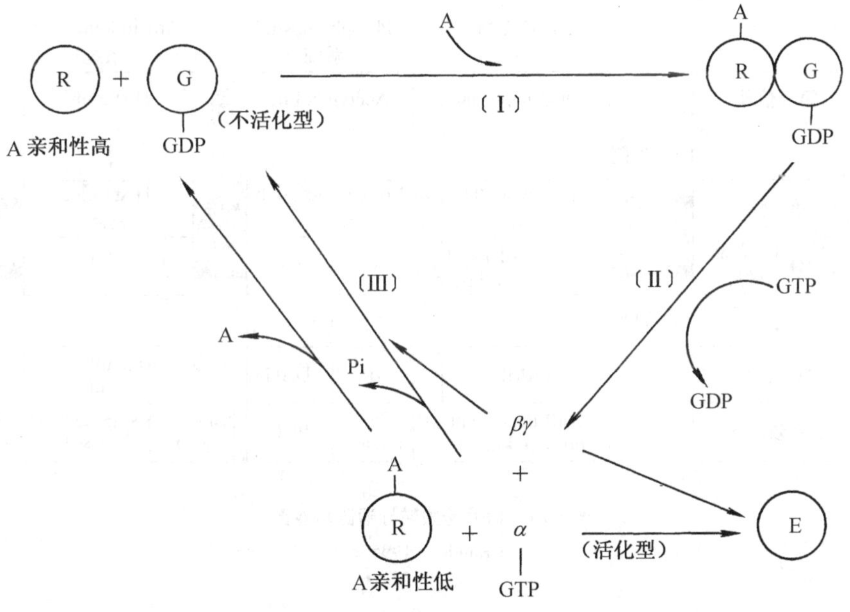

图 3-23　受体分子与 C 蛋白分子的功能共轭偶联
（说明见正文）

上述过程可归纳为：受体因与配体结合由活化型转化非活型的同时，激活 G 蛋白由非活化型转化为活化型；G 蛋白激活效应器再由活化型恢复为非活化型的同时，受体由非活化型又恢复为活化型。

3.8.3 第二信使系统

作为第一信使的递质及内源性活性物质已近百种，它们的受体总数又应有其2至3倍之多，其中多数是以某种形式依靠G蛋白与效应器耦联的，即代谢调节型受体。已知膜磷脂水解而生成的第二信使有：三磷酸肌醇（inositol triphosphate，IP_3）和甘油二酯（diacyl glycerol，DG）以及花生四烯酸（aracidonic acid）等，信号的跨膜转导也相应地被分为：cAMP、磷酸肌醇（phosphoinositol）和花生四烯酸系统。

此外，近年来又发现作为第二信使的尚有一氧化氮合成酶（nitric oxide synthetase）催化生成的NO，还可能有由heme oxygenase催化生成的CO。

第二信使通路有共同的转导方式。如图3-24所示，3个系统的活动方式都可分为3个步骤：①从胞外的第一信使；②经膜上的受体、和结合在膜内侧的转导蛋白和膜中的初级效应器（酶）；③到胞内的第二信使和次级效应器。不同的递质分别作用于各自的受体，通过某种G蛋白的转导，激活各自的初级效应器（ACase、PLC或PLA_2），传至相应的第二信使（cAMP、IP_3、DG、Ca^{2+}和arachidonic acid），再激活次级效应器（分别为cAMP依赖PKA、Ca^{2+}的释放、PKC、5-或12-lipoxygenase和cycloxygenase）等。

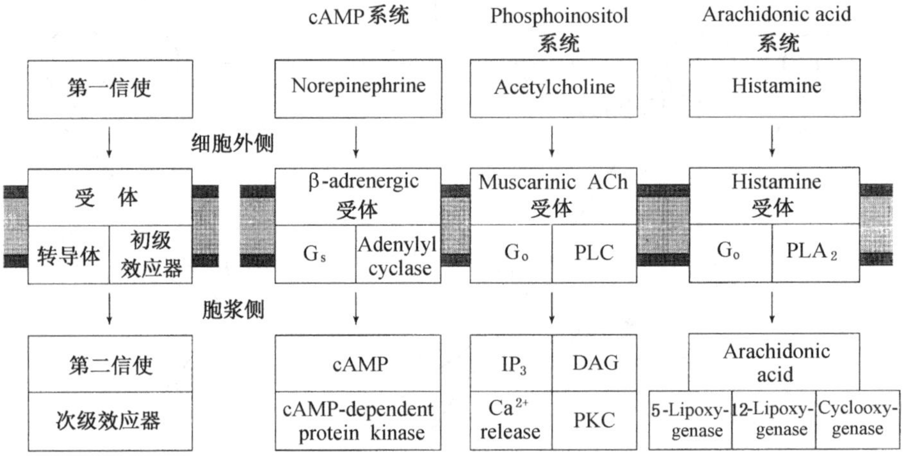

图3-24 信号跨膜转导通路示意图

（Kandel，1995）

多数次级效应器为激酶。所谓激酶乃是1种phosphoryl基供体。由于一种激酶往往可磷酸化不同的靶蛋白，所以各系统往往可能导致信号的放大和交叉，最终引起离子通道的开放或关闭，或发生相应的代谢变化。又由于G蛋白分子的数量远大于受体分子的，因此1个与递质结合了的受体可激活多个G蛋白分子，从而可将转导的信号放大。

已知在cAMP系统中的次级效应器酶，cAMP-dependent protein kinase（PKA）分子由2个调节（regulatory）亚基（R_2）和2个催化（catalytic）亚基（C_2）构成，其中2个相同的R亚基都有4个区段：①N末端区段为与同伴亚基间的结合位点；②接着的区段与C亚基结合抑制其酶活性；③2个结合cAMP的相同区段。整个PKA分子可写成

R_2C_2。当在 ACase 作用下，ATP 转化为 cAMP 时，则：

$$R_2C_2 + 4cAMP = 2(R \cdot 2cAMP) + 2C$$

由此生成的 C 便可进一步使效应器蛋白磷酸化。

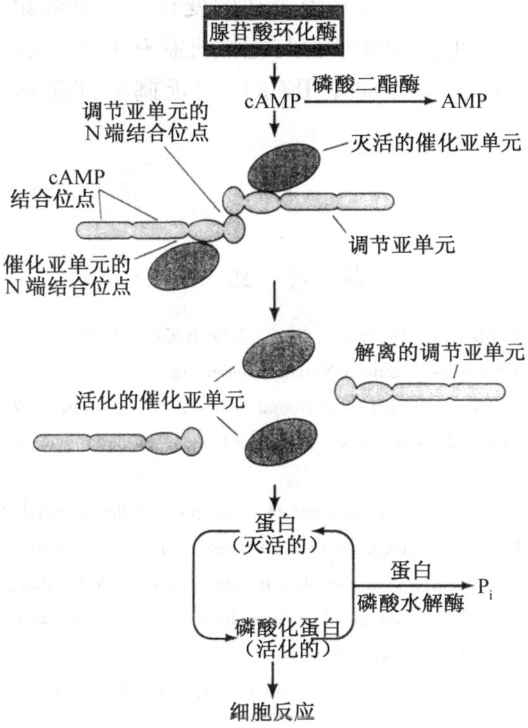

图 3-25　cAMP 信号转导道路中的分子机制

在磷酸肌醇系统中，如图 3-24 所示，首先由 PLC 水解磷酸肌醇（phosphoinositol）生成 IP_3 和 DAG。DAG 为疏水性而留在胞膜内以激活 PKC。但非活化的 PKC 在胞浆中。当生成 DG 时，PKC 便去与膜中的 DG 结合而被激活，于是可使膜内或胞浆内的底物蛋白磷酸化，另一个第二信使为 IP_3。某些受体导致 IP_3 的生成，可使作为胞内 Ca^{2+} 库的肌浆网等膜上的 Ca 通道开放，升高胞内 Ca^{2+} 浓度，再由 Ca^{2+} 激发各细胞活动。

在花生四烯酸系统中是由 PLA_2 催化从膜中释放出花生四烯酸，它生成后立即被如图 3-24 所示的 3 个酶转化成几个活性代谢产物。

除上述 3 个第二信使系统之外，尚有首先在视杆和视锥细胞中发现的 cGMP 系统。即光作用于视紫质，经 Gt 的转导而生成的第二信使 cGMP，可直接调控 Na 通道。在黑暗中 cGMP 浓度较高，可开启 cGMP 门控 Na 通道，因而导致视感觉器细胞的相对去极化。当光激活视紫质，后者刺激 cGMP 磷酸二酯酶，降低 cGMP 浓度，从而关闭通道，导致光感受器细胞发生超级化。

总上所述，从 G 蛋白调控离子通道角度看，大致可有几种方式：①G 蛋白的 α 或 βγ 亚基直接作用于离子通道，至少在 K 和 Ca 通道上发现了这种调控方式；②G 蛋白通过效应器酶和第二信使再作用于离子通道；③G 蛋白通过效应器酶和第二信使，再经蛋白激酶作用于通道。

已成熟的神经细胞虽不再分裂增殖，但近年来有资料表明，它们的膜和核受体在外来因子，如递质、调质、营养因子和激素等的作用下，通过 G 蛋白的转导和胞内效应器的磷酸化，将信号传入核内，诱发基因表达的变化。这种经第一与第二信使的转导，诱发基因表达变化，与突触可塑性和学习与记忆机制有密切关系，其中被研究较多的是直接早期基因（immediate early genes，IEGs）和延搁早期基因（delayed early genes，DEGs）。

（徐　科）

参考文献

[1] 卡兹，B 著. 孙以安译. 神经递质介质的释放. 北京：科学出版社，1979

[2] Eccles JC. The Physiology of Synapses, Springer-Verlag, Heidelberg, 1964

[3] Kandel ER, Schwartz JH and Jessell. Principles of Neural Science. 3rd ed. New York. Elsevier, 1995

[4] Giaume C and Korn H. Bidirectional transmission at the rectifying electrotonic synapse: A voltage-dependent process. Science, 1983, 220: 84 ~ 87

[5] Takeuchi A and Takeuchi N. Active phase of frog's end-plate potential. J Neurophysiol 1959, 22: 395 ~ 411

[6] Magleby KL and Stevens SF. The effect of voltage on the time course of end-plate currents. J Physiol, 1972, 223: 151 ~ 191

[7] Katz B and Miledi R. Membrane noise produced by ate tylcholine. Nature, 1970, 226: 962 ~ 963

[8] Vencent A et al. Autoimmunity to the voltage-gated calcium channel underlies the Lambert- Eaton myasthenia syndrome, a papaneoplastic disorder. TINS, 1989, 12: 496 ~ 502

[9] Takeuchi A and Takeuchi N. Electrical changes in pre and postsynaptic axons of the giant synapse of loligo. J Gen Physiol, 1962, 45: 1181 ~ 1193

[10] Xu K et al. Presynaptic changes of neuromuscular transmission in mice induced by passive transfer of plasma with anti-presynaptic membrane receptor antibodies from a patient with myasthenia gravis. J Peripheral Ner Sys, 1998, 3: 103 ~ 109

[11] Gilman AG. G Proteins: transducers of receptor-generated signals. Ann Pev Biochem, 1987, 56: 615 ~ 649

[12] Hammond C. Cellular and Molecular Neurology, San Diego, Academic Press, 1996

[13] Syqiyama H et al. A new type of glutamate receptor linked to inositol phospholipid metabolism. Nature, 1987, 325: 531 ~ 533

第四章　神经系统的发育

人的中枢神经系统（脑和脊髓）凭借大约 10^{11} 个神经细胞（神经元）和至少 10^{14} 个神经细胞与靶细胞的专一性突触联系担负其接受、加工、储存并准确地传递复杂信息的功能。中枢神经系统复杂高级功能的基础是其高度复杂而精细的结构，它是发育时期的一个高度复杂的动力学过程的产物。漫长的发育过程，包括外胚层分化为神经板和神经管、细胞的增殖和迁移、细胞群落或神经核团的形成、神经细胞轴突的生长、细胞间突触联系的建立和复杂神经回路的构建及其生后早期的修饰。

§4.1　脑的早期发育

4.1.1　神经系统形成的最初过程：原肠胚形成和神经胚形成

发育胚胎的外表内陷形成三个具有不同细胞类型的胚胎原基层（germ layer）：外层称为外胚层（ectoderm），中层为中胚层（mesoderm）和内层称内胚层（endoderm），此过程称为原肠胚形成（gastrulation）。中胚层将演变为骨骼和肌肉，神经系统和皮肤则源于外胚层。原肠胚形成的后期，出现由中胚层内陷形成的细胞柱－脊索（notochord）在称为原凹（primitive pit）的表面凹陷处下方前后延伸，原凹延伸形成原纹（primitive streak）（图 4-1A）。脊索不仅作为胚胎的中线标记，它对于上方紧邻的外胚层演变为神经系统和神经分化都起着极为重要的作用。

脊索输送诱导信号到上方的外胚层，使一群外胚层细胞分化为神经前体细胞。在称为神经胚形成（neurolation）的这一过程中，中线处外胚层增厚为神经板（neural plate）的柱状上皮。神经板外侧缘内收变为纵贯前后的神经沟（neural groove），继而为神经管

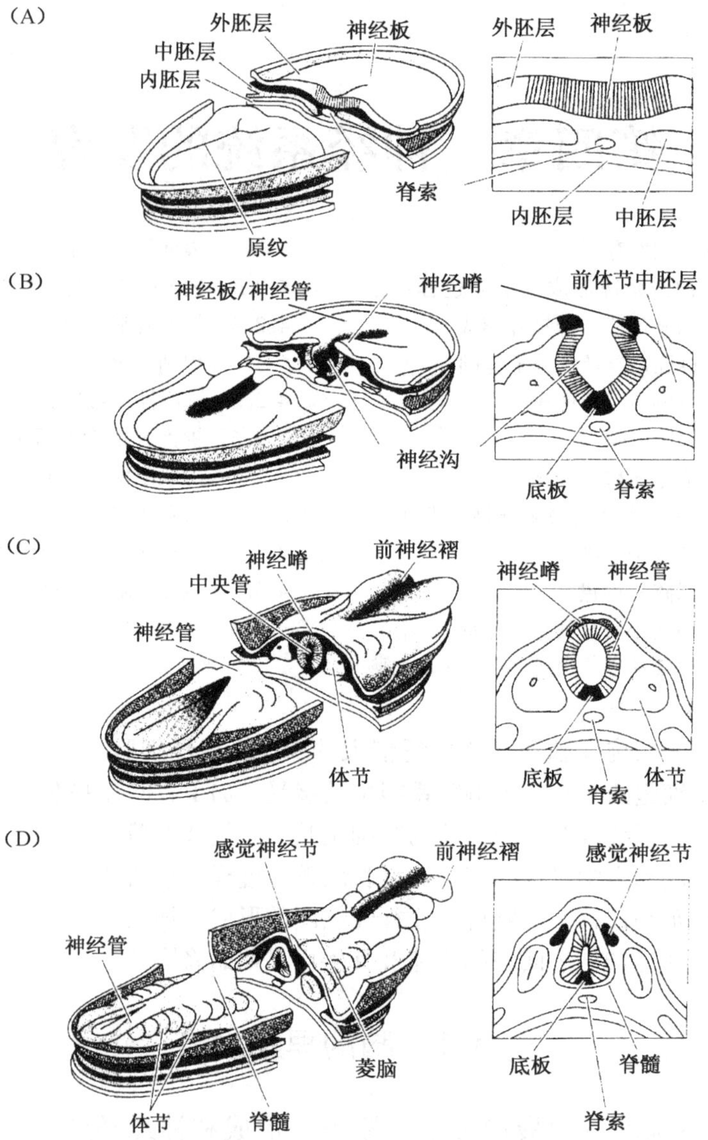

图 4-1　哺乳动物的神经胚形成示意图

左侧为早期发育不同阶段的背面观，右侧方框为左侧相应阶段胚胎的横切面。

（见引文 10）

（neural tube）（图 4-1B 和 C）。神经管将发育为整个脑和脊髓。

神经管的细胞是神经前体细胞（neural precursor cell）。前体细胞通过分裂产生更多的前体细胞（也称干细胞），由前体细胞多次分裂后产生不再分裂的细胞即为成神经细胞（neuroblast）并分化为神经元。神经管腹侧中线处细胞因紧挨脊索而分化为一条叫底板（floor plate）的上皮样细胞。底板在腹侧中线的位置决定了神经管的极性，并进而影响神经前体细胞的分化。底板的诱导信号刺激神经管腹侧细胞分化为运动细胞。远离腹侧中线处的前体细胞最终产生感觉神经元。底板的信号分子也将影响轴突的生长方向，对轴突生长起吸引或排斥作用致使它们交叉或不交叉到对侧。神经管的最背侧边界，即神经沟两侧壁相向会合处出现第三个前体细胞群，称神经嵴细胞（neural crest cell）（图4-1C）。神经嵴细胞沿特定途径从神经管向外迁移（图4-2）。在不同的迁移途径受到不同诱导信号的作用，神经嵴细胞将分化为不同类型的细胞并形成不同的结构。由神经嵴细胞迁移并分化产生的细胞包括感觉和自主神经系统的神经元和雪旺细胞，肾上腺髓质的嗜铬细胞和肠神经系统，以及许多如软骨组织和皮肤的黑色素细胞等非神经成份。这一发育阶段的中胚层沿神经管二侧膨大为体节（somite），发育为成年期的脊柱锥体和有关的骨骼肌。

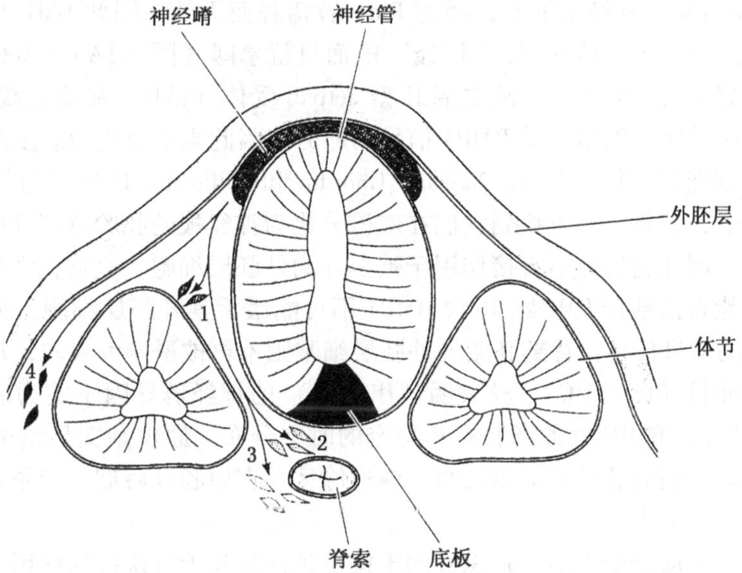

图4-2　神经管阶段的横切面示意图

沿1、2线路迁移的神经嵴细胞分别分化为感觉神经节和交感神经节，沿3线路迁移的为肾上腺神经分泌细胞的前体细胞，沿4线路迁移的则变为非神经成分。（见引文10）

4.1.2　神经诱导及其分子基础

什么因素控制神经板的形成和区域特性？1924年Spemann和Mangold发现未分化的外胚层由相邻的中胚层细胞诱导出神经板。它们移植预期发育为中胚层部分的细胞到正常情况下形成皮肤的胚胎腹区，证实移植细胞仍然分化为中胚层组织，如脊索和体节，移植细胞周围的外胚层细胞却形成胚胎的第二个神经管，移植早期胚胎的其他区域则不能诱导出第二个神经系统。这一发现表明在正常发育期间，神经系统是由一个特定部位的细胞诱导而来的，Spemann把这一区域称为“组织者”（organizer）。蛙胚神经诱导的最新研究肯定了Spemann的发现，并且认识到这一诱导过程是由来自原凹和脊索细胞的信号启动的。

自从Spemann和Mangold发现“组织者”诱导外胚层为神经成分以后的几十年，人们一直认为外胚层发育为神经板是由于组织者与预定为神经板的外胚层区域间信号传导的结果，外胚层细胞在没有这种信号传导的情况下则发育为表皮。但是，发育生物学家经过巨大努力却没有能确认神经诱导的基因表达因子。进入九十年代后，“组织者”的信号传导诱导神经板形成的观点受到了极大的挑战，因为新的证据证明外胚层成为表皮这一过程恰恰需要特定的信号传导，而神经胚形成则无需信号传导，表皮诱导或神经抑制比神经诱导的提法更确切。BMP（骨髓形态发生蛋白，bone morphogenetic protein）是外胚层的表皮诱导因子，它是一类外胚层自分泌的生长因子，为 TGFβ 生长因子超家属的成员。当原肠胚的外胚层小块培养于没有“组织者”的条件下，自身的 BMP4 将使之分化为表皮（细胞），但是当这一外胚层小块打散为细胞培养时，尽管也不存在“组织者”，它们却分化为神经型细胞，因为 BMP 被稀释而无效，因此 BMP 是表皮的诱导因子。在没有这一因子的情况下，“神经”的面目就暴露（图 4-3A）。Activins 是 TGFβ 生长因子超家属的另一个成员。缺末端 II 型 activin 受体（tAR）和缺末端 I 型 BMP4/2 受体处理将干扰外胚层细胞接受 BMP4 信号的能力，因此原本分化为表皮的外胚层细胞却分化为神经型细胞（图 4-3B）。Noggin，Chordin 和 Follistatin 是在“组织者”新发现的神经诱导因子，但是至今未找到它们在应该分化为神经板的胚胎背部外胚层细胞上有相对应的受体，因此它们并不直接作用于被诱导的外胚层细胞。生物化学研究证明这些神经诱导因子能直接结合 BMP4，以致 BMP4 不再能激活其外胚层细胞上的受体，因而干扰了 BMP4 的信号传导，背部胚胎的外胚层细胞则不再被诱导为表皮，却显现出神经型细胞的本来面目（图 4-3 C）。这表明“组织者”的神经诱导因子实为表皮诱导因子 BMP4 的抑制因子。BMP4 在原肠胚有其特定的时空分布。原位杂交显示 BMP4 RNA 存在于原肠胚形成初期的胚胎背部以及腹、侧边缘区，在原肠胚后期，转录物从将要变为神经板的外胚层中消失。

有关神经胚形成分子机制的知识有助于搞清楚许多先天性疾病的病因并进而考虑其预防。胚胎可能接触到的许多可能干扰正常信号传导的物质，如酒精和酞胺哌啶酮（thalidomide，镇静药），可能引起胚胎神经系统的病理分化。像脊柱裂（spina bifida），

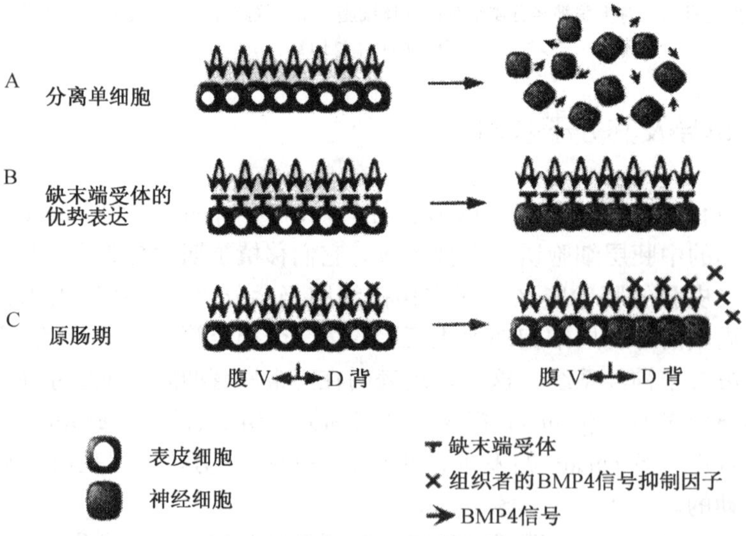

图 4-3　原肠胚表皮诱导和神经抑制示意图（见引文 5）

无脑畸形（anencephaly）和其他脑畸形（常伴有智力迟钝）。接触到外源性视黄素及其衍生物的实验动物常发生胚胎神经管尾部不完全闭合。至少二种少见的遗传病 - Weardenburg's 综合症（耳聋症状和神经管异常）和 aniridia（虹膜畸形和嗅觉缺失）是因为单个转录因子基因的突变。因为后果是如此严重，孕妇必需尽可能免用所有药物，特别在怀孕头三个月。

4.1.3 主要脑区的形成

神经管形成后不久，因其弯曲、折叠和收缩等形态改变，主要脑区的原基变得明显（图 4-4A，C）。神经管前部的弯曲称头曲（cephalic flexure），其头端膨大为前脑（fore-

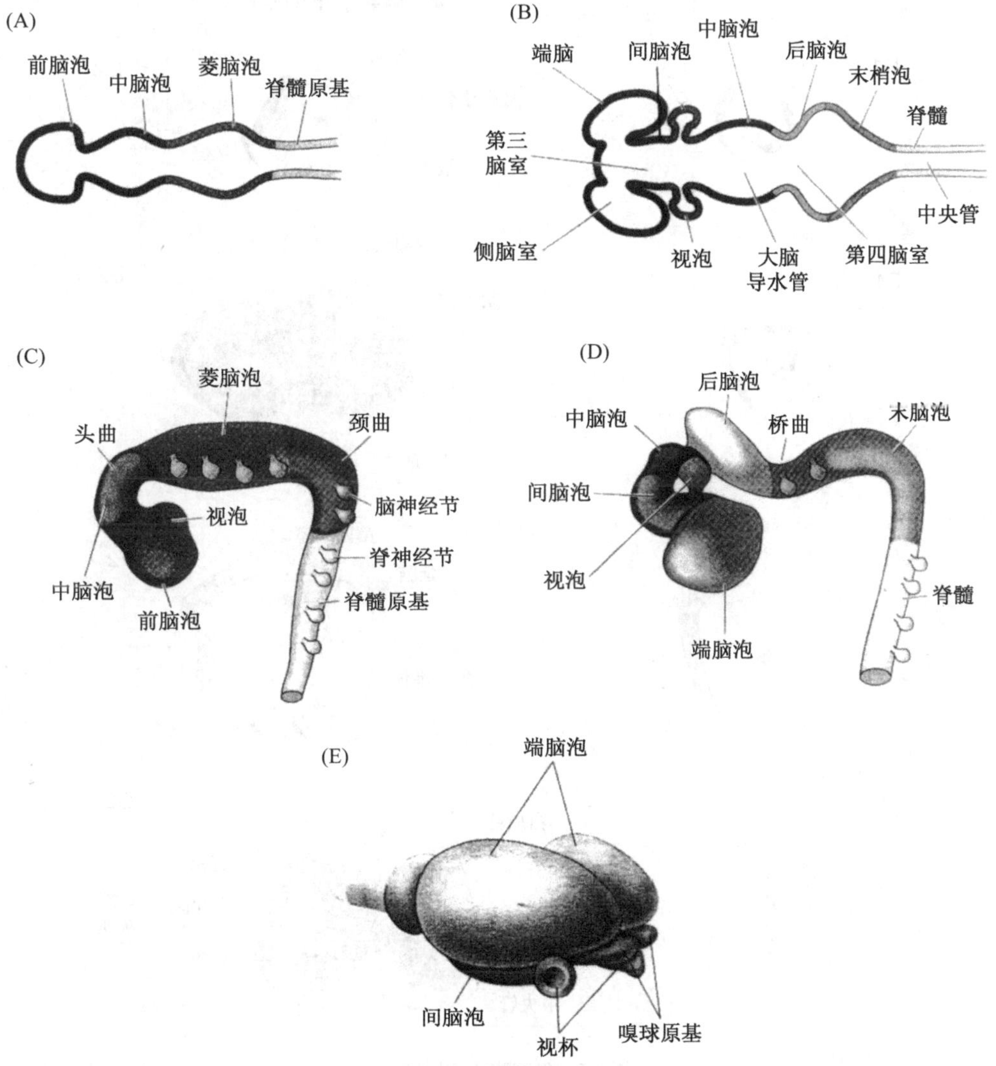

图 4-4 发育脑泡

A 与 B 为脑一级和二级脑泡阶段背面观，C 和 D 分别为 A 与 B 的侧面观，E 显示嗅球原基。（见引文 2 和 10）

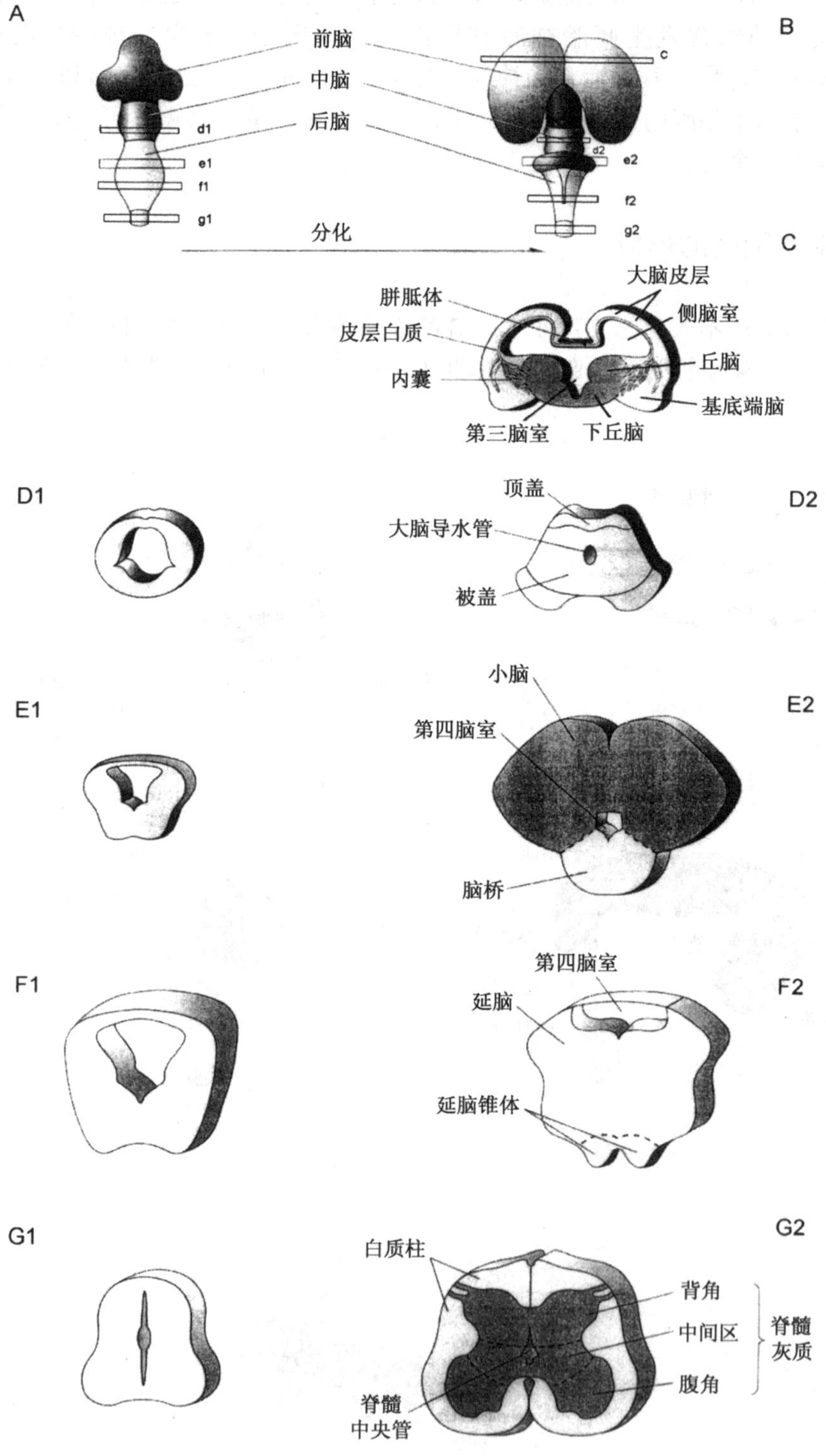

图 4-5　发育脑的结构特化

D1、E1、F1 和 G1 分别为 A 的 d1、e1、f1 和 g1 水平的横切面；C、D2、E2、F2 和 G2 分别为 B 的 c、d2、e2、f2 和 g2 水平的横切面。（见引文 2）

brain, prosencephalon）泡。在头曲处外凸为中脑（midbrain, mesencephalon）泡。在神经管的稍后部有一颈曲（cervical flexure）。在头曲和颈曲间的长而相对平直部分形成菱脑（rhombencephalon）泡，颈曲之后的神经管为脊髓的原基。发育神经管之内腔因弯曲和折叠，成为成年脑的脑室。原始脑泡一旦形成，它们又继续经历至少二次分部，出现二级脑泡（图 4-4B，D）。前脑泡的二侧各有一个视泡（optic vesicle）和端脑泡（telencephalic vesicle），不成对的中间部分则为间脑（diencephalon）泡。此时的前脑则包括二个视泡，二个端脑泡和一个间脑泡。视泡生长并内陷成视柄和视杯，最终成为成年期的视神经和视网膜，它们均属脑而不属于周边神经系统。端脑泡向后生长成为位于间脑上方和外侧的大脑半球。端脑泡还长出位于大脑半球前部腹面的嗅球(olfactory bulbs)和嗅觉的有关结构(图 4-4E)。中脑泡不如前脑泡变化大。菱脑泡中间部出现一弯曲称桥曲,其前部的菱脑泡部分则称后脑(metencephalon)泡,后部的菱脑泡成为末脑(myelencephalon)泡。

端脑壁细胞分裂和分化为二个灰质结构：大脑皮层（cerebral cortex）和基底端脑（basal telencephalon）。发育的前脑神经元轴突组成三个主要的白质系统：①大脑皮层白质，包含进出大脑皮层的轴突；②胼胝体，为大脑皮层白质的延伸部分，形成连接二侧大脑半球皮层的轴突桥；③内囊，连接大脑皮层和丘脑以及其他脑干部位。大脑半球内部充满液体的空间为侧脑室，间脑中心的空间称第三脑室。间脑发育为丘脑和下丘脑（图 4-5C）。

中脑泡背面发育为顶盖（tectum），底部成为被盖（tegmentum），其间缩小为一狭长通道称大脑导水管（cerebral aqueduct）与前部的间脑第三脑室相通（图 4-5D1，D2）。

菱脑泡分化为三个重要结构：小脑，脑桥和延脑。小脑和脑桥源于后脑泡（图 4-5E1，E2），延脑始于末脑泡（图 4-5F1，F2）。管腔即后来的第四脑室，与中脑导水管相连。脊髓原基发育为脊髓，其内腔成为中央管（图 4-5G1，G2）。

神经前体细胞组成的一个简单的管子如何发育为如此众多的脑结构？二十世纪初曾观察到神经管是由称为神经节（neuromer）的重复单位构成，进而认为所有动物的胚胎在发育最早期的节段形成过程（segmentation）也可能使发育脑具有区域特性。随着一类叫同源盒基因（homeobox gene）的早期表达，果蝇胚胎分化为将形成头、胸和腹的不同节段。在哺乳动物也已发现类似的同源盒基因（hox gene），它们在发育神经管的弯曲，折叠和收缩等形态改变的同时或更早表达于将成为未来不同脑结构的相应区域。

4.1.4 细胞增殖

成年人脑大约有 1000 亿（10^{11}）个神经元和比这多得多的胶质细胞。除少数特例，成年脑的神经元都是在生前仅仅几个月的时间窗里由一小群前体细胞产生的。此后，前体细胞消失，不再有新的神经元补充以代替因老年或损伤失去的神经元。

脑泡壁是细胞分裂极为活跃的神经上皮。早期脑泡壁由外层的边缘区（marginal zone）和内层的脑室区（ventricular zone）构成。在人胚细胞增殖的高峰期，每分钟产生大约 25 万个新的神经元。分裂期前体细胞紧挨脑泡壁脑膜（外表）面和脑室（官腔）面，在两个界面间按以下不变的模式不断来回移动（图 4-6）。复制前期（G_1）的细胞核靠近脑室，合成 RNA 和胞浆；复制期（S）细胞核及其周围的胞浆向脑膜面移动，复制 DNA；复制后期（G_2）细胞核再次移向脑室面，细胞生长；分裂期（M）为有丝分裂期，细胞失去与脑膜面的连接。分裂的子细胞可能为新的干细胞，向脑膜面伸出新的突起并进入下一轮分裂周期，或者是不再分裂的成神经细胞，从脑室区迁移至目的地并分化为神经元。神经元前体细胞脱离分裂周期成为不再分裂的成神经细胞的时间常称为细胞的“出生期”（birthdate）。一个前体细胞在分裂前，首先从细胞外空间摄入核苷酸以复制 DNA，因此通过母体内注射 ^{3}H 标记的胸腺嘧啶或者注射胸腺嘧啶的类似物-溴代去氧尿嘧啶，在生后或成年期用放射自显影术或免疫组织化学方法可以确定细胞的出生期。标记物为所有处于分裂期的干细胞结合入复制的 DNA 并带入其子细胞。如果一个细胞继续分裂，其 DNA 的标记将很快被稀释，如果一个细胞在释入标记物后只经最后一次分裂，其分裂后成神经细胞将有高的标记物含量并长期保存于神经元。那些带有标记的细胞的出生期即是母体接受标记物注射的时间。神经元出生期的研究证明，具有特定细胞类型和神经联系模式的每个脑结构是由一个特定发育时间内出生的许多细胞群集而成的。

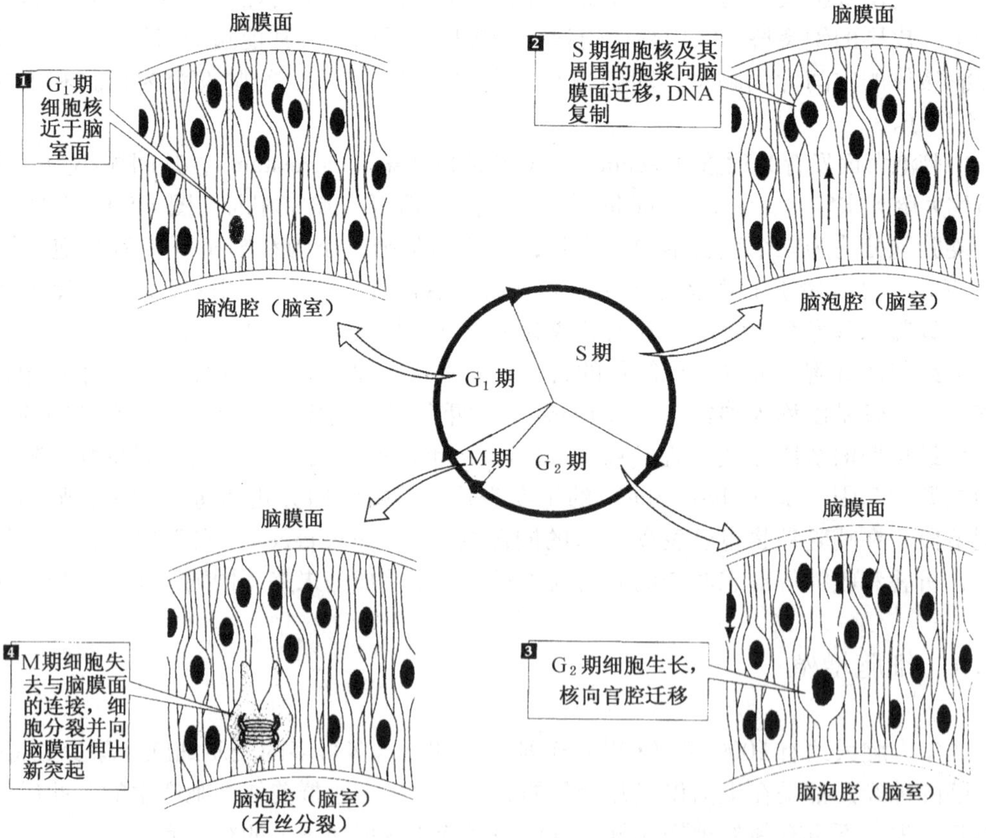

图 4-6　脊椎动物神经上皮（神经板和神经管）前体细胞的分裂周期（见引文 10）

4.1.5　细胞迁移和分化

细胞迁移是具有特定空间关系的细胞群普遍存在的发育特征。分裂后的成神经细胞最终的准确定位特别重要，因为发育中的突触前和突触后成分必须在准确的时间并在准确的位置才能建立起具有信息传递功能的神经元间的准确联系。绝大部分源于神经管脑室区或神经嵴的发育期神经元都经过相当路径的迁移。这点在灵长类这样的大动物尤为明显。在大脑皮层的形成过程中，神经元往往必须从脑室区迁移到数毫米之外靠近脑膜面的皮层板（cortical plate）。神经元迁移缺陷将导致人类和实验动物主要的神经功能障碍。

目前对于神经元从出生地至目的地如何迁移的机理了解甚少，但是已经知道微环境对于一个细胞能否迁移，甚至对于其表型的决定都是至关重要的。微环境的细胞粘连分子和细胞外基质分子以及靶细胞分泌的特异多肽生长因子可能在驱动神经嵴细胞的迁移中发挥非常重要的作用（图 4-2）。在呈层状结构的大脑皮层、海马和小脑的发育过程中，微环境的放射状胶质细胞（radial glia）是成神经细胞迁移的骨架（图 4-7）。成神经细胞沿放射状胶质细胞的突起由脑室区爬行抵达皮层板后分化为具有轴突和树突的神经元。脑室区最早（出生）的成神经细胞爬行穿越中间区并抵达皮层板后即分化为皮层的第Ⅵ层神经细胞，随后的成神经细胞则穿越第Ⅵ层细胞并抵达皮层板后分化为第Ⅴ层神经细胞，相继到达皮层板的成神经细胞依次分化为Ⅳ、Ⅲ和Ⅱ层神经细胞，因此皮层的形成经历一个由内至外的细胞组装过程（图 4-8）。

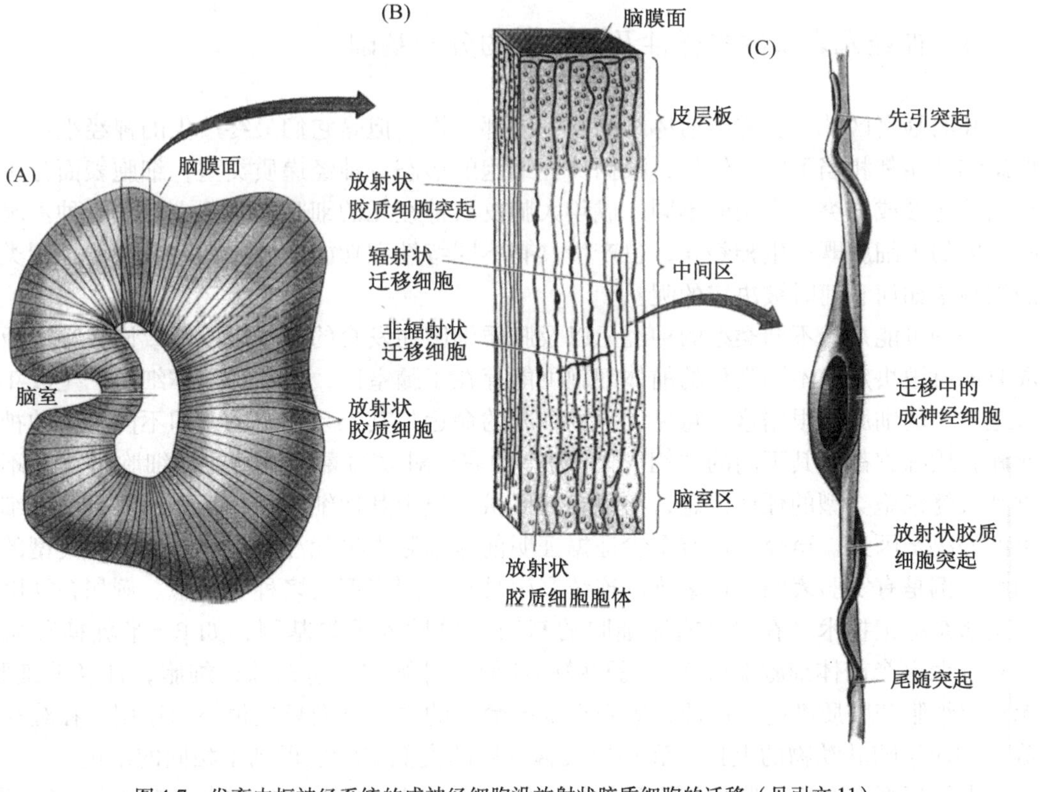

图 4-7　发育中枢神经系统的成神经细胞沿放射状胶质细胞的迁移（见引文 11）

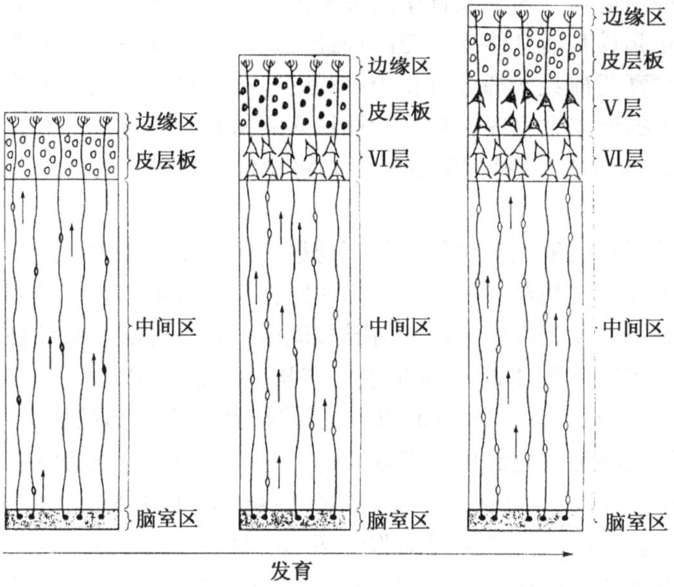

图 4-8　皮层由内至外的发育过程（见引文 1）

4.1.6　神经元表型的多样性及其形成的分子基础

胚胎脑室区的所有神经前体细胞看上去都一样，但是它们最终产生的神经细胞，其形态和功能都相当不同。例如，根据神经细胞的形态，神经递质类型，细胞表面分子和它们参与形成的突触类型的不同，成年大脑皮层神经元的细胞类型至少有几十种。况且脑室区的干细胞既产生神经元，也产生具有不同特性和功能的胶质细胞。这些不同类型的细胞是如何和何时被决定的呢？

一种可能是，不同类型的神经元以及胶质细胞在发育的极早阶段，或许在神经板形成时期就被决定。不同类型的前体细胞可能存在于脑室区，每一种前体细胞产生成年期特定类型的细胞。根据这一意见，一种细胞的命运是其家系决定的，即不同类型的神经元和胶质细胞都有其不同的“祖先”。另一种完全对立的看法是：前体细胞可能并不提供其最终细胞类型的任何信息，与特定脑区微环境中其他细胞的相互作用才是确定细胞类型的决定因素。至今还没有多少证据证明前体细胞很早就注定只能产生特殊类型的子细胞，倒是有实验表明前体细胞能连续产生具有不同表型的多种子细胞。例如在视网膜利用谱系标记技术（在单个前体细胞的基因组里插入报告基因，如 β -半乳糖苷酶基因）证明一个前体细胞能够产生视网膜的任何一种细胞，包括双极细胞，神经节细胞，无长突细胞和胶质细胞。因此，家系在细胞命运的决定方面只起很小的作用。在鸡视顶盖（相应于哺乳动物的上丘）和小鼠大脑皮层的类似实验也得到了相同的结论。

大量证据有利于细胞—细胞间的相互作用启动神经元分化的观点。对于这一问题的探索，多数依靠移植手段进行：移植胚胎的小块脑区到宿主动物并观察移植的细胞在以后的发育中是否获得宿主的表型特性。结果表明非常早期的前体细胞在移植后常常具有宿主的表型，然而，较晚期的前体细胞移植后则保留其原有的类型。

细胞间相互作用而不是其家系决定神经元表型的观点还可以从无脊椎动物果蝇眼睛的发育和脊椎动物神经嵴细胞以及胶质细胞的分化得到证实。果蝇眼睛是由几百个称为小眼（ommatidia）的重复细胞群组成的一个特殊结构，每个小眼有 20 个细胞，其中 8 个为特殊的感觉神经元（R1 ~ R8），依其不同轴突投射和产生的视蛋白（opsin）分为三组感觉细胞。感觉神经元的发育有其严格的时间顺序（图 4-9），第一个表达神经元性质的感觉细胞是 R8 细胞，其后为 R2 和 R5 的分化，随后为 R3 和 R4，R1 和 R6 相继分化，最后一个出现的是 R7 细胞。

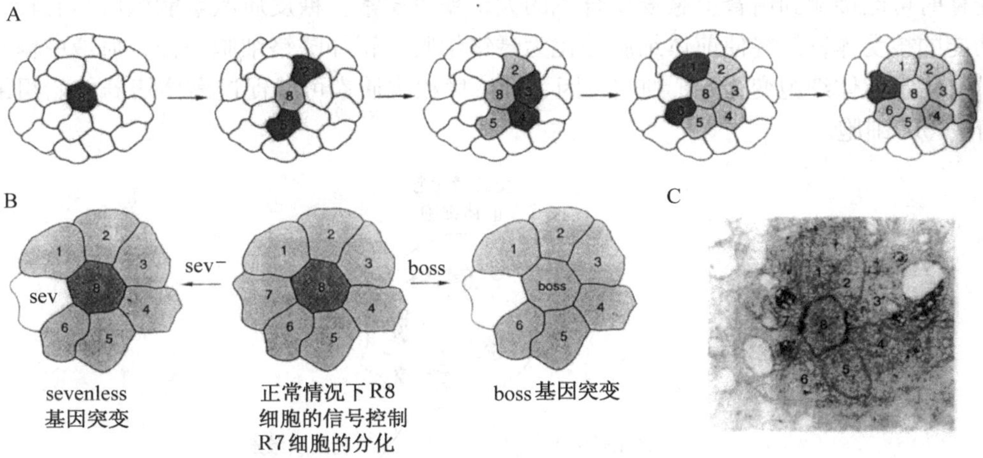

图 4-9 相邻细胞的信号决定果蝇感光细胞的分化

A. 单眼感光细胞的分化顺序；B. 基因突变影响 R7 感光细胞的命运；C. Sevenless 蛋白的免疫细胞化学定位。（引自 Banerjee V, Zipursky SL. The role of cell-cell interaction in the development of the Drosophila visual system. Neuron 1990, 4:177—187; Tomlinson A. Cellular interaction in the developing Drosophila eye. Development 1988, 104:183—193）

R7 细胞的正常发育决定于至少有二个基因控制的细胞间相互作用：R7 细胞的 *sevenless* 基因和 R8 细胞的 *boss* 基因。*sevenless* 基因编码一个具有酪氨酸激酶活性的跨膜受体蛋白 Sevenless。R8 细胞的 boss 基因产物 Boss 蛋白可能是 R7 细胞表达的 Sevenless 蛋白受体的配体，R8 细胞的 Boss 蛋白激活 R7 细胞上的 Sevenless 蛋白受体即启动 R7 胞内一连串的蛋白激酶活性，包括 GTP 结合蛋白 Ras，丝氨酸/苏氨酸激酶 Raf 和几个其他的激酶。*boss* 基因突变将引发 Boss 蛋白的缺失，即 R7 细胞 Sevenless 受体的配体缺失，因此原本发育为 R7 的感觉细胞成为胶质细胞样细胞。*sevenless* 基因突变的后果是 Sevenless 蛋白受体的缺失，导致原本发育为 R7 感觉细胞的细胞失去了对于 R8 细胞 Boss 信号的反应能力，最终也只成为胶质细胞样细胞。

R7 细胞的发育为细胞—细胞相互作用决定神经元的特性提供了一个极好的例子，也证明了作为信号的细胞表面分子在决定细胞表型的过程中的介导作用。果蝇 Sevenless 蛋白以及它激活的细胞内蛋白非常类似于脊椎动物的蛋白，表明神经发育中的信号转导机制在无脊椎动物和脊椎动物是相当保守的。这种保守性也见于无脊椎动物和脊椎动物其他受体酪氨酸激酶激活启动的细胞内信号转导。由 Sevenless 和其他受体酪氨酸激酶启动的胞内信号包括 Ras 胍核苷结合蛋白，Raf 丝氨酸/苏氨酸激酶和蛋白激酶 Mek 和

MAP 等。

发育为交感神经系统和肾上腺髓质的神经嵴细胞属于交感肾上腺家系，其后代细胞是儿茶酚胺能细胞，它们包括交感神经元，嗜铬细胞和称为强荧光小（small intensely fluorescent，SIF）细胞的交感神经节细胞。从胚胎肾上腺髓质或交感神经节分出这些细胞的始祖细胞（progenitor）在不同培养条件下将变为不同表型的细胞（图 4-10）。当培养液含有糖皮质激素时，始祖细胞就发育为嗜铬细胞。成纤维细胞生长因子和神经生长因子则诱发培养的始祖细胞分化为合成去甲肾上腺素的交感神经元。培养液如含白血病抑制因子，交感细胞却分化为合成乙酰胆碱的胆碱能细胞。神经嵴前体细胞向肾上腺部位迁移时可能接触到由肾上腺皮质合成的大量糖皮质素。糖皮质激素能激活具有转录因子功能的核受体，最终使前体细胞分化为嗜铬细胞。正如嗜铬细胞一样，血液中糖皮质素可能决定前体细胞变为 SIF 细胞，因为低浓度糖皮质素可以促进离体培养的始祖细胞发育为 SIF 细胞。

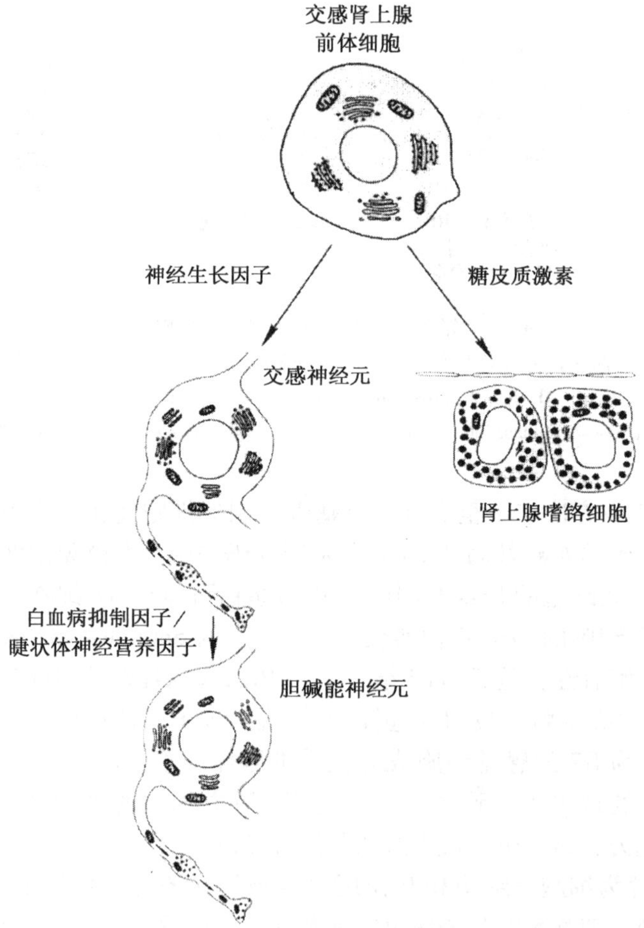

图 4-10　微环境因子对交感肾上腺家系前体细胞分化的决定作用

（引自 Doupe AJ，Landis SC，Potterson PH. Enviromental influences in the development of neural crest derivatives：Glucocorticoids，growth factors，and chromaffin cell plasticity. J. Neurosci. 1985，5：2119—2142）

大鼠视神经的胶质细胞发育是脊椎动物通过细胞-细胞间相互作用决定细胞类型的又一个例子。离体培养的大鼠视神经有三种胶质细胞：少突胶质细胞和二类星形胶质细胞。每类细胞都有特异表达的细胞内和细胞表面蛋白。少突胶质细胞（O）和Ⅱ型星形胶质细胞（2A）都是从一种叫做0－2A细胞的前体细胞分化而来，Ⅰ型星形胶质细胞则从不同的前体细胞分化。生长因子在0－2A细胞分化为Ⅱ型星形胶质细胞还是少突胶质细胞方面似乎起关键作用。在无生长因子条件下，培养的0－2A细胞迅速分化为少突胶质细胞。血小板生长因子（PDGF）能促进0－2A细胞增殖，睫状体神经营养性因子（CNTF）能诱发0－2A细胞分化为Ⅱ型星形胶质细胞。Ⅰ型星形胶质细胞能释放诱导0－2A前体细胞增殖并促进其分化为Ⅱ型星形胶质细胞的生长因子。可见，0－2A细胞在Ⅰ型星形胶质细胞的影响下能分化为Ⅱ型星形胶质细胞。

小结

神经系统的早期发育是一个极为复杂的动态过程，在这期间不断发生着细胞位置的重排和分化。单个前体细胞的命运并不为其有丝分裂的家系决定，细胞分化的信息主要来自发育中的细胞与其局部环境的相互作用，细胞与细胞间的信号传导启动转录调节和最后的基因表达。发育脑和身体其他部位具有类似的信号传导和调节分子：激素、转录因子、第二信使和细胞粘连分子。研究那些分子的功能有助于解释许多先天性神经系统异常。神经系统发育中具有关键意义的那些早期过程是遗传突变表达，对于扰正常神经系统发育的许多药物和毒素作用异常敏感的时期。

§4.2　神经回路的构建

4.2.1　轴突生长及其路径选择

神经系统发育的很多特性中，最为神奇的或许是生长轴突穿过复杂的细胞领地找到几个毫米或几个厘米之外与之匹配的突触后靶细胞。Harrison 于 1910 年首先观察了离体生长的轴突。他有如下的一段记录：生长中的神经纤维有相当大的能力穿过神经管固态或半固态原生质，但是我们目前对于把它们引向特定位置的条件尚一无所知。

现在已经知道轴突的生长能力是生长锥(growth cone)-生长轴突顶端的一个特殊结构所具有的特性。生长锥是运动活跃的结构，不停地探测细胞外环境并对局部信号作出反应，表现为生长速度和方向的改变。生长锥由扁平的板层形伪足（lamellapodia）及其丝状伪足（filopodia）组成（图4-11）。丝状伪足一会儿伸出，一会儿缩回消失，如同伸出的手指触摸环境以获取“感觉”并决定其何去何从。

生长轴突在旅途中会作出很多生长方向的选择，在“交叉路口”的选择尤为重要。例如人和其他哺乳动物的颞侧视网膜神经节细胞的轴突在视交叉处仍然在脑的同侧延伸，而鼻侧视网膜神经节细胞的轴突则交叉到对侧（图4-12）。因此，视网膜上不同位置的节细胞轴突在抵达视交叉前必须作出是否越过中线的决定。当节细胞轴突抵达视交叉时，生长锥呈流线型，延伸变慢。然而当它越过中线时，形状变得更为复杂。生长锥功能和结构的改变可能反映出重要信号的局部改变。

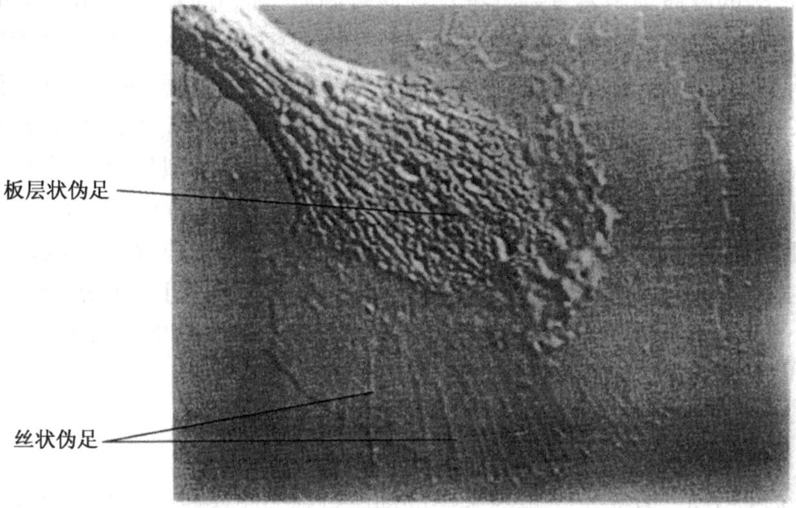

图 4-11　培养感觉神经节细胞轴突顶端的生长锥
（引自 Forscher P, Smith SJ. Actions of cytochalasins on the organigation of actin filaments and microtubules in a neuronal growth cone. J. Cell Biol. 1988, 107：1505—1516）

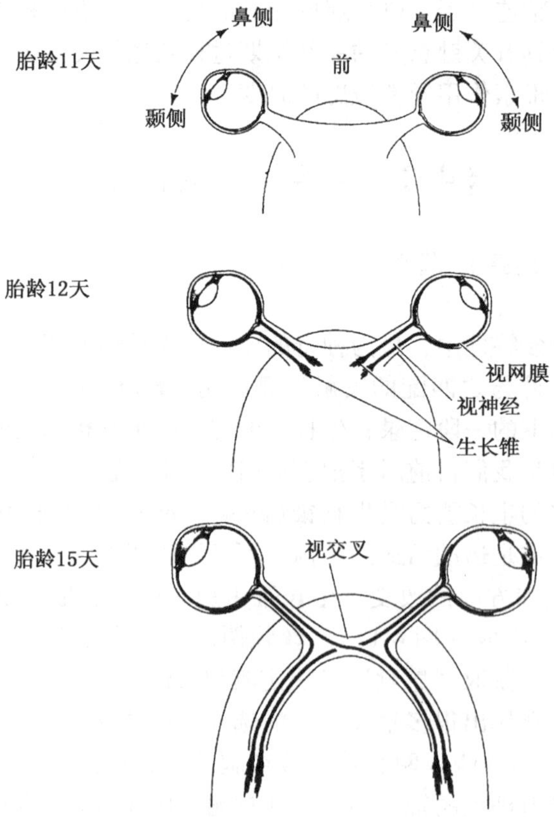

图 4-12　小鼠视神经发育
（见引文 10）

4.2.2 轴突生长与细胞外基质和细胞表面粘连分子

生长锥行进于发育胚胎组织中时，它们不仅接触到其他神经元和非神经元细胞，也会遇到许多细胞外基质（extracellular matrix）的分子。细胞外基质是由细胞产生却并不直接位于细胞表面的许多分子的混合物。细胞外基质特别富有几类能粘着生长锥的大分子，最为明确的是层粘蛋白（laminin）和纤连蛋白（fibronectin）。生长锥浆膜含有结合那些分子的特异受体，总称整合素（integrin）。被激活的整合素受体将启动生长锥内部一连串导致促进和引导轴突延伸的信号转导过程（包括钙和三磷酸肌醇等细胞内信使含量的改变）。

细胞表面的粘连分子（adhesion molecule）也影响轴突的延伸。例如钙粘素（cadherin），它同时见于生长锥以及与之发生相互作用的其他细胞的表面，它是一类至少有10

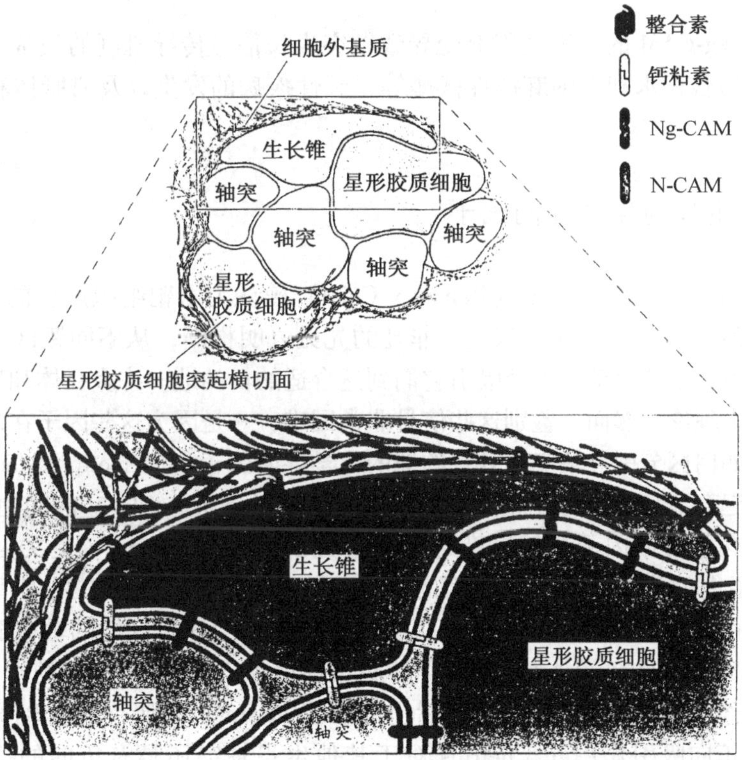

图4-13 发育神经系统轴突生长锥与其微环境成分间的分子作用

（引自 Reichardt LF, Tomasell KJ. Extracellular matrix molecules and their receptors: functions in neural development. Annu. Rev. Neurosci. 1991; 14: 531—570）

种亚型的蛋白，每一种都由不同的基因编码。生长锥上的钙粘连蛋白分子以钙依赖方式识别并结合到其他细胞表面的相同分子。这是一种多种细胞的细胞间相互作用共有的同源性结合。细胞粘连分子（cell adhesion molecule, CAM）是另一类重要的细胞表面粘连分子，其同源结合并不依赖钙的存在，它们在结构上类似于免疫球蛋白分子。神经系统有二类细胞粘连分子：为神经元–胶质细胞粘连分子（Ng-CAM）和神经细胞粘连分子（N-CAM）。前者见于神经细胞（轴突）和中枢神经系统的星形胶质细胞以及周边神经系统的雪旺细胞，后者见于许多生长过程中的轴突。生长锥上的细胞粘连分子与星形胶质细胞或雪旺细胞的同源分子结合，从而沿着这些细胞延伸，或者与其他神经细胞的同源分子结合，促使轴突形成束，使后到的轴突顺着先行轴突形成的通路生长。示意图（图4-13）表明生长锥通过其受体整合素结合细胞外基质的层粘蛋白和纤连蛋白，其钙粘蛋白和细胞粘连分子与非神经元细胞（如胶质细胞）和其他神经细胞轴突上的相应分子同源结合。

某些细胞外基质分子和细胞表面分子，如层粘蛋白，N–钙粘蛋白和N–CAM是神经系统的许多发育通路所共有的，它们可能是轴突的一般性促生长分子。那些分子的多个变异体可能由一个多基因家属的个别成员编码，通过mRNA的不同剪切或蛋白的翻译后改变产生，它们在发育中具有更为专一的表达模式，并且可能引导特定的轴突抵达相应的靶区。

现在已知Ng-CAM的编码基因突变导致轴突生长信号传导机制的失常，因此将造成X染色体连锁的脑积水和大脑麻痹性截瘫等先天性疾病的发生以及胼胝体和皮层脊髓束的缺失。

4.2.3 轴突生长与化学导向因子

伟大的西班牙神经解剖学家（Ramón y Cajal）曾认为由靶组织产生的“吸引因子”引导生长轴突到达其靶区。Cajal依这一非凡的先见之明推断，从不同靶区来的信号能选择性影响轴突生长锥的运动，因而吸引它们到达合适的目的地。许多在体和离体的实验均肯定了这一基本理论。然而，鉴别这些信号非常困难，一是因为这些因子在发育胚胎的含量极小，二是如何区分引导轴突向其目的地的化学导向因子（chemotropic factors）和支持神经元及其突起存活和生长的神经营养分子（neurotrophic molecules）的问题。

确实符合化学导向因子全部标准的第一个分子家属是netrins（梵文为“引导”之意）。这一类蛋白的分离和其编码基因的克隆晚于Cajal预言其存在的时间长达一个多世纪。netrins由发育脊髓腹侧边缘的底板分泌，吸引称为连合纤维的轴突群从脊髓背区长向腹部并交叉至对侧。图4-14表明脊髓底板能吸引与之联合培养的脊髓长出轴突，况且，当非神经细胞转染*netrin*基因以后也能分泌netrins，并吸引连合轴突生长。对于连合轴突具有正向吸引作用外，netrins对于其他生长轴突还具有负向的抑制生长的效应。因此，同一种信号能指令一种生长轴突（这里为连合纤维）“过来”，同时会命令另一种纤维（非交叉纤维）“走开”。

此后意想不到的发现是*netrin*基因非常类似于先前在线虫*C. elegans*鉴别的基因*unc-6*，其编码蛋白Unc-6引导线虫的神经元轴突生长。这一发现提示，至少是某些轴突生长导向因子在进化的早期就已经出现。

多数轴突生长导向研究的对象是那些增强轴突生长或吸引生长轴突的导向分子，但是，构建神经系统也有让某些轴突不向某处生长的必要，因此，最近关于抑制或排斥生长轴突的导向分子，也称抑制因子（inhibitor）和化学排斥因子（chemorepellent）已越

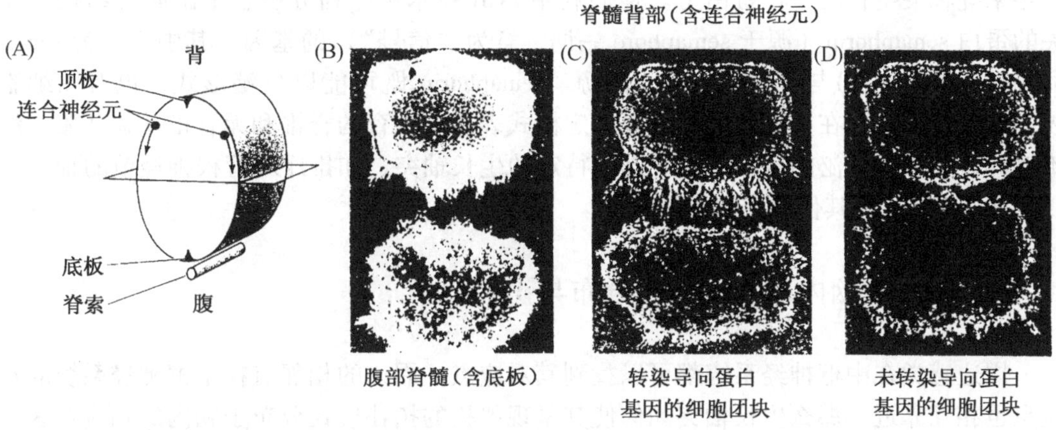

图 4-14　发育脊髓的化学导向因子（netrins）对于轴突生长的影响

A. 鸡胚脊髓示意图，切面显示用于培养的脊髓背、腹部分割。B、C 和 D. 各组上方的背部脊髓（包含连合神经元）与下方的腹部脊髓（B 包含底板）、*netrin* 基因转染（C）和非转染（D）的非神经细胞团块联合培养（引自 Kennedy TE，Serafini T，Torre JR dela，Tessier-Lavigne M. Netrins are diffusible chemotropic factors for commissural axons in the embryonic spinal cord. Cell 1994，78：425—435）

来越受到注意。神经科学的某些最为棘手的问题，如中枢神经系统的纤维束因外伤或疾病招致损伤后不能再生，可能因为存在这样的抑制因子而并非缺乏促进生长的因子。

有一类结合于细胞表面或细胞外基质的抑制分子，对临近处轴突的生长起阻止作用，如中枢神经系统的少突胶质细胞（形成中枢髓鞘的胶质细胞）分泌并整合到中枢髓鞘的抑制性蛋白 IN-1（inhibitor-1）。离体和在体实验均证明这一蛋白抑制轴突的生长。另一类分子是弥散性化学排斥因子。Raper 在鸡脑提取液发现一种能使培养中的轴突生长锥塌陷和回缩的因子，最后纯化出这一效应分子为 collapsin（源于 collapse 一词，意为“坍塌”）并克隆出它的编码基因。几乎在同一时期，Goodman 及其合作者发现蝗虫的一个细胞表面糖蛋白——Ⅳ型纤维成束蛋白（fasciclin Ⅳ）的单克隆抗体能结合到

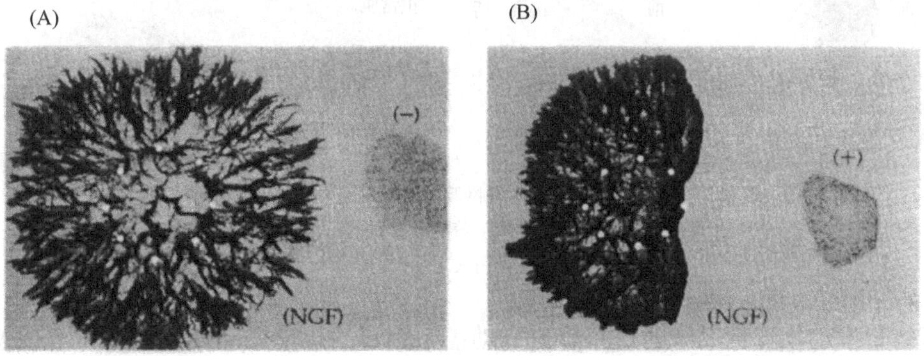

图 4-15　在 NGF 存在条件下鸡胚背根神经节与 Sema Ⅲ/collapsin 基因非转染（A）和转染（B）的非神经细胞团块联合培养

（引自 Messersmith EK，Leonardo ED，Shatz CJ，Tessier-Lavigne M，Goodman CS，Kolodkin AL. Semaphorin Ⅲ can function as a selective chemorepellent to pattern sensory projection in the spinal cord. Neuron 1995；14：949—959）

引导果蝇轴突生长的一种蛋白上。他们利用 PCR 技术和序列分析鉴定出四种结构上相关的蛋白 semaphorin（源于 semaphore 一词，意为“信号”）的基因。其中之一为 semaphorin Ⅲ(Sema Ⅲ)与鸡的 collapsin 同源。semaphorin 既可能以分泌形式，也有以细胞表面结合的形式存在，它们的基因以特定模式表达于发育的脊椎和无脊椎动物胚胎。细胞培养研究表明分泌的 semaphorin 排斥特定的生长轴突，如排斥鸡背根神经节的轴突生长（图 4-15），对其他轴突却无此效应。

4.2.4 轴突在脑内靶区的拓扑分布与识别分子

周边感觉在中枢神经系统都可以找到其对应点，周边的相邻点在中枢神经系统的对应点也相互靠近，那么生长轴突如何使其呈现严格的拓扑模式分布于脑内的相应靶区？

早在 20 世纪 60 年代，Sperry 主要根据其蛙和金鱼视觉系统的研究提出了化学亲和假说（chemoaffinity hypothesis）。那些动物的视网膜神经节细胞的轴突末梢在视顶盖（对应于哺乳动物的上丘）形成一个明确的拓扑图，后部视网膜的节细胞轴突投射到前部顶盖，前部视网膜轴突投射到后部顶盖。当挤压损伤视神经并任其再生（与哺乳动物不同，鱼和两栖类动物的中枢神经能再生），Sperry 发现再生视神经纤维在顶盖重建起一个正常的联系模式，仍然表现出后部到前部和前部到后部的投射特异性。即使将眼睛旋转 180°，再生轴突也常常长回到它们原来的顶盖位置（图 4-16）。再生视神经在顶盖的拓扑投射仍然保持不变可以从蛙的行为得到验证：当一只苍蝇在蛙的上方飞过，蛙总是扑向下方捕捉，反之亦然。因此，Sperry 建议每一顶盖细胞都带有一个独特的“识别标记”，视网膜神经节细胞的生长轴突末梢有互补的标记得以在顶盖找到特定的位置。照现在的说法，那些顶盖的识别标记就是识别分子（recognition molecule），与神经节细胞互补分子的亲和性（affinity）使二种神经细胞建立选择性联系。

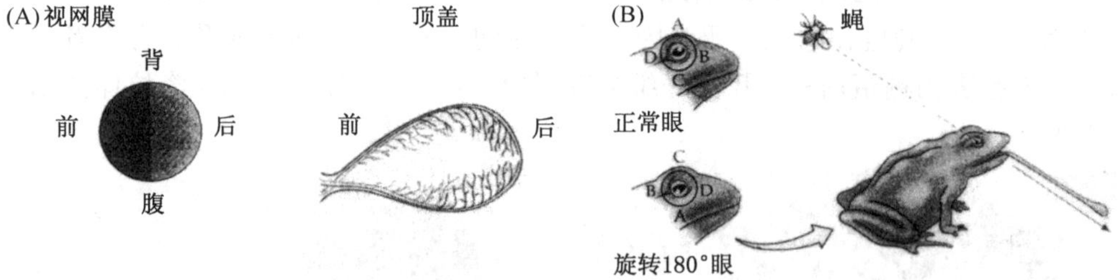

图 4-16 蛙和其他低等脊椎动物发育视网膜神经节细胞轴突到视顶盖的投射（A）和再生节细胞轴突保持到顶盖准确投射的行为证据（B）
（见引文 13）

低等脊椎动物视觉系统的进一步研究动摇了刻板的化学亲和学说——每个顶盖位置由不同的识别分子标记。Bonhoeffer 及其合作者的一系列体外实验令人信服地证明，在顶盖存在节细胞的生长轴突对之起反应的细胞表面分子，它们在顶盖呈梯度分布。正常情况下，鸡视网膜颞区节细胞轴突只支配顶盖的前部，鼻区节细胞轴突却只投射到后部。如果将鸡顶盖前部和后部分别分离的细胞膜制成相间的条带，颞侧或鼻侧视网膜的外植块则置于细胞膜条带的一端，发现颞侧视网膜轴突倾向于长入前部顶盖细胞膜条带却避开后部顶盖细胞膜条带，相反，鼻侧视网膜轴突既长入前顶盖细胞膜带也长入后顶盖细胞膜带（图 4-17）。

正向相互作用可能是因为生长锥与顶盖细胞间有较高的粘合性，不能长入不合适的区域可能由于导致生长锥坍塌的负向相互作用。对轴突起负向引导信号作用的鸡顶盖分子—排斥性轴突导向信号（repulsive axon guidance signal，RAGS）和人的同源分子 AL1 以及在小鼠起类似功能的 ELF1 已经被纯化，其编码基因亦已克隆。RAGS 是分子量为 25kDa，它们是以糖基磷脂酰肌醇（glycosylphosphatidyl inositol，GPI）锚于顶盖细胞膜的蛋白，为轴突 Eph 酪氨酸激酶受体家属的特异配体。RAGS/AL1/ELF-1 在发育顶盖的梯度分布有助于解释视网膜节细胞轴突末梢在顶盖的拓扑分布。

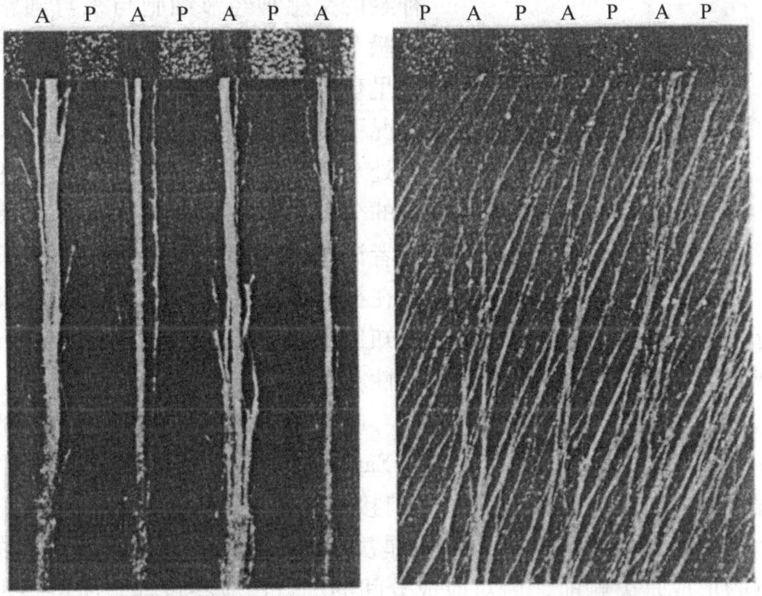

图 4-17 视网膜－顶盖化学亲和性的体外分析。
A 和 P 分别为顶盖前、后部的细胞膜条带。（见引文 14）

4.2.5 选择性突触形成

在抵达准确的靶区以后，轴突必须在许多可能成为其突触后细胞中挑选它将支配的特定靶细胞。这一问题最为详尽的研究大多在周边神经系统，特别是自主神经节细胞的神经支配。十九世纪末，英国生理学家 Langley 首先探索了这一课题。位于脊髓不同节段的节前神经元以固定不变的选择性方式支配交感链神经节细胞（图 4－18），例如脊髓 T1 水平的节前细胞支配那些投射到眼部的颈上神经节细胞，而 T4 脊髓节前细胞却支配引起耳部血管收缩的颈上神经节细胞。因为所有那些神经元的轴突都途径颈交感链抵达颈上神经节，所以，导致神经节细胞不同神经支配的机制必定是在突触形成这一环节

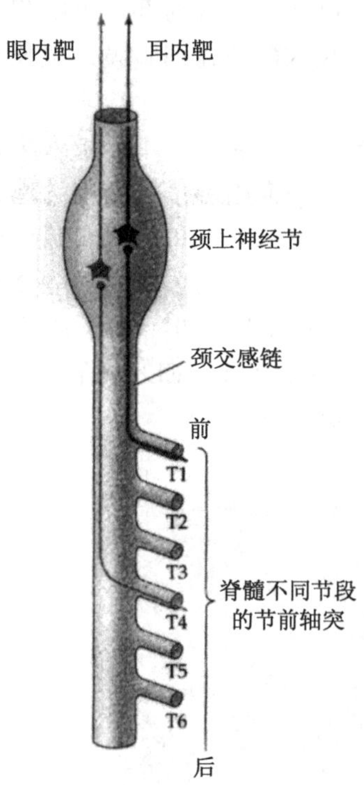

图 4-18　突触前和突触后细胞间的特异亲和性决定哺乳动物神经元间专一性突触联系（见引文 10）

而不在于轴突生长的引导。先于 Sperry 半个多世纪，Langley 在一个完全不同的研究系统推断选择性突触形成是因为突触前、后成分的特异化学亲和性。

然而，突触前、后神经元之间的选择性亲和性在地域上并不是绝对的，颈上交感神经节细胞优先与特定脊髓节段的节前神经元建立突触联系，但不排除与脊髓其他节段的节前细胞有突触连接。如果手术切断特定脊髓节段对颈上神经节的支配，几周后的细胞内记录表明去神经的交感神经节细胞与来自通常并非合适的脊髓节段的轴突建立了新的突触联系。新联系也呈现出节段优势模式，表明这一系统在新的情况下也想要得到最好的细胞间匹配。轴突在何处与靶细胞形成突触是由一套现在开始被认识的分子所严格控制的。过去 20 多年，许多研究者试图寻找控制突触形成的分子，他们的努力在神经肌肉接头获得了巨大的成功，现在已经知道由运动神经末梢释放的 agrin 分子参与功能性突触的建立过程。

Agrin 作为突触分化决定因子的有力支持来自 Sanes 及其合作者最近的发现：agrin 基因缺失的遗传工程小鼠在胎儿期很少有神经肌肉接头。缺失 agrin 受体的动物，神经肌肉接头发育受阻，出生时即死亡。因此，agrin 是决定靶细胞特定位置形成突触的分子。

因为突触的形成是突触前、后对应成分间的进行性应答过程，所以很可能有许多信号系统参与这一过程，s-laminin 可能是除 agrin 以外的又一个分子，它是突触所特有的一种细胞外基质分子。然而，agrin 及其受体仍然被认为是控制突触形成的第一个分子范例。Agrin 在中枢神经系统的突触发育过程中的作用尚待进一步研究。

4.2.6　神经元的存活及其与靶细胞间的联系保持：神经营养因子

生长轴突与其对应的靶细胞之间形成突触联系意味着一个新的发育阶段的开始。突触一旦形成，神经元的继续存活和分化在某种程度上将依赖于靶细胞的存在，如没有突触后靶细胞，发育神经元的轴突和树突将萎缩，神经细胞终究有可能死去。神经元和其靶细胞间的这种长时间的依存关系称为神经营养性（相互）作用（neurotrophic interaction），这种作用由神经营养因子（neurotrophic factor）介导。神经营养因子不同于葡萄糖或 ATP 这类代谢性营养成分，而是类似于其他的细胞间信号分子（如促分裂因子和细胞因子）。它们由靶组织合成，起着调节投射神经元的存活和其后的生长与分化的作用。

许多脊椎动物的发育早期有过量的神经细胞产生（最后存活数的 2～3 倍）。确立投射神经细胞群落的最后规模是通过使那些不能很好地与相应靶细胞发生相互作用的神经元的死亡来实现的，这一过程已被证明由神经营养性因子介导。

20 世纪初就开始的长期研究提供了这样一个事实：靶细胞在决定支配它们的投射神经元群落的大小方面起着主要作用。具有重要意义的观察是，去除鸡胚的一个枝芽将明显减少晚期胚胎脊髓相应部位的运动神经细胞数量（图 4-19A、B）。作为这一实验结果的解释，推测脊髓神经元的存活依赖于从靶区（发育肢体）获取有限的营养性因子。相反，增加可用的靶区将提供额外的营养性支持以拯救正常情况下死去的那些神经元（图 4-19C、D）。因此，成年期神经元群落的大小并非预先就完全决定，在某种程度上是由神经元与靶之间的营养性作用所控制的。

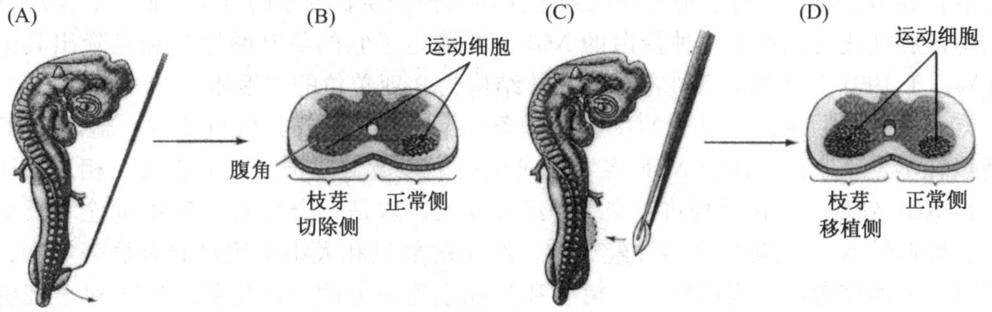

图 4-19　靶区支持神经元的存活作用

A. 2.5 天鸡胚枝芽切除；B. 枝芽切除后一周的脊髓切片；C. 移植附加枝芽到 2.5 天鸡胚；D. 移植后一周的脊髓切片。（转引自文献 10）

失去靶营养支持的神经元死亡不同于因损伤或疾病的细胞死亡。失去营养支持的神经元通过叫凋亡（apoptosis）这一过程而死亡，是一群“打开”即引起神经元和其他细胞死亡的特异基因活跃转录的结果。神经元调亡的组织病理学明显不同于因机械损伤，中风或神经变性疾病的神经细胞死亡。调亡的细胞和分子过程似乎包含许多控制细胞分裂和细胞分化的相同机制，因此调亡是细胞分化的一个程序性过程。

一旦通过对靶营养的竞争而选择性形成了神经元群落以后，营养性作用继续调节突触联系的形成。突触联系形成是一个开始于胚胎期，延伸至生后相当久远的过程。在建立神经支配期间，必须确保每个靶细胞为恰当数量的轴突所支配和每一轴突支配恰当数量的靶细胞，这一目标的实现是发育神经细胞和靶细胞间神经营养性作用的又一重要功绩。

依据神经营养因子的假设条件，我们将能理解神经营养作用的二个主要功能：使相当大的神经元群落中的某些神经元存活和形成恰当数量的神经联系。神经营养因子的假设条件包括：① 神经元的存活并保持其靶联系需要有少量的营养因子供应；② 靶组织（可能是其他神经元、肌肉或其他周边结构）合成可满足发育神经元需要的合适的营养因子；③ 靶组织只产生数量有限的营养因子，因此，发育神经元的存活和此后神经元联系的保持取决于神经元对营养因子的竞争。一个经过大量研究的多肽分子，神经生长因子（nerve growth factor，NFG）完全符合上述那几个假设标准。有关 NGF 的研究结果虽然不能解释营养性作用的所有方面，但是它确实是认识靶组织（细胞）如何影响支配神经细胞的存活和联系的一个典型例子。

NGF 于 20 世纪 50 年代初为华盛顿大学的 Levi-Montalcini 和 Hamburger 所发现。根据去除发育枝芽后运动神经元存活情况的观察，他们作出了颇有兴趣的猜测：靶细胞提供某种信号给有关神经元，含量有限的信号因子迫使那些竞争失败的神经元死亡。为此，他们进行了一系列的实验以探索假定信号的性质和来源。Hambarger 生前的一个学生切除鸡胚的一个枝芽并代之以一片小鼠肿瘤组织，惊异地发现瘤组织具有比肢体更强的刺激，以致正常支配肢体的感觉和交感神经节变大。Levi-Montalcini 和 Hamburger 证明肿瘤（小鼠肉瘤）能分泌一种刺激感觉和交感神经节细胞存活和生长的可溶性因子。Levi-Montalcini 发明了这种因子的生物测定方法，并且与 Cohen 合作分离和鉴定了能诱发培养神经节长出大量神经突起而已经被命名为神经生长因子的分子。此后，从雄性小鼠的唾液腺纯化得到作为一种蛋白的 NGF，并测定了它的氨基酸序列和克隆出其编码 cDNAs，于 1991 年得知其活性部分的晶体结构为 β 亚单位的二聚体。

许多进一步的观察证明了 NGF 在生理条件下对神经元存活的重要性。施以 NGF 抗血清以耗尽发育小鼠可用的 NGF 将导致成年小鼠多数交感神经元的丧失。相反，注射外源性 NGF 到新生啮齿动物将使交感神经节变大，这是一个与失去 NGF 完全相反的效应。在外源性 NGF 处理的交感神经节内，细胞的数量和大小均比对照有显著增加，胞体间有更密的突起网，表明轴突、树突和其他细胞成分的过度生长。NGF 对于细胞存活的神奇效应使人们认识到，它确实是一个靶产生的信号，使神经细胞和其靶细胞在数量上相称。

最近十几年，特别是进入 90 年代以来，大量神经营养性因子被相继发现，NGF 只是神经营养性因子中神经营养素（neurotrophin）家族的一员。归纳起来，有以下几类神经营养性因子：

（1）神经营养素家族。其成员包括 NGF（神经生长因子，也称神经营养素-1，NT-1）、BDNF（脑源性神经营养性因子，brain-drived neurotrophic factor，也称神经营养素-2，NT-2）、NT-3（神经营养素-3）、NT-4/5（神经营养素-4/5）和 NT-6（神经营养素-6）。神经营养素家属各成员在氨基酸序列和结构上具有高度同源性，但它们表现出既有不同的，也有重叠的功能特异性（图 4-20）。例如 NGF 支持交感神经细胞的存活及其突起生长，另一家属成员 BDNF 却无 NGF 这一功能。相反，BDNF 而不是 NGF，支持节状神经节（nodose ganglion）神经元的存活。NT-3 则促进所有交感神经节，节状神经节和脊神经节的神经元存活和生长。

神经营养素的选择性作用由一个受体蛋白家属—具有酪氨酸激酶活性的 Trk（读为“Track”）受体的介导。不同的受体成员一般由不同的神经营养素激活。TrkA，TrkB 和 TrkC 分别为 NGF，BDNF 和 NT-3 的受体，TrkB 也可为 NT-4/ 5 激活（图 4-21）。一种特定的 Trk 受体亚型表达将赋予神经元对于相应神经营养素作出反应的能力。因为神经营养素和 Trk 受体仅仅存在于神经系统中一定类型的神经元，配体与受体间的特异结合也就表现为神经营养性作用的特异性。除 Trks，神经营养素各成员还有一个共有的低亲和性受体，其分子量为 75～80kDa，因此称为 p75NTr（neurotrophic factor receptor），它并非直接介导神经营养素的功能，而是通过低亲和性结合并“储存”神经营养素，最后将神经营养素逞递给高亲和性受体 Trks。

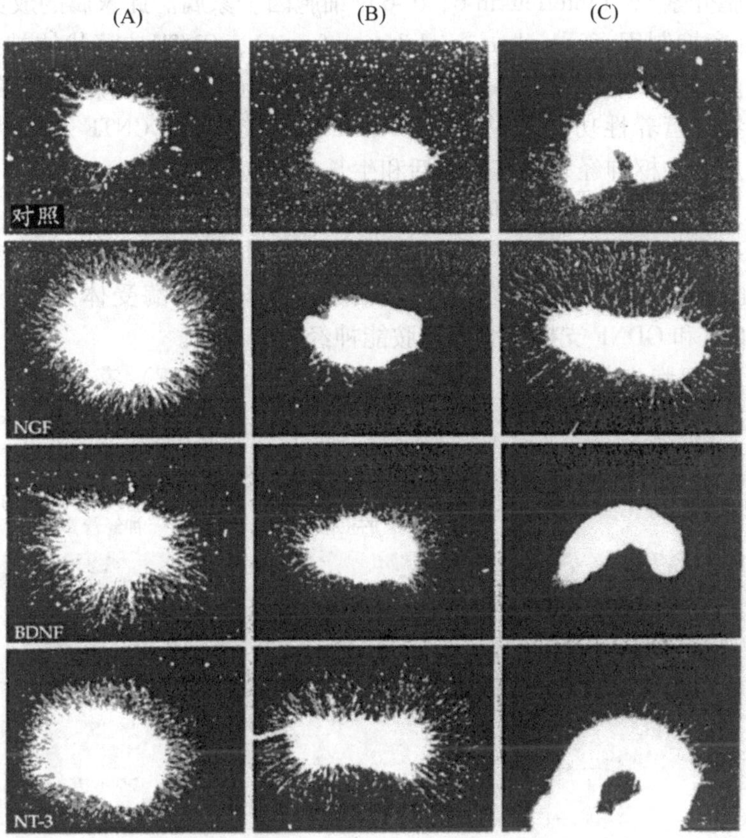

图 4-20　神经营养素 NGF、BDNF 和 NT－3 对于培养的背根神经节（DRG）、节状神经节（NG）和交感神经节（SG）神经元突起生长的效应

（转引自文献 10）

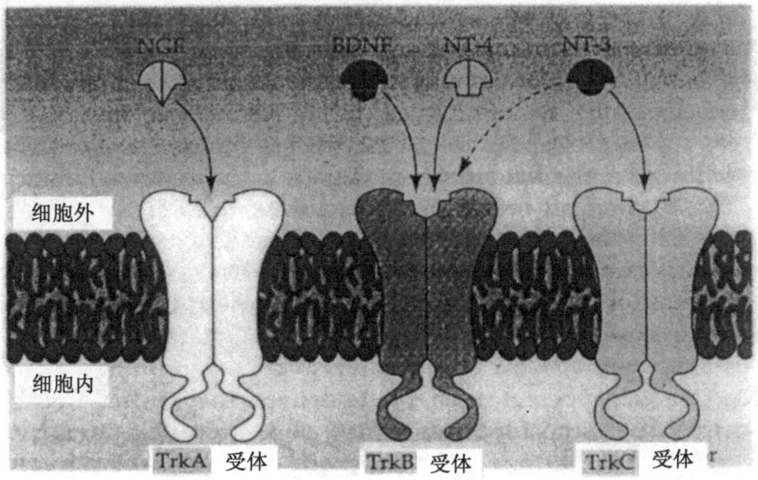

图 4-21　神经营养素激活酪氨酸激酶受体家属相应成员的示意图

（见引文 10）

（2）白细胞介素-6（interleukin-6，IL-6）细胞因子家属。此家属的成员有IL-6、IL-11、LIF（白血病抑制因子，leukemia inhibitory factor），CNTF（睫状体神经营养因子，ciliary neurotrophic factor）和CT-1（心营养素，cardiotrophin-1）。gp130蛋白为各成员的共用受体。就神经营养性功能来说，CNTF和LIF比较重要。CNTF对睫状神经节细胞及其他某些周边和中枢神经元具有促存活和生长的效应。

（3）转化生长因子β（transforming growth factors β，TGFβ）家属。主要成员有TGFβ-1～5，GDNF（胶质细胞株产生的神经营养性因子，glial cell line-drived neurotrophic factor）。已发现的相应受体均属于丝氨酸/苏氨酸激酶受体家属的成员。已知TGFβ-2，TGFβ-3和GDNF支持中脑多巴胺能神经元的存活。

（4）成纤维细胞生长因子（fibroblast growth factor，FGF）家属，有aFGF（酸性FGF，FGF1），bFGF（碱性FGF，FGF2）和FGF3-9。有低亲和性和高亲和性二类FGF

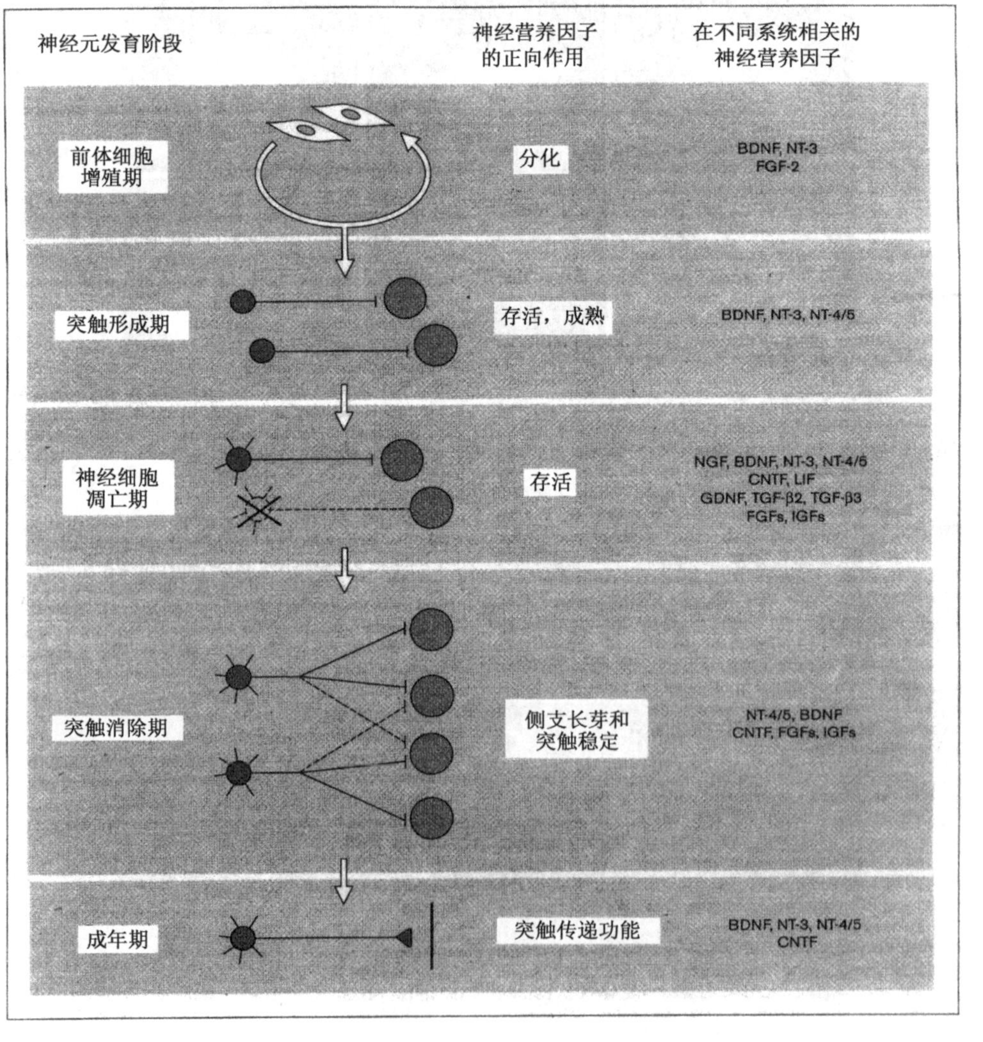

图4-22　神经营养因子在神经元发育和成熟过程中的可能作用

（见引文6）

受体，高亲和性受体均属于受体酪氨酸激酶 RTKs 家属的成员。bFGF 具有对多种神经元的存活促进作用。

随着多种神经营养性因子及其功能的发现，关于神经营养性因子的来源、功能及其专一性等经典概念受到了挑战。神经营养性因子可能的来源有靶区（逆行方式），投射神经元（顺行方式），胶质细胞等非神经成分的旁分泌（paracrine）和被作用神经细胞本身的自分泌（autocrine）。一种神经营养性因子作用于多种类型的神经元，一类神经元可对多种因子起反应。神经营养因子的作用不仅仅在于它们在发育的凋亡阶段支持神经元的存活，而是从分裂增殖阶段乃至成年期的神经元都有重要作用（图 4-22），但是，目前关于神经营养因子功能的认识多数来自实验研究，它们在体内（包括发育期）的确切生理学意义还不完全清楚。

小结

神经回路的构建始于神经细胞轴突的生长，终止于与靶细胞建立稳定的突触联系。生长轴突与其微环境（其他神经细胞和胶质细胞等细胞成分和细胞外基质的非细胞成分）的相互作用是神经回路构建的驱动力。轴突生长的调节控制是其生长微环境中多种细胞外基质分子，细胞表面粘连分子，正向和负向的轴突生长导向因子以及神经营养因子等轴突生长相关因子介导的协同效应。随着轴突生长相关因子和轴突受体的不同时空表达，轴突生长经历其路径的选择，直行或转向，集合或分散，分支和定靶，选择合适的靶细胞并与之形成突触结构等一系列过程。但是，对于神经回路构建的分子基础的认识现在还只是凤毛麟角，仅在少数几个系统的个别形成阶段有了初步的了解。

§4.3 神经回路的修饰

4.3.1 外周神经系统的突触联系的修饰

研究中枢神经系统的大脑皮层或其他区域复杂回路的突触修饰是极为困难的，因此很多关于发育脑回路不断改变的基本观念来自更简单，易于研究的系统，最主要的是脊椎动物神经肌肉接头和自主神经节细胞的神经支配（图 4-23）。成年骨骼肌纤维和某些自主神经节的神经元仅由单个神经元支配，然而这些靶细胞的早期都接受几个神经元的支配，即所谓多神经元支配（polyneuronal innervation）。在生后的早期发育阶段，支配的神经元由多个逐步减少至一个，这一过程称为突触消除。虽然，这种消除实际上是指支配一个靶细胞的神经细胞的数目减少，而不是靶细胞上突触总数的减少。事实上，在发育过程中的外周神经系统和脑的突触总数是逐步增加的。

许多实验表明，某些早期到达肌肉和神经节细胞的传入的消除是不同神经元为获得同一个靶细胞的“所有权”而相互竞争的结果。竞争的对象很可能是营养性因子，虽然至今还没有在肌肉或自主神经节明确地证明这些假定因子的存在。其他分子，如突触后的神经递质受体也似乎具有对突触前末梢的反馈作用。实验提示这种竞争由突触前和突触后成分的电活动模式调节。例如，神经肌肉接头的乙酰胆碱受体被 α-银环蛇毒素（乙酰胆碱受体的一种不可逆性拮抗剂）阻断，多神经支配则被保留。阻断运动神经元

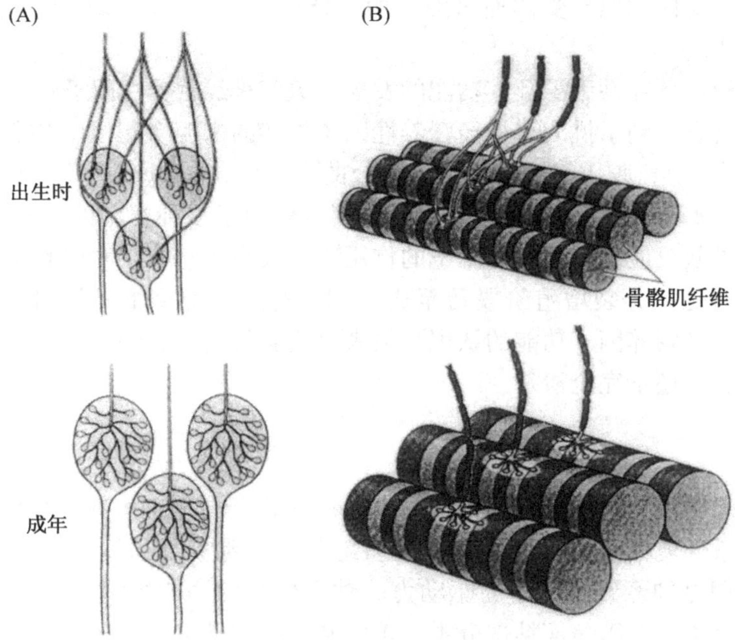

图 4-23　哺乳动物外周神经系统在生后头几周的突触重排。
A. 神经节细胞；B. 骨骼肌纤维。（引自 Purves D，Lichtman JW. Elimination of synapses in developing nervous system. Science 1980；210：153—157）

的突触前动作电位（钠通道阻断剂河豚毒处理）也将阻止多神经支配的消除。因此，阻断神经活动将减少或阻止突触前成分的相互竞争作用和相关的突触重排。

在肌肉和神经节（以及更复杂的中枢神经系统结构），活动决定的许多竞争现象可由下列假设予以解释：① 突触需要最低水平的营养支持才能存在；② 突触兴奋引发突触后（靶）细胞分泌有限的相关因子；③ 只有当突触的活动和靶细胞的活动一致时，突触才能得到营养支持。前二点已在前一节有关周边神经系统的论述中得到证明，活动在突触相互竞争中的作用则在视觉系统的研究中得到了充分肯定。

4.3.2　视皮层眼优势柱及其发育

绝大多数由丘脑外膝体（LGN）来的上行传入终止于初级视皮层，从双眼来的信息首先在此整合。在某些哺乳动物——食肉动物，灵长类猴和人，外膝体传入纤维在视皮层第Ⅳ层呈现与每只眼相对应的相间条带状分布—眼优势柱。一侧眼内注射放射性氨基酸（如脯氨酸）的放射自显影可显示皮层的眼优势柱。放射性脯氨酸进入视网膜节细胞后结合到为神经元突触终末的保存和功能所需要的蛋白，标记蛋白沿轴突正向传输至位于外膝体的视神经末梢并部分释放至细胞外，释放的标记蛋白降解为仍带同位素标记的氨基酸和小的多肽，接着又为外膝体神经细胞吸收并重新结合到新合成的蛋白，再经过轴突的正向传输而抵达皮层内的轴突末梢，这一过程称为垮神经元传输。因此，一侧眼内注射的放射性氨基酸将标记相应的外膝体结构层（以及其他视网膜节细胞的靶区，如上丘），和外膝体神经元在视皮层的神经末梢。图4-24反映成年恒河猴的优势柱是大约0.5mm宽度的许多条带，明亮带是放射性氨基酸注射的眼代表区，暗带为未经注射的另一眼代表区，二眼优势柱占有相同大小的视皮层区域。电记录证实恒河猴视皮层Ⅳ层细胞几乎无例外地对左侧或右侧的刺激起反应，而在Ⅳ层上方或下方各层的神经元整合来自左和右眼的传入，因此对双眼视觉刺激起反应。

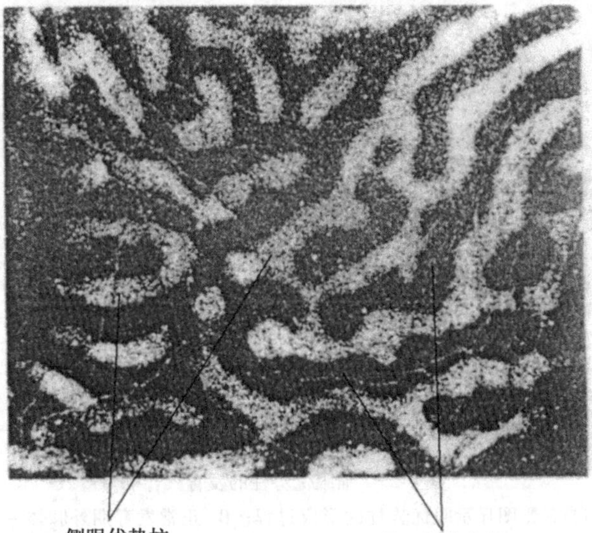

图4-24 放射自显影图（与视皮层平行的切面）
显示成年恒河猴初级视皮层第四层的眼优势柱
（引自 LeVay S, Wiesel TN, Hubel DH. The development of ocular dominance columns in normal and visually deprived monkeys. J. Comp. Neurol. 1980; 191: 1—51）

发育早期（猴生前，或猫生后头二星期）的放射自显影表明，视皮层Ⅳ层不显示成年期通常所见的相间特异条纹，却显示连续的标记带（图4-25），表明两眼开始的视觉传入都到达整个视皮层，它们并不分别限定在视皮层的右眼/左眼柱。相应发育期的电生理研究也表明，最终将分别接受左眼或右眼相关传入的视皮层Ⅳ层神经元，最初却同时接受二眼的传入。在发育稍后阶段的示踪剂注射开始显示第四层标记密度的周期性改变，提示外膝体皮层传入逐渐分为左眼和右眼区，经历了视觉系统发育的修饰过程。

新生猫的一侧眼睑被缝合而丧失视觉经验直至成年（约需6个月）时，电生理记录表明视皮层第4层很少有细胞能为原闭合眼的视觉刺激所兴奋，几乎所有的细胞却为没有关闭的那只眼兴奋。在闭合眼的视网膜和相关外膝体结构层内的电生理记录表明，丘脑之前的视觉通路功能是相当正常的，因此视皮层细胞不再对闭合眼刺激起反应并非因为视网膜变性或者视网膜到丘脑的联系消失，而是因为闭合眼与视皮层的功能联系中断，闭合眼在行为上变瞎。这种“皮层性瞎子”或弱视（amblyopia）是永久性的，原先的闭合眼即使再睁开数年，其视觉功能却不能或很少恢复。

生后2周右眼被关闭直至18月龄的猴，在其处死前二周左眼注射示踪物的放射自

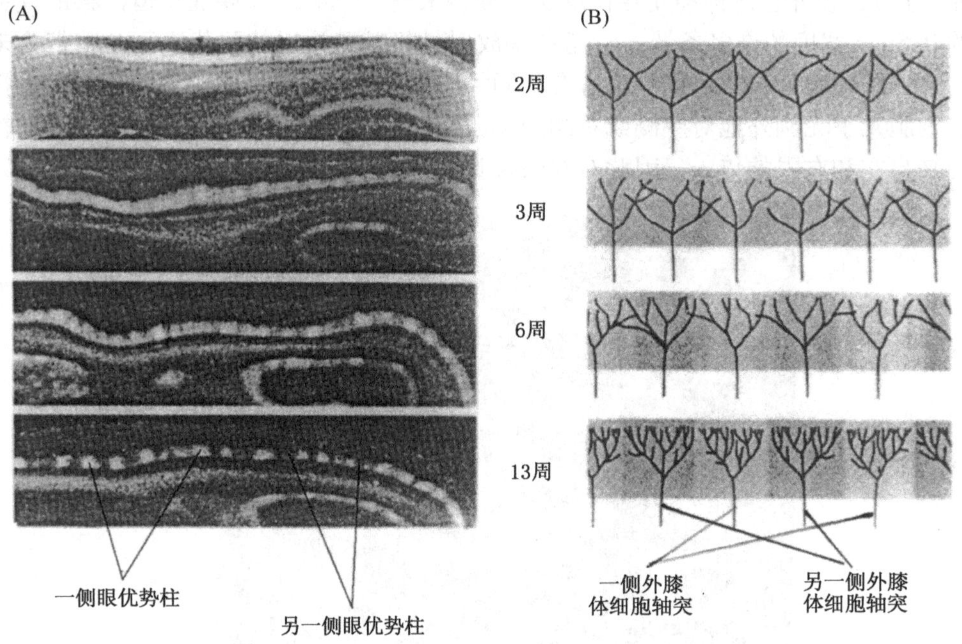

图 4-25　猫眼优势柱的发育

A. 视皮层冠状切片放射自显影图显示眼优势柱的形成过程；B. 正常发育期外膝体－皮层传入改变的示意图。（LeVay S, Stryker MP, Shatz CJ. Ocular dominance columns and their development in layer Ⅳ of the cat's visual cortex: a quantitative study. J. Comp, Neurol. 1978；179：223—244）

显影显示视皮层异常的眼优势条带模式（图 4-26），左眼的视皮层条带（白色）比正常更宽，视觉缺失的右眼条带萎缩。这一解剖学观察表明，视皮层Ⅳ层神经元对于原闭合眼的视觉刺激不起反应并不是由于它们失去了丘脑的神经支配，而是改由正常左眼相对应的丘脑传入所支配。Hubel 和 Wiesel 把这些结果解释为早期发育时两眼间的相互竞争作用。在正常动物，两眼经历几乎相同的视觉刺激，因此占有相同的皮层区。当一眼的视觉缺失引起视觉经验的不平衡时，正常眼就有了竞争优势，并抢占了很多原来由闭合眼相关传入支配的视皮层区域，表明生后早期的视觉缺失将引起视皮层神经联系的改变。

不均衡竞争将改变视皮层的丘脑传入分布这一思想已为动物生后同时短期关闭双眼的实验所证实。在这一情况下，整个视皮层的神经元失去了正常的视觉刺激，几个月以后的电生理和解剖学研究表明视皮层的眼优势柱排列相当正常，皮层细胞的反应性质虽然有点怪，但代表两眼的神经元的比例大致是正常的。因为两眼的视觉活动并未失去平衡，所以保持两眼在皮层各自的对应区域。

成年猫的眼睛长期闭合则不影响相应视皮层细胞对视觉刺激的正常反应，即使闭合一年或数年后再开启，视皮层的电生理学和动物的视觉行为仍然正常。Hubel 和 Wiesel 的实验证明仅在动物生后早期的眼睛闭合才导致弱视和眼优势柱的异常。他们把视觉缺失的敏感时期称为眼优势柱发育的关键期（critical period）。在关键期的最敏感时间（猫生后 4 周左右），少至延续 3～4 天的眼睛闭合都将严重改变视皮层的眼优势柱。在

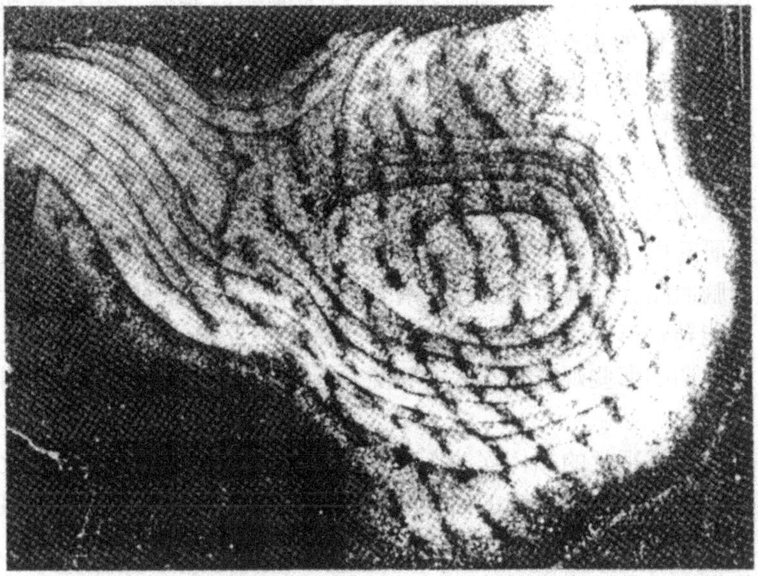

图 4-26 放射自显影图显示猴关键期单侧眼视觉缺失对视皮层Ⅳ层优势柱发育的影响

白色条带为未闭合眼的优势柱远宽于正常优势柱，黑色条带为闭合眼的优势柱远窄于正常优势柱。（Hubel DH, Wiesel TN, LeVay S. Plasticity of ocular dominance columns in monkey striate cortex. Phil. Trans. R. Soc. London. B. 1977；278：377—409）

猴的类似实验表明灵长类动物也出现类似现象，虽然其关键期更长（出生至6个月）。

通过标记的外膝体单个神经元将会更详尽地显示，在关键期即使是短至一周的视觉缺失都将引起外膝体神经元轴突在视皮层Ⅳ层的树状末梢迅速改变。正如已经指出的，单眼闭合引起的视觉缺失将导致该眼视皮层野的丧失，同时发生开眼皮层野的扩大。在单个轴突水平上，那些改变反映于开眼对应的外膝体细胞轴突树状末梢分支程度和复杂性的增加，闭眼对应的轴突树状末梢变少和不那么复杂，这就充分说明发育皮层对环境改变作出的反应是通过突触的废弃和重建，塑造新的神经联系。

总之，动物（包括人类）的视觉系统回路在出生时尚未完全特化，成年模式的建立还需要视觉经验。皮层（和皮层下）联系的重塑可能是多种神经系统关键期的细胞基础。

4.3.3 关键期的意义

活动促使神经回路的修饰及其深刻的行为影响常发生于生命早期的关键期。关键期概念源于动物行为研究的一些先驱者的观察。Tinbergen 和 Loreng 等发现某些奇怪的复杂行为是先天的，无需存何先期的经验。然而其他的行为表现只出现于生后早期（或孵化后）的一个短时期内动物具有一定的特别经验之后。一个有趣的例子见于鸭和鹅。新出壳的雏鸭或雏鹅将尾随它们见到的第一个大的移动物体——通常是其母亲，也可以是其他动物（包括人）和甚至无生命的物体。

出壳后头几天内这种首先接触到的物体一旦为雏鸭或雏鹅“铭记”和趋随，此后的经验将难以改变它们的这一行为。那些早期经验的影响并不仅仅限于鸟类。Harlow及其同事关于灵长类动物行为发育的实验表明，早期社会经验的残缺将深刻地、不可逆地影响猴参与成年的社交能力。隔离饲养的猴成年后害怕其他猴并且对异性没有多少兴趣，这些行为也不再为以后改变了的生活方式所改变。

许多行为形成的关键期开始于生后早期，结束于青春期末或稍后。关于猫和猴视觉系统发育的长期研究以及更多的其他工作令人信服地表明，内在的发育机制并不能完全建立起成年期的脑回路，经验对脑回路具有修饰完善作用。有理由认为，年幼动物的任何异常经验都可能导致形成此后无法矫正的异常的脑回路模式。

实验动物关键期的那些观察对于人的视觉系统发育，对于人的行为发育都具有重要的临床意义。

白内障是妨碍正常视觉的晶体浑浊，如同猫或猴的眼睛用手术方法使之闭合一样将阻止明确的图形感觉。成年期出现的白内障在被移去后，病人通常能恢复视力，相反婴儿期的白内障在一年内不作治疗，此后再作摘除也永远不能恢复该眼的视力。这个不幸的结果强调了早期发现和治疗视觉缺陷的重要性，否则将导致永久性视觉损害。为校正儿童的斜视眼常用眼罩盖住正常眼，如使用不当有可能引起原本正常的视力下降。关键期也见于语言学习过程中。婴儿出生后的头几个月即能察觉出多种语言的语音音素（语言的基本成分）。但是到了一岁，即学会讲话的前夕，婴儿开始失去分辨新的语音的能力。儿童在青春期以前必须置身于一种语言环境之中，否则他们将永远失去分辨不同语音的能力。持续性失聪也能导致语言学习的障碍。例如儿童的中耳炎持续发作将影响听觉并影响语言学习。一个具有正常听力的儿童如果在关键期生活在没有正常语言的环境里，此后即使给予语言强化训练也不能使之具有基本的语言交流能力。视觉系统的发育和视觉缺失的后果可被当作神经回路并不太清楚的其他系统功能缺损影响的例子。

小结

发育脑一旦建立起神经联系的基本框架，神经元活动在决定神经回路的精细排列方面开始起着越来越重要的作用。在发育阶段的许多回路系统（从神经肌肉系统到新皮层），神经元或其他靶细胞起初接受成年时不再支配它们的传入联系。带有不同活动模式的传入的相互竞争在这种突触重排过程中起着关键作用。虽然不同传入间竞争的基础还不完全清楚，但是这一过程的某些方面似乎包括对突触后靶细胞释放的营养性因子的竞争。因为神经元活动是在外部世界的影响下诱发的，所以活动能修饰回路表明经验能影响突触联系的数量和类型，最终影响动物的认知、情绪和行为。特异回路对于经验影响的敏感性在生命早期的关键期尤为明显。如在关键期结束以前不改变异常的环境影响，因此发生的脑回路结构和行为异常将很难或不可逆转。

（周长福）

参 考 文 献

[1] Bear MF, Connors BW and Paradiso MA. Wiring the brain. In: Bear MF et al. ed. Neuroscience: Exploring the brain.

Baltimore, Williams and Wilkins, 1996, 486 ~ 512
[2] Bear MF, Connors BW and Paradiso MA. Structure of the nervous system. In: Bear MF et al. ed. Neuroscience : Exploring the brain. Baltimore, Williams and Wilkins, 1996, 152 ~ 185
[3] Culloti JG and Kolodkin AL. Functions of netrins and semaphorins in axon guidance. Current Opinion in Neurobiology, 1996, 6: 81 ~ 88
[4] Friedman GC and O'Leary DDM. Eph receptor tyrosine kinases and their ligand in neural development. Current Opinion in Neurobiology, 1996, 6: 127 ~ 133
[5] Hemmati-Brivanlou A and Melton D. Vertebrate embryonic cells will become nerve cells unless told otherwise. Cell, 1997, 88: 13 ~ 17
[6] Henderson CE. Role of neurotrophic factors in neuronal development. Current Opinion in Neurobiology, 1996, 6: 64 ~ 70
[7] Jessel T. Development of the nervous system. In: Kandel ER, Schwartz JH, Jessell TM. ed. Essentials of neural science and behavior. Stamford: Appleton and Lange 1995
[8] Keynes R, Cook GMW. Axon guidance molecules. Cell, 1995, 83: 161 ~ 169
[9] Purves D. Neural activity and the growth of the brain. Cambridge: Cambridge University Press, 1994
[10] Purves D, Augustine GJ, Katz LC, LaMantia AS and MeNamara JO. The changing brain. In: Purves D. et al. , ed. Neuroscience. Sunderland and Massachusetts: Sinaver Associates, Inc. 1997, 377 ~ 435
[11] Rakic P. Neurons in rhesus monkey visual cortex: systematic relation between time of origin and eventual disposition. Science, 1974, 183: 425 ~ 427
[12] Speman H and Mangold H. Ueber induktion von embryonanlagen durch implantation artfremder organigation. Arch Mikr Anat EntwMech, 1924, 100: 599 ~ 638
[13] Sperry RW. Chemoaffinity in the orderly growth of nerve fiber patterns and connections. Proc Natl Acad Sci, 1963, 50: 703 ~ 710
[14] Walter J, Henke-Fahle S and Bonhoeffer F. Avoidance of posterior tectal membranes by temporal retinal axons. Development, 1987, 101: 909 ~ 913

第五章　递质在脑内的分布及其功能通路

§5.1　递质及其化学通路的研究方法

研究神经递质及其化学通路的主要方法是神经递质和调质的鉴别法与神经束道（或通路）追踪法的结合应用。即在鉴别神经元含何种神经递质或调质的同时追踪该神经元轴突的投射途径。一般地说，组织化学方法，包括酶组织化学法、荧光组织化学法、免疫组织化学和免疫细胞化学法以及原位杂交组织化学法等只能鉴别神经组织或神经细胞的化学成分；这些方法不用于追踪神经通路。神经通路或神经束道追踪法（tract-tracing method），如辣根过氧化物酶（horseradish peroxidase，HRP）法、荧光化合物标记法、植物凝集素和细菌毒素法等，是用于追踪神经纤维投射的途径或神经元的传出和传入联系的主要方法。这些方法不能识别神经元及其轴突或束道的化学性质。因此上述两类方法相结合才能取长补短，用于神经化学通路的研究；脑内各类化学通路的揭示和阐述，几乎都是这两类方法结合应用的贡献。

5.1.1　组织化学方法

AchE 法

最早作为鉴定神经递质的方法是 Koelle 和 Friedenwald（1947）为显示乙酰胆碱酯酶（AchE）而建立的乙酰硫代胆碱（Acetylthiocholine）法。简称 AchE 法。长期以来，AchE 染色一直作为显示胆碱能神经的标志，为胆碱能神经元的形态和功能提供了大量的有意义的知识。虽然后来发现，AchE 的特异性不及胆碱乙酰化酶（ChAT）专一，但迄今为止，用 AchE 染色显示胆碱能神经元仍不失为一种经济、迅速、简单而可信的方法。因为在极大多数情况下，脑内存在 ChAT 的区域均含 AchE，两者的活性往往平行地升高或降低。

荧光组织化学方法

1962 年，瑞典学者 Falck 和 Hillarp 创建了甲醛（formaldehyde）诱发荧光组织化学方法，简称 FA 法。他们采用热甲醛蒸汽与干燥脑组织内的单胺类物质反应，成功地诱发出神经组织中的单胺荧光，使之在荧光显微镜下可直接观察到含单胺类递质神经元的形态和分布。该方法的问世得到神经科学工作者的高度评价。其重要意义是使得过去对神经元的单纯形态学描述提高为对神经元功能的化学性质的直接鉴别；并刺激了后来神经免疫细胞化学技术的迅速发展和广泛应用。

荧光反应的化学原理是，一些单胺类和甲醛发生两步反应而产生具有强荧光的产物。第一步反应是 β-芳基乙胺（Ⅰ）与甲醛发生缩合反应形成四氢衍生物（Ⅲ），反应中的一个 Schiff 碱基（Ⅱ）是其中间体；第二步反应是在蛋白催化下，四氢衍生物（Ⅲ）被甲醛脱氢而得到相应的 3，4 -双氢-衍生物（Ⅳ）（图 5-1 ）。

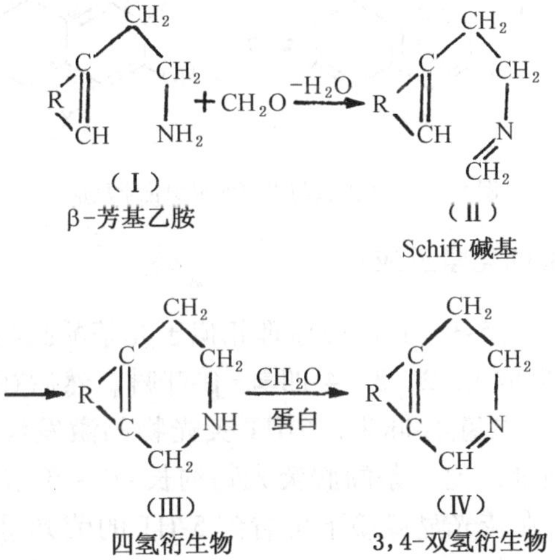

图 5-1　芳基乙胺和甲醛的缩合反应

儿茶酚胺与甲醛的化学反应

图 5-2 表示儿茶酚胺［多巴胺（DA）和去甲肾上腺素（NA）］与甲醛的组织化学反应，DA（Ⅴ）和 NA（Ⅷ）与甲醛反应时，首先分别形成 6，7 -双羟- 1，2，3，4 -四氢异氮萘（Ⅵ，Ⅸ），再脱氢变成 6，7 -双羟- 3，4 双氢异氮萘（Ⅶ，Ⅹ）与其互变异物体醌结构（Ⅶa，Ⅹa）形成随 pH 的平衡，这是 N-杂芳香族-羟基化合物的典型现象。在溶液中，波长在 360～480 微米（最大 390 微米）之间有强的吸收，在 405 微米和 480 微米处分别有最大的激发波和发射波。在固态时，激发波长高峰在 410 微米，发

射波长在480微米，荧光实际呈蓝色；但在荧光显微镜下观察时，常用490微米以下的强吸收的阻断滤色片，因此，观察到的儿茶酚胺的荧光是绿到黄色（图5-2）。

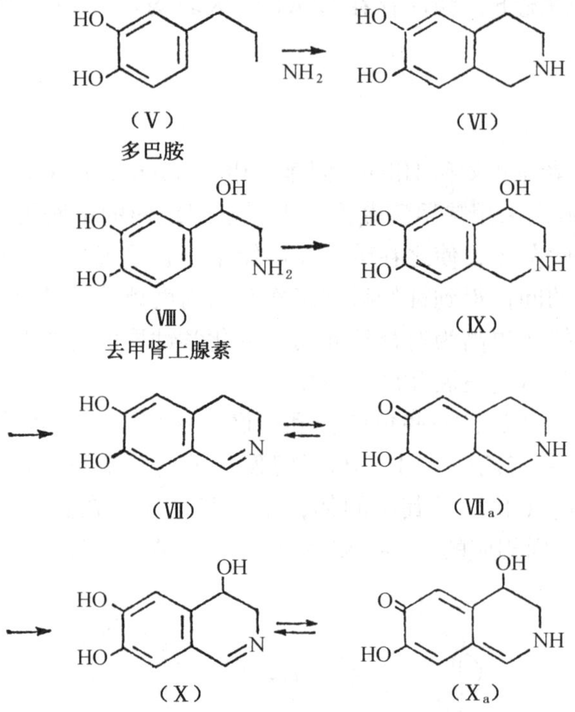

图5-2　儿茶酚胺与甲醛的组织化学反应

5-羟色胺（5-HT）与甲醛的化学反应

5-HT与甲醛的反应见图5-3，其反应原理相似于儿茶酚胺与甲醛的反应。反应的第一步是5-HT与甲醛缩合形成1，2，3，4-四氢-β-咔啉，然后在蛋白的催化反应中被甲醛脱氢而生成荧光物3，4-二氢-β-咔啉。5-HT荧光物的激发波长在410微米左右，而其发射波高峰约在525微米，比儿茶酚胺荧光物约长40～50微米。用强吸收490微米以下波长的阻断滤色片，在荧光显微镜下可看到5-HT的荧光呈黄色。因此，可与儿茶

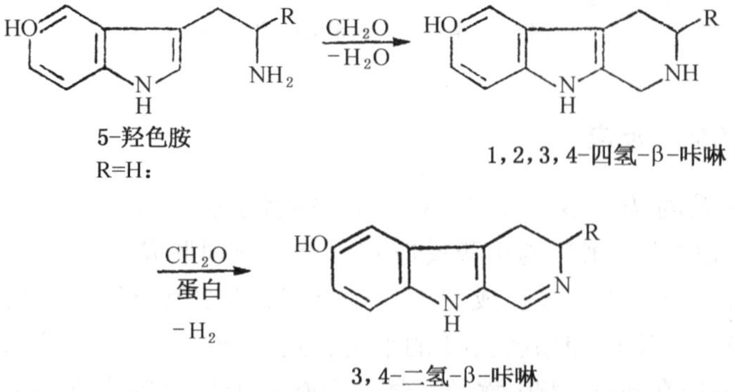

图5-3　5-HT与甲醛的组织化学反应

酚胺相区别（图 5-3 ）。

甲醛诱发荧光法包括冰冻干燥-石蜡切片法、震动切片法、铺片法和涂片法。Bjorklund 等（1972）改用乙醛酸（glyoxylic acid）代替甲醛简称 GA 法。组织不经冰冻干燥，用震动切片机切片。这种改良法更灵敏，操作简便，节省时间。GA 法的反应原理与 FA 法相似。儿茶酚胺与乙醛酸的反应也分两步。第一步为有机化学中的 Picter-Spengler 环化反应，产生弱荧光的 6，7 -二羟基-1，2，3，4-四氢异喹啉-1-羟基酸（多巴胺）及 4，6，7-三羟基-1，2，3，4-四氢异喹啉-1-羟基酸（去甲肾上腺素）。第二步，四氢衍生物再和儿茶酚胺分子起反应，产生强荧光的 2-羧甲基-4，6，7-三羟基-3，4-二氢异喹啉复合物去甲肾上腺素。反应式如图 5-4。5-羟色胺和乙醛酸反应的最后产物为 2-甲基-3，4-二氢-β-咔啉荧光化合物，其反应式如图 5-5。

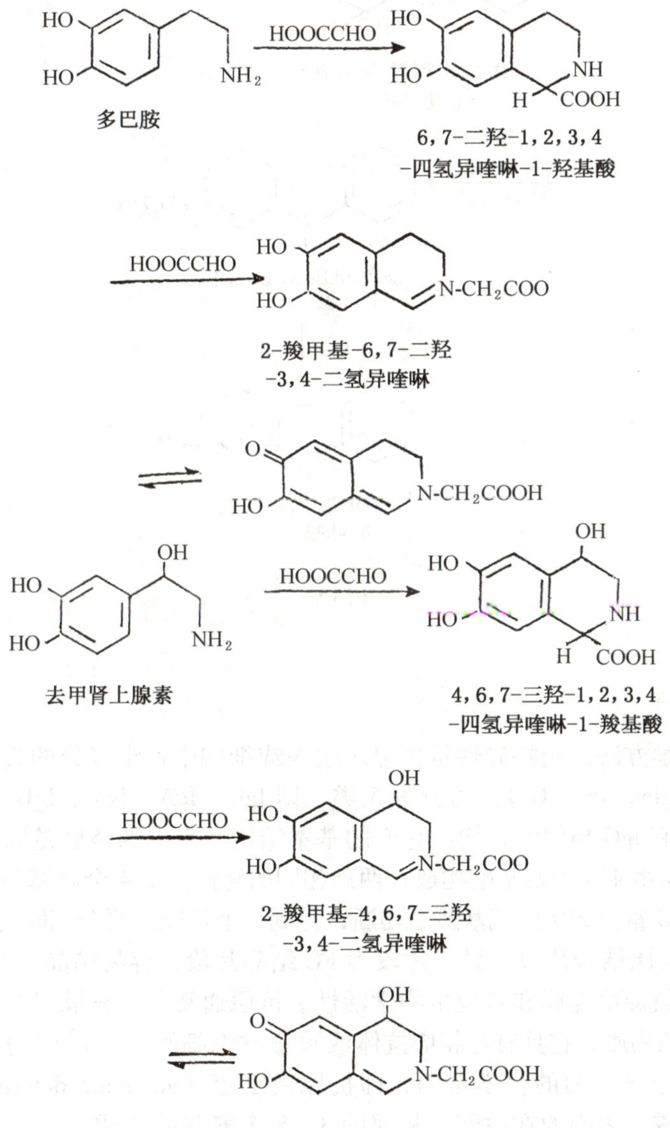

图 5-4

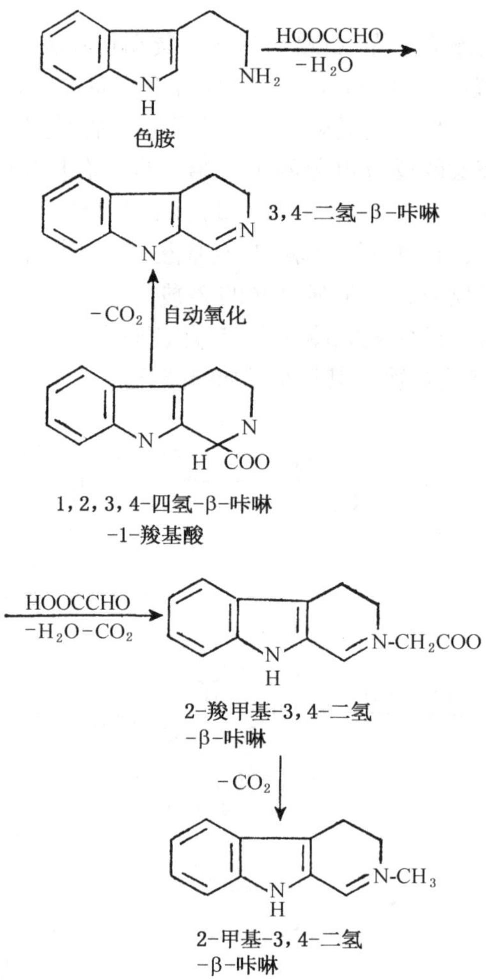

图 5-5

免疫组织化学方法

免疫组织化学方法是用特异性抗体显示组织或细胞中化学成分的方法。抗体是免疫球蛋白（immunoglobulin，IG）。可分为 5 类，即 IgG、IgA、IgM、IgD 和 IgE。经证明，其他几类 Ig 都具有 IgG 相似的结构。它们的基本结构都是由四条肽链对称排列组成。其中两条相同的重链由 440 个氨基酸构成；两条相同的轻链由 224 个氨基酸构成。用木瓜酶（papain）可将 IgG 重链 219 位氨基酸处切断，得到 3 个片段，两个相同的称为 Fab 段，具有抗体活性，为抗原结合片段；另一片段为 FC 结晶片段，容易结晶，不能与抗原结合，但具有各类 Ig 的抗原决定簇和其他生物学活性。抗原通常是一种肽或蛋白，是能刺激机体产生免疫反应的物质，它具有与相应抗体或致敏淋巴细胞发生反应的特异性。抗原的特异性是由抗原分子表面的化学基因，即抗原决定簇（antigenic determinant）所决定。抗原决定簇由暴露于表面的在空间上相邻的 3～8 个氨基酸组成。一个抗原上可以有多个抗原决定簇。因此，由此而产生的抗血清中可能含有针对不同决定簇的抗体，这类抗体称为多克隆（polyclonal antibody）抗体。用杂交瘤技术可以制成针对单个决定簇的抗体，称为单克隆抗体（monoclonal antibody）。抗体不识别抗原本身，只识别特定的抗原决定簇，因此，不同物质只要有相同的抗原决定簇，均可被同一抗体识别，这样，在免疫细胞化学反应中就产生了抗体的特异性和交叉反应问题。严格的对照试验是必不可少的。为谨慎起见，免疫细胞化学阳性物质常称为某种物质免疫反应的（immunoreactive）或某种免疫反应样的（-like immunoreactive）物质。

在神经生物学中，可作为抗原的物质很多，有酶类（如多巴胺-β-羟化酶、胆碱乙酰化酶等），肽类（如脑啡肽、后叶加压素、神经肽Y、血管活性肠肽等肽类物质），经典神经递质（如5-羟色胺、去甲肾上腺素、多巴胺），膜性结构成分（如受体蛋白）和类固醇等。由于抗原-抗体反应形成的免疫复合物不能被肉眼和光学显微镜所分辨和观察到，因此，检测组织中的抗原需将抗体或免疫复合物用可视的易于分辨的物质加以标记（如荧光素和酶），这样，就产生了免疫荧光法（immunofluorescence method）、酶标抗体法以及灵敏度更高的PAP和ABC免疫细胞化学等方法。各种免疫组织化学方法的主要过程大同小异。每种方法都需要经过组织固定、切片和免疫化学染色反应三个基本步骤。固定：最常用的组织固定法是通过心脏（或升主动脉）灌流固定液，用固定剂将组织中的许多可溶性物质迅速地交联起来。固定液常为4%的多聚甲醛，用磷酸缓冲液（PB）配制。有时在该液中加0.3%苦味酸。固定是免疫组织化学反应中的关键步骤，直接影响制片结果。好的固定往往是获得成功制片的先决条件。同一种固定剂不一定适合于组织中的各种化学成分，有时，还可能破坏抗原性。因此，选择合适的固定

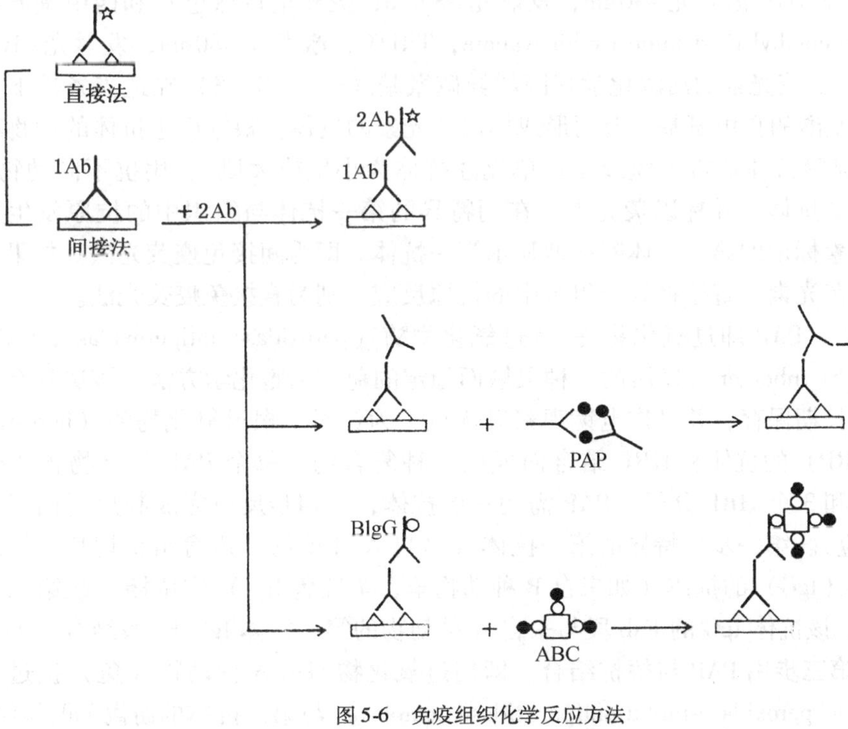

图5-6 免疫组织化学反应方法

☆标记荧光物 ●HRP ○生物素 □卵白素 #BlgG：生物素结合IgG

（说明见正文，仿鞠躬，1993）

剂是十分重要的。切片：为保存抗原，免疫组织化学中最常用的切片是恒冷箱冰冻切片。但在冰冻过程中，有时组织内可能形成冰结晶，以致破坏组织和细胞结构，因此，冰冻切片不宜做电镜超微结构观察。振动切片适合于电镜样品的制作，先在振动切片机上切下较厚的薄片，置光镜或解剖镜下找到目的物之后，再作超薄切片，是免疫电镜制片的常用方法。石蜡切片和树脂切片也用于免疫组织化学制片，两者均可切成较薄的切片，尤其是树脂包埋的样品，可将单个细胞切成若干薄片，若将这些薄片分别作不同抗体的染色反应，可研究不同化学物质在同一神经元的共存现象。薄片还可用于神经元之间亚微结构（如轴突终末与细胞体）的观察 。免疫组织化学染色法包括直接法和间接法：

直接法　　是将已结合某种标记物（如荧光素）的抗体（需稀释）加在组织切片上与组织切片中的抗原直接反应，一次孵育成功。此法快迅、简便，但灵敏度低。并需分别标记每一种抗体。随着免疫细胞化学技术的发展和对免疫反应灵敏度的极大提高，直接法几乎不再采用。

间接法　　间接法不需标记特异抗体（第一抗体）而是在第一抗体与组织中的抗原结合后用多种方法间接地显示第一抗体。其灵敏度大大高于直接法，经过二次甚至多次反应，其反应强度得到放大，并且同一种显示系统可以显示多种抗体。常用的间接法有免疫荧光法、PAP 法和 ABC 法（图 5-6）。

免疫荧光法

免疫荧光法需将抗体标记荧光素。最常用的荧光素为异硫氰酸荧光素（fluorescein isothiocyanate，FITC；激发光 490nm，发射光 530nm；荧光呈黄绿色）和四甲基异硫氰酸罗丹明（tetramethyl rhodamine isothiocyanate，TRITC；激发光 580nm，发射光 610nm；荧光呈橙红色）。荧光素的活泼化学基因如异硫氰基（$-N=C=S$）在适当条件下与抗体 IgG 蛋白氨基酸的自由氨基结合而形成标以荧光素的抗体。根据产生抗体的动物种类的不同，（多克隆抗体通常为兔或羊，单克隆抗体为小鼠或大鼠），用抗不同动物 IgG 的抗体作为第二抗体，并标以荧光素。在用特异的第一抗体与组织中的抗原发生反应后，再将荧光素标记的第二抗体间接地显示第一抗体。即为间接免疫荧光法。如果在第一抗体上标以荧光素，直接将其与组织中的抗原反应，则为直接免疫荧光法。

PAP 法　　PAP 即过氧化物酶-抗过氧化物酶（peroxidase-antiperoxidase，PAP ）。70 年代初，Sternberger 等发展的一种灵敏而稳定的免疫细胞化学方法。该法具有灵敏度高、制片能长期保存，并可作电镜观察等优点。为针对辣根过氧化物酶（horesradish peroxidase，HRP）的抗体和 HRP 结合而成的一种复合物。每个 PAP 复合物含 2 个抗 HRP IgG 分子和 3 个 HRP 分子。PAP 需用三层抗体，由四步反应完成制片（前三步为抗原-抗体反应）。第一步用特异的第一抗体（来自 A 种动物）孵育组织切片。第二步用抗第一抗体（IgG）的抗体（如来自 B 种动物羊，羊抗兔 IgG）作桥接（故第二抗体又称为桥抗）。该抗体 IgG 的 Fab 段与来自 A 种动物的第一抗体 IgG Fc 段结合，另一个 Fab 段游离。第三步用 PAP 与桥抗结合。即用过氧化物酶一 A 种动物（兔）抗过氧化物酶复合物（如 peroxidase-rabbit antiperoxidase complex）与第二抗体的游离 Fab 段结合。因为桥抗两个 Fab 段是相同的，因此，第一抗体和 PAP 中的 HRP 抗体必须来自同一种动物。第四步成色反应，即用 HRP 的底物显示 PAP。最常用的底物是二氨基联苯胺

(3，3′-diaminobenzidine，DAB)，产生棕褐色沉淀。

ABC 法　1981 年，美国许世明等报道了 ABC 法。此法比 PAP 法更灵敏，应用更广泛。ABC 是卵白素-生物素结合的辣根过氧化物酶复合物（avidin biotinylated horseradish peroxidase）的简称。生物素（biotin）为一小分子维生素，易与很多生物分子交联。卵白素（avidin）是存在于卵清中的一种糖蛋白，每一分子可结合 4 个生物素。ABC 复合物是先将 HRP 与生物素结合，然后按一定的比例将此结合物与卵白素反应，使每个卵白素分子结合 3 个带 HRP 的生物素，留出一个能与其他生物素结合的空位。ABC 法染色步骤可分四步：第一步用第一抗体孵育组织切片。第二步用已结合生物素的抗 IgG 的抗体（biotinylated IgG）桥接。第三步用 ABC 孵育，使桥抗上的生物素与 ABC 中卵白素上的空位结合。第四步用 HRP 底物 DAB 成色。

原位杂交组织化学方法

早在 1969 年，原位杂交（in situ hybridization）技术已应用于组织切片和细胞标本。经过二十余年的发展和完善，该技术才普遍应用于医学、细胞生物学和神经科学。原位杂交技术是用标记的 DNA 和 RNA 为探针，在原位检测组织细胞内特定的 DNA 或 RNA 序列。其基本原理是，含有互补顺序的标记 DNA 和 RNA 片段（即探针），在适宜的条件下与细胞内的 DNA 和 RNA 形成稳定的杂交体。

探针　探针可看作是用于组织细胞而特定的 DNA 或 mRNA 顺序定位的特殊试剂。探针有三种：即 cDNA 探针，RNA 探针和寡核苷（oligonucleotide）探针。它们各有优缺点。cDNA 探针是双链的，是指与 mRNA 互补的（complementary）DNA 链，由克隆技术产生，作原位杂交特异性强，比 RNA 探针简便，故应用较广。由于 cDNA 探针是双链的，在使用前需加温使之分离成两条单链，其中一条为 cDNA 链能参与杂交。RNA 探针是单链的，也由克隆技术产生，在技术上比 cDNA 困难，但灵敏度比 cDNA 更高。RNA－RNA 结合比 DNA－RNA 结合稳定。而由此带来的缺点是非特异结合也强，故在杂交后，需再进行处理以减低背底。

寡核苷探针　随着寡苷酸化学合成技术的发展，合成寡核苷酸探针已成为一种较为理想的原位杂交探针。合成寡核苷酸的长度一般为 10～50 个核苷酸。寡核苷探针的制备比 cDNA 和 RNA 探针容易得多，而且可以针对性地制成 RNA 任何片段寡核苷链，可使该探针能与靶基因序列特异性结合，而与无关序列不产生杂交反应。如果靶 DNA 或 mRNA 的序列是已知的，合成寡核苷酸的序列则很容易确定。寡核苷探针短，易于透入组织；但与 mRNA 的结合不甚牢固，故在杂交过程中或杂交后不必过分清洗，以不增加非特异性结合为宜。

探针的标记　理想的探针标记物应满足三个基本要求：①首先，标记探针的分子结构应尽可能与原来的分子结构相同；②标记探针的检测方法应简便、省时、准确可靠、重复性好；③安全无害。探针的标记物有放射性同位素和非同位素两类。同位素有 ^{32}P、^{35}S 及氚［^{3}H］，利用其放射性在杂交后进行放射自显影，使紧贴在组织切片上的底片或涂于切片上的感光核子乳胶曝光。氚常用于标记原位杂交的探针，其半衰期长（12～13 年），粒子能量小，因而放射自显影分辨率高。但因其比放射性低，需曝光时间长（几周至几个月）。^{32}P 的比放射性强，曝光时间短；但放射粒子能量大，自显影后的分辨率低，半衰期短（2周），使用不便，甚至难以分辨单个细胞。^{35}S 半衰期87天，用其标记的探针能在 -20℃保存6周，分辨率不及［^{3}H］，但明显优于^{32}P，一般能得到良好的细胞定位，放射自显影时间约10天，应用最为广泛。

非同位素用生物素等物质标记探针，但灵敏度不高。Kiyama（1990）等用碱性磷酸酶标记探针，杂交后用碱性磷酸酶的不同底物可产生红、蓝、黑紫等不同的颜色。其灵敏度不亚于同位素标记。用非同位素可与同位素相结合，可同时显示两种mRNA。原位杂交的重要目的之一是研究某种物质合成量的调节，而非放射标记法不易定量。

用放射性同位素、荧光素或酶标记的探针与组织细胞内靶核酸形成的杂交体，可分别通过放射自显影，荧光显微术或酶促成色反应直接显示，这种方法称为原位杂交直接法。一般用半抗原标记探针，通过免疫组织化学对半抗原定位，间接地显示探针与组织细胞内靶核酸形成的杂交体称为原位杂交间接法（图5-7，5-8）。

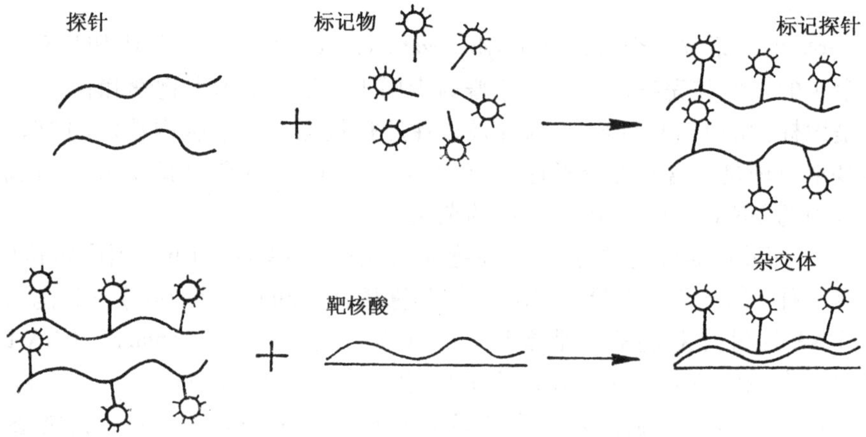

图5-7　原位杂交直接法示意图

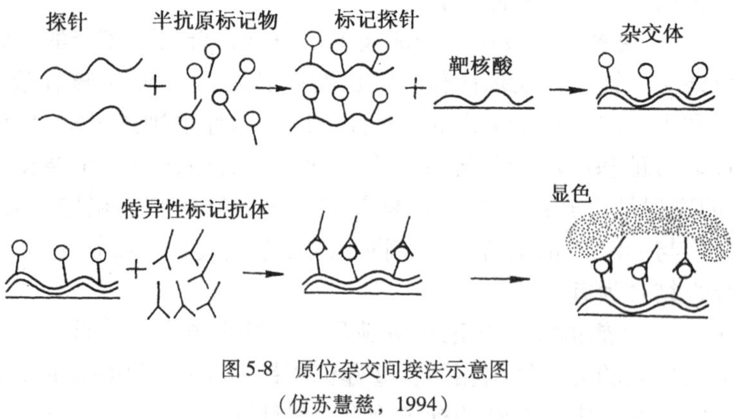

图5-8　原位杂交间接法示意图
（仿苏慧慈，1994）

原位杂交有多种方法，但其基本步骤都包括杂交前处理，杂交反应、杂交后处理和杂交体的检测等主要步骤。由于原位杂交的检测对象是组织细胞内的DNA或mRNA，因此在取材，固定以及标本制备均有一些特殊要求。

取材　由于很多RNA降解速度很快，组织应尽可能保持新鲜，一般新鲜组织和培养细胞应在30分钟内固定。各种取材器具都应高压消毒，以避免外源性RNA酶引起靶组织中RNA的丧失。

固定　固定的目的在于避免组织中核酸的降解，保存组织的形态结构，增加组织的通透性，有利于探针的透入。戊二醛可很好地保存核酸及组织，但易引起广泛交联，不利于探针透入。甲醛可满足固定目的的要求，故广为应用。

制备切片　常用原位杂交标本有石蜡切片、冰冻切片。也有细胞培养标本。操作时严格保持各种器件的清净，尽量避免RNA酶的污染。

杂交前处理　杂交前处理的具体方法和步骤，因采用的固定剂、组织标本以及探针的不同而异。杂交前处理的主要步骤包括脱蜡，去污剂处理，蛋白酶处理，酸肝处理和酸处理，不含探针的杂交液孵育以及内源性酶抑制等步骤。所有这些处理的目的都是为了增强组织的通透性和增加靶核酸的可及性，以防止RNA或DNA探针与细胞、组织或载片之间的非特异性结合，从而增强信号，减低背底。

杂交反应　在严格度（stringency）较低的条件下进行杂交反应。决定探针是否能与含不相配碱基对的核酸序列结合而形成杂交体的条件称为严格度。在高严格度条件下，只有碱基对完全互补的杂交体才稳定；而在低严格度条件下，碱基对并不完全互补的杂交体也可形成。一般主张，杂交反应在严格度较低的条件下进行；以最大限度的让探针与组织标本中的靶核酸结合。进行杂交反应时，探针和靶核酸序列必须是单链的。如用双链DNA探针检测DNA，探针和靶核酸必须先解链，即变性。用单链的探针检测靶RNA一般不需变性。杂交液内除含一定浓度的标记探针外，还需含有较高浓度的盐、甲酰胺、硫酸葡萄糖、牛血清蛋白及载体DNA或RNA等，这些物质的存在可增加杂交率，减低探针与组织标本之间的静电结合；阻断探针与组织结构成分之间的非特异性结合，减低背景。探针浓度的高低影响杂交反应的速度，浓度低，反应慢；反之，浓度高，反应快。最适宜的探针浓度应通过实验确定。通常建议的浓度，放射性同位素探针0.5ng/μl；非放射性探针2ng/μl。杂交温度应低于杂交体的融解温度（T_m）20～30℃。杂交反应时间可能随探针浓度的增加而缩减，但在一般浓度范围内，杂交反应在4～6小时内完成。

杂交后处理　在高严格条件下进行杂交后清洗，以保存碱基对完全互补的杂交体，洗去含不相配碱基对的杂交体，除去未参与杂交体形成的过剩探针和探针与组织标本之间的非特异性结合。从而减低背底，增加信/噪比。杂交后处理应包括高盐浓度的漂洗，当用RNA探针时，杂交后可用RNA酶处理。用同位素标记探针的杂交后漂洗要比非放射性标记探针更充分。杂交时的温度、探针的浓度、探针的长度和杂交时间等是影响原位杂交稳定性的主要因素 。

对照试验　原位杂交存在类似于免疫组织化学中的交叉反应问题。因为mRNA分子由四种核苷组成，有可能存在着不同mRNA分子有某些相同核苷片段，这就可能产生交叉反应。探针短，交叉反应可能性大。在相邻切片上用针对同一种mRNA不同片段的寡核苷探针作原位杂交，如结果一致，可作为杂交特异性的一个有力证据。探针可与组织切片中的mRNA结合；也可与组织切片中的其他成分非特异结合，其标记信号有时难以鉴别；如切片在杂交前先经RNA酶处理，则mRNA性信号不再出现。另外，用未标记的探针作竞争试验也是有效的方法。在存在过量未标记探针情况下，标记探针的特异结合则大大减弱。

杂交体的检测 经杂交处理后的标本，即可对杂交体进行检测。检测方法因探针标记物不同而异。光镜自显影切片在检测前常做对比染色，这样在观察银粒分布的同时能清楚地鉴别组织的显微结构，可对杂交信号做出准确的组织细胞定位。常用的染色方法有苏木精-伊红染色（haematoxylin-eosin stain），甲绿-派若宁 Y 染色（methyl green and pyronin Y stain）和姬姆萨染色（Giemsa stain）等。非放射性标记原位杂交信号可直接检测探针标记物，或用抗杂交体抗体直接检测杂交体，也可用免疫组织化学或亲和组织化学间接地检测探针标记物。

原位杂交法与免疫组织化学法的结合应用

原位杂交与免疫组织化学都是显示细胞化学成分的方法。各有优缺点，如两种方法结合应用可取长补短。其共同的问题是反应的特异性。两种方法相互印证可作为其特异性的有力证据。如脊神经节中不表达 CCK mRNA 或表达很弱。从而支持免疫组织化学中 CCK-8 免疫反应主要是 CCK 抗体与 CGRP 交叉反应的结果。如细胞内出现的免疫反应物是细胞本身产生的，一般情况下胞体内表达相应的 mRNA。如细胞内的免疫反应物是从胞外摄入（包括从神经末梢摄取逆向运输至胞体），胞内则不表达相应的 mRNA，在这种情况下，方法显示的结果不一致。偶尔存在有 mRNA 表达而无相应蛋白或肽免疫反应的情况。如 Brattleboro 大鼠的视上核、室旁核神经元缺乏加压素，其免疫呈阴性，但原位杂交法发现这些神经元表达加压素 mRNA。与免疫组织化学方法相比，原位杂交法更能确切地反应某种物质的调节，mRNA 量的多少或消长，反映其表达的上调或下调。免疫组织化学也能反映细胞内物质含量的变化，但这种变化可能是由于其细胞内合成量的变化，也可能是其从胞体释放或被代谢、分解量的变化。如神经元中某种神经肽免疫的增强可能是合成量增加，也可能是末梢释放减少的结果。不一定表达上调，反之亦然。免疫组织化学能显示整个神经元甚至轴突末梢；但 mRNA 仅存在于胞体及其近端树突，因而原位杂交法不适合神经纤维的研究。作受体研究时，免疫组织化学可显示受体的位置，而原位杂交显示的仅是胞浆内的 mRNA。

5.1.2 束道追踪法

束道追踪法（tract-tracing method）是根据神经元轴浆运输现象设计的神经纤维投射的研究方法。神经元发出长短不同的轴突，轴突上又有很多分枝；轴突及其分枝与胞体之间的物质交流对维持神经元的正常代谢和功能极为重要。轴浆运输有顺行和逆行两种形式。在神经末梢释放的神经肽和神经递质的合成酶也需在胞体合成，然后运输至末梢，这种在胞体合成的神经活性物质运送至末梢的过程称为顺行运输。

从神经末梢摄取的物质和末梢中影响细胞代谢的物质如神经营养因子也需要逆向运输至胞体；神经活性物质从末梢运输至其胞体的过程称为逆行运输。不同物质在轴浆中的运输速度不同。轴浆运输是一个需要能（ATP）的过程，微管在轴浆运输中起关键作用。树突与胞体之间也存在类似的运输现象。到目前为止，轴浆运输的机理尚不清楚。

HRP 法

1971 年，Kristenson 和 Olsson 首先报道辣根过氧化物酶可被神经末梢摄取，经逆行轴浆运输至神经元胞体后，可用组织化学方法显示胞体的定位。该方法的主要优点是简便，可精确地研究神经纤维的联系，故在神经通路的研究中具有划时代的意义。

HRP 是从辣根中提取的一种过氧化物酶，分子量为 40 000，直径 3nm，其纯度用 RZ（Reinheit Zahl）表示。从 HRP 中可分离出七种同功酶，以 B、C、同功酶的逆行运输效果最好。作为追踪剂的 HRP RZ 应在 3.0 以上，常用微玻管压力注射或用微电泳导入脑内，可被注入部位的神经元胞体、轴突末梢和被损伤的过路轴突摄取。未损伤的过路轴突一般不摄取或极少摄取 HRP。被末梢摄取的 HRP 经逆行运输至胞体；而被胞体摄取的末梢顺行运输至末梢，其运输速度分别为 50～80mm/天和 50～500mm/天。显示 HRP 的成色剂为联苯胺的衍生物，如二氨基联苯胺（diaminobenzidine，DAB）和二甲基联苯胺（tetramethyl benzidine，TMB）；DAB 产生褐色沉淀；TMB 产生蓝色沉淀，TMB 成色更灵敏。HRP 主要步骤是：脑内注入 10%～30% HRP 溶液，动物存活一定时间（1～2 天），其最佳存活期取决于 HRP 的运输速度，纤维系统的长度和直径的大小以及动物的年龄等。确定存活期后，用含 1% 多聚甲醛和 1.25% 戊二醛的 0.1mol/L 磷酸缓冲液（pH7.4）灌流固定。取材、冰冻切片，组织化学成色反应。

PHA-L 法

PHA 法由 Gerfen 和 Sawchenko 于 1984 年首先报道。PHA 即菜豆凝集素（phaseolus vulgaris agglutinin，PHA）。PHA 是由 4 个 E（PHA-E）或 4 个 L（PHA-L）亚单位组成的糖蛋白。也有由 E 和 L 混合组成的。作束道追踪时，仅 PHA-L（phaseolus Vulgaris leucoagglutinin）有效，故称 PHA-L 法。主要作顺行追踪。压力注射效果差，且易造成原因不明的逆行标记。通常用正极电泳 PHA-L 入脑内，其泳入范围很小。PHA-L 通过神经细胞膜上不同受体的介导而被胞饮，进入神经细胞后，经慢速轴浆运输至末梢，PHA-L 泳入后，动物可存活 7～21 天，然后用抗 PHA-L 抗体作免疫荧光或免疫酶标组织化学显示。此法的优点是能精细地显示纤维末梢，且不标记过路纤维。

荧光化合物或荧光染料追踪法

1977 年 Kuypers 首先报道此法，以后相继发现十余种荧光化合物可作束道追踪剂。主要用于逆行追踪，顺行标记荧光很弱，荧光化合物经神经末梢摄取后运输至细胞体。不同荧光化合物的激发波长和发射波长不同，荧光颜色各异，故可作为双标记或多标记。脑内投射神经元的轴突常发出侧枝投射至不同脑区。若在不同脑区注射不同的荧光染料，则可观察到双标记（甚至三标记）神经元胞体的定位，并确定其轴突侧枝的投射区。大多荧光染料标记细胞质，也有只标记细胞核的荧光染料（如 nuclear yellow，核黄）。因此，选择核黄和其他一种或两种染料作双标记或三标记更为合适。各种荧光染料逆行运输速度不同，因此，脑内注射后，动物存活时间长短的选择很重要。时间过长，染料运输到胞体后容易溢出，并脂染其周围的胶质细胞。在所有的荧光染料中，以 Schmued 和 Fallon（1986）报道的荧光金（fluorogold，FG）应用最广。在紫外线光照射下，其激发光波长为323nm，发射光波长为408nm，荧光呈金黄色。FG的主要优点是非常灵敏，能清晰地显示树突分支，脑内注射后保存时间长，不易扩散，在紫外线照射下，荧光不易褪色，可与多种组织化学包括HRP等方法结合。由于上述优点，加之其灵敏度不亚于WGA-HRP，并在操作上比HRP更简便；因此，FG的应用很普及。逆行荧光标记法的共同缺点是荧光染料易于扩散，与HRP相似，也不易避免过路纤维的摄取。在激发光照射下易褪色。即使在低温和避光条件下，荧光制片仍不易保存，最近采用光转换（photo conversion）法，可克服荧光褪色现象，即将切片浸泡在DAB溶液中，在激发光照射下荧光染料可氧化DAB，使之产生棕色沉淀，这样，切片可在普通光镜下观察，并可长时期保存。由于DAB氧化物电子密度高，还可作电镜观察。荧光染色法的主要优点是，可作双标记或多标记，步骤简便、费用节省，易与组织化学方法结合应用。

病毒示踪法

最近发现，有两种疱疹病毒（单纯疱疹病毒Ⅰ型和猪疱疹病毒，又称伪狂犬病毒Pseudorabies Virus PRV）及弹性病毒，可作束道顺行和逆行追踪剂。其特点是顺行和逆行都可跨突触的多级追踪。如将PRV注入小鼠舌下神经3天后，舌下神经核内便积集大量病毒，再过3天后，脑干中各终止于舌下神经核的核团内均出现明显标记。该病毒能在神经元中增殖，即使第二级神经元中最初病毒数量很少，经一定时间后可以有很强的标记，甚至可以顺次标出以下各级神经元。这是该病毒作追踪剂所独有的特点。病毒可用免疫组织化学方法显示。WGA-HRP也可能跨突触标记，但经过突触后第二级神经元中的追踪浓度已很低，不足以引起标记。

放射自显影神经追踪法（autoradiographic nerve tracing method，ARNT）

本世纪60年代后期，Lasek将放射自显影术（autoradiography，ARG）应用于神经元投射途径的研究。称为ARNT法。ARNT法也是根据轴浆运输现象发展起来的。将放射性同位素如^{3}H、^{14}C等标记的氨基酸注入脑组织，被神经元胞体吸收后参与脑内蛋白质合成，合成物质随轴浆运输至神经末梢（通过快运输100～500mm/天和慢运输1～5mm/天），借助放射性同位素发出的β射线使摄影胶片或感光乳胶感光，经显影、定影后能产生深色银粒。根据银粒出现的部位可鉴定神经纤维投射区。由于蛋白质在胞体内合成故放射性同位素标记的氨基酸用于顺行追踪。但用放射性同位素标记神经递质或由神经元合成的蛋白质也可通过轴浆逆行运输。ARG还可用于研究神经元内的化学成分，也可作电镜观察。ARNT法的主要步骤是：脑组织内注入同位素标记的氨基酸（如亮氨酸），动物存活1～7天后，10%福尔马林溶液灌注固定，取材后冰冻切片（10～20μm厚），切片贴于钠玻璃载片上，经干燥、脱脂、水洗、晾干后，在暗室中涂原子核乳胶，低温（4～6℃）下在暗盒中曝光2～6周，经显影定影即成，常作甲苯胺蓝复染。

5.1.3 研究化学通路的组织化学和束道追踪结合法

免疫细胞化学与束道变性追踪法的结合

当神经元的轴突被损伤（或切断）之后，神经元随接溃变。在损伤的近侧端和远侧端分别发生逆行和顺行变性；甚至逆行和顺行性跨神经元变性。其变性过程见图5-9。

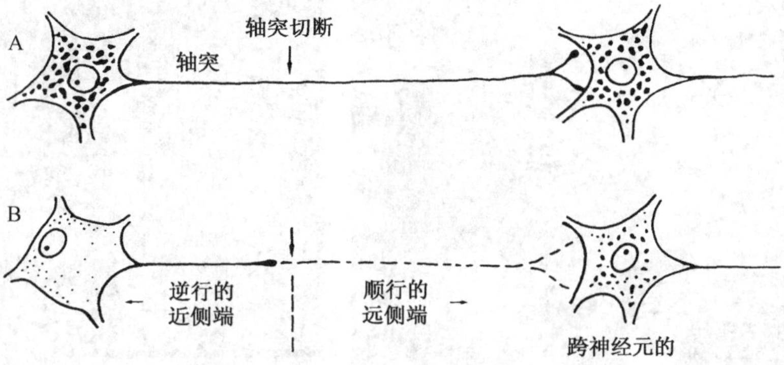

图5-9　轴突切断后神经元变性过程示意图

（A）正常神经元的情形；（B）箭头示轴突切断处，切断轴突的远侧端总是变性（顺行或Wallerian变性），变性的速度随远侧端的长度和神经元的不同类型而异；在大多数情况下切断的轴突近侧端发生有限的变性和轴突反应（axon reaction），即染色质溶解，胞体肿大和核偏离中心。该反应有时很严重，甚至导致细胞死亡；尤其是发育神经元或近胞体处切断轴突。在某些神经元系统中还可能发生顺行或逆行的跨神经元变性（transneuronal anterograde or retrograde degeneration）。图中已指出顺行跨神经元变性。

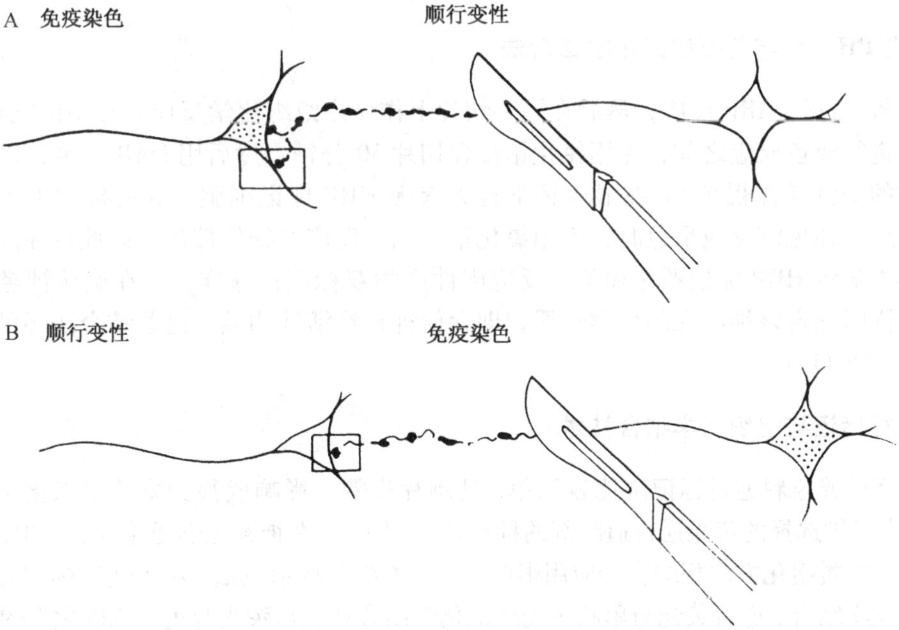

图5-10

A. 顺行变性的突触前轮廓和免疫细胞化学标记的突触后位点。A′：变性末梢（箭）与伏隔核损伤后苍白球中GAD-阳性树突（星）的突触接触。动物处死前48小时在脑室内注入Colchicine，灌注前30小时作损伤。B. 突触前位点的免疫细胞化学和顺行变性。B′：一个变性的TH免疫反应终扣（箭）和一个免疫阴性反应神经元胞体之间的突触。在内侧视前区中切断上行NA能束后48小时制片。注意右下角的正常终扣（星）。N：核。（仿Leranth et al 1988）

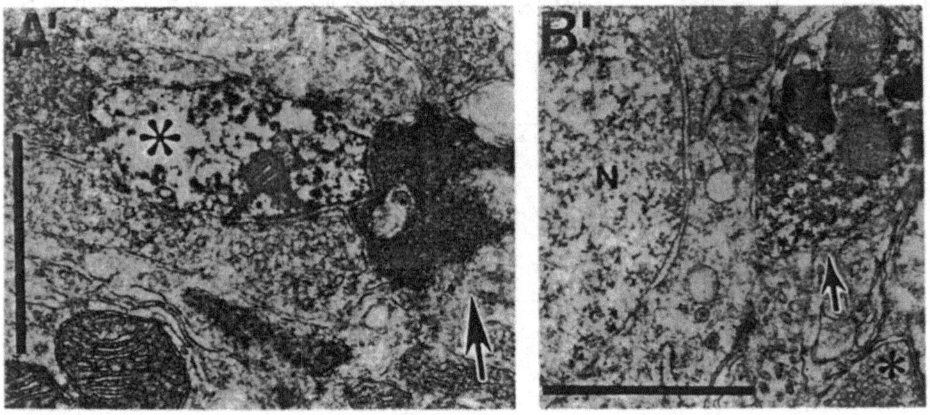

图 5-10（续）

20 多年前，当 HRP、PHA-L 和荧光追踪剂等束道追踪法尚未问世时，神经束道追踪都甚于损伤技术，应用银染法如 Nauta 法和 Fink-Heimer 法可选择性地显示顺行变性纤维；而逆行变性主要用 Nissl 法显示其细胞质溶解。两种变性均可作电镜研究。而用损伤法与免疫细胞化学结合则可追踪损伤轴突顺行变性的终末及其突触后细胞含何种神经活性物质（图 5-10）。

HRP 或 PHA-L 与免疫组织化学结合法

一般先进行 HRP 反应，然后在同一切片上作免疫组织化学反应。在 HRP 逆行追踪切片上进行成色反应之前，先用氯化钴温育切片 30 分钟，然后用 DAB 呈色，以增强反应产物的颜色（深褐色）。在显微镜下检查有无 HRP 标记细胞，如有标记细胞，再做免疫反应。在免疫反应呈色时，不用氯化钴加强，反应产物呈棕色。以此可在同一神经元胞体内显示 HRP 标记颗粒和免疫反应阳性产物双标记；这样，可在确认神经元投射部位的同时鉴定该神经元的化学性质，即含何种神经活性物质。这些结合法还可作电镜制片（图 5-11 ）。

荧光逆行标记与组织化学结合技术

由于荧光染料逆行标记法比较简单，其制片步骤不影响或很少影响组织化学显色过程，加之可供选择的荧光逆行追踪剂的种类较多。因此，在神经化学通路的研究中，逆行荧光标记与各类组化方法相结合的应用很广泛，这类结合技术包括：荧光逆行标记与免疫荧光组织化学结合、逆行荧光与单胺荧光组织化学结合和逆行荧光与免疫细胞化学的结合。

荧光染料逆行标记与免疫荧光组织化学结合技术

利用荧光染料和荧光抗体（FITC 和 TRITC）激发光和发射光波长的不同，可在荧光显微镜下鉴别同一神经元胞体内两种甚至两种以上的荧光标记物。选择合适的逆行荧光追踪剂，注入动物脑或脊髓的某一区域，动物存活 2 ~ 7 天后，灌注固定组织，以后按免疫荧光法的步骤进行操作，即可观察到荧光逆行和免疫荧光双标记细胞。因为逆行

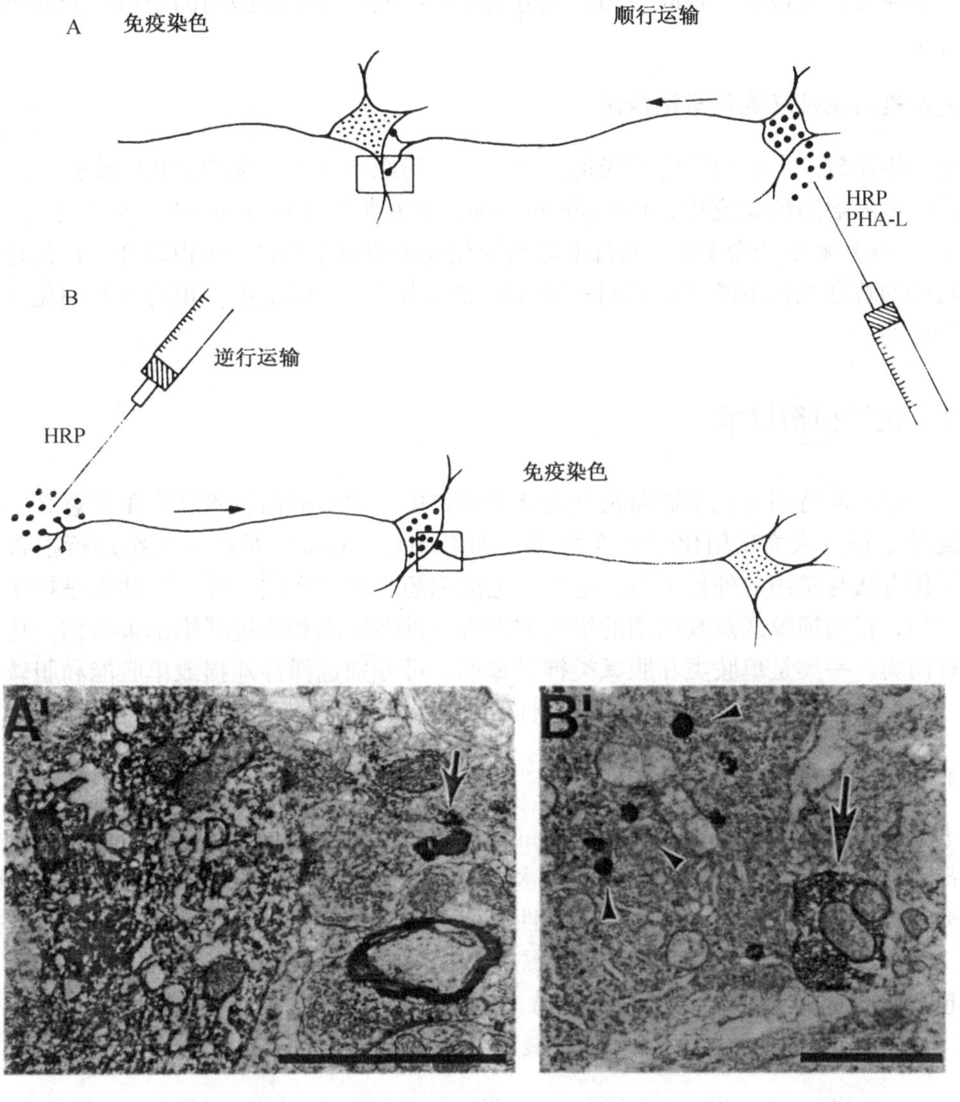

图 5-11

A. HRP 顺行运输标记的突触前末梢和用免疫细胞化学标记的突触后位点。A′：电镜图取自图 A 的方框区。显示一个 ChAT 阳性树突轮廓与一个从注射部位杏仁基底外侧核来的含顺行运输 HRP（箭）轴突末梢的突触接触。切片用 DAB 作 ChAT 免疫染色处理。B. 突触后位点用 HRP 逆行标记，突触前末梢用免疫细胞化学染色。B′：来自杏仁基底外侧核的逆行标记胞体在腹苍白球接受一个含 GAD 末梢（箭）。运输的 HRP 用箭头表示。切片先用 DAB 葡萄糖氧化酶处理，后作 GAD 免疫染色。（仿 Zaborszky & Heimer 1989）

荧光标记不需要特别的步骤，只防止荧光染料不流失和不扩散即可。

荧光逆行标记与单胺荧光组织化学结合法

本方法只限于单胺能神经通路的研究，在脑内某一部位注射荧光追踪剂，动物存活一定时间后灌注固定，以后按荧光组织化学方法的步骤制片，用不同的激发和发射波长滤片，在荧光显微镜下可在同一切片上分别观察到同一神经细胞内的逆行荧光和单胺荧光双标记。

荧光追踪剂与免疫细胞化学结合法

此法用途较广。脑内注射荧光追踪剂之后，组织切片用免疫细胞化学步骤处理；如在胆碱能神经通路的研究中，Bntcher 和 Woolf 等用真兰（True blue）、碘化丙啶（propidium iodide）和荧光金 FG 等逆行追踪剂与免疫细胞化学 ChAT 法相结合。在具有荧光装置附件的普通光镜下既可看到同一切片中细胞内的荧光标记物；也可观察到免疫反应活性标记物。

5.1.4 化学损伤技术

在神经通路特别是化学通路及其功能的研究中，化学损伤技术具有重要意义。早在19世纪末，就有人尝试用化学毒性物质（如 $CuSO_4$，AgCl）对神经组织进行损毁，但这种损伤方法与常用的外科手术、电凝、电离和超声波损伤法一样，其缺点是损伤范围不易控制，目的损毁区及其周围的组织如血管、神经胶质和路过纤维都被损伤。化学损毁剂有两类。一类是单胺类和胆碱类神经毒剂，可分别选择性地损毁单胺能和胆碱能神经元。另一类是不具选择性损伤的兴奋性氨基酸。

单胺能和胆碱能毒剂

本世纪60年代末 Tranzer 和 Thoenen（1967，1968）以及 Ungerstedt（1968）发现去甲肾上腺素（NA）的同系物6-羟基多巴胺（6-hydroxydopamine，6-OH-DA）能引起交感神经肾上腺素能末梢发生急性选择性溃变；而对含其他化学递质的神经元不具损伤作用。将这种神经毒素用于中枢神经系统儿茶酚胺（catecholamine，CA）能神经元，也能引起类似的选择性溃变。与6-OH-DA 相关的神经毒还有：6-OH-DOPA、6-NH_2-DA、DSP4 和 Xylamine，但以6-OH-DA 应用最广（图5-12）。

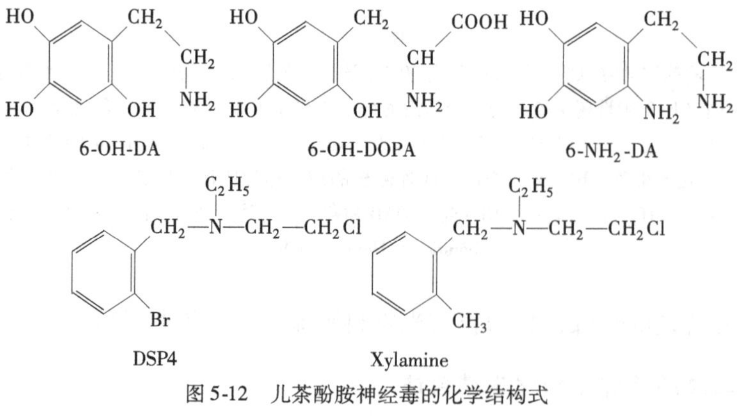

图5-12 儿茶酚胺神经毒的化学结构式

不久之后，又发现5-羟色胺（5-HT）的同系物5，6-和5，7-双羟色胺也具有选择性地损毁5-HT 能神经元的作用。5，6-或5，7-DHT 对5-HT 能神经元的选择性损伤作用的机理类似 6-OH-DA；即被 5-HT 能神经元选择性的摄取，在细胞内自行氧化或通过酶的转化作用而产生细胞毒性物质，导致 5-HT 能神经元溃变。

5，6-或 5，7-DHT 也不能通过血脑屏障，需中枢给予。5，7-DHT 的特异性较强，5，6-DHT 对 CA 能神经元也有一定程度的毒性作用。另外，对-氯苯丙胺（P-chloroam phetamine，P-CAM）对 5-HT 能神经元也有选择性毒性作用。并可通过血脑屏障。P-CAM 主要作用于上行 5-HT 系统，对其他 5-HT 能系统作用不甚灵敏。

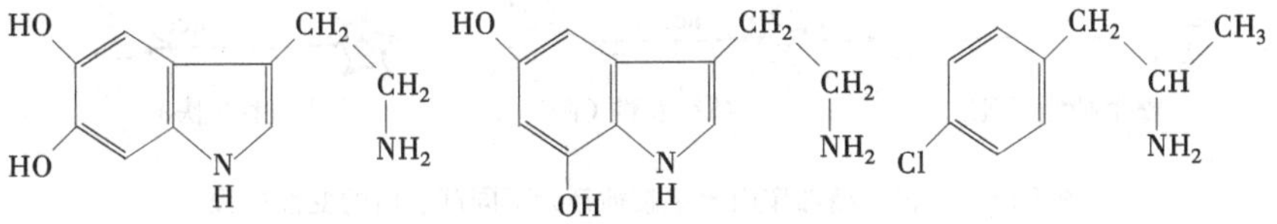

图 5-13　5-羟色胺神经毒的化学结构式

80 年代初期，Fisher 和 Hanin 发现一种在化学结构上与胆碱相似的化合物-乙基胆碱氮芥丙啶正离子(ethylcholine mustard aziridinium ion)，简称 AF64A 或 ECMA，可选择性地损毁胆碱能神经元(图 5-14)。

图 5-14　AF64A 和胆碱的分子结构

两者结构相似，只是胆碱四价氮位上的两个甲基转变成氮丙啶组分，第三个甲基拉长成乙基结构。这些结构的改变使其赋于神经毒性，而不明显地改变与胆碱化合物三维结构的相似性。由于 AF64A 在结构上与胆碱相似，又具有细胞毒的氮丙啶成分，这种分子结构特征的结合使之允许先识别胆碱的摄取位点。在共价结合胆碱反应的位点之后，行使其损毁效应。

上述损毁儿茶酚胺能神经元的化学毒剂又称为化学切割剂，用这些切割剂作为工具，是选择性地损毁中枢和外周单胺能神经元系统的有效手段。6-OH-DA 对 CA 能神经元的选择性损伤作用的机制可能是，6-OH-DA 对神经元细胞膜上胺摄取机制中的载体有高的亲和力。当 6-OH-DA 进入胞内之后，很容易自行氧化，形成对细胞毒性很强的苯醌类化合物而导致细胞溃变。静脉注射 6-OH-DA 可引起周围神经系统肾上腺能纤维的破坏。6-OH-DA 不易通过血脑屏障，欲损毁中枢，需作脑室、脑池或脑内注射。6-OH-DA 产生神经毒素作用的阈浓度为 50～100 mmol/L，低于阈浓度时 6-OH-DA 可作为“伪递质”被摄取、储存，并自胺颗粒释放，超微结构可显示其囊泡。轴突末梢对 6-OH-DA 毒性最敏感，轴突次之，胞体最不敏感。这是大多数单胺类神经毒素都有的类似现象，不仅神经元不同部位有差别，不同神经元系统及不同动物种属之间也有耐受性的不同。在末梢给予 6-OH-DA 后 1～4 小时，可观察到超微结构改变。1～2 小时后可见荧光组织化学变化，当轴突末梢因变性而荧光消失时，轴突的非终末端内荧光物明显堆积。若在神经纤维上给予 6-OH-DA(包括脑室注射)，则化学切割引起远侧端顺行性变性，此变性过程较慢，常延续数天。变性的同时，在轴突的近侧（向心）端可见到神经递质大量积累。在胞体或核周质给予 6-OH-DA 可导致整个神经元变性(图 5-15)。

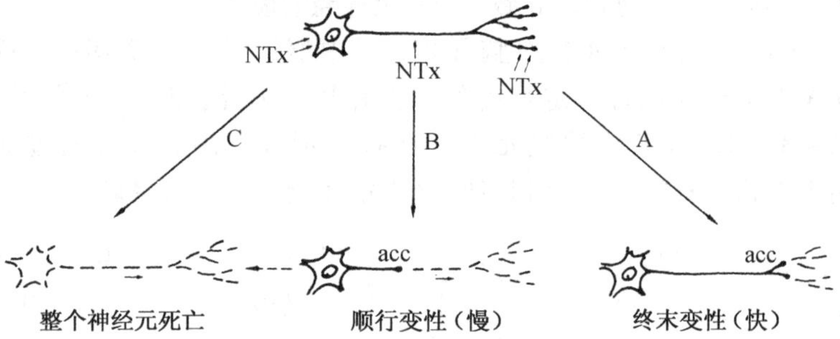

图 5-15　单胺神经毒作用于单胺神经元不同部位后的变性过程

C. 神经毒作用于胞体,导致整个神经元变性,轴突顺行变性,时程为数周;B. 神经毒作用于轴突,远侧端轴突顺行变性(即化学切除),数日内完成,近侧端轴突有递质积累。(accumulation,acc);A. 神经作用于轴突末梢,末梢迅速变性(数小时内),伴有末梢前递质积累。NTx,单胺神经毒;acc,递质积累。(仿 Jonsson)

兴奋性氨基酸的化学损毁作用

这类损伤剂对神经元损伤作用不具选择性。有两种兴奋性氨基酸具化学损毁作用,即红藻氨酸(或称海人酸, kainic acid)和鹅膏覃氨酸(ibotenic acid)。前者自日本的一种海草中提取,后者从一种覃植物中提取。两者的化学结构均与谷氨酸相似(图 5-16)。兴奋性氨基酸损伤剂的最大优点是只损毁神经细胞不损伤过路纤维,故被广泛采用。红藻氨酸的兴奋作用比谷氨酸强 30~100 倍。其毒性与兴奋作用有关。不同脑区的神经元,不同年龄和不同种属的动物对红藻氨酸的敏感度不同。故应依情况不同而采用适当剂量。一般配成 1~10 mmol/L 溶液,压力注入脑内。实验时应避免长效麻醉药,因麻醉剂有保护神经元的作用。

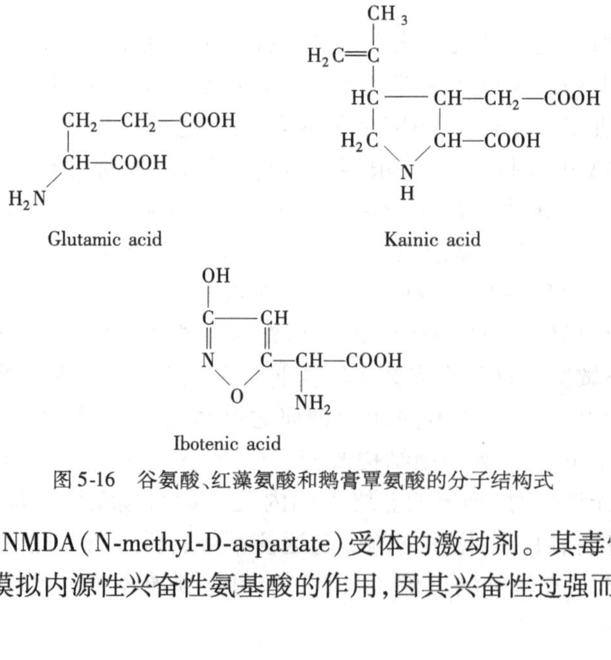

图 5-16　谷氨酸、红藻氨酸和鹅膏覃氨酸的分子结构式

鹅膏覃氨酸是 NMDA(N-methyl-D-aspartate)受体的激动剂。其毒性比红藻氨酸约小 5~20 倍。它可能模拟内源性兴奋性氨基酸的作用,因其兴奋性过强而导致细胞死亡。

§5.2 脑和脊髓中的胆碱能神经元系统

神经系统中以 Ach 作为神经递质的神经元称为胆碱能神经元。这些神经元在脑和脊髓中分布广泛,涉及许多重要的生理功能。半个多世纪以来,随着各种新技术的发展,对神经系统中 Ach 能系统的形态、功能、生化和药理的研究都取得了迅速的进展。

5.2.1 Ach 的生物合成和酶解

Ach 的生物合成

Ach 是胆碱(choline, ch)和乙酰辅酶 A(acetyl CoA)在胆碱乙酰化酶(choline acetylase, ChAC)或胆碱乙酰基转位酶(choline acetyltransferase, ChAT)的作用下合成 Ach(图 5-17)。

$$(CH_3)_3N^+-CH_2CH_2OH + AcCoA \xrightarrow{ChAC} (CH_3)_3N^+-CH_2CH_2OCOCH_3 + CoA$$

图 5-17

胆碱普遍存在于蔬菜、种子、蛋黄、肾、肝中。也能为肝脏合成,但不能为神经细胞合成。胆碱的三种主要来源是:一是从血液中摄取卵磷脂水解释出胆碱;二是由神经组织中的磷脂酰胆碱水解得到胆碱;三是更主要来源于释放至突触间隙的 Ach 经酶促降解后生成的胆碱。这些胆碱被重摄取,通过特异地分布于胆碱能神经末梢上的高亲和力载体,在 Na^+、ATP 存在的条件下,以主动快运转和作用快的方式将胆碱转运入胞浆,用于重新合成 Ach,约占其总量 1/3 ~ 1/2。低亲和力载体分布于所有的神经元和神经胶质中,只在胆碱浓度很高时才发挥作用。

乙酰辅酶 A(acetyl coenzyme A, AcCoA)是 Ach 合成中乙酰基的供体。其主要来源是葡萄糖氧化成丙酮酸,丙酮酸脱羧后,在线粒体内生成 AcCoA。但 AcCoA 不能透过线粒体膜,可能通过其他物质如柠檬酸、α-酮戊二酸、谷氨酸和乙酰乙酸等转运至胞浆。

胆碱乙酰化酶或胆碱乙酰基转位酶(choline acetylase, ChAC;或 choline acetyltransferase, ChAT)是合成 Ach 的特异酶,此酶在 Ach 能神经元的胞体内合成,经轴突运输到神经末梢胞浆中。ChAC 是一种分子量约为 68kDa 的球蛋白,酶的活性较高,其活性中心由咪唑基和巯基两部分组成。在反应过程中,巯基虽是活性中心的必须基团但不与底物或产物直接结合。在催化反应中,AcCoA 和 ChAC 的活性中心结合使咪唑基乙酰化,然后胆碱 ChAC 活性中心的阴离子部位结合,将乙酰基转移至胆碱上生成 Ach,同时释放出 CoA。

胆碱和乙酰辅酶 A 的供应是调节 Ach 产物合成的主要因素。转运胆碱的高亲和力载体是 Ach 生成物合成的限速因子,胆碱是其限速底物,胞浆内 Ach 或胆碱浓度增加时,胆碱高亲和力摄取下降。当神经冲动引起内流的 Ca^{2+} 激活丙酮酸脱羧氧化酶系,使线粒体产生更多的乙酰辅酶 A,促进 Ach 合成。当作为底物的胆碱和 AcCoA 浓度增高或终产物 Ach 浓度降低时,Ach 合成加快;反之合成减慢。

Ach 的酶解失活

Ach 可被两种酶水解,一是乙酰胆碱酯酶(AchE)即所谓真性或特异性胆碱酯酶,二是丁酰胆碱酯酶（butyrycholinesterase，BuChE）又称假性或非特异性胆碱酯酶，多含于非神经组织和神经胶质细胞中。AchE 水解 Ach 的能力比 BuAchE 强，释放到突触间隙的 Ach 主要经 AchE 水解，AchE 水解 Ach 的效率很高，其速率为每小时 960m mol/mg 蛋白。从神经末梢释放的 Ach 在 2ms 内即被水解以迅速终止 Ach 的效应，保持突触传递的灵活性。AchE 也存在于突触前膜，可能与防止 Ach 逆行扩散有关，突触前膜对 Ach 的重摄取极少，不足以引起功能意义。

5.2.2 Ach 能神经元的细胞定位和纤维联系

前面提到 AchE 组织化学方法曾得到广泛应用。随着免疫组织化学技术的发展，70 年代中期发展了以合成 Ach 的特异酶——ChAT 作为胆碱能神经元标志物的免疫细胞化学方法，但所用的是多克隆抗体，其特异性引起异议。由于显示 Ach 能神经元技术的灵敏性和特异性的不足，使 Ach 能神经元的形态和功能方面的研究滞后于脑内的单胺能神经元系统。直到 1981 年，Eckenstein 等提取和纯化具有高度特异性的 ChAT（235 单位 / mg 蛋白质），并制备成抗 ChAT 的单克隆抗体，可特异地显示 Ach 能神经元的 ChAT 免疫细胞化学方法才得到广泛应用。ChAT 免疫细胞化学和荧光追踪剂（如 True Blue，Evans Blue，Propidium iodide 和 Fluro-glod）的结合法是研究胆碱能神经元通路的主要方法（Woolf et al.，1989）。

脑内 Ach 能神经元主要分为两类：即局部环路细胞（local circuit cell）和投射神经元（projection neuron）。

局部环路 的 Ach 能细胞

局部环路细胞主要发现于纹状体（尾 - 壳核复合体，caudate-putamen complex）、伏隔核（nucleus accumben）和嗅结节（olfactory tubercle）。可能还存在于大脑皮层和海马，纹状体内 ChAT 和 AchE 活性很高，但破坏皮层至纹状体的纤维，纹状体内 Ach 浓度不变；切断黑质 - 纹状体束和丘脑纹状体束，纹状体内 AchE 和 ChAT 的活性不发生变化。损毁纹状体至苍白球和黑质的传出纤维，在纤维终止区的 AchE 和 ChAT 活性未发现有意义的变化，这些实验表明，纹状体内的胆碱能神经元与传出和传入联系无关，它们属内源性的局部环路 Ach 能细胞。ChAT 单克隆抗体免疫细胞化学技术发现纹状体内一些大型无棘多极神经元 ChAT 免疫反应阳性，在伏隔核和嗅结节也有很多染色很深的 ChAT 阳性细胞，这些细胞多为小型和中型，属多极中间神经元。

大脑皮层是否存在胆碱能神经元，形态学研究结果不一致，有些学者在鼠、猫和猴的皮层内均未发现胆碱能神经元，但用 ChAT 单克隆抗体免疫细胞化学方法有研究者观察到大鼠皮层Ⅱ ~ Ⅳ层较集中地分布 ChAT 阳性神经细胞，这些细胞的胞体多为小梭形，其突起伸向皮层的浅层和深层，它们可能为抑制性的中间神经元。海马是否存在 Ach 能局部环路细胞尚无最后定论。80 年代早期曾报道在猫和大鼠海马内未发现阳性 Ach 能细胞，但后来（Wainer et al.，1985）用免疫细胞化学方法证明大鼠海马内有小的 ChAT 阳性细胞。

Ach 能投射神经元

Ach 能投射神经元的胞体主要分布于基底前脑和脑干，这些神经元分别组成基底前脑 Ach 能系统（basal forebrain cholinergic system）和脑干胆碱能系统（brain stem cholinergic system）。

基底前脑 Ach 能系统

基底前脑 Ach 能系统的胞体主要位于内侧隔核、斜束带垂直支和水平支、视前大细胞区、苍白球底板的无名质及其向前延伸的苍白球腹侧区（纹状体下灰质）、基核和豆状攀核。从这些核团发出的 Ach 能纤维主要投射至非纹状体端脑中的所有结构和一些脑干区，包括：杏仁、海马、所有的边缘皮层和新皮层区、缰核和脚间核等（图 5-18，5-19，5-20）。

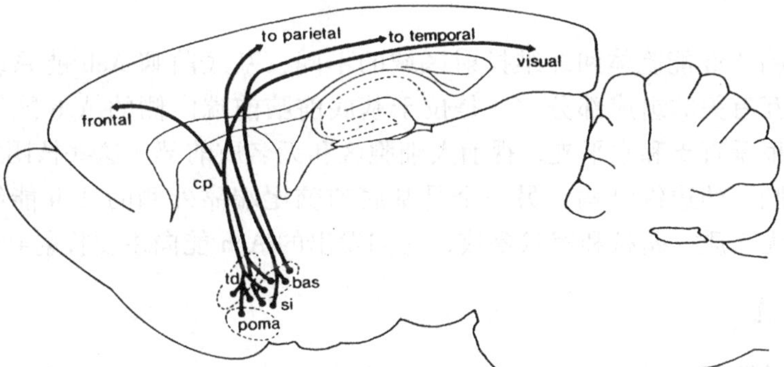

图 5-18　新皮层区胆碱能支配示意图

缩写字：bas，基核；CP，尾－壳复合体；frontal 额叶皮层；parietal，顶叶皮层；Poma，巨细胞视前区；si，无名质；Hemporal；，颞叶皮层；tol，斜带；Visual，视皮层。

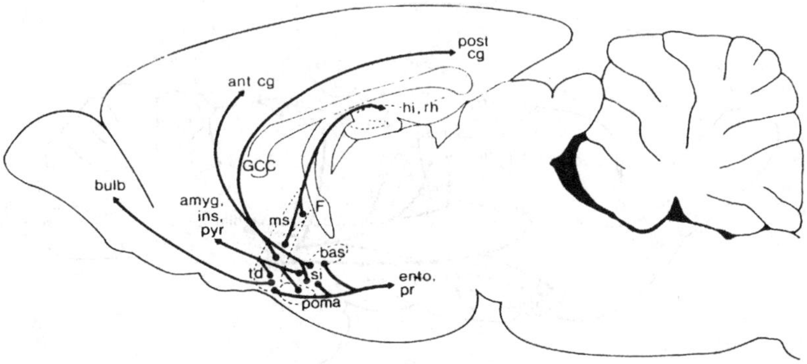

图 5-19　边缘端脑的 Ach 能支配示意图

缩写字：amyg，杏仁；ant cg，前扣带皮层；F，穹隆；GCC，胼胝体膝部；hi，海马；ins，岛叶皮层；ms，内侧隔核；post cg，后扣带皮层；pr，嗅周皮层；pyr，梨形皮层；rh，后海马区。其他缩写字见图 5-18。

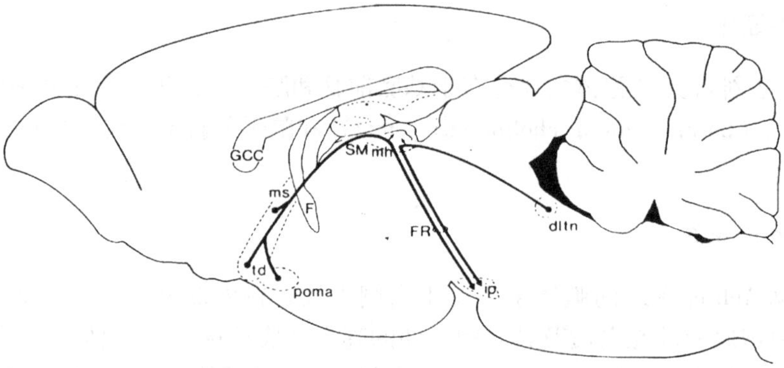

图 5-20　脚间核的 Ach 能支配示意图

缩写字：dltn，背外侧（外侧背）被盖核；FR，后屈束；ip，脚间核；mh，内侧缰；sm，髓纹；其他缩写字见图 5-18 和 5-19。

从基底前脑 Ach 能胞体和纤维投射区域的不同，基底前脑 Ach 能系统又可分为两个不同而又相互有关的组成部分。一是位于基底前脑前端内侧的 Ach 能细胞群包括内侧隔核、斜带束垂直支和水平支，视前大细胞区和无名质前部。这些核团发出纤维主要投射到端脑和脑干的边缘结构，另一个是基底前脑尾端靠外侧的 Ach 能细胞群。包括苍白球底部的无名质、基核和豆状攀核，它们发出的 Ach 能向主要投射到新皮层区。

脑干 Ach 能系统

由脑桥被盖胆碱能系统（pontine tegmental cholinergic system）和延髓中的 Ach 能神经元组成。脑桥被盖 Ach 能系统主要包括脚间脑桥被盖区（pedunculopontine tegmental region）和背外侧或外侧背被盖核（dorsolateral or laterodorsal tegmental nucleus）中的 Ach 能神经元。这些神经元前端投射到丘脑、顶盖（tectum）、顶盖前核（pretectal nucleus）、缰核、脚间核、苍白球、外侧下丘脑和基底前脑等（图 5-21）；尾端可能投射到

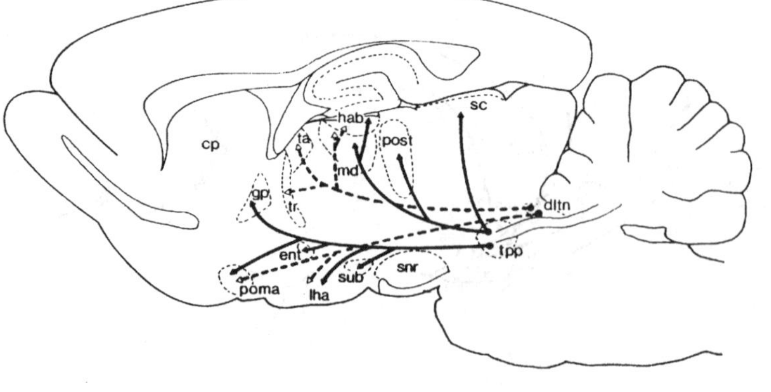

图 5-21　脑桥被盖 Ach 能系统的上行投射示意图

缩写字：ent，脚内核；gp，苍白球；hab，缰；lha，外侧下丘脑区；md，丘脑内侧背核；post，后丘脑核；sc，上丘；snr，黑质网状部；sub，底丘脑核；ta，丘脑前核；tpp，脚桥被盖核；tr，丘脑网状核；其他缩写字见图 5-18～5-20。

尾部脑干的各个不同区如中缝大核、第七对脑神经核和脑桥网状核吻侧部（图 5-22)。延髓中的 Ach 能神经元，主要分布于一些脑神经核如舌下神经核、迷走神经背核、面神经核、三叉神经脊束核尾侧亚核、以及疑核、孤束核、前庭外侧核、外侧网状核、巨细胞网状核和中缝大核等。延髓中的 Ach 能中神经元的投射途径尚不清楚，它们可能在延髓内部有纤维联系，也可能下行投射至脊髓。

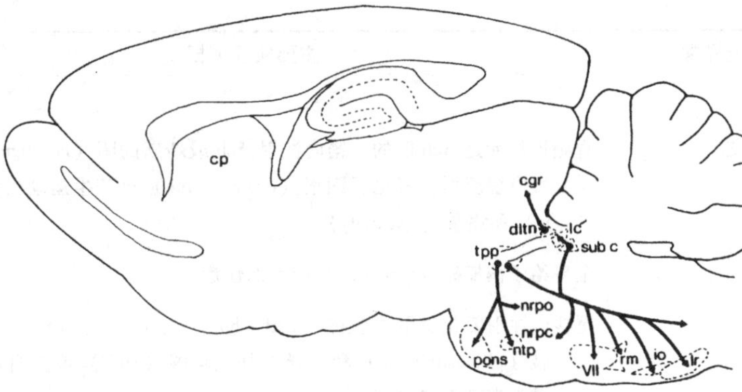

图 5-22　脑桥被盖胆碱能系统下行主要投射示意图

缩写字：cgr，中央灰质区；io，后橄榄；lc，蓝斑；lr，外侧网状核；nrpc，脑桥网状核尾部；mrpo，脑桥网状核部；ntp，脑桥网状被盖核；rm，中缝大核；sub，蓝斑下区（可能 tpp 的一部分)；vll，神经核；其他缩写字将图 5-20，5-21。

脊髓中的 Ach 能神经元

在脊髓各个水平前角中的大细胞是 ChAT 阳性反应细胞，它们可能是 α-运动神经元。脊髓胸腰段各水平的中间外侧柱和骶部水平的中间带区，分别包含交感神经系统和

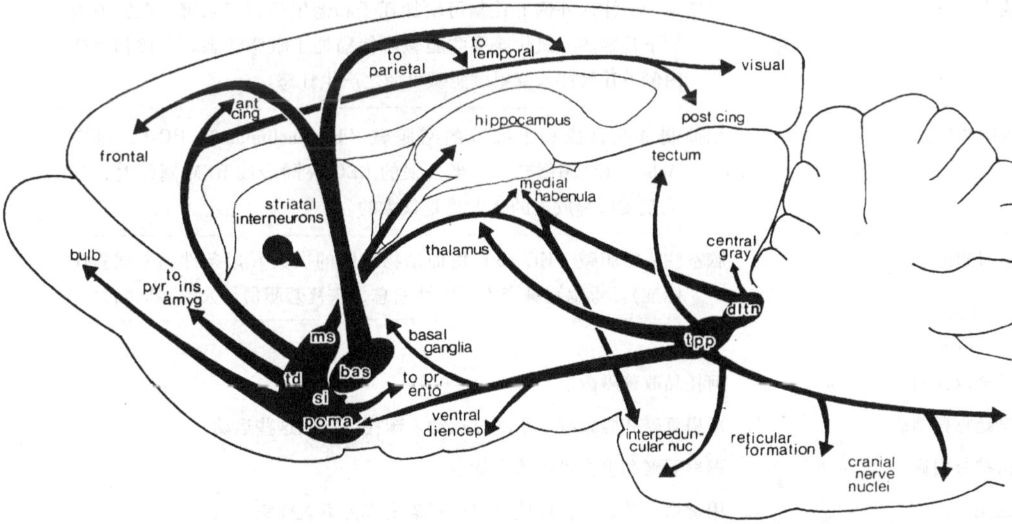

图 5-23　脑内主要胆碱能系统综合示意图

缩写字：Ant cins，前扣带皮层；post cing，后扣带皮层；ventral diencep，端脑腹部；其他缩写字和标记见图 5-18 ~ 5-22。

骶部付交感神经系统中的节前神经元，它们呈 ChAT 免疫阳性反应，少数 ChAT 阳性细胞散布于脊髓灰质中非自主中间区和背角（尤其在其腹侧）中的阳性 ChAT 可能是 Ach 能中间神经元，它们的阳性 ChAT 轴突终末分布于背角Ⅰ～Ⅲ层。

5.2.3 一些与 Ach 有关的正常和病理的行为和功能

功能／功能异常	主要实验证据
1. 运动、活动	
姿势、反射和步态	脊髓神经元是 Ach 能的。鞘内注射 Ach 或新斯的明（neostigmine），压抑脊髓反射。氧化震颤素（oxotremorine）可产生运动失调（atexia）和痉挛（spasticity）。
僵住症	全身给予槟榔碱（arecoline）产生僵住症。
震颤	尾核内注射氯化氨甲酰胆碱（carbachol），依色林（eserine），毒扁豆碱（physostigimine）和二异丙基氟磷酸（DFP）或全身注射氧化震颤素可引起震颤。
旋转	颈动脉内注射 DFP 产生对侧旋转。
2. 温度调节	在猴的下丘脑注射氯甲酰胆碱或 Ach 和毒扁豆碱可使猴产生高温（hyperthermia）。
3. 伤害性感觉	腹腔注射氧化震颤素，DFP 或毛果芸香碱可产生镇痛。
4. 摄食行为	
饮	在大鼠下丘脑，视前区，隔和海马注入氯甲酰胆碱可引起饮水。
进食	在兔下丘脑内注入氯化氨甲酰胆碱，可引起进食。
5. 攻击	将新斯的明注入外侧下丘脑可增加耗子和老鼠的相互杀害。在猫前内侧下丘脑注入氯化氨甲酰胆碱可使猫处于激怒状态。在猴和猪前内侧下丘脑注入氯甲酰胆碱可使之产生狂怒。
6. 睡眠与失眠	用抑制 Ach 合成和重摄取的密胆碱（henicholinium-3，HC-3）排空 Ach，REM 睡眠减少。当失眠的 EEG 去同步或 REM 睡眠时，从大脑皮层释放出的 Ach 量是最大的。
7. 学习和记忆	脑室注入密胆碱（HC－3）增加动物试验的次数（以条件逃避试验作标准）。毒扁豆碱产生退引性遗忘，东莨菪胆损伤人的回忆能力。
8. 疾病情况	
帕金森氏病	阿托品改善震颤。
亨廷顿舞蹈病	毒扁豆碱和胆碱减少不随意运动。苯托品加剧这些运动。
精神分裂症	毒扁豆碱和槟榔可改善症状。
狂躁	用毒扁豆碱之后，可使欣快性狂躁变成为不太狂躁。
阿尔茨海默病和阿尔茨海默型老年痴呆	大脑皮层和海马中的 AchT 和 AchE 减少，投射到大脑皮层、海马和杏仁的基底前脑的胆碱能神经元发生退行性变性。

§5.3 脑内的单胺能神经元系统

生物原胺（biogenic amine）包括去甲肾上腺素（norepinephrine，NE 或 noradrenaline，NA）、肾上腺素（epinephrine，A 或 adlrenaline，A）和多巴胺（dopamine，DA）以及吲哚胺（indolamine）5－羟色胺（5-hydroxytryptamine 或 serotonin，5-HT）。NA、A 和 DA 都是以儿茶酚（邻苯二酚）为基本结构，故总称为儿茶酚胺（catecholamine，CA）。儿茶酚胺和 5－羟色胺是中枢神经系统中的经典神经递质，含单胺神经递质的神经元称为单胺能神经元，这些神经元的胞体和纤维几乎遍及整个中枢神经系统。

5.3.1 儿茶酚胺的生物合成

合成 CAs 的原料是来自血液的 L-氨基酸酪氨酸（L-amino acid tyrosine，Tyr），在胞浆中经酪氨酸羟化酶（tyroxylase hydroxylase，TH）羟化生成多巴（DOPA，L-dihydroxyphenylalanine L-二羟基苯丙氨酸）。第二个酶是芳香族氨基酸脱羧酶（aromatic amino acid decar-

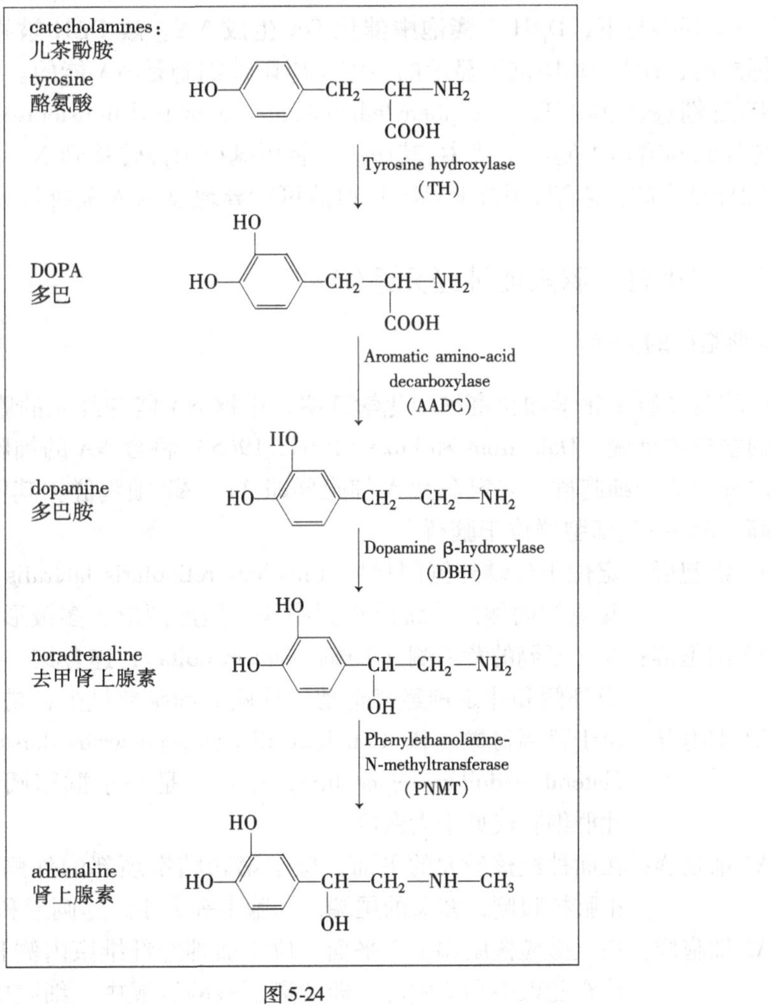

图 5-24

boxylase，AADC），将多巴胺脱羧生成DA，之后DA进入囊泡，在囊泡中经多巴胺-β-羟化酶（dopamine amino acid decarboxylase，DβH）催化生成NA；最后在肾上腺能神经元或肾上腺嗜铬细胞内经苯乙醇胺氮位甲基移位酶（phenylethanolamine N-methyl-transferase，PMNT）催化下生成A（图5-24）。

酪氨酸羟化酶（TH）仅含于合成NA、A和DA能神经元和嗜铬细胞中，酶底物的专一性很强，只作用于L-Tyr。在神经元胞体内合成，经轴浆运输到末梢，但末梢的浓度低于胞体。TH活性较低，K_m为20微摩尔，在CAs合成的全过程中反应速度最慢，易被Tyr饱和，是CAs生物合成中的限速酶。

芳香族氨基酸脱羧酶（ADDC）的底物专一性差，可使DOPA脱羧生成DA，也可使酪氨酸、色胺酸和苯丙氨酸等脱羧，故称为ADDC。抑制此酶影响CAs的生物合成，也影响5-HT的合成。ADDC含量高，活性强，常处于不饱和状态，若给予外源性L-DOPA，就可迅速合成大量DA。此酶在神经组织（如合成NA、A、DA和5-HT的神经胞浆中）和非神经组织（血管、胃、肾、肝等）中均有分布。

多巴胺-β-羟化酶（DβH）专一性强，存在于合成NA、A神经元和嗜铬细胞的囊泡中。DβH的辅酶是维生素C（vitamin C，VitC）。在VitC和富马酸（fumaric acid）、Cu^{2+}、O_2等参与下，DβH在囊泡中催化DA生成NA。故DβH被视为NA能神经元的特异标志酶；用抗DβH抗体显示的免疫反应阳性细胞是NA能的。

苯乙醇胺氮位甲基移位酶(phenylethanolamine-N-methyl transferase，PNMT)存在于合成A的神经元和嗜铬细胞的胞浆中,其作用是将甲基(CH_3)转移到NA上生成A。故PNMT是A能神经元的标志酶,用抗PNMT抗血清可特异地显示A能神经元的形态和分布。

5.3.2 去甲肾上腺素能神经元系统

NA能细胞群的分布

单胺荧光组织化学和免疫细胞化学证明，中枢NA能神经元的胞体主要分布于脑干后部的脑桥和延髓。Dahlstrom和Fuxe（1964，1965）将含NA的细胞从脑干的尾端到头端依次分为7个细胞群，并定命为A细胞群即A1～A7细胞群。其中A1～A4细胞群位于延髓，A5～A7细胞群位于脑桥。

A1细胞群：定位于延髓外侧网状核（nncleus reticularis lateralis）及其邻近的外侧、腹侧和内侧区。细胞小到中等，呈卵圆形、多极形或梭形。

A2细胞群：位于延髓的背内侧（dorsomedial medulla），连合核（nuclens commisuralis）腹外侧和迷走神经背运动核外侧。细胞数量少，是一小群NA能细胞。

A3细胞群：位于背侧付橄榄核（nucleus olivaris accessorius dorsalis），外侧延髓被盖（lateral medullary tegmentum）区中，是一小群卵圆形的NA能细胞群，此群细胞仅见于大白鼠。

A4细胞群：在面神经核最大的平面，位于第四脑室顶部的外侧，紧靠室管膜下方，小脑核腹侧，蓝斑的尾端，细胞中等大小，呈圆形和卵圆形。

A5细胞群：在上橄榄核尾端1/3平面，位于面神经纤维束内侧和上橄榄核外侧的红核脊髓束中和背侧部，即蓝斑下核的区域中。细胞中等大小，呈卵圆形和多极形。

A6 细胞群：位于蓝斑（locus coeruleus），细胞排列紧密，胞体中等大小，呈圆形、卵圆形和多极形，单胺荧光很强，是一群大的 NA 细胞群。

A7 细胞群：在脑桥灰质颅侧 1/3 平面，位于红核脊髓束背侧，小脑上脚腹外侧的网状结构，即脑桥外侧被盖（pontine lateral tegmentum）区中。

NA 能通路

NA 能神经元以其复杂的纤维侧枝广泛投射于 CNS 的各个部分。过去认为其纤维的投射是弥散的，非特异性的。后来证明 NA 能纤维具有明显的局部定位投射联系。（图 5-25，5-26）

（1）NA 能上行投射系统，该系统可分为上行背侧束和上行腹侧束

上行背侧束：胞体起自蓝斑 A6 细胞群（又称蓝斑 NA 能系统），大鼠蓝斑每侧约有 1500～1600 个 NA 能细胞。其轴突和侧枝上行到脑的各个部分，主要分布到中脑、丘脑、端脑边缘系统和大脑皮层。上行投射至脑干的 NA 能纤维组成一束大的上行束，沿途分别投射于中脑导水管周围灰质、中缝背核。再进入顶盖前区分支到上丘、下丘。投射至间脑的 NA 能纤维大部分加入内侧前脑束终止于丘脑前核、腹侧核和外侧核、内侧膝状体和外侧膝状体；另一支经下丘脑外侧区和丘脑内侧核群，继续前行至隔区；部分纤维进入缰核脚间束，终止于缰外侧核。投射至端脑的 NA 纤维束进入扣带回，向后环绕胼胝体压部，终止于杏仁中央核，杏仁基底外侧核和海马；投射到整个新皮层的蓝斑 NA 能纤维经嘴侧隔区和扣带或经内囊，穿过尾壳核，也可能经腹侧杏仁束和脚襻（ansa peduncularis）支配新皮层的各个区。另外，从蓝斑发出的 NA 能纤维经小脑上脚进入小脑，终止于小脑的中央核群和小脑皮层。

上行腹侧束：主要从 A1、A2、A4、A5 和 A7 的 NA 能神经元发出，一部分纤维投射到中脑网状结构，第三脑室背侧周围；另一部分纤维加入内侧前脑束，沿途分为数支，背侧支到达终纹，部分纤维经前连合分布于隔区；内侧支终止于丘脑背内侧核和室旁核；腹内侧支从视交叉后部到上部，并交叉到对侧；腹侧支则形成网状结构－漏斗 NA 能系统。另外，上行腹侧束也有部分纤维支配小脑。

（2）NA 能下行投射系统，也可分为背侧束和腹侧束

NA 能下行背侧束：主要起源于 A6 和 A7 的部分 NA 能细胞，纤维下行分布于延脑的孤束核、迷走神经背运动核 、三叉神经脊束核和下橄榄核复合体；部分纤维再下行终止于脊髓背角和侧角，构成下行抑制系统的 NA 能组分。背侧束分别行使感觉传入和调节交感神经元的生理功能。

NA 能下行腹侧束：细胞起源于 A1 和 A2，纤维下行分成两支进入脊髓，一支经脊髓前索下行，终止于前角；另一支经侧索下行，终止于侧角，参与躯体运动与内脏活动的调节。从 A1、A2 发出的 NA 能纤维也有一部分支配延髓的孤束核和迷走神经背核。

NA 的生理功能

（1）NA 对心血管功能的调节　　脑内 NA 对血压和心率的影响。脑室注射 NA，引起动物血压降低和心率减慢，这种特异作用主要与 α_2 受体的活动有关；心率减慢可能与

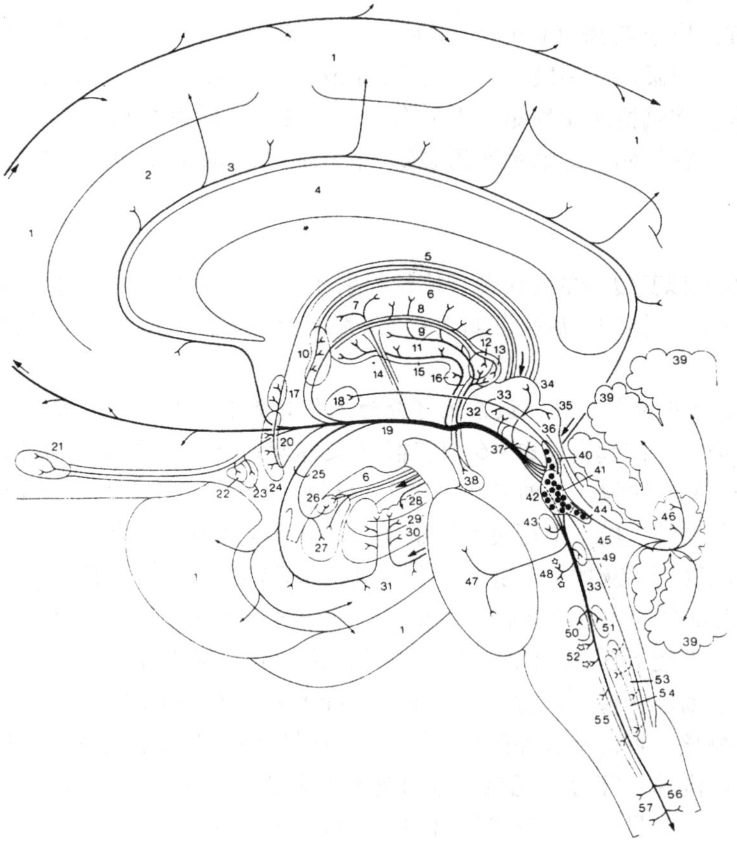

图5-25　脑内蓝斑复合体中去甲肾上腺素能胞体的定位和纤维投射（I）

1. 新皮质；2. 扣带回；3. 髓纹；4. 胼胝体；5. 穹隆；6. 终纹；7. 丘脑前核；8. 丘脑髓纹；9. 丘脑；10. 终纹间质核；11. 内髓板；12. 缰外侧核；13. 缰内侧核；14. 乳头丘脑束；15. 外髓板；16. 内、外膝状体；17. 隔内侧核；18. 金旁核小细胞部；19. 内侧前脑束；20. 斜角带；21. 嗅球；22. 嗅前核；23. 前穿质；24. 斜角带核；25. 脚攀和杏仁腹侧通路纤维；26. 杏仁中央核；27. 杏仁基核；28. 齿状核；29. 阿蒙氏角；30. 下脚；31. 旁海马回；32. 缰脚间束；33. 背侧纤微束；34. 上丘；35. 下丘；36. 中脑中央灰质；37. 中缝背核；38. 脚间核；39. 小脑皮质；40. 蓝斑吻侧延伸部（A6cg）；41. 蓝斑（A6）；42. 蓝斑下区（A6sc）；43. 外侧丘系核；44. 蓝斑尾侧延伸部（A4）；45. 结合臂；46. 小脑中央核；47. 脑桥核；48. 脑桥网状结构；49. 三叉神经感觉主核；50. 耳蜗腹侧核；51. 耳蜗背侧核；52. 延髓网状结构；53. 孤束核；54. 迷走神经背核；55. 三叉神经脊髓核；56. 后角（Ⅳ、Ⅴ、Ⅵ层）；57. 前角

α_1 受体有关。在动物下丘脑后区微量注入 NA 引起血压升高，电刺激下丘脑后区时，在引起血压升高的同时 NA 释放增加，表明下丘脑后区是 NA 参与升压作用的中枢结构，其升压机制是通过 β 受体实现的。

在大鼠脊髓蛛网膜下腔注射 NA 或氯压啶，也引起血压降低和心率减慢，并且腹腔神经节后交感神经放电抑制。α_1 受体拮抗剂哌唑嗪和 α_2 受体拮抗剂育亨宾都可防止上述效应，但 β 受体拮抗剂心得安不能防止这些效应，说明 NA 通过激活脊髓中的 α_1 和 α_2 受体

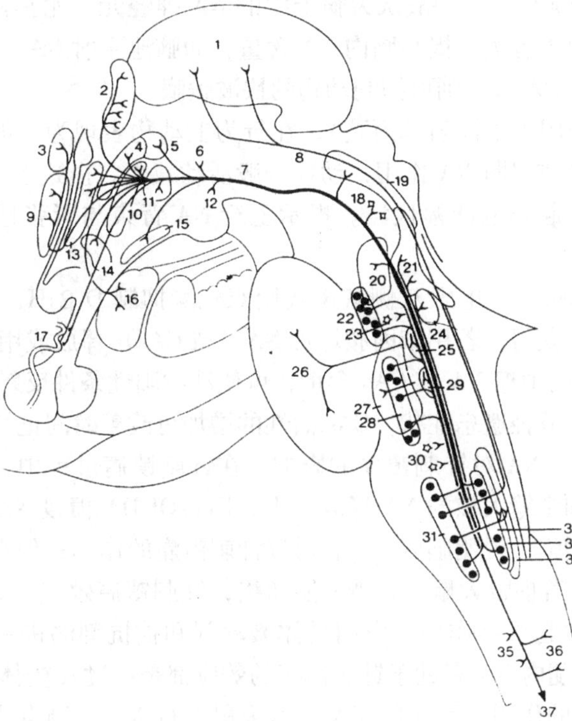

图5-26　脑内去甲肾上腺素能神经元胞体的定位和纤维投射（Ⅱ）

1. 丘脑室周区；2. 终纹间质核；3. 隔外侧核；4. 金旁核大细胞部；5. 金旁核小细胞部；6. 下丘脑外侧区；7. 内侧前脑束；8. 背侧纤微束；9. 斜角带核；10. 下丘脑前核；11. 背内侧核；12. 下丘脑尾侧区；13. 视前内侧核；14. 视上核；15. 漏斗体核；16. 杏仁复合体；17. 正中隆起；18. 中脑网状结构；19. 中脑中央灰质；20. 中央上核；21. 蓝斑；22. A7 细胞群；23. 脑桥网状结构；24. 臂旁核；25. 三叉神经运动核；26. 脑桥核；27. 中缝大核；28. A5 细胞群；29. 面神经核；30. 延伸网状结构；31. A1 细胞群；32. A2 细胞群；33. 迷走神经背核；34. 孤束核；35. 中央灰质；36. 胶状质；37. 中间外侧核

使交感神经张力降低，从而使血压降低，心率减慢。

（2）NA 对体温的调节　动物的体温调节中枢在下丘脑，此区含有丰富的 NA 能神经末梢，在不同动物脑室内注射 NA 可引起体温降低或体温升高两种截然不同的反应，其动物种系差异很大。在猫、狗等动物的脑室注射 NA，体温可降低达 2℃之多，并伴有外周血管扩张。但在大鼠、羊、兔脑室内注射 NA，可引起体温升高，但体温的升高或降低都可能是 NA 作用于下丘脑的 α 受体所致的影响。

（3）NA 对摄食的影响　在动物下丘脑外侧区 LHA 即“饥饿中枢”放置 NA，能增加动物摄食。这种作用有两种解释，一是 NA 可能直接激活了 LHA 的 α 受体而起作用；另一种是 NA 作用于下丘脑腹内侧核（即 VMH“饱中枢”）的 α 受体，抑制了 VMH 功能活动。

（4）NA 与睡眠和觉醒　一般认为脑干中的 NA 神经元，尤其蓝斑核后部的 NA 能神经元与动物的快波睡眠有关。提高脑内 NA 含量，如脑池注射 NA，可使动物产生睡眠；若用 α-MT 等降低脑内 NA 含量则可抑制动物的快波睡眠。

提高中枢 NA 的作用（如注射苯丙胺），在行为上动物表现为一般活动加强，激醒和防御反应加强。若降低或阻断 NA 作用，动物一般活动减少。损毁上行 NA 脊束，慢波睡眠增加，电刺激此束引起脑电低幅快波。提示上行 NA 背束与紧张性激醒有关，有助于 CNS 维持觉醒状态。

（5）NA 与学习记忆　电毁双侧蓝斑或用双硫醒抑制 DβH，降低中枢 NA 含量，可抑制条件反射作用的获得。若用苯丙胺增加 NA（或 CAs）释放或用去甲丙咪嗪抑制 NA（或 CAs）重摄取，提高中枢 NA 或 CAs 含量，可使动物阳性条件反射高于建立。

CAs 受体激动剂可减轻遗忘症状，CAs 活性的增加可改善时间记忆的储存。

（6）NA 与镇痛　NA 对针刺镇痛的影响。在针刺镇痛过程中，蓝斑、中脑导水管周围灰质、中缝背核和中缝大核的 NA 释放减少，用 6-OHDA 损毁 NA 上行背束或前脑内侧束，针刺镇痛效应增强，说明脑内 NA 有对抗针刺镇痛的作用；但在针刺镇痛时脊髓背角中的 NA 释放增加，若损毁大鼠下行 NA 能通络，针刺镇痛效应大为减弱，说明 NA 能下行系统在针刺镇痛中起重要作用。应用受体激动剂和拮抗剂的进一步实验证明，脑内 NA 对抗针刺镇痛或脊髓内 NA 有助于针刺镇痛的效应都是通过 α 受体实现的。

NA 在吗啡镇痛中的作用。用 6-OHDA 损毁大鼠上行 NA 背侧束或腹侧束通络，均可增强或延长吗啡镇痛；脑室内注射 NA，吗啡镇痛大大减弱，说明脑内 NA 神经元有拮抗吗啡镇痛的作用；但在脊髓中，当吗啡镇痛时，脊髓 NA 释放增加，推测吗啡激活 NA 下行系统是实现其镇痛效应的一个主要环节。

（7）NA 与精神障碍　NA 系统活动的失常可能与狂躁或抑郁有关，活动增强时出现狂躁症状，减弱时可能导致抑郁，这些推测尚待进一步研究。

5.3.3　肾上腺素能神经元

荧光组织化学方法（Falck-Hillarp，1962）很难将肾上腺素（A）和去甲肾上腺素（NA）区分，因为在荧光显微镜下，A 和 NA 的激发光波长和发射光波长相同。因此在庞大的 NA 能神经元系统中很难排除不含 A 能神经元的可能性。在哺乳动物脑内 A 的含量仅占 A 和 NA 总量的 5%～10%；老鼠脑干内 A 的含量占 A 和 NA 总量的 4%～5%。70 年代发展的免疫组织化学技术可利用 NA 和 A 合成中两种特异酶 DβH 和 PNMT 明确地区别中枢神经系统中的 NA 和 A 能神经元。

A 能神经细胞的分布

Hokfelt（1974）首先利用 A 的标志酶 PNMT（抗 PNMT 抗血清）显示出 PNMT 免疫反应活性阳性细胞。这些细胞呈多极形，梭形或卵圆形。胞体直径 15～25μm，树突可追踪到 1mm 长。Hokfelt 等将含 A 细胞的区域命名为 C 细胞群，共有三群 A 能细胞群（图 5-27）。

C1 细胞群：位于橄榄复合体颅侧，延髓的腹外侧和面神经核的尾侧。即外侧网状核 A1 区的前端，细胞形态与 A1 相似，是三群 C 细胞中最大的一群细胞。

C2 细胞群：在与 C1 细胞群的同一水平，细胞靠近中线，位于延髓腹网状结构的背部，前庭核内侧。在尾端水平，A 能细胞居于孤束核的腹内侧。因此 C2 细胞群包饶着第四脑室腹侧的内侧面。

C3 细胞群：位于延髓中缝的背侧，舌下神经起始部的内侧，即 C2 的吻侧端，许多细胞分散于内侧纵束之间。

A 能神经元纤维投射

起源于 C1、C2 和 C3 细胞群的 A 能纤维一部分终止于迷走神经背核和孤束核，大部分纤维上行加入 NA 腹束，沿途分别终止于蓝斑，中脑中央灰质，丘脑和下丘脑等部位；下丘脑中的室旁核和弓状核的 A 能纤维最为密集。C 细胞群的细胞也发出下行纤维通过脊髓侧索背部支配脊髓的中间外侧柱（图 5-27）。

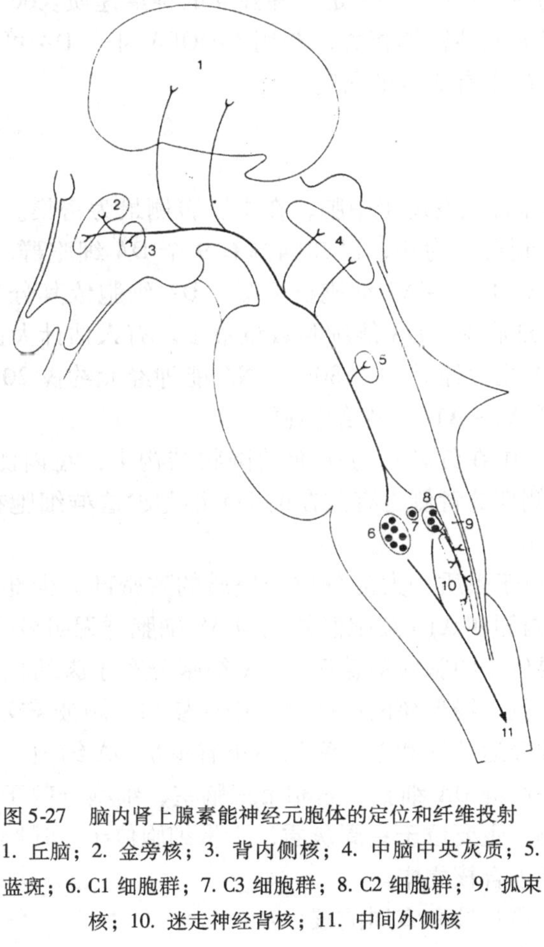

图 5-27　脑内肾上腺素能神经元胞体的定位和纤维投射

1. 丘脑；2. 金旁核；3. 背内侧核；4. 中脑中央灰质；5. 蓝斑；6. C1 细胞群；7. C3 细胞群；8. C2 细胞群；9. 孤束核；10. 迷走神经背核；11. 中间外侧核

A 能神经元的功能

与 NA 能神经元比较，对 A 能神经元的功能研究甚少，这是由于脑内 NA 的含量大大高于 A 的含量；A 能神经元的作用易被 NA 能神经元掩盖。另外，缺乏特异的 A 拮抗剂也给 A 的功能研究带来困难，但已有的实验结果表明，A 能神经元参与血压调节作用。在孤束核内微量注射肾上腺素可引起血压降低，其作用比注射相同剂量的去甲肾上腺素更强。孤束核内 A 能神经元的缺损导致减压反射减弱，血压升高，故认为孤束核的 A 能神经元的缺损是自发性高血压大鼠（SHR）的遗传性病因。

另外，A 能纤维末梢在下丘脑各部位，包括室旁核，弓状核和穹窿周围区的密集分布可能涉及许多功能的调节，如食物和水分的摄取，内分泌，体温和呼吸等；也可能在睡眠和觉醒的调节中起作用。

5.3.4 多巴胺能神经元系统

由于多巴胺（DA）是生物合成过程中的中间产物，过去人们一直认为 DA 是 NA 的前体，自从 Carlsson 等（1958）证明，基底神经节（特别是纹状体）中含有高浓度的 DA 之后，一系列的研究证明，DA 是一种独立的神经递质。60 年代发现帕金森氏病与黑质中的 DA 能神经元变性密切相关，并用 L-DOPA 补充 DA 可得到有效的治疗，之后引起了对 DA 的大量的卓有成效的研究。

DA 能神经元的分布

DA 能神经元的胞体首先发现于中脑，在中脑腹侧最为密集。以后在间脑和端脑相继发现几群 DA 细胞，到目前为止，已知脑内有 9 个 DA 细胞群。按 Dahlstrom 和 Fuxe（1964）的命名，继 NA 的 A1 ~ A7 细胞群之后，DA 细胞依其分布位置定为 A8 ~ A16 细胞群。在脑内含 CA 细胞中，DA 能细胞数量最多。有人估计大鼠脑内约有 50 000 个 CA 能神经元，其中 DA 能神经元约占 80%，NA 能神经元约占 20%，而 70% 的 DA 能神经元位于中脑，包括 A8 ~ A10 三个细胞群。

A8 细胞群：主要集中在红核后方平面的网状结构中，在内侧丘系外侧部的背侧，其内侧部的背侧也有散在的 DA 细胞，这群细胞在腹内侧与 A10 无明显界线。

A9 细胞群：主要位于黑质，大部分位于黑质的致密部，少部分位于网状部。该细胞群内侧和 A10 细胞群外侧与 A8 细胞群无明显分界线。

A10 细胞群：主要位于中脑腹被盖区，DA 细胞分布于脚间核背侧和外侧，有不少细胞位于线形核的中间部、中介核和腹侧被盖交叉及后屈束之间。动眼神经运动核和 E – W 核中也有少量 DA 细胞。

A11 细胞群：为一小群 DA 细胞，紧靠第三脑室，细胞分散于后屈束内侧、背侧和腹侧，主要位于室周灰质，少量细胞位于下丘脑后核，乳头体上区和丘脑连合核之中。

A12 细胞群：位于弓状核和室周前核。

A13 细胞群：位于未定带内侧，乳头体丘脑束的腹内侧，即背下丘脑（dorsal hypothalamus），细胞密集，多为圆形或卵圆形。

A14 细胞群：位于丘脑下部前端的内侧，约从前连合平面向后到正中隆起前缘，大部分细胞在室周核内，亦有细胞散在于核外，即前室周区。

A15 细胞群：位于视前背侧区（dorsal preoptic area）。

A16 细胞群：位于嗅球的球层（glomerular layer）和球层周围（periglomerular），属 DA 能中间神经元。

DA 能细胞共 9 群，其中 A8～A10 三群细胞位于中脑；A11～A14 位于丘脑，主要在下丘脑；A15～A16 位于端脑。另外，视网膜丛状细胞间也有局部 DA 能细胞。

DA 能神经元的纤维投射

（1）上行 DA 能神经元系统　上行 DA 能神经元系统包括中脑-端脑系和中脑-间脑系，中脑间脑系又可分为中脑-纹状体和中脑一皮层 DA 投射系统。

a. 中脑-纹状体系：起源于黑质（A9）的 DA 能纤维，主要终止于纹状体（尾核和壳核），自 A8 和 A10 发出的 DA 纤维稠密地支配伏隔核，有少量纤维支配苍白球。

b. 中脑-皮层系：起源于 A10 和 A9 内侧部的 DA 细胞，发出纤维广泛支配大脑皮层和端脑的广大区域，主要包括嗅前核、嗅结节、嗅皮层前部、额叶的前内侧区、颞叶内侧皮层、前扣带皮层和梨状皮层。以及外侧隔核、中纹间质核、杏仁核（包括中央杏仁核、基底外侧杏仁核和中介核）和海马等。该 DA 系统与情结整合有关。

c. 中脑-间脑系：细胞起自 A10 和 A9，其纤维主要投射至间脑的三个区，即外侧缰核、丘脑底核和下丘脑。

（2）下行 DA 神经元系

a. 中脑-脑干系：细胞起源与 A9 和 A10，纤维下行投射至中缝背核、盖斑和外侧臂旁核。

b. 下丘脑-脊髓系：起源于 A11 和 A13 的 DA 细胞，它们发出纤维组成背侧纵束，在向上向内侧投射的途径中同时有许多纤维分别投射至延髓、脊髓后角的浅层和中间外侧区及中间内侧区。中脑 DA 能神经元是否发出纤维投射至小脑和脊髓尚无定论。

（3）间脑内短途 DA 能神经通路　①结节-漏斗 DA 系：胞体主要起源于 A12，这些细胞发出纤维分别终止于漏斗，正中隆起，垂体柄和垂体后叶。②未定带-下丘脑 DA 系：细胞体起源于 A11 和 A12，其纤维主要投射至下丘脑背侧和喙侧。③间脑-隔核 DA 系：细胞体起源于 A11、A13 和 A14，纤维终止于外侧隔核、视上核、室旁核和背内侧核。该通路参与神经分泌的调节（图 5-28）。

DA 的主要生理功能

（1）DA 对锥体外系运动功能的调节　DA 神经元在纹状体锥体外系运动的调控中至关重要。提高该系统中 DA 能神经的活动，可增强运动功能；压抑或减弱 DA 能神经活动，运动功能减弱。中脑 DA 能神经元的损伤或丧失，引起纹状体内 DA 缺竭，可导致多种运动障碍性疾病，包括帕金森氏病、亨廷顿病和迟法性运动障碍等。纹状体作为锥体外系运动的调控中枢，不仅细胞构筑复杂，而且含有多种神经递质，除 DA 之外，还有 Ach，GABA，SP，CCK，NT，ENK 和 SRIF。这些递质（或调制质）通过纹状体的传入和传出联系发挥其调控作用。调控的主要环路是，由黑质投射至纹状体的 DA 能神经末梢在纹状体释放出 DA，直接作用于主要由 GABA 能神经元（还有 SP，CCK，NT，ENK 和 DYN）组成的从纹状体返回至黑质的反馈性调节回路的神经活动，表现为

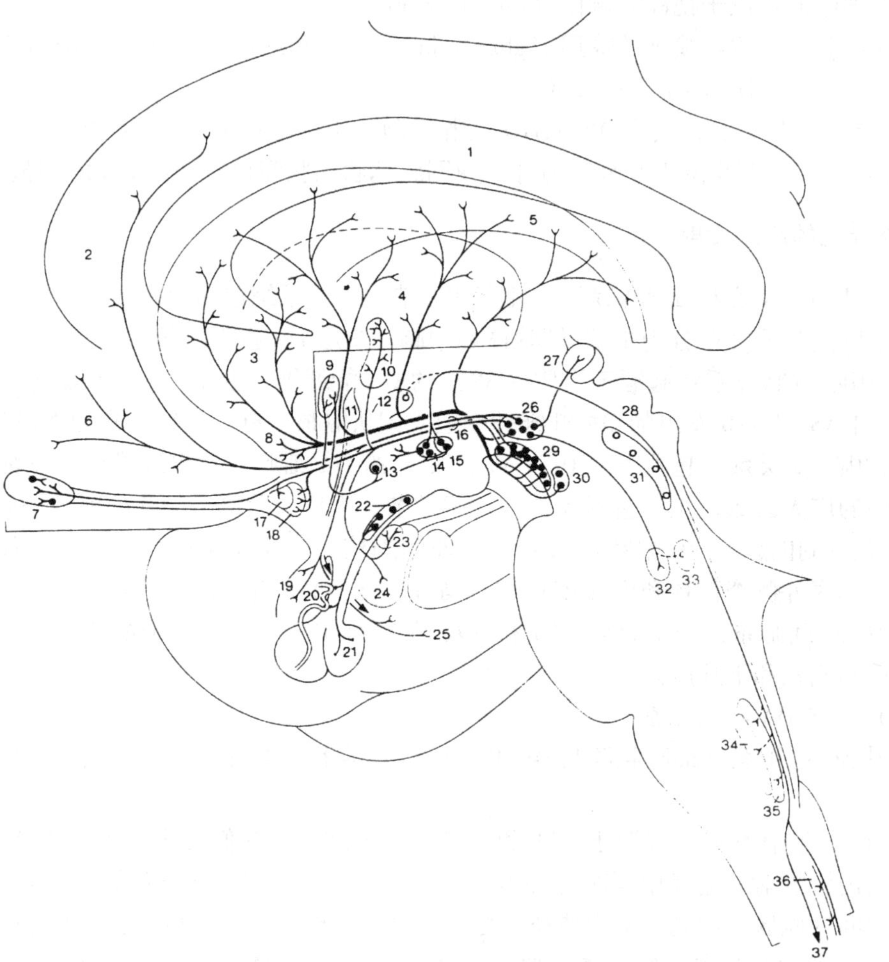

图 5-28　脑内多巴胺能神经元胞体的定位和纤维投射

1. 胼胝体；2. 扣带回吻部；3. 尾核头部　4. 壳核；5. 尾核尾部；6. 额叶皮层；7. 嗅球（A15）；8. 伏隔核；9. 隔外侧核；10. 终纹中介核；11. 前连合；12. 室旁核小细胞部；13. A14 细胞群；14. A13 细胞群；15. A11 细胞群；16. 内侧前脑束；17. 嗅前核；18. 前穿质；19. 前梨状皮质；20. 正中隆起；21. 垂体后叶；22. 漏斗体核（A12）；23. 杏仁中央核；24. 杏仁基核；25. 内嗅皮层；26. 被盖腹区（A10）；27. 缰外侧核；28. 背侧纵束；29. 黑质致密部（A9）；30. 被盖外侧区（A8）；31. 中缝背核；32. 蓝斑；33. 臂旁外侧核；34. 迷走神经背核；35. 孤束核；36. 胶状质；37. 中间外侧核。

抑制效应；另外，DA 也可抑制纹状体内 Ach 能中间神经元的活动，以减弱 Ach 对 GABA 能的兴奋作用。纹状体-黑质 GABA 能纤维分别与黑质致密区（SNC）的 DA 神经元和网状质（SNR）中局部环路的 GABA 神经元或输入神经元形成突触联系，即分别形成 GABA-DA 通路和 GABA-GABA-DA 通路。通过 GABA-DA 通路抑制 DA 神经元活动；而通过 GABA-GABA-DA 通路抑制 SNR 中的局部神经元，兴奋 DA 神经元活动。

60 年代早期，已知帕金森氏病与黑质-纹状体系统中 DA 神经元变性有关，黑质 DA 能神经元变性导致纹状体中 DA 含量大大减少，因此，给病人补充 DA，如服用 L-DOPA

可收到良好疗效。

在神经变性疾病中，虽然类似帕金森氏病和DA递质（或黑质纹状体DA系统）确切相关的例子甚少，但这并不意味着DA的缺乏就是帕金森氏病的病因。另外，在帕金森氏病患者的纹状体中GAD活性降低，GABA含量下降；ChAT的活性也下降（尤其在纹状体的壳核）。在亨建顿病中，GABA能神经元易受损伤，纹状体GAD降低；而苍白球（内段）和黑质中SP的含量均减少。

（2）*DA与精神活动* 中脑边缘DA能系统和中脑皮层DA能系统参与精神活动包括情感、认知、思维、理解和推理等的调节。

精神分裂症（Ⅰ型或妄想型），脑内D_2受体数目增加，但亲和力下降；相反，D_1受体数目减少，亲和力增加。两者比值增大，可看成是精神分裂症的一种重要指标。DA受体拮抗剂有治疗精神分裂症效果；而苯丙胺的过度兴奋又能诱发类似精神症状，这些证据支持精神分裂症的DA学说。

（3）*DA与垂体激素分泌* 间脑的结节-漏斗DA系统（简称T1-DA），该系统的一部分DA能纤维末梢与神经内分泌细胞形成轴-轴突触，在突触前控制卵泡激素释放因子和黄体激素释放因子的分泌。T1-DA的另一部分DA纤维末梢终止于正中隆起，与垂体门脉系统相连，释放出的DA经垂体门脉到达前叶，通过催乳素分泌细胞上的D_2受体抑制催乳素细胞分泌催乳素。有些内分泌疾病，如催乳素分泌亢进，不正常生长激素分泌所致的肢端肥大症和垂体肿瘤，应用D_2受体激动剂可成功地抑制垂体功能，收到很好的控制病症的效果。

（4）*DA对心血管功能的调节* 在CNS不同部位的DA能神经元对心血管系统的作用不尽相同。如增强脑内较前部位（如黑质）的DA能神经元活动对心血管系统有兴奋作用。激动脑池周围的DA受体可抑制心血管活动，使心率、血压和血管阻力下降。另外，脑血管和脑膜血管中均有DA能神经末梢的支配，并含D_1受体，提示DA能纤维对脑血管活动有直接影响。

（5）*DA对胃肠道功能活动的影响* 中枢DA能系统参与胃蛋白酶、胃酸、胰腺碱性物和酶的分泌等胃肠道功能的调节。DA功能缺损易引起溃疡症促使十二指肠溃疡病变。故帕金森氏病患者常伴有溃疡症；而DA功能亢进的精神分裂症病人很少患溃疡症。DA受体激动剂可防止和治疗上述溃疡症；安定剂则可使这类溃疡症恶化。

（6）*DA与中枢催吐作用* 孤束核和导水管周围灰质接受第四脑室周围DA能神经纤维的支配，这些区域也存在D_2受体。兴奋这些受体可出现中枢性呕吐。选择性的DA受体激动剂去水吗啡可兴奋延髓呕吐中枢的DA受体而致吐，安定剂可抑制DA受体起镇吐作用。

（7）*DA对眼内压的影响* 当兴奋眼内网络小梁上的DA受体时，眼内压升高，以致产生青光眼。用D_1受体拮抗剂可有效地舒张网络小梁，降低眼内压，达到治疗青光眼的目的。D_2受体拮抗剂和β-拮抗剂也能降低眼内压。因为支配眼眶的交感神经末梢的突触前受体是D_2型受体，故用D_2受体激动剂反馈抑制交感神经释放NA，可致眼内压下降。

（8）*DA与视网膜信息传递的影响* 视网膜由光感受器、水平细胞、双极细胞、网间细胞、无长突细胞和神经节细胞组成。网间细胞的DA能神经末梢与水平细胞形成突触，从神经末梢释放的DA作用于水平细胞的 D_1 受体，使水平细胞对光的反应性降低，用 D_1 受体阻滞剂可多倍地增加其对光的反应。

（9）DA与痛和镇痛　　增强CNS中DA能系统功能活动的药物都可明显地对抗吗啡镇痛；减弱CNS中DA能系统功能活动的药物都能增强吗啡镇痛。DA是否参与镇痛作用，研究较少，说法不一。

5.3.5　脑内的5-羟色胺能神经元系统

5-羟色胺（5-hydroxytryptamine或serotonin，5-HT）由吲哚和乙胺两部分组成，化学结构上属吲哚胺类化合物。5-HT存在于哺乳动物的消化道、血液和中枢神经系统，其含量以消化道最高，约占体内总量的90%，血液约占8～9%。中枢神经系统仅占1%～2%。

5-HT首先发现于血液，主要由血小板摄取和携带，释放于组织间液的5-HT主要由肥大细胞摄取和携带。由于5-HT可引起血管收缩，故又称为血清紧张素（serotonin）。消化道的5-HT主要由肠粘膜内的嗜铬细胞生成。血液中的5-HT很难通过血脑屏障进入脑内。中枢神经系统中的5-HT主要在脑内合成，因此中枢和外周的5-HT系统是相互独立的。

5-HT的生物合成

色胺酸（tryptophan，TP）是合成5-HT的前体，在色胺酸羟化酶（tryptophan hydroxylase，TPH）作用下生成5-羟色胺酸（5-hydroxytryptophan，5-HTP），最后经5-羟色胺酸脱羧酶（5-HTP decarboxylase，5-HTPDC）脱羧后生成5-HT。5-HT的生物合成途径在中枢和外周完全相同，并不因为两个系统的相对独立而有所差异（图5-29）。

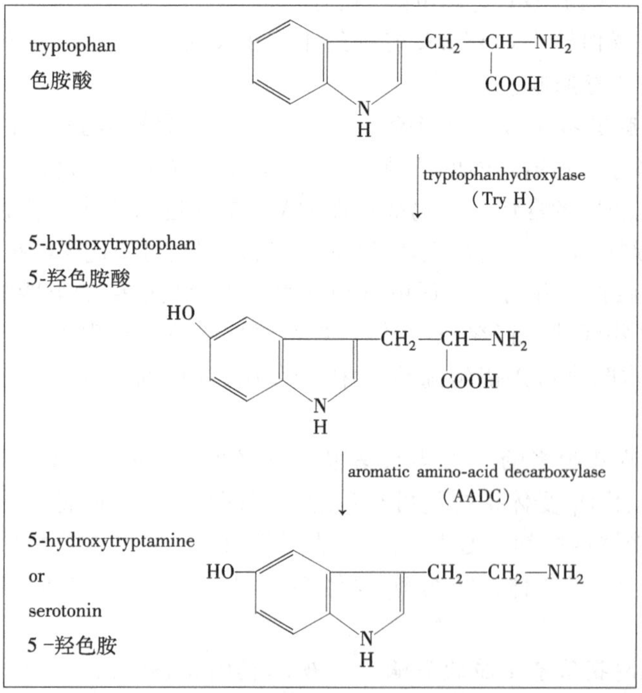

图5-29

色胺酸（TP）是5-HT合成的限速因素。血浆中的TP有游离型和结合型。与血浆蛋白相结合的游离型占总量的10%～20%，结合型约占总量的80%～90%。游离型TP可通过血脑屏障进入脑内，结合型TP很难通过血脑屏障。因此，提高游离型TP含量可增多进入脑内的TP量，加速脑内5-HT的生物合成。

色胺酸羟化酶（TPH）是5-HT合成的限速酶。其底物专一性强，但酶的活性较低、含量少，易被饱和，仅存在于5-HT神经元内。TPH在胞体合成后，经轴浆运输至轴突末梢的胞浆内。

5-羟色胺酸脱羧酶（5-HTPDC）含量较高，活性强，对底物要求不甚专一，缺乏特异性。

5-HT神经元胞体的分布和纤维联系

与NA和DA相比，Falck-Hillarp（1962）创建的荧光组织化学方法对5-HT不甚灵敏，其组化反应条件要求更严格，我们实验室的经验是控制反应湿度的范围常可得到满意的实验结果。还是Dahlstrom和Fuxe（1964）应用Falck-Hillarp荧光组化方法，首先揭示脑干内5-HT能神经细胞的存在。这些细胞主要分布于延髓、脑桥和中脑的中缝及其邻近区。从脑干尾端到头端，其有9个细胞团，命名为B1～B9细胞群。抗5-HT抗血清制备的成功，进一步推动了5-HT神经元形态和功能的研究。Steinbush（1981）首先用免疫荧光组化技术显示出5-HT细胞，确证9群5-HT细胞的存在和分布。并在以后的研究中，相继观察到中缝以外的区域如间脑和端脑也存在散在的5-HT细胞。

（1）脑内5-HT细胞的分布（图5-30）

由于5-HT细胞主要分布于脑干中缝核群及其邻近区，因此，又称为中缝5-HT能神经元系统，各群细胞分布如下：

B1细胞群：位于锥体束内侧和腹侧面，从锥体交叉向上延伸到面神经核起始平面。大部分细胞位于中缝苍白球（nucleus raphe pallidus）内，细胞中等大小，从细胞数量上看，属中等细胞群。

B2细胞群：主要位于中缝暗核（nucleus raphe obscurus）。是一小群细胞，胞体中等大小，呈圆形到卵圆形。

B3细胞群：极大部分细胞位于中缝大核（nucleus raphe magnus）及锥体束的腹侧和内侧，颅侧有许多细胞位于斜方体背侧的内侧丘系中。胞体中等大小，圆形或卵圆形，也有梭形和多极形，细胞数量多，属于大细胞群。

B4细胞群：位于第四脑室下方，前庭核和外展神经核背侧，细胞小到中等，圆形或卵圆形，是一小群细胞。

B5细胞群：位丁三叉神经运动核水平的脑桥中缝核（nucleus raphe points）内，是一群中等大小的圆形、卵圆形和多极形细胞，胞体的长轴常和中缝平行。

B6细胞群：位于脑桥第四脑室下方中线部，是一小群细胞，细胞形态与B5相似。

B7细胞群：位于中脑中央灰质内。细胞排列紧密，极大部分细胞居于中缝背核（nucleus raphe dorsalis）和内侧纵束的上方和内侧。也有细胞位于核外侧和E-W核尾侧，滑车神经核和内侧纵束外侧也有少数细胞。B7是一大群细胞，胞体中等大小，多为圆形和卵圆形。

B8 细胞群：也是一大群细胞，从下丘尾侧到脚间核尾侧 1/3 水平，5-HT 细胞主要位于中缝正中（中央）核（nucleus raphe medianus）；有些细胞分布在线形核（nucleus linearis）尾部，结合臂交叉中也有少量细胞。

B9 细胞群：此群细胞很大，主要位于内侧丘系及其周围的中脑网状结构中。

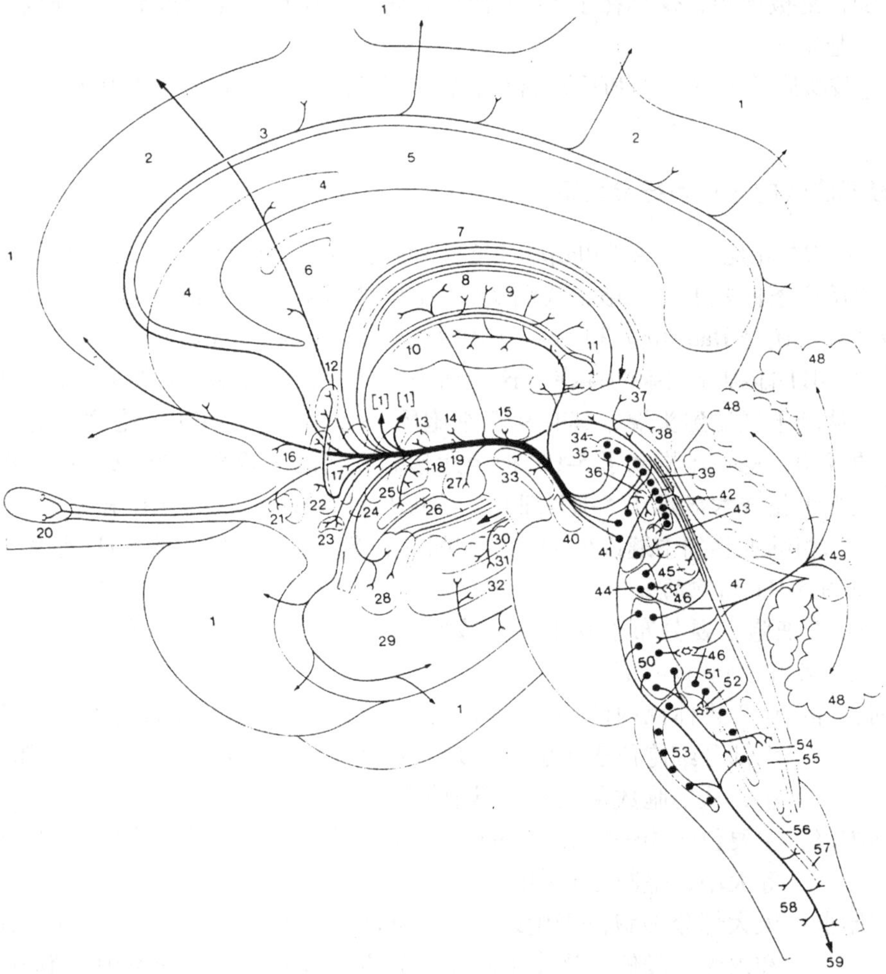

图 5-30　脑内 5-羟色胺能神经元胞体的定位和纤维投射

1. 新皮层；2. 扣带回；3. 髓纹＋扣带；4. 尾状核；5. 胼胝体；6. 壳核；7. 穹隆；8. 终纹；9. 丘脑；10. 髓纹；11. 缰内侧核；12. 隔内、外侧核；13. 背内侧核；14. 下丘脑外侧区；15. 被盖腹侧区；16. 伏隔核；17. 视前内、外侧核；18. 腹内侧核；19. 内侧前脑束；20. 嗅球；21. 嗅前核；22. 斜角带核；23. 视交叉上核；24. 脚攀＋杏仁腹侧通路纤维；25. 下丘脑前核；26. 漏斗体核；27. 乳关体；28. 杏仁复合体；29. 旁海马回；30. 齿状回；31. 阿蒙氏角；32. 下托；33. 黑质；34. 中脑中央灰质；35. 中缝背核（B7）；36. 被盖背核；37. 上丘；38. 下丘；39. 背侧纤微束；40. 脚间核；41. 中央上核（B6＋B8）；42. 室管上丛；43. 蓝斑；44. 中缝脑桥核（B5）；45. 臂旁核；46. 中脑网状结构；47. 第四脑室；48. 小脑皮质；49. 小脑中央核；50. 中缝大核（B3）；51. 中缝暗核；52. 延伸网状结构；53. 中缝苍白球（B1）；54. 孤束核；55. 迷走神经背核；56. 三叉神经脊束核；57. 胶状质；58. 前角；59. 中间外侧核上述9群5-HT细胞，B1～B3位于延髓；B4～B6位于桥脑；B7～B9位于中脑。

（2）5-HT能神经元的纤维投射

5-HT能神经元投射也可分为上行和下行两个系统（图5-30）。其纤维走向与NA有些相似。

上行5-HT能神经元系统

由背侧束和腹侧束组成。①腹侧束投射更为广泛，其纤维主要起自于中脑的B6～B8细胞群，沿途分别投射至中脑的脚间核、黑质、被盖腹侧区、间脑的内侧缰核、髓板内核、丘脑的中央核团、中线核、内侧核、束旁核、下丘脑前核、下丘脑内、外侧核、视交叉上核、弓状核、丘脑束旁核和外侧膝状体，端脑的内外侧隔核、尾核、海马、杏仁核、嗅前核、嗅球和大脑皮层。②背侧束的纤维主要起自于B3、B5和B6，纤维沿室旁背侧纵束上行终止于中脑中央灰质和下丘脑后区。③上行小脑投射。细胞主要起自于B6～B8细胞群，其纤维经小脑脚投射至小脑中央核和小脑皮层。

下行5-HT神经元系统

下行投射至脑干尾端不同结构的5-HT细胞主要起源于B5～B8细胞群，其末梢分别终止于桥脑和延髓的网状结构，背侧被盖，蓝斑，下橄榄复合体和中缝大核。下行投射至脊髓的细胞主要起源于B1～B3细胞群，经脊髓背外侧分别终止于背角，侧角和前角。

5-HT的生理功能

（1）5-HT对心血管功能活动的调节　从延髓中缝核群发出的5-HT能纤维下行到脊髓（胸腰段）中间外侧细胞柱投射至交感神经节前神经元。支配血管的传出性运动神经主要起源于这些交感神经节前神经元，其活动对血压的调节起重要作用。将5-HT注入侧脑室或下丘等部位，可引起猫、兔血压下降；但对大白鼠可引起血压升高。电刺激不同脑区的5-HT能神经元也可产生不同的心血管效应，提示5-HT在心血管调节作用中与动物种属和脑的部位的不同有关。

（2）5-HT与呼吸活动　与呼吸有关的神经元主要位于延髓背侧部和脑桥结合臂核团。这些神经元接受5-HT能纤维末梢支配，提示5-HT可能在呼吸调节中起作用。如提高中枢5-HT含量给大鼠和猫外源性5-HT或5-HTP，可使呼吸抑制。破坏5-HT神经元或抑制脑内5-HT合成，可引起呼吸兴奋。延髓网状结构中还存在5-HT和SP，5-HT和TRH共存神经元，由于SP和TRH对呼吸都起兴奋作用，故推测这些递质共存神经元也可能参与呼吸调节作用。另外，呼吸活动易受血压、体温和清醒状态等因素的影响，致使中枢5-HT调节呼吸的机理更为复杂。

（3）5-HT对体温调节　下丘脑前区和视前区都接受中枢5-HT能神经末梢支配。下丘脑前区与产热有关，视前区与散热有关，两者功能迥然不同。5-HT对体温的调节也与动物种类和中枢部位的不同有关。如给猫、狗和猴等动物脑池微量注入5-HT可引起体温升高；而在兔、大鼠和羊等动物脑池内作类似注射后，则引起体温降低。另外，激动5-HT_{1A}受体可使体温降低，激动5-HT_2受体体温升高，将5-HT注入小鼠中缝核群，体温升高，侧脑室注入8-OH-DPAT（5-HT_{1A}受体激动剂）体温下降。延髓中缝核尤其是中缝大核的5-HT神经元可接受皮肤温度感受器的传入信息，包括被皮肤热刺激兴奋的神经元和被冷刺激兴奋的神经元。这些神经元与下丘脑前区和视前区有明确的纤维联系。

（4）5-HT 对睡眠的影响　对于人类，5-HT 主要影响快波睡眠。5-HT 的含量与快波睡眠呈线性关系。对于动物，5-HT 主要是触发和维持慢波睡眠。注射 PCPA 排空 5-HT 或损毁中缝核的 5-HT 能神经元，可使猫严重失眠（明显地减少慢波睡眠）；而用 5-HTP 可逆转 PCPA 的作用。单独用 5-HT 可产生促眠作用。睡眠和觉醒的机制很复杂，参与睡眠或觉醒的神经递质还很多，如 NA，Ach，DA 和其他递质，但正常睡眠和觉醒的维持有赖于 5-HT 和 NA 的相互制约和相互协调。

（5）5-HT 和性行为　与中枢 DA 增强性行为的情形相反，中枢 5-HT 有抑制性行为的作用。5-HT_{1A}受体和 5-HT_2 受体激动剂可促进雄性大鼠的性行为；但对雌性大鼠，前者有抑制作用，后者有促进作用。

（6）5-HT 与摄食　大致上可以认为，5-HT 有抑制摄食的作用。提高脑内 5-HT 含量，如给予 5HTP 或 fenfluramine，可使动物摄食减少。将 5-HT 注入中缝核促进摄食；但注入下丘脑室旁核，抑制摄食。

（7）5-HT 与痛和镇痛　5-HT 在痛和镇痛调节中的作用是很重要的。痛和镇痛的调节涉及许多神经递质、神经肽、激素和其他大分子化合物的相互作用。许多实验证明，增强脑和脊髓内 5-HT 能神经活动可以镇痛或增强镇痛药物和针刺镇痛的作用，相反，若降低这些神经元的活动，可导致痛觉过敏或明显地减弱药物镇痛和针刺镇痛的作用。在痛和镇痛的调节中 5-HT 和 NA 有相互制约的影响。中缝背核和中缝大核的5-HT 神经元都接受蓝斑的 NA 能神经末梢的支配，损毁蓝斑后，即去除蓝斑 NA 末梢对中缝 5HT 细胞的支配，中缝核内 5-HT 含量增加，有利于针刺镇痛，表明蓝斑的 NA 能系统对 5-HT 能神经元有抑制性控制作用。蓝斑也接受来自中缝核的 5-HT 能末梢的支配。用化学切割剂 5,7-DHT 或 5,6-DHT 损毁蓝斑内的 5-HT 末梢，降低 5-HT 含量，针刺镇痛效应减弱，提示 5-HT 能系统对 NA 能系统的功能也有调控作用。

（8）5-HT 与内分泌　下丘脑的弓状核，视上交叉核，乳头体前核和正中隆起等都有密集的 5-HT 纤维末梢，这些结构的分泌功能与 5HT 有关。5-HT 可促进促肾上腺皮质释放因子（CDF）的分泌，在升高血浆中 ACTH 和 β 内啡肽的含量的同时明显地减少嗜酸性白细胞；5HT 还参与下丘脑-垂体-肾上腺皮质系统的作用。5-HT 也可能通过下丘脑内侧基底部直接作用于垂体，通过 TRH 促使 TSH 释放，加强甲状腺的代谢功能；5-HT还可能对垂体生长激素（GH）和催乳素（PRL）的分泌有促进或兴奋作用。也有相反作用的报道有待进一步澄清。

（9）5-HT 与精神活动　中枢神经系统中 5-HT 含量的变化与精神和情感性活动有关。脑内 5-HT 含量过高和过低均可引起精神障碍。精神分裂症患者脑内 5-HT 代谢异常；忧郁症患者脑内 5-HT 含量明显降低。

§5.4　脑内的氨基酸能神经元系统

中枢神经系统作为经典神经递质的乙酰胆碱和单胺类只占脑内神经递质的一小部分，大部分神经递质是氨基酸类，包括谷氨酸（glulamate）、天冬氨酸（aspartate）、γ-

氨基丁酸（γ-aminoge-butyrate，GABA）和甘氨酸（glycine）。脑内的酸性氨基酸如谷氨酸和天冬氨酸对神经元有极强的兴奋作用，故称为兴奋性氨基酸（excitatory aminoacid，EAA），γ-氨基丁酸和甘氨酸对神经元行使抑制作用，故称为抑制性氨基酸（inhibitory aminoacid，IAA）。

5.4.1 兴奋性氨基酸

在哺乳动物脑内兴奋性氨基酸的含量最高。由于这些氨基酸也是生化代谢中的中间代谢产物，因此很难区别其代谢作用和递质作用，如谷氨酸参与蛋白质、多肽和脂肪酸的合成，既是 GABA 的前体，也是三羧酸循环的有关部分。对兴奋性氨基酸递质功能研究的一个突破性发现是脑组织具有高亲和力摄取机制（wafsey），损毁脑内某些神经通路，不仅导致这些氨基酸的含量明显降低，而且其高亲和力摄取能力也丧失。以后还发现在以氨基酸类为递质的神经元内可能存在类似乙酰胆碱和单胺类神经元的囊泡储存机制，电刺激某些神经通路或用去极化剂处理脑薄片介导这些氨基酸依赖于钙离子的释放以及这些氨基酸的拟似剂和拮抗剂相继发现的有关研究都支持这些氨基酸是神经递质的论断。

兴奋性氨基酸的生物合成

谷氨酸和天冬氨酸都来自葡萄糖，经三羧酸循环产生的α-酮戊二酸和草酰乙酸，在转氨酶的作用下分别生成谷氨酸和天冬氨酸（图 5-31）。

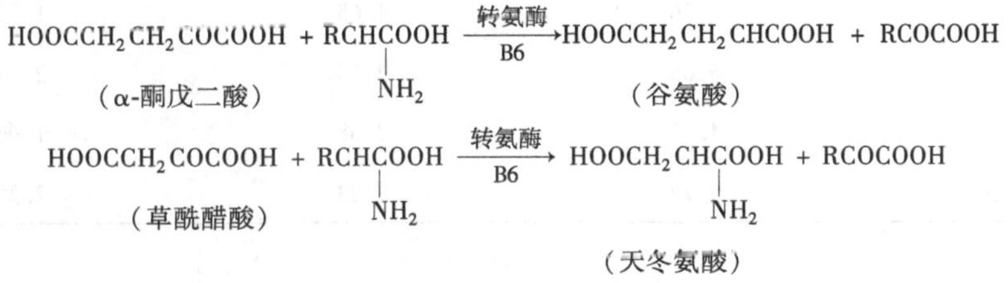

图 5-31

谷氨酸的另一个来源是谷氨酸胺。谷氨酰胺在谷氨酰胺酶的作用下水解成谷氨酸（图 5-32）。

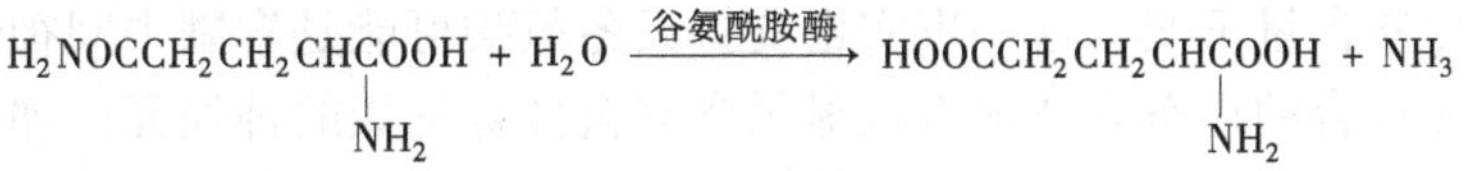

图 5-32

用［^{14}C］谷氨酰胺或［^{14}C］葡萄糖与脑薄片培育，发现海马的穿通纤维中 80% 的谷氨酸转化为谷氨酰胺，因此，有人认为来自谷氨酰胺的谷氨基酸起递质作用。而来自葡萄糖的谷氨酸起代谢作用；神经胶质细胞具有很强的氨基酸摄取能力，并含有谷氨酰胺合成酶，可将摄取的谷氨酸转化为谷氨酰胺，谷氨酰胺再被转运到神经末梢，在末梢内经谷氨酰酶脱氨生成谷氨酸。另外，从突触释放出的谷氨酸和天冬氨酸进入突触间隙后，绝大部分被神经末梢重摄取再被利用；胶质细胞也摄取这些氨基酸，其意义在于防止过量的谷氨酸扩散到周围的神经元上，以避免引起神经系统的过度兴奋。

兴奋性氨基酸神经元的分布和纤维联系

兴奋性氨基酸在脑内的含量极高，尤其是谷氨酸，其含量可超过其他氨基酸的好几倍甚至10倍以上，但在各脑区之间的差别很少超过两倍，大脑皮层（颞叶、额叶、枕叶）、小脑、纹状体的含量较高，丘脑、下丘脑和脑干次之；大体上说，天冬氨酸以小脑、丘脑和下丘脑含量最高，其次是大脑皮层、纹状体和脑干（见表5-1）。

表5-1　人脑各区谷氨酸、谷氨酰胺、天冬氨酸的浓度（μmol/g 湿重）

区域	谷氨酸	谷氨酰胺	天冬氨酸
额叶	9.93	3.84	1.92
颞叶	10.78	4.41	1.89
枕叶	8.64	3.75	2.56
小脑	9.64	5.17	2.29
胼胝体	5.54	2.56	1.16
丘脑	8.37	3.70	2.48
苍白球	10.54	3.72	1.84
尾壳核	10.48	3.18	1.30
杏仁	9.36	4.65	1.73
黑质	5.08	2.65	2.59
红核	4.95	2.38	1.96
下丘脑	5.77	3.23	2.26

在脊髓内，谷氨酸和天冬氨酸的含量低于脊髓以上的各个脑区，但在分布上有其特点，背根的谷氨酸含量高于腹根，背部灰质的含量高于腹部灰质；而天冬氨酸腹部灰质高于背部灰质。据此，有人推测谷氨酸是初级传入纤维的兴奋性递质，天冬氨酸可能是中间神经元的兴奋性递质。阻断主动脉血流，可致脊髓中间神经元死亡，结果天冬氨酸含量下降，谷氨酸含量不变，这一事实也支持天冬氨酸可能是脊髓中间神经元的兴奋性递质。目前尚无适合的形态学技术直接显示含兴奋性氨基酸的神经元。加之脑内作为神经递质的氨基酸只占很少一部分，大量的氨基酸是中间代谢产物，因此，脑内各个不同区域氨基酸含量的测定也难以确证氨基酸能神经元的定位和纤维投射。根据高亲和力摄取，结合脑区损毁或电刺激氨基酸释放，以及应用同位素标记兴奋性氨基酸轴突运输的放射自显影技术对兴奋性氨基酸神经元的定位和投射途径进行了研究。如大脑皮层的锥细胞含丰富的谷氨酸这些细胞发出纤维广泛投射至皮层下区（详见表5-2）。

表 5-2　哺乳动物脑内一些以酸性氨基酸作为递质的通路

通　路	氨基酸	实验证据
大脑皮层到：		
杏仁	谷氨酸	u
楔核	谷氨酸	up
齿回	谷氨酸	up
外膝体	谷氨酸	u
伏隔核	谷氨酸	u
嗅结节	谷氨酸	u
脑桥核	谷氨酸	u r
红核	谷氨酸	u
脊髓	谷氨酸	up
纹状体	谷氨酸	up
黑质	谷氨酸	u
丘脑	谷氨酸	up
海马连合纤维/联络纤维	谷氨酸或天冬氨酸	urp
		urp
海马 schaffer 侧枝	谷氨酸或天冬氨酸	rip
海马到：		
终纹床核	谷氨酸或天冬氨酸	uc
下丘脑	谷氨酸或天冬氨酸	uc
外侧隔核	谷氨酸或天冬氨酸	ucr
乳头体	谷氨酸或天冬氨酸	uc
伏隔核	谷氨酸或天冬氨酸	uc
斜束核	谷氨酸或天冬氨酸	uc
小脑		
爬行纤维	谷氨酸	ucr
平行纤维	谷氨酸	ucrp
外侧嗅束	天冬氨酸	crp
听神经	天冬氨酸	crp
脊髓		
下行束	谷氨酸	ucr
中间神经元	天冬氨酸	cp
初级传入	谷氨酸	crip

注：u. 突触前摄取　c. 含量测定　r. 释诱发释放　p. 药理拮抗　i. 突触后作用鉴定（identity）（图 5-33）

兴奋性氨基酸的生理功能

（1）学习记忆功能　由强直性刺激导致的持续时间较长的突触超敏，使继后的单个刺激引起的突触反应增大，潜伏期缩短的现象称为长时程增强（long term potentiation,

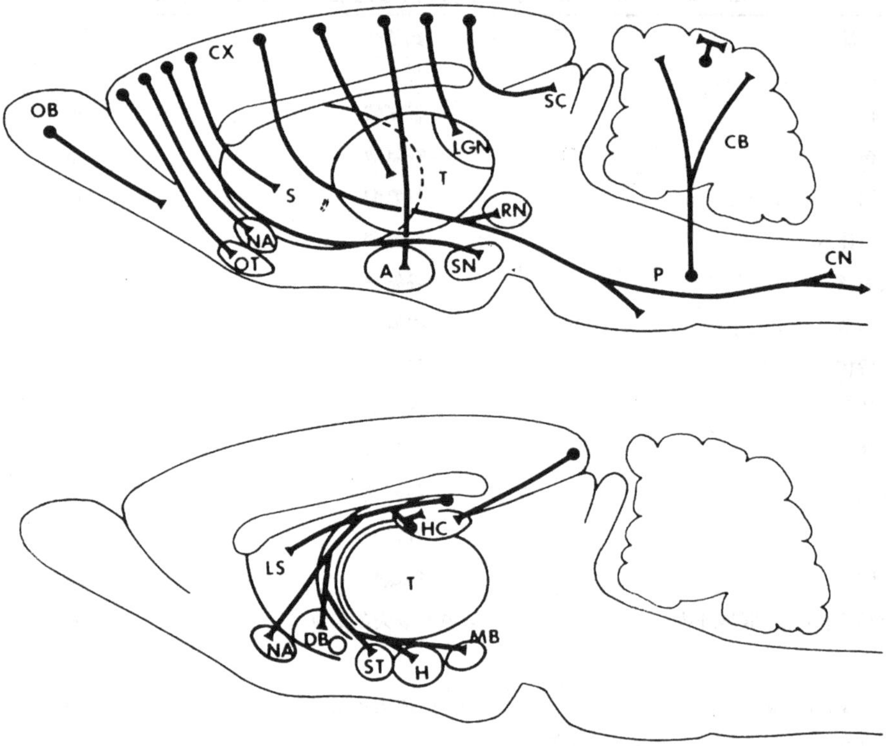

图 5-33　哺乳动物脑内利用酸性氨基酸作为递质的神经通路

缩写字：A，杏仁；CB，小脑；CN，楔核；CX，大脑皮层；DB，斜带核；GP，苍白球；HC，海马；H，下丘脑；LGN，外膝体；LS，外侧中隔；LVN，外侧前庭核；MB，乳头体；NA，伏隔阂；OB，嗅球；OT，嗅结节；P，脑桥；RN，红核；S，纹状体；SC，上丘；SN，黑质；ST，终纹床核；T，丘脑。（参见表 5-2）

LTP）。可持续几小时，甚至几天。在海马诱导的 LTP 被认为是学习和记忆的神经基础.已经发现谷氨酸的 NMDA 和非 NMDA 受体共同参与 LTP 的诱导。在正常低频刺激时，由突触前膜释放的谷氨酸作用于突触后膜 NMDA 和非 NMDA 受体。NMDA 受体离子通道的启开需要谷氨酸的结合，也需要突触后膜去极化达到一定程度；即所谓 NMDA 受体的双重门控性通道（doubly gated channel）。当去极化达到一定程度后，Mg^{2+} 对通道的阻断作用得以解除，使 Ca^{2+} 内流，Ca^{2+} 进一步激活依赖于 Ca^{2+} 的蛋白激酶 C 和 Ca^{2+}/钙调素依赖性蛋白激酶。这两种蛋白激酶再对相应靶蛋白进行磷酸化，诱导产生 LTP。LTP 之所以能持续维持，是因为在 LTP 产生后，突触后细胞释放一种可进入突触前膜细胞的膜通透性逆行信使作用于突触前末梢内的蛋白激酶（可能是蛋白激酶 C），维持突触前膜递质释放增加所致。

（2）*兴奋性氨基酸和精神分裂症*　有一种观点认为，脑内谷氨酸的原发性缺乏或功能低下可能是精神分裂症发病的病因之一。因为拟精神病类药苯环立定（PCP）可与 NMDA 受体结合，PCP 和一种 NMDA 受体拮抗剂 MK-801 都可使人类产生精神症状，并且这些药物还能引起与精神活动有关的脑区（如扣带回）发生病理变化。目前更倾向于认为精神分裂症的发病机制可能与脑内 DA 能和谷氨酸能系统之间的平衡失调有关。如 DA 过分抑制皮层谷氨酸能传出纤维释放谷氨酸；DA 能神经末梢的 NMDA 受体激活减少，使 DA 释放减少可能导致精神分裂症。

另外，皮层-纹状体-丘脑-皮层环路是控制大脑皮层兴奋的主要通路，丘脑-皮层的兴奋性传入冲动受 GABA 抑制，而谷氨酸和多巴胺调节 GABA 的释放。因此。该环路中各种递质相互调节的失控也可能是精神分裂症的致病的原因。

（3）*兴奋性氨基酸与神经变性疾病*　一些神经变性疾病的发生可能是由于兴奋性氨基酸能神经元的过度活动引起脑内某些区域中神经元损伤或凋亡所致。例如，甲基苯丙胺（methamphetamine）产生的 DA 依赖型帕金森病可被 MK-801 阻断；注射海人酸或蛙啉酸可产生类似亨廷顿病理变化并伴随着兴奋性氨基酸与受体结合减少。给动物基底前脑注射兴奋性氨基酸，可引基底前脑内 Ach 能神经元变性，产生类似老年痴呆症（AD）的某些病理变化。脑内氨基酸能神经元的丧失也是 AD 的一种病理学特征。

（4）*兴奋性氨基酸的神经毒性作用*　早在 50 年代末，Lucas 和 Newhouse（1957）给遗传性视网膜变性的新生小鼠全身注射谷氨酸以探索治疗的可能性，结果适得其反，意外地发现小鼠视网膜细胞的中毒效应。引起视网膜内层神经元急性变性。全身给正常新生小鼠谷氨酸也产生类似变性。之后 Olney（1969，1971）进一步观察到位于血脑屏障外的弓状核和室周器官的神经元胞体也发生急性变性。有人还证明，兴奋性氨基酸在缺氧、缺血、脑外伤和持续癫痫所导致的急性神经元损伤中起关键性作用。在这些病变中，神经元兴奋性氨基酸释放增加，重摄取减少以及死亡细胞中兴奋性氨基酸的大量溢出而引起细胞外兴奋性氨基酸浓度大幅度增加。兴奋性氨基酸通过 NMDA 受体（Kainate 和 AMPA 受体的参与）导致细胞变性死亡。其毒性作用主要由 Ca^{2+} 介导。Ca^{2+} 激活一系列与细胞毒性有关的酶（如蛋白酶 Calpains Ⅰ、Ⅱ，蛋白激酶 PKC，CaM-PK，磷酸酶，磷酯酶 A_2，磷酯酶 C，一氧化氮合酶等）导致细胞死亡。在正常情况下，细胞外 EAA 的浓度受神经元和胶质细胞的高摄取系统所控制，故不会导致细胞中毒而变性死亡。

5.4.2　抑制性氨基酸

一个世纪以前（1883 年）γ-氨基丁酸已人工合成。1950 年（Roberts 和 Awapara）各自发现脑内存在 GABA。1953 年 Florey 从哺乳动物脑组织中提取到一种可以抑制神经传导的物质，称为 1 因子（factor 1），后来证明 1 因子的主要成分是 GABA。60 年代以后，从甲壳类到哺乳类动物，许多研究者相继证明在神经系统中，GABA 具有普遍的抑制作用。60 年代中期，Aprison 和 Werman（1965）提出甘氨酸可能是脊髓的抑制性神经递质。以后在无脊椎和脊椎动物中枢都证实甘氨酸是重要的抑制性递质，主要分布于脑干后部和脊髓。这些部位具有甘氨酸的高亲和力摄取机制和大量甘氨酸能突触，而脑的其他区域极为缺乏。现在认为，GABA 是高位中枢的抑制性递质，甘氨酸为低位中枢（脊髓和脑干）中间神经元的抑制性递质。

γ-氨基丁酸的生物合成

谷氨酸是 GABA 的前体，脑内谷氨酸的含量极为丰富，谷氨酸经谷氨酸脱羧酶（glutamic acid decarboxylase，GAD）催化脱羧后生成 GABA（图 5-34）。

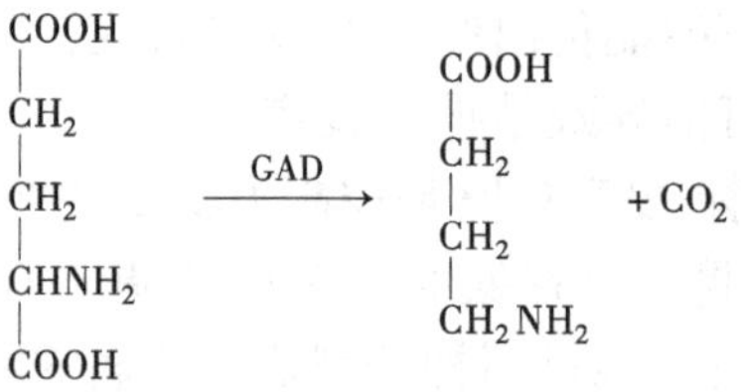

图 5-34

GAD 存在于突触体中，分子量 14kDa，由两个亚基组成，以 VB_6（磷酸吡哆醛）为辅基。故上述反应需磷酸吡哆醛为辅酶。GAD 的活性随神经系统发育而增强，出生一个月之后达到成年值。

GABA 在神经末梢含量很高，主要储存于扁平型的突触囊泡中。电刺激 GABA 能神经可激发 GABA 释放，GABA 释放依赖于 Ca^{2+} 的存在，GABA 和甘氨酸的失活主要通过神经末梢重摄取，神经胶质细胞也有摄取功能。

抑制性氨基酸神经元的分布和纤维联系

与单胺能末梢的分布相似，GABA 能神经末梢在脑内分布也很广泛，约有 30% 的神经末梢的突触以 GABA 作为神经递质，其含量是脑内单胺类递质的 1000 倍之上。1974 年，Roberts 提纯了 GAD，并制成 GAD 抗体。因此，用免疫细胞化学方法结合 ^{3}H-GABA 放射自显影技术可精确地显示 GABA 神经元的分布和纤维投射（图 5-33）.

GABA 能神经元主要分布于：脑的新皮层、尾核、苍白球、内侧隔核、伏隔核、斜角带核、齿状回、海马、内嗅皮层。间脑的丘脑网状核、下丘脑尾侧部、丘脑底核；中脑的上丘、黑质、中缝背核。小脑皮层质（蒲肯野细胞、高尔基细胞、星状细胞和蓝状细胞）和脊髓灰质。在中枢各部位中，黑质的 GABA 含量最高，苍白球次之。脊髓灰质内除运动神经元聚集区之外，都有 GABA 能神经元的分布，但含量较低。

在中枢神经系统中，如在大脑皮层、小脑皮层、纹状体和丘脑等处，多数 GABA 能神经元属于局部环路神经元或中间神经元。

GABA 能投射神经元有：

纹状体–黑质通路：纹状体（尾核和壳核）的 GABA 能神经元发出轴突经苍白球终止于黑质的致密部和网状部，直接或间接地参与调控黑质纹状体 DA 能通路的细胞。

小脑–前庭外侧核投射：含 GABA 的小脑蒲肯野细胞，发出轴突投射至小脑中央核和前庭外侧核，GABA 是小脑传出通路的唯一递质。

黑质–上丘和脑桥投射：黑质网状部的 GABA 能神经元的纤维投射至中脑上丘和脑桥被盖区。

黑质–丘脑通路：从黑质网状部发出的 GABA 能纤维投射至丘脑的各个部分。

隔复合体（包括斜角带核）–海马和内嗅区投射：从隔核内侧和斜角带核发出的 GABA 能纤维投射到海马和内嗅皮层；斜角带也有纤维至隔内侧核。

底丘脑–苍白球投射：

在脊髓甘氨酸含量较高，甘氨酸是脊髓和低位脑干的主要抑制性递质。甘氨酸能神经元以局部环路神经元（或中间神经元）为主，它们对感觉和运动反射实施抑制性调控。黑质-纹状体系统中也存在甘氨酸能中间神经元，黑质的甘氨酸能神经元对黑质-纹状体 DA 能通路的起始细胞起紧张性抑制作用。另外，大脑皮层内也有甘氨酸能投射神经元，起源于前额叶皮质的甘氨酸神经元投射至下丘脑的外侧区和下丘脑腹内侧核（图 5-35）。

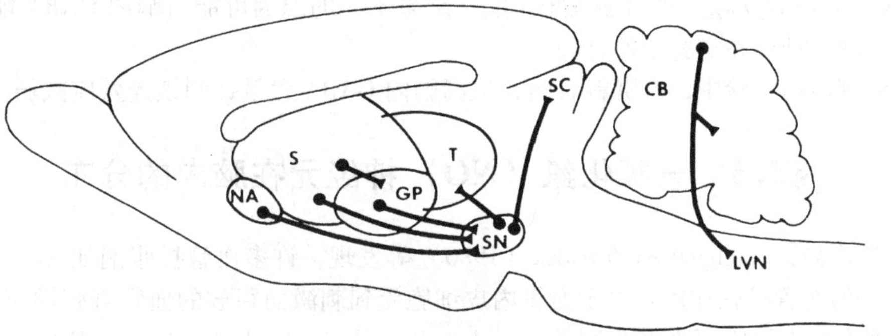

图 5-35　哺乳动物脑内用 γ-氨基丁酸作为递质的投射神经元

（参见表 5-2，缩写字与图 5-33 相同）

抑制性氨基酸的主要生理功能

（1）GABA 的抗焦虑作用　GABA 的抗焦虑作用与 $GABA_A$ 受体有关。$GABA_A$ 受体激动剂激活 $GABA_A$ 受体可产生抗焦虑作用，脑内一些区域如杏仁核、海马、纹状体、大脑皮层和小脑存在一种多肽称为致焦虑肽（diazepam binding inhibitor，DB1）。DB1 下调（down regulation）$GABA_A$ 受体，使 $GABA_A$ 受体与配体的结合减少引起焦虑；安定类上调（up regulation）$GABA_A$ 受体，使 $GABA_A$ 受体与配体结合增多，有抗焦虑作用。

（2）GABA 的抗惊厥作用　脑内 GABA 能系统对维持人类和动物的正常活动十分重要，降低脑内 GABA 含量（如用合成抑制剂 3-MP 或 GABA 受体拮抗剂印防已毒或荷苞牡丹碱）可使动物产生惊厥；提高脑内 GABA 含量（如用 GABA 受体激动剂或 GABA 降解酶抑制剂）可导致抑制，使动物运动减少。癫痫患者大脑皮层的 GABA 含量减少；震颤麻痹病人的黑质和苍白球中 GABA 合成酶（GAD）的活性降低。

（3）GABA 与内分泌　GABA 参与腺垂体和神经垂体激素分泌的调节。许多内分泌细胞和神经内分泌细胞接受 GABA 能纤维末梢的支配，已证明，脑室注射 GABA 后，可提高血中生乳素（PRL）和黄体生成素（LH）的含量；但可抑制促肾上腺皮质激素（ACTH）和促甲状腺素（TSH）的分泌。GABA 的作用是通过下丘脑促垂体激素实现的。

GABA 对下丘脑-神经垂体系统可能具有抑制作用；在离体垂体后叶实验中，GABA 可抑制电刺激和 K^+ 所引起的催产素释放；脑室注入 GABA 可抑制由乙酰胆碱引起的加压素释放。

（4）GABA 与摄食　提高脑内 GABA 含量（如注射 GABA 降解酶抑制剂 AOAA），动物摄食明显减少，可能是下丘脑摄食中枢被抑制所致。

（5）GABA 与镇痛　给动物脑室注射 GABA 或 Baclofen（$GABA_B$ 类似药）可产生镇痛作用；GABA 降解酶 GABAT 抑制剂氨氧乙酸（AOAA）也有镇痛作用。GABA 对吗啡镇痛的实验结果不一致，脑室注射 GABA 受体激动剂 muscimol 对抗吗啡镇痛；

用γ-氨基丁酸转氨酶（GABAT）抑制剂 AOAA 提高脑内 GABA 水平后，吗啡镇痛作用减弱。应用 GABA 重摄取抑制剂可对抗吗啡镇痛。上述资料表明，GABA 有对抗吗啡镇痛的作用。但也有资料指出脑内 GABA 能系统增强吗啡的镇痛的作用，应用 AOAA 提高小鼠脑内 GABA 含量，可增强吗啡镇痛作用；给小鼠静脉注射 GABA 受体激动剂 muscinol（0.15mg/kg）也增强吗啡镇痛。结果不一的原因可能与脑内 GABA 能系统的复杂性、动物种属和实验条件有关。

在针刺镇痛实验中，有资料表明，提高脑内 GABA 含量针刺镇痛效应减弱。

§5.5　一氧化氮（NO）神经元在脑内的分布

80 年代初，Furchgott 和 Zawadzk（1980）等发现，许多血管扩张剂如 Ach，缓激肽和 ATP 等的血管扩张作用是由于血管内皮细胞受到刺激而释放的血管舒张因子介导的，该因子称为内皮细胞源性舒张因子（endothelium-derived relaxing factor，EDRF）。EDRF 可引起血管平滑肌松弛，致使血管扩张。现已明确，EDRF 实际上就是 NO，硝基血管扩散剂（如硝普钠、硝酸甘油）最终也是通过 NO 介导而发挥扩血管作用的。现已证实，在脑组织中 NO 就是依赖还原型辅酶Ⅱ的硫辛酸脱氢酶（NADPH diaphorase，ND）。

近 20 年来，这种与外科手术麻醉用的笑氮（N_2O）相关，但性质却截然不同的无机气体分子一氧化氮（NO）引起了神经科学研究者们的极大兴趣。1992 年国际著名的自然科学杂志 *Science* 曾将一氧化氮作为“NO 分子年”。越来越多的研究结果表明，NO 在中枢神经系统中可能起神经递质作用。

5.5.1　一氧化氮合酶（NOS）

已经清楚 NOS 有多种型式的同工酶，它们分别存在于巨噬细胞、内皮细胞、肝细胞、神经胶质细胞和神经细胞中。神经组织中的内源性 NO 和其他组织一样，具有相同的生物合成途径，其反应底物是 L-精氨酸（L-Arg），在 NOS 催化下，进行双氧化反应生成 L-胍氨酸和 NO。有实验证据指出，在神经组织中 NOS 存在两种亚型，即结构型（cNOS）和诱导型（iNOS），前者是生物体（包括神经元）本身固有的，其活性依赖与 Ca^{2+}/CaM（钙调蛋白），受体激活后瞬间释放 NO。从神经元内释放的 NO 作为细胞内信使行使多种重要的生理功能，参与突触可塑性过程，促进递质释放；而血管内皮细胞的 NO 作为内皮内源性舒张因子（EDRF）调节脑血流量。诱导型 NOS 存于神经组织（包括神经元和神经胶质）和巨噬细胞等多种类型细胞内之中，其活性不依赖于 Ca^{2+}/CaM。CNS 中的 iNOS（Dighiero 等，1994）催化产生并持续释放的 NO 在 CNS 损伤、病毒感染以及其他病理条件下的细胞死亡过程中可能起毒害因子的作用。尽管脑内 cNOS 结构型和 iNOS 诱导型需要不同信号来激活，并且有不同的定位和功能，但它们均需要共因子还原性辅酶Ⅱ NADPH、四氮生物蝶呤和黄素（FAD/FMN），并且都需要 L-精氨酸和分子氧作为底物来生成 NO 和 L-胍氨酸，然后 L-胍氨酸又进入代谢通路，以再生游离的 L-精氨酸。由于 NOS 需要 NADPH 作为共同因子，因而有人推测依赖还原性辅酶Ⅱ的硫辛酸脱氢酶（NADPH diaphorase，ND）是 NOS 的同一物质或一种亚型。生化实验证明

NOS 和 ND 可使用同一方法提取，二者具有相同的分子量，ND 底物可竞争性地拮抗 NOS 等。Hope 等用 NADPH-d 抗血清免疫组织化学染色和利用硝基四氮唑蓝（nitro blue tetrazolium，NBT）组织化学染色的结果完全一致。Dawson 和 Bredt 等利用 NOS 抗体免疫组织化学和 NADPH-d 组织化学双标记技术证实 NOS 和 NAPHD-d 共存于纹状体中的中等或大的无棘神经元之中，共存于脑桥核的胆碱乙酰转移酶阳性细胞中。这些实验都证明 NOS 和 ND 是同一物质。学者们一般都接受 NADPH-d 神经元的分布反映了 NOS 的定位。但新近有证据提示，NADPH-d 可能不需要 L-精氨酸作为底物，且不依赖 Ca^{2+}/CaM 激活，因而可能是一种不产生 NO，并以 NOS 不一样的方式被驱动和调节的 NOS 的一种特殊型式。Dun 发现在完整细胞内的大部分 NADPH 活性位于其特别的片段，并且不是 NOS。电镜观察也发现 NOS 电子致密物质位于胞膜的胞浆侧并与神经内质网联系；而结构型 NOS 位于细胞质，所以虽然已经发现 NADPH-d 和 NOS 存在于脊髓内的相似区，但实际上不在相同的亚细胞结构中，因而 NADPH 的神经元定位可能并不反映合成 NO 神经元的定位。由于这些原因，因此在解释 NADPH-d 组织化学和 NOS 免疫组织化学的结果时需加谨慎。

5.5.2 CNS 中 NOS 的定位

应用 NADPH-d 组织化学，NOS 免疫细胞化学以及原位分子杂交组织化学等技术，对各种哺乳动物脑内 NOS 的定位进行了大量的详细的研究，NOS 在 CNS 的分布很广泛，并分别与多种神经递质或调质共存（图 5-36）。

端脑

NOS 散在地分布于Ⅱ～Ⅵ层中的皮层神经元和皮层下白质中。这些皮层的 NOS 神经元含生长抑素（somatostatin）和神经肽 Y（neuropeptide Y）；并表达 GAD（glutamate decarboxylase）mRNA 和 GABA 免疫活性反应，但不含小白蛋白（parvalbumin）。在人的大脑皮层中也有类似观察。

老鼠皮层下白质中大多数细胞含 NADPH－d，但大脑中出现该酶的细胞很少。老鼠的这些神经元发出轴突投射到覆叠皮层（overlying cortex）及邻近的皮层区，一个有趣的观察是精神分裂症（schizophrenic）脑中 NADPH-d 阳性神经元是丧失的；但随之皮层下白质中的该类神经元密度增加。有人认为这种病人可能板下（subplate）神经元发育紊乱。在旧皮层（allocortical）的一些区域也存在类似新皮层中的 NADPH-d 染色和 NOS 免疫反应神经元的细胞群。

和新皮层的锥体细胞一样，海马 CA1 的锥体细胞不表达 NOS mRNA，或是 NOS 免疫活性反应，而海马的中间神经元含 NADPH-d 或 NOS。脑下脚（subiculum）中锥体层内部的细胞是 NADPH-d 和 NOS 阳性的。

齿回中有 NOS mRNA 的表达，NADPH-d 和 NOS 免疫活性反应仅限于蓝状细胞（basket cell）和其他中间神经元。有意思的是，许多人建议，NADPH-d 神经元可抵抗多种损伤，在齿回中这些细胞可能与一过性局部缺血（transient ischaemia）的选择性损伤有关。老年痴呆症齿回分子层中的神经毯（neuropil）其 NADPH-d 组化染色明显丧

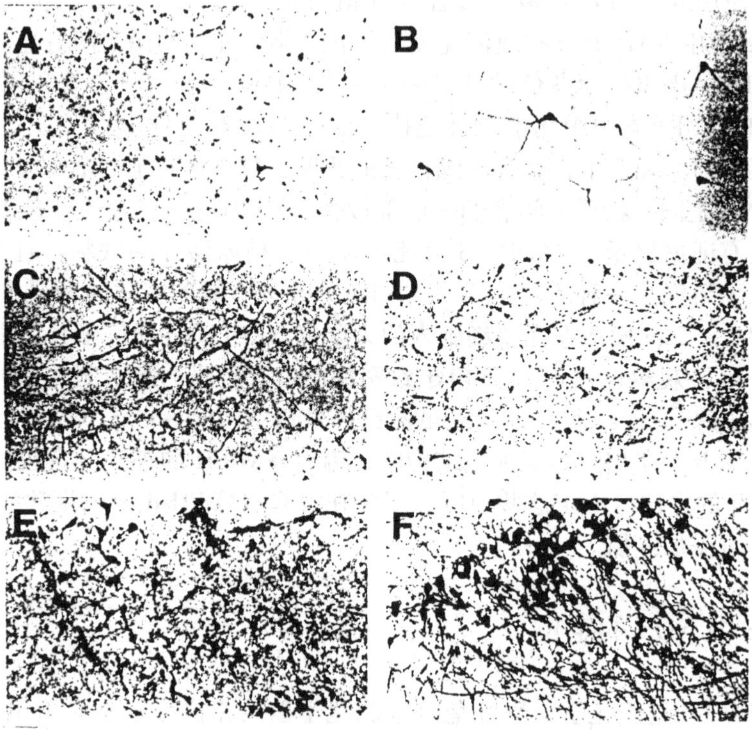

图 5-36　脑内 NOS 的 NADPHD－d 组织化学定位

（A）人（死后）大脑皮层散在的阳性细胞；成年大鼠大脑皮层（B）纹状体（C）和生后一天新生鼠纹状体（D）内的阳性无棘神经元。鸡中脑桥被盖（E）和蛙（F）相当于哺乳动物背外侧和脚桥被盖细胞群中大而强标记的神经元（各图的标尺相同，bar＝100μm）

失。海马 NO 的另一个来源可能是 NADPH-d 内侧隔核和 Broca 斜带核中的大细胞神经元到海马的投射，这些神经元的双标记表明 NADPH-d 与 Ach 共存。老鼠内侧隔核中 70% 的 Ach 能神经元和前脑中 1/3 以上的 Ach 能神经元表达 NADPH-d 活性，但人和猴的基底前脑中基本上没有 Ach 能神经元表达这种酶。

杏仁核有散在的 NADPH-d 阳性细胞，其形态与皮层区的这类细胞很相似。

纹状体的 NOS 神经元是无棘中间神经元（aspiny interneurons），这些神经元含 SOM 和 NPY 以及 NPY 相关肽 C-PON。虽然纹状体 NOS 免疫反应神经元不明显地表达 GAD mRNA，但呈现出 GAD_{67} 免疫反应活性。这些细胞缺乏钙结合蛋白 parvalbumin 和 Calretinin，虽然有些细胞显现出 calbindin D28K 免疫反应阳性活性。纹状体内的这些神经元表达 P 物质 受体 mRNA，其中极大多数也表达 m_1 毒蕈性碱型受体 mRNA；而仅 15% 表达 m_4mRNA。一个相似的小百分比的神经元表达高水平的 NMDA 受体 mRNA。在许多神经元中，弱的甚至难以发现的 NMDA 受体水平可能说明它们对 NMDA 诱发的神经毒性的敏感性相对地缺乏。而这些细胞表达高水平的 Mn－超氧化歧化酶（Mn-superoxide dismutase），可能有保护它们而不受氧基损伤的作用。Huntington's 病的状体神经元缺乏 NADPH-d 表达。

间脑

NOS 存在于下丘脑的各个细胞群中，提示 NOS 在调节下丘脑功能中的重要性。老鼠、猫和人类的视上核和室旁核中的大细胞神经元呈 NOS 免疫反应阳性；前下丘脑中的 NOS 大细胞神经元含加压素（vasopression，VP），但更多地与催产素（oxytocin，OT）共存。

垂体前叶促性腺素激素（gonadotrophs）和雌酮（卵泡素，folliulo）星形细胞，NOS 免疫反应阳性，表达 NOS mRNA。

鱼、两栖类、鸟类和哺乳动物的视网膜中间神经元 NADPH-d 阳性。天竺鼠、猫和灵长类节细胞层中的细胞含 NOS，人眼中锥光感受器（cone photoreceptors）NADPH-d 染色阳性。

丘脑 NADPH-d 或 NOS 阳性细胞稀少，内侧丘脑核可见到 NADPH-d 阳性纤维斑片，其分布与该区乙酰胆碱酯酶阳性带匹配。腹外侧膝状核、膝上核背部和内侧膝状体的尾侧基底部以及内侧份的细胞含有强染色的 NADPH-d。

中脑、脑桥和延髓

成年和发育动物的顶盖，下丘外皮质、丘间连合和后连合的大细胞核均有强阳性 NADPH-d 神经元。背外侧导水管周围灰质的 NADPH-d 神经元的分布延伸到上丘的深层。脑干中最明显的 NOS 细胞群是在脚脑桥被盖核（pedunculopontine tegmental nuclei）的背外侧，该处是 Ach 能细胞群区，双标记染色表明，这些 Ach 能神经元几乎都表达 NOS，在人脑内的脚脑桥被盖核背外侧区中，一些神经变性疾病患者如老年痴呆症、渐进行性上核麻痹和自发性帕金森氏病等也表达 NOS，检查死后的精神分裂症患者，这些神经元的数目比正常增加。

老鼠脑干中，NADPH-d 阳性神经元的分布与含 TH（tyrosine hydroxylase）和 5-HT 有关。NOS 与 5-HT 共存于中缝背核和中缝中央核，但不与延伸至尾部的中缝核（中缝大核、中缝苍白核和暗核）的 5-HT 神经元共存。

大的多极形的 NADPH-d 阳性神经元散布于延髓网状结构，孤束核和延髓的腹外侧，迷走神经背运动核、舌下神经核、三叉神经脊束核和胶状质都含有 NADPH-d 神经元。

小脑

小脑皮质的颗粒细胞 NADPH-d 或 NOS 呈阳性，原位分子杂交技术显示，这些神经元表达 NOS 基因；分子层的蓝状细胞、星形细胞也含 NADPH-d 或 NOS。

脊髓

哺乳动物的整个脊髓Ⅰ～Ⅳ层和Ⅹ层有许多群 NOS 细胞。背角Ⅱ层 NOS 纤维稠密，并与 GABA 共存。背角的一些 NADPH-d 神经元既含 GABA 也含甘氨酸。来自脊神经节的初级传入神经毯在进入背角区处呈 NADPH-d 阳性染色。已证明，胸段背根神经节的神经元约 20% NADPH-d 呈阳性。腰段背根神经节中的 NOS 神经元还含有 CGRP；有些细胞中的 NOS 与 SP 和甘丙肽（galain）共存；L6-S1 段的神经节中的内脏传入神经元（包括支配子宫颈、膀胱）也含 NADPH-d；L7-S2 背根神经节的许多感觉神经元 NADPH-d 染色呈强阳性。胸段中间内外侧细胞柱中的 Ach 能节前自主神经元、骶部大多数付交感节前神经元都呈 NADPH-d 阳性反应。整个脊髓的X层都观察到 NOS 阳性细胞，据估计，不少动物包括人，这些 NOS 细胞至少有 10/100 是脊丘脑神经元。前角一些运动神经元也含 NOS。

5.5.3 NOS 与其他递质的共存

NOS 可与多种神经递质共存（表 5-3）。早在 1983 年，Vincent 等应用 NOS 免疫荧光或 NADPH-d 组织化学和免疫细胞化学结合双标技术首先证明纹状体内所有 SOM 或 APP 阳性细胞均呈 NADPH-d 阳性染色，说明 NOS 和 SOM 或 APP 在纹状体神经元共存。在新皮层，也有部分 SOM 阳性细胞呈 NADPH-d 阳性染色。以后不少学者在不同脑区相继发现 NOS 分别与其他多种神经递质或调质共存，这些共存现象提示 NOS 可能参与这些神经递质的功能调节。

表 5-3 NOS 与多种神经递质共存

谷氨酸能神经元	小脑颗粒细胞	(Bredt et al. , 1991 a)
GABA 能神经元	小脑蓝状细胞	(Bredt et al. , 1991 a)
	皮质中间神经元	(Chesselet and Robbins, 1989)
	海马中间神经元	(Valtschoff et al. , 1993 b)
	脊髓中间神经元	(Spike et al. , 1993)
	视网膜中间神经元	(Vaney &Young 1988)
胆碱能神经元	隔-海马细胞	(Pasqualotto & Vincent, 1991)
	中脑桥被盖神经元	(Vincent et al. , 1983)
	节前交感神经元	(Anderson, 1992)
儿茶酚胺能神经元	前腹被盖	(Sohnson & Ma 1993)
5-HT 能神经元	中缝背核	(Johnsn & Ma 1993)
肽能神经元	前脑中间神经元	(Vincent et al. , 1983a)
	下丘脑神经分泌神经元	(Bredt et al. , 1990)
	感觉神经元	(Aimi et al. , 1991)
	小肠神经元	(Aimi et al. , 1993)

5.5.4 NO 的主要生理功能

（1）NO 在周围和中枢神经系统的突触传递过程中的作用　在周围神经系统中，NO 作为神经递质的条件已基本具备，例如在肌间神经丛含 NOS 阳性纤维支配相应的平滑肌。应用 NO 或硝普钠可产生类似生理性神经刺激作用，选择性的 NOS 拮抗剂可取消刺激神经引起的肌肉收缩，在中枢神经系统中 NO 可通过 NMDA（N-甲基- D-天门冬氨酸）受体，参与神经活动的调节。它通过 NMDA 受体通道影响离子电流。NMDA 受体通道是一类特殊的谷氨酸受体通道，与 Ca^{2+} 流有关；因此，NO 通过这种通道能对很

多 Ca^{2+} 调节的神经元过程产生很强的调节作用。例如突触传递、可塑性、孵育和神经毒性等。但近年来，在中枢神经系统中最引人注目的是 NO 以逆行递质的方式参与突触的功能活动，包括突触的可塑性和长时程增强（LTP）过程。NO 是一个小的、有反应性的气体分子，很容易通过神经元胞膜；半衰期在毫秒与秒之间，作用范围很局限，在多数情况下根据需要才产生。NO 的这些特点很适合于作为一种逆行递质，即突触后神经元上的受体的激活可诱导产生 NO；NO 很快弥散地进入突触前神经元以调节突触前神经元的兴奋性并增强突触联系。最近，逆行递质的概念在 LTP 的研究中受到重视，并认为是 CNS 中突触前、后联系中由于连续频繁应用而被不断增强的一种方式。

（2）NO 对神经毒性的影响　NO 参与谷氨酸引起的毒性作用，但实验结果不尽一致。有些结果支持 NO 具有神经保护作用；而另一些结果证明 NO 是一种神经毒剂。NO 介导的 NMDA 电流减少，使 NMDA 介导的神经毒性作用减弱。相反的报道是，NO 参与巨噬细胞介导的细胞死亡，提示 NO 可能促进谷氨酸介导细胞死亡。Dawson 等证明，抑制 NO 生成可有效地防止谷氨酸和 NMDA 介导培养的皮层神经元死亡；而用过量的 L-精氨酸可反转这种毒性的抑制作用。但有人报道，应用硝普钠或硝基甘油可防止 NMDA 在培养的皮层神经元的神经毒作用；也有工作表明，这种硝普钠的保护效应不是 NO 的作用。

（3）NO 对学习行为的影响　海马和 NMDA 受体参与动物学习行为的调节。NMDA 介导的 Ca^{2+} 内流对某种特殊任务的学习是必要的，其靶物质可能是 NOS，训练前给大鼠全身注射 NOS 抑制剂（L-NAME），可明显延长逃跑的潜伏期，如同时给予 L-精氨酸，此作用则被消失。

（4）NO 对长时程抑制效应的影响　同时刺激小脑爬行纤维和水平纤维可导致平行纤维与蒲肯野细胞间的突触形成长时程突触传递抑制（long-term depression，LTD），这种 LTD 可被 NOS 抑制剂 L-NMMA 阻断。细胞外给予 NOS 抑制剂 L-NMMA，可阻断小脑脑薄片的平行纤维介导的 EPSP 和突触后蒲肯野细胞 Ca^{2+} 峰产生的 LTD。若将 NO 供体放入蒲肯野细胞记录电极，可产生平行纤维 EPSP 的进行性下降。这种由 NO 介导的 EPSP 活性降低，阻断了相继由平行纤维刺激和 Ca^{2+} 峰引起的 LTD。还有工作表明，NO 由平行纤维的刺激产生并扩散进入蒲肯野细胞从而激活鸟苷酸环化酶，并使 EPSP 减少。细胞外 K^+ 浓度的改变也影响 NO 在 LTD 中的作用。硝普钠或 cGMP 类似物加上平行纤维的刺激可明显降低 K^+ 的反应，这些资料都表明，NO 在 LTD 的产生中具有重要的信号作用。

（5）NO 对一些递质释放的影响　在不同脑区，NO 可影响突触前神经递质的释放，以调节突触功能。NO 供体 SIN-1 能调节基底前脑 Ach 的基础释放，用 NOS 抑制剂灌流组织，可使 Ach 基础释放减少 40%，表明 NO 对基底前脑 Ach 的释放具有调节作用。给予硝普钠后，多巴胺基础释放增加 3.3 倍，L-精氨酸可增强这种作用；而这种作用可被 NOS 抑制剂阻断。NO 调节神经递质 释放的分子机制可能是 NO 调节 Ca^{2+} 流，从而改变不同的突触小泡的释放功能。

（董新文）

参 考 文 献

[1] Dong Xinwen. A double-labeling method for ChAT and fluorescent retrograde trear: further study of cholinergic and noncholinesgic projections from the rat saptal complex to the ventral hippocampus. Chin J Physiol Sci 1992, 8 (3): 250～256

[2] Woolf NJ and Butcher L L. Cholinergic system-the rat brain: IV descending projections of the pontomesencephalic tegmentum. Brain Res Bull. 1989, 23: 519～540

[3] Buteher LL and woolf NJ. Cholinergic system in the brain and spinal lord : anatomic organization and overview of functions. In: Alzheimer's and Parkinson's diseases, advances in behavioral biology, Vol. 29, edited by Fisher A, Hanin, I, and Lachman C. New York: Alenum Press, 1987, pp. 5～16

[4] Nieuwenhuysed R. Chemoarchitecture of the brain. Springer-Verlag, 1985

[5] 鞠躬、万选才、董新文，神经解剖学方法．北京：人民卫生出版社，1985

[6] Heimer L and L Zaborszky . Anatomical-tracing methods (2) recent progress. New York: Plenum Press, 1989

[7] Pannese E. Neurocytolgy. New York Thieme Medical publishers, Inc, 1995

[8] Williams PL. Gray's Anatomy. 38th ed.

[9] Fagg, GE and Foster AC. Amino acid neurotransmiters and their pathways in the mammalian central nervous system. Neuroscience. 1983, 9: 701～719

[10] Watkins JC. Excitalory amino acids and central synaptic transmission. Trends pharmacol Sci. 1984, 5: 373～376

[11] Dawson VL; et al. Expression of inducible nitric oxide synthase canses delayed neurotoxicity in primary mixed neuronal～glial cortical culture. Neuropharmacal, 1994, 33: 1425～1430

[12] Vincent SR. Localization of nitric oxide neurons in the central nervous system. In: Nitric oxide in the nervous system, edited by Steven Vincent, pp. 83～101

第六章　视　　觉

视觉是人类和高等动物赖以认识客观世界的主要感觉。在输入人脑的全部感觉信息中，估计70%以上与处理视觉信息有关。视觉研究包含分子生物学，生物物理学，生物数学，认知心理学和神经形态学等多学科领域。由于其范围广阔，近年来已发展成为一门独立学科，称为“视觉科学"。视觉科学的发展与现代技术的进步密切相关。一方面，电子学和计算机技术的应用极大地促进了视觉研究的深入；另一方面，电视、远距离通信、图像识别和人工智能等高技术领域又不断对视觉基础研究提出新的要求。由于以上这些特点，视觉研究在整个神经生物学或神经科学的发展中处于十分突出的地位。

§6.1　视觉神经科学的发展阶段

6.1.1　心理物理学

视觉心理物理学只研究视觉现象及其规律。它把整个视觉系统作为一个“黑箱”，不考虑内部的结构和功能细节，只研究整个系统输入和输出的关系，即刺激与感觉的关系。心理物理学研究虽然不涉及机制，但可提出有关机制的假设。用心理物理学方法在过去100年中，曾经揭示了许多重要视觉现象：如视觉(明、暗)适应，强度/反应特性，阈值测定,视敏度,视后象,亮度的时间和空间对比,闪光融合频率(在此基础上产生了电影和电视),色融合,色匹配,各种形式的视错觉等。这些现象和规律的发现,为视觉神经科学提出了许多有待解决的任务。目前,心理物理学与数学、电生理以及功能核磁共振成像(fMRI)和正电子扫描成像(PET)等新技术相结合,开始向更高的水平发展。

6.1.2 综合电反应

在20世纪50至60年代，神经生理学家主要还是用粗电极研究视觉器官和中枢的综合电反应（场电位）。例如：用角膜电极记录视网膜电图（electroretinogram），分析各个成分的起源，并把它作为视网膜反应的生理指标；用银丝从视皮层记录视觉诱发电位（visual evoked potential），作为大脑视区反应的生理指标。这时的视觉研究已开始从主观过渡到客观，尽管在方法学上还是很粗糙的。目前，由于电子计算机（平均技术）的应用，综合电位的研究仍具有一定价值，例如用来研究各种事件相关电位（event related potential）等。

6.1.3 视网膜和视神经的单细胞记录

50年代初，Barlow和Kuffler首先用微电极在蛙和猫视网膜记录单个神经节细胞的放电。他们发现每一个神经节细胞有一定的感受野（receptive field）。大多数感受野都具有同心圆式结构，由一个兴奋性中心和一个抑制性外周组成。他们的研究触发了以后神经生理学家们用这种方法去研究从视网膜到大脑各级神经元的感受野结构和特性，由此奠定了用现代定量方法研究视觉信息处理过程的基础。

6.1.4 视皮层神经元的功能特性和功能筑构

1962～1968年，Hubel和Wiesel把感受野研究扩展到视皮层。他们发现，视皮层细胞具有检测图形特征的功能。有些特性是先天具有的，但也有许多特性是在后天获得的。视皮层细胞按处理信息的复杂性的不同分为不同的等级。另外他们还发现，视皮层细胞是按不同的特征选择性排列成十分有规则的柱状结构（功能柱）。这些发现使他们获得了1981年诺贝尔生理学医学奖。近年来，由于应用细胞色素氧化酶染色和大脑光学成象方法，对于视皮层的功能筑构又获得了一些新的认识。

6.1.5 新技术的应用

80年代以后，电脑开始被应用于视觉研究。利用电脑可以产生一些复杂的视觉刺激，例如正弦光栅，纹理图（texture pattern）和各种运动图像等。从这时开始，视觉神经科学研究才真正涉及到“图像识别”这样一个本质问题（不同于以前单纯研究光的强度和颜色特性）。借助于电脑还可以对视觉反应进行各种定量的数学分析（例如傅里叶分析，小波分析等），从而把视觉研究从定性提高到定量的水平。在定量研究的基础上提出的反映视觉系统各种特性的数学模型，使视觉基础理论的研究有可能被应用于计算机视觉和人工智能等工程领域。此外，PET（正电子发射扫描成像）和fMRI（功能核磁共振成像）技术目前愈来愈多地被应用于神经科学研究。这两种新的脑活动显像技术正在把人们长期以来希望直接观察人脑活动的梦想变成现实，将会十分有助于研究不同脑区在视觉识别过程中的功能分工和协同活动。

§6.2 视 网 膜

6.2.1 视网膜的结构

视网膜（retina）紧贴在眼球的后壁上，厚度只有0.5 mm左右。包括三级神经元：第一级是光感受器（photo-receptor），由无数视杆细胞（rod）和视锥细胞（cone）组成；第二级是双极细胞（bipolar cell）；第三级是神经节细胞（ganglion cell）。由神经节细胞发出的轴突形成视神经（optic nerve）。这三级神经元构成了视网膜内视觉信息传递的直接通道。此外，在第一级与第二级以及第二级与第三级神经元之间，还有两种中

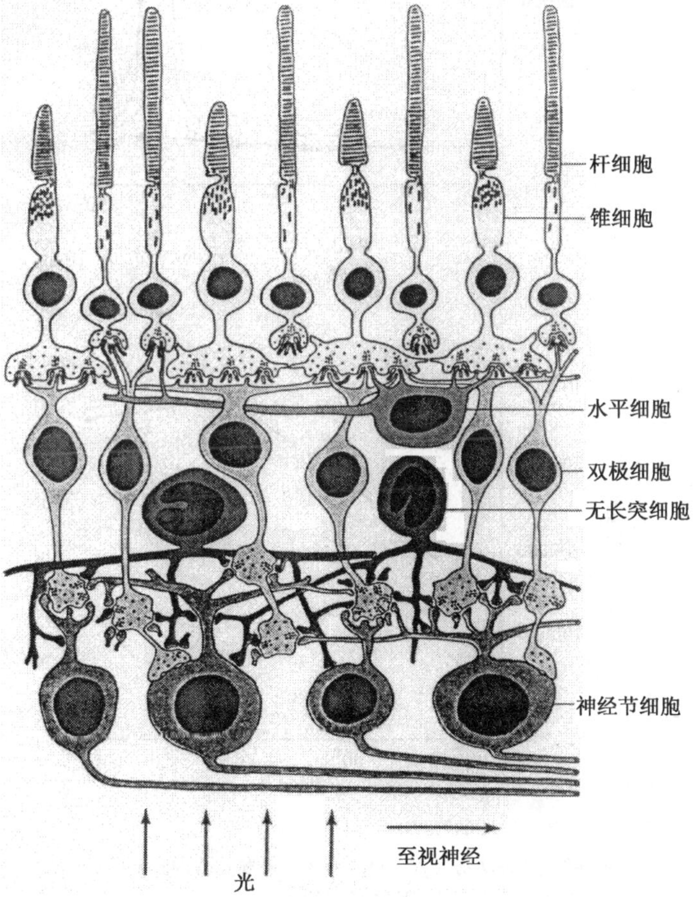

图6-1　灵长类动物视网膜结构
（引自 Dowling 和 Boycott，1966）

间神经元：水平细胞（horizontal cell）和无长突细胞（amacrine cell）。它们的突起在细胞层之间水平延伸，把相邻的神经元联系起来（图6-1）。

视杆细胞和视锥细胞不仅在胞体形状和大小上相差很大（视杆细胞细而长，视锥细胞粗而短），在对光敏感性方面有明显的差别。前者能感受极其微弱的光线（一个光量子即可诱发出可测量到的膜电位变化），但不能分辨颜色；后者只对较强的光线产生反应，能感受不同的颜色。视网膜上视杆细胞的数目比视锥细胞要多得多。人的视网膜上共有约600万~700万个视锥细胞，然而视杆细胞的数目高达1.1亿~1.3亿个。与

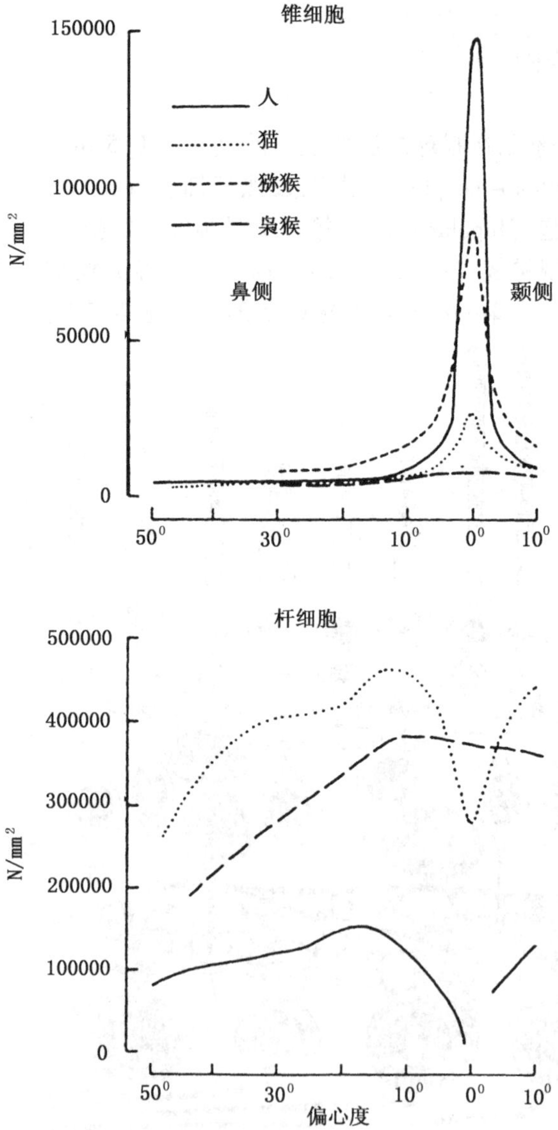

图6-2 四种动物（人、猫、猕猴、枭猴）视网膜上感受器密度分布图

上图：视锥细胞的分布；下图：视杆细胞的分布。

（引自Orban，1984）

如此庞大数量的感受细胞相比，视网膜的传出神经元－神经节细胞的数目大约只是其百分之一；例如，人的视神经纤维（神经节细胞的轴突）的数目大约只有 80 万～100 万条。由此推算，大约有数十个－数百个感受细胞通过双极细胞（以及水平细胞和无长突细胞）与一个神经节细胞相联系。在视网膜中央凹范围内，视锥细胞的密度最高，人和猕猴可达到 $250\ 000/mm^2$。10 度以外视锥细胞极少。视杆细胞的密度在中央凹处很低，而在旁中央区（偏心度 10 度左右）最高（图 6-2）。神经节细胞的分布大致与视锥细胞的相同。这种分布特点决定了中央区视野具有极高的视敏度（分辨空间细节的能力），而旁中央区视野对弱光最敏感。

6.2.2 光感受器

四种视色素（visual pigments）及其吸收光谱

人类的视网膜内有四种光感受器(photo-receptor):视杆细胞和三种视锥细胞。在每一种感受器内都含有一种特殊的色素。当一个这样的色素分子吸收了一个光量子以后,它会在细胞内触发一系列的化学变化;与此同时释放出能量,导致电信号的产生和突触化学递质的分泌。被入射光所“漂白”了的色素分子不再对可见光敏感,但它们通过复杂的化学变化以后,又迅速地恢复到原来的形式,由此来保证感受器内的视色素不会被光照所耗竭。

每一种感受器所含有的色素虽各不相同，但它们之间在化学结构上只是略有差异。它们都是由一个生色团－维生素 A 醛（视黄醛）与视色素蛋白（视蛋白）构成。Nathans 等（1986）用分子生物学方法鉴定和分离了编码人的四种视色素的视蛋白基因。根据他们的推算，视锥细胞视蛋白的氨基酸序列约有 40% 与视杆细胞视蛋白是相同的。而红敏和绿敏视锥细胞之间有 95% 相同。色素分子化学结构上的差异使每一种色素具有不同的光谱吸收特性。

视杆细胞的视色素称“视紫红质”（rhodopsin），其光谱吸收曲线的峰值波长为

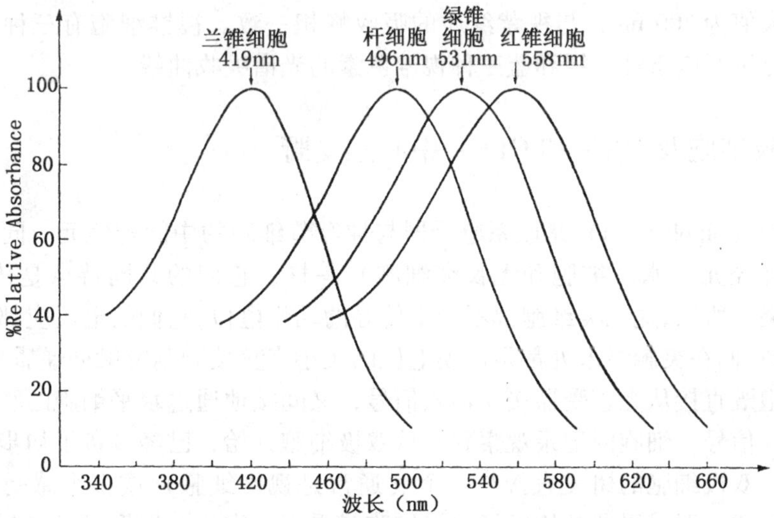

图 6-3　人的四种光感受器色素的相对光谱吸收曲线

（引自 Dartnall 等）

500 nm。人和猕猴的三种视锥细胞色素的光谱吸收峰值分别在 430 nm、530 nm 和 560 nm，它们分别对蓝、绿、红三种颜色最敏感（图 6-3）。实际上三种视锥色素的敏感曲线有很大的重叠，特别是红敏和绿敏视锥之间靠得很近。由于这种重叠，600 nm 的光线会诱发峰值在 560 nm 的红锥细胞产生最大反应，但同时也会在较弱程度上诱发其他两种视锥细胞的反应。因此，红锥细胞并不是只反应长波长光（或红光），只不过对这种波长的反应比对其他波长强而已。对另外两种视锥细胞情况也是一样。

猫是一种色觉较弱的动物，只有两种视锥细胞，敏感峰值分别在 556nm 和 450nm。

感受器电位和 Weber-Fechner 定律

由于冷血脊椎动物的视网膜在离体条件下对缺氧的耐受性较高，早期的视网膜研究大多数是以美洲蝾螈（mudpuppy）、鱼、龟或蛙为材料。Tomita 将微电极插入鱼的视锥细胞，在暗中其静息电位只有 -20 到 -40mv。当接受光照时，出现膜电位超极化，即细胞内电位变得更负。在所有感受器中，唯有光感受器在兴奋时产生超极化反应。与此相应，膜电阻不是降低，而是增加。这是因为，在暗中光感受器膜的某些部分对钠离子有较高的通透性，钠离子可由此不断地流入细胞，而钾离子则从膜的其他部分流出细胞。正是这种持续的“暗电流”使感受器膜在静止时处于去极化状态。当视色素被光漂白时，钠通道关闭，暗电流减小，膜的去极化水平因此降低。由此导致了超极化。

膜超极化反应的幅度（A）与光刺激强度的关系为：

$$A = K_i \log(I/I_0)[\mathrm{mv}]$$

（I 为光强度，I_0 为一定适应下的阈强度）

膜电位与刺激强度的这种关系反映了感觉心理物理学的一个基本定律：Weber-Fechner 定律，即感觉强度随刺激物理强度的对数值而变化。

感受器电位的大小不只和光强有关，还与光的波长有关。以感受器电位的振幅为指标，用各种等能量的单色光刺激光感受器时，可测得光感受器的光谱敏感曲线。视杆细胞的反应最大值为 500 nm，与视紫红质的吸收峰相一致。视锥细胞有三种不同的光谱敏感曲线，分别对应于红、绿和蓝三种视锥色素的光谱吸收曲线。

6.2.3 双极细胞及 ON - 和 OFF - 中心感受野

双极细胞（bipolar cell）是联系感受器与神经节细胞的中间神经元。同视网膜内另外两种中间神经元（水平细胞和无长突细胞）一样，它们的共同特点是传导距离短，没有长的轴突。所以，这三类细胞都不产生传导的动作电位，它们的电反应都表现为慢的膜电位变化。它们在突触终末处都是以膜电位的大小来直接调制突触处递质释放的数量。

双极细胞既直接从光感受器接受输入信号，又间接地通过水平细胞的联系接受临近感受器的输入信号。细胞内记录观察到，从双极细胞开始，已经具备了初步的同心圆式感受野结构。双极细胞的树突直接与一个（通常是视锥细胞）或多个感受器形成突触联系。这一个或一群感受器就构成了双极细胞感受野的中心。根据对光点刺激反应的不同形式，双极细胞被区分为给光中心（ON - 中心）双极细胞和撤光中心（OFF - 中心）双极细胞两种类型。在感受器与这两类双极细胞之间，分别由兴奋性突触和抑制性突触进行联系。对于 OFF－中心双极细胞来说，它与感受器之间的突触联系是兴奋性的；而对于 ON－中心双极细胞来说，它与感受器的突触联系反而是抑制性的。对于这一点表面上看起来似乎不容易理解。这是因为感受器本身在给光时受到超极化，只有在暗中（OFF 状态）才被激活。因而，OFF－中心双极细胞在中心变暗时，通过兴奋性突触受到激活；而 ON－中心双极细胞在中心变暗时，通过抑制性突触受到压抑，当光刺激使感受器超极化（将感受器关闭）时，双极细胞从压抑中获得释放，从而被激活起来。

感受器与双极细胞之间突触的性质（兴奋或抑制）可能决定于感受器所释放的递质种类，也可能决定于双极细胞突触后膜的通道性质。目前还没有证据表明同一个感受器能够释放两种递质。更多的证据提示这两种双极细胞可能有不同的受体分子。

双极细胞感受野的中心区是通过感受器与双极细胞的直接联系形成的，其外周区则是通过水平细胞与感受器的间接联系形成的（见本章 6.2.4）。

6.2.4 水平细胞及其感受野

每一个感受器都同时既与双极细胞也与水平细胞（horizontal cell）建立联系。水平细胞通过其树突的分枝在水平方向上联系附近的许多感受细胞，然后将总合的信号传递给双极细胞。感受器与水平细胞之间的信息传递是通过兴奋性突触。由于水平细胞没有轴突，目前还不清楚灵长类动物水平细胞的输出端究竟在那里。在有些动物，水平细胞的突起与双极细胞的树突之间形成突触联系。所以对这些动物来说，其树突兼有突触后（对感受器来说）和突触前（对双极细胞来说）的作用。

从水平细胞所联系的感受器数目看来，水平细胞的感受野应该是比较大的。事实上，水平细胞感受野的大小与它所联系的感受器所占据的视网膜面积相当，也与双极细胞和神经节细胞的感受野外周区大小相当。由此可见，通过水平细胞的横向联系，形成了双极细胞和神经节细胞的感受野外周区。水平细胞的感受野是一种均匀的结构，光刺激任何位置都引起均一的超极化反应。刺激光点越大，超极化也越强。

6.2.5 无长突细胞

无长突细胞（amacrine cell）的胞体在双极细胞和神经节细胞之间，通过树突的广泛分支在水平方向上联系附近的许多神经节细胞。它们没有轴突，其树突兼有突触前和突触后的作用。无长突细胞彼此之间也有相互联系。由于这个特点，这种细胞空间总合的范围比水平细胞要大得多。无长突细胞的形态各式各样。使用的神经递质的种类也十分复杂（可能超过 20 种）。与人们对无长突细胞形态学的知识相比，目前对这种细胞的功能还了解得很少。由于其联系的广度远远超出了神经节细胞传统感受野外周区的范围，它可能与最近报道的神经节细胞感受野外大范围去抑制区的形成有关（Li 等，1992）。

6.2.6 神经节细胞与 ON/OFF 通路

神经节细胞（ganglion cell）是视网膜的输出级神经元。一个神经节细胞可以通过双极细胞和水平细胞联系许多个感光细胞的输入，而相邻的神经节细胞之间，又可以通过无长突细胞的水平分枝形成相互联系。神经节细胞与其他视网膜细胞之间的这些复杂神经联系最终反映在它们的感受野结构上。与所有前级神经元不同，从神经节细胞开始才产生了传导的动作电位。可以通过记录神经节细胞或视神经的电脉冲来研究该细胞的功能特性和感受野结构。神经节细胞的感受野和双极细胞的一样，包括一个中心区和一个外周区。有的细胞在中心给光时兴奋（ON－中心细胞），有的在中心撤光时兴奋（OFF－中心细胞）。胞内注射染料的结果显示，OFF－中心神经节细胞和ON－中心神经节细胞的树突分别终止在内丛层的上下两个亚层，并分别接受OFF－中心和ON－中心双极细胞的轴突输入。由此在视网膜内形成了独立的ON－通路和OFF－通路。ON－和OFF－通路在知觉上可能与传递明－暗、或黑－白信息有关。因为对我们的视觉系统来说，“暗”并不简单意味着物理光强度的减弱或缺乏。事实上，暗和亮是同等重要的视觉信号，明度和暗度分布在构成各式各样的图像特征时具有同样的重要性。

6.2.7 神经节细胞的感受野

Hartline（1938）首先用一个小光点照射蛙的视网膜表面，从分离的单根视神经纤

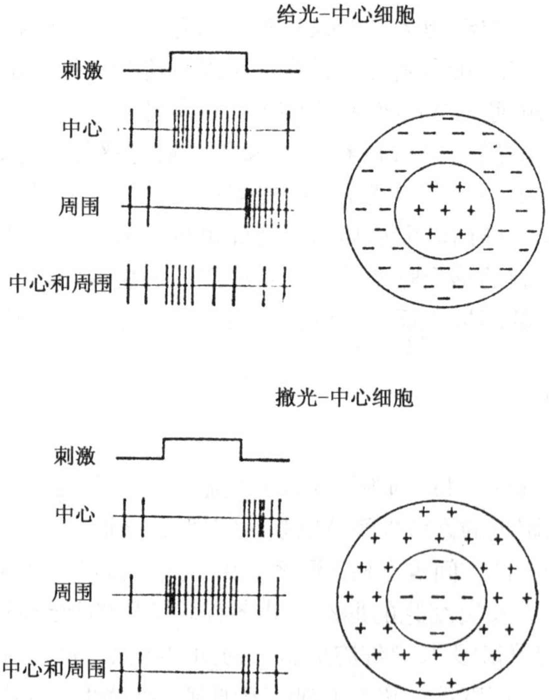

图 6-4 神经节细胞感受野对闪光刺激的反应

上图：ON-中心细胞：中心给光时产生兴奋，外周给光时产生抑制（撤光时兴奋）。下图：OFF－中心细胞：中心在给光时产生抑制，外周在给光时产生兴奋。左侧表示反应模式，右侧表示感受野结构。（引自 Dowling）

维上记录光刺激引起的神经节细胞的放电。他发现，当光点投射在视网膜的某一个小区域时，给光（ON）或撤光（OFF）信号能引起该神经元放电频率增加。此区域为圆形，直径大约1mm。后来 Barlow（1953）用微电极直接记录蛙视网膜神经节细胞的放电，他观察到，如果光照面积超过感受野的大小，细胞的反应就会降低。这个结果表明，在引起兴奋性反应的感受野区域周围还有一个抑制区。Kuffler（1953）研究了猫视网膜神经节细胞的感受野结构，观察到猫神经节细胞的感受野也是由两个区域构成。一个是敏感性较高的中心区，直径0.1~1度，它可能在“给光”或“撤光”时产生反应；在中心区外面还有一个环形的周边区，直径约1~3度，其敏感性较低，反应形式与中心区相反。有些细胞在中心受光点照射时（给光时）出现兴奋，当光点照射周边区时则产生抑制（给光中心细胞）。有些细胞在中心受光点照射时出现抑制，中心撤光时则产生兴奋（撤光中心细胞）（图6-4）。无论是那一类细胞，中心区与周边区之间在功能上都是相互拮抗的，光刺激周边区会减弱对中心区刺激的反应强度。除了对亮、暗有选择性反应以外，许多动物的神经节细胞的感受野还对颜色有选择性反应（关于感受野的颜色选择性请见本章4.3）。

§6.3 视觉传入通路

6.3.1 视神经、视交叉和视束

所有的神经节细胞的轴突在眼球后汇聚形成视神经。视神经在进入脑中枢前以一种特殊的方式形成交叉。从两眼鼻侧视网膜发出的纤维交叉到对侧大脑半球；从颞侧视网膜发出的纤维不交叉，投射到同侧人脑半球。其结果是：从左眼颞侧视网膜来的纤维和

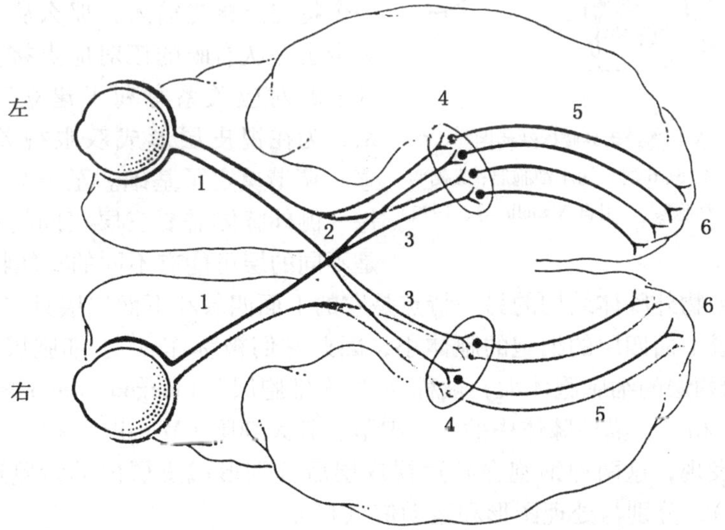

图6-5 视觉传入通路模式图

1. 视神经；2. 视交叉；3. 视束；4. 外膝体；5. 视放射；6. 视皮层。

（引自 Nicholls 等，1992）

从右眼鼻侧来的纤维汇聚成左侧视束，投射到左侧外膝体；再由左外膝体投射到左侧大脑半球，与相应脑区对应的是右侧半个视野。相反，从左眼鼻侧视网膜来的纤维和从右眼颞侧视网膜来的纤维汇聚成右侧视束，投射到右侧外膝体；再由右侧外膝体投射到右侧半球，相应脑区对应于左侧半个视野（图 6-5）。

6.3.2 外膝体

视觉信息在视网膜内初步加工后，通过视神经和视束纤维传入丘脑。在丘脑内分成两条通路：①外膝体（lateral geniculate nucleus）－皮层通路，是主要的视觉传入通路。在灵长类，从视网膜发出的神经纤维中有 90% 经由这条通路投射到视皮层。②上叠体（superior colliculus）－丘脑枕（pulvinar）－皮层通路，灵长类只有10% 网膜纤维经由这条通路与视皮层建立联系。在丘脑枕内与视觉有关的主要是腹外侧丘脑枕和下丘脑枕，分别接受来自视网膜和上叠体的传入纤维。这一条通路的神经联系和功能特性还有待研究。

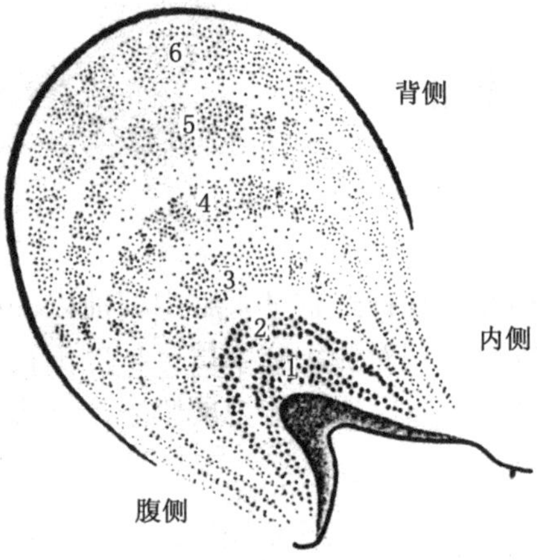

图 6-6　灵长类动物外膝体结构图
背侧四层（3、4、5、6 层）为小细胞层；腹侧两（1、2 层）为大细胞层。（引自 Nicholls 等，1992）

灵长类的外膝体由六层细胞构成（图 6-6）。两眼的传入分别投射到三个不同层次。从同侧眼（相对于外膝体）来的纤维终止于第 5、3、2 层；从对侧眼来的纤维终止于 6、4、1 层。这些相互重叠的每一个层次都与视网膜有点对点的投射关系。因此在视网膜上相邻近的点，在外膝体的每一层上也是相邻的。由于这 6 层是按网膜投射整齐地重叠起来的，因此，如果在第 6 层的某一点的细胞从左侧视网膜的一个特定点接受输入，那么从第 5 层的相应点必定也是从右眼的该对应点接受输入。这种解剖上的对应关系有利于建立双眼间的相互联系，为在视皮层形成双眼视差（深度和立体感）调谐奠定了基础。至于为什么每一个眼在每一侧外膝体需要三层相同的投射？一种解释是不同的层可能有不同的功能特性。

灵长类动物外膝体结构的另一特点是它的上面四层和下面二层具有明显不同的形态学特征。构成上面四层的细胞的胞体小，因此它们被称作“小细胞层”（parvocellular layer）。下面两层的细胞胞体大，被称为“大细胞层”（magnocellular layer）。猴的小细胞（P-cells）相当于猫外膝体中的 X－细胞。其大细胞（M-cells）相当于猫的 Y－细胞。近来的研究发现，这两种细胞在到达视皮层后分别形成皮层内的背侧通道和腹侧通道（见本章 5. 6），分别与处理图形和运动信息有关。

6.3.3 X－、Y－、W－通道

在猫的视觉传入系统中，已经确定有三条平行的通道，分别称作 X－、Y－和 W－

通道。X－细胞起始于视网膜 β 型神经节细胞。这种细胞胞体中等大小，树突范围小，轴突投射到外膝体 X－细胞层。外膝体的 X－细胞的轴突大部分投射到皮层 17 区，少量（约 10%）到 18 区。X－通道内的纤维传导速度较慢（15～23 m/s），感受野较小，其反应具有线性特征。该通道中神经细胞的空间分辨能力高（0.2～1°），然而对比敏感度较低。与检测图像的细节有关。

Y－通道起始于视网膜 α 型神经节细胞。这种细胞胞体大，树突广泛分支，轴突投射到外膝体内的 Y－细胞层。外膝体的 Y－细胞主要投射到到皮层 18 区。Y－纤维传导速度较快（30～40m/s），反应具有非线性特性，其对比敏感度高，然而空间分辨能力却较低（0.7～3°）。可能与检测亮度和运动信息有关。

第三条通道称 W－通道。起源于视网膜的 γ 型神经节细胞，其数目大约占视网膜神经节细胞的二分之一。胞体很小，但树突范围大，纤维传导速度极慢（2～18 m/s）。γ 型神经节细胞的纤维除了投射到外膝体外，也投射到上叠体和丘脑枕。外膝体内的 W 细胞主要投射到皮层 19 区。上叠体和丘脑枕内的 W－细胞还投射到其他的皮层区。这条通道的功能目前还不清楚。由于其皮层投射具有多元性，可能存在着不同的亚型。其中上叠体－皮层通道可能参与眼球运动的反馈控制。

§6.4 视网膜和外膝体神经元对视觉信息的加工

视网膜神经节细胞和外膝体神经元的感受野都形成同心圆式结构。下面将讨论这种感受野结构在视觉信息加工中的作用。

6.4.1 同心圆式感受野对亮度信息的加工

Rodieck（1965）提出了一个数学模型，可以定量地估算视网膜神经节细胞对空间刺激的反应。他用两个符号相反的高斯函数分别代表感受野中心兴奋区与外周抑制区的敏感性分布（图 6-7）。兴奋区和抑制区的敏感性都是在感受野中央点最高，随着偏离中央点距离的增加而减小。兴奋区范围较小，但敏感性较高；抑制区范围较大，而敏感

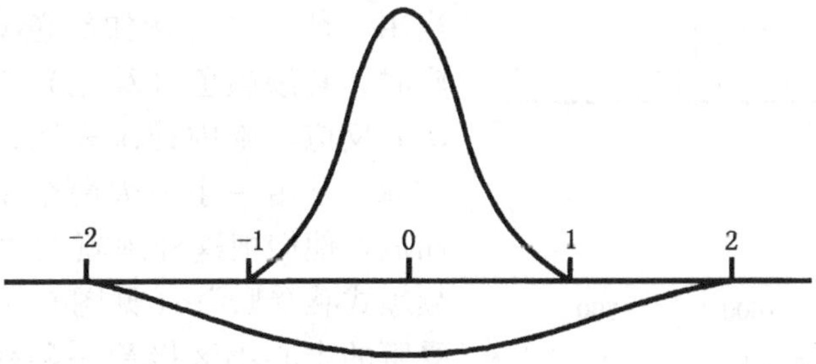

图 6-7 同心圆式感受野结构的数学模型

向上的曲线代表感受野中心兴奋区的敏感性分布；向下的曲线代表感受野外周抑制区的敏感性分布；横坐标上 0 点代表感受野中央点位置。

性较低。因此，当小光点刺激感受野中央时，兴奋过程占优势；而刺激外周时抑制过程占优势；用较大的光点同时刺激感受野中央区与外周区时，作用互相抵消，反应减弱或消失。

同心圆感受野的这个结构特点使它具有增强图形边缘和拐角的作用。因为大范围的均匀亮区会同时刺激感受野的中心区和外周区，因此不能使细胞产生兴奋，或者引起的反应很弱。然而当感受野处在亮－暗边缘附近时，其中心区与外周区受到刺激的程度不同，可以使细胞产生较强的兴奋。例如，当给光中心细胞的中心区在对比边缘的亮侧，而其部分周边区处在暗侧时，能使亮边缘加强；同样处在对比边缘暗侧的撤光细胞也能使暗边缘增强。

6.4.2 同心圆式感受野对颜色信息的加工

Svaetichin（1956）首先用胞内记录方法研究了鱼视网膜水平细胞（当时他曾以为是锥细胞）对不同色光的反应。根据这些细胞慢电位的反应极性，他们观察到三种类型细胞（图 6-8）：① L 型细胞。对各种不同波长光的刺激都产生超极化反应。② R-G 型细胞。短波长光都引起超极化反应，其中绿光引起的超极化最强；长波长光都引起去极化反应，其中红光引起最强的去极化。③ Y-B 型细胞。对蓝光产生最大超极化，对黄光产生最大去极化。用白光刺激后面两种细胞都只能引起短暂而微弱的反应。

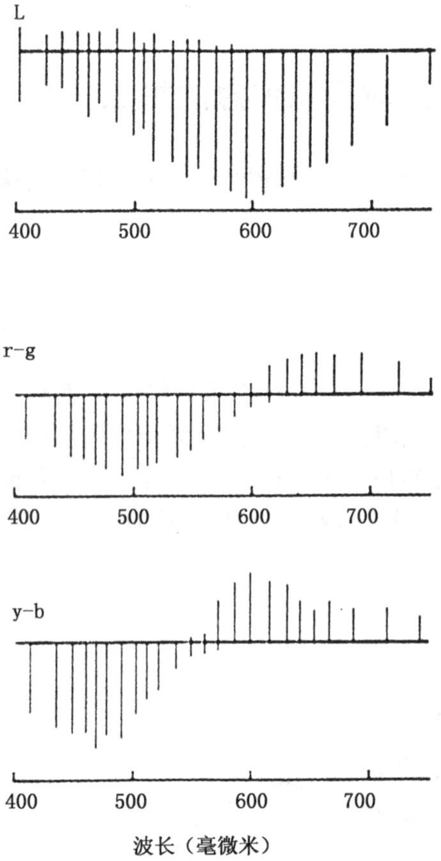

图 6-8　鱼视网膜水平细胞对不同色光的反应
向下偏转表示膜电位超极化；向上偏转表示膜电位去极化。（引自 Svaetichin，1956）

DeValois 等研究了猴外膝体神经元的光谱敏感性，观察到外膝体神经元同样地也存在 R-G 和 Y-B 两种色颉颃类型。Hubel 和 Wiesel 重复了 DeValois 等的实验。他们发现，色颉颃神经元只存在于外膝体的小细胞层中。他们用小光点研究了这类神经元的感受野结构。当用一种色光（例如红色）引起中心 ON 反应时，其颉颃色（绿色）刺激外周区时引起 OFF 反应。胞内记录表明，中心区和外周区实际上是由一小一大两个不同直径的圆重叠而成。他们把这种颉颃式的感受野称为“单颉颃式感受野”（见图 6-14A）。单颉颃式感受野的中心小区接受一种视锥输入（例如红敏视锥），其外周的大区则接受与之相颉颃的视锥（绿敏视锥）输入。在视网膜和外膝体内，这种单颉颃式感受野有四种类型，例如，对红－绿型感受野来说有：①红给光中心/绿抑制性外周，②绿给光中心/红抑制性外周，③红撤光中心/绿兴奋性外周，④绿撤光中心/红兴奋性外周。单颉颃式感受野只有在刺激光点大到足以同时刺激感受野的中心区和外周区时才能传递颜色信号。所以这类感受野可以传递区域颜色对比，却不能增强颜色对比的边缘。

6.4.3 视网膜和外膝体神经元的感受野外区——去抑制区

在视网膜和外膝体神经元的传统感受野外，还存在着一个范围相当大的区域。这个区域对视觉刺激不产生直接反应，但对感受野内刺激所引起的反应有调制作用。对一个给光中心细胞来说，当刺激光点超出感受野中心的大小时会引起视觉神经元反应的减小，这表明在感受野中心兴奋区的外面，有一个抑制性的外周区。如果再增大刺激面积，可以看到反应又逐渐回升，这种回升的趋势可延续到大约 15 ~ 18 度（直径）（图 6-9）。这个实验说明，在传统感受野抑制区的外面，还存在着一个范围更大的“去抑制区”（disinhibitory region）（Li 等，1991，1992）。用大面积光斑同时刺激感受野和去抑制区可以在一定程度上解除感受野外周区对中心的抑制作用。

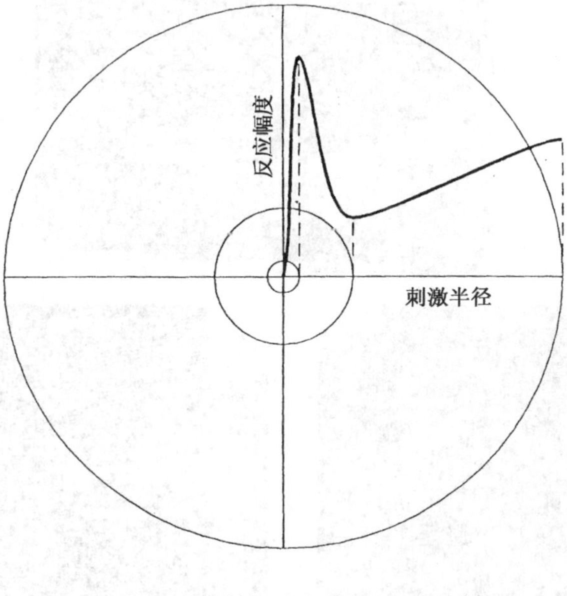

图 6-9　猫视网膜神经节细胞的面积反应曲线
曲线的快上升相对应中心兴奋区的范围，下降相对应外周抑制区的范围，缓慢的回升对应去抑制区的范围。这三个区的大小分别用小、中、大三个圆来表示。（引自 Li，1996）

去抑制区在处理亮度信息中的作用

自然界中的各种图像都是由不同的亮度和颜色对比构成的。对比有两种形式：①边缘对比；②区域对比。前面提到的传统的感受野只能说明产生局部边缘对比的神经机制，因为大面积的区域亮度会使感受野中心区与外周区的作用互相抵销。关于区域对比的神经机制只能从去抑制区的作用中去寻求答案。李朝义等（1991）用一种图形扫描的方法研究了去抑制区在传递图像区域亮度对比中的作用（图 6-10）。刺激图形是一幅真实的乒乓球照片，此照片中包含有不同的图像成分。通过机械转镜使该图像对一个外膝体神经元的感受野及其去抑制区进行扫描。与此同时，用计算机将神经元对每个局部的反应（脉冲频率）转换成不同的灰度，由此得出神经元的传递图形。结果表明，在单独刺激感受野中心的传递图形中，原图的明暗对比边缘变得模糊。在中心区和外周区共同传递的图像中，由于两个区的相互拮抗，图形的边缘对比信息得到了增强；但与此同时却又造成了原图像中区域亮度对比和亮度梯度信息（低空间频率信息）的丢失。这时，若在感受野外再加入去抑制区的作用（同时刺激感受野和去抑制区），就可以看到被滤除的区域亮度对比信息得到了一定程度的恢复，同时却完全不减弱原来感受野对

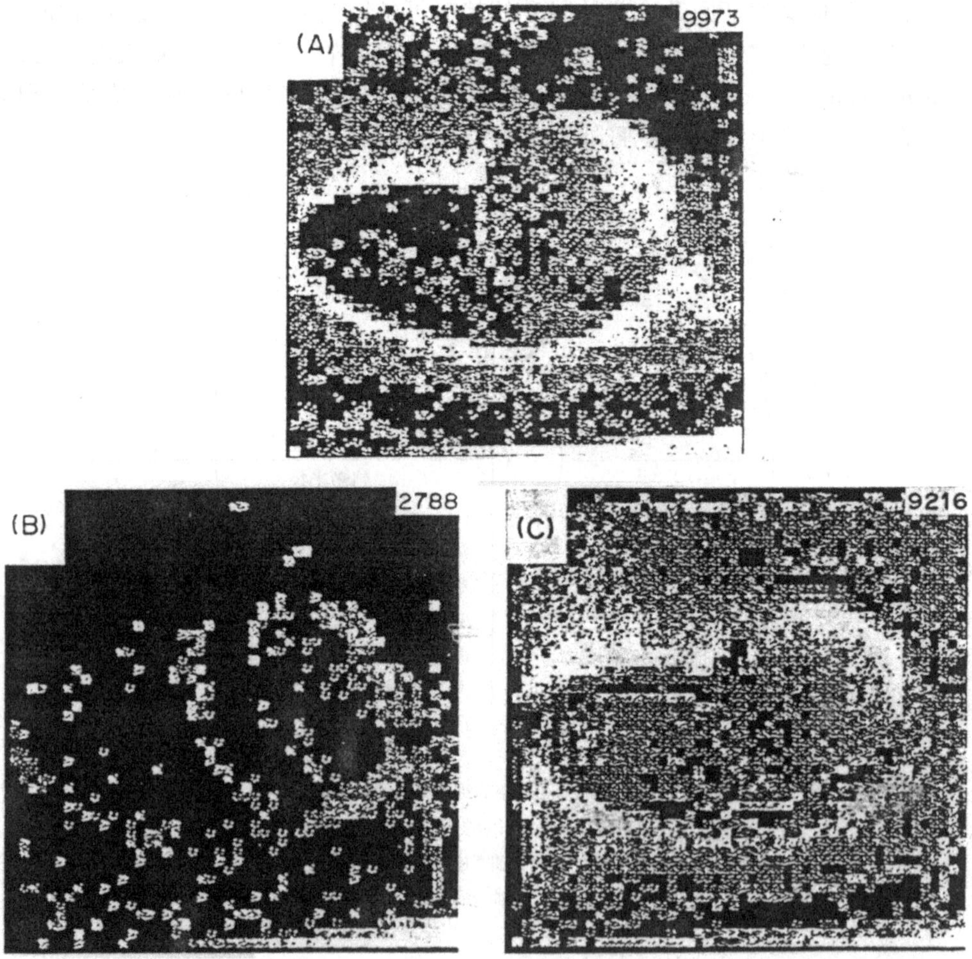

图 6-10　猫外膝体给光中心细胞的传递图形

刺激图形是一个乒乓球及其阴影。A. 刺激图形只扫描感受野中心区时得到的传递图形；B. 图形同时扫描中心区和外周区时得到的传递图形；C. 图形同时扫描中心区、外周区和去抑制区时的传递图形。

（引自 Li 等，1991）

边缘对比的增强作用。由此可见，去抑制区的作用之一是补偿由于中心-外周颉颃机制所造成的低空间频率成分的损失，起到了传递图像区域亮度对比和亮度梯度信息的作用。

去抑制区在处理颜色信息中的作用

Creutzfeldt 等（1991）用色觉与人十分相似的猕猴研究了去抑制区在处理颜色信息中的作用。在猴的外膝体记录单个神经元的放电，用不同波长的光线测试去抑制区内刺激光的颜色对外膝体细胞光谱选择性的影响。他们观察到，当照射去抑制区的光线具有与该细胞敏感色相同的波长时（例如用红光照射红敏细胞的去抑制区），细胞的放电受到压抑；而当照射去抑制区的光线具有与该细胞敏感色相拮抗的波长时（例如用绿光照射红敏细胞的去抑制区），细胞反应得到增强。

去抑制区与感受野之间的这种颜色相互作用可能是产生颜色对比和色觉恒定性（color constancy）等心理现象的神经基础。色觉恒定性和颜色对比是人色觉的两个重要特性。所谓色觉恒定性，是指视觉系统可以在周围环境光谱成分出现明显变化的情况下（例如早晨的日光光谱偏红，中午日光光谱偏蓝），保持对物体颜色的认知相对不变。颜色对比是指在绿色背景下，人眼对红色的敏感性增强（或相反）。上面的实验正好说明,当周围环境光线趋红时,通过去抑制区的作用,外膝体神经元能自动地降低对红光的敏感性,提高对蓝光的敏感性,反之亦然。从而保持了颜色知觉不变,并增强了颜色对比。

§6.5 视 皮 层

6.5.1 视皮层的结构和分区

组织结构

视皮层和其他皮层区一样，包括六个细胞层次，由表及里用罗马数字Ⅰ～Ⅵ来代表。皮层神经元的突起（树突和轴突）的主干都沿与皮层表面相垂直的方向分布；树突和轴突的分枝则横向分布在不同层次内。不同皮层区之间由轴突通过深部的白质进行联系，同一皮层区内由树突或轴突在皮层内的横向分枝来联系。

皮层神经元从形态学上可以区分为两种主要类型，即锥体细胞（pyramidal cell）和星形细胞（stellate cell）（图 6-11A 和 B）。主要区别在于胞体的形态和轴突的长短。锥体细胞的轴突长，深入到白质内。星形细胞的轴突多终止于皮层内。另外，按照树突上是否有树突棘（dendritic spines）的结构，又将这两类细胞分成不同的亚型。外膝体的投射纤维都终止于Ⅳ层。Ⅳ层又进一步分为Ⅳa，Ⅳb 和Ⅳc 三个亚层。同外膝体一样，在视网膜与视皮层之间也有点对点的投射关系。在灵长类，其视皮层的大部分区域都是接受视网膜中央区和旁中央区的投射。

分区

传统意义上的视皮层是指大脑枕叶的一些皮层区。近年来，视皮层的范围已扩大到顶叶、颞叶和部分额叶在内的许多新皮层区（Van Essen，1985），总数达 25 个（图 6-12）。另外还有 7 个视觉联合区，这些皮层区兼有视觉和其他感觉或运动功能。所有视

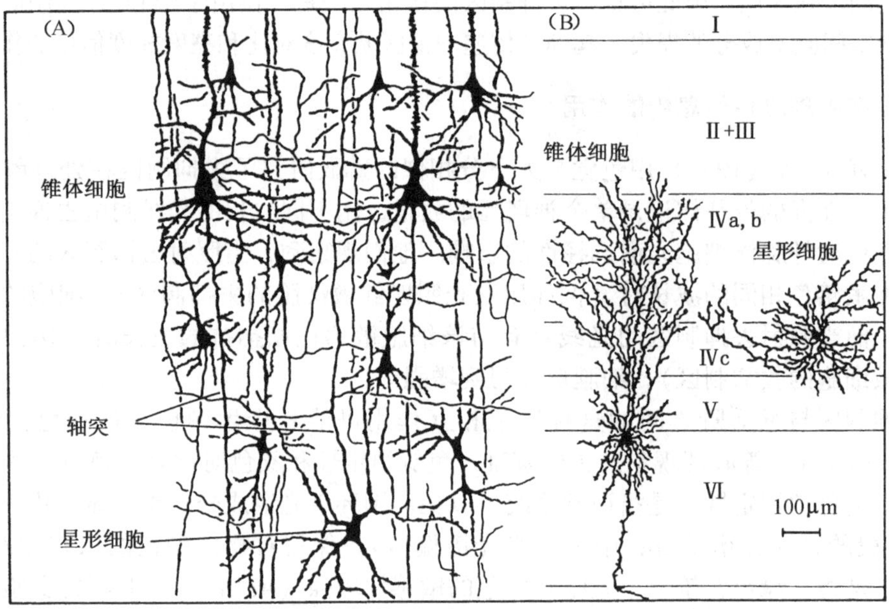

图 6-11　灵长类视皮层的结构

（A）用 Golgi 染色法显示的猫视皮层；（B）HRP 胞内注射显示的锥体细胞和星形细胞。

（A 据 Ramon y Cajal；B 引自 Gilbert and Wiesel）

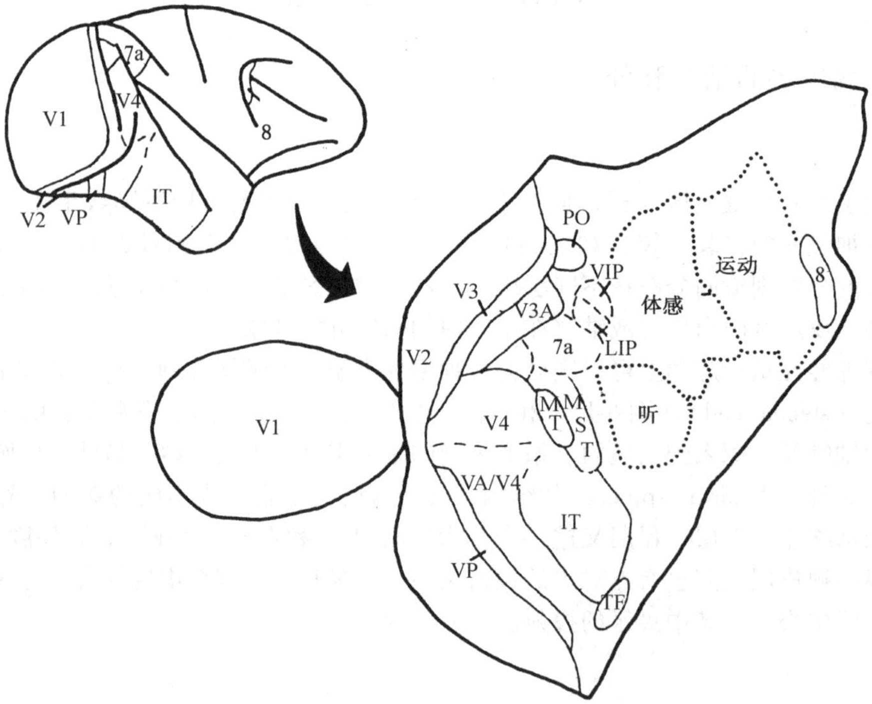

图 6-12　灵长类视皮层分区图

上图，右侧大脑半球侧面下图，与上图对应的二维展开平面图，点线表示临近的感觉和运动皮层。

（引自 Van Essen，1985）

区加在一起占大脑新皮层总面积55%。由此可见视觉信息处理在整个脑功能中所占有的份量。研究各个视区的功能分工、等级关系以及它们之间的相互作用，是当前视觉研究的一个前沿课题。

确定一个独立的视皮层区的依据是：①有独立的视野投射图，②该区与其他皮层区之间有相同的输入和输出神经联系，③该区域内有相似的细胞筑构，④有不同于其他视区的功能特性。

现在习惯用序号来命名灵长类枕叶内的视区。17 区被称为第一视区（V1）或纹状皮层（striate cortex）。它接受外膝体的直接输入，因此也称为初级视皮层（primary visual cortex）。对视皮层的功能研究大多数是在这一级皮层进行的。18 区内包括三个视区，分别称为V2，V3 和V3A，它们的主要输入来自V1。V1 和V2 是面积最大的视区。19 区深埋在上颞沟后壁，包括第四（V4）和第五视区（V5）。V5 也称作中颞区（middle temporal，简称 MT 区），已进入颞叶范围。颞叶内其他与视觉有关的皮层区还有内上颞区（medial supperior temporal，简称 MST），下颞区（infero-temporal，简称 IT）。顶叶内有顶枕区（parieto-occipital，简称 PO），腹内顶区（ventral intraparietal，简称VIP），腹后区（ventral posterior，简称VP）和 7a 区。枕叶以外的皮层区可能属于更高的层次。为什么需要这样多的代表区？是不是不同代表区检测图形的不同特征（如颜色，形状，亮度，运动，深度等）？或是不同代表区代表处理信息的不同等级？会不会有较高级的代表区把图形的分离特征整合起来，从而给出图形的生物学含义？是不是有专门的代表区负责贮存图像（视觉学习记忆）或主管视觉注意？这些都将是在一个更长的时间内视觉研究有待解决的问题。

与灵长类的视皮层不同，猫枕叶的 17，18，19 区都直接接受外膝体的输入，它们同属于初级视皮层。在外上薛氏区（lateral suprasylvian area）内有六个小视区。在 20 和 21 区内各有两个小视区。总数达 17 个皮层区。

6.5.2 初级视皮层神经元的感受野

感受野的类型

与皮层下神经元不同，皮层神经元对光点刺激的反应很弱。只有在感受野内用适当方位（朝向）的光条给以刺激才能引起兴奋。根据皮层神经元感受野结构的不同，Hubel 和 Wiesel 把视皮层细胞分成三种类型（图 6-13）：①简单细胞（simple cell）：感受野面积比较小，给光区和撤光区分离，有较明显的空间总合，反应具有线性特征，没有（或很少）自发放电；②复杂细胞（complex cell）：感受野面积较大，给光区和撤光区重叠在一起，反应具有非线性特征，空间总合不明显，自发放电强；③超复杂细胞（hyper complex cell）：反应特点同复杂细胞，但有明显的端点抑制。后来人们发现，不仅一些复杂细胞有端点抑制，有一些简单细胞也同样具有端点抑制。而且，在一些简单细胞和复杂细胞的感受野的两侧也可能产生很强的抑制。因此，现在已不再用超复杂细胞这一概念。

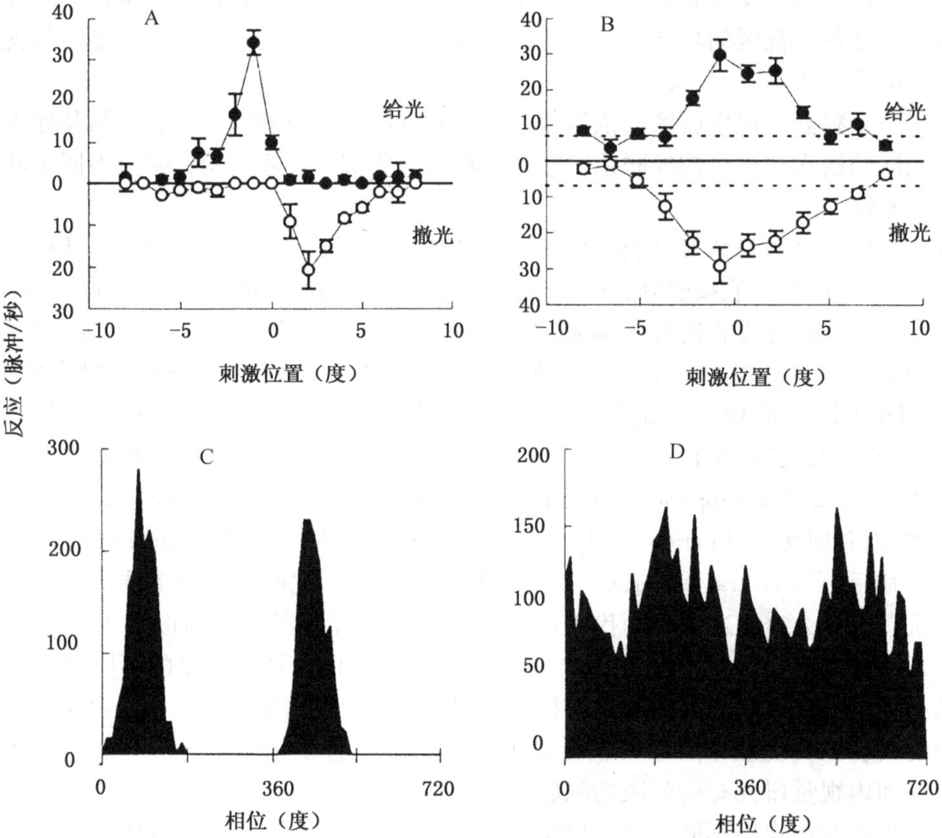

图6-13　简单细胞（A，C）和复杂细胞（B，D）对闪光刺激（上图）和对正弦光栅（下图）的反应直方图

B图中的水平虚线代表自发放电水平。简单细胞对移动正弦光栅刺激有调制反应（C）；复杂细胞对这种刺激的调制反应不清楚（D）。

特征选择性

视皮层神经元对视觉刺激的各种静态和动态特征都具有高度选择性，其中研究得最多的有以下几种：

方位/方向选择性　视皮层细胞只有当刺激线条或边缘处在适宜的方位角并按一定的方向移动时，才表现出最大兴奋（最佳方位或最佳方向）。现在普遍用示波器或电脑来控制刺激图形（光条或光栅）的方位和运动方向。以细胞的放电频率相对于刺激方位和运动方向作成直方图，可以显示该细胞的方位和方向调谐特性（图6-14）。

空间频率选择性　正弦波调制的光栅是视觉实验中经常使用的刺激图形。用这种刺激图形的主要优点是便于对视觉反应的时空特性进行定量的数学分析（例如傅里叶变换，线性特性测试和相位分析等）。空间频率的定义是单位视角内的光栅周期数（周/度）。用不同空间频率的正弦调制光栅刺激感受野，根据细胞对不同空间频率刺激的反应强度（放电频率），可测量视皮层细胞的空间频率选择性。每一个视皮层细胞都有一定的空间频率调谐。在同一皮层区内，不同细胞也有不同的空间频率选择性。

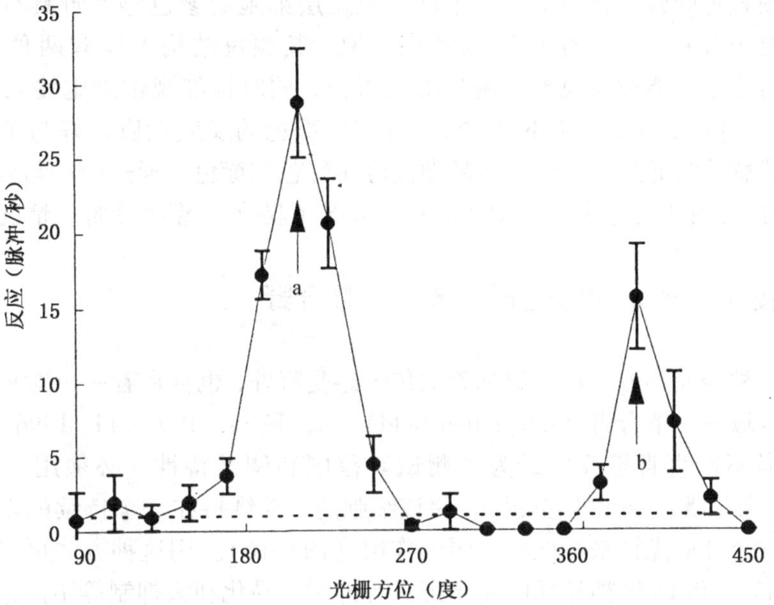

图 6-14　一个视皮层简单细胞的方位选择性曲线

箭头 a 和 b 所指示的方位一样，但运动方向相反。刺激为正弦调制光栅。

速度选择性　视皮层细胞对移动图形的反应对比静止的闪烁图形要强得多。每一个皮层细胞不仅对运动的方向有选择性，而且要求一定的运动速度。只有当刺激图形在适宜的方向上以某一定速度移动时，细胞反应才达到最大。这个速度称为该细胞的“最佳速度”。移动速度高于或低于最佳速度时，反应都会减小。

双眼视差（binocular disparity）选择性　与外膝体细胞不同，大部分视皮层细胞接受双眼输入。因此，每一个细胞在左、右视网膜上都有一个感受野，这一对感受野在视网膜上的位置差（相对于注视点）称为“视差”（disparity）。如果左、右感受野与注视点的距离差为零，表示该点正好在注视平面上。如果两个感受野都向颞侧偏离，表示该细胞的调谐距离（最佳距离）比注视点远；两个感受野向鼻侧偏离则意味着该细胞的调谐距离比注视点近。Nelson 等在猴的实验中用棱镜使两个感受野的中心完全重合（视差为零），这时 17 区细胞的反应呈现双眼易化，调整棱镜度数使视差向颞侧或鼻侧偏离，都会使细胞放电下降到低于单眼反应水平。可见无论目标位置大于或小于最佳距离，都会显著地抑制皮层细胞活动。

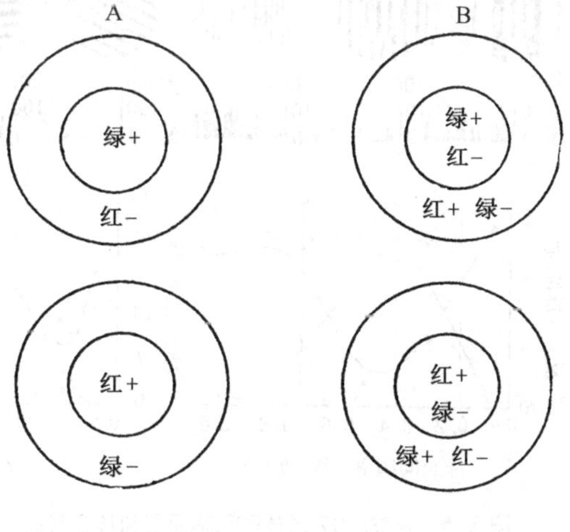

图 6-15　单颉颃式（A）和双颉颃式（B）颜色感受野的结构模式图

颜色选择性　同视网膜和外膝体神经元一样，皮层细胞也具有颜色选择性。与皮层下的单颉颃式感受野（图 6-15A）不同，视皮层细胞的颜色感受野具有双颉颃式结构。例如，对于 R-G（红 – 绿）型感受野来说，其颜色结构可能有两种形式（图 6-15B）。感受野中心可能被绿视锥细胞的输入兴奋，同时被红视锥细胞输入抑制（图 6-15B 上图），或者相反（图 6-15B 下图）；外周对颜色的反应性质正好与中心相反。因此，双颉颃式感受野通过中心的颜色颉颃能分辨红色和绿色，通过中心与外周之间的相互作用能使红-绿对比的边缘得到增强。对于 B-Y（蓝-黄）型感受野，情况也一样。

6.5.3 视皮层神经元的感受野外区——整合野

与皮层下神经元类似，在皮层细胞的传统感受野外，也存在着一个对神经元反应起调制作用的区域——整合野（integration field）（Li 和 Li，1994；Li，1996）。由于整合野对视觉刺激不产生直接反应，为了测试其范围和调谐特性，必须用一个中心光栅（条件刺激）来刺激神经元的感受野，使该细胞的活动维持在一个持续的发放水平。与此同时，用一个外周光栅来测试整合野的作用（图 6-16）。用这种方法可以观察到，猫和猴视皮层 17 区和 18 区神经元的整合野具有抑制、易化和去抑制等不同性质。改变外周光栅的刺激参数（方位、运动方向、空间频率和运动速度），可分别测出整合野的各种特征调谐特性。对大多数皮层细胞来说，整合野的这些调谐特性都与该细胞的感受野的调谐特性相一致；它们的调谐曲线具有大致相同的形状和峰值位置。对于易化型整合野，只有当感受野内外的图形特征相同时，细胞反应才受到增强。通过这种易化作用，视皮层神经元能够选择性地对大范围内相同的图形特征进行整合。抑制型整合野的作用正好相反。当整合野内的图像特征与感受野内的图像特征相似时，细胞的反应受到最强抑制；而当感受野内外的图像特征存在差异时，抑制作用减弱或消失（反应增强）。这一事实表明，通过抑制型整合野与感受野的相互作用，皮层细胞能检测图像的各种特征对比（feature contrast）。感受野与整合野之间的这两种对立的图像处理形式为图形-背景

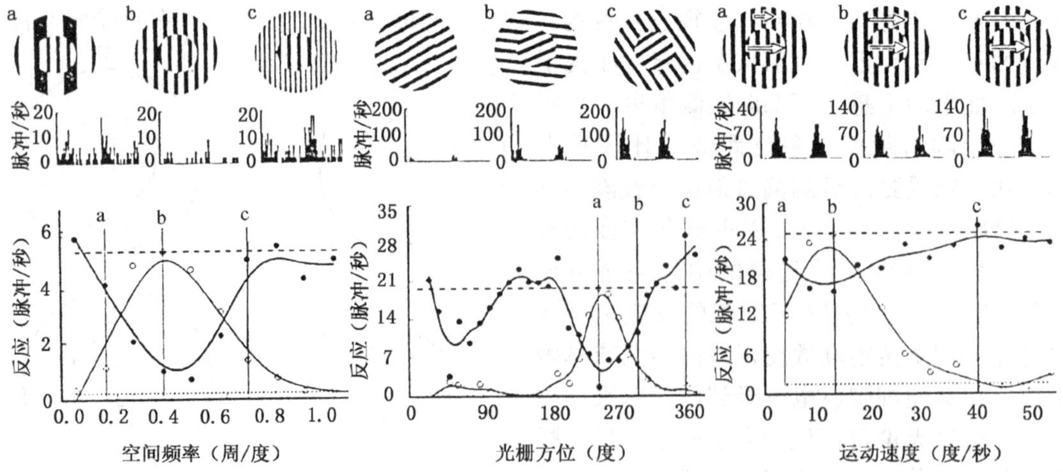

图 6-16 猫皮层 17 区神经元感受野和整合野的空间频率（左）、方位（中）和速度（右）选择性曲线
每一幅图中，细线代表感受野的特征选择性，粗线代表整合野的选择性。上面插图表示刺激图形和相关的反应直方图。（引自 Li，1996）

的分离创造了必要的条件。

6.5.4 初级视皮层的功能筑构

感受野的等级假说

目前，对皮层神经元不同类型感受野是怎样形成的还不十分了解。Hubel 和 Wiesel 早期提出了一个等级假说。他们设想，简单细胞的感受野可能是由许多外膝体神经元的同心圆感受野有序排列而形成的。例如，许多 ON 中心型同心圆感受野排列在一条直线上，就形成了 ON 中心的长条形简单感受野。汇聚后的感受野的 ON 区和 OFF 区都变成了长条形，由此便产生了一定的方位选择性（图 6-17A）。同样，复杂细胞的感受野可能是由许多简单细胞汇聚而成（图 6-17B），这些简单细胞的感受野具有相同的最佳方位，但位置略有不同。

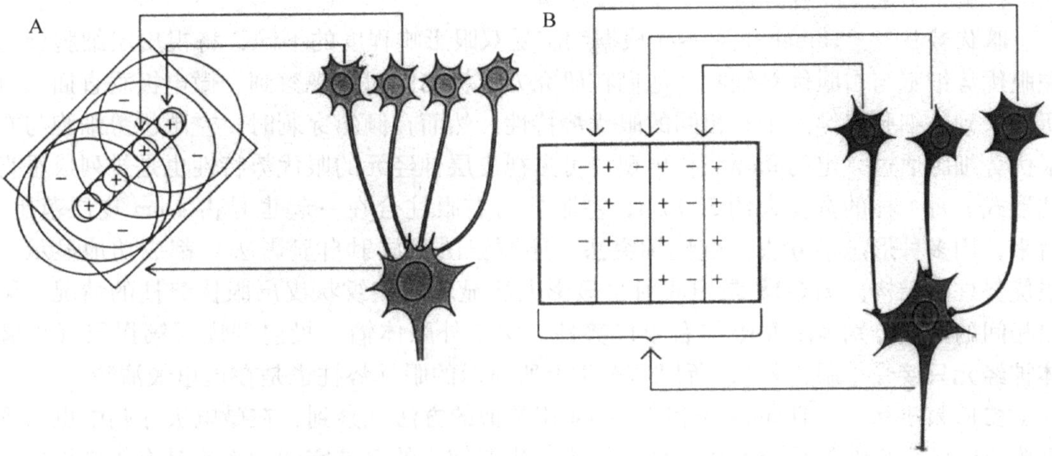

图 6-17 Hubel 和 Wiesel 关于皮层感受野形成机制的等级假说

A，简单细胞的感受野；B，复杂细胞的感受野（据 Hubel 和 Wiesel）

等级假说在一定程度上可以解释感受野的某些重要特性，也得到了以下实验支持。①简单细胞主要分布在皮层的第Ⅳ和第Ⅵ层，与外膝体投射纤维终止位置吻合。复杂细胞多分布在第Ⅱ、第Ⅲ和第Ⅴ层，这三层又正好是第Ⅳ层的投射位置。②在电刺激外膝体时，从简单细胞记录到的是单突触的兴奋性反应，而从复杂细胞记录到的兴奋性反应是双突触的。③简单细胞的反应延时短，复杂细胞的反应延时长。④最近的细胞内记录实验表明，无论用最佳方位或非最佳方位刺激，简单细胞的主要突触输入成分都是 EPSP（兴奋性突触后电位）。⑤观察到外膝体的 ON 和 OFF 投射纤维的感受野与相应视野内皮层细胞的 ON 亚区和 OFF 亚区重叠。

最近的研究观察到，视网膜和外膝体神经元也具有一定程度的方位倾向性；在外膝体内，相邻细胞的倾向性大致相同。可能，这种初步的方位选择性在汇聚成皮层简单细胞以后，又得到了进一步的加强。

功能柱（functional columns）

视皮层功能柱的发现是近年来视觉中枢研究中最引人注目的进展之一。由于这些柱系统正好与各种特征检测功能一一对应，所以也被认为是对特征检测理论的一个有力支持。到目前为止所发现的各种功能柱都垂直于皮层表面，排列成片层状。

方位柱　电生理学和形态学观察都已反复证明，在猴和猫的 17 区和 18 区存在着方位柱结构。Hubel 和 Wiesel 用微电极倾斜地穿刺视皮层，在微电极通路上，依次被记录到的细胞的敏感方位总是很有规律地按顺时针或逆时针方向变化。皮层上每移动 800～1200μm距离，被记录细胞串的敏感方位大约旋转 180 度。然而，在垂直穿刺皮层时，细胞串的敏感方位大致相同。由此可见，方位柱是与皮层表面垂直排列的。后来，用^{14}C-2-脱氧葡萄糖（2DG）同位素标记方法，从形态学上直接显示了方位柱在视皮层上的分布情况。指示相同方位柱的标记带之间的宽度为 700～1200μm，正好相当于微电极探测中引起 180 度方位角变化的皮层宽度。

眼优势柱　Hubel 和 Wiesel 根据细胞受双眼影响程度的不同，将视皮层细胞分为左眼优势细胞与右眼优势细胞。他们在研究方位柱的同时还观察到，微电极垂直插入时所记录到的细胞串倾向于有相同的眼优势特性，然而在倾斜穿刺时，左眼优势细胞与右眼优势细胞通过一定的间隔交替出现。可见视皮层神经元的眼优势特性也是排列成垂直柱形式。每个柱的宽度大约 500μm，左眼柱与右眼柱合在一起也是占 1mm 皮层范围。后来，用多种形态学方法（变性轴突法、还原银法和放射自显影法）都成功地显示了眼优势柱的结构。图 6-18 是用放射自显影方法显示的猴纹状皮层眼优势柱的情况，黑白相间的条纹分别表示左眼与右眼优势柱。由于外膝体输入投射到皮层第Ⅳ层（外膝体神经元只接受单眼输入），所以形态学上所显示的眼优势柱也是在这里最清楚。

空间频率柱　Thompson 和 Tolhurst 用类似的方法观察到，在微电极穿刺中也出现细胞空间频率特性的系统变化，他们认为，皮层细胞的最佳空间频率也是有规则地以柱的形式垂直于皮层表面排列的。Tootell 用 2DG 放射自显影方法证明，猫皮层 17 区确实存在着空间频率柱结构。这种柱系统垂直于皮层表面，从表层延伸到深层，柱的宽度（间隔）大约 0.8～1mm。由于空间频率测量必须在最佳方位进行，为了排除方位的影响，他们在注射 2DG 过程中不断地变换刺激光栅的方位。

颜色柱　Micheal 在研究猴视皮层的颜色特异性时发现，有些细胞只对颜色光敏感，对白光没有反应。他还注意到，当微电极倾斜穿刺视皮层时，有颜色特异性的细胞和没有颜色特异性的细胞是成串地交替出现的。根据在几个平行穿刺通道上所得到的结果，他们认为，颜色特异性细胞也是排列成片层状结构。颜色柱宽度约 100～200μm，贯穿整个皮层厚度，同一柱内所有细胞有相同的光谱特性。Wang-Riley（1970）用一种组织化学方法（细胞色素氧化酶）处理猴纹状皮层，观察到在该皮层的第 2、3 层内存在着一种散布的斑点（blobs）状结构，这些斑点的大小约 0.5 mm。Livingstone 和 Hubel 用微电极记录了斑点内和斑点间神经元的反应。它们发现，在斑点内大约有半数细胞对颜色敏感，其感受野呈现双拮抗式结构。另外半数对颜色呈现宽带反应特性（对各种波长都反应）。与此相反，斑点间的细胞都有方位选择性，而不在乎刺激的颜色。由此他们认为，斑点结构是颜色功能柱的反映。

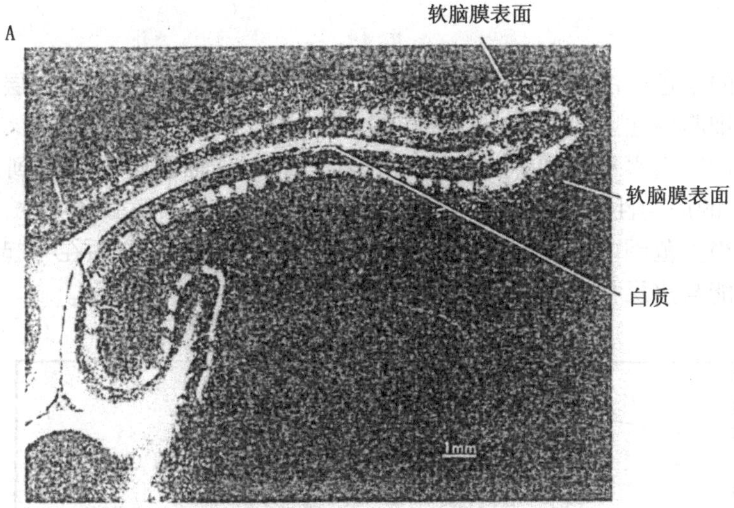

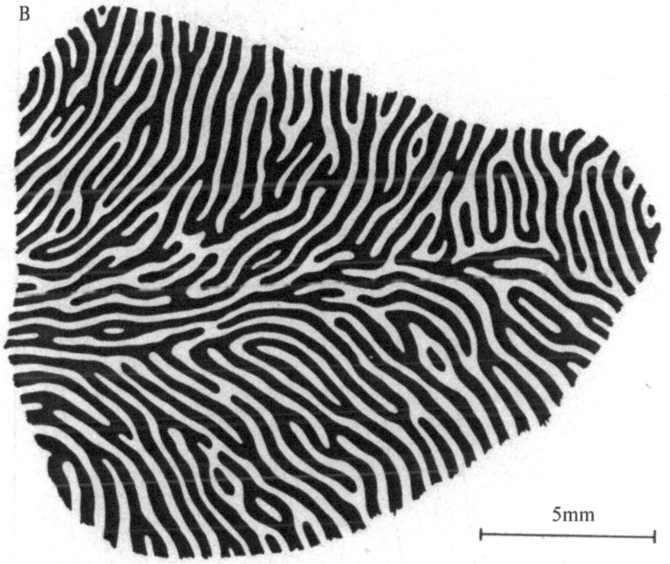

图 6-18 用放射自显影方法显示的猴视皮层的眼优势柱
A. 垂直切面；B. 通过第Ⅳ层的水平切面。（引自 Hubel and Wiesel）

小结 上面提到的各种功能柱有两个共同的特点：①特征调谐相同的细胞在与皮层表面相垂直的方向上聚集成片层状结构，②各种功能柱的宽度大约都是 0.5 ~ 1 mm 左右。Hubel 和 Wiesel 把这个包括了各种功能柱在内的 1 mm 宽度的皮层区称为一个“超柱”（hypercolumn），并且认为超柱是初级视皮层处理视觉图像的基本功能单元。在一个超柱范围内的神经元从一个共同的视网膜小区域接受输入，并对这个视野区域内的图形特征（方位、深度、空间频率和颜色等）进行分析。整幅视网膜图像在皮层上被分割成许多小区域，由对应的超柱对图像各个局部进行分区的处理。最近，用脑光学成象方法，可直接在清醒猴的视皮层表面观察到方位柱和眼优势结构。

水平联系

以前经典的染色方法着重于研究树突的形态和分布以及皮层内不同层次间的垂直联系。最近，用细胞内注射 HRP 的研究表明，在皮层第Ⅱ、Ⅲ和Ⅴ层内，有些锥体细胞的轴突可以在皮层内水平延伸达 4 到 8mm。而且，在其轴突野内可见到许多侧突，呈现出大约 1mm 的周期性簇状分布（Gilbert and Wiesel，1989）（图 6-19）。有实验表明，这些侧突在相当大范围内把具有相似方位选择性的皮层功能柱联系在一起。这种大范围的水平联系可能与皮层神经元感受野外区域（整合野）的形成有关。

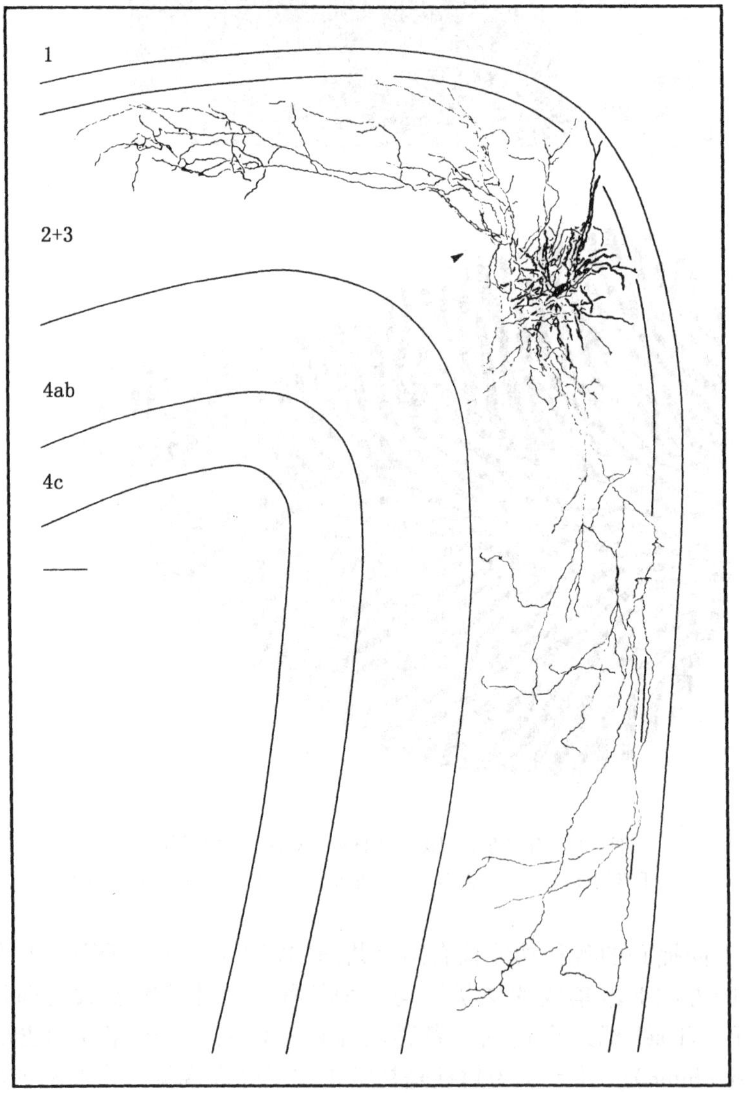

图 6-19　猫视皮层第Ⅱ层内一个锥体细胞的树突（粗线）和轴突（细线）的形态
其轴突在Ⅱ、Ⅲ层内水平延伸约 4mm。校正 = 100μm。（引自 Gilbert and Wisel）

6.5.5 其他视皮层区的功能特性

与对初级视皮层的研究相比，目前对其他较高级的视皮层区的功能还了解得很少。灵长类高级视皮层（图6-12）的结构和功能与其他高等哺乳动物（例如猫）有极大的差别。因此，有关高级视皮层的知识，一部分来自对猴的实验性研究，另一部分来自临床脑局部损伤的病例观察。由于一些新技术（例如功能核磁共振显像和正电子发射显像等）的出现，最近已经可以用人作为研究对象，来开展一些有关视觉认知的实验。根据以上三方面所获得的资料，总的说来，颞叶内的视区可能与图形属性的认知有关，顶叶内的视区与图形的空间定位有关。

V2 区

该区紧紧围绕V1 区，并接受来自V1 区的投射。在猕猴的脑表面只能看到V2 的一个边缘，其大部分埋藏在月状沟和下枕沟内。该区与V1 区一样，与视网膜之间有点对点的投射关系。

用细胞色素氧化酶对V2 区染色后，可观察到在该皮层的第2、3 层内存在着一些染色较深和染色较淡的条纹。染色深的条纹有粗、细两种，彼此相间平行排列。"粗条"（thick stripes）和"细条"（thin stripes）之间染色淡的地方称作"条间区"（interstripe）。粗条接受V1 区4B 层输入，绝大多数呈现方位选择性，但对颜色不敏感。主要对立体视（深度）有较强的选择性。可能与视差调谐有关。细条接受V1 斑点输入，没有方位选择性，半数以上有颜色编码，感受野是中心－外周双拮抗式结构。另外半数对颜色呈现宽带反应特性。条间区接受V1 斑点间的输入。同斑点间一样，此区内细胞有方位选择性，没有颜色编码。

V2 区神经元对各种图形特征（方位、双眼视差、颜色、运动等）的选择性基本上都与V1 区相类似。到目前为止，从有关灵长类V2 区的研究中，还看不出它与V1 区神经元在功能上有任何本质的差别。因此，可以把V2 看作是属于初级视皮层的范畴。最近有人比较了猫17 区（相当于猴的V1 区）和18 区（相当于猴的V2 区）的时间和空间特性。与17 区比较，18 区神经元的空间分辨能力相对较低，然而其时间分辨能力却要比17 区神经元高得多。

V3、V3A 和VP 区

V3 区紧靠V2。它接受来自V1 区的直接的点对点投射，所以具有相似的视网膜投射图（其投射图是V2 区投射图的镜象）。在V3 前面的是V3A。它与V3 具有相似的功能特性。所不同的是它是视网膜周边区的代表区，其主要输入来自V3，而且不接受V1 的直接投射。V3 区内的神经元只支配下半个视野，在这些神经元中多数具有方位选择性，然而对颜色有选择性的细胞为数极少。与此相反，VP 区只支配上半个视野，其中有很多颜色敏感神经元，但很少有方向选择性神经元。由于方位特征是构成图像的基本要素之一，因此V3 和V3A 被认为与处理视觉刺激的形状有关的皮层区。

V4 区

此区在V3A 区的前面。它的输入有两个来源：小部分来自V1 的视网膜中央代表区，大部分来自V2。V4 区神经元的感受野比前面三个视区都大，而且视网膜投射关系也不是十分明确。

在V4 区内大约50%细胞对颜色敏感，另外一些细胞则表现出明显的方位选择性。有相当一部分神经元具有抑制性的感受野外区。用不同波长光线照射感受野外区时，也观察到与外膝体神经元感受野外区相类似的颜色补偿特性。与中心敏感色相同的波长使反应减弱，与中心敏感色颉颃的波长使反应增强。

临床上发现，大脑梭状区（相当于猴V4 区）受损伤的病人表现出一种特殊的色觉缺陷，称为“皮层性色盲”。在这种病人的视野中，外界的一切看上去都是灰朦朦的。近年来，应用正电子发射显象技术（PET）可以直接显示脑的活动区域。当给受试者看某种特殊的颜色图形时，在PET 上观察到的脑活动区除了V1 和V2 外，还有梭状区，而用灰色图形作对照测试所显示的活动区主要局限于V1 和V2 区，梭状区的活动明显减弱。从以上实验和观察看来，V4 区的功能涉及颜色和形状特征分辨，很可能主要与检测大范围图形的方位差和颜色差有关。

V5 区（MT）

V5 区在V4 区前面，被埋藏在上颞沟内。它直接从V1 区接受输入。在V5 的前面和下面还有几个亚区；其功能特性与V5 相似，但输入不是来自V1，而是来自V5 自身。在V5 和相邻亚区内，所有的细胞都只反应刺激的运动特征（方向和速度），其中90%以上有方向选择性，最佳速度的分布范围很宽（2～250 度/秒）。V5 区神经元对刺激的颜色没有任何选择性。大约一半神经元对双眼视差有选择。有些对物体的逼近或离开有选择性反应。还有些对刺激物大小的变化反应很强。用微电极平行于皮层表面穿刺V5 区时，依次记录的神经元的方向选择性呈现系统的改变，说明在V5 区内存在与运动方向有关的功能柱。有人用PET 比较了受试者对运动图形和对静止图形的脑活动区。在给运动刺激时，除V1 区外另一活动区在枕叶和颞叶的结合部（Brodmann 19 和37 区结合部）。这个区域受损伤的病人表现的症状是不能识别运动。用化学方法造成MT 区的局部损毁后，实验猴对图形运动的方向和速度的判断能力表现出明显的障碍。

MST 区

MST 区接受MT 区投射。也主要对运动特征敏感。有证据表明，MST 区对运动的分析可能更复杂，除了对物体的靠近和离开有选择性反应以外，有些神经元对旋转图形刺激特别敏感。看来MT 区和MST 区都与检测图形三维运动特征有关。

IT 区

在IT 区内，神经元的反应在许多方面都与其他视区有明显的不同：① 几乎所有的感受野都包括注视中心在内，因此没有网膜定位；② 感受野很大，平均直径25°；③ 大多数感受野越过垂直中线，进入对侧视野；④ 多数细胞对一般简单的图形刺激反应很弱，而对由一定形状和一定颜色构成的复杂图形具有高度选择性；⑤ 细胞的选择性反应与图形在感受野内的位置无关。

Gross 等首先观察到，有些 IT 神经元对面孔图像有选择性的反应。他们把面孔图像切割成一些小块，把这些小块打乱以后再拼合起来，就不能引起面孔选择性神经元兴奋。一些报道指出，有一些图形选择性神经元还能够选择三维图形的不同侧面。

最近的一些实验指出，IT 神经元的图形选择性是后天形成的。有人用一些猴本来不熟悉的图像对猴进行训练（例如给猴整天玩一个特殊形状的玩具），经过一定时间以后，从 IT 区就可以记录到一些神经元对这种立体图像有选择性反应。

6.5.6 视皮层区之间的联系形式

分级处理

多元化的视觉代表区的存在对视皮层功能研究提出了一个根本性问题：这些视觉区是怎样组织起来的？V1 作为视皮层的输入级，它的每一个毫米的区域都有纤维平行地投射到V2、V3、V4 和V5。有趣的是，投射到不同区域的纤维粗细也有所不同。有的区域接受的是快传导的粗纤维，有的接受慢传导的细纤维。由此看来，V1 起到了一种信号分配器的作用，它把不同性质的信号（例如颜色、形状、运动等）分门别类地传送到与处理这些信号相关的皮层区去。而这些皮层区中的每一个又会将信息作进一步的分类，分别发送往若干个更高级的皮层区。这些复杂的联系保证了视觉功能的高度有序、快速和协调。

大细胞通道（magnocellular pathway）和小细胞－通道（parvocellular pathway）

M－通道　起源于视网膜 α 型神经节细胞，其轴突纤维投射到外膝体的大细胞层（M－层）。从这里投射到皮层V1 区的 4Cα，再到 4B 层。然后直接或通过 V2 区的粗条（thick stripes）投射到V5。这是一条与运动识别有关的通道。另一条支路从外膝体的 M 细胞到 4B 中的方位选择性细胞，再直接或通过V2 的粗条到V3。后者是所谓的动态图形通道。M－通道最后到大脑的背侧，包括 MST、7a，和VIP，所以被称作“背侧通道”。

P－通道　起源于视网膜 β 型神经节细胞，其纤维到外膝体的小细胞层（P－层）。后者的纤维投射到皮层V1 区的 4Cβ 层，从这里分两条支路。一条通过2、3 层内的斑点（blobs）、V2 的细条到V4，是主要的色觉通道。另一条通过斑点间（interblobs）和V2 的粗条到V4，与图形有关。P－通道最后到大脑腹侧的 IT 区，所以被称作“腹侧通道”。

（李朝义）

参　考　文　献

[1] Barlow H. Summation and inhibition in the frog's retina. J Physiol, 1953, 119: 69～88

[2] Creutzfeldt O D et al. The neurophysiological correlates of colour and brightness contrast in lateral geniculate neurons: I

Population analysis. Exp Brain Res, 1991, 87: 3 ~ 21
[3] Dowling JE and Boycott BB. Organization of the primate retina: electronmicroscopy. Proc R Soc Lond B 1966, 166: 80 ~ 111
[4] Gilbert CD and Wiesel TN. Columnar specificity of intrinsic horizontal and corticocortical connections in the cat visual cortex. J Neurosci, 1989, 9: 2432 ~ 2442
[5] Hartline HK. The response of single optic nerve fibers of the vertebrate eye to illumination of the retina. Am J Physiol, 1938, 121: 400 ~ 415
[6] Kuffler SW. Discharge patterns and functional organization of mammalian retina. J Neurophysiol, 1953, 16: 37 ~ 68
[7] Li CY. et al. Role of the extensive area outside the X-cell receptive field in brightness information transmission. Vision Res, 1991, 31: 1529 ~ 1540
[8] Li CY et al. Extensive disinhibitory region beyond the classical receptive field of cat retinal ganglion cells. Vision Res, 1992, 32: 219 ~ 228
[9] Li CY and W Li. Extensive integration field beyond the classical receptive field of cat's striate cortical neurons: classification and tuning properties. Vision Res, 1994, 34: 2337 ~ 2355
[10] Li, CY. Integration fields beyond the classical receptive field: Organization and functional properties. News In Physiological Sciences, 1996, 11: 181 ~ 186.
[11] Nathans J, Thomas D and Hogness DS. Molecular genetics of human color vision: the genes encoding blue, green and red pigments. Science, 1986, 232: 193 ~ 202
[12] Orban GA. Neuronal Operations in the Visual Cortex. Berlin: Springer-Verlag, 1984
[13] Rodieck, RW. Quantitative analysis of cat retinal ganglion cell response to visual stimuli. Vision Res., 1965, 5: 538 ~ 601.
[14] Svaetichin G. Spectral response curves of single cones. Acta Physiol Scand 1956, (suppl. 134), 39: 18 ~ 46
[15] Van Essen DC. Functional organization of primate visual cortex. In: Cerebral Cortex, Vol. 3, Ed. Peters A. and Jones EG. New York: Plenum, 1985, 259 ~ 329

主 要 参 考 书 目

[1] Hubel D H. Eye, Brain and Vision. New York: Scientific American Library, 1988
[2] Kandel E R Schwartz J H and Jessell T M. Principles of Neural Science. 3rd ed. New York: Elsevier, 1991
[3] Lam D, M-K and Gilbert CD. Neural Mechanisms of Visual Perception. Houston: Gulf Publishing Company, 1989
[4] Nicholls JG, Martin AR and Wallace BG. From Neuron to Brain. 3rd ed. Massachusetts: Sinauer Associates Inc., 1992
[5] Peters A and Jones EG. Visual Cortex (Cerebral Cortex. Vol. 3). New York: Plenum Press. 1985
[6] Zeki S. A Vision of the Brain. Oxford: Blackwell Scientific Publications, 1993

第七章　听　　觉

§7.1　引　　言

听觉系统感受、传输、分析、处理声音信息。声音为多参数的信息载体，能远距离向四面八方传播，能绕过甚至穿透障碍物。听觉能感受的声音多种多样，其参数变异范围极宽，如上下限频率可相差一千倍，强度按声压算可相差一百万倍，按能量算可相差一万亿倍。听觉系统对声音的各参数都有很高的灵敏度和精确的分辨率，并能检测它们在时间上的快速变化。人类掌握了语言的高效信息交流工具，更使听觉系统接收的信息量大增，是听觉功能最高度的发展。音乐携带的信息丰富复杂，除和语言一样有具体通讯内涵外，它能予人以独特的艺术享受，奇妙地激发人的喜怒哀乐。

人类的听觉和发声器官都发育较早，配套组成既方便又完整、有传入有传出的信息交流系统。由于这一“先入为主”的优势，幼儿最早建立的学习和思维“模板”便是以听觉和语言为基础的，这一模板有效地成为其后通过其他感觉系统进行信息交流的现成工具，起导向、参考和辅助作用。由于与学习、思维、思想表达等较高级的神经活动有此种特殊关系，人类听觉的重要性便超出仅仅作为一个感觉系统的范畴。假如说在多数动物视觉接受的信息要比听觉接受的多得多，那么对充分利用语言进行信息交流的人类，视觉和听觉便各有千秋，接受的信息量当在同一数量级。

可是听觉的感受细胞（内毛细胞）却仅数千，分布在不足 10 mm^2 的"微弹丸之地"。以数量很少的感受细胞及与之相连接的神经通道传输极大量的信息，是听觉功能的最大特色。信息处理的此种高效率，除了在神经科学中有其普遍理论意义外，对声学、仿生学、信息科学、通讯工程、人工智能、信号处理等应用研究尤其有吸引力，从而派生出若干学科交叉的前沿课题。

检测刺激信号在时间上的快速变化是听觉系统非常突出的本领；大量听觉信息，特别是生物学意义重大、内涵丰富而又抽象化了的信息，都是由声信号的时域变化所携带的。从信号的时域变化本身提取有用信息，是听觉功能的另一特色。听觉感受细胞和传输通道数量少的缺陷，通过信息处理时间上的高效率便得到了很大的补偿。

听觉研究除了有本身的特殊内容外，也涉及感觉生理和脑功能的许多共同规律。从研究和认识神经生物学这些共同规律的角度上考虑，立足于听觉系统有若干优点，较突出的是听觉的刺激（输入）和反应（输出）都可较易准确定量、控制和测量。

听觉功能较易受多种因素的损害，听觉功能障碍属常见多发病。在医学、环境科学、卫生保健等事业中，听觉保护和耳聋防治等问题越来越受到各方面的关注。

听觉最基本的功能是对声音进行频率分析。在听觉研究史上，对频率分析部位机理逐步深入的论证一直处在核心地位。一百多年前感觉生理学宗师 Helmholtz 所概括的共振学说是听觉研究第一里程的标志，其基本意义是正确地提出了耳蜗频率分析的部位原则。本世纪 40 年代末至 70 年代初，诺贝尔奖获得者 von Békésy（1960）所总结的行波论则是通过精细的实验观察，具体地说明了部位原则如何在耳蜗内实现；他的贡献是听觉研究第二里程的标志。从 70 年代末至今转入第三里程，研究的发展甚为迅速，出现了一系列新观点、新理论、新思路和新研究技术，其中最瞩目的成就是突破了 Békésy 等前人把耳蜗看作一个被动的机械装置这一局限，揭示了活的耳蜗具有一系列主动调控的生理学机制（Dallos 1992）。耳的声发射（otoacoustic emission, Kemp 1988）被成功地记录到，便是耳蜗具有产生振动、从而通过机械反馈完成主动调控的有力证据。在声波或其他因素作用下对外毛细胞伸缩变形及其动性（motility, Dallos 1991；Khanna et al. 1992）的精细观察，则肯定了外毛细胞是此种调控的执行者。主动调控机制的存在保证了耳蜗成为一个非线性工作系统，而非线性则是耳蜗的精华，是听觉高灵敏度、宽动态范围、尖锐调谐特性和精确分辨率的必要基础。新的研究已远超出频率分析的局限，深入到了听觉生理的诸多方面。有关听觉生理较系统的论述可参看 Pickles（1982），Dallos（1991），Bear et al.（1996），Purves et al.（1997）等专著或综述。

§7.2 听觉系统的结构

听觉系统由听觉器官、听神经、各级听觉中枢和连结它们的神经通路组成。听觉器官统称为耳。较高等动物的耳又可分为外耳、中耳和内耳。内耳司听的部分称耳蜗。

7.2.1 听觉器官和听神经

外耳 外耳包括耳廓和外耳道，主要起集声作用。

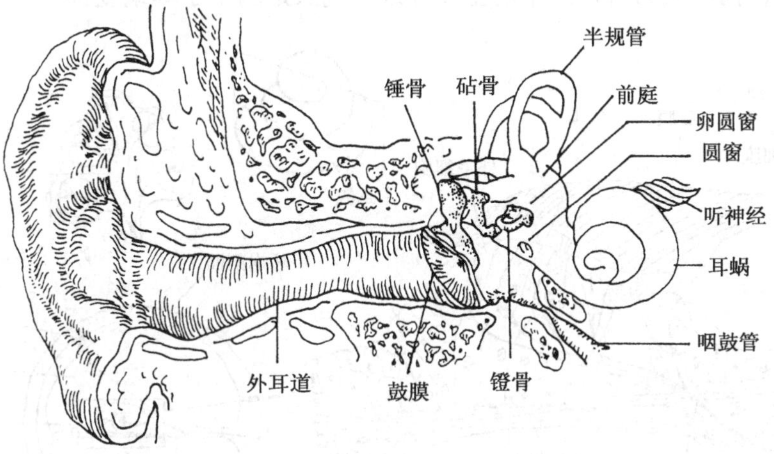

图 7-1　人耳的结构

中耳　中耳包括鼓膜、听骨链、鼓室、中耳肌、咽鼓管等结构，主要起传声作用。鼓膜是封闭外耳道内端的薄膜结构，分隔外耳和中耳（图 7-1）。声波从外耳道进入使鼓膜产生相应的振动。哺乳类动物的听骨链由 3 块听小骨组成，分别称锤骨、砧骨和镫骨；锤骨靠近鼓膜，锤骨柄附着于鼓膜内面，砧骨接在锤骨镫骨之间，镫骨底板封盖在内耳的圆窗膜上。通过此“杠杆”系统，鼓膜的振动可有效地传至耳蜗。鼓膜内即为鼓室，又称中耳腔，正常时内充空气。鼓膜内外面接触的介质都是空气，保证了它能自由振动。中耳肌包括鼓膜张肌和镫骨肌，它们的收缩使鼓膜拉紧及镫骨固定，起限制声音传向耳蜗的保护作用。咽鼓管由鼓室通至咽部，咽端的入口平时关闭，做吞咽等动作时开放，其功能是使鼓室内空气压力随时与大气压力保持平衡。

耳蜗（cochlea）　耳蜗是一由骨质外壳包着的管状结构，卷曲数圈（人两圈半，豚鼠 4 圈）成蜗牛状，故名。此管状结构一头较粗，为耳蜗基部，另一头较细，为蜗顶。耳蜗骨壳内由软组织分隔成 3 条平行的管道，分别称前庭阶、鼓阶和蜗管。前庭阶和鼓阶在基部各有一窗，称前庭窗（卵圆窗）和圆窗，窗上均有膜，圆窗外即鼓室，卵圆窗膜为镫骨底板封盖。前庭阶与鼓阶在蜗顶处经蜗孔通连；此两阶内充满外淋巴。蜗管夹在前庭阶与鼓阶之间，充满内淋巴。分隔蜗管与鼓阶的膜状结构称基底膜，由感受细胞、听神经末梢等组成的声音感受器就在基底膜上，称螺旋器。

螺旋器（spiral organ）　螺旋器或称 Corti 氏器，也沿蜗轴卷曲成螺旋状。若将耳蜗拉直从横切面看，基底膜、螺旋器及其相邻结构便如图 7-2 所示。人耳基底膜平均约长 30 mm，基部处宽约 80 μm，结构较紧密，蜗顶处宽约 500 μm，较松弛。感受声音的 3 行外毛细胞和 1 行内毛细胞依靠支持细胞整齐地排列在基底膜上。

毛细胞（hair cells）　人的每侧耳蜗约有外毛细胞 12 000、内毛细胞 3000 个。毛细胞在与盖膜接触的顶端有一表皮板，成丛的静纤毛一头嵌在表皮板一头伸向盖膜。在声波作用下，纤毛以其嵌入表皮板的根部为支点交替地向内、外侧倾斜。

听神经（auditory nerve）　支配内毛细胞的神经来自螺旋神经节，后者也沿蜗轴卷曲成螺旋状，大多数神经元为双极细胞，其离心轴索的末梢终止于内毛细胞底部并与之形成突触，向心轴为听神经干的主要纤维，进入延脑止于耳蜗复核。

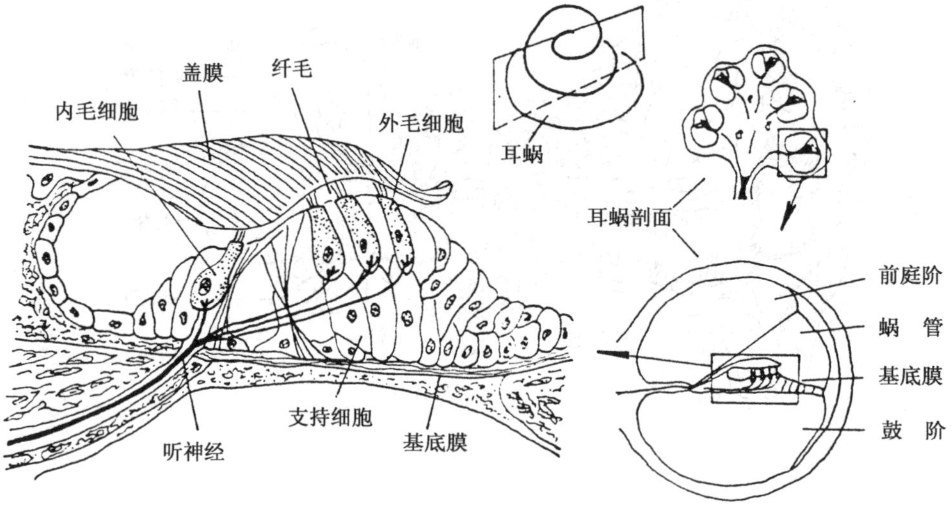

图 7-2　耳蜗的结构

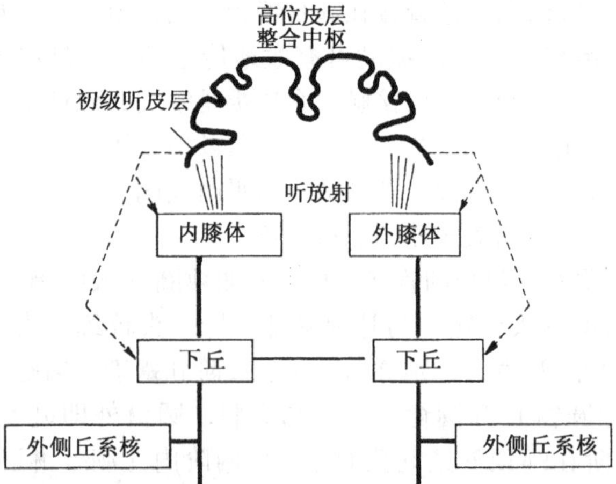

图 7-3　听觉中枢及主要通路示意

7.2.2　听觉中枢和通路提要

耳蜗复核为哺乳类动物的第一级听觉中枢，同侧听神经的传入纤维全部终止于此。从耳蜗复核发出的纤维大部分交叉到对侧，多数止于上橄榄复核，交换神经元后上行，形成外侧丘系；有些不交换神经元的纤维直接沿外侧丘系上行，止于外侧丘系核或下丘。小部分不交叉的纤维在同侧上行，分别止于上橄榄复核、外侧丘系核或下丘。耳蜗复核、上橄榄复核、外侧丘系核和下丘统称听觉的脑干中枢。从上橄榄复核有下行纤维至耳蜗复核及传出纤维直接至外毛细胞。丘脑的内膝体接受从下丘来的纤维，并发出上行纤维组成听放射，终止于原发（或初级，primary）听皮层。后者与大脑皮层的听觉整合中枢相联系，完成对听觉信息的高级处理（图 7-3）。

§7.3 听觉的基本特性

听觉是声音作用于听觉系统引起的感觉。声音是一种振动，是由一定能量作用于可振动物体而产生并由介质传播的波。陆生动物听到的主要是气播声，传播介质是空气。声波在空气中传播的速度约为 340 m/s。在传播声音时介质并不随声波向前移动，空气分子只是在声场的某一空间位置上随压力的变化而周期性地被压缩和变稀疏，形成所谓疏密波。最简单的振动为简谐振动，它的波形是正弦波，产生的声音称纯音（pure tone，图 7-4）。正弦波是声波的结构单元，任何复杂声都可经傅里叶变换分解成若干参数不同的正弦波组成成分。

7.3.1 声音的主要参量、名词和术语

频率（frequency） 频率指每秒正弦振动的周期数，单位为赫（Hz）。习惯上称人耳能感受的频率为听频，范围为 20～20000 Hz，此范围以上为超声，以下为次声。非正弦的振动速率（次/秒）有时也不确切地泛称频率。频率的主观属性为音调。

强度（intensity） 强度原指声强，按能量计算，但也常用声压表达；声压与声强成平方关系。声压单位为帕（Pa，1 Pa = 10 mg /cm^2）。对较长的声音通常取有效值即均方根值，对瞬态的脉冲声则以取压力峰值较为合理。强度的主观属性为响度。

分贝（decibel，dB） 因听觉系统能感受的声强度动态范围极大，强度以用对数关系表示较方便。分贝就是用对数表示的声压比值，它是 1 贝（Bel）的 1 /10，具体计算关系是以能量比的对数值 N 定义为 N Bel，例如 I/I_0 = 10 为 1 Bel（I_0为基准声强，I 为要表达的声强），I/I_0 = 100 为 2 Bel 等（log10 = 1，log100 = 2）；因 1 Bel =10 dB，$I/I_0 = (P/P_0)^2$，$\log(I/I_0) = 2\log(P/P_0)$，故：

$$\text{dB 数} = 20\log(P/P_0),$$

式中 P 为要表达的声压，P_0为基准声压。当二者相等时为 0 dB。以 2×10^{-5}Pa 为 0 dB 的声压表示系统称声压级（sound pressure level，SPL），声学测量多以此为准，它不因频率而变。0 dB SPL 大致接近人和动物对最敏感频率的听阈。听觉研究和听力检查多以正常平均听阈为 0 dB，称正常听力级（normal hearing level，nHL）或感觉级（sensation level，SL），其绝对声压值随频率而变，应用标准也不统一。

周期和波长 二者都可从频率算出：周期是频率的倒数，以毫秒为单位；声速除以频率即为波长，如在空气中 1000 Hz 纯音的周期为 1 ms，波长约为 34 cm。

相位（phase） 相位指某一瞬间与振动周期相应的时间位置，一周期以 360°计算，设定一点为 0°。例如在用耳机给声时，若以膜片向外推出达最大点时为 0°，则内收达最大点时便为 180°，以前者为中心的半周称密相，另半周称疏相。疏相时镫骨底板外拉，基底膜向蜗管方向上移，一般认为这时毛细胞和听神经纤维被兴奋。两耳在接受声音时的相位差在双耳听觉和声源定位中有重要意义。

频谱（spectrum）　频谱是声音频率和强度的二维表达，习惯上横坐标示频率，纵坐标示强度。频率、强度在时间上变化的三维表达称动态频谱或声图（sonogram），纵坐标示频率，横坐标示时间，亮暗度示强度。频谱的主要主观属性为音色。

倍频程（octave）　倍频程表达频率跨度上下限相差为 2 的多少次方，如频率从 f 至 $2f$ 为 1 倍频程、f 至 $4f$ 为 2 倍频程、f 至 $2^{1/3}f$ 为 1/3 倍频程。音乐中的八度音阶即为 1 倍频程，分为 12 个律音（半音），频率依次各为前一律音的 $2^{1/12}$ 倍。

谐波（harmonics）　谐波为复杂声中频率与基频 f 成倍数的成分，如 $2f$、$3f...nf$。人和动物日常生活中听到的多数声音为含有谐波的多谐声。

7.3.2　听觉研究中常用的刺激声

短声（click）　短声由窄电脉冲输至耳机或扬声器产生，其特点是作用时间短，可在 3 ms 以内，但频谱甚宽，与白噪声的相仿。电脉冲经过窄通带滤波器后产生的称滤波短声（filtered click）。滤波短声的波形和频谱与短音（图 7-4）的相似。短声以固定速率重复出现时称重复短声，具有多谐谱。

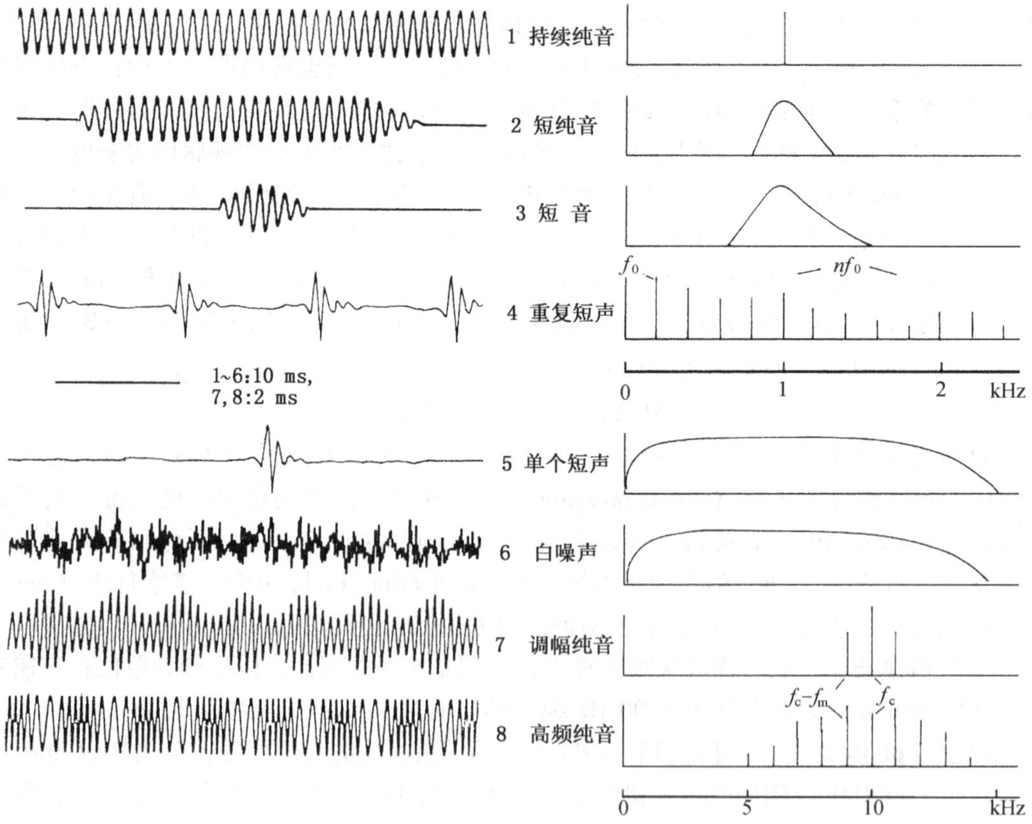

图 7-4　常用刺激声的声学特性

纯音　纯音只有单频率，其特点是“纯”，但作用时间长。只有持续纯音才呈单线谱，数百毫秒以内的小段短纯音（tone burst）及周数固定、包络呈菱形的短音（tone pip），其频谱便有一定宽度，时程及开始结尾的上升下降时间越短，频谱便越宽。

噪声　噪声包含不成谐波关系的多频率成分。各频率成分都有且强度均匀的称白噪声（white noise）。白噪声经通带滤波可留取特定频段，称频带噪声（band noise）。频谱变化不规则的称无规噪声。噪声可以是间断的，时程很短的称脉冲噪声。

调制声（modulating sound）　调制声是特定参量按一定时间模式变化的声音，分别有调频、调幅、调相等。控制参量变化的调制信号以正弦波和梯形波最常用。调制声是参数较多但易于准确控制的复杂刺激声，在听觉机理研究中有独特的优点。

语音　语音及自然界其他复杂声是听觉信息最重要的载体。语音由辅音与元音复合组成。多数辅音的主要成分为不同频率和时程的噪声，元音则含有与声带振动频率相应的基频带及由其谐波组成、能量集中于 2 至 3 个窄频带内的共振峰。不同的元音有不同的共振峰，位于 500～3000 Hz 的频率范围内。

7.3.3　听觉灵敏度及听阈曲线

听觉灵敏度通常以听阈来定量表示。听阈是足以引起听觉的最小声强，它与频率的关系曲线称听阈曲线，在人常用心理物理方法、在动物用行为或电生理方法测定。

人的听阈曲线

图 7-5 a 下方 1 为人的正常听阈曲线，纵坐标为鼓膜处的声压（SPL），横坐标为频率。人耳最灵敏的频率区在 1～4 kHz，平均听阈在 5 dB 左右。耳科检查常用听力图（audiogram，图 7-5 b）直接显示听力损失，用 nHL 表达听阈。

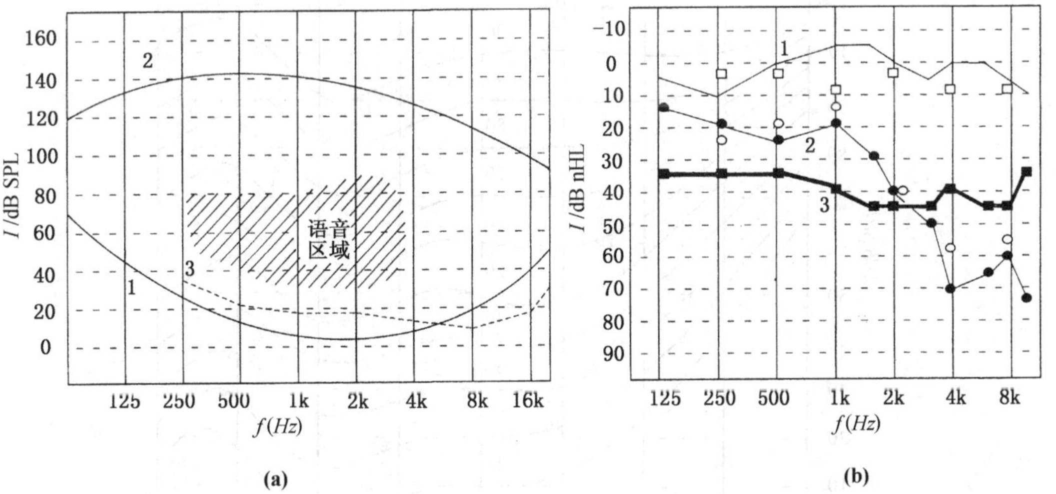

(a)　(b)

图 7-5　人的听阈曲线及听力图

（a）1：人的听阈曲线；2：人的感觉阈曲线；3：豚鼠的听阈曲线。（b）人的听力图，1：正常耳；2：感音神经性聋，小圈为其骨导听阈；3：传导性聋，小空心方块为其骨导听阈。详细说明见正文。

等响曲线

对不同频率的纯音可以在人进行响度比较，响度相等时称为等响；在不同响度水平可各得一条等响曲线（图 7-6）。听阈曲线实际上就是阈响度时的等响曲线，它是两头高当中低的弧形线；随着响度增加，曲线的弧度变小。

动物的听阈曲线

不同动物的听阈曲线在测定方法、结果、可靠性和完整性上差别较大，以新近在豚鼠用调幅纯音诱发的听神经复合动作电位作指标测得的较有代表性（图 7-5 a，虚线 3；测定方法见 §7.6.4，其形状和最佳听阈与人的颇相近，只是最灵敏的频率区域比人的约右移一个半倍频程。

7.3.4 声音的频率、强度与听觉反应三者的关系

频率（f）和强度（I）是声音最基本的参数，分析它们和听觉反应（R）三者间的关系，是研究听觉特性和机理的一个主要手段。f 为特定参数时，R 与 I 的关系称强度函数或输入输出曲线；I 为特定参数时，f 与 R 的关系称频率响应；R 为特定参数时，I 与 f 的关系称等反应曲线或调谐曲线。

强度函数或输入输出函数（intensity or input-output function）

听觉反应一般随声刺激强度的增大而增大，但不呈线性。当强度增至某一水平，反应便

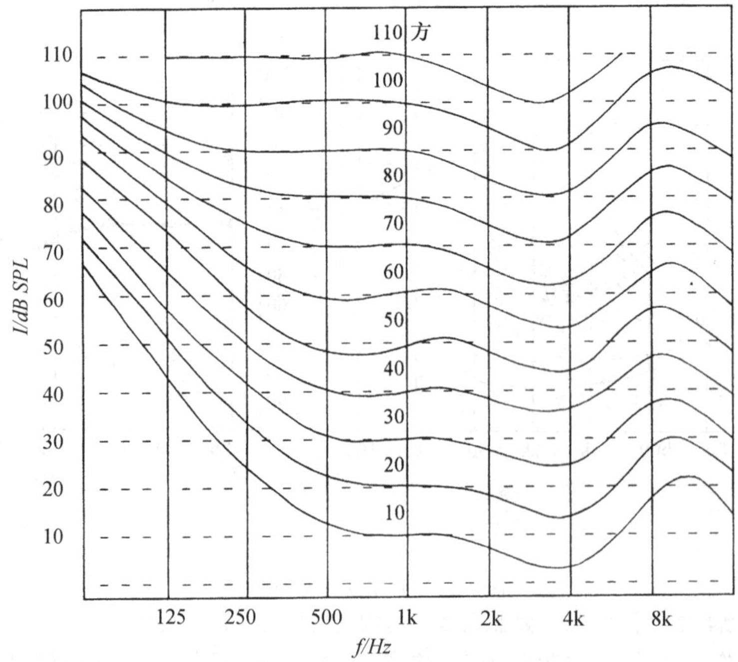

图 7-6 人的等响曲线

趋于饱和甚至变小。强度函数主要反映听觉的动态范围(从阈值至饱和)及其非线性特点。

频率响应 (frequency response)

听觉有很宽的频率响应范围，其他感觉系统难与相比。在听觉系统各个水平上频率响应也有差异。

等反应曲线和调谐曲线 (iso-response curve and tuning curve)

二者分别是 *f-I* 关系的整体表达和单元表达。调谐曲线反映每听觉单元各自的频率分辨率，等反应曲线则是各单元调谐曲线加在一起的总结果。响度是反应大小的一种主观表达，等响实际上就是等反应。对各种听觉设计，等响要比等物理强度更符合实际。图 7-6 示人的一组等响曲线，是根据人对不同频率声音的响度进行比较并经统计处理而得出的;它们包括不同的“方”值。方是响度的主观定量单位,通常以 1 kHz 纯音的声压级值定为该响度的方值,例如与 40 dB SPL 1 kHz 纯音等响的任何声音,其响度都为 40 方。

7.3.5 听觉的辨别功能

感受和辨别声音是听觉功能的两个方面。感受是前提，但就提取有用信息而言，辨别更重要。听觉能辨别声音各参数或属性的最小差值称听觉辨别阈 (difference limen, discriminating threshold)，它是评估听觉辨别功能较好的定量指标。辨别阈在人常用心理物理方法测定，在动物则以用电生理方法较准确方便 (Shao et al., 1985, 1988)。

频率或音调辨别阈 (Δ*f*)

图 7-7 a 示人和几种动物正常的 Δ*f* 曲线。当 *f* 在 1 kHz 以下时，人的 Δ*f* 约为 1 ~

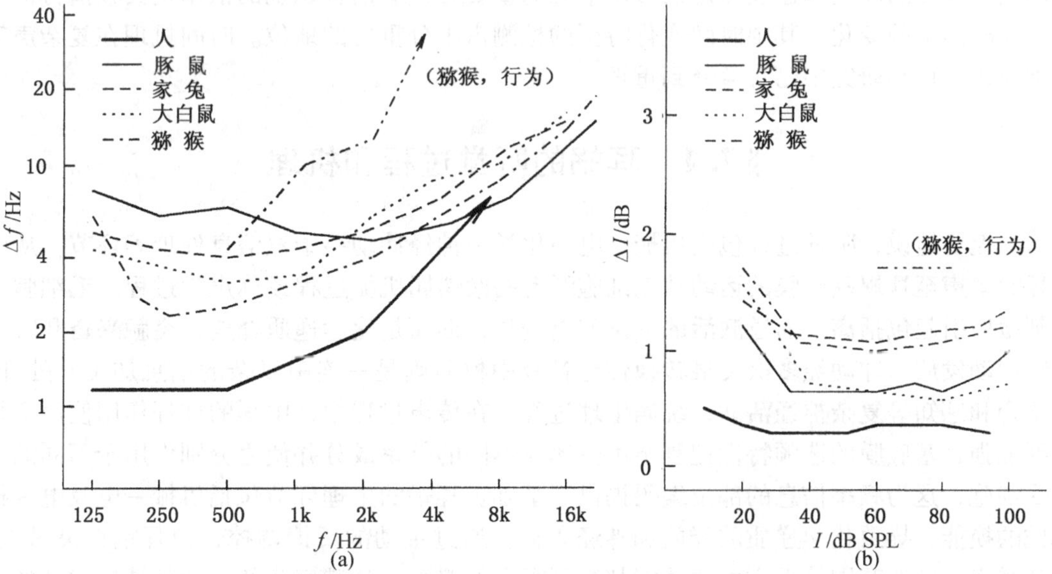

图 7-7 人和动物的频率和强度辨别阈曲线

2 Hz，在 2 kHz 以上时 $\Delta f/f$ 约为 0.2 %。豚鼠、猕猴、家兔及大鼠的 Δf 比人的稍高，主要与测试方法不同有关。

强度或响度辨别阈（ΔI）

图 7-7 图 b 示人和动物正常的 ΔI 曲线。在 30～80 dB 的声强范围内，人的 ΔI 均约为 3%（约 0.3 dB），上述几种动物的约为 5%。

相位辨别阈（$\Delta\phi$）

相位的听觉主观属性不象音调和响度等那么明确。在双耳听觉中，两耳所接受声音的相位差被感受为声源不同的空间位置，是声源定位的重要依据。人的最佳声源位置辨别阈用 $\Delta\phi$ 表示约为 2～3°。单耳听觉也能检测相位，测得的 $\Delta\phi$ 约 2°，对 1 kHz 的纯音，约相当于 6 μs。豚鼠最佳的 $\Delta\phi$ 约为 3°。

时间辨别阈

人和动物能辨别声信号的多种时间特征；人对声音时程和声脉冲间距的最佳辨别阈约为 7%。

复杂声辨别与语音识别

在人耳能辨别无数种类的声音中，复杂声（包括语音）占极大部分。人耳对复杂声的辨别能力极高，它虽然离不开基本声参数的辨别，但不是后者简单的总和而是遵循更复杂的辨别规律。复杂声有丰富的辨别依据，它们在一定条件下可互相补充使辨别锐敏化。例如人对正弦调频声的调制波频率辨别阈，竟然可比对纯音的小一个数量级：调制波频率为 1 kHz 时辨别阈可小于 0.2 Hz。复杂声的复杂性之一在于它有多种多样的调变，调变的深度和速度常是携带声信息的重要方式。语音识别的依据是其频谱特征及它在时间上的变化，其中时间变化特征的检测占十分重要的地位。时间机理在复杂声辨别及语音识别研究中已日益受到重视。

§7.4 耳蜗的听觉过程和机理

扼要地说，听觉过程包括机械→电→化学→神经冲动→中枢信息处理等环节。从外耳的集声至耳蜗基底膜的运动及毛细胞纤毛的倾斜属机械过程或称声学过程。毛细胞受刺激后引起包括离子通道激活的一系列电变化，继而是化学递质释放，突触兴奋和听神经冲动发放，冲动经多次突触转换传至各级中枢后则是一连串复杂的信息加工、处理、整合和感知等复杂神经活动，统属生理过程。在传声过程中，中耳的杠杆作用使声音得到加强，基底膜的选频特性把复杂声分解成不同的频率成分并使之分别作用于不同的感受细胞，这为频率信息的部位编码提供了基础。耳蜗的生理环节包括机械－电及电－机械的换能，导致化学递质的释放和神经兴奋，通过主动的反馈调控，使耳蜗在灵敏度、分辨率、动态范围等多方面的功能都得到很大的提高。从基底膜的运动至神经冲动的发放，每一环节的活动都能跟随声波的周期，并与之成一定的锁相关系，这为频率信息的时间编码提供了基础。

7.4.1 声波在中耳和耳蜗中的传播

中耳传声途径及阻抗匹配

陆生动物鼓膜接受的是气播声，空气对声波传播的阻抗很小，传至耳蜗后变为液播声，阻抗很大。因声波在两种介质中传播时阻抗不匹配，若直接从空气过渡到液体，能量将大受损失。正常耳的传声途径不是气-液直接过渡，而是声波作用于鼓膜后经听骨链传至耳蜗。鼓膜的面积比卵圆窗膜的约大 20 倍，可收集较多声能量。听骨链的杠杆作用使鼓膜端振幅大力量小的振动转换成卵圆窗膜端振幅小力量大的振动，使阻抗匹配从而提高传声效率。上述传声途径为气传导。声波也可通过头骨的振动直接传至耳蜗，称骨传导。此途径的传声效率较低。

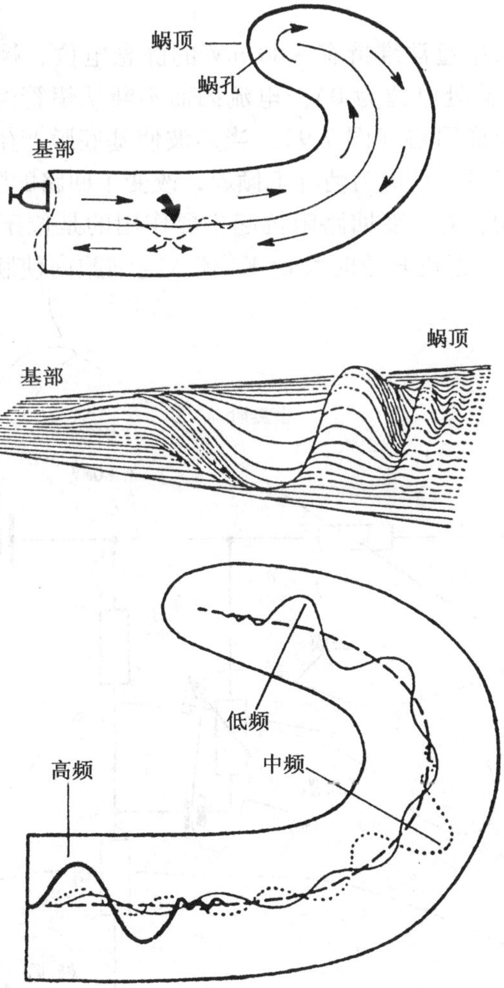

图 7-8　声波在耳蜗内的传播

声波在耳蜗中的传播

镫骨底板和卵圆窗膜的振动推动前庭阶内的外淋巴，声波便开始以液体介质周期性压力变化的方式传播（图 7-8 上），其前进的方向一是从卵圆窗沿前庭阶推向蜗顶，过蜗孔后再沿鼓阶推向圆窗。一是前庭阶外淋巴压力的变化横向地通过蜗管壁传至鼓阶。由于内外淋巴液在压力变化时体积不变，圆窗膜便起重要的缓冲作用。因声波的传播需要时间，前庭阶和鼓阶各段内的压力便在不同瞬间各不相同。蜗管夹在前庭阶与鼓阶之间，二阶内的瞬态压力差便使蜗管不同段内的基底膜随时间而上下波动。从前庭阶经蜗管壁横向传至鼓阶的途径较短，在声波使基底膜振动过程中它起较重要的作用。按 Békésy（1960）的精细观察，基底膜的波动从耳蜗基部开始，次第向蜗顶移动，称为行波（traveling wave），模式如图 7-8 中。

7.4.2 声-电换能及听神经的兴奋过程

在蜗管的内淋巴液中通常维持有 +80 mV 的静息电位，螺旋器毛细胞内的电位为 −40 ~ −80 mV（以鼓阶处电位为 0）。电流因而不断从蜗管经盖膜、毛细胞的纤毛等结构流入毛细胞内，形成回路（图 7-9）。当声波使基底膜产生机械运动时，毛细胞与盖膜的相对位置变化形成一种剪力使纤毛倾斜，改变了回路的阻抗，从而调制了通过的电流。新近的研究表明，对改变回路阻抗起主要作用的是位于纤毛尖端处的 K^+ 通道。蜗管内 K^+ 的浓度很高，通道开放时大量 K^+ 流入毛细胞内使膜电位去极化。纤毛随基

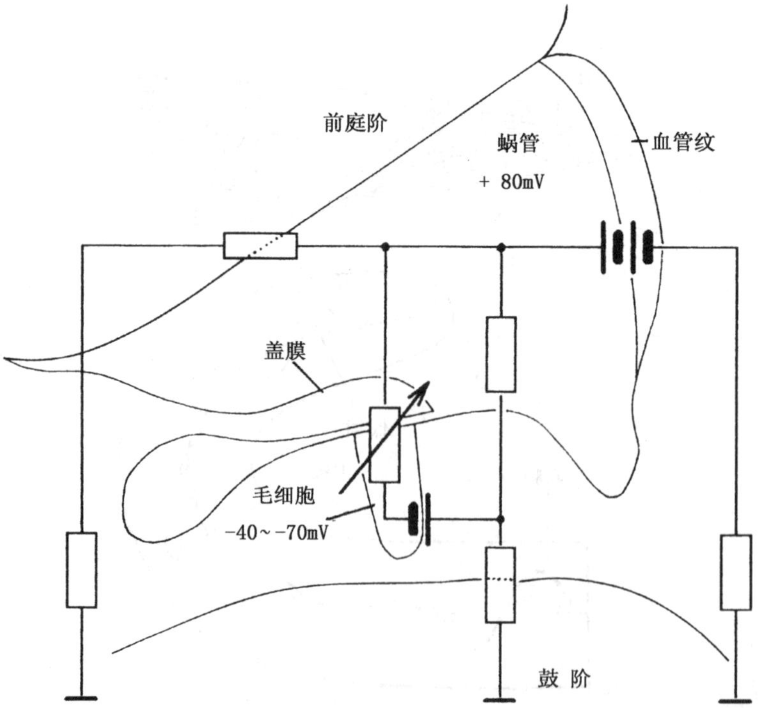

图 7-9 耳蜗的声-电换能

底膜的起伏交替地向外侧和内侧倾斜，K^+通道便交替地开放和关闭，毛细胞的膜电位从而交替地去极化和超极化。这便完成了声-电的换能。内毛细胞膜电位的去极化使细胞壁上的 Ca^{2+} 通道开放，Ca^{2+} 流入胞内激活了细胞向突触释放化学递质的环节，递质的释放使听神经的传入纤维兴奋并发放冲动（Dallos 1992）。

以上各环节的活动都与声波周期同步。离子通道启闭的时间常数在 10μs 数量级，频率上限因而可高达 100 kHz 或更高。毛细胞膜电位的变化属感受器电位，它较好地复制了刺激的声学波形，是耳蜗微音电位的主要组成部分。蜗管侧壁的血管纹能及时补充 K^+ 含量以维持蜗管内 + 80 mV 的静息电位，有如一个电源，称 K^+泵。

7.4.3 耳声发射及外毛细胞的动性

耳蜗不是一个机械被动的线性装置，而是具有复杂反馈回路、能主动实现精确调控的非线性系统。非线性是听觉高灵敏度、高分辨率、宽动态范围所必需。70 年代末成功地记录出耳的声发射以及其后对外毛细胞动性的观察，是耳蜗主动调控机制的重要证据和说明；这些新成就标志着听觉研究进入了新的里程。

耳声发射（otoacoustic emission，OAE）

耳声发射是耳蜗主动机械振动的表达。Kemp 于 1978 年首先成功地在人的外耳道记录到由刺激声诱发的耳声发射，为耳蜗存在机械反馈机制提供了直接的证据（Kemp 1988）。耳声发射包括自发的（SOAE）和诱发的（EOAE）两大类，强度在密封的外耳道处一般只有 0～30 dB SPL。EOAE 须由刺激声诱发，在正常耳其反应阈一般比听阈高 10～20 dB；刺激声增强 20～30 dB，EOAE 即趋于饱和。若同时给予两个频率呈特定关系的连续纯音（f_1，f_2；$\frac{1}{2}f_2 < f_1 < f_2$），则经频谱分析可在外耳道处检测到一些原刺激声中没有的成分，它们也源于耳蜗的机械振动，称畸变产物声发射（DP-OAE），通常以频率为 $2f_1 - f_2$的成分较为明显。

外毛细胞的动性（hair cell motility）

外毛细胞具有动性是基底膜主动机械振动赖以实施的必要属性。以揭示耳蜗主动调控机理为目标，近十年对它的研究取得很大进展。最先的观察是在离体培养的外毛细胞上进行的：在培养液离子成分改变或电刺激条件下，可看见外毛细胞形状有可逆的规律性变化。毛细胞内的动蛋白被认为是其动性的物质基础。新技术已可把外毛细胞的一段吸入微吸管内并随意选择吸入段的长短，细致地比较和研究细胞在吸管内外两段的微观电生理和离子通道活动等特性，分析它们与动性的关系（Dallos 1991）。另一系列出色的工作是 Khanna 等（1992）在动物颞骨标本上观察活体在位外毛细胞于声波直接作用下的活动：外毛细胞的振动可跟上数千赫或频率更高的声波。

7.4.4 耳蜗的主动调控机制

“主动的耳蜗”

此词为 Dallos（1992）所提出，它较好地概括了人们对耳蜗的新认识：耳蜗不是仅能被动地接受声音、而是在接受声音的同时还能对听觉过程实现一系列主动的调控，使耳蜗能按非线性的要求工作。反馈是实现调控最普遍的工作模式，耳蜗接受机械刺激，反馈信息因而也必须是机械的。提出耳蜗有主动调控功能的先驱者早就预言，声音作用于耳蜗时会引起后者主动的机械活动以实现反馈调控。现已有较多资料表明，外毛细胞是耳蜗主动调控机制的主要执行者，它们在接受声刺激时确实会通过一耗能的主动过程产生机械振动（声发射），其声波由耳蜗逆向往外传播与传入声会合，对后者相位相同则加强（正反馈）、相位相反则减弱（负反馈）。

耳蜗主动调控模式

基本模式可用图 7-10 表示。基底膜和盖膜的输入为声波的机械振动，是正负交替的。毛细胞纤毛的倾斜及相继的一串电生理活动把机械能转换为电能，表现为内、外毛细胞膜电位直流和交流的变化。内毛细胞的电变化导致传入神经突触兴奋，发出冲动传向中枢。外毛细胞的电变化除也间接参与内毛细胞的传人兴奋过程外，还通过它本身的电动特性完成电→机械换能，提供机械反馈。后者也有直流的（dc）和交流的（ac）两种：直流反馈对基底膜盖膜纤毛系统作总的缓慢的调控，相当于调节工作点以改变总灵敏度；交流反馈则传至基底膜盖膜纤毛系统的输入处，与输入的机械信号周对周地相加，直接改变瞬间输入的大小。机械交流反馈又称外毛细胞机械振动产生的“回声”（在外耳道检测到的称声发射），具有传播需时间等声波特点。因此反馈至输入端时机械波可与输入声波同相或有各种可能的相位差，同相即加强，反相即减弱（正反馈或负反馈，如图下部所示），不同的相位差即有不同程度的加强或减弱，均取决于频率。换句话说，耳蜗可通过不同程度的正反馈或负反馈，选择性地加强或减弱不同频率的输入信号，从而大大提高耳蜗对频率的分辨率。

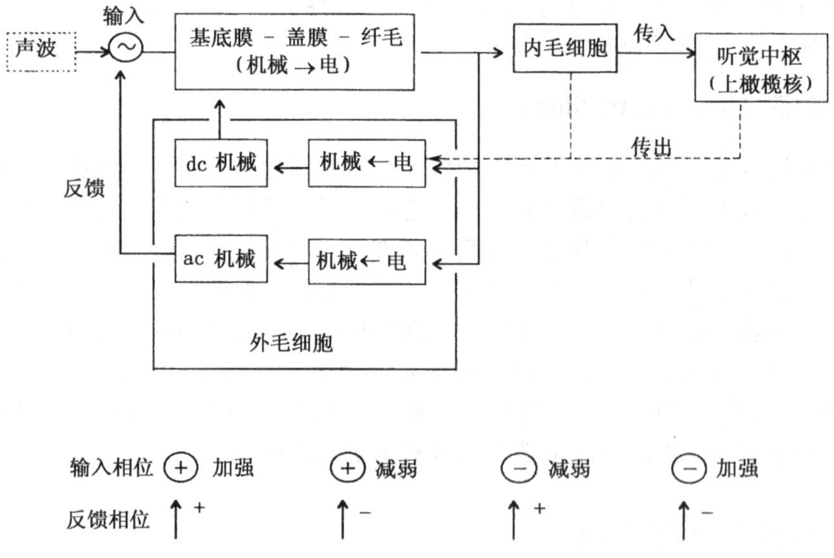

图 7-10　耳蜗的主动调控机制

听觉中枢在接受和处理传入信息后，也有传出神经纤维（橄榄耳蜗束）至外毛细胞，调节其直流机械反馈。直流反馈主要调控耳蜗总的灵敏度，其基本作用是提高对弱声的和压低对强声的灵敏度，满足耳蜗感受声强超宽动态范围的要求。

7.4.5 听觉信息在周边的编码及听觉学说

自一百多年前共振学说被提出以来，不同年代不同作者提出过多种学说来解释耳蜗的频率分析机理。分歧很大，但基本上可归纳为两种观点：一种观点认为不同频率的声音兴奋基底膜不同部位的感受细胞，兴奋部位是频率分析的依据；另一种观点认为不同频率的声音使听神经兴奋后发放不同频率的冲动，冲动频率是声音频率分析的依据。两种观点可分别归结为部位（空间）机理及时间机理。二者各有一定的实验证据和疑点，但并非互不相容，因而原则上能为人们同时接受，认为它们是互补的。行波论及排放论是较能代表这两种观点的学说。

行波论（traveling wave theory）

Békésy 在显微镜下对人（尸体）和动物耳蜗的直接观察及在他设计的耳蜗模型上的研究表明，声音引起基底膜波动的行波确实是从耳蜗基部开始逐步向蜗顶移动的。在移动的过程中行波的振幅是变化的，其最大点在高频刺激时靠近耳蜗基部，频率逐渐降低时最大点逐渐移向蜗顶；经过了最大点后振幅便很快衰减（见图 7－8 下）。螺旋器感受细胞在行波振幅最大处受到的刺激最强。行波论认为此最大点的位置是频率分析的依据，基底膜靠基部处接受高频声，靠蜗顶处接受低频声，当中按频率高低依次排列；这就是部位机理最具体的说明。

排放论（volley theory）

单根神经纤维冲动发放的速率一般不超过每秒数百次，跟不上声波的中、高频率，这是时间机理早年受非议的要害。Wever（1949）提出的排放论对此作出较满意的解释：若多根纤维随声波的周期同步并锁相（phase-locked）地轮流发放，则每根纤维发放的频率不要很高，总体纤维上冲动组成的排放便可跟上与声波一致的高频（图 7-11）。冲动发放的同步和锁相是它们能组成排放的必要条件，对此，有说服力的实验证据是在排放论提出多年后才陆续获得的（Rose et al. 1971，Hind 1971）：对低频声刺激，动物听神经纤维的放电能跟上声音频率，每一周期发一冲动；频率较高时则只能隔几周期发一冲动，相隔的周期数可固定或不固定。不管发放率高低，各冲动出现的时间确实可与声波周期固定相位相应（锁相）。

频率信息编码的空间（部位）模式和时间模式

两种模式的要点归纳于表 7-1。它们分别是部位机理和时间机理所要求的。空间编码模式的特点是传输通道固定地与频率对应，有特异性，冲动的时间构型则可不定。时间编码模式的特点是不要求传输通道的特异性，每一通道可传输多种频率，每一频率可由多个通道传输。二者相比，时间编码模式可以有一通道多用的优越性。听觉系统以数

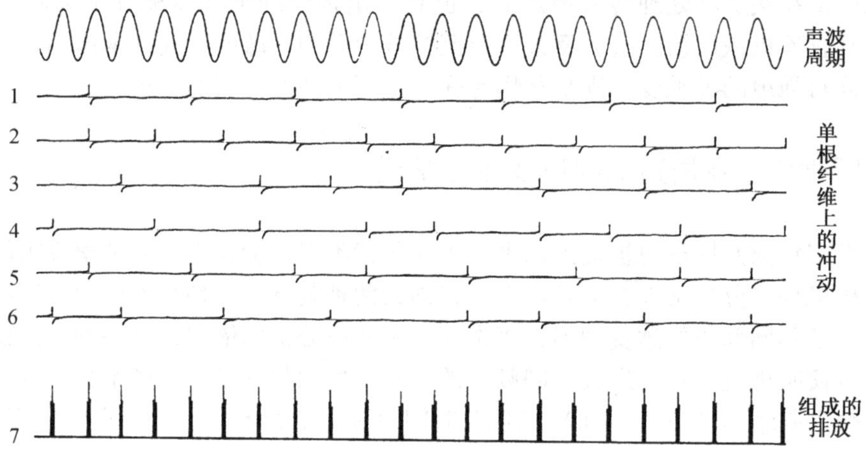

图 7-11　听神经纤维的锁相发放及冲动排放的组成

最上为声波，1～6 为不同的神经纤维上发放的冲动，每一纤维都只隔若干声波周期发放一次，各纤维的冲动间隔可以不等或不规则，但都在声波的同一相位时发放；7 为众多纤维所发放冲动总时间直方图的模式，示组成的冲动排放与声波频率一致。

量很少的通道传输极大量的信息，一通道多用应是必需条件。只是有关时间机理的许多细节，目前还有待逐步阐明。

表 7-1　两种编码模式的比较

空间编码模式			时间编码模式		
频率	传输通道	冲动的时间构型	频率	传输通道（不固定）	冲动的时间构型
f_1	f_1	不定	f_1	f_1、f_2、f_3···	f_1
f_2	f_2	不定	f_2	f_1、f_2、f_3···	f_2
f_3	f_3	不定	f_3	f_1、f_2、f_3···	f_3

§7.5　听觉信息的中枢处理

对声音各种特征较精确和复杂的信息处理过程发生在各级听觉中枢。中枢从形态结构、活动模式至功能都比周边的复杂得多。从听神经至耳蜗核及从耳蜗核往上，传入信息要反复经过多次会集（*convergence*，每一神经元接受多根传入纤维）、分散（*divergence*，每根传出纤维分支到多个细胞）的过程，信息每次经分析和整合后都以高一级的形式和内涵重新编码往上传，从简单的频率、强度、等参数，逐步提高为特征、“形象”以至与感知、识别等有关的更复杂的样式。许多细节尚需继续研究，本节只能作点滴介绍。

7.5.1　双耳听觉及声源定位

从双耳传入的信息必需到达中枢才能被整合。声源定位是常用以阐明双耳信息整合的示例。双耳听觉是声源定位的基础。由于从声源到两耳的距离及传声途径中屏障条件的不同，从某一方位发出的声音到达两耳时便有时间差和强度差，它们的大小与声源的方位有关。经中枢整合比较后，此时间差和强度差便是声源定位的主要依据。

上橄榄核是处理双耳传入信息的第一级中枢。从它开始神经通路已有同侧对侧上行下行等复杂关系，而传入冲动又可因情况不同而呈兴奋或抑制作用，中枢神经元的活动模式因而甚为复杂。上橄榄核及其以上的中枢有些神经元可被同侧、对侧或双侧耳的刺激兴奋，另一些则在刺激一侧耳时被兴奋，刺激另一侧耳时却被抑制，双耳同时刺激时可因兴奋抑制对比关系的不同而有多种表现，因而对双耳感受声音的强度差极为灵敏。在上橄榄核和下丘，已知有对两耳刺激时间差很敏感的神经元，它们的放电速率与刺激时间差呈特定的函数关系，各有一最佳时间差范围，称特征时间差，相当恒定，不随声音的频率和强度而变。

双耳听觉还有其他优点，例如同一声音双耳听时要比单耳听约响 3 ~ 6 *dB*；双耳听觉的辨别功能比单耳好，在有噪声干扰的情况下对语音的识别尤为明显。

7.5.2 部位机理和时间机理在听觉中枢的表达

听觉中枢频率分析的部位机理，主要表达为某一中枢结构的神经元按特征频率有次序的排列。在不同动物的耳蜗核、上橄榄核、外侧丘系核、下丘、内膝体及听皮层都已获得明显频率区域定位的资料。耳蜗核有一些神经元，其放电与声波周期呈明显的锁相关系。在上橄榄核、外侧丘系核、下丘及内膝体也有类似的神经元。

7.5.3 中枢的信息整合及分辨率的锐敏化

中枢不是简单的信息传递站，对传入信息作处理才是它们重要的“本职”，因此每级中枢没有必要重复前一级的编码模式。部位机理和时间机理在中枢的表达形式不象在周边那么清楚是不奇怪的。此外，听觉的问题也不局限于频率分析。对中枢功能的研究目标，是它们对各种传入信息的存取、比较、抽提、整合等等具体过程和机理。分辨率的锐敏化是中枢信息处理的一个重要功能；耳蜗对声音的反应极快，但反应快时分辨率便受限制，分辨率的锐敏化有赖于中枢。信息的积累和统计学处理及多种辨别依据的对比利用，是中枢分辨率锐敏化遵循的两个较重要的工作原则。扼要地概括，前者是通过对传入信息的反复采样和统计处理来提高分辨率，后者是通过检测和比较复杂声中多种同步的参数变化来提高分辨率（*Liang et al.* 1979，梁之安 1989）。在同步参数变化中，有些变量可以成倍增大，对辨别甚为有利。例如重复短声的基频由 f 变为 $f+\Delta$ 时，其 n 次谐波便由 nf 变为 $nf + n\Delta$，变量从 Δ 到 $n\Delta$，增加 n 倍（邵殿华等 1988）。

7.5.4 复杂声的信息处理

有生物学意义的声音多为复杂声，其主要特点是较复杂的频谱按特定的时间模式而变化。人类的言语和动物的鸣叫是较典型的例子。对复杂声信息的处理和分析是中枢最基本的功能。复杂声的众多成分可互相干扰而不利于信息的提取和处理。但也可互相补充和强化，使之易于分辨和识别。复杂声的感受固然要以各组成成分的感受为基础，但不是它们简单的总和。声音原始参数的信息从周边传入后，可在中枢被整合成若干特征再往上传输，最后可能成为某种“声像”（sound image）。现已知在中枢有分工检测各种复杂声或声音特征的单元“称特征检测器”，它们只对特定的复杂声或声音特征敏感，对其余概不反应。例如在髭蝙蝠下丘及听皮层有些神经元只对调频信号起反应，并且对调频的方向、深度、速度等有特异性。髭蝙蝠听皮层还有些神经元只对本个体发出探测声的特异谐波组合敏感，其功能在于保证在探测目标时不为另一蝙蝠发出的探测声所干扰。有报道谓在手术时用电刺激听皮层，病人报告说听到的是音乐演奏。中枢神经元的活动可兴奋可抑制，在它们组成的复杂网络中，信息的传输回路多种多样，作用因而可千变万化，蝙蝠等的本领仅示一斑。从声参数一级级整合至最后成为言语等声形象并被识别，这要复杂得多，对此目前的知识还很有限。

7.5.5 听觉中枢与外周以及中枢与中枢间的联系

听觉中枢上级至下级、中枢至外周有传出神经通路，其作用是实现中枢的传出调控。从上橄榄核至耳蜗的传出纤维称橄榄耳蜗束，对耳蜗的传入调控起重要作用。皮层至皮层下中枢的传出联系及各级中枢间复杂的环路连结，都与听觉信息的整合有密切关系。听觉系统还和各级皮层下运动中枢有直接联系，完成各种听觉反射活动。

§7.6 听觉电生理

从感受细胞接受声音刺激开始，听觉过程的每一环节都伴随有生物电活动并以之为基础。记录、描述和分析这些电活动对了解听觉过程的本质和听觉功能的状态都有重要意义。它们主要包括感受器电位、发生器电位和动作电位，其中由声刺激引起的统称听觉诱发电位。30 年代初 Wever 等（1954）首先记录和描述了耳蜗的微音电位，揭开了听觉诱发电位研究的第一页。随着电子计算机技术的应用进入生理学领域，听觉电生理的研究在 70 年代得到迅速发展，特别是诱发电位的研究一直处在各个系统的领先地位，在神经生理学中很有代表性。借助于计算机叠加处理等技术，目前已可从体表或远场记录到起源于听觉系统从听神经到皮层高位整合中枢各结构的诱发电位。形成此优势的主要客观因素是声音的主要参数较易精细定量、调节和控制，声-电或电-声的转换又可在很宽范围内保持线性关系，对计算机的应用极为有利；听觉系统各级中枢和通路的解剖结构较清楚，也便于分析各种电位的起源。听觉的单位电活动与其他系统神经元的有共性，本节只描述要点，着重介绍听觉诱发电位。

7.6.1 听觉神经元单位活动的一般特性

单位放电

听神经及中枢神经元多有程度不等的自发活动（图 7-12 左上）；它们对声音有无反

应通常以放电是否增多或减少来判断。有些单位在给声过程中放电增多单位 1、2)，有些则只在给声开始时或结束后有反应（给、撤反应，单位 3、4）。有些单位对多种声音都有反应，另一些则仅对特殊的声音、甚至仅对声音某种特征有反应。有些单位对稳态声无反应，却对其参数的瞬态变化灵敏。

放电的时间直方图

以刺激开始为准，把神经元对重复多次刺激的放电在时间上的分布进行叠加，得出以时间为横坐标、放电数目为纵坐标的直方图称刺激时或刺激后放电直方图（perior post-stimulus time histogram，PSTH，图 7-12 左下及右）。以放电的间隔时间为横坐标的

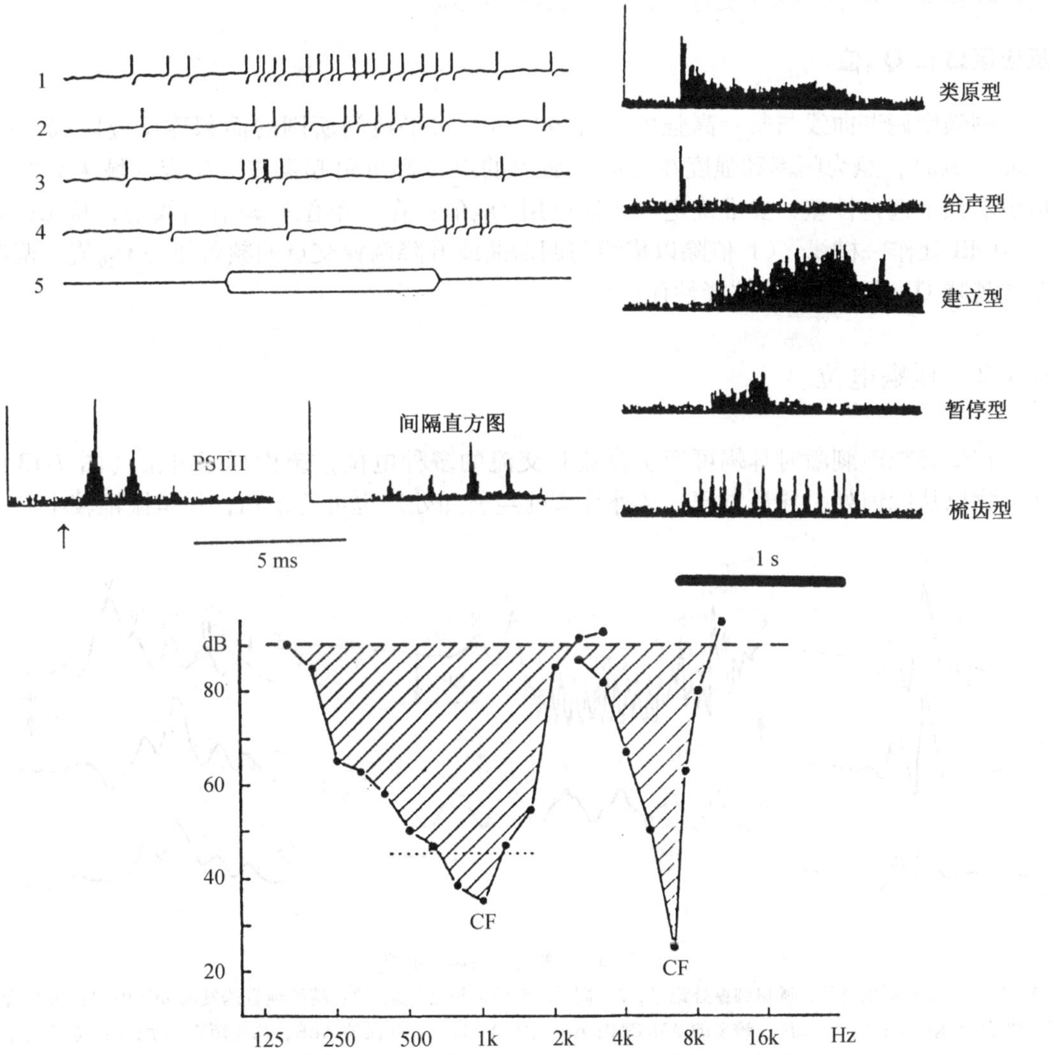

图 7-12 听觉神经元的单位活动

左上 1～4：几种类型的单位放电；5：持续 1 s 的声刺激信号。左下：短声（箭头示刺激时间）诱发的 PSTH，及对周期为 1.25 ms 持续声的放电间隔直方图。右：耳蜗核听觉细胞 5 种类型的 PSTH。下：两个神经元的反应区域示例，特征频率 CF 分别为 1 和 7 kHz。

称间隔直方图，它能反映反应的周期特性。听中枢神经元的 PSTH 可有一些特殊的模式，似与细胞类型及功能有关；以耳蜗核神经元为例，常见的就有类原型（primary-like）、给型（on-）、建立型（building up）、暂停型（pauser）及梳齿型（chopper）几种。有趣的是同一细胞的反应类型可因刺激声的不同而变。

调谐曲线和特征频率

多数听神经元对不同声频有不同的灵敏度。反应阈值（以声强的 dB 数表示）与频率的关系曲线称调谐曲线（tuning curve，上图下），典型的呈单谷型，与谷的最低点相应阈值最小的频率，称特征频率（CF）。调谐曲线和 CF 反映该单位的频率选择性，调谐曲线越陡，频率选择性便越好，CF 也易于确定。

反应区域和 Q_{10} 值

阈强度调谐曲线与某一高强度（如 90 dB）水平线间所围的面积称反应区域（response area），意为频率和强度在反应区域内的声音都可引起反应。反应区域大只笼统地表示频率选择性差，要准确定量评估可用 Q_{10} 值：在该单位的调谐曲线上，从 CF 阈上 10 dB 处作一横线，CF 值除以横线与调谐曲线升降两臂交点的频差便是 Q_{10} 值。调谐曲线越陡 Q_{10} 越大，频率选择性便越好。

7.6.2 耳蜗电位

在安静或声刺激时耳蜗可产生直流和交流的多种电位，统称耳蜗电位（图 7-13）。在动物以从圆窗处引导最方便。从外耳道处经叠加处理也可记录到，只是振幅较小。

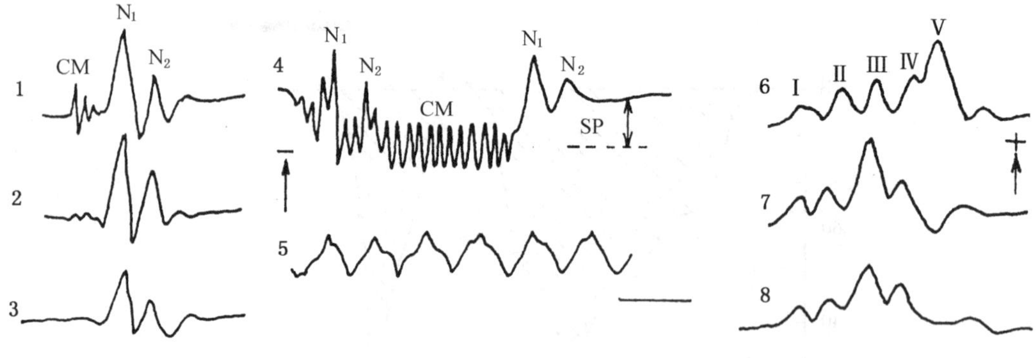

图 7-13 耳蜗电位及脑干电位

1：短声诱发的耳蜗电位，豚鼠圆窗处记录；2：同 1，听神经根处记录；3：持续纯音诱发的 dCAP；4：短纯音诱发的耳蜗电位；5：调幅纯音诱发的 AMeCAP；6：人的 ABR；7：豚鼠的 ABR，均用短声诱发；8：持续纯音在豚鼠诱发的 dABR。时间标度：对 5 为 20 ms，其余均为 2 ms。

耳蜗的微音电位（cochlear microphonics，CM）

CM 是主要起源于毛细胞的一种感受器电位，其主要特点是能较准确地复制刺激的声学波形（图 7-13，1、4），可跟上很高频率，显示听觉在时间上高度的灵活性。CM 无潜伏期，后效应很短，不遵循全或无定律因而无真正阈值。CM 的振幅与低中强度声音的关系接近线性，声音增至很强时 CM 趋于饱和甚至变小。从圆窗处记录，CM 的最大振幅可超过 1 mV。CM 的产生完成了声-电换能过程，是听神经末梢兴奋的动因：突触处当 CM 为负时释放化学递质。CM 能较好地反映感受器一级的功能状态，是听觉研究的重要指标。对连续纯音，CM 为单频正弦波，用锁相同步叠加很易提取。

听神经的复合动作电位（compound action potentials，CAP）

CAP 是听神经所有纤维动作电位的总和，其波形因刺激声和记录部位而异。从圆窗记录、短声诱发的 CAP 最为典型（图 7-13，1），以有 N_1、N_2 两个负波为基本特征，N_1 的潜伏期及时程均约 1 ms；N_1 前面的是对短声的 CM。从听神经根处记录的 CAP 与圆窗处的相似，只是 CM 很小（2）。短声 CAP 的 N_1、N_2 是由众多神经纤维的同步放电组成；N_2 还可能有来自耳蜗核的成分。短纯音在起始和结束时可诱发包含 N_1 N_2 的 CAP（4），前面的与 CM 重叠，后面的则较清晰；当中虽也有听神经的连续反应，只是部分纤维放电因同步差而使多相电位正负相互抵消，部分纤维能同步而锁相发放组成振幅较小的 CAP，却易为 CM 所覆盖 。若经处理除去 CM 或从听神经根处引导，则也可得到低中频纯音（3 kHz 以下）诱发的 CAP。CAP 的振幅与声强不成线性关系，其反应阈甚接近听阈，是听觉功能测定的有用指标。只是短声及短纯音的起始或结尾频率选择性都很差，用 CAP 分析听觉的频率特性很受局限。一种记录连续纯音诱发 CAP 的新方法是用正弦调幅声作刺激：由于 CM 的频率跟随载波（例如 250 Hz 以上），CAP 却呈现与调幅波一致的较慢的起伏周期（例如 60 ~ 80 Hz），通过滤波和与调制波同步采样即可把 CM 除去，留下调幅纯音诱发的 CAP（称 AMeCAP，图 7-13 中 5）。

总和电位（summating potentials，SP）

SP 是一种声诱发的直流的感受器电位，是多源电变化的总和，以源于外毛细胞的 +SP 及 -SP 和源于内毛细胞的 -SP 为主。在不同的生理或病理情况下，组合的 SP 可呈正或负。SP 无潜伏期和后效应，阈值较高。通常与 CM 及 CAP 重叠在一起（见图 7-13，4）。

蜗内电位（endocochlear potential，EP）

EP 是蜗管内的直流静息电位，正常状态时一般维持在 +80 mV 左右（以鼓阶处外淋巴的电位为 0）。EP 的产生和变化与蜗管内内淋巴中的 K^+ 含量有密切关系：蜗管内高浓度的 K^+ 在离子通道开放时流入毛细胞内，血管纹处的 K^+ 泵不断把大量 K^+ 补充至蜗管的内淋巴中使 + EP 得以维持；泵功能受阻（如缺氧）时 EP 可迅速降至 0，随着 K^+ 的继续扩散 EP 可变为负。

7.6.3 听性脑干反应

从颅顶或乳突处可远场记录到来在耳蜗及各级中枢的声音诱发电位，其中潜伏期在

8 ms 以内的一串早期反应称脑干反应，波形以用短声诱发的最为典型。

听性脑干反应即 ABR（auditory brain stem response）。人的短声 ABR 通常有 5 个波，波 Ⅰ源于听神经，峰潜伏期 1.5 ms 左右。后面各波一般认为依次来自耳蜗核、上橄榄核、外侧丘系核及下丘。波 Ⅴ 较突出，振幅可达 1μV（图 7-13，6）。ABR 的阈值接近听阈，是客观测听的常用指标。

动物的 ABR 与人的大同小异。豚鼠的短声 ABR 通常只有 4 个波，后面两波由上橄榄核、外侧丘系核、下丘 3 结构的电活动复合组成。豚鼠 ABR 以从颞区颅骨处记录较方便，最大振幅可达 10μV（图 7-13，7）。

7.6.4 皮层诱发电位

听皮层的原发反应（primary response，PR）

多数动物的原发听皮层在脑颞区的表面，PR 很易记录。人的原发听皮层卷进外侧裂内，PR 因而很难从远场记录到。从脑膜外或颅骨表面记录时 PR 的典型波形为正负双相或正负正三相，潜伏期 10 ms 左右，反应总时程 20 到 30 ms，振幅可达 300μV。若将引导电极插至皮层的第三、四层细胞的深度，则电位的极性倒转，该细胞层是电位的“源”。PR 的阈值也可代表听阈（图 7-14，A～D）。短纯音的开始也可诱发 PR，对其结束有时会有较小的反应（C）。纯音的调频则在开始和／或结束时都常可诱发 PR（D）。

皮层慢反应（slow cortical response，SCR）

从颅顶可记录到来自皮层的一串多相的慢电位，出现在刺激开始后 40～500 ms，统称 SCR，它是多源多级继发性的皮层诱发电位，反映皮层高级整合中枢的活动。SCR 并非只对声刺激有特异性，起源不限于听皮层和皮层一个区域。对听觉研究，刺激开始后 40～200 ms 的一段反应较为重要，典型的波形为正负正三相。第一正峰的潜伏期约

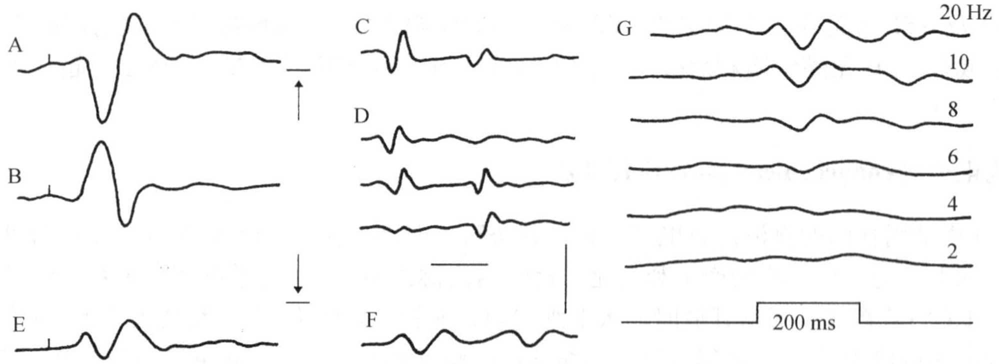

图 7-14　豚鼠的皮层诱发电位

A：短声诱发的 PR；B：同 A，但从皮层深层记录；C：短纯音诱发的 PR；D：纯音调频诱发的 PR；E：短声诱发的 SCR；F：短纯音诱发的 SCR；G：纯音调频诱发的一组 SCR，右端数字示频率变量，基准频率为 1 kHz，反应阈约为 4 Hz。除 B：外均从皮层表面记录。时标：A～B 20 ms，C～D 40 ms，E～G 80 ms。振幅标度：A～D 200μV，E～G 100μV。

50 ms,负峰的潜伏期约 90 ms，最大振幅在豚鼠约 50μV（脑膜外记录），在人约 5μV（颅外记录）。对时程较长的声刺激，SCR 有给和撤反应。SCR 受心理影响较大，深麻醉时电位消失。SCR 是测定听阈较好的指标，其更突出的用处是测定各种听觉辨别阈：声某一参数变化的瞬间能诱发 SCR，最小的有效变量即可作为对该参数的辨别阈（图 7-14 E ~ G）。

7.6.5 听觉系统的其他诱发电位

在人和动物从耳后及周围可记录到一种肌源性电位，称耳周围电位，潜伏期（8 ~ 10 ms）、振幅（数十微伏）、波形等不大稳定，阈值较高。从颅表面可记录到内膝体电位，出现时间在 ABR 和 PR 之间，振幅小不易辨认；若把电极插至内膝体，则电位振幅波形等都与 PR 相似。从小脑部位也可记到声诱发的小脑电位。持续纯音可诱发一种频率与声波一致的反应，称频率跟随反应，它较可能源于听神经。声诱发的慢电位在 300 ms 处有一较大的正峰，称 P_{300}，特异性和稳定性均不甚好。

7.6.6 “派生”诱发电位

多数诱发电位都是多单位同步电活动的复合电位，属瞬态反应，用短声、高频短音等瞬态刺激较易诱发。对持续刺激，各单位虽有持续的电活动，但因同步性差而不能组成易辨认的电位。瞬态声频谱宽，对研究听觉的频率选择性有很大局限。派生处理是一种新技术，用它可获得清晰的持续声诱发的电位。此技术的要点是使持续声与一瞬态刺激同时作用，从所得的反应中减去瞬态刺激单独作用时的反应，余下的便是持续声诱发的电位在该瞬间的表达。瞬态刺激以用短声最为方便（梁之安 1997）。

派生听性脑干反应（derived ABR，dABR）

高中低频持续纯音都可诱发出清晰的 dABR，引导方法同引导 ABR，其典型波形与短声的 ABR 相象（图 7-13，8），振幅约为短声 ABR 的 1/4，阈值接近听阈。持续纯音的频谱是单线谱，它诱发的 dABR 是对真正纯音的反应，是研究脑干水平听觉活动频率特性较理想的新指标。

派生听神经复合动作电位（derived CAP，dCAP）

持续纯音诱发的 dCAP 也和短声 CAP 相似，从豚鼠听神经处记录振幅可达数百微伏（图 7-13，3）。持续声诱发的 dCAP 也会受 CM 干扰，调节触发周期使不与纯音同步可把干扰减至很小。

派生 PR 与派生 SCR（dPR，dSCR）

PR、SCR 潜伏期较长，用短纯音诱发的有一定的频率选择性，派生处理便不如 dABR、dCAP 那么必要。但比较短纯音诱发的 PR、SCR 与持续纯音诱发的 dABR、dCAP 特性的异同，有助于对派生诱发电位的实质、特性、产生机理、应用技术等作深入的了解。持续纯音诱发的 dPR 及 dSCR 在波形等特性上与短纯音诱发的 PR、SCR 的也相仿。

（梁之安）

参 考 文 献

[1] 邵殿华等．重复短声调频在豚鼠诱发的皮层慢反应及反应阈．生理学报，1988，40：349～355

[2] 梁之安．听觉信息的处理及分辨率的锐化．生物科学信息，1989，1 （4）：7～10

[3] 梁之安．听觉诱发电位的派生处理技术及其理论探讨。世界医疗器械，1997，**3**（5）：35～40

[4] Bear M A et al. Neurocience: Exploring the Brain, Chapter 11, The Auditory System. Baltimore, Philadelphia: Williams and Wilkins, 1996, 272～307

[5] von Békésy G. *Experiments in Hearing*. New York, Toronto, London: McGraw-Hill Book Co., 1960

[6] Dallos P. Nature of the motor element in electrokinetic shape changes of cochlear outer hair cells. Nature, 1991, 350 (14): 155～157

[7] Dallos P. The active cochlea. J Neurosci, 1992, 12: 4575～4585

[8] Hind JE. Physiological correlates of auditory stimulus periodicity. Audiology, 1971, 11: 42～57

[9] Kemp DT. Development in cochlear mechanics and techniques for noninvasive evaluation. Adv Audiol, 1988, 5: 27～45

[10] Khanna S M et al. Mechanical analysis in the cochlea at the cellular level. In: Dancer A et al. eds, Noise-Induced Hearing Loss. St. Louis, Baltimore: Mosby Year Book, 1992, 3～10

[11] Liang Chih-an et al. Frequency difference limens as a function of tonal duration. In: Schubert E D ed., Benchmark Papers in Psychological Acoustics. Strouburg: Dowden, Hutchinson & Ross, Inc., 1979, 176～181

[12] Pickles JC. An Introduction to the Physiology of Hearing. New York: Academic Press, 1982

[13] Purves D et al. Neuroscience, Chapter 12: The Auditory System. Sunderland, Massachusetts: Sinauer Associates, Inc. 1997, 223～243

[14] Rose JE. Some effects of stimulus intensity on response of auditory nerve fibres in the squirrel monkey. J Neurophysiol, 1971, 34: 685～699

[15] Shao Dian-Hua et al. Frequency-difference limen in guinea pig as measured by recording frquency-modulation evoked slow cortical response. Chin J Physiol Sci, 1985, 1: 137～145

[16] Shao Dianhua et al. Frequency and intensity DL curves in animals. III Western-Pacific Conf. on Acoustics, 1988, vol. 2: 1027～1030

[17] Wever EG. Theory of Hearing. New York: Wiley, 1949

[18] Wever EG et al. Physiological Acoustics. Princeton, New Jersy: Princeton University Press, 1954

第八章 平衡体位感觉、嗅觉、味觉概要

平衡体位感觉、嗅觉、味觉属视、听以外的特殊感觉，各有特色和重要性。篇幅所限，本章仅述其概要。较详细的介绍请参看 Purves 等所编 *Neuroscience*（1997，第 13、14 章）。

§8.1 平衡体位感觉

8.1.1 前庭系统概述

前庭系统感受运动和重力，其主要功能是对运动体位平衡的控制。除日常活动外，它与航空、航天、航海、潜水、各种运动训练等关系最为密切；原因不一的各种眩晕和平衡失调属多发病。平衡体位感觉的主观属性不像其他感觉那么明确，定性定量研究有难度，前庭功能的检查方法因而一直较为落后和间接。前庭和眼动控制有较密切的关系，眼球震颤（nystagmus）或前庭眼动反应，（vestibular-ocular response，VOR）因而成为目前前庭功能检查的一个常用指标。与前庭相关的许多神经活动中枢都在脑干，前庭功能的检查因而对脑干的神经病理学诊断有重要意义。

前庭系统与听觉系统除结构上紧密相邻外，功能上也较常受某些共同病理因素的影响。前庭毛细胞与听觉毛细胞都通过纤毛上机械门控 K^+ 通道的启闭改变膜电位，从而实现换能。旨在探索耳蜗毛细胞再生促进措施的研究常常从前庭毛细胞的再生着手（较容易）。新近有报告谓在灰鼠已观察到前庭壶腹嵴毛细胞在新霉素致伤毁损后的再生，新毛细胞可能由支持细胞经有丝分裂而产生，在致伤数周后恢复便已较明显。这对哺乳类动物听觉毛细胞再生可能性研究的前景显示了一线曙光。

8.1.2 前庭系统的结构

前庭系统包括前庭器官（vestibular organ）和各级中枢。前庭器官是内耳的一部分，

与耳蜗相邻，由三个半规管（semicircular canals）、椭圆囊（utricle）和球囊（sacculus）组成，统称迷路（labyrinth；图 8-1），包括互相连通的骨质外壳称骨迷路和上皮结构的膜迷路。膜迷路内充高 K^+低 Na^+的内淋巴，膜迷路与骨迷路间的夹层充低 K^+高 Na^+的外淋巴，与耳蜗的淋巴系统通连。半规管所在的三个平面互相垂直，它们分别接受头部朝不同方向旋转的角加速度刺激。椭圆囊和球囊则接受头部的静态位置和线性加速度刺激。半规管均通入椭圆囊，入口处的膨大部分称壶腹（ampulla），内装角加速度的感受器称壶腹嵴（crista）。椭圆囊和球囊内的体位和线性加速度感受器称囊斑（macula）。壶腹嵴和囊斑内有感觉上皮，感受细胞为特殊的毛细胞，其纤毛被一层胶质液覆盖。每毛细胞的一簇纤毛中最长的一根称动纤毛，它的倾斜带动其他纤毛，在接受位移刺激时起主导作用。囊斑的感受上皮在胶质液上还有一层耳石膜（otolith membrane），内黏附微粒碳酸钙结晶，称耳石（otolith），比重较大；头部位置变化时耳石膜的重力使感觉上皮被牵拉，毛细胞的纤毛便向牵拉方向倾斜。

前庭系统的第一级中枢在延脑，称前庭核（图 8-1），传入纤维来自前庭神经节。上行通路经丘脑向大脑皮层投射。原发前庭皮层位于中央沟后，靠近颜面体感区后面。从前庭核有通路分别与各眼动神经核及脊髓联系，完成各种前庭眼动和体位平衡反射。前庭神经节有传入纤维至小脑蚓部，后者有传出纤维至前庭核。通过小脑的中介和参与，前庭系统的平衡体位控制得以与其他系统的活动很好地协调。

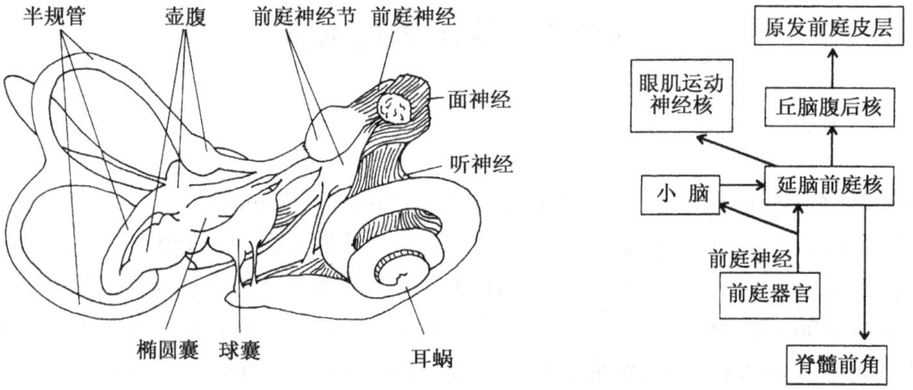

图 8-1 人的前庭器官及主要神经通路

8.1.3 换能、兴奋、信息编码和传输

前庭器官接受位移刺激，换能和兴奋的第一步发生在毛细胞的纤毛处。头的旋转使半规管内淋巴液流动，头部处在不同的位置或有线性位移时，耳石膜重力对感受上皮的牵拉，都导致动纤毛倾斜并牵动相邻的其他纤毛，使纤毛尖端的机械门控 K^+通道开放或关闭（由纤毛倾斜的方向决定）。通道开放时 K^+离子进入毛细胞内，使细胞膜电位去极化。毛细胞壁上的 Ca^{2+}通道在膜电位去极化时开放，Ca^{2+}进入毛细胞内促使细胞向突触释放化学递质，传入神经便被兴奋。

壶腹嵴及囊斑内毛细胞的排列方向有精细而巧妙的分工。头部作不同方向转动，处在不同位置或有不同方向的线性位移时，壶腹嵴及囊斑不同的毛细胞便受到不同的刺激，其中必有一些细胞对该方向的刺激特别灵敏。在前庭器官，体位和运动方向的信息，是按时间模式进行编码的（参看第七章7.4.5）。

和其他感觉的传入神经不同，在安静状态时前庭神经纤维都有较高的自发放电率。前庭受刺激时放电率可以增高，也可以降低，变化可以是瞬时的，也可以是持续的，均取决于纤毛倾斜的方向及与之呈连锁关系各环节的状态，包括离子通道的启闭、膜电位的变化、递质的释放等等。

8.1.4 前庭诱发电位

前庭研究中近年较大的成就之一是成功地记录出前庭诱发电位。适宜的刺激是位移很小（1°左右）、时间很短（5 ms 以内）但加速度很大（可达 10000°/s^2）的头部转动。认识此适宜刺激、制成能产生符合要求加速度的装置并记录出起源于前庭系统各结构的诱发电位，为深入研究前庭系统的结构与功能很好地打开了局面。图 8-2 示从豚鼠颅顶可记录到的源于前庭系统各结构的诱发电位（梁之安 1995）。电位的种类大体上可与听觉诱发电位相当（参看第七章 §7.6）。快反应主要包括前庭神经及脑干前庭核的电位，有 2 到 5 个波不等，不像听觉的 ABR 那么规则和稳定。这是因为除前庭核外，前庭脑干中枢的结构并不与听觉脑干中枢一一相当。起源于前庭神经的第一波潜伏期约 1 ms，第二波主要起源于前庭核，其后面各波的起源尚有待于确定。加速度诱发的前庭

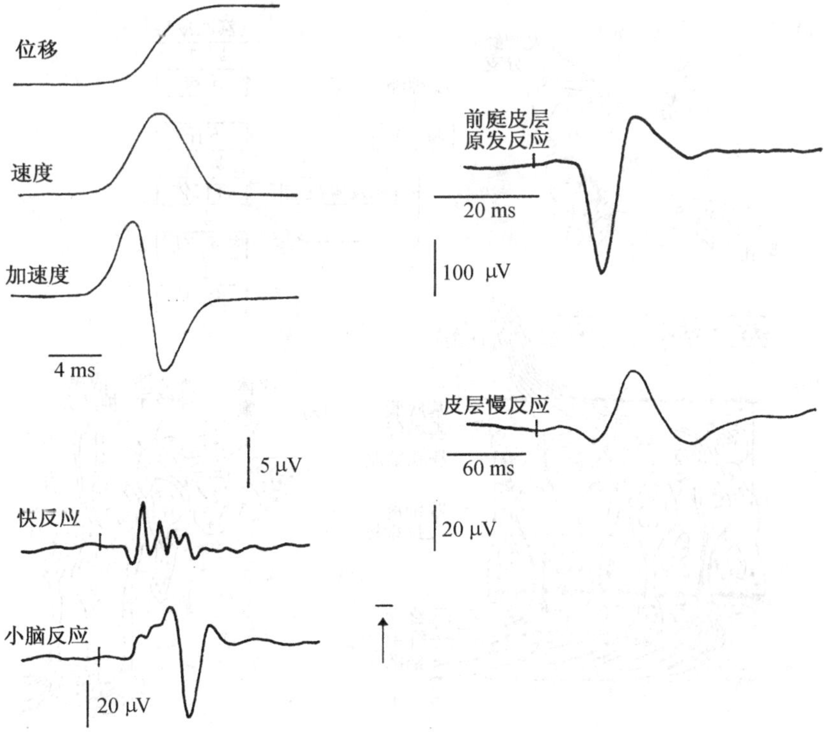

图 8-2 前庭诱发电位

皮层原发反应和皮层慢反应的电位基本特性与声诱发的 PR 和 SCR 也很相似。加速度诱发的小脑电位振幅较大，这是因为小脑与前庭功能的关系甚为密切。

§8.2　嗅　　觉

8.2.1　嗅觉器官及神经通路

嗅觉是化学刺激（嗅物质）作用于嗅粘膜（嗅上皮）所引起的“气味”感觉。嗅粘膜（嗅上皮）是鼻粘膜的一部分，在人类面积约 10 cm^2，位于鼻腔的上通道中离鼻孔约 7 cm 处（图 8-3a）。狗的嗅觉很灵敏；其嗅粘膜面积可比人的大十倍以上。嗅粘膜最外覆盖有粘液层，其下为上皮层，由感受细胞、支持细胞、基底细胞等排列组成（图 8-3b）。感受细胞实为神经元，其树突即伸入粘膜层的嗅神经末梢，在粘液中膨大呈泡状，称终扣，有数十根纤毛，终扣与纤毛交接处是进行换能的部位。人一侧鼻孔约有嗅觉感受细胞 600 万个；据估计德国牧羊犬有 20 亿个。这样庞大的感受细胞数目，显然与嗅物质种类繁多和该种属动物嗅觉高灵敏度的需求有关。嗅觉神经元无髓鞘的细轴突组成嗅神经，入颅腔抵达嗅球。

嗅球是第一级嗅觉中枢，其主要上行纤维首先到达原发嗅皮层（属老皮层），中转后才至皮层下结构及新皮层。此种与其他感觉通路很不相同的特点，显然与嗅觉在演化上是最“古老”的感觉有关。原发嗅皮层位于额叶底部近嗅球处的梨状回，它发出的

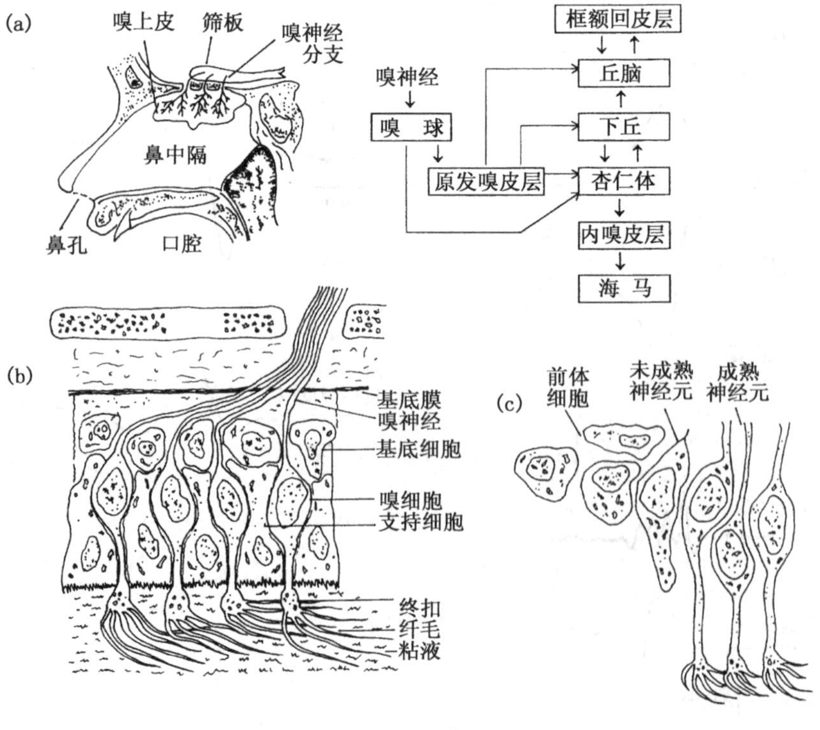

图 8-3　人的嗅觉系统

一部分纤维止于丘脑，交换神经元后到达眶额回皮层；另一部分纤维止于杏仁体，转换神经元后投射到内嗅皮层以及钩回、海马附近多个区域的嗅皮层（见图 8-3 a 右）。原发嗅皮层发出的纤维也可先至下丘然后再与丘脑、杏仁体等联系。嗅球的传入纤维有一部分直接到杏仁体。除上述“原发”嗅粘膜外，由三叉、舌咽和迷走神经支配的有些鼻粘膜区域也可感受化学刺激，对嗅觉起辅助作用。

8.2.2 嗅觉感受细胞的更新

作为一种独特的神经元，脊椎动物嗅觉感受细胞的一个重要特点是它们在成年后不断更新和再生。更新周期为数十天，先是感受细胞完全变性，随后便为从基底细胞群（前体细胞，图 8-3 c）分化而来的新细胞替代。新细胞包括从树突至轴突的完整结构。嗅觉感受细胞接受化学刺激，易受毒性损伤，不断更新符合客观需求。

8.2.3 换能和嗅觉信息编码

嗅觉感受细胞的纤毛表面有上千种受体蛋白，分别有可与一种或数种不同嗅质（odorant）分子结合的特异性。结合后通过与纤毛膜内 G 蛋白的耦合激活腺苷酸环化酶，在 ATP 的作用下产生环化腺苷酸（cAMP），后者作为第二信使激活纤毛膜上的 Ca^{2+} 和 Na^+ 通道，Ca^{2+} 和 Na^{2+} 进入纤毛后使之去极化；Ca^{2+} 激活纤维膜上的 Cl^- 通道，Cl^- 从纤毛内流出进一步加深去极化。去极化到一定水平，嗅神经末梢（即纤毛）便兴奋并发放神经冲动；这是嗅觉换能和兴奋的主要途径。另一途径是受体蛋白与 G 蛋白耦合后激活磷酸酯酶，产生的三磷酸肌醇（IP_3）作为第二信使，激活 Ca^{2+} 和 Na^+ 通道及其后的膜电位去极化、神经兴奋、冲动发放等各环节。

按基本特性相近，嗅质可分为若干大类，如果香类、腐臭类等等。不同的嗅神经元对不同的嗅质有不同的灵敏度，对不同的嗅质或同一嗅质的不同浓度，神经元的放电率、反应潜伏期和持续时程等都可不同。嗅觉信息因而可按专用通道的模式进行编码。但嗅觉神经元总的“调谐”特性是较宽的：通常是每一神经元对同一类嗅质中的几种都敏感，每种嗅质又可兴奋相当数量的神经元，嗅觉较高的分辨率显然不能仅仅依靠此简单的编码模式来实现。于是有嗅上皮“气味图”（odor map）这一特殊空间编码模式的设想：不同的嗅质虽都能兴奋相当数量的神经元，但它们在嗅上皮上的空间分布是不同的，嗅觉信息因而可按被兴奋神经元在嗅上皮上的分布图进行编码。已知嗅神经纤维与嗅球的二级神经元间有多对一的会集关系，嗅球又有由神经元集结成小球（glomerulus）的独特结构，每一小球因而会集了来自嗅上皮相当大区域的信息。这种关系似乎对气味图传入信息的解码甚为有利；嗅觉信息也有可能按时间模式编码，都有待于进一步的研究。

8.2.4 嗅觉和嗅觉辨别的特性

人和动物能辨别气味的种类难以计数。已被确定的嗅质约有 50 万种，对其中的近千种已作过人的嗅阈测定。挥发性和水溶性的化学物质较能有效地刺激嗅觉，挥发性的易由空气带进鼻腔，水溶性的易进入粘液层与终扣接触并较快被粘液清除。对嗅觉最灵敏的嗅质，嗅阈可以是分子级的，而动态范围却可很大：几个嗅质分子即可被感受细胞检测，而可耐受的最强刺激，其嗅物质浓度可为阈值的10^{10}倍。嗅阈（绝对灵敏度）和嗅觉辨别阈（分辨精度）的准确测定有较大难度，特别是在动物。对不同的嗅质，嗅觉的灵敏度和分辨率可以有极大的差别。

不同种属动物的嗅觉系统在结构和功能上都有很大差异。昆虫多有灵敏的嗅觉，感受器一般聚集在触角上。通过嗅觉，雄蛾可找到2.5英里外的雌蛾。水栖动物接受的嗅质是在水中传播的，嗅觉不能和味觉完全区分，但同样极为灵敏。成年鲑鱼可从大海游入内陆找到其孵育处，据称靠的也是嗅觉。

嗅觉的一个明显特点是容易产生适应。在嗅质连续作用的调节下，嗅觉灵敏度会较快降低，神经元的放电率相应地变慢。从机理上分析，可能的原因之一是神经元胞内Ca^{2+}的增加会使Na^{+}和Ca^{2+}的进入通道关闭。随着年龄的增大，嗅觉的灵敏度逐渐降低。人从20岁到70岁，可辨认嗅质的数目约减少了50%。

嗅觉与寻食和食欲、认亲和异性追求、安全和自卫、生活享受和情绪变化等许多生命基本活动密切相关。嗅觉系统与其他系统的神经中枢有很广泛的联系。

§8.3 味 觉

8.3.1 味觉器官及神经通路

味觉器官接受的也是化学刺激。能引起独特味觉的单元化学物质称味质（tastant）。味觉感受器是一群称为味蕾（taste bud）的特殊结构，在哺乳类动物它们主要分布在舌面，少量分布在软腭、扁桃体脚、咽、喉、会厌等处。脊椎动物的味蕾呈花蕾状，直径和高各约数十微米。它们从舌面或口腔其他部位上皮的基部伸展至表面。每一味蕾含数十个狭长的梭形上皮细胞，顶端靠上皮表面有直径为数微米的小孔，称味孔（图8-4中）。味蕾的上皮细胞包括味细胞、分泌细胞和基细胞等几种类型。味细胞顶端的纤毛会聚于味孔处，接受味质刺激；和嗅细胞相仿，味细胞也需不断更新（周期十余天），基细胞便是新味细胞的前身，基细胞的数量则不断由周围的上皮细胞演变补充。分泌细胞的功能之一是保持味觉感受有湿润的适宜环境。人类口腔内有味蕾约4千个，其中约75%组成凸起的群体分布在舌的背面（图8-4左）。菌状味蕾群（各含味蕾3个左右，味蕾总数约占24%）分布在前2/3的舌面上，以舌尖处最多；盘状味蕾群一般有9个，在舌后部排成人字形，各含味蕾250个左右（约占48%）；在舌两侧边后部各有一片叶状味蕾群，"叶"面上有20个左右平行的隆起，上有味蕾共600个左右（约占28%）。

支配味蕾的神经末梢终止于各味细胞的周围，通常一根神经纤维支配同一及相邻味蕾的几个味细胞。味神经纤维分别汇入舌咽神经、面神经（鼓索支，神经元在膝状神经节）及迷走神经进延脑。舌前2/3的菌状味蕾群及分布在软腭处的味蕾全由面神经支配。盘状味蕾群和叶状味蕾群全由舌咽神经支配。会厌和食道处的味蕾则由迷走神经支配。延脑的孤束核（或称味核）是味觉的第一级中枢。从孤束核上行，通路之一是经丘脑至味觉皮层（岛叶和顶叶），信息整合后获得味觉的主观感受。另一上行通路是经下丘至杏仁体等边缘系统结构，完成与食欲及美味判断等有关的功能。孤束核有投射纤维至脑干多个中枢；味觉与消化器官功能和消化液分泌的调控以及吞咽、恶心、呕吐等生理活动有直接的联系。

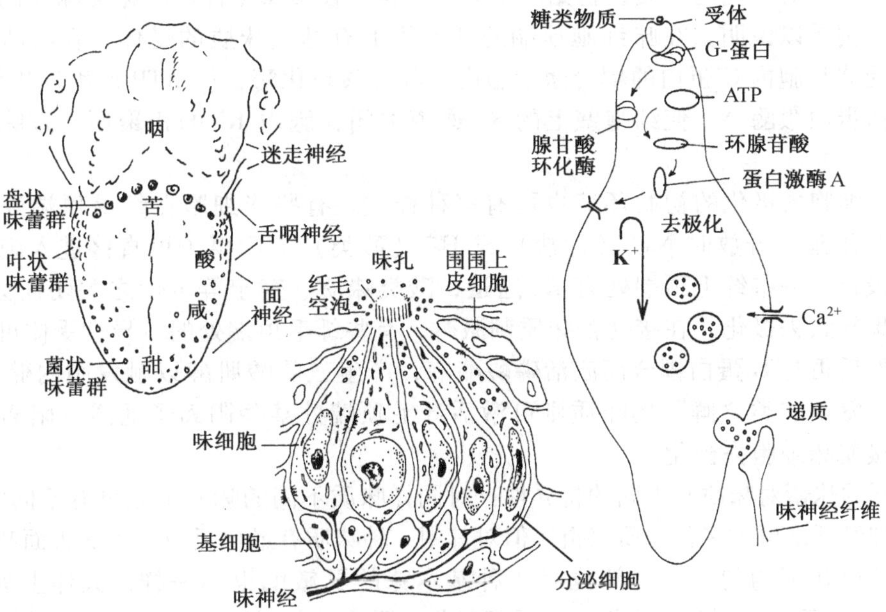

图 8-4　味觉器官

8.3.2　味质的分类

按经典的划分，甜、酸、苦、咸是 4 种基本味，味质也可按基本味来分类：如糖类、某些氨基酸、某些肽、某些阴离子、糖精等被认为是甜类味质，柠檬酸、盐酸、醋等归为酸类，奎宁、黄连、氨茶碱等归为苦类，食盐、琥珀酸钠、氯化铵等归为咸类，等等。这样分类固然方便，但也有较多缺陷。例如糖类和糖精虽都呈甜味，而它们的分子结构却差异很大，作用机理也甚不相同；对一定比例的人的味觉，糖精除了甜味外还有苦味。盐酸、硫酸、硝酸等无机酸的酸味相似，柠檬酸的却不一样。琥珀酸钠和氯化铵等并非只有咸味。对不同的苦味质，不同的人有很不一致的灵敏度。在研究实验中，通常以蔗糖、盐酸、奎宁、氯化钠为 4 种基本味的味质代表。氨基酸、肽类等味质有独特的“鲜”味，与甜味有明显差别，另归一类也许更为合理。辣等较复杂的“味道”是味觉与其他感觉的复合感受。

8.3.3 换能和味觉信息编码

发生在味细胞的味觉换能和味神经兴奋的过程大体上可归结为：味质通过初始的环节，或使味细胞的膜电位去极化以激活细胞膜上的 Ca^{2+} 通道让 Ca^{2+} 流入胞内，或使胞内储存的 Ca^{2+} 释放出来，胞内 Ca^{2+} 的增加导致递质释放，味神经末梢便被兴奋并发放冲动。对不同的味质，初始环节有所不同。图 8-4（右）以糖类味质的味觉换能过程为例予以说明。在味细胞顶端的纤毛膜上有糖类味质的受体，在与味质结合后，该受体与胞内 G 蛋白的耦合激活胞内的腺苷酸环化酶，使 ATP 产生环化腺苷酸，后者激活蛋白激酶 A，使细胞壁上的 K^+ 通道关闭，胞内 K^+ 的积聚便导致味细胞去极化。

使味细胞去极化的初始环节也可有多种样式。有些味细胞在纤毛顶端处有 Na^+ 和/或 H^+ 通道，开放时 Na^+（食盐）或 H^+（酸类）等阳离子可直接进入胞内使味细胞去极化。一些纤毛顶端处有 K^+ 通道，酸类味质、奎宁等可使之关闭而让 K^+ 在胞内积聚导致去极化。在接受苦味质刺激时，有些纤毛顶端处的特异性受体可先与之结合，然后再与 G 蛋白耦合而激活磷酸酯酶，产生三磷酸肌醇以触发胞内储存 Ca^{2+} 的释放。氨基酸类“鲜”的味质则可激活纤毛顶端处某些阳离子通道，阳离子的进入便直接使味细胞去极化。

不同的味蕾对味质有不同的特异性：对同样味质不同的味觉细胞可有不同的反应，每根味神经纤维可被多种味质兴奋，但对其中一种味质有最佳反应。人的舌面和口腔内味蕾的分布并不均匀，不同部位对 4 种基本味的灵敏度也不一样，大体上如图 8-4（左）所示：舌尖处对甜最灵敏，舌后部对苦，舌边前部对咸、后部对酸最灵敏。但这种区域分工仅是相对的，在不同程度上舌的不同部位对甜酸咸苦都能感受。从记录味神经纤维放电的实验结果看，面神经有较多的味觉纤维对食盐和糖反应最佳，舌咽神经对酸和奎宁，迷走神经对酸也相仿。与嗅觉信息的编码模式相似，味觉信息也可按专用通道及感受野构型的空间模式进行编码。

8.3.4 人的味觉

味觉是一系列消化生理活动的“触发”，与摄食行为、机体的营养和代谢调节等关系最为密切。自然界很多碳水化合物和营养物呈甜（或鲜）味，毒性物质则多是苦的。接纳甜食拒绝苦食是一种本能。对不同的味质，人的味觉阈值差别很大。氯化钠的咸味阈值浓度高达 10 mmol，蔗糖甜味的为 20 mmol，柠檬酸酸味的为 2 mmol，而对奎宁和马前子素等苦味的阈值却低得多，分别只需 8μmol 和 0.1μmol。对苦味灵敏显然也是自卫本能的需要。味觉的灵敏度也有随年龄而逐渐降低的趋势。老年人嗜偏咸食物，而过多摄入钠却是高血压所忌。

人能辨别的食物“味道”难以计数，远非几种基本味所能概括。从“美食”或食文化角度上看，味觉常需与嗅、视及其他感觉协同工作，所谓味、香、色、口感等不可缺一。味觉和习惯、嗜好、文化背景等许多复杂的心理因素有关：名酒并非谁都爱尝，喜欢吃辣的是越辣越好，啤酒失去其独特的苦味便不会受欢迎，等等。

（梁之安）

参考文献

[1] Purves D et al. *Neuroscience*. Chapters 13，14. Sunderland，Massachusetts：Sinauer Associates，Inc. 1997，245～262，263～287

[2] 梁之安．前庭刺激器及诱发电位处理系统．世界医疗器械，1996，2：36～39

第九章　运动系统

§9.1　脑的运动系统

运动是动物行为的基础，是由中枢神经系统控制的。由与控制运动密切相关的各神经结构组成脑的运动系统。脑的运动系统发出指令至肌肉和腺体等外周的运动器官，通过肌肉的收缩（或腺体的分泌）以完成运动。但是，脑的运动功能是脑功能的有机组成部分，除一般公认的脑的运动系统外，脑的很大一部分都和运动功能有关。例如，运动的计划需要有必要的感觉信息作参考，控制运动需要有感觉信息的及时反馈。又如，人们所进行的大部分运动是有目的的随意运动，这种运动一般需要经过练习才能“熟记于心”而运用自如。因此，运动的控制和动机、学习、记忆等脑的高级功能和感觉功能都有密切的关系。

运动是动物维持个体生存和种族繁衍的基本功能之一。低等原生动物即能运动，以便获取食物和逃避敌害。随着动物的进化，运动功能不断得到发展和完善，高等动物的运动能力有了很大的提高。通过进化，灵长类动物特别是人类获得了手指分别运动的能力，使得运动的多样性和精确性有了质的飞跃。

运动是由于肌肉收缩所产生的力，作用于身体的有关部位（通常是骨骼）而产生的。大多数运动在关节处发生。在收缩时使一个关节向同一方向转动（如屈曲）的各块肌肉称为协同肌，而在收缩时使这个关节向相反方向转动（如伸直）的肌肉则被称为是前者的对抗肌。在做一个简单的运动（例如屈曲前臂）时，就需要协同肌和对抗肌的收缩和弛张在时间和强度上的密切配合。如在前臂屈曲时，肱二头肌等前臂的屈肌收缩，而其对抗肌肱三头肌等肌肉则相应地弛张。不仅如此，肩关节周围的肌肉也必需同时收缩，使肩关节固定；为了补偿屈曲前臂所引起的身体重心的改变，以避免身体因失去重心而跌倒，在屈肘前还需要及时调整躯干肌肉的张力。

因此，在运动时，中枢神经系统必须对许多肌肉发出时间上十分精确的指令，使它们按完成运动的需要依次收缩或弛张。神经系统还需控制运动的多种参数，如位移、速度、加速度、力度等，以适应完成各种类型的运动的需要。例如，当我们用手握住并举起一只盛水的壁薄易碎的杯子时，要求能精确地控制握力，既不因握力太小而杯子滑落，也不致由于用力过度而将杯子捏碎。在做打字等运动时，则要求能准确地到达一定的位置。

9.1.1 反射运动、随意运动和节律性运动

运动一般可以分为三大类，即反射运动、随意运动和节律性运动。反射运动是最简单和基本的运动。它的特点是：通常由特异的感觉刺激引起，产生的运动有定型的轨迹；不受意志的控制，即当特异的刺激出现时，随刺激的大小而产生强弱不同的反射运动，其强弱不能被随意改变；在意识丧失或神经系统高级中枢受损的病人，仍可产生反射运动；反射运动大都在较短的时间内完成，所牵涉的神经元数量较少。但是，在一定的情况下，许多反射可因意识活动的影响而被改变，或甚至被完全抑制。例如，经过努力，可以在一定程度上克制住咳嗽、打嚏等反射。

随意运动通常是为了达到某种目的而指向一定目标的运动，可以是对感觉刺激的反应或因主观意愿而产生。顾名思义，随意运动和反射运动不同，它的方向、轨迹、速度、时程等都可以随意选择，并且可以在运动的执行过程中随意改变。和反射运动相比，随意运动一般是在较长的时间里完成的。而且，参与随意运动的控制或对它有影响的神经结构为数众多，广泛地分布在中枢神经系统的各个部位。如上所述，绝大多数的比较复杂的随意运动，都需要经过反复练习才能逐渐完善和熟练掌握。在做已经熟练掌握的随意运动时，我们就不再需要思考每个具体动作是如何进行的，可以下意识地顺利完成运动。一般认为这是因为运动的复杂细节，已经在练习的过程中被编成“运动程序”（motor program）而贮存起来，这些“程序”可以被随时调用而完成运动，就像计算机工作时调用编好的程序一样。

节律性运动是另一类其特点介于反射运动和随意运动之间的运动，如呼吸、咀嚼、行走等。这类运动通常可以随意开始或中止，一旦开始，就不再需要意识的参与而能自动重复进行。这类运动的大多数可以在执行过程中被感觉信息所调制。

9.1.2 控制运动需要感觉信息

为了对运动进行正确的控制，中枢神经系统需要不断地接受感觉信息。这一方面是因为在发起运动前，运动的编程（programming）需要一系列基本的信息，包括身体和身体各组成部分的当前的姿势，有关肌肉的长度、张力、关节的位置，甚至包括肌肉、骨骼和肢体的重量。这方面的信息主要由来自肌肉、关节感受器和前庭器官的感觉传入来提供。为了正确地编程，还需要运动目标的空间位置和运动目标与自身位置的空间关系的信息。这种信息主要由视觉、听觉及皮肤感受器来提供。另一方面，中枢神经系统需要在运动过程中不断地监测运动进行的情况，以便在出现意外（如运动的负载改变

或遇到障碍，或运动的程序不尽正确）时及时对运动进行调节以完成预定的运动。从上述途径得到的感觉信息也是这种反馈调节或反馈控制的基础。

在感觉反馈信息中，视觉信息对运动的精确控制是十分重要的。日常生活告诉我们，很多运动都需在视觉引导下才能准确地进行，或在视觉控制下才能轻而易举地完成。Jeannerod（1981）对受试者用手去取放在约50cm之外的桌上的一只球的运动进行了研究。发现这一运动由两个动作组成，即手从原来位置沿一条曲线移动至球所在的位置和手指张开准备握球，这两个动作是同时开始的。如果设法使受试者只看见球而看不见自己的手的运动，则虽然运动的大部分过程并无明显变化，手却最后不能准确地达到目标。显然，至少在这种实验条件下，视觉是这一简单的运动能准确地达到目标所必须的。

在这个实验里，视觉反馈需要300ms左右的时间才开始起调节作用，而有时快速的运动却可以在150～200ms内完成，因此反馈控制只能在缓慢的运动或姿势的维持中起作用。对于快速运动，神经系统采用另一种重要的控制方式——前馈控制。也即神经系统事先根据各种已得到的感觉信息尽可能精确地计算出运动指令，待运动发起后即不能再依靠反馈信息来加以调节。一个明显的例子是足球守门员扑救点球：守门员只能事先根据各种感觉信息决定扑救的方向，待扑出后即无法加以修正。

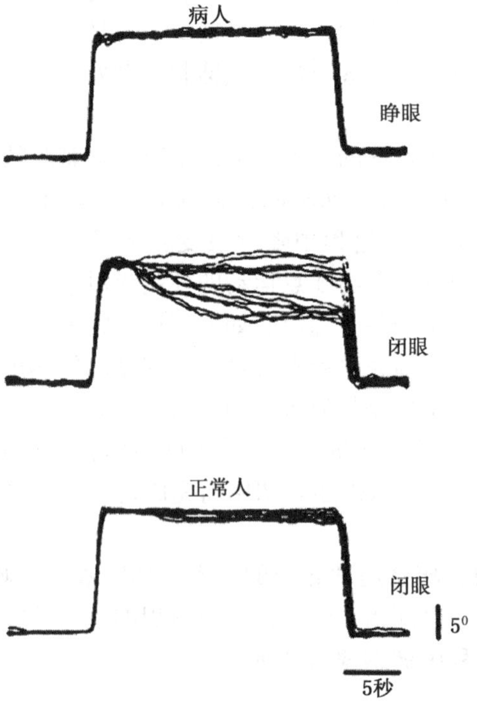

图9-1　正常人和患粗纤维感觉神经病病人对抗一负载而做屈腕动作（屈曲20°）并维持屈腕姿势一段时间的运动轨迹的记录

病人在闭眼时不能稳定地维持屈腕姿势。（由Patton HD et al ed. Textbook of Physiology，Vol. 1，2nd ed. Saunders，1989；p. 507，Fig. 22-4）

患粗纤维感觉神经病（large-fiber sensory neuropathy）的病人，由于传递本体感觉信息和触觉信息的粗传入纤维变性退化，在没有视觉帮助的情况下，不能感知自己肢体的位置或关节的移动，腱反射（tendon reflex）消失，触觉也受损，但痛温觉仍然保留。在这类病人身上研究本体感受性传入在运动和姿势的反馈控制和前馈控制中所起的作用，所得到的结果比较有说服力。观察发现，病人在闭眼时不能较长时间地维持手臂前伸的姿势，数秒钟后手臂即偏离原来的位置。这显然是因为神经系统必须依靠来自肌肉、关节等处的本体感受性传入来维持姿势的稳定。视觉（睁眼）可以补偿本体感觉的缺失（图9-1）（Rothwell et al，1982）。令病人在看不见自己的手的条件下做指向靶标的快速运动时，运动的方向和大小都出现很大的误差。但如使病人在快速运动前看见自己手的位置，即使运动时仍将手遮住，误差就大为减少（Ghez et al，1990）。这说明误差是因为前馈控制不正确所引起，后者则是由于病人不能从本体感受性传入感知肢体的位置和肌肉的情况，难以计算出切合实际的正确运动指令。在运动开始前看见手的位置有助于前馈控制的正确编程，所以能减少误差的发生。

9.1.3 控制运动的主要神经结构

通常将控制运动的各个神经结构合在一起称为脑的运动系统（motor system）。现在一般都接受19世纪末英国神经病学家J. H. Jackson的观点，认为运动系统由三个水平的神经结构组成，从低级到高级分别是脊髓、脑干的下行系统和大脑皮层的运动区（图9-2）。这三个水平之间各有分工，如作为低级中枢的脊髓能产生复杂的传出冲动，使肌肉有组织地被兴奋而产生反射。脊髓以上的高级中枢则在这个基础上主要发出更为一般的运动指令，而不再去解决诸如协同肌和对抗肌的活动如何协调等细节问题。在另一方面，除低级的中枢外，高级中枢也可以直接控制最低一级的神经元。例如，大脑皮层运动区除可通过脑干兴奋脊髓神经元外，还可以通过皮层脊髓束直接兴奋脊髓的运动神经元和中间神经元。从这个角度看，三个水平之间又是平行的关系。这种串行和平行联系、直接和间接途径的重复安排，为运动控制的实现提供了灵活多样的选择，也对神经系统受损后的恢复和代偿有重要意义。

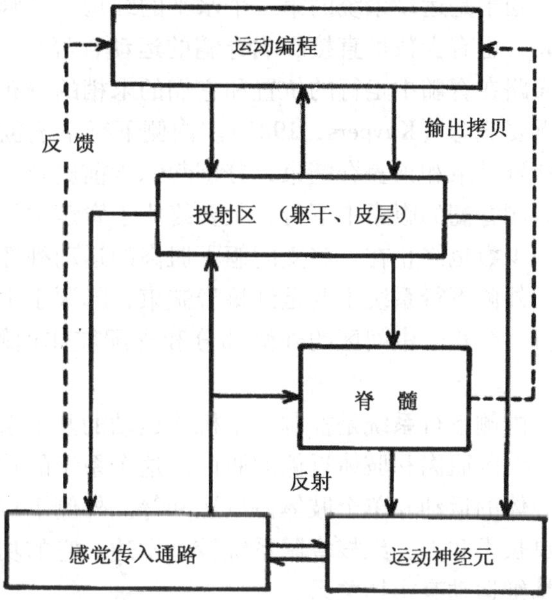

图9-2 运动控制的分级结构的示意图
（由Gordon M. Shepherd，Neurobiology，3rd ed. Oxford University Press，1994，p. 457，Fig. 21. 3）

脊髓能产生各种反射。脊髓与高级中枢的联系被切断后，仍有产生脊髓反射的能力。脊髓本身也能产生多种四肢协调运动（如四足动物的三足着地一足举起的运动等）所需的神经冲动模式。中介各种反射的神经回路或反射通路由感觉传入纤维、各类中间神经元和运动神经元组成。除简单的反射如膝跳反射是由传入纤维直接兴奋运动神经元而产生外，在大多数反射的神经回路中，都包括数目不等的中间神经元。脊髓的中间神经元网络的重要性，还在于它是各类传入冲动和高级中枢的下行冲动互相整合的所在。往往有多种下行的和外周传入冲动在同一类中间神经元上会聚，也即同一类中间神经元可能参与中介多种反射。各类中间神经元之间又有复杂的相互联系。中间神经元网络除中介反射活动外，也参与随意运动的组织和控制。

Sherrington将脊髓中的运动神经元称为最后公路（final common path），因为无论是反射运动或随意运动，都需兴奋运动神经元引起它们所支配的肌肉收缩后才能实现。支配不同肌肉的运动神经元在脊髓中有一定的排列。支配躯干和肢体近侧肌肉的运动神经元排列在支配肢体远侧（手和足）肌肉的运动神经元的内侧；支配屈肌的运动神经元排列在支配伸肌的运动神经元的背侧。同样，各类中间神经元也有一定的排列。在脊随中间区（intermediate zone）的最内侧的中间神经元投射至双侧控制躯干肌肉的运动神经元，稍外侧的中间神经元投射至同侧控制肢体近侧肌肉的运动神经元，而最外侧的则投射至同侧支配肢体远端肌肉的运动神经元。脊髓的固有神经元（propriospinal neurons）也是一种脊髓的中间神经元，它们的轴突在白质中上行和下行，终止于若干节段以外的运动神经元或中间神经元。在内侧的固有神经元的轴突较长，甚至伸展至整个脊髓，便于协调各节段躯干肌肉的活动，在外侧的则分布比较局限。

脑干是运动系统的第二个水平的结构。从脑干发出许多下行通路影响脊髓的中间神经元，也有少数可直接影响脊髓的运动神经元。荷兰的神经科学家 H. Kuypers 根据下行通路在脊髓中走行的位置和它们的末梢的分布，提出了内侧下行系统和外侧下行系统的重要概念（Kuypers，1981）。内侧下行系统包括内侧和外侧前庭脊髓束，内侧和外侧网状脊髓束和顶盖脊髓束，分别起源于前庭核、桥脑和延髓的网状结构及中脑的上丘，在同侧脊髓的腹索中下行，主要终止于脊髓中间区腹内侧的中间神经元和脊髓固有神经元，少数也终止在一些支配躯干肌肉的运动神经元上。顶盖脊髓束终止于对侧脊髓的颈段。外侧下行系统主要是红核脊髓束，起源于中脑红核的大细胞部，在脊髓的外侧索中下行，终止于中间区的外侧部分和支配肢体远侧肌肉的位于腹角背外侧部的运动神经元。

内侧下行系统是控制整个机体运动的基本系统。它在发生上比较古老，主要支配躯干中线的肌肉和肢体近侧的肌肉。这个系统的功能包括维持平衡和直立姿势，整合躯体和肢体的运动和单个肢体协调运动等。外侧下行系统则主要控制肢体远端的肌肉。在高等灵长类和人，红核脊髓系统较不发达，它的功能由皮层脊髓束取代，主要和手及手指的精细运动有密切关系。

从脑干下行的还有两条通路：从脑干的蓝斑核和桥延脑网状结构的一些神经元发出的蓝斑脊髓系统和从脑干中缝核群发出的中缝脊髓系统。前者是肾上腺素能的，后者则是 5-羟色胺能的。两者均终止于整个脊髓的中间区和运动神经元核，可以调制脊髓神经元的兴奋性。中缝-脊髓系统也投射至脊髓背角浅层，调制痛觉信息的传递。

很多脑干的下行神经元接受感觉运动皮层神经元的支配，因此大脑皮层可以通过脑干的下行系统间接对脊髓进行控制。在脑干与较高级中枢的联系被切断时（例如在中脑水平将脑横断），动物可以有某些调整姿势的能力和翻正反射，而这在脊髓动物（即脊髓和其以上中枢的联系被切断）是不存在的。

运动控制的高一级的水平是大脑皮层运动区。它由三部分组成，即初级运动皮层（primary motor cortex），外侧前运动区（lateral premotor area）（或前运动区，premotor area）和辅助运动区（supplementary motor area）。这三个部分都经过皮层脊髓束直接投射至脊髓，或通过脑干的下行系统间接影响脊髓。前运动皮层和辅助运动区也都有纤维投射至初级运动皮层，这两个皮层区在协调和计划复杂的运动中起重要作用，它们也都接受来自后顶叶皮层和前额叶联络皮层的纤维。新近的研究发现，位于扣带沟背侧的一部分扣带皮层也是运动皮层的一个组成部分，称为扣带运动区。

脑的运动系统的三个水平的结构都接受外周的传入信息，所以外周传入不仅可以引起脊髓反射，而且可以对下行的运动指令产生影响，已如上述。另一方面，高级运动中枢（如大脑皮层运动区）可以通过下行通路影响感觉冲动在传入中继核中的传递，对到达高级中枢的感觉信息进行控制。

运动系统的另一个特点是各水平的结构都按躯体定位组织并依此关系相互联系。换言之，控制相邻躯体部位的神经元在运动系统的神经结构中也是位置相邻的。而且，各水平的神经结构的控制同一躯体部位的部分也相互联系。例如，控制手运动的大脑皮层初级运动区的手区，和辅助运动区控制手运动的区域及脑干中控制手运动的部分是互相联系的。

除上述的三个水平的结构外，小脑和基底节对调节运动也十分重要。小脑通过对下行的运动指令和实际产生的运动的反馈信息的比较，来提高运动的精确程度。基底节接受来自大脑皮层各个区域的传入后，主要投射至和运动的计划有关的额叶皮层。基底节的病变可以引起一系列运动功能的异常，包括自发运动的消失、出现异常的不自主运动以及姿势的异常。图 9-2 表示控制运动的主要神经结构之间的相互关系。

§9.2 肌肉、外周感受器、脊髓反射和行走运动

9.2.1 肌肉和运动单位

肌肉是最主要的运动器官。在各种肌肉中，对骨骼肌的了解最深入，骨骼肌也是肌体赖以完成大部分运动的主要肌肉种类。

骨骼肌纤维可以分为三类，慢肌纤维内有大量肌球蛋白，有丰富的血液供应，它的 ATP 的生成需要氧的供应，当被直接刺激时产生较慢的收缩，而且不易疲劳。主要分布在需要长时间收缩的肌肉、如维持直立姿势的肌肉中。快肌被刺激时产生快的收缩，但容易疲劳。因为它的 ATP 的生成依赖糖元的分解，所以能较快地提供能量，但糖元的恢复需要氧的供应。这类肌纤维主要组成能产生大的收缩力但收缩时间较短的肌肉，如用于跳跃的肌肉。另一类肌肉的特性介于两者之间。

神经系统对肌肉的控制的最小单位是单个脊髓运动神经元及其支配的肌纤维。一个运动神经元与它所支配的全部肌纤维共同组成一个运动单位（motor unit）。在成年的哺乳动物，一根肌纤维只接受从一个运动神经元来的运动终板。所以一个运动单位所包含的肌纤维数目取决于运动神经元轴突分支的多少，这又和肌肉的功能需要有关。运动单位中包含的肌纤维数目一般自数根至 2000 根不等。主要参与粗大运动的肌肉，它的运动单位的肌纤维数量较多，而参与精细运动的肌肉的运动单位，所包含的肌纤维数目较少。如眼外肌中有的的运动单位只含有数根肌纤维。

运动单位中的肌纤维是否由同一类型的肌纤维组成、从而形成不同类型的运动单位？刺激运动单位的神经纤维、记录其肌纤维的收缩特性的实验结果说明，运动单位也可以分成三类：①慢型（S 型）：这种运动单位的收缩张力小，收缩时间长，强直刺激引起的收缩能较久地维持，即不易发生疲劳；②快速收缩抗疲劳型（FR 型）：这类运动单位的特点是收缩张力较大，收缩较快和不易疲劳；③快速收缩易疲劳型（FF 型）：此型运动单位的收缩张力大，收缩速度快，但极易疲劳，强直刺激引起的收缩很短时间

内即不能维持。这三类运动单位的收缩特性和前述的三类肌纤维的收缩特性极为相似，提示一个运动神经元所支配的往往是属于同一类型的肌肉纤维。这样的安排有利于中枢神经系统选择性地使特定类型的肌肉收缩。

9.2.2 初级传入纤维和肌肉的感受器

与外周感受器相连的躯体感觉纤维是通过脊髓的背根（或脑干的相应的神经根）传入的，这些传入纤维统称为初级传入纤维（primary afferents）。本体感受器的传入纤维通过肌神经或关节神经、皮肤感受器的传入纤维则通过皮神经进入中枢。肌肉传入纤维根据其直径分为四类，分别称为肌肉的Ⅰ、Ⅱ、Ⅲ和Ⅵ类纤维。Ⅰ类纤维是肌神经的有髓传入纤维中最粗的，它可进一步分为Ⅰa、Ⅰb两类。Ⅱ类纤维大部分支配肌梭，小部分则支配Ruffini感受器，帕西尼样感受器，帕西尼氏小体和游离末梢，传导的感觉可能为肢体位置感和肌肉的触压觉。Ⅲ类纤维是肌神经有髓纤维中最细的，支配游离末梢和肌肉中的血管。Ⅳ纤维是无髓传入纤维，主要支配游离神经末梢，对深部的痛和非痛刺激产生反应。皮神经中的传入纤维分为A和C类，A类为有髓纤维，又可分为较粗的Aβ和较细的Aδ两类，Aβ纤维传导触、压等感觉，Aδ纤维则传导触、冷、快痛等感觉。C类为皮神经中的无髓传入纤维，它传导冷、热、慢痛等感觉。

骨骼肌有两种牵张感受器，即肌梭和腱器官。肌梭呈梭形，位于肌纤维之间，由多条细的梭内肌纤维（intrafusal fiber）集合而成，与此相对应，普通的骨骼肌纤维又可称为梭外肌纤维。梭内肌纤维可分成两类：一类称为核袋纤维（nuclear bag fiber），另一类较细而短的纤维称为核链纤维（nuclear chain fiber）。肌梭内有二种感受器，即初级感受末梢和次级感受末梢，前者的传入纤维属肌肉Ⅰa类纤维，后者的传入纤维则属肌肉Ⅱ类纤维。初级感受末梢同时支配核袋和核链纤维，而次级感受末梢则往往只支配核链纤维。

腱器官是一包囊状结构，多位于肌肉与肌腱交接部，由肌肉Ⅰb类传入纤维支配。Ⅰb类纤维进入腱器官包囊后脱去髓鞘并分成许多末梢，缠绕在由胶原纤维所形成的辫状结构上。牵拉肌腱使胶原纤维变直从而压迫Ⅰb纤维的末梢，引起末梢放电。

肌梭与梭外肌纤维是“并联”的关系，它对梭外肌的长度变化是十分敏感的。当肌肉被牵拉时，因梭内肌被拉长，肌梭的传入放电增加。梭外肌纤维收缩时则梭内肌纤维缩短松弛，肌梭的传入放电减少。所以，肌梭是一个检测肌肉“长度”的器官。由于所支配的梭内肌纤维的特性不同，肌梭的初级感受末梢的功能是检测肌肉的长度和肌肉长度变化的速率，次级感受末梢主要检测肌肉的长度。腱器官则与梭外肌“串联”，肌肉主动收缩时腱器官受到牵拉而放电增加，但它对被动牵拉不太敏感。所以，腱器官主要检测肌肉的张力。

肌梭的梭内肌纤维还接受脊髓前角运动神经元核中的γ-运动神经元的轴突支配。γ-运动神经元对肌梭的传出可以调节肌梭的传入放电。根据其对牵拉引起的肌梭传入的动态和静态反应的影响，γ-运动神经元可分成动态型和静态型二种。动态型γ-运动神经元主要支配核袋纤维，它被刺激时，可使初级传入末梢的动态反应明显增加。静态型则主要支配核链纤维。刺激静态型γ-运动纤维可使初级感受末梢的静态反应明显增加，但对动态反应并无影响。γ－运动神经元的一个重要功能是使肌梭感受器在肌肉收缩时仍有较高的敏感性。当梭外肌主动收缩时，梭内肌如不同时收缩，肌梭的传入放电就会减少甚至停止，肌梭就不能向中枢提供关于肌肉长度的信息。但实际上这种情况不会发生，因为实验资料证明，当α－运动神经元活动时，γ－运动神经元通常也被同时激活。这样，在梭外肌收缩期间，由于γ－运动神经元引起梭内肌收缩，使肌梭的传入放电仍然可以维持在一定水平。另外，存在两种类型的γ－运动神经元，也使中枢神经系统能分别调节肌梭对肌肉长度变化和长度变化的速率的敏感性（Matthews，1972）。

9.2.3 脊髓反射

运动行为的基本单位是什么？目前主要有两种概念：一种意见认为，最简单的行为的单位是反射，复杂的行为只是各种反射的组合。另一种意见认为，许多行为（特别是无脊椎动物和低等脊椎动物）都包含着由机体自行产生的或合适的刺激所引起的有固定次序的运动，一般称之为固定运动型式（fixed-action pattern）。

在前人工作的基础上，C. Sherrington 和他的学生们如 D. P. C. Lloyd 和 J. C. Eccles 等对脊髓产生的反射进行了深入的研究，详细描述了各类反射的神经通路（Eccles，1964；Eccles et al，1957；Gordon et al，1991）。这里仅简述几种重要的脊髓反射。

牵张反射 牵张反射的传入纤维是肌肉肌梭中发出的Ⅰa 纤维，它们与同一肌肉及其协同肌的脊髓运动神经元形成兴奋性的单突触联系，同时通过一级中间神经元和此肌肉的对抗肌的运动神经元形成抑制性的双突触联系。牵张反射在伸肌和屈肌都存在。但在下肢的伸肌，牵张反射在对抗地心引力、维持直立姿势上起重要的作用。在直立时，地心引力会使膝关节弯曲，此时股四头肌受到牵拉，肌肉中的肌梭被拉长，兴奋了肌梭发出的Ⅰa 纤维而产生传入冲动。Ⅰa 纤维的传入冲动兴奋股四头肌及其他伸肌的运动神经元，使伸肌收缩。同时，Ⅰa 的传入冲动经过抑制性中间神经元，使屈肌的运动神经元抑制，使屈肌松弛。结果，就对抗了地心引力的影响而使膝关节伸直。

短促敲击股四头肌的肌腱所引起的膝反射（使膝关节伸直）是牵张反射的一种形式，但在多数情况下，牵张反射的神经通路所介导的是维持姿势所需要的持续的伸肌的张力增加。

张力反馈反射（tension feedback reflex） 来自腱器官的Ⅰb 纤维进入脊髓后都是经过两个突触和运动神经元联系的。它们经过抑制性中间神经元使同一肌肉的运动神经元抑制，同时，经过兴奋性中间神经元使对抗肌的运动神经元兴奋。所以，当某一块肌肉收缩时，肌肉中的Ⅰb 纤维被兴奋，Ⅰb 纤维的传入冲动进入脊髓后，会使这块肌肉的收缩减弱，同时使对抗肌的收缩增强。它的功能意义可能是使肌肉的张力保持恒定。同时，Ⅰb 纤维的抑制性中间神经元也可以作为减弱肌肉收缩的一个控制环节，例如，皮肤和关节的传入也能兴奋这类中间神经元而使肌肉收缩减弱。

Ⅱ类传入纤维引起的反射 来自肌梭的Ⅱ 类传入纤维主要经过两个突触和运动神经元联系。它们主要是兴奋屈肌，同时抑制伸肌。少数Ⅱ类纤维和同一肌肉的运动神经元有兴奋性的单突触联系。Ⅱ类纤维引起的反射的功能意义还不清楚。

屈肌反射 皮肤和肌肉受到伤害性刺激时会使受刺激的肢体缩回，称为屈肌反射。屈肌反射可由皮肤和肌肉的多种感受器和传入纤维介导，这些感受器和传入纤维统称为屈肌反射传入（flexor reflex afferents，FRAs）。这些传入纤维和运动神经元形成多突触联系，使屈肌运动神经元兴奋，同时使伸肌运动神经元抑制。此外，它们还在脊髓中有更广泛的联系，当一个肢体受到伤害性刺激时，在使其缩回的同时，使其他肢体伸直，以保持姿势平衡。

反射通路的协调　各种反射通路并不是互相截然分开的。以 A. Lundberg 为代表的许多生理学家的研究表明，各种反射往往共同使用同一类中间神经元，也即同一类中间神经元常是许多功能不同的反射通路的一个共同的“节点”（Lundberg，1975）。著名的脊髓中间神经元有 Renshaw 细胞，这类抑制性中间神经元在运动神经元轴突侧枝放电时被兴奋，转而抑制运动神经元，起返回抑制的作用（Renshaw，1941）。但了解得最详细的是Ⅰa 抑制性中间神经元。如图 9-3 所示，这类中间神经元是牵张反射通路中引起对抗肌抑制的中间神经元，但是它们也是许多其他神经回路的一个节点，这些回路包括 FRA 引起运动神经元抑制的回路，Renshaw 细胞的神经回路（使Ⅰa 传入引起的对抗肌运动神经元的抑制被取消）和Ⅰa 抑制性中间神经元之间的去抑制回路。不仅如此，这种中间神经元还是许多下行神经通路的一个节点，包括前庭脑干脊髓束，红核脊

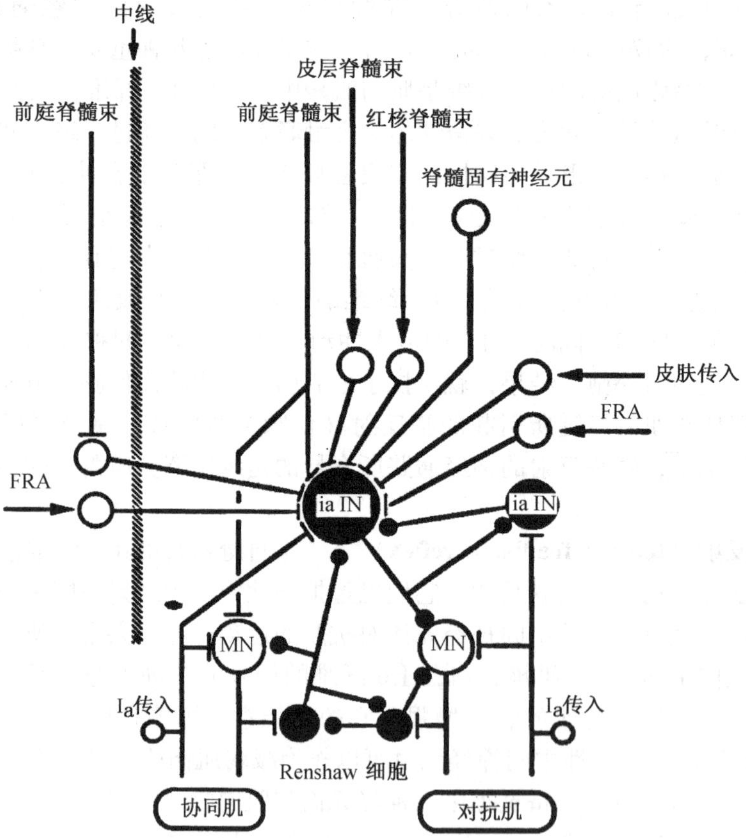

图 9-3　表示Ⅰa 抑制性中间神经元在脊髓神经回路中所处地位的示意图
（由 Gordon M. Shepherd，Neurobiology，3rd ed. Oxford University Press，1994，p. 433，Fig. 19. 14）。

髓束和皮层脊髓束。其他已知的主要的中间神经元也无不如此。

9.2.4 脊髓运动神经元的募集——大小原则

一块肌肉的运动神经元集合成运动神经元池（motoneuron pool）或称为运动核（motor nucleus）。在做强度不同的运动时，运动神经元池中的神经元是如何被激活的？大量实验资料表明，肌肉收缩张力的增加依赖于运动神经元池活动的二种方式：①募集更多的运动神经元，即更多的运动神经元被兴奋；②增加募集的运动神经元的放电频率。

运动神经元池中运动神经元的大小是不同的，大的 α - 运动神经元的轴突较粗，有较快的传导速度。研究表明，支配不同类型运动单位的 α - 运动神经元也不相同，轴突传导速度快的大运动神经元支配 FF 型运动单位，而轴突传导速度慢的小运动神经元支配 S 型运动单位，轴突传导速度中等的中等大小的运动神经元则支配 FS 型运动单位。

E. Henneman 研究了在牵拉去大脑猫股三头肌时所引起的支配该肌肉的运动神经元池的不同运动神经元的活动（Henneman et al，1981）。在刺激逐渐增加时，最小的运动神经元首先被兴奋，较大的运动神经元依次被募集，而最大的运动神经元则最后被募集。牵拉逐渐减小时，则大运动神经元先停止活动。这就是运动神经元活动的“大小原则”（size principle），即运动神经元的大小与运动神经元的兴奋阈值成反比。当投射至一个运动神经元池的兴奋性传入逐渐增强时，位于此运动神经元池中的运动神经元按照其兴奋阈值的大小被募集，产生从弱到强、从慢到快的肌肉活动。这种募集方式还保证肌肉从弱到强地收缩时产生的肌张力是平滑地增加的。但是，在需要进行快速的有力的运动，如迅速跳跃以避开有害刺激时，有一些传入纤维也可直接兴奋大的运动神经元，以立即产生最大的收缩张力。

运动神经元池输出的增加，除募集更多的运动神经元外，还可通过增加已被募集的运动神经元的放电频率来实现。因为一个运动神经元在低频放电时产生的肌肉收缩张力，往往只有强直收缩张力的数分之一。因此，运动神经元放电频率的调制对决定肌肉收缩张力有重要作用。

9.2.5 固定的动作模式——行走运动

固定的动作模式的最明显的例子是动物如猫的行走运动。猫的行走一般是左后腿先往前跨，然后依次为左前腿、右后腿和右前腿，如此周而复始。这种节律性的周期运动一般认为由一种中枢模式发生器（central pattern generator）发起，同时需要来自反馈通路和高级中枢的控制。反馈包括来自肌肉感受器和其他感受器的有关肌肉和周围环境的传入信息，也包括中枢内部（从低级中枢至高级中枢）的反馈，后者还包含中枢输出指令的拷贝（efference copy），以便比较输出指令和运动实际进行的情况。中枢模式发生器可能由特定的神经元回路组成，也可能由少数具有特殊膜特性从而能自行产生节律性放电的起步神经元（pacemaker）组成。

目前的研究已经说明，猫在其脊髓和脑干之间被横断后，在实验条件下，仍能产生四肢交替的协调运动。甚至在脊髓胸段被横断后，猫的后肢仍能表现出行走运动。所以，脊髓是猫行走模式发生器的一个重要组成部分。

在“踏板车”实验中，当猫的四肢开始“行走”时，脑干网状脊髓神经元放电节律性地增加，易化屈肌运动神经元，后者是行走时提腿动作所必须的。在切除小脑后，网状脊髓神经元的自发放电大为减弱，同时肌肉张力丧失，四肢不能进行协调的运动。这说明，这类神经元的持续放电是维持“行走发生器”的工作所必须的，放电的节律性增加则易化行走时的提腿动作。红核脊髓束的作用也是易化屈肌运动神经元，而前庭脊髓束则相反，它易化伸肌运动神经元，使腿伸直以对抗地心引力。

所以，在行走运动中，脑干神经中枢的作用有二：它们的神经元的持续放电对脊髓的节律发生器起激活作用，而其被调制的放电则易化行走动作的不同时相（提腿或蹬腿）。能否激活节律发生器取决于小脑的活动水平，而其放电的调制是由于经小脑中介的来自肢体的传入冲动。

§9.3 大脑皮层的运动功能

1870 年德国的 G. Fritsch 和 E. Hitzig 首先发现电刺激狗大脑皮层的一些区域可以引起对侧身体的运动，而且刺激不同的区域引起身体不同部位肌肉的收缩。这一发现在刺激猴大脑皮层时也得到证实，并进一步证明，刺激猴大脑皮层的中央前回时最容易引起运动。中央前回相当于 Brodmann 的第 4 区，这个区域现在被称为初级运动皮层（primary motor cortex）。

9.3.1 大脑皮层运动区

初级运动皮层和肌肉之间有比较直接的关系，刺激初级运动皮层引起特异的运动，产生运动的刺激阈值也最低。除初级运动皮层外，还有前运动区，或称次级运动区，包括辅助运动区（supplementary motor area），位于 6 区皮层的内侧部分，大部分在大脑半球的内侧面；和外侧前运动区（lateral premotor area）或称前运动皮层（premotor cortex），位于 6 区的外侧部分。它们和肌肉之间相隔更多的突触，在功能上更为复杂。刺激次级运动区时需较强的刺激才能引起运动，且所引起的多为较复杂的运动。损伤灵长类的初级运动皮层引起肌肉瘫痪或轻瘫，而损伤次级运动区则只引起较不显著和较特殊的运动障碍。初级运动皮层神经元的活动和肌肉活动密切相关，而次级运动区神经元则只在运动的一些特殊情况下才开始活动。此外，还有后顶叶皮层（posterior parietal cortex），可能和肢体及眼的指向目标的运动的编程有关。新近发现，在扣带沟背侧的一部分扣带皮层区域（扣带运动区）也是运动皮层的一个组成部分。

除扣带运动区外，在运动皮层中缺乏颗粒细胞层（即第Ⅳ层），所以运动皮层也称为非颗粒皮层（agranular cortex）。运动皮层中的神经细胞可分为两大类：锥体细胞和非锥体细胞。锥体细胞的轴突离开运动皮层到其他皮层或皮层下结构，所以它是主要的传出神经元。非锥体细胞包括星形细胞，篮状细胞和颗粒细胞，有相当数量是抑制性神经元。位于皮层各层中的锥体细胞有不同的投射。大多数至皮层下结构的投射起源于第Ⅴ层的锥体细胞，皮层脊髓神经元在第Ⅴ层的深部，其中包括最大的锥体细胞即 Betz 细胞。

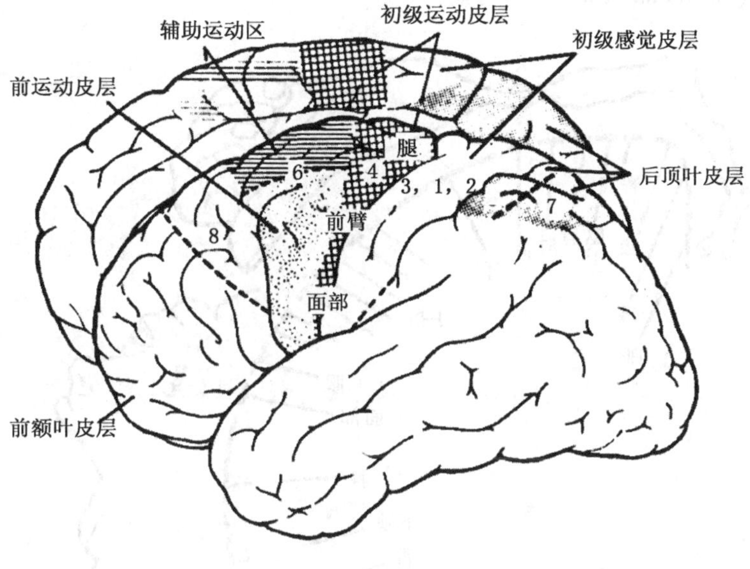

图 9-4　人脑初级运动皮层和前运动区的位置示意图
（由 Kandel ER，Schwartz JH，Jessell TM. ed. Principles of Neural Science，3rd ed. Elsevier，1991；p. 611，Fig. 40-2）

9.3.2　初级运动皮层的躯体定位组织

大脑皮层运动区的范围早年是用电刺激皮层观察能否引起运动的方法来确定的。C. Woolsey 在多种动物上的大量工作证明，初级运动区的相邻部位控制相邻身体部位的运动，这种安排称为躯体定位组织（Woolsey，1958）。在清醒的接受脑外科手术的病人身上也得到相同的结果。在 4 区内侧近中线部位是下肢代表区，向外侧依次为躯干、前臂、手指，最外侧靠近外侧沟处为面部和舌代表区。和感觉代表区一样，身体各部位的肌肉代表区大小是不一样的，通常用于进行精细运动的身体部分如手指和面部的代表区比其他部位的代表区要大得多。

在清醒病人电刺激中央前回时，病人感到所引起的运动是不随意运动，而且在刺激另一些点时会引起肌肉弛张而中断正在进行的随意运动。刺激初级运动皮层引起不自主的简单而定型的运动，而不能引起运动的意念，这一事实也说明初级运动皮层比较接近运动系统的输出。

刺激初级运动皮层引起的运动通常是许多肌肉收缩的结果。张香桐、Ruch 和 Ward 在麻醉猴研究刺激初级运动皮层所产生的反应，发现一块肌肉有相当广的皮层代表区，各肌肉的代表区相互重叠，刺激皮层任一点可引起数块肌肉同时收缩。但以弱电流刺激代表区内的低阈值点则可引起一块肌肉单独收缩（Chang et al，1947）。H. Asanuma 用钨丝微电极插入皮层深部，并用很微弱的电流进行刺激（“皮层内微刺激”），发现有可能只兴奋少量的皮层神经元而引起可能是单块肌肉的收缩，且引起同一块肌肉收缩的有效皮层刺激点集中在一个与皮层表面垂直的柱状区域内，和躯体感觉皮层及视觉皮层中的皮层柱相似（Asanuma et al，1972）。

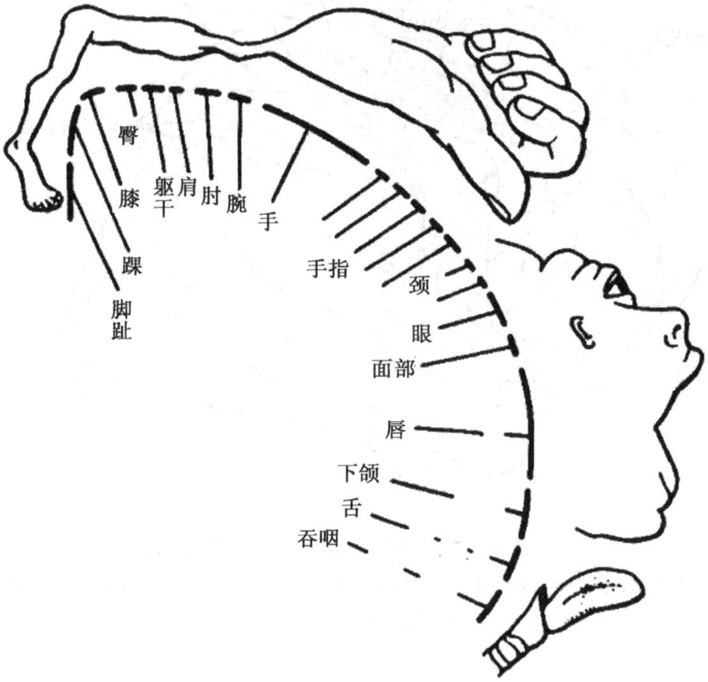

图 9-5　人的躯体各部肌肉在初级运动皮层内的代表区分布示意图
（由 Kandel ER，Schwartz JH，Jessell TM. ed. Principles of Neural Science，3rd ed. Elsevier，1991；p. 610，Fig. 40-1）

利用功能性核磁共振等脑影像学的新技术进行研究的结果，对传统的皮层躯体定位组织的概念提出了挑战。例如，发现在面部、手、手臂和腿运动时，在初级运动皮层的激活区有高度的重叠，而且一个手指运动时出现好几个激活区。不仅如此，身体部位的代表区的位置和大小常随运动的学习而有改变。从中得出的概念是，身体运动在运动皮层的代表区在很大程度上是互相交叉重叠的，分散在相当大的区域内的许多皮层神经元群的协同活动是运动得以产生的基础。

9.3.3　皮层脊髓束

大脑皮层通过皮层脊髓束和皮层延髓束控制运动。皮层延髓束终止于延髓的颅神经运动核，控制面部肌肉的活动。皮层脊髓束则支配脊髓运动核，控制躯体肌肉的活动。皮层脊髓束常被称为锥体束。

在种系发生上，皮层脊髓束在哺乳动物才开始出现，并且起初主要控制传入神经核，如刺猬的皮层脊髓束只终止于背角。从比较高等的动物开始，皮层脊髓束终止于脊髓中间区。例如，大多数食肉动物的皮层脊髓束只终止于背角和中间区，和运动神经元没有直接的突触联系。随着动物的进化，猴的皮层脊髓束和腹角外侧的运动神经元发生直接突触联系，而到了高等的猿类和人，内侧运动神经元核也接受密集的皮层脊髓束的末梢。

在人类，皮层脊髓束约60%起源于中央沟以前的初级运动区和前运动区，其余的40%则来自中央沟以后的大脑皮层。猴的皮层脊髓神经元广泛地起源于中央沟前的8，6，4区和中央沟后的3，1，2，5和7区。大多数皮层脊髓纤维是传导速度较慢的细纤维，起源于Betz细胞的粗纤维只占3%左右。

皮层脊髓神经元对脊髓的α运动神经元有强烈的直接兴奋性影响。刺激初级运动皮层时，在支配肢体远端肌肉的运动神经元上产生的EPSP比在肢体近侧肌肉的运动神经元上所产生的为大。和不同肌肉的运动神经元有直接突触联系的皮层脊髓神经元，在皮层中的分布是互相重叠的，而且，和一个运动神经元有联系的皮层脊髓神经元可以分布于互相分开的两个皮层区域中。另一方面，E. Fetz和P. Cheney发现，一个皮层脊髓神经元的放电常同时单突触地影响支配不同肌肉的好几个运动神经元（Fetz et al, 1980）。用解剖学方法已经证实，一根皮层脊髓神经元的下行轴突在脊髓中可有许多分枝，终止于支配不同肌肉的运动神经元核中。

皮层脊髓神经元除与运动神经元有直接突触联系外，还可以间接地影响运动神经元。一条很重要的间接通路是，皮层脊髓神经元经过上颈段脊髓中的脊髓固有神经元，再影响位于颈膨大中的支配前臂肌肉的运动神经元。另一条间接通路是经过Ⅰa抑制性中间神经元以施加抑制性影响。皮层运动区也可以通过脑干神经元间接地控制脊髓运动神经元。在初级运动皮层、前运动皮层和辅助运动区，均有神经元投射至脑干的网状脊髓神经元及其他下行神经元，从而间接影响脊髓运动神经元。

皮层脊髓束的主要功能是控制肢体远端肌肉的活动，特别是手指的活动。切断猴一侧皮层脊髓束后，切断侧的皮层刺激虽然仍能引起运动，但所需刺激电流比健侧所需的增加2~3倍，而且，所引起的运动的种类大为减少，多为近侧关节如膝关节和肘关节的运动。这说明，皮层脊髓束对传递运动皮层至肢体远端肌肉的信号十分重要。损毁初级运动皮层后，辅助运动区和前运动皮层对肢体远端肌肉的影响也告消失，说明这两个次级运动区对远端肌肉的影响，主要是通过它们至初级运动区的投射而实现的。

损毁人的初级运动皮层引起肌肉的软瘫。但一至二周后近侧关节的运动常可恢复，同时受累肢体出现肌强直，以肢体远侧肌肉，特别是腕和手指的伸肌的强直最为严重和持久。初级运动皮层受损后的一个突出症状，是手指分别活动的能力丧失，屈曲手指时只能五指一起屈曲。这种缺陷永远不能恢复。

一侧锥体束损伤后，对对侧肢体的肌肉不再能进行精确的控制。肢体远侧肌肉所受的影响也最严重。虽然在作出很大努力的条件下，可以进行一些运动，如伸出肢体或握住物件，但用手进行精细运动的能力却完全丧失。

9.3.4 在初级运动皮层中运动参数的编码

用刺激和损毁的方法已经证明初级运动皮层在运动的控制中起重要作用。但它是如何参与运动的发起和控制的？运动的哪些参数是受初级运动皮层控制的？E. V. Evarts用操作式条件反射的方法训练猴子，使它们学会根据一定的信号做一定的动作，并同时记录猴运动皮层单个神经元的活动和肌电活动，观察神经元的活动和运动的关系。

当猴子作重复的屈腕和伸腕动作时，初级运动皮层中有不同的神经细胞分别在屈腕和伸腕时产生放电。这些神经元在有关肌肉出现肌电活动前10～100ms即开始活动，证明运动皮层确实参与发起运动。

Evarts训练猴子用手将一个手柄移动一定距离，并在移动时加上不同的负载。实验结果证明，大多数初级运动皮层神经元的放电频率和产生的肌力大小有关。如果改变负载方向，使负载帮助特定动作的进行，则上述神经元停止放电（Evarts，1968）。E. Fetz和P. Cheney的实验为此提供了更直接的证据。他们用“锋电位触发平均”（Spike-triggered averaging）方法证明，一些与脊髓运动神经元有单突触联系的运动皮层神经元，其放电可易化肢体肌肉的肌电活动，而且放电频率和所需产生或维持的肌力相关（Fetz et al，1980）。

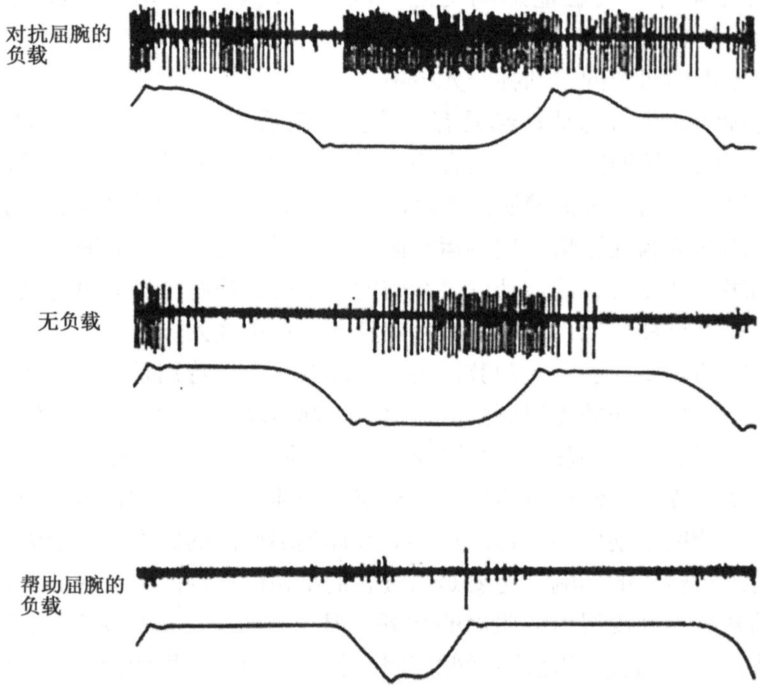

图9-6　一个猴初级运动皮层输出神经元在猴做重复屈腕和伸腕动作时的放电
每个记录的下线代表腕关节的移动情况，伸腕时曲线向下。在不加负载时，神经元在屈腕前和做屈腕动作时放电，伸腕时放电停止。当加上400克对抗屈腕动作的负载时，屈腕时所需肌力增加，神经元的放电也大为增加。反之，如加上400克帮助屈腕的负载，使屈腕不需费力，神经元的放电也几乎停止。（由Charles G. Phillips & R. Porter，Corticospinal neurons，Academic Press，1977，P. 283，Fig. 7. 10）

初级运动皮层输出神经元的放电和肌力大小之间的关系不是一成不变的。皮层脊髓神经元的放电与需要精细控制的腕和手指的运动有密切关系，但与不需精细控制的大而快速的运动的关系较小。如使猴用拇指和食指捏一个换能器并努力较准确地产生一定的压力时，有的皮层神经元有较高频率的放电；但当令猴用五个手指握住一根棒且也产生同样肌力时，却不放电。这些现象和损毁运动皮层的实验结果一样，都提示初级运动皮层神经元对控制手指的精细运动特别重要。

9.3.5 运动皮层神经元的传入

运动皮层神经元通过各种感觉传入途径接收关于运动实际执行情况的信息。大多数运动皮层神经元有外周感受野。在清醒猴，运动皮层的神经元可被关节移动、皮肤的触觉刺激或刷毛所兴奋，有的可同时接受皮肤和深部感觉的传入，或对视觉或听觉刺激起反应。H. Asanuma 发现，运动皮层神经元一般接受它们所控制的肌肉的传入信息，或者接受这些肌肉收缩时会产生的皮肤传入。换言之，运动皮层神经元的传入和传出有密切的关系。这促使 C. Phillips 提出，可能存在经过运动皮层的控制肌肉收缩的长反馈环。这一反馈路径将和脊髓的牵张反射一样，帮助克服运动过程中发生的障碍（Phillips et al，1977）。例如，当运动由于负载增加而滞后时，肌梭的初级末梢传入放电增加，这将不仅通过脊髓引起牵张反射，而且将使运动皮层神经元的放电增加，从而经运动神经元增强肌肉收缩，以克服增加的负载。

9.3.6 次级运动皮层

实验说明，初级运动皮层主要和运动的执行有关，而次级运动区的运动功能则比较复杂。在人进行随意运动前 800～1000ms 左右，在颅顶（vertex）处出现一负相的持续电位，称为准备电位（readiness potential），它反映了运动的准备过程，其时程和行将进行的运动的复杂性及精确程度有关。如果受试者需根据线索作出不同的选择，则选择的可能性越多，准备电位的时程就越长，也即中枢需要更多的时间作出正确的选择。

和初级运动皮层相比，损毁次级运动区（前运动皮层，辅助运动区和后顶叶皮层区）引起更为复杂的运动异常，主要影响了为运动制定正确策略的能力。例如，一侧的辅助运动区和前运动皮层被损毁后，猴不会使用对侧前臂绕过挡在前面的透明塑料板并通过侧面的洞去取所看见的食物，相反，他总是试图径直去取食物而一再撞到塑料板上。正常猴面对一块有若干小孔、孔内嵌有葡萄干的透明塑料平板时，能很容易学会以一手的食指将葡萄干从孔中推出，用另一手在板下接取。一侧辅助运动区损毁后，猴只会徒劳地用双手的食指分别从板的上下推葡萄干。这类运动缺损和人的前额叶联络皮层或后顶叶皮层受损时引起的失用症（apraxia）相似。这种病人能正常进行简单的运动，但丧失了做需要有次序地收缩肌肉的较复杂的动作的能力，包括例如刷牙和梳头等。

P. E. Roland 发现辅助运动区和复杂运动的准备有关。当受试者作简单运动时，对侧初级运动皮层和躯体感觉区的血流显著增加。做复杂动作时，除上述皮层区外，辅助运动区的脑血流也增加。更有意义的是，只令受试者默想复杂动作的手指运动次序而不做任何动作，只有辅助运动区的血流是增加的（Roland et al，1980）。后来的实验证明，辅助运动区也在简单的运动中起作用。另外，这个运动区确实和运动的准备有关，但除此区以外，其他运动皮层区也对运动的准备有贡献。

目前对前运动皮层的功能了解得不多。前运动皮层主要接受后顶叶皮层的投射，然后发出大量纤维投射至发出内侧下行系统（特别是网状脊髓系统）的脑干部位，也有纤维投射至控制躯干中轴及近侧肌肉的脊髓部位。因此前运动皮层可能主要参与控制躯体中轴肌肉及肢体近侧肌肉，在将躯干和手臂朝（指）向目标的运动中起作用。

在前运动皮层中，有很多神经元在猴准备作一特定动作时放电，且往往有方向特异性，即只当猴准备向某一方向运动时才出现放电。运动开始后放电即停止。在前运动皮层中，这种特殊的与“设置有关的”（set-related）的神经元比在初级运动皮层中的多，说明前运动皮层在运动的准备中起一定作用。

运动的准备过程中的重要步骤之一，是通过各种感觉传入获得关于外界物体（包括运动的目标）在空间位置上相互关系的信息，并将此与本身躯体和肢体的位置联系起来，这是运动编程的基础之一。目前的解剖和生理证据说明，后顶叶皮层在这个过程中可能起一定作用。

通常认为右侧后顶叶皮层与空间位置信息的加工有关。后顶叶皮层受损后，病人不能获知一侧躯体的触觉或视觉信息，因此他们会否认一侧的肢体是自己的，并对这侧肢体完全不加理会，这种现象称为忽略（neglect）。同时，对于物体空间位置的判断也发生错误。病人不能依赖触摸来辨别放在手中的形状复杂的物体，或画出物体的三维图形，虽然触压觉仍是正常的。由于不能利用对侧躯体的信息（包括视觉信息），不能得出正确的空间座标，运动就不能依照正确的座标进行。

后顶叶皮层神经元活动常受到动物是否集中注意力的影响。有的神经元当猴将前臂伸向一个他感兴趣的物件（食物等）时才放电，但对感觉刺激不起反应。另一类神经元则只在猴用手探摸、或猴眼移向感兴趣的物件时才有放电活动。这些神经元放电的作用，可能是在整合了关于运动目标（空间位置等）和动物本身状态（肢体位置，对目标有兴趣等）的信息后，为引导运动而产生一个参考的框架。另一种可能性是，它们的放电是在产生去获得某种有兴趣的物件的运动指令。

（吴建屏）

参 考 文 献

[1] Asanuma H and Rosen Ⅰ. Topographical organization of cortical efferent zones projecting to distal forelimb muscles in the monkey. Exp Brain Res, 1972, 14: 243 ~ 256

[2] Chang HT, Ruch TC and Ward AA Jr. Topographic representation of muscles in motor cortex in monkeys. J Neurophysiol. 1947, 10:39 ~ 56

[3] Eccles JC. The Physiology of Synapses. Berlin: Springer, 1964

[4] Eccles JC, Eccles RM and Lundberg A. Synaptic actions of motoneurones caused by impulses in Golgi tendon organs. J Physiol (Lond.), 1957, 138: 227 ~ 252

[5] Evarts EV. Relation of pyramidal tract activity to force exerted during voluntary movement. J Neurophysiol, 1968, 31: 14 ~ 27

[6] Fetz EE and Cheney PD. Postspike facilitation of forelimb muscle activity by primate corticomotoneuronal cells. J Neurophysiol, 1980, 44: 751 ~ 772

[7] Ghez C, Gordon J, Ghilardi MF, Christakos CN and Cooper SE. Roles of proprioceptive input in the programming of arm trajectories. Cold Spring Harbor Symp Quant Biol, 1990, 55: 837 ~ 847

[8] Gordon J and, Ghez C. Muscle receptors and spinal reflexes: the stretch reflex. In: Kandel ER, Schwartz JH and Jes-

sell TM, ed. Principles of Neural Science, 3rd ed. Elsevier, 1991, 564 ~ 580
[9] Henneman E and Mendell LM. Functional organization of motoneuron pool and its inputs. In: Brook VB, ed. Handbook of Physiology, Section 1: The Nervous System, Vol. Ⅱ, Motor Control, Part 1. Bethesda, Md: American Physiological Society, 1981, 423 ~ 507
[10] Jeannerod M. Intersegmental coordination during reaching at natural visual objects. In: Long J, Baddeley A, ed. Attention and performance. Hillfdale: Erlbaum, 1981, 153 ~ 168
[11] Kuypers HGJM. Anatomy of the descending pathways. In: Brook VB, ed. Handbook of Physiology, Section 1: The Nervous System, Vol. II, Motor Control, Part 1. Bethesda, Md: American Physiological Society, 1981, 597 ~ 666
[12] Lundberg A. Control of spinal mechanisms from the brain. In: Tower DB, ed. The Nervous System, Vol. 1: The Basic Neurosciences. New York: Raven Press, 1975, 253 ~ 265
[13] Matthews PBC, Mamalian Muscle Receptors and Their Central Actions. London: Edward Arnold, 1972
[14] Phillips CG and Porter R. Corticospinal neurons. Academic Press. 1977, 21 ~ 26
[15] Renshaw B. Influence of discharge of motoneurones upon excitation of neighboring motoneurones. J Nuerophysiol, 1941, 4: 167 ~ 183
[16] Roland PE, Larsen B, Lassen NA and Skinhof E. Supplementary motor area and other cortical areas in organization of voluntary movements in man. J Neurophysiol, 1980, 43: 118 ~ 136
[17] Rothwell JG, Traub MM, Day BL, Obeso JA, Thomas PK and Marsden CD. Manual motor performance in deafferented man. Brain, 1982, 105: 515 ~ 542
[18] Woolsey CN. Organization of somatic sensory and motor areas of the cerebral cortex. In: Harlow HF, Woolsey CN, ed. Biological and Biochemical Bases of Behavior. Madison: University of Wisconsin Press, 1958, 63 ~ 81

第十章　基因、本能和情绪

动物或人的行为（behavior）是成千上万的神经细胞整合活动的结果，因此研究脑如何控制行为是神经科学的重要任务之一。人和动物的行为是由先天的遗传因素和后天的环境因素所决定的，按照传统的分法行为可分为本能的（instinctive）和习得的（learned）两类。就行为本身来说不是遗传的，但我们知道蛋白是由遗传的 DNA，即基因（gene）所编码的，而蛋白对作为行为基础的神经回路的发育，维持和调节是十分重要的。行为是环境因素不断地对发育过程中的神经回路施加影响的结果。在胚胎时期环境因素即开始影响神经系统的发育，在出生以后的一段时间内这种影响起着更为重要的作用。因此要全面了解行为必须从先天的（遗传和发育）和后先的两个方面来探讨。

本能性的行为主要是先天遗传的，因此研究本能（instinct）是探讨遗传因素决定行为的一个重要途径。本世纪 30～40 年代欧洲的动物学家从比较的角度研究了动物的行为。他们强调从个体发育和进化的角度来研究行为，于是形成了行为学（ethology），并进行实验性研究。本能性的行为包括性行为（sexual behavior）、情绪性行为（emotional behavior）和动机行为（motivated behavior）。性行为的神经生物学研究包括决定雌性和雄性脑结构和功能差异等的因素，以及性行为的调控等。这是一个需要专门讨论的问题，将不列入本章的内容，本章只涉及基因如何决定行为，以及动机行为和情绪行为的神经基础。

§10.1　基因与行为

10.1.1　基因和行为相关性的研究——从线虫到人

所有行为的形成都是基因和环境相互作用的结果，即使非常定型的行为也是受环境影响的，另一方面高度可塑的行为，如语言，也不可能不受先天因素的制约。在考虑先天因素控制行为时，首先必须鉴别行为的哪些成分是遗传的，或者说是先天的。很显然行为本身并不是遗传的，只有组成基因的 DNA 才是遗传的。基因携带了所有机体能表达的蛋白的氨基酸序列的信息，通过复制来传递这些信息，每一个基因给下一代提供自身的复制品，并在细胞内表达而产生特异的蛋白，这些蛋白决定着细胞的结构、功能以及其他生物特性。这些蛋白对脑内神经回路的发育，维持和调控是至关重要的，神经回路的发育和行为之间的相互作用已在从果蝇到人类等多种生物体上进行了研究。基因和行为的关系主要在以下 4 种生物体上进行了深入的研究，即线虫（*Caenorhabditis elegans*）、果蝇（*Drosophila melanogaster*）、实验用小鼠（*Mus musculus*）和人类本身（*Homo sapiens*）。线虫是一种低等的扁形动物，许多生物学家热衷于在线虫上进行基因和行为的研究，主要是因为容易诱导产生新的线虫突变型，是新的突变型的来源，在实际操作方面几乎与酵母和细菌同样方便。线虫方面的工作主要集中在发育问题，其中也包括神经系统的发育问题，在工作过程中鉴定了许多新的基因，而这些基因也存在于哺乳类动物，这就推动了分子遗传学的研究，有些新的突变型也有行为变异的表现。另一方面由于线虫较小，行为的表达又非常简单，要深入进行分析（如用电生理学方法）十分困难，线虫上获得的结果难以用于高等哺乳类动物，几乎没有解剖学上的同源性。果蝇比其他生物具有较深和较广的遗传学研究基础，将近一个世纪的深入研究和各种技术的发展，使人们有可能对果蝇的基因组进行各种操作，包括基因的突变，突变基因的克隆，根据要求转入需要的基因等。由于果蝇的行为较线虫复杂一些，因此可以利用果蝇的突变型来研究行为，例如性行为、昼夜节律以及学习和记忆等均可在果蝇上进行研究。通过突变型的研究鉴定了一些表达离子通道和第二信使系统相关的酶的基因，还有一些基因的作用与神经系统的发育有关，这些基因也都与行为的表达有关。和线虫一样作为基因和行为研究对象的果蝇也存在着不利的方面，如与脊椎动物在解剖学上不同源，行为方面不像哺乳类动物那样复杂和可塑，对它的中枢神经系统还不能成功地进行电生理学研究等。实验用小鼠遗传学的研究已有很长的历史，但不如果蝇的遗传学研究那么深入。事实上实验用小鼠是天然小鼠的突变型，大部分小鼠的突变型都是天然形成的。只是在最近由于基因替换技术的成熟，已有可能用遗传工程技术来培育所需要的突变型小鼠。虽然培育突变型小鼠的过程相对比较长，但由于小鼠是哺乳类动物，与人类在遗传学，神经解剖学和生理学方面有很多类同之处，因此在小鼠上研究基因突变和行为的相关性问题吸引着神经科学工作者。不利的方面是对小鼠行为的研究大大滞后于大鼠行为的研究，设计一整套适合于小鼠行为测试的技术对推动基因和行为的研究具有重要的意义。深入了解遗传因素与人类行为的内在联系无疑是十分重要的。例如基因如何影响人的性格和智力是十分吸引人的问题，也是让人却步的问题，也许是分子生物学前进中所面临的最困难的问题，同时又涉及伦理道德的问题。虽然对人类基因的研究没有像在线虫、果蝇和小鼠上进行实验研究那么方便，但人们仍然坚持进行基因如何影响人类行为的研究，这类研究的意义是十分重大的。

10.1.2 正向和反向遗传学在小鼠行为研究中的应用

当前在小鼠上进行基因和行为的研究如同 70 年代在果蝇上的研究，不论正向

（foward）和反向（reverse）的遗传学手段均已成功地应用于小鼠行为基因基础的研究。利用基因替代来培育突变型也即反向遗传学技术虽已广泛地用于发育研究，然而用于分析行为还是近几年的事。用基因打靶已经培育了250多个品系的突变型，但只有其中少数突变型的突变基因参与神经信号的传输（表10-1），这个数量可能逐渐增加。最先利用基因替代（gene knockout）来研究行为的是Tonegawa实验室和Kandel实验室，他们分析了Serine-threonine和tyrosine kinase在调节海马的突触可塑性和形成有海马参与的学习和记忆中的作用。用反向遗传学的方法分析了参与长时程增强（long-term potentiation，LTP）的三个蛋白激酶的基因：CaMKⅡ的α同构体（α-CaMK Ⅱ）、非受体型的tyrosine kinase fyn和蛋白激酶C的γ-同构体（PKC-γ）。α-CaMKⅡ和Fyn的基因被替代后LTP的诱导受到严重的损伤，但不是完全不能诱导产生。这说明这些激酶在LTP的诱导中起调节作用，而不是不可缺的。其他酪氨酸激酶基因（如*src*，*yes*，*abl*）被替代的突变型并不影响LTP的诱导和维持。饶有兴趣的是α-CaMK Ⅱ和Fyn的基因突变型的空间学习受到损伤，而其他非空间的学习并不受影响。以上这些工作进一步提供了海马的LTP与空间学习和记忆相关的佐证。若使编码PKC-γ的基因失效可减弱LTP的诱导，但不影响长时程压抑（long-term deprosscon，LTD）。这说明PKC对LTP是一种调制作用，而不是阻断LTP的产生。从表1可以看出，α-CaMK Ⅱ对行为及突触可塑性的效应较PKC-γ为明显。其他一些信号传输和突触传递相关的基因，如编码一氧化氮合成酶（NOS）和NMDA受体的基因等，对它们的行为效应均有报道（表10-1）。然而在解释突变基因的作用时存在着不少值得注意的地方，例如如何把基因对发育的影响和对行为的直接作用区分开来，还有代偿机制可能掩盖基因的作用，最后还必须考虑行为变异的遗传背景的问题。纯种品系的保持比较困难，对其行为了解得也十分不够。基因替代后常常是第二代（F_2）和第三代（F_3）才获得突变型，其遗传学背景在杂交过程中也可能发生变化。

表10-1 基因打靶对行为或突触可塑性的影响

基因（所表达的蛋白）	行为的类型	基因破坏的效应				
		行为	PPF	LTP	LTP（pri）	LTD
Prn-p（PrP^c or Prion）	空间学习	正常	未测试	未测试	未测试	未测试
Camk2a（α-CaMK II）	空间学习	缺损	减弱	缺损	缺损	缺损
fyn（Fyn）	空间学习	缺损	正常	缺损	未测试	未测试
src，*yes*，*abl*	未测试	未测试	正常	正常	未测试	未测试
Pkcc（PKC-γ）	空间，场景学习	轻度缺损	稍有增强	缺损	正常	正常
Syn-1（synapsin 1）	未测试	未测试	增强	正常	未测试	未测试
Ncam（N-CAM）	空间学习	缺损	未测试	未测试	未测试	未测试
NOS-α（neuronal nitric oxide synthase）	未测试	未测试	正常	稍有压抑	未测试	正常

PPF，跟随刺激的易化作用；LTP，长时程增强；LTP（pri），预处理的长时程增强；LTD，长时程压抑。（引自Takahashi JS等，1994，稍加修改。）

另一个途径就是利用正向遗传学来研究小鼠的行为。在有些情况下，某种行为很明显受遗传的控制，但用反向遗传学的途径来研究不可能也似乎不会成功，因为我们并不知道有那些基因参与，或者这些参与的基因还没有被克隆。早在25年前Benzer和同事们就开创了用正向遗传学研究果蝇的行为，但在小鼠上这种方法行不通，受很大的限制，因为小鼠传代较果蝇慢得多，不可能获得足够数量的子代来供筛选。虽然如此，仍有很多办法来诱发突变，如用X射线照射和用苯丁酸氮芥（chlorambucil）处理均可产生大量的基因缺失，但很难获得大量的突变型动物。烷基化试剂N-ethyl-N-nitrosourea（ENU）是一种较好的诱发点突变的试剂，可用于较大量突变型的筛选工作。由于有种种困难，可以说到现在为止以行为变异为目的的突变筛选（mutagenesis screens）在小鼠上还没有进行。在考虑行为遗传学筛选（behavioral genetic screen）的可行性时必须要涉及一种简便易行的行为检测方法，以便可以用于大量突变型配子的检测，应该估计到需要在数以千计的突变型动物中来进行筛选的可能性。在昼夜节律的研究中曾成功地进行了这种由ENU诱导的突变型的筛选，因为昼夜节律行为容易精确地进行定量测定。正常的C57BL/6J的小鼠表现出很强的昼夜节律性的活动（踩转轮的活动有十分明显的昼夜节律性变化）。用这种定量的行为测试可对诱变的子代进行筛选，大约在300只用ENU诱变小鼠的配子中可获得一只昼夜节律比正常动物长1小时的突变型，被称为*Clock*。它是作为半显性常染色体突变型（semidominant autosomal mutation）而遗传的。纯合子的*Clock*小鼠开始移至暗的环境中时昼夜节律的周期可长达27—28小时，差不多在暗环境中2周后完全丧失了昼夜节律。因此*Clock*基因至少可以调节昼夜节律钟系统的两个性质，即固有的昼夜节律周期和昼夜节律性的保持。由于*Clock*的野生型等位基因（allele）对维持昼夜节律是必要的，因此*Clock*基因被认为是调控这种行为的主要基因。另外，没有发现*Clock*突变型有什么发育上和解剖上的缺陷，因而*Clock*被认为是一种局限于昼夜节律的行为突变型基因。有关小鼠基因谱的信息已被广泛利用，因此很快即确定了*Clock*在染色体上的位置，即位于小鼠第5对染色体的中段两个SSLP（simple sequence length polymorphism）标记物，D5Mit24和D5Mit25，之间。

小鼠的分子遗传学对阐明哺乳类动物行为的基因调控机制是十分重要的，ENU诱变和基因克隆定位相结合的方法为研究哺乳类的复杂行为提供了一个有效途径。如果能设计一套高效的筛选步骤，那末这一方法将会被广泛应用于神经科学，用于例如学习和记忆这种复杂行为的分析，有可能研究行为的基因学（genomics），小鼠的遗传学也将进入一个新的时期。

10.1.3 行为组成中的哪些部分是遗传的?

很显然，基因并不以直接的方式编码行为。行为是依赖于神经回路来实现的，神经回路由众多神经细胞组成，每个神经细胞内都有特异基因的表达，从而产生特异的蛋白。一个神经回路的发育和行使功能需要各种结构和具酶活力的蛋白的参与。事实上，多个基因参与行为表达，这并不意味着个别的基因在行为表达中不起重要作用。在低等的动物如果蝇上较容易地开展了这方面的工作，单个基因的突变可产生果蝇学习行为的异常，也可导致先天性行为如性行为、运动等的变异。在人上也发现个别基因的缺陷可影响行为的表达。

近100年来经典的遗传学鉴别了若干影响行为的人类基因，近年来克隆技术推动了这方面的工作，研究了影响行为的特异分子。人类有46个染色体：22对常染色体和1对性染色体，女性为2个X染色体，男性为1个X和1个Y染色体。儿子总是从母亲那里获得X染色体，因此每个子代从母亲或父亲那里各接受22个常染色体和一个性染色体。这些染色体的大小以及可见带的分布都不一样。显性突变（dominant mutation）乃是在一对类似染色体中只需有一个有突变即能出现突变特征，而隐性突变（recessive mutation）则需要两个类似染色体都有突变才能表现出表型的突变特征。性染色体X上的基因突变在男性上即可表现为隐性突变特征。色觉是少数几个已在分子水平阐明其机制的例子之一，编码红、绿和兰色素蛋白的基因已克隆成功。红-绿色盲就是由于X染色体基因的突变造成的。编码红和绿色素蛋白的基因前后排列在X染色体上而且非常相似，红、绿色素蛋白大约只有5%的氨基酸残基不同。这种排列也许可以用来解释造成红-绿色盲的病因，色盲可能是因为编码这种色素的基因有缺损，也可能是由于出现红和绿色素基因的杂交。

以孟德尔遗传定律来追踪单个基因决定人类特性的问题最早是在某些退行性神经系统疾患中进行研究的。1872年美国的Geoge Huntington描述了一种由他们祖孙三代人观察了几代患者的疾病。这种疾病有四个特征：①遗传性；②舞蹈症（不停的，快速的抽动）；③痴呆和④发病后15～20年死亡。现在把这种病称为杭廷顿氏舞蹈病。在男性和女性发病率相同，约占人口的10万分之5。对大多数患者来说发病在40～50岁之间。如双亲中有一个是患者，则他们的后代患这种病的机率是50%。

杭廷顿氏舞蹈病人的纹状体内胆碱能和GABA能神经元退变，这些神经元的死亡被认为是产生“舞蹈”症状的原因。认知功能的损伤和最终导致痴呆可能是由于同时有大量大脑皮层神经元的丢失，或者是由于认知相关部分的基底神经节正常功能的破坏，这部分基底神经节属于背外侧前额叶皮层和外侧嗅额叶皮层回路。现在可以用成象技术来显示杭廷顿氏舞蹈病人尾核内神经元选择性丢失的情况。神经科学家曾对美国东海岸的这种病人进行了遗传追踪，12代近300年中发现每一代都有这种病的表达。因此杭廷顿氏舞蹈病的遗传性是十分明显的。亨廷顿氏舞蹈病的基因被确定在第4对染色体上，其遗传规律十分清楚（如图10-1所示）。这一基因已经克隆，它所表达的蛋白是一个很大的分子，所以目前已有可能在症状出现前，甚至在出生前对该病进行诊断，并且可对这一基因的功能以及突变导致发病的过程进行研究。

经过人类长期的驯化和人工筛选，同种狗或猫都可以有多种不同外形和行为各异的品系。用杂交的实验可以来测试某些特殊行为特征的遗传规律。这些行为特征具有遗传的性质，但并不与某一个基因或少数几个基因相关，它们是由多个基因决定的。因此如狗的瞄准、怕枪和套圈训练等行为特征有很多遗传的成分，但不是由一个或少数几个基因所控制的。用杂交和遗传筛选的方法已证明了这一点。

复杂的人类行为异常如精神分裂症和情感性精神病被认为是多基因决定的。有两种精神病表现出很强的遗传成分：一种是精神分裂症，表现为妄想，幻听和思维的不连贯性等；另一种则是双极性的情感性精神病（狂躁性抑郁症），表现为断续地出现极端的喜怒无常和过度的活动。这两种疾病的出现率在易动情感的个体中高于普通人群，在单合子（monozygotic）孪生中同时发生率很高，达到30%～50%，而在双合子（dizygotic）

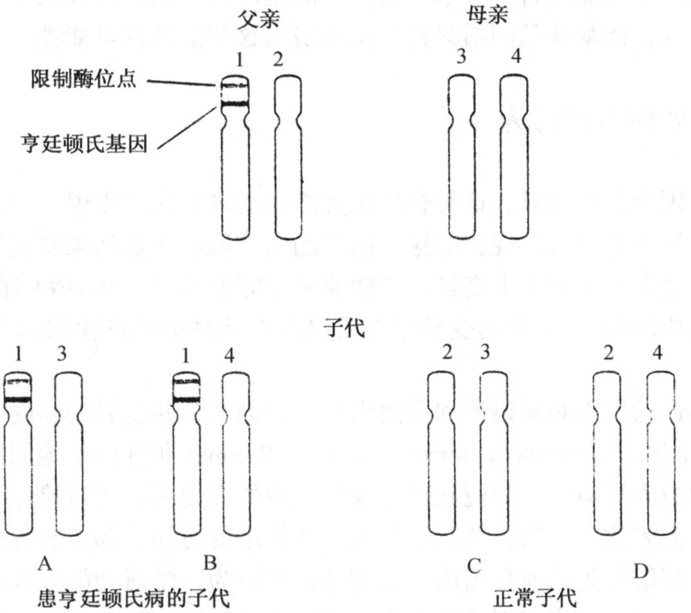

图 10-1　亨廷顿舞蹈病的基因遗传图

孪生中同时发生率仅 14%，和同胞兄弟姐妹中的出现率接近，但仍比普通人群中的出现率要高很多（图 10-2）。与亨廷顿氏舞蹈病不同，精神分裂症这一类精神性疾病除了遗传的因素外，还有非遗传的因素也是重要的，因此企图确定一个简单的基因是困难

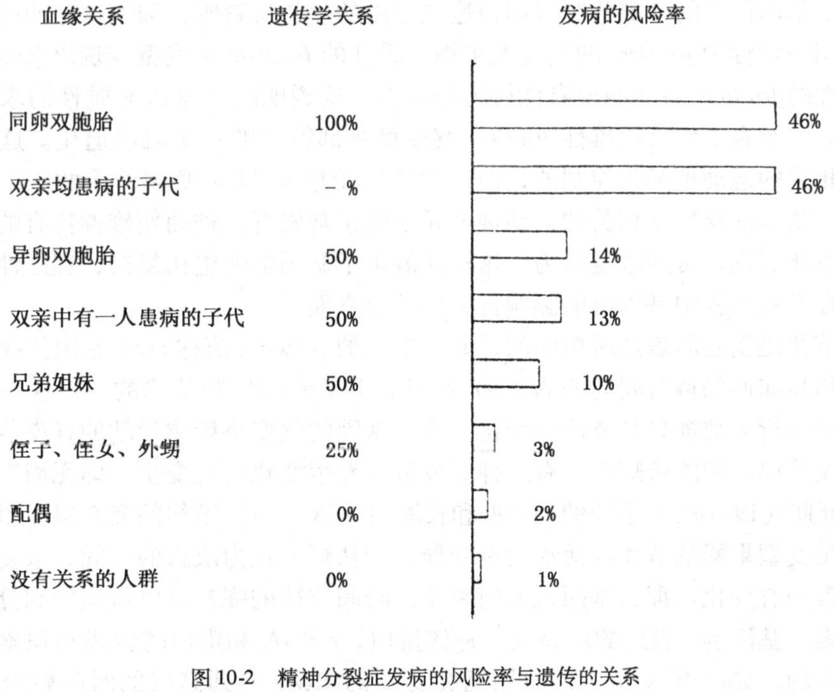

图 10-2　精神分裂症发病的风险率与遗传的关系

（转引自 Kandel 等，1995）

的。这类疾病的症状可能是若干分散在人群中的基因的产物，所以大部分情感性的个体可以因遗传而发病，而某些基因谱只是提供发展为这些症状的可能性。

10.1.4 基因如何组构行为

在自然界基因会发生变异，这符合达尔文提出的自然淘汰学说。自然界的多样性是否正说明基因和行为的相关性呢？对这一问题的回答取决于如何来定义遗传变异，原则上任何基因都可能在一定程度上变异，即使非常保守的基因，其 DNA 序列也会有变异，问题在于这种随机的 DNA 序列的变异是否足以在自然种群中产生可测量的行为表型差别。

要鉴别关键性的基因必须诱导和分离出行为方面有某些变异的新的突变型。这方面的研究始于 60 年代，由 Seymour Berzer 和 Sydney Brenner 所开创，他们所采用的策略与研究发育问题的极为相似。首先应获得有变异表型的突变型，然后追踪与表型变异相关的基因，鉴定它们表达的产物，并分析这些产物作用的时间、部位和方式。这方面的研究使我们能深入理解行为的遗传组成。目前已在性行为，学习功能以及昼夜节律等方面获得可喜的结果，揭示了突变基因如何影响某些神经元的发育、细胞内的第二信使系统，以及在成年神经系统的转录，进而改变行为。

利用突变型来研究行为的遗传组成在果蝇上获得了很大的成功。例如求爱行为（courtship behavior）就是在神经系统的性分化进程中由遗传决定的。求爱行为是一种本能性的行为，不需要学习，而且是非常定型化的，所以为研究基因如何组构行为提供了一个模型。这些性行为是受神经系统的特定部位调控的，而这些部位的神经回路的形成和发育是受基因调控的。那些基因调控这些细胞的生长发育呢？回答这一问题最好的办法就是利用一种称为 *fruitless* 的突变型果蝇，雄性的 *fruitless* 突变型表现出求爱行为的缺损，而雌性的 *fruitless* 突变型没有性行为的异常。这说明这一基因对雄性的求爱行为是关键性的。已经有工作表明雄性 *fruitless* 突变型腹部特有的一块肌肉退化。这种肌肉的分化是受相关的运动神经元控制的，而运动神经元是 *fruitless* 基因作用的一个靶。换句话说，这一基因的缺损使相关的运动神经元不能正常发育，进而使雄性特有的腹部肌肉退化，而不能实现正常的求爱行为。这样就展示了基因如何组构复杂，程序性行为的构象，指出在发育过程中基因可能影响行为的某个方面。

生物节律是受基因表达所控制的，研究果蝇的 *period*（简称 *per*）基因使我们深入地理解了生物是如何保持时间周期的。*per* 基因似乎是专门控制节律的，当这一基因消除后，观察到的行为缺损只是节律的变化。这一基因的突变将影响活动的昼夜节律，变态的时间以及节律周期的长短等。有三种昼夜节律发生变化的突变型，即无周期节律的突变型、短周期（19 小时）节律的突变型和长周期（28 小时）节律的突变型（图 10-3）。

这些突变型果蝇的节律性活动均有变异，如从蛹孵化为成虫的时间，求爱时翅膀振动的周期等均有变化。那么基因是如何来调控时间节律的呢？可以从遗传和分子的角度来寻求答案。基因 *per* 表达的产物是一种核蛋白，mRNA 和蛋白的合成和积累是与昼夜节律相吻合的，如图 10-4 所示，短周期突变型的 RNA 达到高峰的时间较野生型的为早，而长周期的突变型的 RNA 达到高峰的时间较野生型的为晚。蛋白合成的水平也有

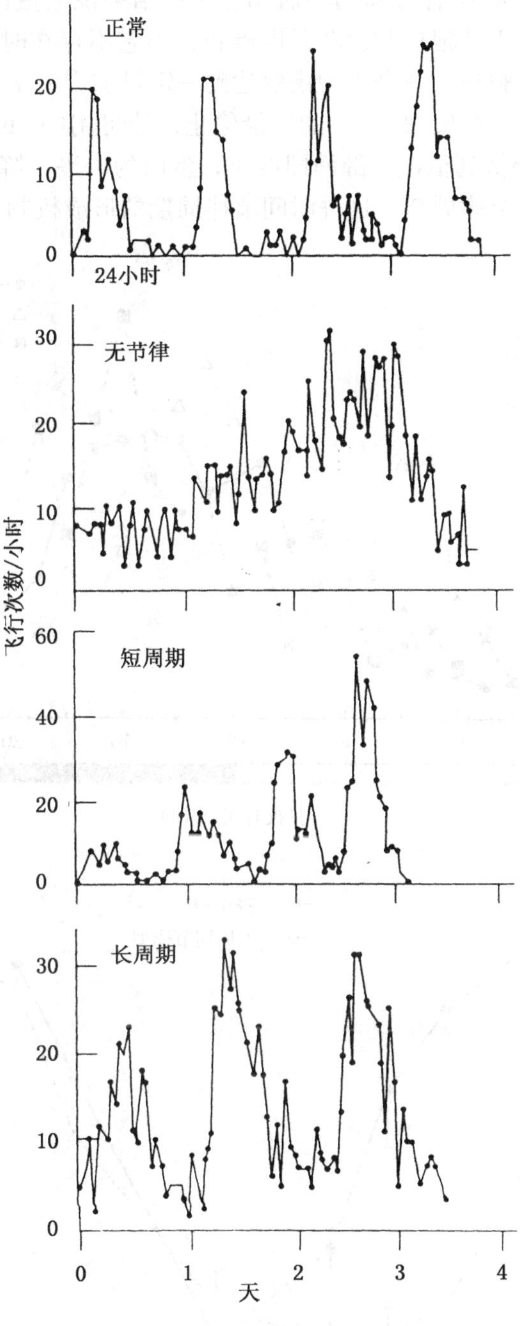

图 10-3 三种 *period* 基因突变型果蝇的昼夜活动节律的变异

正常：正常果蝇；无节律：无节律周期突变型；短周期：短周期节律突变型；长周期：长周期节律突变型。（转引自 Kandel 等，1995）

相似的情况，并且反馈性地控制它本身基因的转录。在无节律突变型上只产生无功能性的蛋白，*per* 基因的转录在所有时间均不启动。这些结果说明蛋白对其基因的表达有负反馈的影响，当它存在于细胞核时，转录即停止，当它不存在时，转录即启动。mRNA 不是翻译后立即转入细胞核，在合成的蛋白达到一定量前有一定转录的时间，当蛋白的水平达到足够多时即产生负反馈使 *per* 的转录停止，使可用的mRNA 降至忽略不计的水平。当 mRNA 的水平降低到很低，翻译即停止，蛋白的水平下降，然后使转录再开始，如此周而复始就形成了节律周期。这种时间节律周期的形成机制具有一定的普遍性，在

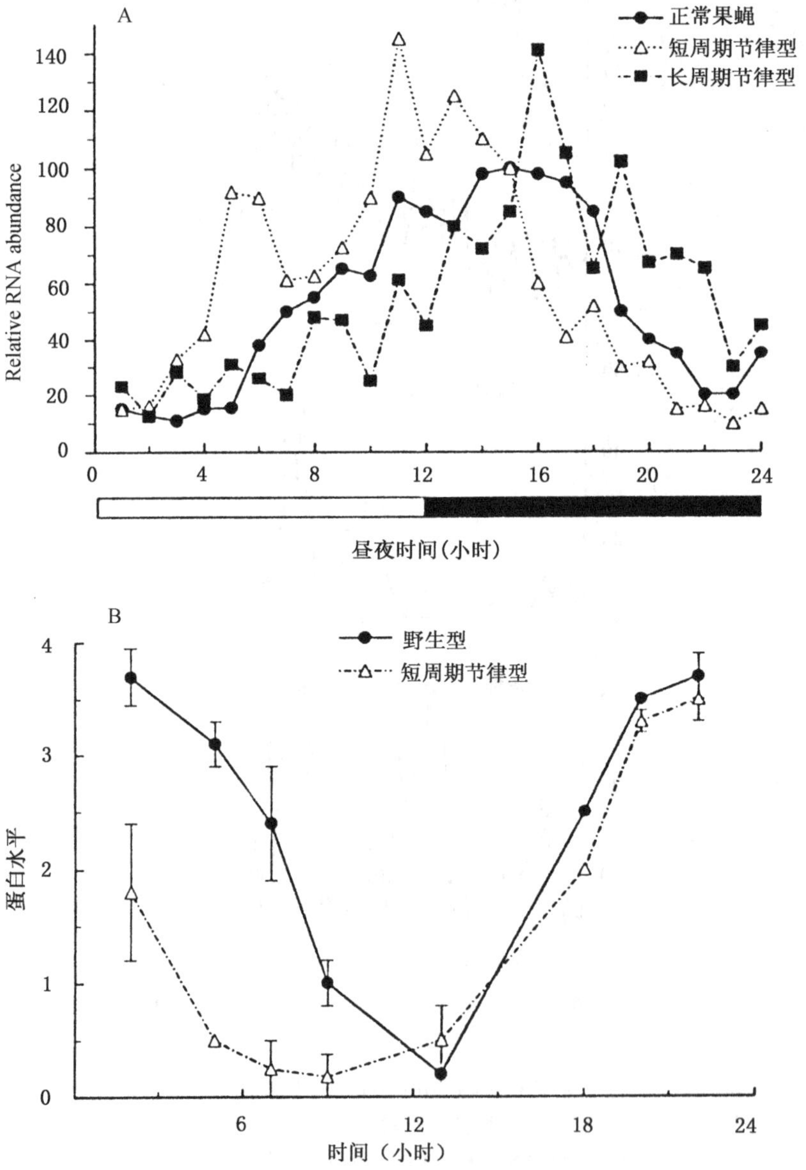

图 10-4 *period* 基因的 RNA 和所表达的蛋白含量的周期性变化
A. RNA 的昼夜变化；B. 蛋白水平的昼夜变化。
（转引自 Kandel 等，1995，稍加修改）

其他动物昼夜节律起步神经元（pacemaker neuron）中存在类似*per*的基因，如海兔视网膜的起步神经元的放电具有24小时的节律周期，这些细胞含有类似的蛋白，在哺乳类动物的视交叉上核细胞内也合成类似的蛋白，而视交叉上核是维持昼夜节律的部位，*per*基因在中枢神经系统特异部位的周期性表达决定着生物节律。

§10.2 动 机

10.2.1 动机的概念

行为一方面是有意识的活动，与认知过程联系在一起，而另一方面则反映生存的需要。动机（motivation）行为涉及的是生物内在的需要，而不是对感觉信息的加工。动机状态的调控是与维持生存的内环境恒定（homeostasis）的调节过程密切相关的。动机状态以生存剥夺的程度来衡量，例如剥夺水（渴）或剥夺性行为程度的不同可造成不同的动机状态，这些动机状态的改变反映了机体内环境的状态偏离了调节的设定点（set point）。饥饿、渴和性欲等都是与动物生存相关的内在动机状态，这些内在的需要驱使动物和人的行为按照一定的方向达到一定的目的。动机状态还伴随有其他的反应，如增强唤醒的水平，以降低行为的阈值和提高行动的能力。最后，内在的需要使单个的行为成分组成有特定目的的行为序列。目的达到后动机状态即减弱，而行为的阈值则升高，最终使行为停止。例如一只饥饿的猫总对老鼠的出现十分警觉，随时准备去捕捉，一旦饱了，在一段时间内它将不再捕捉。

动机状态有三个重要的功能：①可以导向行为以达到一定的目的；②有激活的作用，可加强警觉状态（alertness）和活动能力；③有组织功能，可以把单个的行为组织成一个连贯的、有目的的行为序列。本节中将讨论体温调节、摄食和饮水等动机行为，也将涉及内环境恒定的调节、昼夜节律和生态环境对行为的制约等与动机行为相关的问题，最后还将讨论与奖赏和强化相关的脑机制。

10.2.2 体温调节符合自动控制伺服系统的工作原理

体温调节是生物伺服控制系统的一个典型例子，正常体温即是控制系统的设定点，而许多控制元件则位于下丘脑。体温调节需要自主神经系统、内分泌系统和骨骼肌反应的整合作用，而下丘脑的解剖连接非常适合于完成这种整合功能。关于体温的反馈信息主要来源于两个方面：①外周温度感受器。这种感受器几乎遍及全身皮肤和内脏器官。②位于下丘脑的中枢感受器。虽然下丘脑的前部和后部均参与体温的调节，但体温探测却位于下丘脑的前部。这些下丘脑前部的神经元对局部温度的变化很敏感，主要是感受血液的温度，局部温度改变即可引起这些神经元发放频率的变化。下丘脑内存在着热敏和冷敏两种神经元（warm-sensitive and cold-sensitive neurons），体温升高或降低分别受下丘脑的不同区调节，电刺激前部可使清醒动物的皮肤血管扩张，增加散热，而电刺激下丘脑后部则可产生相反的效应，即减少产热的效应。电刺激下丘脑可产生不随意的骨骼肌的反应，例如刺激前部（视前区，preoptic area）引起喘气，而刺激后部则引起发抖。

损毁实验也证明了下丘脑在体温调节中的重要作用。损毁下丘脑前部可造成持续地体温升高，丧失排出过多热量的正常反应。如果动物处于 22℃恒定的室温中则损毁后部几乎不产生什么效应，假使动物暴露在冷的环境中则体温迅速降低并持续在低体温状态。这是因为丧失了产热和保持热量而使体温保持恒定的机制。下丘脑还通过调控内分泌系统而参与体温调节，当动物长时间暴露在冷的环境中，甲状腺素的释放即增加，从而增加组织的代谢而升高体温。除上述通过自主神经系统，内分泌系统和非随意性的骨骼肌活动来调节体温的恒定外，随意行为（也包括习得性行为）也参与体温的调节使其保持恒定。在人类通过意识性行为来调节体温更是不言而喻的，如调整衣着和开关空调等。动物实验也已证明随意行为参与体温调节，例如训练大鼠在闷热的实验箱内踩压杠杆以获得凉爽的空气，当实验箱内气温正常时大鼠不踩压杠杆，如用温水局部灌流下丘脑前部，大鼠即跑向杠杆并踩压以获得凉爽气流（参阅图 10-5）。

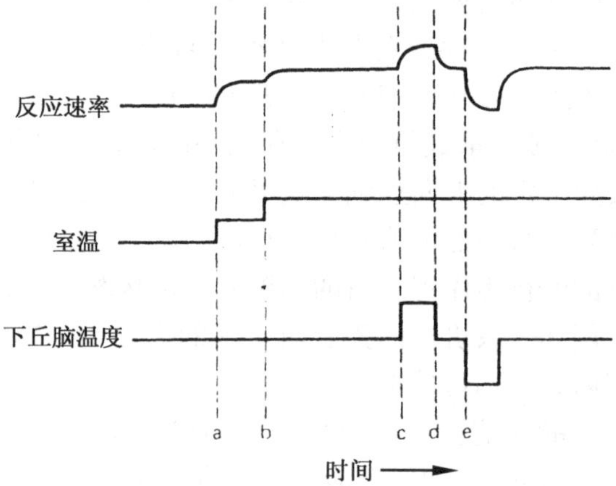

图 10-5　来自外周和中枢的温度信息在下丘脑整合的实验结果

室温或下丘脑局部温度的改变都将改变大鼠为获得凉爽气流而踩压杠杆的频率。a 和 b 代表室温升高，踩压杠杆的频率也相应增加；c 代表用温水灌流下丘脑使其局部温度升高，与室温升高有叠加的作用，使踩压杠杆的频率大大增加；d 代表下丘脑的局部温度维持在基础水平，踩压杠杆的频率减少至原来水平；e 代表下丘脑的局部温度降低，虽室温仍维持在较高水平，大鼠踩压杠杆频率明显下降。(转引自 Kandel 等，1995，稍加修改)

人的体温控制系统的设定点为 37℃左右，在正常情况下受昼夜周期的影响，在睡眠时体温达到最低点，在病理情况下设定点往往发生变化。例如全身性的致热源，巨噬细胞的产物白介素-1（interleukin-1）在血脑屏障不完全的地方可进入脑内作用于视前区，可使设定点升高，于是体温升高到新的设定点，在这时脑内的“退热区”开始活动以限制发烧的程度。退热区包括隔核，而且证明退热区受加压素能神经元支配，将加压素注入隔区有类似退热药物的作用。

10.2.3 摄食行为的调控

摄食行为的调节虽然也遵循控制系统的基本原理，但较体温调节为复杂，对恒温动物来说体温是恒定的，个体间的差异很小，而体重的个体差异则是相当大的。体重调节的设定点常常是变化的，而不是恒定的，应激状态，胃口的增加，运动以及很多其它环境和遗传的因素均可影响体重的设定点。摄食行为的控制系统也可能不存在预先的设定点，而存在某些机制行使类似设定点的功能，动物的摄食量受该机制的调节，使体重保持在某一正常的水平（图 10-6）。一种简单的负反馈系统在体重调节中可能起重要的作用。当细胞内脂肪贮存较多时，转换成脂肪的量即减少，这样就有一个负反馈机制。依靠这种脂肪贮存的负反馈机制而控制摄取食物的量。

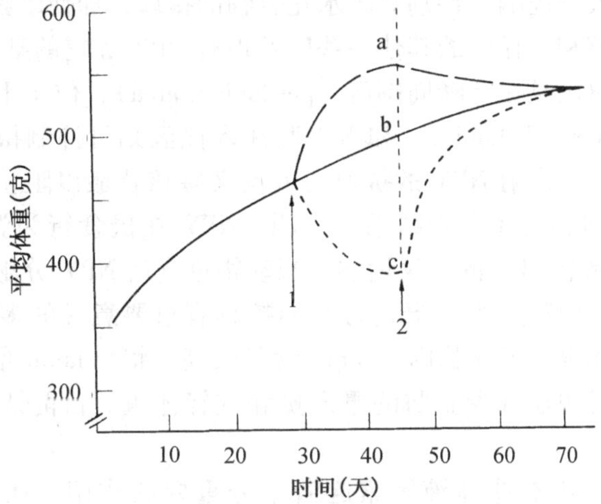

图 10-6　一组大鼠的生长曲线

（图示调节摄食量以保持正常体重）

箭头 1 处有 1/3 的动物保持正常摄食（曲线 b），1/3 的动物强迫喂食（曲线 a）和 1/3 的动物限制摄食（曲线 c）；箭头 2 处所有动物置于正常摄食状态（自由摄食），所有动物的体重均接近于正常生长的曲线。（引自 Keesey 等，1976）

虽然个体之间，体重可以有较大的变异，但是如果允许动物自由摄食，则每天消耗的能量按体重计算是相当恒定的。如果强迫进食或喂以特别可口的食物则该动物的体重将会超过正常水平，假使限制摄入的热量则将降低体重。在这种情况下能量消耗与体重之比也有所变化，对体重过轻的动物只需要较少的热量来维持它们的体重，这样就有一个自我调节使能量消耗与体重的比例又回复到正常水平。

下丘脑在摄食行为调控中的作用

根据损毁实验的结果，摄食行为受下丘脑中两个区域的调节。损毁双侧下丘脑腹内侧核团和周围的一些脑区可使动物摄食过度（hyperphagia），而导致肥胖。相反如果损毁双侧下丘脑外侧部，则造成动物严重的厌食（aphagia），如果不强迫摄食甚至可导致动物死亡。电刺激这些脑区则可产生相反的效应，即刺激下丘脑外侧区可使动物摄食，而刺激内侧区则可压抑摄食。基于这些观察可以认为下丘脑的外侧区有一个摄食中枢，而内侧区则是饱食中枢。有关室旁核和下丘脑外侧区的研究清楚地指出，摄食行为包括很多方面，而这些不同的方面由不同的脑区来调控。不同营养成分食物的摄取似乎受不同的递质和多肽的调节。将去甲肾上腺素注入室旁核可刺激摄食行为，但如果让动物挑选的话，它将更多地摄取碳水化合物。将多肽 galanin 注入脑区则选择性地增加脂肪的摄取，而阿片肽则增加蛋白的摄取。

神经肽及其他体液因素在摄食行为调节中的作用

神经肽 Y（NPY）是目前知道的作用于摄食行为最强的化合物，将 NPY 注入下丘脑可导致动物进食时狼吞虎咽，特别对碳水化合物的摄取，即使动物处于饱食状态，仍贪婪地吃食。在室旁核和下丘脑的其他一些区发现有 NPY 和它的某些受体亚型的存在，而引起摄食行为的敏感区是在穹隆周围区（perifonical area），位于下丘脑外侧和前部核团之间。如将苯丙氨（Amphetamine）和多巴胺注入该区则可抑制摄食，损毁这一脑区也导致摄食行为的抑制。注射 NPY 的抗血清或反义寡核苷酸以阻止核酸的表达均可造成正常摄食行为的压抑。这些实验结果都表明，NPY 在摄食行为调控中起重要作用，同时在剥夺食物的大鼠上 NPY 的分泌增加，当动物进食后 NPY 分泌即减少。NPY 是刺激碳水化合物的摄取，而第二个对摄食行为调控具有重要意义的多肽是 galanin，可刺激脂肪的摄取来调节体重。下丘脑内 galanin 含量较高，将 galanin 信使核糖核酸的反义寡核苷酸注入下丘脑可明显减少脂肪的摄入量和减轻体重。目前认为内源性的 galanin 可增强对脂肪的食欲。

在摄食行为的调节中有些体液因素起着十分重要的作用。在下丘脑存在糖受体（glucoreceptor），这种受体能感受血液中葡萄糖含量的变化。这一机制可能是在某些病理性的紧急状态下血糖大幅度下降时刺激摄食行为，不论人或其他动物在血糖下降时可引发摄食。当进食时消化道释放的某些激素可引起饱食感，其中胆囊收缩素（cholecystokinin，CCK）的作用最为明显。当氨基酸和脂肪酸存在于十二指肠和小肠的上端时，该处即释放 CCK 而抑制摄食。静脉注射 CCK 可通过对外周受体的作用而抑制摄食行为，CCK 可减慢胃的排空和增强化学刺激对胃的抑制作用。脑内的神经细胞也可释放 CCK ，将 CCK 和其他一些神经肽（包括神经紧张素，calcitonin 和高血糖素）注入脑室均可抑制摄食。脑内释放的 CCK 抑制摄食和消化道中释放的 CCK 具有不同的作用方式，它们是互相独立起作用的。

摄食行为的短时程和长时程信号的调节

短时程信号（short-term cue）调节一次的摄食量，而长时程信号（long-term cue）则调节总体重。短时程信号主要来自食物的化学性质，作用于口腔以刺激摄食，作用于肠胃道和肝脏以抑制摄食，饱食的短时程信号同时经内脏传入通路而作用于下丘脑外侧区。短时程信号的效应受长时程信号的调制，这样就可以使体重在膳食和活动的一定变化范围内保持恒定。另一方面有机体也依赖反馈调节机制，当体重偏离设定点时适当调整代谢率而使其保持相对恒定。

10.2.4 饮水行为的调节

下丘脑对体内水的平衡以及与之相关的饮水行为的调节依赖于直接的生理作用。一旦摄取足够量的水以后，在相当长的时间内可不再饮水。然而对水分的摄取似乎也存在一个设定点，或者说理想的量。如果动物饮水量过少，可立即停止其他行为而开始饮水以防止失水；如果在一定时间内动物大量饮水则将引起大量排尿以防止体液过量。饮水主要受两个主要的生理变量所调控，即组织的渗透压和血管容积，而这些生理变量又受不同的机制所调节。饮水也受口腔和舌粘膜的干燥程度所调控，不正常的体温升高也可引起饮水行为。另外，下丘脑前部对热敏感的神经元也参与饮水行为的调控。

下丘脑存在渗透压感受器（或者说对 Na^+ 浓度敏感的神经元），可直接对细胞外液的渗透压改变作出反应。另一方面血管容积发生急骤变化时主动脉弓和颈动脉窦内的压力感受器受到刺激，从这些感受器发出的信号可调节饮水行为。血量减少或使体内 Na^+ 浓度下降的其他因素均可导致肾素分泌的增加。肾素是一种蛋白分解酶，可以使血浆中的血管紧张素原酶解成血管紧张素Ⅰ，然后再水解成具有高活力的血管紧张素Ⅱ。这一种神经肽可激发饮水行为以及其他生理活动以补偿失水，如血管收缩以及增加醛固酮和加压素的释放等。另一方面血液中的血管紧张素可直接作用于某特定脑区而影响饮水行为。穹隆下器官对血液中的血管紧张素Ⅱ十分敏感，可将接收到的信息通过与视前区间的通路传入下丘脑。血管紧张素Ⅱ具有类似神经递质的作用，同时也是一种激素，在饮水行为调节中起作用。视前区还接受来自全身压力感受器传来的信息，把所有这些信息加以整合而传输给各相关的脑区而发动动物去找水和饮水的行为。来自压力感受器的信息也传至其他脑区，如室旁核，该核团介导加压素的释放，进而调节水分的保持。

对终止饮水行为的信号还了解得不十分清楚，很显然终止的信号不仅仅是启动饮水行为信号的消失。这一原理被很多生理功能和行为调节的例子所证实。例如饮水行为的启动是由于血管容积的降低（如大量出血后），而饮水行为在血量恢复到原来水平前即停止。这是一种高度适应性反应，因为这样可以防止细胞外液过度稀释而导致的水中毒（water intoxication）。

10.2.5 调节动机状态的其他因素

前面涉及的都是由身体的需要而引发的动机行为，而事实上除了身体的需要以外还有其他一些因素可以改变动机状态，影响动机行为。特别在人，后天学习形成的习惯和主观的欣快感可以不理会来自体内的反馈信号，例如人们宁可忍受饥饿也不去吃有害的食物。

特殊形式的动机行为是在长期进化过程中形成的，与动物所处的生态环境有密切关系。经济的原则在这里也是适用的，即付出和得益的比例问题，例如摄食行为的付出包括寻找和获取食物所需的时间和精力，得益是摄取的养分足以维持生命和繁殖后代。进食的地点和时程反映了脑的这种机制，使得益最大，而付出最少。因此食肉动物为什么吃食很快，不是由于十分饥饿的反馈信号，而是因为它们具有进化的机制保证它们的猎物不被其它动物分享。考虑这些生态因素对动机行为的影响时，也不排除内环境恒定机制的参与，内环境恒定机制在进化过程中使动物能更好地适应特殊的环境条件。

内环境恒定的调节常常是超前于生理状态偏离设定点的出现。昼夜节律实际上几乎存在于每一种生理功能的恒定调节中，而且各种节律是互相协调的。下丘脑是主要的生物钟机制的中枢，协调脑内各种生物钟的机制。损毁视交叉上核的动物完全丧失24小时昼夜节律，如皮质类固醇的释放、摄食、饮水和躯体活动等的24小时节律均丧失。如将动物在昼夜节律中适宜的时相暴露于光照下，则可使视交叉上核神经元内即刻早期基因 c-*fos* 的表达增加，c-*fos* 表达后的产物可改变晚期效应器基因（effector gene）的转录而调节昼夜节律的起步点（pacemaker）。在灵长类，也包括人，有两个基本的昼夜节律的调节器，一个调控慢波睡眠及相关的生理变化，另一个则调控快眼动睡眠及相关的生理变化。这些调控均受视交叉上核控制,而该核团可直接接受来自视网膜关于光照周期的信息,昼夜节律的形成依赖于这些信息的输入。这样视交叉上核可以协调很多不同系统的昼夜节律,进而影响动机行为。在不同的昼夜节律周期中动机行为也随之而改变。

10.2.6 刺激某些脑区可引起动机状态和强化行为

刺激下丘脑或相关的脑区可起到条件反射活动中强化的作用，如食物对食物性条件反射的作用。通常的强化刺激只对特定的动机状态起作用，如食物只对饥饿的动物起强化的作用，而对饱食的动物则不起作用或只能起很弱的作用，而脑内刺激则不然，可以使饱食的动物继续摄食，因此提出了脑内刺激是一种奖赏的设想。其根据有以下两点：① 这种脑内刺激可产生一种动机状态；② 这种刺激可代替通常的强化刺激而强化神经系统的反应。脑内刺激所引起的强化效应对了解动机行为的神经基础是十分重要的。

对人的动机行为来说欣快感（pleasure）无疑是一个重要的因素，有时人们满足于吃一些身体并不需要而看起来很吸引人的食品。由于欣快感是一种主观感觉，因此很难在动物上进行研究，但是我们有理由相信欣快的因素也同样参与动物动机行为的调控。例如大鼠喜欢吃香味浓的食物而不喜欢吃营养好而没有香味的食物。关于欣快感的神经基础目前了解得甚少，推测可能与奖赏和强化行为的脑机制有关。如果在动物脑内植入电极并训练动物自我刺激以达到强化的目的，这样就有可能来研究奖赏和习得性行为强化的脑机制。除用电刺激外，也可用自我给药物的方法，可通过埋植的导管将药物直接注入脑内，也可通过口服或静脉注射注入体内。这些药物可引起渴望的感觉，如尼古丁、阿片类的海洛因；精神运动的刺激剂如可卡因和酒精；GABA 类抗焦虑药物如安定（benzodiazepine）。这些药物的作用和人类滥用药物的程度有密切的相关性。在动物有时自我注射获得这些药物可导致不摄食和放弃性行为。这些药物和电刺激有协同作用，可增加电刺激的强化效应，当这些药物的作用存在时产生奖赏刺激所需的电刺激频率可以减少（见图10-7）。因此可以认为，这些药物增强了由电刺激引起的欣快感。基于这些研究提出了脑内多巴胺通路参与动机行为的设想，是当前成瘾性脑机制研究的一个热点。多巴胺能神经元主要位于中脑的腹侧背盖区（ventral tegmental area，VTA），在黑质附近。这些神经元的纤维主要投射至纹状体、广泛的边缘系统和新皮层。可作为奖赏刺

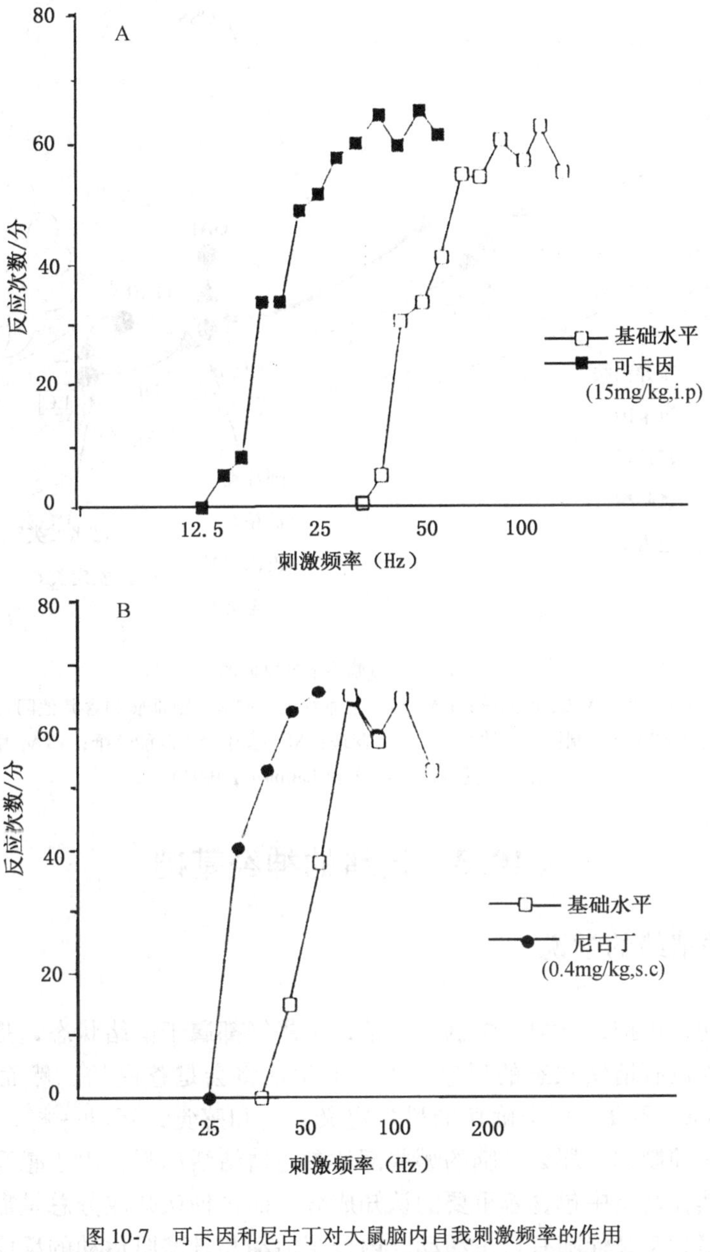

图 10-7　可卡因和尼古丁对大鼠脑内自我刺激频率的作用
随刺激频率的增加反应次数也增加。在药物作用下只需较低的刺激频率即能引起同样的反应率。A. 可卡因的作用；B. 尼古丁的作用。
（引自 Wise 等，1992）

激的上述药物均能提高脑内多巴胺的水平，如可卡因可阻断多巴胺转运蛋白（dopamine transporter）而提高伏隔核内的多巴胺含量，延长多巴胺在突触间隙中停留的时间；又如尼古丁同样能提高中脑皮层边缘通路的多巴胺水平，这也许可用以解释尼古丁成瘾的机制。除多巴胺通路外，脑内还有其他非多巴胺能的神经元参与自我刺激的动机行为，根据近年来的工作脑内奖赏的神经回路可用图 10-8 来概括。

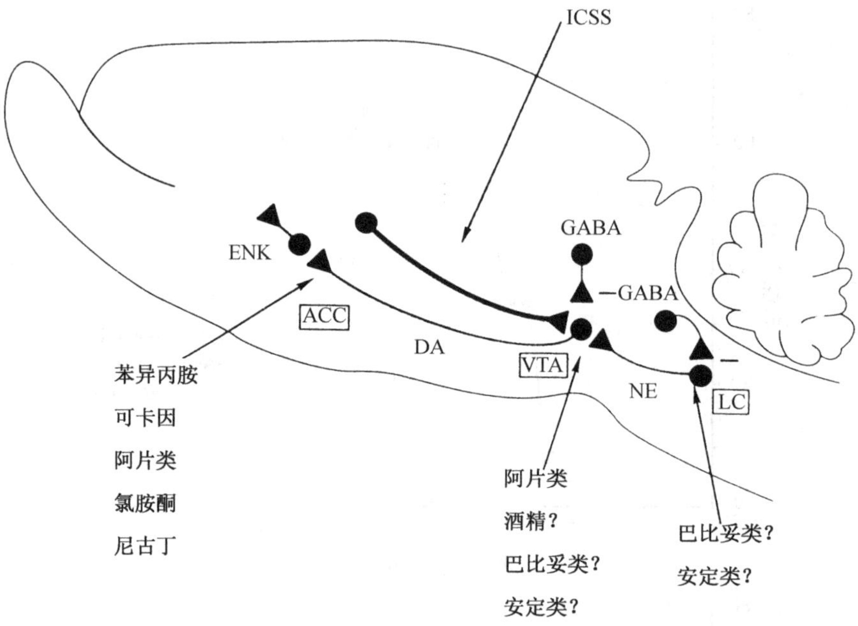

图 10-8　大鼠脑内的奖赏回路

ICSS，脑内自我刺激；ACC，伏隔核；DA，多巴胺能纤维；ENK，脑啡肽和含其他阿片肽的神经元；GABA，GABA 能抑制性中间神经元；LC，蓝斑；NE，去甲肾上腺能纤维；VTA，中脑腹侧背盖区。（引自 Gardner 和 Lowinson，1993）

§10.3　情绪的神经基础

10.3.1　有关情绪的学说

愉快，悲伤，压抑，害怕，烦恼，气愤，平静等都属于情绪状态，是日常生活所不可缺少的，如果没有情绪状态的反应，人们的生活将会是苍白的。然而到目前为止对“情绪”（emotion）还没有一个确切的科学定义。它和感觉，运动一样，也是受脑内特定的神经回路所控制的。那么，脑的哪些部位参与情绪活动呢？由于感受情绪是有意识的，所以很显然在情绪中包含着重要的认知成分，而这种认知成分总是需要大脑皮层的参与。同时情绪状态又伴随有自主活动，内分泌活动和骨骼肌运动的反应，而这些活动是依赖于皮层下结构，如杏仁核，下丘脑和脑干等来实现的，这些外周的反应使机体处于行动的准备状态，另外也将情绪状态传达给别人。不难看出，要阐明情绪的神经基础，除了需要了解大脑皮层的作用外，还必须了解皮层下结构如何调节自主活动和内分泌活动的问题。由于存在上述的这些复杂性，对于什么是情绪的问题产生了不同的观点，提出了不同的学说。

James-Lange 学说

早在 1884 年美国的心理学家和哲学家 William James 第一次明确地提出了关于情绪

的学说，丹麦的心理学家 Carl Lange 也提出了有关情绪的想法，因此一般都把这一学说称作 James-Lange 学说。这一学说认为情绪是由于我们身体作出的生理反应而产生的，人们是因为哭泣而感到悲伤，而不是因为悲伤而哭泣。我们的感觉系统把有关我们当前所处状况的信息传入大脑，然后脑就发出信号以改变心率、呼吸和肌肉的紧张性等。感觉系统对这些变化产生反应，传入脑的相关部位而产生情绪。根据 James-Lange 的学说，情绪是由于生理变化而产生的，如果消除这些生理变化，情绪也随之而消失。这一学说与人们的认识恰恰相反，一般认为情境激发情绪，情绪引起生理反应。情绪和生理变化，哪一个是因，哪一个是果尚不十分清楚。

Cannon-Bard 学说

1927 年美国生理学家 Walter Cannon 发表了一篇论文有力地批评了 James-Lange 学说，同时提出了一个新的学说。Philip Bard 进一步修改了 Cannon 的学说，于是形成了 Cannon-Bard 关于情绪的学说。这一学说认为情绪的发生可以不依赖于情绪的表达。Cannon 反对 James-Lange 学说的第一点理由是：甚至没有感觉到生理变化时，仍然可以产生情绪，例如横断脊髓使断面以下的感觉完全丧失，这时动物仍然可以产生情绪，在人也可观察到类似的现象。按照 James-Lange 的学说，脑受到生理变化而激发情绪，感觉被阻断了，那么情绪也就不产生了，而事实并非如此。Cannon-Bard 学说反对 James-Lange 学说的第二点理由是：情绪与生理变化间没有固定的依存关系。例如害怕伴随有心率的加速，消化系统活动的抑制和出汗等，但别的情绪状态如愤怒也可伴随同样的生理变化，甚至非情绪性的发烧（fever）也伴随有这些生理变化，因此不能认为害怕这种情绪状态是这些生理变化的结果。

新的 Cannon 学说则认为丘脑在情绪感受方面起着特殊的作用。感觉输入到达大脑皮层后可引起身体的某些反应。根据 Cannon 新的学说认为，这种刺激-反应神经回路并不产生情绪，只有这些信号到达丘脑才能产生情绪。换句话说，情绪的产生与否以及情绪的特征决定于丘脑和下丘脑的活动形式。James-Lange 学说认为你感到悲伤因为你哭泣；假使你能制止哭泣，悲伤也就消失了。Cannon 学说则认为不是哭泣造成你伤感，情绪是丘脑对所处情境所产生的反应。

近年来愈来愈多的神经生理学家认为情绪是外周和中枢诸多因素相互作用所产生的。在这方面 Antonio Damasio 作出了重要贡献，他在杏仁或前额皮层损伤的病人上进行了研究。另一位对情绪的神经基础作出贡献的是 Stanley Schachter，他强调了大脑皮层在形成情绪中的作用，他提出大脑皮层对来自外周的信息产生认知性的情绪反应。

10.3.2 下丘脑是调节情绪状态的关键性结构

下丘脑对自主神经系统的调控及其与情绪状态的关系

伴随情绪状态出现的典型生理变化，如出汗、口干、肌肉紧张、呼吸加快和心跳加速等主要是由神经系统调控的。自主神经系统主要是一个效应器系统，它调控平滑肌、心肌和腺体，区别于调控骨骼肌的躯体运动系统，这两个系统平行地调节身体使适应于外界环境的变化。躯体运动大部分是随意的，而自主活动是反射性的，不经过意识的，也称不随意运动。随意和不随意是相对的，不是绝对的，某些躯体活动，特别是一些反射活动也是不随意的。

自主神经系统包含交感，副交感和肠道神经系统三个主要的部分。本节中将讨论前面两个部分，这两个部分在情绪行为和内环境恒定的调节中有不同的功能。交感神经系统调制恐惧和逃遁的反应，而副交感神经系统是调控休整和营养（rest and digest）。在紧急情况下，身体需要对内外环境中的突然变化（如搏斗、竞赛和大量出血等）迅速作出反应，这时下丘脑和交感神经系统兴奋，使心跳加快和心输出量增加，出汗、瞳孔扩大，体温升高和血糖增加等。相反，副交感神经系统使心率，呼吸以及代谢保持在正常基础水平。如果我们把一个动物的交感神经系统损毁，那么这种动物可以存活在一个恒定的状态下而不能暴露在应激状态下，它不能照料自己，不能把需要的血糖从肝脏中调出来，他不能像正常动物那样收缩血管对寒冷起反应等。自主神经系统的活动不只是为了对付紧急状态或恢复正常，交感和副交感神经系统的很多活动是具有紧张性的，并且和躯体运动系统共同在外界环境发生变化时，控制行为的正常和使内环境维持在一个恒定的状态。

大脑皮层、杏仁和部分网状结构等均能影响自主神经系统的活动，而这些脑区对自主神经系统的作用又大多通过下丘脑来实现的，来自这些脑区的信息在下丘脑进行整合以形成适宜的反应。来自下丘脑的纤维投射到脑干或直接投射到脊髓，从而调节自主神经系统的活动。脑干的孤束核接受来自下丘脑的投射，同时也是内脏感觉信息的接收处，然后作用于迷走神经核和其他脑干的副交感神经核，以调节体温、心率、血压和呼吸等。延髓的腹侧嘴部（rostral ventral medulla）也接受来自下丘脑的投射，主要对交感神经系统的节前输出进行调控，这一脑区兴奋可导致交感神经系统的活动增加，如竖毛、血压升高、心跳加快、出汗和瞳孔扩大等。下丘脑也可直接调节脊髓的自主神经系统输出。

下丘脑调控内分泌系统

内分泌系统的调节由直接和间接两种方式来完成，直接方式是由垂体后叶分泌神经内分泌产物至体循环而影响内分泌腺，间接方式则是通过下丘脑分泌的调节激素进入垂体门脉系统调节垂体前叶。神经分泌（neurosecretion）是 Scharrer 提出的，指某些神经元具有神经和内分泌转换的功能，可以把神经的电信号直接转换成体液信号。这些细胞也称神经内分泌神经元（neuroendocrine neuron）。主要是指下丘脑的视上核和室旁核中的一些大细胞，既是神经元，又能分泌活性物质。后来发现不仅在下丘脑视上核和室旁核的神经大细胞有神经分泌现象，在下丘脑弓状核的神经小细胞也有神经分泌。另一方面还发现这些细胞分泌的活性物质都属肽类，但不一定是神经激素，因此也被称为神经肽，而这些神经分泌细胞被称为肽能神经元。

调节内分泌功能的下丘脑肽能神经元可分为两类。一类投射到神经垂体的下丘脑肽能神经元，即经典的神经分泌大细胞；另一类是投射到正中隆起，其末稍与垂体门脉血液接触的小细胞，它们调控垂体前叶的功能。下丘脑神经分泌大细胞释放血管加压素与催产素，而小细胞分泌释放激素（releasing hormone）和抑制激素（inhibiting hormone）。它们起到相互制约的调节作用（图 10-9）。目前已知的下丘脑分泌的释放激素和抑制激素列于表 10-2 中，它们的化学结构也已先后被鉴定。如表中所示很多释放激素可作用于多种垂体激素，个别释放抑制激素并不是肽类，如催乳素的释放可被多巴胺所抑制。

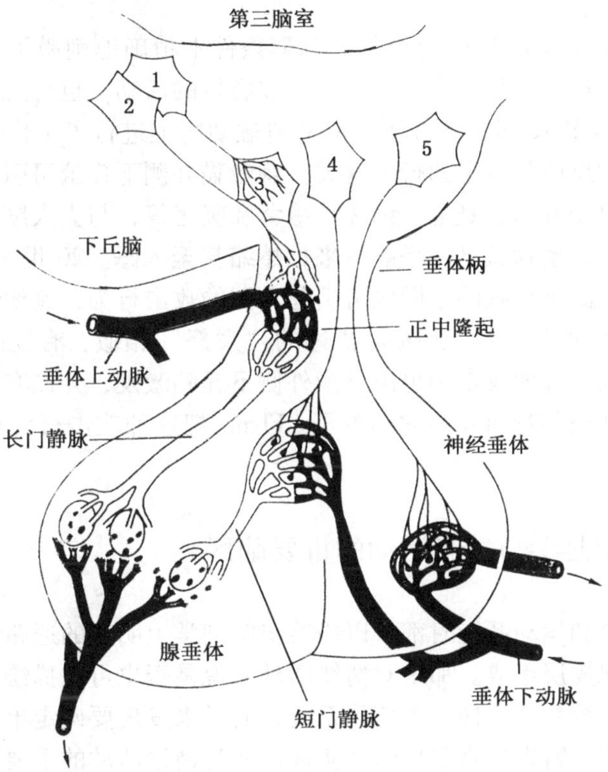

图 10-9 下丘脑通过释放激素和抑制激素调节内分泌功能的示意图
神经元（1，2）中有些属单胺能神经元，其轴突可终止于肽能神经元（3）的胞体，或终止于肽能神经元末梢，形成轴突-轴突型突触；肽能神经（3，4）分泌释放因子进入下丘脑-垂体门脉系统而调控内分泌功能。肽能神经元（5）释放催产素或加压素，通过垂体后叶进入体循环而调节生理状态。（转引自 Kandel 等，1995）

表 10-2 下丘脑分泌的释放和抑制激素

下丘脑分泌的激素	作用于垂体前叶的激素
释放激素	
促甲状腺素释放激素（TRH）	促甲状腺素，催乳激素
促皮质素释放激素（CRH）	促肾上腺皮质激素、β-促脂肪激素
促性腺激素释放激素（GnRH）	黄体激素（LH），卵泡刺激素（FSH）
生长激素释放激素（GHRH 或 GRH）	生长激素（GH）
催乳激素释放因子（PRF）	催乳素
抑制激素	
催乳素释放抑制激素（PIH），多巴胺	催乳素
生长素释放抑制激素（GIH 或 GHRIH，生长抑素）	生长激素（GH） 促甲状腺素
促黑激素释放抑制因子（MIF）	促黑激素（MSH）

刺激下丘脑某些区可引起情绪状态

1932 年 Stephen Ranson 用脑定位仪在麻醉条件下精确地刺激了下丘脑的各区，他发现能引起多种自主反应，可改变心率，血压和肠胃的活动，也可观察到竖毛和膀胱的收缩。1940 年 Walter Hess 进一步在不麻醉的清醒动物上进行了工作，他发现刺激下丘脑的某些区所产生的反应与特定的行为有关。刺激猫外侧下丘脑可引起与愤怒有关的自主和躯体反应，如血压升高、竖毛、缩瞳、弓背和竖尾等，与去大脑半球所造成的假怒极为相似。刺激停止，动物就迅速平静下来，蜷缩甚至入睡。20 世纪 60 年代耶鲁大学的 John Flynn 发现刺激下丘脑的不同区可引起不同的攻击行为，刺激内侧下丘脑可观察到情绪性的攻击（愤怒攻击），和 Hess 描述的“发怒”相似，有发怒的表现但并不对靠近的老鼠攻击。捕食性的攻击则可由刺激外侧下丘脑激发，并没有很多威胁性的姿态出现，而是迅速地扑向猎物而咬住它的脖子。Flynn 把这种攻击行为称为无声捕食攻击(silent-biting attack)。

10.3.3 杏仁核团是参与情绪活动的重要脑区

在讨论感觉系统和运动系统时都可以描绘出解剖学上明确的通路，如视觉系统是由视网膜，外膝体和视皮层组成。那末对情绪活动来说是否也可以描绘出一个明确的通路呢？曾经提出边缘系统就是这样一个情绪系统，而后来发现要确定单一的情绪系统是困难的，然而边缘系统，特别是杏仁核团确实被证明是情绪活动的重要脑区。

早在 1878 年法国的神经病学家 Paul Broca 发现，所有哺乳动物的大脑内侧面都有一些与其周围的大脑皮层不同的脑区，于是他借用了拉丁字“Limbus”来称谓这些部位，即边缘叶（limbic lobes），是指胼胝体周围的大脑皮层，主要包括扣带回和海马。1937 年 Jame Papez 提出，大脑皮层边缘叶是情绪的神经基础。他认为有一个情绪系统，位于脑的内侧壁，连接皮层和下丘脑形成一个环，称谓 Papez 环（图 10-10，粗线代表 Papez 环）。Papez 认为由于下丘脑和皮层高级中枢间有双向的连接，所以认知和情绪是相互作用的。临床的观察为 Papez 的设想提供了证据，狂犬病毒引起的脑炎病人主要是海马受到损伤，表现出情绪状态的严重异常，如发怒、恐怖等。Papez 认为新皮层通过扣带回和海马的连接而作用于下丘脑的乳头体，又经丘脑前部的核团再回到扣带回形成环形回路即 Papez 环。如图 10-10 所示，根据 Pepez 初始的设想 Papez 环包括从海马经穹隆到乳头体和下丘脑的其他区，以及再从下丘脑投射到前额皮层。前额皮层的腹内侧部对情绪状态有重要作用，杏仁与下丘脑之间有相互连接的通路，也有间接通路达到前额皮层。另外海马结构与联合皮层间也有双向的连接。这样就构成了情绪状态的神经基础。

边缘系统的杏仁核团与情绪有着特殊的关系，刺激人的杏仁核可产生恐惧的感觉，在实验动物上损毁杏仁核使动物变得驯服。杏仁核团对很多情绪状态的作用是通过下丘脑和自主神经系统来实现的，因此这些作用与刺激和损毁下丘脑的某些区所产生的效应极为相似。杏仁复合体由很多核团组成，它们和下丘脑、海马结构、新皮层和丘脑都有双向的连接。杏仁的基底外侧核（basolateral nuclei）接受各种感觉的传入信息，然后由杏仁中央核发出两个主要的传出投射：终纹和腹侧杏仁离心通路。终纹的传出纤维投

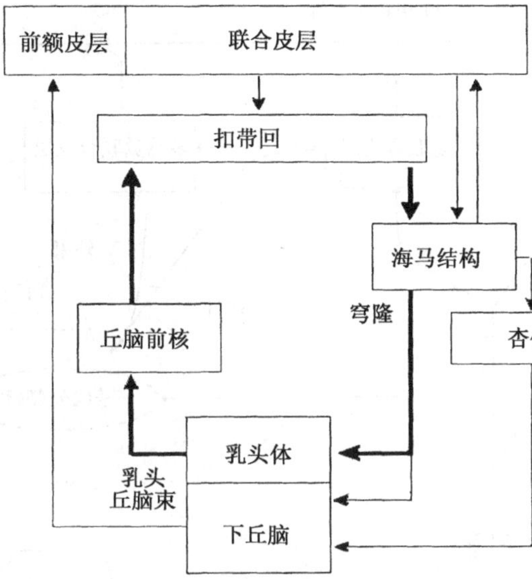

图 10-10 情绪的神经回路

粗线示 Papez 环。（说明见正文）

射到下丘脑，终纹的床核和伏隔核，腹侧杏仁离心通路到达脑干，丘脑背内侧核和扣带回的嘴部。

进入杏仁核团的感觉输入主要到达基底外侧核，这些感觉来自丘脑的感觉核团和初级感觉皮层。对某些类型的情绪如恐惧，来自丘脑的感觉输入尤为重要，它较来自皮层的感觉输入更快到达杏仁核团。因此，这些直接来自丘脑的输入可引起短潜伏期的初始情绪反应，使杏仁核团作好准备以接受来自高级中枢（如腹内侧前额皮层）的与认知相关情绪的复杂信息。杏仁核的输出和自主神经系统的活动一样反馈给大脑皮层，引起一种意识性的情绪反应。有相当多的事实证明，习得性情绪状态是由杏仁基底外侧核团所介导的，特别是与恐惧和焦虑相关的情绪状态。损毁基底外侧核团可使经典的恐惧性条件反射消失。开始建立条件反射时，作为条件刺激的声音不引起自主神经系统的活动，与电击结合就会产生疼痛、害怕以及自主神经系统的活动，经多次结合单独声音即能引起恐惧反应，也包括相应的自主神经系统活动如心跳加快、血压升高等。所以杏仁核团对本能性和习得性的恐惧反应都是重要的。

图 10-11 以听觉为例展示了参与情绪性信息加工的通路。听觉信息传入内膝体的内侧部（MGv），还有其他听觉通路可到达内膝体的外侧部（MGm）和丘脑的其他核团。MGv 只投射到初级听皮层，而 MGm 投射到听觉的初级皮层和联合皮层，同时也投射到杏仁的基底外侧核。这些从丘脑到杏仁的通路参与情绪性的学习。杏仁的中央核与脑干有丰富的连接，并通过这些连接参与情绪反应的调控，同时还有纤维投射到基底核，基底核与皮层有广泛的连接，并且已证明这种连接通路参与皮层的唤醒反应和可塑性。

信息从杏仁的基底外侧核又传至中央核，中央核的传出纤维投射到外侧下丘脑和脑干的某些区，通过调节自主神经系统的活动而对情绪性的刺激产生反应。另外，杏仁中

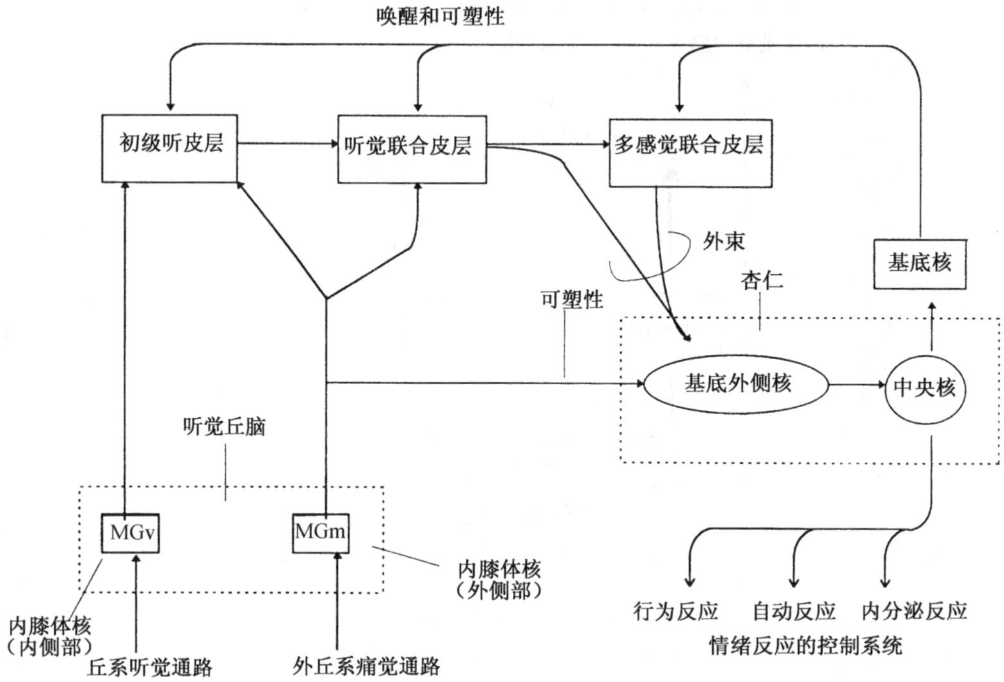

图 10-11　情绪性信息加工的神经通路（以听觉信息为例）

说明见正文。（引自 LeDoux，1992）

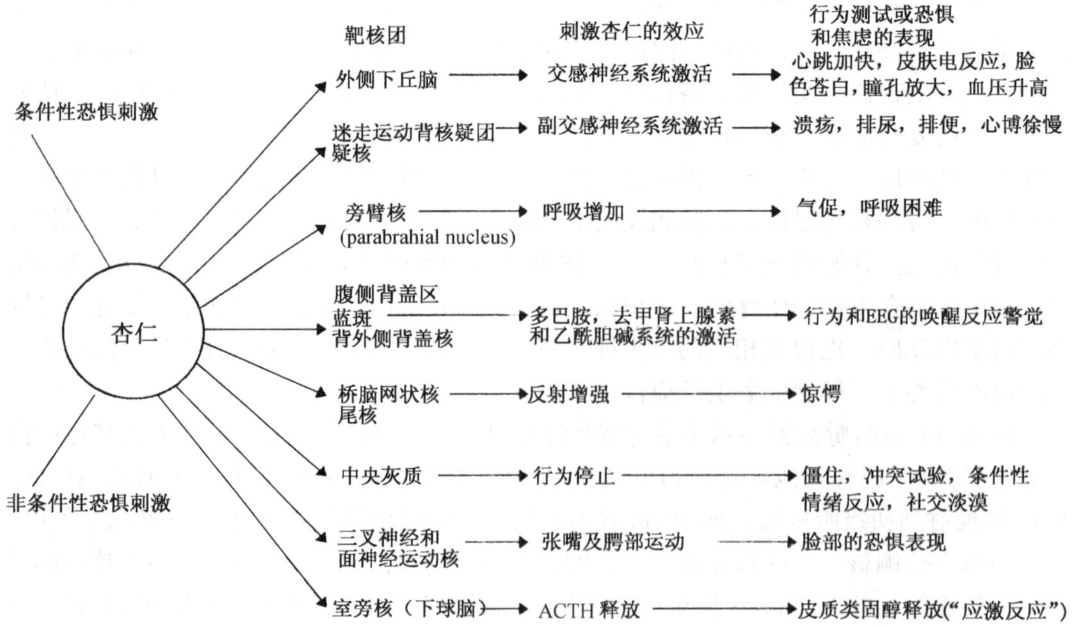

图 10-12　杏仁中央核与下丘脑和脑干的直接联系及其行为效应的示意图

EEG，脑电图；ACTH，促肾上腺皮质激素；CER，条件性情绪反应。（引自 Davis，1992）

央核直接或间接（通过床核）投射到下丘脑的室旁核，这是介导与情绪相关的神经内分泌反应的重要脑区。所以刺激杏仁中央核可引起心跳加快、血压升高和呼吸频率增加，相反如损毁中央核则可抑压恐惧条件反射中自主神经系统的反应。图 10-12 概括了杏仁中央核与下丘脑和脑干的联系及刺激该区所引起的行为和生理效应。杏仁中央核的传出纤维也投射到联合皮层，特别投射到眶额皮层和扣带回，这一通路对情绪的意识性感知是重要的，在调节唤醒状态和伴随的心率变化中起着重要的作用。杏仁中央核的传出纤维投射到基底核（nucleus basalis）以调节唤醒状态。如损毁眶额皮层或扣带回的前部则可改变情绪反应。如果损毁只局限于眶额皮层则可使动物攻击性的情绪反应明显减弱。根据这些实验结果，在 30 年代曾用额叶切除来控制某些精神病，确实这些患者大大减弱了狂躁的表现。然而后来更严谨的观察发现，额叶皮层切除常伴随一些复杂的情况，如产生癫痫，以及人格的改变，缺乏主动性和创造力等，后来这种切除治疗不再沿用，采取药物治疗获得了较好的效果。

（梅镇彤）

参 考 文 献

[1] Akabayashi A et al. Spacific inhibition of endogenous neuropeptide Y synthesis in arcuate nucleus by antisense oligonucleotides suppresses feeding behavior and insulin secretion. Mol Brain Res, 1994, 21: 55 ~ 61

[2] Bouchard TJ Jr. Genes environmment, and personality. Science, 1994, 264: 223 ~ 228

[3] Boulant JA. Hypothalamic mechanisms in thermoregulation. Fed Proc, 1981, 40: 2843 ~ 2850

[4] Cannon WB. The James-Lange Theory of emotions: A critical examination and an alternative theory. Am J Psychol, 1927, 39: 106 ~ 124

[5] Davis M. The role of the amygdala in fear and anxiety. Annu Rev Neruosci, 1992, 15: 353 ~ 375

[6] Gardner EL and Lowinson JH. 1993. Drug craving and positive/negative hedonic brain substrates activated by addicting drugs. Scmin. Neurosci. 5: 359 ~ 368

[7] Greenspan RJ. Understanding the genetic construction of behavior. Sci Am, 1995, 272 (4): 72 ~ 78

[8] Kandel ER, Schwartz JH and Jessell TM. Essentials of Neural Science and Behavior. Stamford: Appleton & Lange, Connecticut, 1995, pp 555 ~ 578

[9] Keesey RE. Physiolgical regulation of bady weight and the issue of obesity. Med Clin Am, 1989, 73: 15 ~ 27

[10] LeDoux JE. Brain mechanisms of emotion and emotional learning. Curr. Opin. Neurobiol, 1992, 2: 191 ~ 197

[11] LeDoux JE. Emotion, memory and the brain. Sci Am, 1994, 270 (6): 50 ~ 57

[12] Matsuda LA. et al. Localization of cannabinoid receptor mRNA in rat brain. J Comp Neurol, 1993. 327: 535 ~ 550

[13] Papez JW. A proposed mechanism of emotion. Arch Neurol Psychiatry, 1937, 38: 725 ~ 743

[14] Plomin R at al. The genetic basis of complex human behaviors. Science, 1994, 264: 1733 ~ 1739

[15] Silverman AJ and Zimmerman EA. Magnocellular neurosecretory system. Annu. Rev. Neurosci, 1983, 6: 357 ~ 380

[16] Swanson LW and Sawchenko PE. Hypothalamic integration: Organization of paraventricular and supraoptic nuclei. Annu Rev Neuroscie, 1983, 6: 296 ~ 324

[17] Takahashi JS et al. Forward and Reverse Genetic Approaches to Behavior in the Mouse. Science, 1994. 264: 1724 ~ 1733

[18] Wimer RE and Wimer CC. Animal behavior genetics: A search for the biological foundations of behavior. Annu Rev Psychol, 1985, 36: 171 ~ 218

[19] Wise RA et al. Self-stimulation and drug reward mechanisms. Ann N Y Acad Sci, 1992, 654: 192 ~ 198

第十一章　脑的高级功能

§11.1　学习和记忆

11.1.1　引言

学习和记忆是动物和人赖以生存所不可缺的重要脑功能。学习和记忆是两个相互联系的神经过程，也是神经系统所具有的基本功能。学习是指人和动物获得关于外界信息的神经过程，而记忆则是将获得的信息贮存和读出的神经过程。神经科学的任务之一就是要阐明在学习和记忆过程中脑内发生了什么变化，信息是如何获得和贮存的，又是如何读出的，从而可以防止学习和记忆能力的衰退，治疗学习和记忆障碍，提高学习和记忆能力。

长期以来神经生理学家对学习和记忆的研究几乎束手无策，直到本世纪初俄国生理学家巴甫洛夫在研究消化腺的神经支配过程中，遇到一个经常出现的现象，即狗见到食物，甚至听到饲养员的脚步声，唾液腺就开始分泌。在以前，这一现象一直被认为不能用实验方法来研究，不属于生理学研究的范畴，而是消化腺的“心理性分泌”。但巴甫洛夫摒弃了这种传统的解释，开始用生理学的概念来理解它，认为“心理性分泌”是有大脑参与的一种反射活动，是后天通过训练形成的反射，巴甫洛夫把它称为条件反射，也就是说在一定条件下才出现的反射活动。从神经科学的观点来看，巴甫洛夫条件反射是一种典型的学习模式，为学习和记忆的神经科学研究创造了条件，使学习和记忆的研究纳入了实验神经科学的范畴。条件反射方法作为研究学习和记忆的客观有效方法已被广泛采用，对学习和记忆的神经科学研究产生了深远的影响。

从巴甫洛夫提出条件反射到学习和记忆的现代神经生物学研究经历了漫长的道路。半个多世纪以来，神经生理学家、神经形态学家、神经药理学家、生理心理学家等从不同的角度进行了探索。早在 1894 年，著名西班牙神经形态学家 Ramón y Cajal 曾提出假设，认为学习过程可能产生持续性的神经细胞间连接的形态学变化，这种持续性的变化可能是记忆的神经基础。差不多经过了半个世纪，J. Konorski 曾试图把这一假设与当时的细胞神经生理学知识联系起来。他提出在一定条件下感觉刺激的结合可在神经细胞以及它们之间的连接处产生两种类型的变化：①在神经细胞产生恒定的，但是暂时性的兴奋性变化；②在神经细胞连接处产生易变的，但是持续性变化。这方面的一个重要贡献是加拿大心理学家 D. Hebb 提出的关于突触传递改变的理论，他设想在学习过程中有关的突触发生了某些变化，导致突触连接的增强和传递效能的提高。他提出重复持续的活动可导致神经细胞间连接的长时程变化，并可以固定下来。后来他又进一步认为，记忆不是两个细胞间连接的变化。神经冲动到达突触的时间是相当离散的，空间的分布也是复杂的，突触的可塑性是统计的结果。如果说巴甫洛夫条件反射学说在方法学上为学习和记忆的实验研究开辟了道路，那么 Hebb 的学说则在理论上指出了方向。

由于突触连接是脑内信息传递和加工的重要环节，因此认为在学习和记忆过程中突触可能发生某些形态的和功能的变化的设想是完全可以被接受的，但要用实验来证明这一点却不是一件容易的事。首先要有适宜的实验标本（也即动物模型），使行为与细胞功能的变化联系起来；其次需要有对突触传递及其调节机制进行分子和细胞水平研究的技术和手段。有了上述两方面的进展才能回答学习过程是否导致突触变化的问题。近 20 年来，上述两方面都有了显著的进展，因此有可能在某些简单的模型上对学习和记忆过程进行分子和细胞水平的分析。这方面的研究已成为当代神经科学中一个十分活跃的领域。另一方面，中枢突触可塑性的研究也大大推动了学习和记忆的神经生物学研究。

11.1.2 学习和记忆的分类

广义的记忆是指机体保存有关它所生存的环境和它自身的信息的能力，因此不仅仅指神经系统的记忆，例如免疫系统也具有某些记忆。神经系统的记忆不仅保存信息，同时还要利用这些信息以达到适应外界环境的目的，它是和学习过程联系在一起的。中枢神经系统不仅保存与个体经验有关的信息，并且还保存在进化过程中祖先积累的信息。在长期进化过程中积累的信息构成出生时脑所具有的基本构筑和连接，以及先天具有的感觉和运动功能，这也就是所谓的种族记忆（phyletic memory，或称 memory of species），是长期进化过程中自然选择和适应能力的集中表现。相对于种族记忆来说，在个体生命过程中积累的信息的保存则称为个体记忆（individual memory）。学习和记忆不是单一的神经过程，它们包含着不同的神经过程，从不同的角度学习和记忆可以有不同的分类。现将最常用的几种分述如下。

非联合型学习和联合型学习（non-associative and associativve learning）

非联合型学习　这是一种简单的学习形式，即在刺激和反应之间不形成某种明确的联系，因此称为非联合型学习，例如习惯化和敏感化即属于这种类型的学习。所谓习惯化是指当一个不产生伤害性效应的刺激重复作用时，对该刺激的反射性行为反应逐渐减弱的过程。例如，对一个有规律地重复出现的强噪音，人们不再对它产生反应。敏感化又称假性条件化（pseudoconditioning），例如一个弱的伤害性刺激可引起弱的收缩反应，但在强的痛刺激之后，弱刺激引起的反应明显增强。强刺激和弱刺激之间并不需要建立什么联系，在时间上也并不要求两者的结合。关于习惯化和敏感化的神经机制 E. R. Kandel 曾在海兔上成功地进行了研究，我们将在"学习和记忆的细胞和分子机制"一节中进行讨论。

联合型学习　经典条件反射（classical conditioned reflex）和操作式条件反射（operant conditioned reflex）均属联合型学习。

经典条件反射又称巴甫洛夫条件反射。如果每次给狗喂食时先给予铃声，然后立即给以食物，这样多次结合以后，当铃声一出现，狗的唾液腺就开始分泌，即铃声已成为食物的信号。这种由铃声引起的反射性唾液分泌称为条件反射，而食物引起的反射性唾液分泌称为非条件反射，铃声称为条件刺激，食物为非条件刺激。这种经典条件反射包含着条件刺激和非条件刺激之间形成了某种联系，使一种刺激成为预示另一种刺激即将出现的信号。根据非条件刺激的性质，经典条件反射又可分为食物性的和防御性的（alimentary and defensive）。除用铃声、灯光作为条件刺激，以食物或电击作为非条件刺激建立的条件反射外，还可用电刺激直接作用于神经系统作为条件刺激或非条件刺激。也可用某种神经系统电活动的变化（如 α-阻遏）作为非条件反应来建立条件反射。

操作式条件反射也称工具性条件反射（instrumental conditioned reflex）。一个典型的例子就是把饥饿的大鼠放入试验箱内。箱内设置一个杠杆，当动物踩到杠杆即可获得食物。开始时动物随机地压杠杆，经训练后饥饿的大鼠压杠杆的频率大大提高。压杠杆的速率代表大鼠的饥饿程度。动物压杠杆后获得食物奖励，这是一种操作式条件反射。也可用伤害性刺激如电击来建立操作式条件反射。动物压杠杆时立即断电而终止伤害性刺激的作用。如果我们认为经典条件反射是条件刺激与非条件刺激之间形成了某种联系，那么操作式条件反射则是操作和强化刺激间形成了联系。在强化前动物必须完成一定的操作（如压杠杆），根据操作给予强化。强化的形式有多种。可以每反应一次给予一次强化，也可以每两次反应给予一次强化。这种按一定反应次数给予强化所建立的条件反射称固定比例（a fixed ratio schedule）的操作式条件反射。间隔一定时间给予一次强化的称固定间隔（a fixed interval schedule）的操作式条件反射。强化刺激通常是食物或水。目前操作式条件反射方法已被广泛应用于动机行为（motivated behavior）的研究。

短时记忆和长时记忆（short-term memory and long-term memory）

普遍接受的一种记忆分类就是把记忆分成短时记忆和长时记忆，长时记忆有时还分为中间型（intermediate）和真正的长时记忆两种型式。区别两者的主要指标是记忆保持的时间，换句话说，就是记忆保持多久还可能读出。在短时记忆中保持的时间可以是数秒钟到数分钟，短时记忆的容量是有限的，而长时记忆的容量几乎没有限度。支持短时记忆和长时记忆分类的基础主要来自对各种脑外伤造成的遗忘症的研究。例如 Korsakoff 病的患者表现为长时记忆的严重损伤，而对信息的短时间保持的能力没有损伤；又如内侧颞叶（包括海马）损伤的病人表现为对获得新的信息的损伤，而回忆长时记忆的能力仍保持而不受损伤。上述现象的发现支持了这样一个概念：存在两个相互联系 即短时记忆和长时记忆。前者相对比较容易受损伤，保持的时间较短，记忆的容量也有限度；而后者则保持的时间较长，记忆的容量几乎没有限度。新的信息首先进入短时记忆系统，然后再转入到长时记忆系统。虽然对这种双重记忆系统和多阶段记忆过程的观点也有不同的看法，但很多事实仍支持这种观点，因为不同脑区的损伤对短时记忆和长时记忆的作用是不同的。

短时记忆又有若干不同的类型：①影像记忆（iconic memory），这种记忆只能保持在感觉影像出现后的 1 秒内，也即平常所理解的短时记忆。②即刻记忆（immediate memory），这种记忆可以保持几秒钟，也即平常所理解的短时记忆。③初级记忆（primary memory），这一概念是由 William James 1890 年提出的，但一直沿用至今。James 把这种初级记忆定义为一时即过而仍留在意识中的记忆和对事件的选择性注意。这种记忆的时程常常可以由记忆者依赖思维和复述来调控。这种初级记忆的概念对理解短时感知和运动记忆网络对行为的调控是有用的。④工作记忆（working memory），这是从认知心理学角度提出的一种短时记忆的概念（Baddeley，1983）。这主要是指在执行某些认知行为过程中的一种暂时的信息储存，例如延缓反应，阅读等。这种记忆需要对时间上分离的信息加以整合，因此这种记忆也称为操作记忆（operant or provisional memory）。近年来的工作已证明，前额皮层参与短时工作记忆。

陈述性记忆和非陈述性记忆（declarative and non-declarative memory）

根据信息贮存和回忆的方式，记忆可分为陈述性记忆和非陈述性记忆，非陈述性记忆又称反射性记忆（reflective memory）。

反射性记忆具有自主或反射的性质，它的形成或读出不依赖于意识或认知过程（如比较、评价等）。反射性记忆要经过多次重复测试才能逐步形成。这种类型的学习和记忆主要表现为对操作某些作业的完善，而几乎不能用语句表达出来。反射性记忆主要包括感知觉和运动技巧，程序和规则的学习。然而某些语言作业的学习，假使重复的次数足够多和经常，也可以具有反射性记忆的特征，这些作业就可以自主地来完成，而不需要认知过程参与。

陈述性记忆依赖于对信息获得和回忆的意识表达，依赖于评价、比较和推理等认知过程。陈述性记忆编码有关自传性的或与个人有联系的事件的信息。它往往只经过一个测试或一次经验即能建立，并且能够用语言简明地表达出来，例如“昨天我游览了万里长城”。陈述性记忆包含了对片断信息的加工，脑可以利用这些片断的信息重组成过去的事件或情节。前面已经提及，在某些例子中陈述性记忆也可以经过不断地重复测试转变为反射性记忆类型，例如学习开车，开始时涉及有意识的认知过程，但后来开车也可成为自主的和无意识的。

反射性记忆和陈述性记忆可能有不同的神经通路参与。损毁某些脑区后只影响反射性学习和记忆，例如损毁杏仁可影响心率的条件化，损毁小脑的内侧齿回和外侧间位核可抑制声音引起的瞬膜条件反射。这些例子说明杏仁和小脑对某些反射活动的条件化是重要的，当然还不能认为记忆就贮存在这些部位。损毁颞叶或间脑的某些区则对陈述性记忆有明显的影响。这些部位的损伤主要影响新近记忆的保持，对过去的记忆影响相对较弱。因此这些结构本身也许并不是记忆贮存的地方，但它们参与了记忆的贮存和读出的过程。

11.1.3 记忆是随时间而变化的神经过程

人们在很早以前就注意到丧失意识复苏后往往对新近发生的事件丧失记忆。这一现象也在动物实验中得到证实，电休克或其他脑损伤可产生逆行性遗忘症（retrograde amnesia），主要对新近发生的事件丧失记忆。L. Squire 等（1975 年）在加州大学的 Veterans 医院进行了记忆测试，对不同阶段的记忆进行了相对定量的分析。要求受试者去鉴别在 1957～1972 年期间所播放过的电视节目，他们比较了电休克治疗前后的测试结果。如图 11-1 所示，不论电休克前还是电休克后，正确记忆的节目数都随时间而减少，这反映正常的遗忘过程。在电休克治疗以后病人则对近 1～2 年播放的节目有明显的遗忘现象，而对早年播放的节目则仍有较好的记忆。这些观察说明近期记忆的读出机制容易受影响，而当它们转入长时记忆后就相对稳定，但随时间的延长，即使在没有任何外伤的情况下，储存的信息也会逐渐丢失，或减弱回忆信息的能力。因此，至少从破坏的难易程度来看，记忆是一个随时间而不断变化的过程。记忆过程的时间依赖性还表现在另一个方面，J. L. McGaugh 在大鼠被动回避模型上证明，在训练后立即注射不引起痉厥剂量的士的宁可促进对学习的保持，如果在训练后数小时再给药则没有作用。用电休克也可以证实这一点，训练后立即给电休克可造成严重的记忆损伤，而数小时后再给电休克则对记忆没有影响。

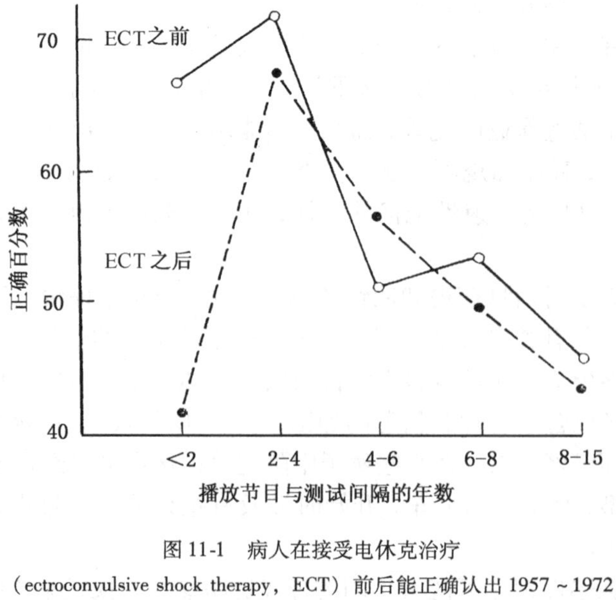

图 11-1　病人在接受电休克治疗（ectroconvulsive shock therapy，ECT）前后能正确认出 1957～1972 年间播放过的电视节目的百分数。（转引自 Kandel 等，1995）

短时记忆和长时记忆是整个记忆过程的不同阶段，无法在它们之间划定严格的界

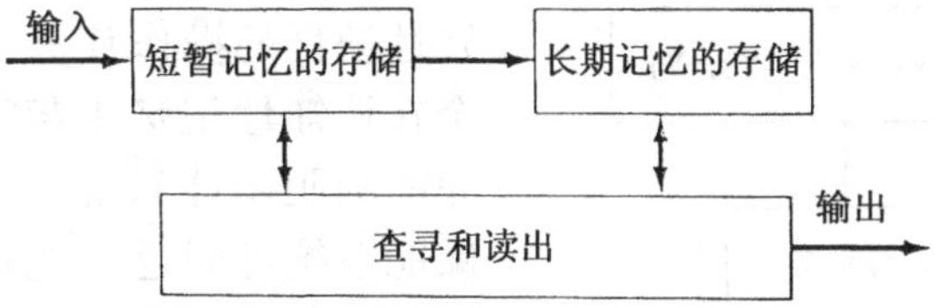

图 11-2　记忆贮存系统示意图

限。短时记忆一般指持续几秒或几分钟的记忆，而长时记忆是指持续数小时直至永久。它们的关系如图 11-2 所示。目前神经生理学家认为短时记忆和长时记忆有着不同的神经机制。短时记忆可以用目前已知的神经活动可塑性来解释。如强直后加强（post-tetanic potentiation，PTP）或突触前抑制等来解释。有一种很简单的视觉短时记忆或称瞬时记忆很可能是由于视觉刺激作用在视网膜造成的后效应（after images）。假如让一位受试者短暂地看一些字母和数字，他能立即正确地回忆起一些特殊的字母和数字。但和其他形式的学习不同，几乎在 1 秒钟以后就不能正确地回忆，如果增强视觉刺激的亮度则可延长准确记忆的时间，这种准确记忆的时程与后效应的消失时程是平行的。这种后效应至少部分是与视网膜内的光化学过程有关的。因此，这种最简单的短时记忆的编码表现为外周感受器的物理变化。短时记忆编码的一种可能机制是用正进行着的神经元活动将信息贮存下来。

一般推测，长时记忆可能与脑内某些长期性的功能和结构变化有关。深度麻醉、缺氧或低温都可以使神经细胞的活动停止。这时短时记忆受影响，而长时记忆并不受影响。学习训练后注射蛋白合成的抑制剂，则可影响记忆的巩固，这提示长时记忆需要有新的蛋白分子的合成。近年来由于分子生物学技术的迅速发展，神经生物学家正试图研究学习和记忆过程的基因调控问题。

11.1.4　脑内的记忆系统

近年来关于脑内的记忆回路问题有较大进展，特别是在人和其他灵长类上所获得的重要资料已经有可能描绘出记忆回路的框图。不同类型的记忆有不同的神经结构和回路参与，这已是公认的事实。现已证明，陈述性记忆（或称显晰性记忆，explicit memory），也即与认知功能有关的记忆需要有边缘系统的参与，而非陈述性记忆（或称隐含性记忆，implicit memory）则需要基底神经节的参与。以视觉认知学习和记忆为例，其神经回路可简要地描述如下：视觉信号从视网膜经外膝体到达视皮层，在皮层视觉信号需经多级的加工处理。除初级视皮层 V1 外，还要经 V2、V3、和 V4 等高一级的视皮层的整合加工，再到颞叶以完成更为复杂的视觉认知功能。然后经颞下回与边缘系统连接，边缘系统主要包括嗅皮层、杏仁复合体和海马结构等。内侧颞叶边缘结构有直接投射到达丘脑的内侧核团，包括背内侧核和前部核团的巨细胞部分。丘脑内侧核团发出纤维投射到颞叶皮层的腹内侧部，包括眶回，内侧前额叶和扣带回。内侧颞叶、内侧丘脑和额叶腹内侧部是认知性记忆回路中三个重要的环节。在猿猴上的实验结果证明，损毁

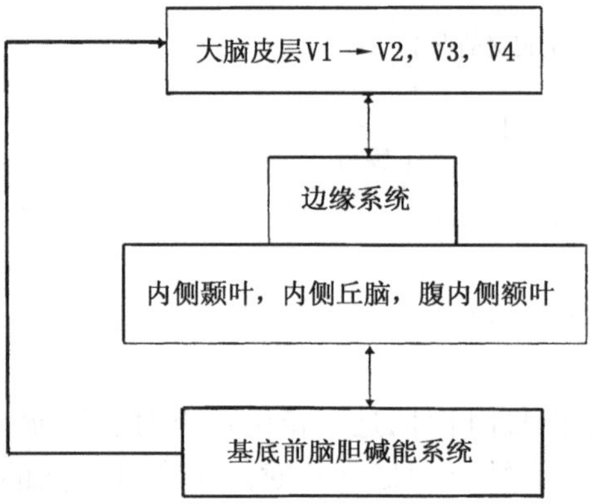

图 11-3　视觉陈述性学习和记忆神经回路的示意图

其中的一个环节后，动物即不能完成有认知性记忆的操作任务。这些核团又与另一个在认知性记忆中起重要作用的结构（基底前脑胆碱能系统）连接，而基底前脑胆碱能系统可回返性地投射到皮层广泛的区域。这样就形成一个陈述性记忆的神经回路（图 11-3）。这里描述的是视觉认知的神经回路，但也适用于其他感觉认知的记忆过程。临床神经病理分析的结果为上述神经回路提供了进一步的证据，如果损伤只局限于海马则导致逆行性遗忘，而非陈述性运动技巧性学习并不影响，说明边缘系统海马是陈述性记忆神经回路中重要的环节。

与边缘系统损毁的结果相反，损毁猕猴基底神经节新纹状体的尾部可导致运动学习（例如习惯的形成）的严重障碍，而认知性记忆则没有影响，这就提出了基底神经节参与运动学习的问题。皮层感觉信息加工系统如何与基底神经节相互作用呢？已知枕颞叶通路可以到达尾核尾部和壳核的尾腹部，它们又接受来自黑质和新纹状体其他部位的投射。然后尾核发出投射到苍白球和黑质，再经丘脑腹侧核中继而投射至运动前区和辅助运动皮层，再与运动皮层相连。梅镇彤等在条件性行为模型上较系统地证明了这一环路在运动学习和记忆中的作用。可概括如下：信号刺激可引起皮层感觉—颞叶系统的兴奋，进而激活尾核新纹状体系统，使新纹状体—颞叶前区回路协助锥体运动系统而引发已学会的运动反应。该实验室还提出了伏隔核是边缘系统和运动系统相连接的重要环节（参阅图 11-4）。这一环路的突触连接较为稳定，说明技巧性运动学会后不易遗忘。

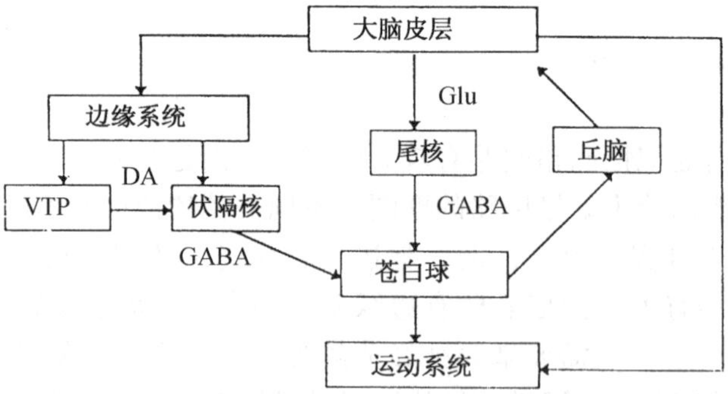

图 11-4　习得性行为神经调控回路的框图

11. 1. 5　中枢神经系统的突触可塑性与学习和记忆

突触传递的长时程增强（long-term potentiation，LTP）

1973 年 Bliss 和 Lomo 首先在麻醉兔上发现，当以一串或几串频率为 10 ~ 20 次/秒，串长为10~15秒或频率为100次/秒，串长为3~4秒的电刺激作为条件刺激，则继后的单个测试刺激引起的群体锋电位（population spike）和群体兴奋性突触后电位（population EPSP）的振幅将增大，群体锋电位的潜伏期也将缩短。这种易化现象持续的时间可长达10小时以上。Bliss将这种单突触诱发反应的长时程易化称为长时程增强（图11-5）。其后，又在兔的慢性实验中观察到LTP现象可持续3天。Douglas等发现，当以一串120个脉冲的条件性刺激作用于清醒大鼠的前穿质纤维（perforant path fibers, PP）后，单个刺激诱发的群体EPSP增大可持续24小时；如果上述串脉冲以每隔24小时重复一次，则单个测试刺激引起的群体EPSP增大可持续12天以上，少数动物在停止给予条件刺激后，LTP现象仍能持续达2个月之久。这种LTP现象在海马的其他突触连结系统如苔状纤维至CA3的锥体细胞，Schaffer侧支至CA1的锥体细胞等处，以及中枢神经系统的其他部位也都能观察到。不同部位所产生的LTP可能有不同的神经机制。海马CA1区所诱导的LTP具有三种重要的性质，即①协同性（cooperativity），诱导LTP

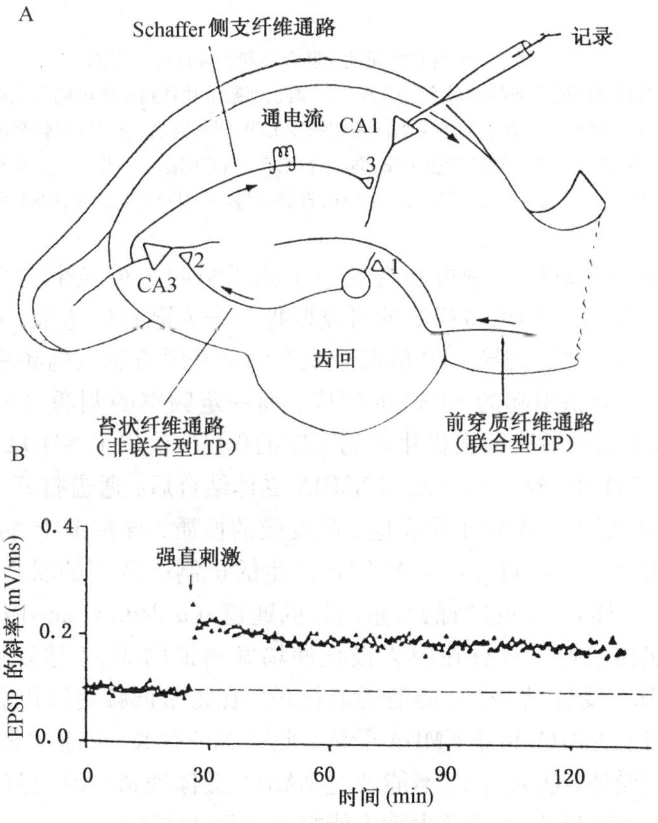

图11-5 海马内能诱发LTP的主要通路和CA1区所诱发的LTP

A. 三条主要的通路：①前穿质纤维到齿回的颗粒细胞；②从颗粒细胞到CA3区锥体细胞的苔状纤维；③从CA3到CA1锥体细胞的Schaffer侧支。B. 海马CA1区所诱发的LTP效应。图示群体EPSP斜率的变化。每隔10秒给一次测试，诱发LTP的强直刺激频率为100Hz，刺激时间为1秒，间隔20秒，连续2串强直刺激作用后即能诱发LTP效应。刺激电极位于Schaffer侧支处。（引自Nicoll等，1988）

需要很多纤维同时被激活；②联合性（associativity），有关的纤维和突触后神经元需要以联合的形式一起活动；③特异性（specificity），所诱导的 LTP 对被激活的通路是特异的，在其他通路上不产生 LTP 。如图 11-6 所示，弱的和强的输入通路一定要以联合型式协同作用时才能诱发 LTP，而且只在强的输入通路上产生。

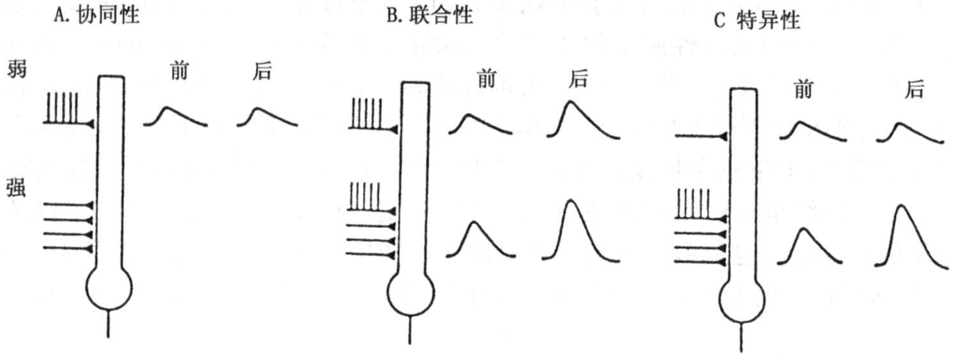

图 11-6　LTP 具有协同性、联合性和特异性的示意图

图示单个锥体细胞接受弱的和强的两种突触输入。A. 强直刺激单独作用于弱的输入通路不能在给通路上诱发 LTP，提示必须要有足够数量的轴突激活才能诱发 LTP，即协同性；B. 强直刺激同时作用于弱的和强的输入通路则在两个通路上均能产生 LTP，即联合性；C. 强直刺激单独作用于强的输入通路只能在强的输入通路上产生，而不能在弱的通路上产生 LTP，即特异性。（引自 Nicoll 等，1988，稍加修改。）

LTP 作为中枢神经系统突触可塑性的一个模式引起了神经生物学家的广泛兴趣。近 20 年来，关于 LTP 诱导和维持机制的研究取得了令人瞩目的进展，特别对于 LTP 的诱导机制有了较多的了解。诱导 LTP 的两个主要因素是强直刺激的频率和强度，一定强度的刺激可提高单个刺激引起的 EPSP 的幅度，而一定频率的刺激可使 EPSP 产生叠加效应，作用的结果使突触后膜的去极化达到一定的程度，使位于 NMDA 受体通道内，阻止 Ca^{2+} 内流的 Mg^{2+} 移开，这样当递质与 NMDA 受体结合后，通道打开，Ca^{2+} 内流，胞内 Ca^{2+} 浓度升高，继后触发一系列生化反应，改变膜的性质，导致 LTP 的产生。这里值得提出的是 NMDA 受体的发现对人们了解 LTP 产生的机制以及它的联合性质起了很大的推动作用。NMDA 受体是一种独特的双重门控的通道（a doubly gated channel），即它既受电压门控也受递质门控。只有在膜去极化使堵塞通道的 Mg^{2+} 移开后谷氨酸（glutamate，Glu）与 NMDA 受体结合，才能使通道打开。在正常低频突触传递时，突触前释放的 Glu 可同时作用于 NMDA 和非 NMDA 受体，此时 Na^+ 和 K^+ 可通过非 NMDA 受体通道（使君子酸/海人酸受体，Q/K），但不能通过 NMDA 受体通道，因为静息水平的膜电位不能使 Mg^{2+} 移开，NMDA 受体通道也就不能打开（图 11-7）。

Ca^{2+} 在 LTP 诱导过程中起着重要的作用，在低 Ca^{2+} 溶液中不能诱导 LTP，高浓度的 Ca^{2+} 可直接诱导 LTP 及增强诱导的效果等。那么在 LTP 的诱导过程中通过 NMDA 受体通道进入胞内的 Ca^{2+} 到底激活了哪些生化过程呢？目前认为蛋白激酶系统参与这一过程，其中研究得较多的是 PKC 和钙-钙调蛋白依赖性激酶Ⅱ（CaMK Ⅱ）。蛋白激酶系统一方面可以直接被 Ca^{2+} 激活，在 LTP 诱导过程中起作用；另一方面它们具有自身磷酸化的功能，也可能对 LTP 的维持起作用。另一些工作则认为 LTP 的维持需要合成新的蛋白分子。

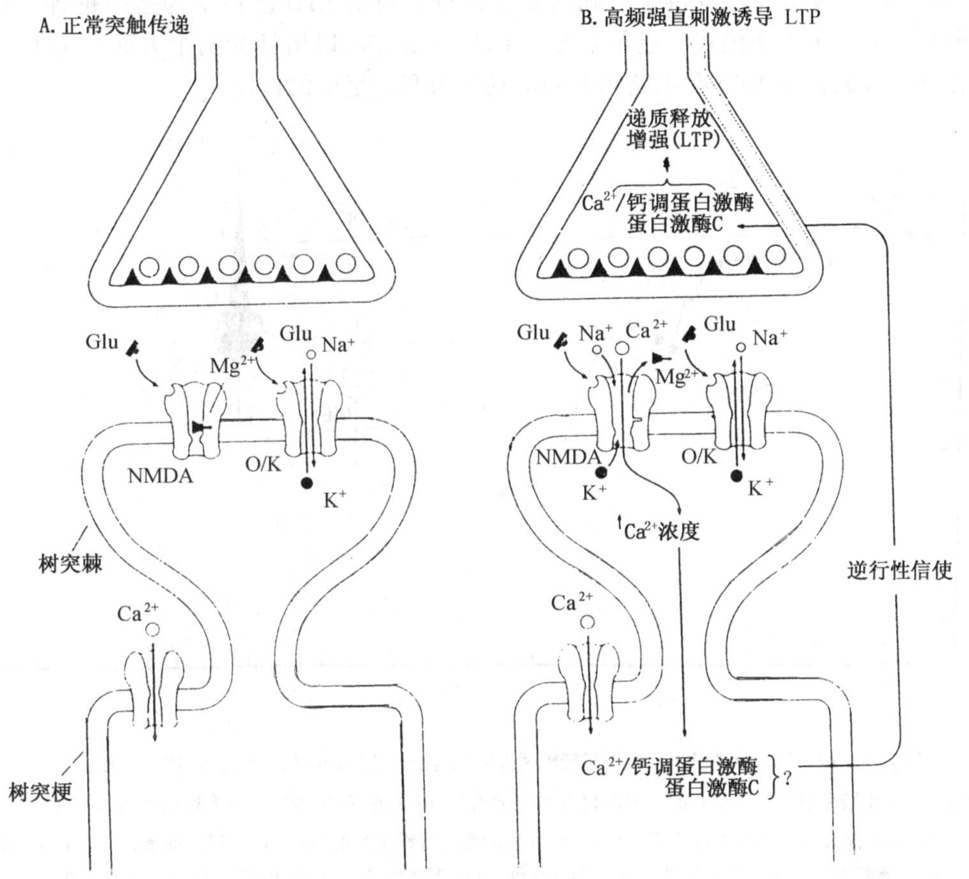

图 11-7 LTP 诱导机制的模式图

图示 NMDA 和非 NMDA（使君子酸/海人酸，Q/K）受体-通道位于树突棘相邻近处。A. 正常低频突触传递时 NMDA 和非 NMDA（Q/K）受体的活动状态。Mg^{2+} 堵塞 NMDA 受体通道，使离子无法通过，而非 NMDA 受体在谷氨酸（Glu）作用下通道打开，Na^+ 和 K^+ 可以通过。B. 高频强直刺激诱导 LTP 时，由于非 NMDA 受体通道的作用使突触后膜去极化，从而使堵塞 NMDA 受体通道的 Mg^{2+} 移开。Glu 再作用时即能使通道打开，K^+、Na^+ 和 Ca^{2+} 即可通过 NMDA 受体通道。（请参阅正文中的说明。）（引自 Kandel 等，1995）

突触传递的长时程压抑（long-term depression，LTD）

长时程压抑是指突触传递效率的长时程降低。在中枢神经系统的很多部位都可以观察到这种现象，但最早在小脑观察到这一现象，并且对它进行了系统而深入的研究，所以在本节中主要介绍小脑的 LTD 现象。

小脑浦肯野氏细胞（以下简称浦氏细胞）有两种兴奋型突触，一是与平行纤维（即小脑颗粒细胞的轴突）形成突触，二是爬行纤维（下橄榄神经元的轴突）形成的突触（图 11-8）。如果在平行纤维和爬行纤维同时重复刺激则可在平行纤维与浦氏细胞上形成的突触上观察到传递的长时程压抑现象，即 LTD。早在 70 年代一些著名的神经科学家如 Eccles，Szentagothai 和 Ito 都推测浦氏细胞上的这种双重突触输入可能产生突触传递的增强或压抑。由于技术上的问题，早期企图用实验来证明的试探均没有成功，一直到 1982 年 Ito 实验室才提供了明确的实验证据。目前 LTD 已被认为是中枢神经系统突触可塑性的一个重要模式。近年来关于 LTD 的研究可以概括为两个方面：① LTD 的细胞和分子机制；② LTD 在小脑相关的运动学习和记忆中的作用。

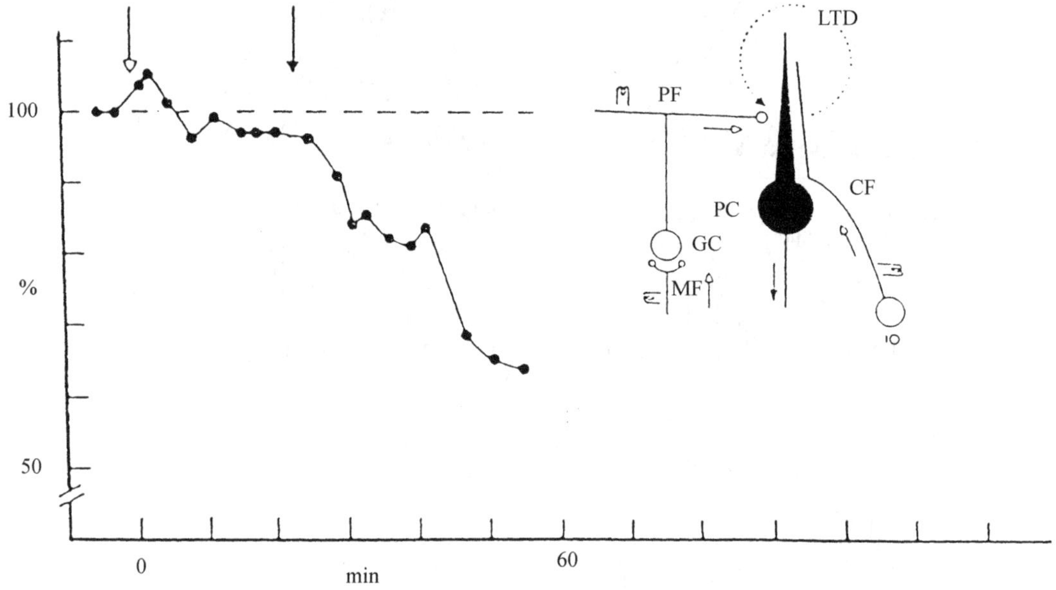

图 11-8 LTD 的诱导过程（刺激平行纤维诱发的家兔小脑皮层场电位负成分 n_2 的变化时程）

图中右上角为小脑突触连接的示意图；虚线代表 LTD 产生前 n_2 的振幅为 100%；⇣单独刺激爬行纤维（4Hz，60s）；↓同时刺激爬行纤维和平行纤维（4Hz，60 秒）刺激爬行纤维超前 6ms。PC，浦氏细胞；PF，平行纤维；GC，颗粒细胞；MF，苔藓纤维；CF，爬行纤维；IO，下橄榄核。（引自 Ito 等，1982，稍加修改）

诱发 LTD 需同时刺激爬行纤维和平行纤维，单独刺激爬行纤维或平行纤维均不能诱发 LTD。直接刺激发出这些纤维的神经元如下橄榄核，或间接刺激可引起平行纤维兴奋的前庭神经均可产生同样的效果。如果刺激频率为 1 ~ 4Hz，刺激时间为 25s/min，则可有效地抑制原先单独刺激前庭神经所引起的兴奋作用。表现为浦氏细胞诱发单位放电脉冲数的减少及 EPSP 的减少，其抑制时程可长达 1 小时以上。一般情况下爬行纤维的刺激比苔藓纤维或平行纤维的刺激约超前 10ms，LTD 的检测依赖于当刺激平行纤维或苔藓纤维时浦氏细胞的反应。另外，LTD 的是否产生还需要其他一些条件，如在苔藓纤维或平行纤维用一个强刺激与爬行纤维的刺激相结合则不能产生 LTD。因为强刺激在平行纤维和星状细胞通路上产生突触后抑制，如果先用 picrotoxin 阻断星状细胞的抑制，则 LTD 仍能产生。LTD 包含一个起始相（initial phase）和一个晚时相（late phase）。起始相一般持续 10 分钟左右，而晚时相持续的时间约 1 ~3 小时，由于技术上的困难，目前还没有见到更长的报道。压抑的幅度在晚时相约为 30% ~40%（图 11-8）。

LTD 的分子机制近年来也有不少研究，这些研究所提供的实验结果较明确地提示，Ca^{2+} 和使君子酸特异的谷氨酸受体参与 LTD 的诱导。如果将 Ca^{2+} 的螯合剂 EGTA 注入脑片标本上的浦氏细胞的树突内，则将不产生 LTD。这一结果与将 EGTA 注入海马锥体细胞内而不能产生 LTP 的结果相类似。因此 Ca^{2+} 在 LTD 和 LTP 的诱导中的作用可能有相同之处。将谷氨酸电泳至浦氏细胞内，同时刺激爬行纤维则可有效地诱导出 LTD，而单独注入谷氨酸或刺激爬行纤维均不能产生 LTD。因此认为 LTD 的诱导主要依赖于浦氏细胞对谷氨酸敏感性的长时程降低。以上实验结果也说明谷氨酸对 LTD 的诱导是必需的。如果以使君子酸代替 L-谷氨酸电泳注入浦氏细胞内也可诱导出 LTD ，注入海人酸或门冬氨酸则不能产生 LTD。这些结果表明，使君子酸特异的受体参与 LTD 的诱导，这一点与 LTP 的诱导不同，LTP 的诱导主要依赖于 NMDA 受体的作用。那么 Ca^{2+} 内流和谷氨酸受体的失敏又是如何联系起来的呢？应该说目前还缺乏证据来说明 Ca^{2+} 内流导致谷氨酸受体失敏的分子基础，根据目前对突触传递的了解也许可提出以下几种可能性：①Ca^{2+} 的增加可直接使谷氨酸受体失敏；②Ca^{2+} 导致谷氨酸受体失敏可能通过第二信使 cGMP；③Ca^{2+} 和 L-谷氨酸协同作用引起树突棘构型的变化。到目前止，所提供的实验证据都是表明突触后的变化参与了 LTD 的诱导，而关于突触前的变化（如递质释放减少等）是否也参与 LTD 诱导的问题目前尚缺乏证据。所以目前认为 LTD 产生的机制主要是突触后的变化。

长时程增强和长时程压抑在学习和记忆过程中的作用

由于 LTP 具有时程长和联合的性质，因此不少学者把 LTP 与学习和记忆联系起来，并认为它可能是学习和记忆的神经基础，同时试图用实验来证明它们之间的关系。1979 年 C. A. Barnes 在 32 只老年大鼠（28 ~ 34 个月龄）和 32 只年轻大鼠（10 ~ 16 个月龄）上分别埋植了刺激和记录电极，刺激齿回的传入纤维—前穿质纤维，在颗粒细胞记录群体锋电位和群体 EPSP。他发现老年鼠在旋转平台的空间分辨学习任务中记忆力较差，其 LTP 效应也远较年轻鼠差。并发现在两组动物，甚至在一组动物之间，动物的记忆能力与其 LTP 反应强度也有显著的相关性。H. Ruthrich 等则报道条件反射的训练过程中伴随着 LTP 的改变。他们同样在大鼠的前穿质纤维及齿回颗粒细胞层分别埋植了刺激和记录电极，然后训练动物在 Y 型迷宫内进行分辨回避反应，每隔 24 小时复训一次，并在训练前、训练后的 1 分钟、1 小时、4 小时及 24 小时观察 LTP 效应。发现训练后的 4 小时及 24 小时，刺激前穿质纤维所诱发的群体锋电位的振幅较训练前明显增大。其中记忆保持好的动物（24 小时后重新测试时正确率在 70% 以上者），其 LTP 效应增大显著，记忆差的动物（24 小时后复训时正确率在 20% 以下者）LTP 效应增大不明显。对照组（即灯光与电击无规律地结合）诱发的群体锋电位无明显变化。另一方面，影响学习和记忆的因素往往也能影响诱发 LTP。反之，影响 LTP 的因素或药物也能影响学习和记忆过程。上述实验资料告诉人们 LTP 与学习和记忆过程有一定相关性，可能是学习和记忆神经基础之一。

有关 LTD 在学习和记忆中的作用的报道远没有 LTP 与学习和记忆相关的报道多。从神经网络的角度来看，要组成一个能学习的神经网络，LTD 和 LTP 都是必需的。小脑的细胞构筑，平行纤维和爬行纤维的相互作用在这种神经网络中起着关键性的作用。当爬行纤维传递代表运动操作错误的信号时，LTD 将会消除代表操作错误信号的突触传递，所以推测 LTD 在运动学习中起着不断纠正操作错误的重要作用。Gilbert 和 Thach（1977）曾训练猴用前肢负重，前肢的动作要不断调整以适应负荷重量的变化。发现作这种适应性动作时，浦氏细胞产生复杂锋电位，而通过平行纤维激活该细胞只产生简单电位。一旦前肢动作重新调整以适应已经改变的负荷状态、复杂锋电位发放即恢复到原来水平，而简单锋电位仍保持在压抑状态。这一结果说明在作适应性动作时，平行纤维激活的简单锋电位受到压抑，这种压抑被认为是由于在平行纤维与浦氏细胞的突触传递上产生了 LTD 造成的。另一个例子就是 LTD 在经典眨眼条件反射中的作用。这种条件反射的记忆痕迹认为是在小脑的间位核,在正常情况下由于浦氏细胞的抑制作用使声音不引起眨眼,只有使声音和刺激角膜（吹气）重复结合,从而产生 LTD,消除了浦氏细胞的抑制作用而使声音引起眨眼。Thompson 等（1986）还发现在出现习得性眨眼行为前浦氏细胞的简单锋电位放电减少,而在未经训练的动物上这种简单峰电位接受声音刺激时放电增加。这些结果充分说明 LTD 及来自爬行纤维的信号在小脑运动学习中的重要作用。

11.1.6　学习和记忆的细胞和分子机制

习惯化和敏感化的神经机制

E. R. Kandel 在海兔上成功地揭示了习惯化和敏感化的突触机制。海兔是一种海

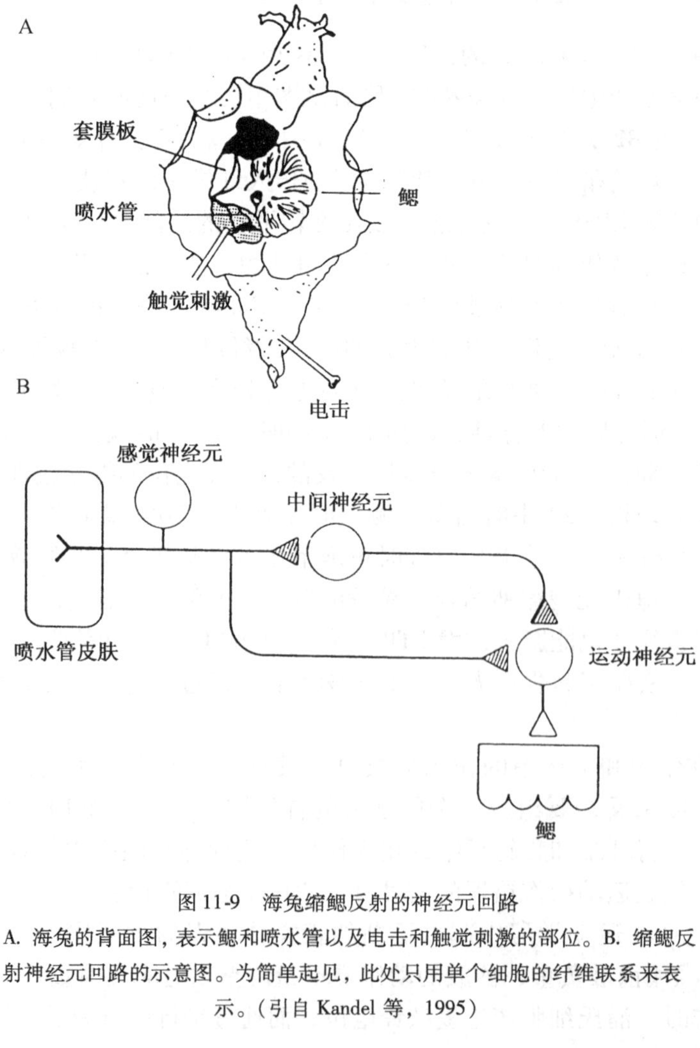

图 11-9　海兔缩鳃反射的神经元回路

A. 海兔的背面图，表示鳃和喷水管以及电击和触觉刺激的部位。B. 缩鳃反射神经元回路的示意图。为简单起见，此处只用单个细胞的纤维联系来表示。（引自 Kandel 等，1995）

洋软体动物，它有一个比较简单的神经系统，大约由 10^5 个神经细胞组成。其腹神经节中大约只有2000个神经细胞，其大小、位置、形状、色素沉着、放电形式以及化学递质都已清楚，为研究缩鳃反射习惯化和敏感化提供了十分有利的结构基础。

缩鳃反射的神经元线路是十分简单的。对喷水管皮肤的刺激能激活24个感觉神经元。这些神经元与鳃内6个运动神经元构成直接突触连接，而这些运动神经元又与肌肉细胞形成直接突触连接。感觉神经元也可经中间神经元再兴奋运动神经元（图11-9）。当触觉刺激作用于喷水管的皮肤时，感觉神经元即兴奋，使运动神经元和中间神经元产生兴奋性突触后电位。这些突触后电位经空间和时间的总和使运动神经元放电而导致缩鳃动作。如果这一刺激重复10次，则感觉神经元在运动神经元和中间神经元引起的突触后电位就逐渐减小，缩鳃动作也就减弱，以至最后不再有行为反应，这种习惯化可保持一段时间（图11-10）。Castellucci 和 Kandel 发现，突触后电位随习惯化而降低是由于每一个动作电位所引起的递质释放量的减少，其机制尚不完全清楚。目前认为递质释放减少部分是由于突触前膜上N型 Ca^{2+} 通道的失活（inactivation），造成钙内流减少，使递质释放减少。另一方面，习惯化也可能使可动员的突触小泡数减少，从而导致递质释放的减少。

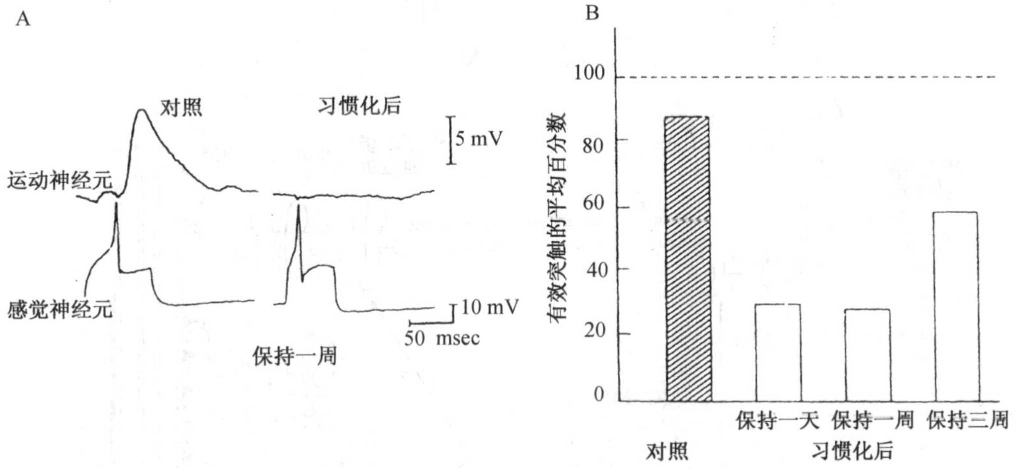

图11-10　海兔缩鳃反射长时程习惯化引起的突触传递效能的降低

A. 对照组（未经习惯化训练）和习惯化组海兔的感觉神经元和运动神经元之间突触传递效能的变化。训练停止后一周仍然不能在运动神经元记到突触电位。B. 直方图分别表示长时程习惯化训练后1天、1周或3周可测得的具有传递功能的突触的平均百分数。（引自 Kandel 等，1995）

这种习惯化能保持多久呢？如果每个实验日给10次刺激，则经过一个实验日的训练，能保持数分钟，称短时程的习惯化。如果经过4个实验日或更多的重复刺激，则可产生长时程的习惯化，可保持3周以上。在未经训练的海兔上感觉神经元与某一运动神经元之间的突触连接90%是有效的，即兴奋的感觉神经元中90%可激活运动神经元而产生缩鳃动作，经4个实验日的习惯化后第一天和一周后只有30%能引起运动神经元的兴奋，3周后也只恢复到60%（图10-7）。因此，短时程习惯化包含突触传递效能的短暂下降，而长时程习惯化很可能产生一种更长期和更深刻的变化，使与学习相关的突触连接功能发生长时程的变化。

敏感化也被看作是一种学习形式，这乃是由于伤害性刺激的存在而使动物对原有的刺激的反应产生持续的增强。习惯化要求动物学会不理会一种特定的刺激，因为它的后

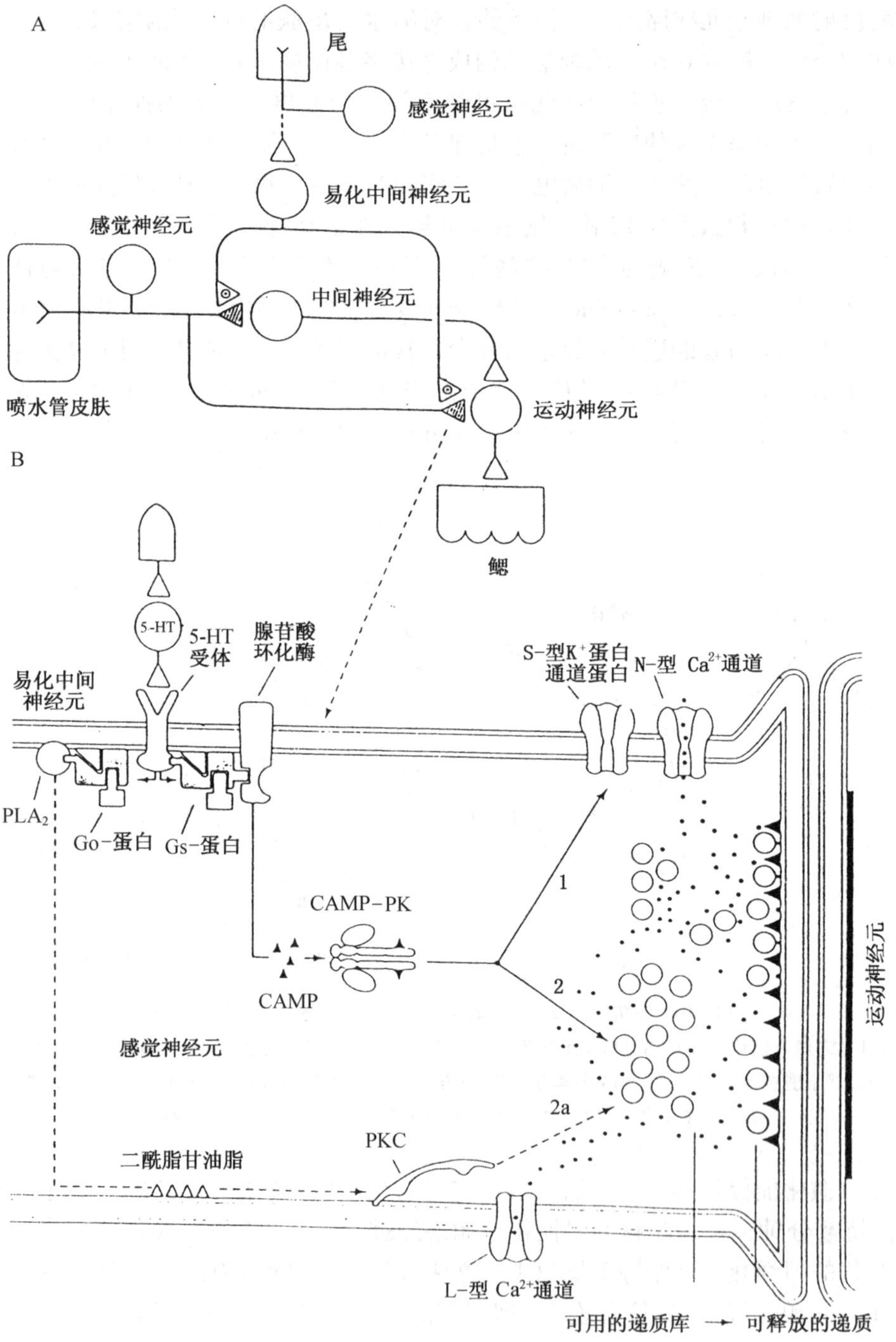

图 11-11　海兔缩鳃反射敏感化的突触前易化机制

A. 海兔缩鳃反射敏感化的神经元回路。B. 突触前易化在感觉神经元内所发生的一系列化学步骤的示意图。请参阅正文中的说明。（引自 Kandel 等，1995）

果是不重要的。敏感化则要求动物学会注意某一刺激，因为它伴随有可能的疼痛或危险的后果。当一种伤害性刺激出现在海兔的头部或尾部时，对重复刺激喷水管引起的缩鳃反射大大增强。敏感化可保持数天以至数周，视训练量多寡而异。

Kandel 等人的工作表明，敏感化的机制是突触传递效能的增强。传递敏感化作用的中间神经元终止于支配喷水管周围皮肤的感觉神经元的突触前末梢，能使感觉神经元的每一个动作电位所释放的递质量增加。介导敏感化作用的中间神经元所释放的递质是5-羟色胺（5-HT）。5-HT 通过一系列的步骤使 Ca^{2+} 内流增加而导致感觉神经元递质释放的增加，最终造成行为上的敏感化。图 10-8 是这一机制的模式图。首先 5-HT 与 5-HT 受体结合，再通过 G_s 蛋白的作用使腺苷酸环化酶（adenylyl cyclase）的活力增强，从而使感觉神经元末梢内的 cAMP 增加，cAMP 激活 cAMP 依赖的蛋白激酶（cAMP-dependent protein kinase，c-AMP-PK），然后再使 K^+ 通道磷酸化，改变通道的构型而降低 K^+ 电流，延长动作电位的时程，使 Ca^{2+} 内流增加（通过 N-型 Ca^{2+} 通道），促使递质释放增加。这一途径在图 11-11B 中以 1，2 表示。其次，5-HT 还可以通过使突触小泡从递质库（transmitter pool），移向活化区的可释放库（releasable pool）。这种移动依赖于 cAMP-依赖的蛋白激酶和蛋白激酶 C（protein kinase C，PKC）的协同作用。5-HT 激活 PKC 是通过另一种磷酸脂酶（PLA2），再刺激二酯酰甘油酯（diacylglycerol），再激活 PKC（图 11-11B 中的 2a，以虚线表示之）。

学习和记忆的分子基础

人们最感兴趣的问题无疑是长时记忆的问题。长时记忆和短时记忆有着不同的神经基础，长时记忆可能与新蛋白的合成有关。近年来由于分子生物学的飞速发展，长时记忆分子机制的神经生物学研究也有了令人瞩目的进展。

新近的工作表明，从无脊椎动物到哺乳类动物，在长时记忆的编码方面（encoding of long-term memories）可能有共同的分子机制，其中转录因子 CREB（cAMP response element-binding protein）在长时记忆过程中起着关键性的作用。

关于 cAMP 在学习和记忆过程中的作用已有不少报道，首先在海兔缩鳃反射敏感化和习惯化的简单模型上证明了这一点。与敏感化有关的中间神经元释放，5-HT 与受体结合后可引起腺苷酸环化酶的激活而产生第二信使 cAMP，使递质释放增加，将 cAMP 直接注入感觉神经元可模拟 5-HT 的作用，能触发短时程的易化，相反 PKA（cAMP-dependent protein kinase）的抑制剂可阻遏这两种形式的易化。这些结果表明在海兔缩鳃反射的习惯化和敏感化过程中 cAMP 的作用是关键性的。另外，在两种突变型的果蝇上也证明了 cAMP 在学习过程中的重要性。一种是 dunce 突变型（cAMP phosphodiesterase 有缺陷），另一种是 rutabage 突变型（calcium/calmodulin responsive adenylyl cyclase 缺损），这两种突变型果蝇的学习都有很大的损伤。有报道认为，在果蝇上也是短时记忆不需要蛋白的合成，而长时记忆则需要合成新蛋白。在哺乳动物可以说还没有直接的证据，只是在海马脑片的 LTP 模型上研究了 cAMP 的作用。Kandel 实验室的工作表明，LTP 有两个时相：早时相和晚时相。早时相 LTP（early phase of LTP，E-LTP）持续不到 3h，并且不受蛋白合成抑制剂的影响。晚时相 LTP（late phase of LTP，L-LTP）需要合成新的蛋白分子。cAMP 可诱导产生 L-LTP，而 PKA 的抑制剂可干扰 L-LTP 的保持。因此认为

cAMP 信号通路在 LTP 的蛋白合成依赖性时相中起关键性作用。由于海马在陈述性记忆中起重要作用，因此人们推测海马脑片上的结果也可用于阐明长时记忆的神经机制。

那么，cAMP 如何来介导蛋白合成依赖的记忆（即长时记忆）呢？最近的研究提示，一个提高 cAMP 水平的信号传输通路（signaling pathway）可能触发新的基因转录。在这一通路上被递质激活的腺苷酸环化酶产生细胞内的 cAMP，然后 cAMP 与蛋白激酶 A（PKA）的调控亚基结合而释放能转移到细胞核的催化亚基，同时使与 cAMP-反应成分结合的蛋白（cAMP response element-binding protein，CREB）磷酸化。PKA 在位点 Ser-133 上使 CREB 磷酸化，在这一位点上的磷酸化促使 CREB 与另一个蛋白（CREB-binding protein）结合。Ser-133 的磷酸化以及它与 CREB -结合蛋白的联合可易化基本的转录机制，从而激活 CREB -调控的基因。CREB 在长时记忆过程中起重要作用首先是在海兔上获得证据的，我们知道 5-HT 可以使缩鳃反射敏感化，以前也曾报道，5-HT 可使体外培养的单个感觉神经元和运动神经元间的突触传递增强，同时也增强新蛋白的合成，重复施加 5-HT（不是单独一次）可使 PKA 的催化亚基转移到海兔神经元的细胞核内，在核内可以使转移因子磷酸化，依赖于 PKA 的转录过程被认为参与 CREB 相关蛋白的合成。长时程施加 5-HT 或 cAMP 类似物可使一个具有启动子中含有 CREB -结合位点的报道基因（reporter gene）激活，如果神经元含有不能在 Ser-133 磷酸化的 CREB 突变蛋白也就不能激活报道基因，因此认为 CREB 的修饰在信号传输通路中是一个重要的环节。

近年来采用转基因或基因剔除（knockout）等技术可培育出所需要的突变型，在果蝇和小鼠上都成功地进行了这方面的工作。在一种 CREB 的 α 和 δ isoforms 缺损的小鼠上证明它的长时记忆受到明显的影响，而短时记忆则不受影响。可以期待在不久的将来这方面的研究将会有较大的进展。

11.1.7 神经递质和神经肽对学习和记忆的调控

学习和记忆过程受递质和神经肽的调节是早已为人们所熟知的事实。不少工作表明，中枢胆碱能系统与记忆有关，阿托品中毒可影响新近记忆。学习训练后注射拟胆碱药物氧化震颤素可增强记忆的保持（retention），而将抗胆碱药物东莨菪碱注入侧脑室或海马则使学习减慢，记忆保持减弱。先天性胆碱乙酰化酶活力降低的小鼠的记忆保持能力较差。另一个对学习和记忆过程有重要调节作用的递质是去甲肾上腺素。安非他明能增强记忆的保持，利血平可破坏记忆的保持。大量实验结果表明，在情绪兴奋状态下释放的肾上腺素对事件记忆的贮存有增强作用，β -肾上腺素受体阻断剂可以拮抗这种增强作用。GABA 是中枢神经系统内重要的抑制性递质，它对学习和记忆也有重要的调节作用。GABA 局部注射于相关的大脑皮层运动区或感觉区可暂时地抑制条件反射的出现。在训练后注射 GABA 的拮抗剂对记忆保持有增强作用，而注射 GABA 的激动剂则使记忆保持遭到损坏。这里需要指出的是，由于记忆是随时间而变化的神经过程，所以上述效应均有时间的依赖关系，即这些药物必需在训练后一定的时间内注射才有效，时间间隔过长则没有效。

关于神经肽对学习和记忆的调节作用，曾经最引人注意的是加压素对记忆保持的增强作用。1964 年 De Wied 报道，切除垂体后叶的大鼠，其条件性回避反应的消退加速，如注射垂体后叶的抽提物则可以减慢消退的速度。这一实验结果说明加压素有易化记忆巩固（memory consolidation）的作用。关于加压素增强记忆巩固的作用机制尚未完全阐明，有的工作认为是由于加压素影响了动机（motivation），有的则认为加压素能调制记忆的储存。梅镇彤等（1990 年，1991 年）的一系列工作表明加压素对学习和记忆过程的调制作用主要是通过它对边缘系统功能的调节来实现的。

80 年代初人们注意到阿片肽对学习和记忆的调节作用。在大鼠主动回避实验中亮氨酸脑啡肽（leu-enkephaline，LEK）和甲硫脑啡肽(met-enkephaline，MEK)均能破坏学习过程,而剂量增大时则能使其恢复到正常水平,因此这类肽的剂量—反应曲线是倒 U 字型的。阿片受体的激动剂 Levorphanol 同样可以破坏记忆保持，而它的拮抗剂纳洛酮则可增强记忆的保持。将这两种药物在训练后分别注入杏仁核也可产生上述两种不同的效应。

在正常情况下，递质和神经肽在对学习和记忆过程的调节中常常是相互作用的，因此研究它们之间的相互作用是更为重要的。J. L. McGaugh 发现分别全身注射肾上腺受体激动剂或阿片受体拮抗剂或 GABA 受体拮抗剂均能增强记忆保持。如果同时注射其中两种，而剂量均低于作用剂量时仍能产生同样的记忆保持增强效应。因此他认为这些药物的作用机制很可能是共同的。另一方面，β-肾上腺受体的拮抗剂可以阻断阿片受体和 GABA 受体拮抗剂对记忆保持的增强作用，所以认为阿片肽和 GABA 对记忆的影响似乎是通过 β-肾上腺受体起作用的。McGaugh 的工作还表明，这些调节记忆贮存的递质和神经肽是在杏仁核团内相互作用的。

11.1.8 记忆功能障碍

遗忘症（amnesia）是指贮存新的信息或回忆过去贮存的信息产生困难，是脑疾患的常见症状，如长期酗酒、脑炎、脑部受伤、电惊厥治疗以及缺氧等均表现有遗忘症状。在很多神经和精神病中，其他运动，感觉和认知等功能障碍出现的同时常伴有记忆功能的缺损。在出现痴呆时也伴有遗忘，最明显的就是阿尔茨海默病、巴金森氏症和亨廷顿舞蹈病等。因此记忆功能障碍的研究对神经和精神病的诊断和治疗是十分重要的。另一方面，有关记忆功能障碍的临床研究对了解记忆过程的神经基础，特别是了解人的记忆功能是动物实验所不能代替的，必须予以足够的重视。

临床上把记忆障碍分为两类，即顺行性遗忘症（anterograde amnesia）和逆行性遗忘症（retrograde amnesia）。凡不能再储存新近获得的信息的称为顺行性遗忘症，上述海马和颞叶皮层损伤所引起的记忆障碍就属于这一类。本症多见于慢性酒精中毒者，如科尔萨科夫氏精神病（korsakoff 's psychosis），主要表现为新近记忆的严重障碍。凡正常脑机能发生障碍之前的一段时期内的记忆均已丧失的，称为逆行性遗忘症，患者不能回忆起紧接着本症发生前一段时间的经历。一些非特异性脑疾患（如脑震荡、电击等）和麻醉均可引起本症，即不能从长期贮存的记忆中回忆，尽管知道这些记忆还是保存着的。

遗忘症可能有功能性的原因，但更普遍的是由于神经系统损伤或疾患所引起的。功能性的遗忘是一种精神病学的紊乱。据推测，这种遗忘的起因往往是由于思想冲突和压抑，其表现各不相同，入院病人的典型症状是精神紊乱或惊恐，对于过去的事情（尤其是其本人的经历）丧失记忆。病人通常不能想起自己的姓名，但是学习新事物的能力几乎都是完好的。紊乱状态消失以后，丧失的记忆通常在一周内恢复，但入院前 1 ~2 天的事情仍然不能恢复记忆。遗忘症的发生有许多原因，例如颞叶切除，长期酗酒、脑炎、头部受伤、电惊厥治疗以及缺氧等。海马和颞叶联合皮层对人类和灵长类的记忆具有重要的意义，因此这些部位的损伤是造成记忆障碍的主要原因。在遗忘症病人，反射性记忆和陈述性记忆有不同的表现。海马损毁的病人可以和正常人一样很快学会来解很复杂的机械难题，但事后他不记得见过这种难题和解决过这种难题。颞叶或间脑损伤的遗忘症患者能够相当好地学会某种操作。这种病人不能完成包含陈述性记忆的作业，而能很好地完成包含反射性记忆的作业。当学习任务包含两种型式的记忆时，这种遗忘症患者只记得这一学习任务的某些方面，而不记得别的。因此这种病人能学会复杂的技巧，而不能回忆起这些技巧形成的规则和程序。脑自然衰老最早出现的症状就是记忆功能的衰退，老年性记忆功能的衰退主要表现为新近记忆的障碍和短时记忆的损伤，所以对近年的事物产生遗忘，学习新事物感到困难，而对早年经历的记忆保持较好。正因为记忆障碍的原因是地方面的，所以改善记忆的措施也必须是多样的。神经递质对学习和记忆过程有重要的调节作用。在有些退行性病人脑内神经递质系统有明显的变化，最常见的如阿尔茨海默症被认为与脑内胆碱能系统退行变性有关；又如巴金森氏症的病因是黑质等核团的多巴胺神经元退行变性。因此用神经递质本身或受体的激动剂或拮抗剂来进行治疗是改善遗忘症的重要手段。但近年来认为这种治疗的方法只是一时性地改善症状，而不能改善神经元的退行变性，最终是不能治愈。因此提出神经营养因子用于治疗神经元退行变性病的设想，并已开始了这方面探索性的研究。

（梅镇彤）

§11.2 大脑联合皮层与认知

Brodmann 根据细胞构筑的不同，对人和猴的大脑皮层进行了分区（图 11-12）。从功能上来分，大脑皮层由感觉皮层、运动皮层和联合皮层组成。感觉皮层包括视皮层（17 区），听皮层（41，42 区），躯体感觉皮层（1，2，3 区），味觉皮层（43 区）和嗅觉皮层（28 区）；运动皮层包括初级运动区（4 区）、运动前区和辅助运动区（6 区）；联合皮层包括顶叶联合皮层、颞叶联合皮层和前额叶联合皮层。联合皮层不参与纯感觉或运动功能，而是接受来自感觉皮层的信息并对其进行整合，然后将信息传至运动皮层，从而对行为活动进行调控。联合皮层之所以被这样称呼，就是因为它在感觉输入与运动输出之间起着“联合”的作用。

大脑联合皮层具有典型的 6 层结构。在系统发生上，随着动物从低等向高等进化，联合皮层亦从不发达到比较发达，最后进化到如灵长类及人类那样高度发达的联合皮层。在个体发育中，联合皮层是中枢神经系统成熟得最晚的结构（人的联合皮层到生后几个月才开始出现髓鞘化）。根据 Haeckel 法则，系统发生上出现最晚、个体发育中成熟最迟的联合皮层参与大脑高级认知功能。有关联合皮层功能的实验研究多数是在猴上进行的。关于猴联合皮层的分区，除了上述的 Brodmann 分区外，还有其他分区法（图 11-13）。

11.2.1 顶叶联合皮层参与触知觉、空间知觉和眼球运动控制

人类顶叶联合皮层包括 Brodmann 5 区、7 区、39 区和 40 区，猴顶叶联合皮层包括 Brodmann 5 区和 7 区（图 11-12）。对于猴顶叶联合皮层，Pandya 又把其划分为 PE，PF，PFG 和 PG 等区（图 11-13）。5 区主要接受初级躯体感觉皮层（1、2、3 区）和丘脑后外侧核（nucleus lateralis posterior，LP）的投射，而 7 区主要接受纹状前视区（prestriate visual areas）、丘脑后结节（pulvinar）、颞上回、前额叶皮层和扣带回（23、24 区）的投射。5 区和 7 区尽管有着不同的输入来源，但却有着共同的投射靶区，这些靶区包括运动前区、前额叶皮层、颞叶皮层、扣带回、岛回和基底神经节。不同的是，5 区更多地投射到运动前区和运动区，而 7 区投射到那些与边缘结构有联系的颞叶亚区（5 区则没有这种投射）。此外，7 区还直接向旁海马回投射，并接受来自蓝斑和缝际核的投射。因此，5 区可能更多地参与躯体感觉信息及运动信息的处理，7 区则可能主要参与视觉信息处理，并参与运动、注意和情绪调节等功能。

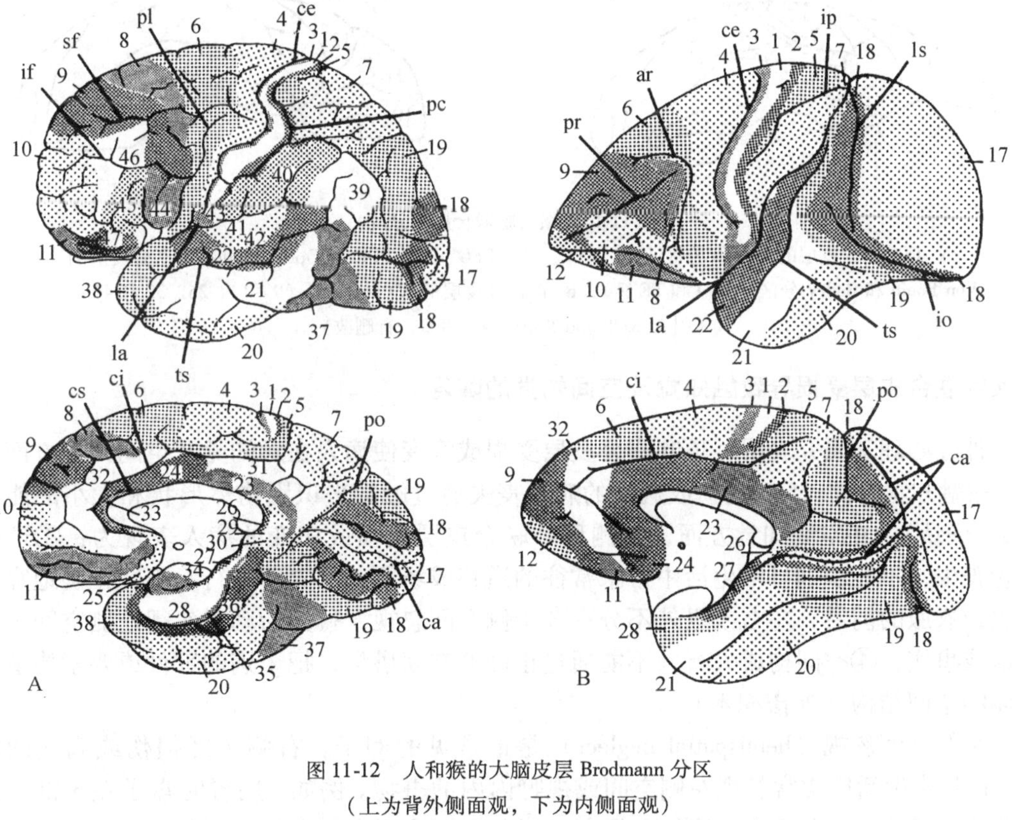

图 11-12　人和猴的大脑皮层 Brodmann 分区

（上为背外侧面观，下为内侧面观）

A. 人大脑皮层分区；B. 猴大脑皮层分区

ar，弓状沟；ca，距状沟；ce，中央沟；ci，扣带沟；cs，胼胝沟；if，额下沟；io，枕下沟；ip，顶间沟；la，外侧裂；ls，月状沟；pc，中央后沟；pl，中央前沟；po，顶枕沟；pr，主沟；sf，额上沟；ts，颞上沟。

（引自 Fuchs and Phillips，1989）

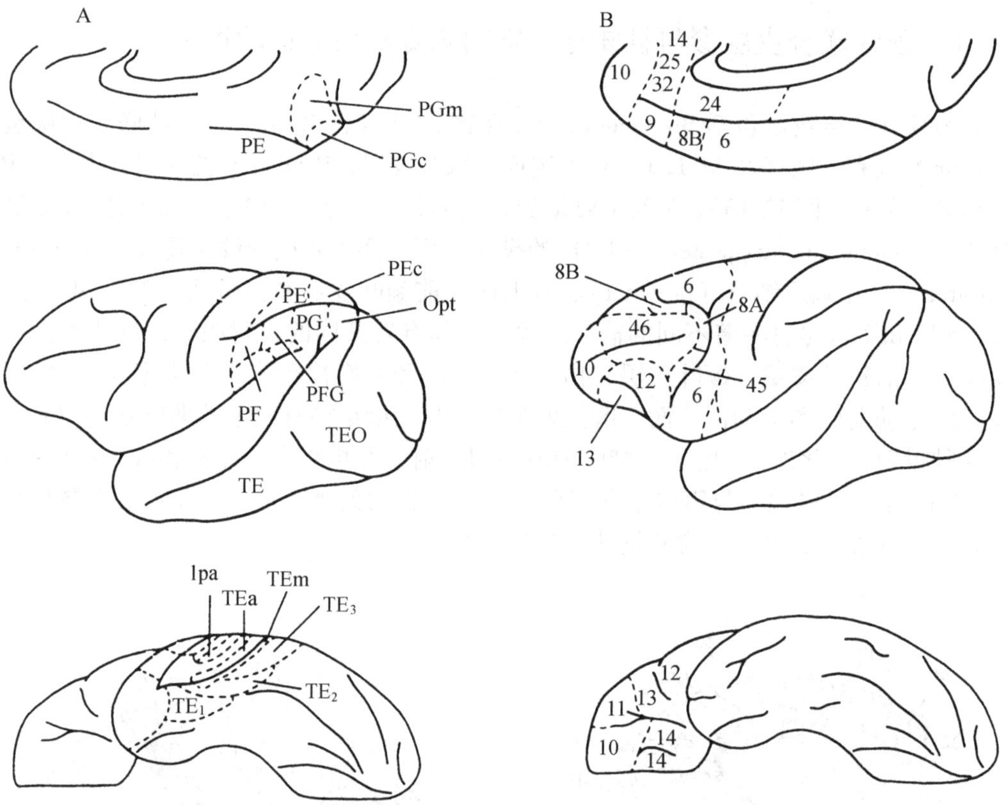

图 11-13 猴大脑联合皮层分区

A. 顶叶联合皮层的 Pandya 分区（PE、PEc、PF、PFG、PG、PGm 和 Opt 区）和颞下联合皮层的 Von Bonin 和 Bailey 分区（TEO 和 TE 区）；B. 前额叶皮层的 Walker 分区（9～14、25、32 和 46 区）。（引自 Kolb and Whishaw，1990，有删改）

人顶叶联合皮层受损导致触知觉及空间知觉的障碍

神经心理学研究表明，顶叶联合皮层受损或病变使病人在触知觉及空间知觉方面异常. 在触知觉方面，5 区受损或病变的病人丧失通过触觉来识别物体形状和大小的能力(触觉失认)。在空间知觉方面，右侧顶叶联合皮层受损或病变的病人表现为：①地理概念丧失，不能识别日常生活中常来常往的道路或场所；②衣着失行，不能正确地穿着衣服，衣服的前后、左右或里外不分；③半侧空间忽视，行为活动时忽视左侧空间中的要素或事实；④空间构成失行，不能通过正确的空间搭配，把个别的部件或要素构造成整体的空间结构（如搭积木）。

半侧空间忽视（hemispatial neglect）是最常见的例子。右侧 7 区损伤或病变的病人，在日常生活中常常忽视左侧空间或视野内内的事物。例如，用餐时盘子左半部分的饭菜剩下不吃；路上行走时该往左拐弯时不左拐。检测半侧空间忽视的方法很多，图画临摹和线条等分分割是常用的两种方法。例如，当要求病人临摹一朵花时，病人只描绘右半部，忽视左半部；当要求病人把一条直线进行二等分分割时，病人总是忽视线条的左半部分，把右半部分当作一整体进行分割（图 11-14）。

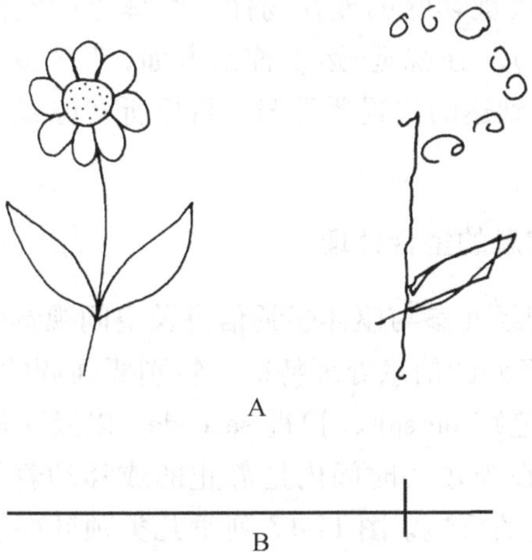

图 11-14　半侧空间忽视的实例

A. 右侧顶叶联合皮层损伤的病人临摹的花卉图（左为样图，右为病人的临摹图）；B. 右侧顶叶联合皮层损伤的病人“等分”分割的直线。

（引自 Fuchs and Phillips，1989）

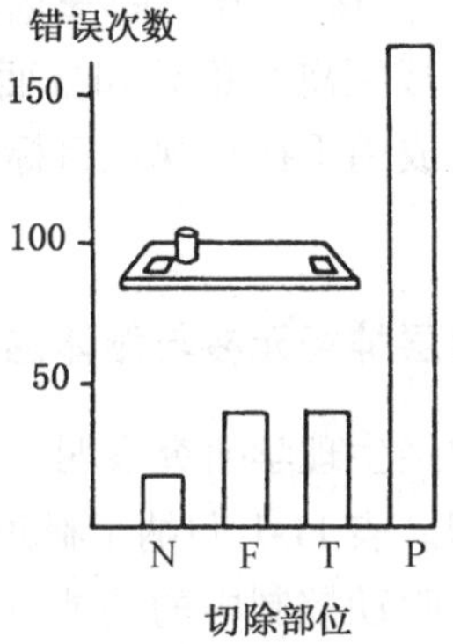

图 11-15　猴对物体和物体间远近关系的分辨学习

猴前方左右放置两个盒子，两个盒子之间有一个圆柱形物体。圆柱形物体的位置可左右移动。靠近或远离圆柱形物体的盒子下面有食物。要求猴学会辨别两个盒子与圆柱形物体之间的空间位置关系，到靠近或远离圆柱形物体的盒子下面去取食物。纵坐标为猴学会这一任务所要的平均犯错次数。N、正常对照猴；F，额叶切除猴；T，颞叶切除猴；P，顶叶切除猴。

（引自 Fuchs and Phillips，1989，有删改）

猴顶叶联合皮层切除损毁导致精细触知觉、空间知觉及视觉-运动的障碍

切除损毁研究表明，猴顶叶联合皮层在精细触知觉、空间知觉及视觉-运动控制等功能方面起着关键的作用。在精细触知觉方面，5 区被切除的猴通过触觉来分辨物体的重量和形状的能力受损，前肢位置感觉丧失，捉握反应亦发生障碍，温度差（小于

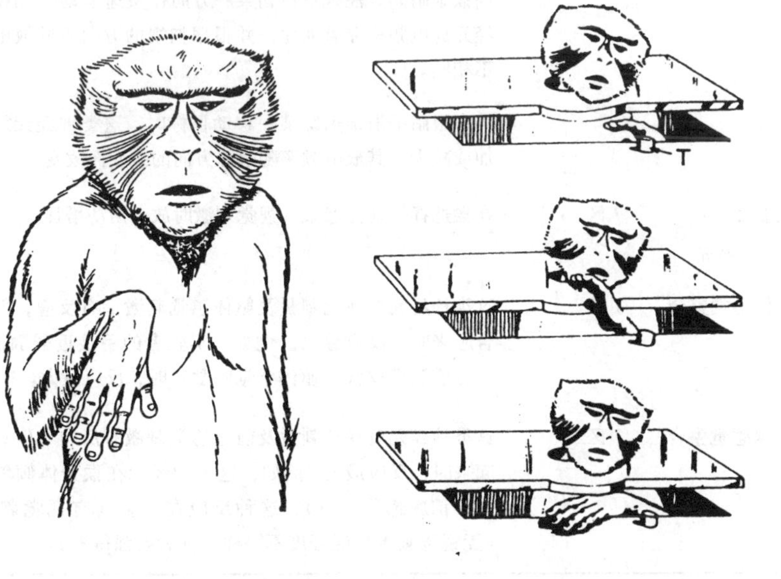

图 11-16　顶叶 7 区切除后猴的视觉-到达运动（visual-reaching）操作

7 区被切除后，猴不能完成用手接近视觉目标的操作，手实际到达的位置严重偏离视觉目标（T）所在的位置。（引自 Faugier-Grimaud、Frenois and Stein，1978）

12℃时）分辨障碍。在空间知觉方面，5 区及 7 区被切除的猴在物体和物体之间空间关系（如远近或距离）的认知方面受损（图 11-15）。在视觉-运动控制方面，7 区被切除的猴不能完成用手接近视觉目标的操作，手实际到达的位置严重偏离目标所在位置（图 11-16）。

顶叶联合皮层神经元参与躯体感觉及视觉空间信息的整合处理

行为神经生理学研究表明，顶叶联合皮层神经元参与躯体感觉信息及空间视觉信息的整合处理。表 11-1 归纳了猴顶叶联合皮层神经元的信息处理特征。特别要强调的是 7 区神经元在眼动控制中的功能（注视 fixation、追踪 pursuit、扫视 saccade，以及手眼协同）。由于这些功能，动物和我们人类的眼睛能在极短的时间内把静止的或移动着的视觉目标迅速地扑捉住，并在必要时对其作出迅速的反应。图 11-17 列举几类顶叶联合皮层神经元的放电活动。

表 11-1　猴顶叶联合皮层神经元的信息处理特征

神经元类型	分布部位	信息处理特征
1. 复杂躯体感觉神经元	5 区	与特定的身体姿势相关；对皮肤与关节的复合刺激起反应。
2. 视觉-运动神经元	5 区，7 区	在手眼一致运动，即手主动接近视觉目标的过程中放电活动增强。
3. 眼球运动神经元	7 区	
a. 注视神经元		当猴眼睛注视某一目标时（实验时猴子的头部固定），这类神经元放电频率显著增加或减少，其放电频率随注视位点的空间方位或远近程度而改变。
b. 扫视神经元		当猴眼睛离开注视目标朝某一方向作快速运动（扫视）时，这类神经元放电频率显著变化，并根据扫视的方向不同放电变化的幅度亦不相同。
c. 追踪神经元		当猴眼睛平滑地追踪某一移动目标时，这类神经元放电频率显著增加或减少，其放电频率随追踪方向的改变而改变。
4. 视觉注意神经元	7 区	在猴选择性地注意某一视觉刺激时放电活动增强。
5. 异种感觉整合神经元		
a. 视觉与躯体感觉整合	7 区	这类神经元对视觉刺激及躯体感觉刺激都有反应，但只有当两者结合起来时，反应最大。例如，实验者的手接近猴颚部（视觉刺激）并触摸颚部皮肤（躯体感觉刺激）时，反应最大。
b. 视觉与平衡感觉整合	7 区	这类神经元对视觉刺激及前庭感觉刺激有反应，但只有当两者结合起来时，反应最大。例如，这类神经元在猴身体倾斜时放电活动增强（前庭感觉反应），这种反应在明室（有视觉刺激）与在暗室（无视觉刺激）时强度不一样（前者要强得多）。

以上简述了顶叶联合皮层的功能。概述之，顶叶联合皮层 5 区主要参与躯体感觉信息的整合，而 7 区则主要参与视觉空间信息的整合。

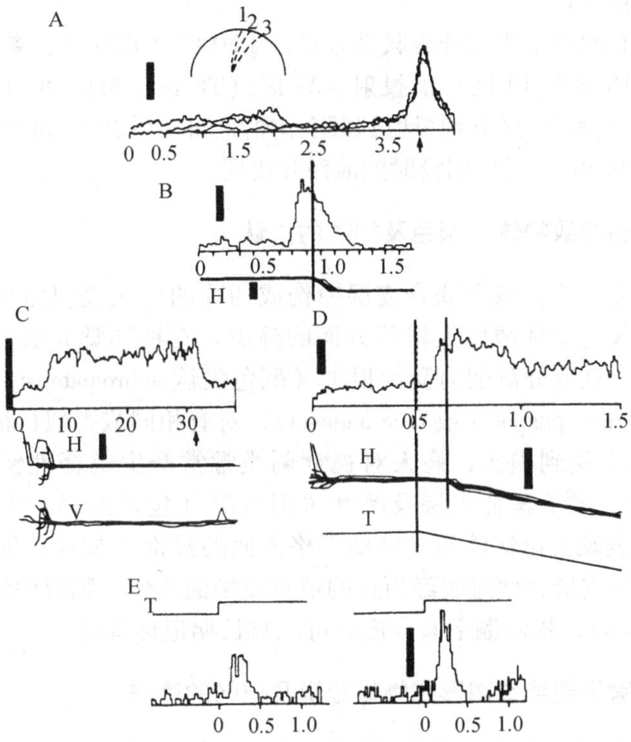

图 11-17 顶叶联合皮层神经元的活动模式

A. 视觉-运动（visual-motor）神经元。这一神经元在猴用手接近目标1、2、3的过程中放电活动增强。箭头表示手接触到目标的时刻。B. 扫视（saccade）神经元。这一神经元在猴眼睛作水平方向（H）扫视前150ms左右放电活动增强。C. 注视（fixation）神经元。这一神经元在猴眼睛注视某一目标时放电活动增强。箭头代表奖励出现的时刻。D. 追踪（persuit）神经元。这一神经元在猴视线平滑追踪水平方向（H）慢速移动的目标（T）时，放电活动增强。E. 视觉注意神经元。这一神经元对出现在注视位点外周的目标光点（T）产生反应（左图）。当要求猴对目标光点（T）的亮度变化（变暗）进行检测时，这一反应变得更大（右图）。每一直方图横坐标的时间单位为秒；与直方图对应的垂直黑色粗棒表示每秒50个放电脉冲；与眼动图（EOG）对应的垂直黑色粗棒表示20度视角（B图和C图）或10度视角（D图）。H，水平方向眼动图；V，垂直方向眼动图。

（引自 Fuchs and Phillips，1989）

11.2.2 颞叶联合皮层参与形状知觉和相貌认知

颞叶联合皮层由三部分组成：与听觉信息处理相关的颞上回（Brodmann 22 区）；与视觉信息处理相关的颞下回（Brodmann 20、21 和 37 区）；与记忆和情感相关的颞叶古旧皮层或称内侧颞叶（梭状回，旁海马回，海马及杏仁核）。本节仅介绍颞下联合皮层的视觉信息处理功能。

颞下联合皮层有四类主要的纤维联系方式：①20 区（TEO 区，参阅图 11-13）接受来自纹状前视区（18 区和 19 区）的投射，21 区（TE 区；参阅图 11-13）则接受来自 20 区的投射；②20 区和 21 区分别投射到颞上沟的底部；③20 区和 21 区分别投射到颞叶古旧皮层；④20 区和 21 区分别投射到前额叶皮层。

人颞下联合皮层受损导致物体、颜色及相貌的失认

神经心理学研究表明，颞下联合皮层损伤或切除的病人表现为视知觉（颜色、物体和相貌认知）以及记忆和情感人格等方面的障碍。在视知觉方面，病人对颜色、熟悉的物体和面孔的识别或分辨能力受到损害（颜色失认 achromatopsia、物体失认 object agnosia 和相貌失认 prosopagnosia 或 face agnosia），对有相同或类似特征、性质的事物加以组织和分类的能力受到损害，病人对视觉刺激常常产生解释性错觉（interpretative illusion，即变形视）。颞下联合皮层及颞叶古旧皮层（包括海马、杏仁核及旁海马回等）受损的病人还表现为记忆障碍及情感人格方面的异常（如性功能亢进等）。此外，电刺激病人颞下联合皮层会使过去经历过的情景或场面在病人脑海中浮现，即所谓的经验幻觉（hallucination），提示颞下联合皮层可能与长期记忆有关。

猴颞下联合皮层切除损毁导致图形或物体分辨及记忆的障碍

切除损毁研究表明，猴颞下联合皮层与物体或图形的识别、分辨以及短期、长期记忆密切相关。20 区、21 区被切除后，猴对复杂特征的图形的分辨学习能力受损（图 11-18），对特征相近的物体或图形进行分类的能力受到伤害。21 区被切除后，对这些复杂特征的物体或图形的记忆能力受到损害。

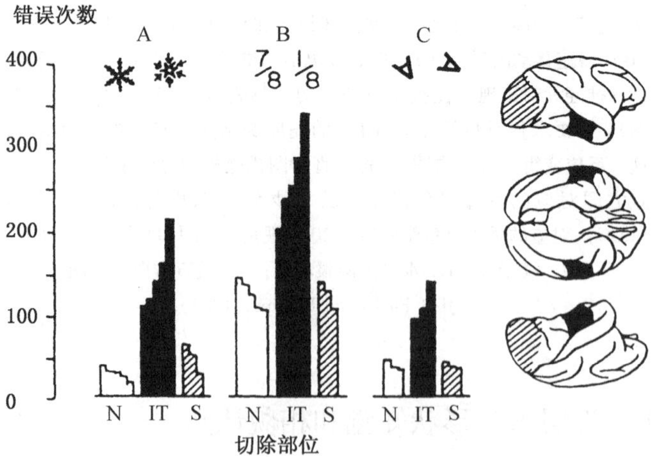

图 11-18 猴的图形分辨学习

A、B，C 为三对图形。纵坐标为达到学会标准所要的犯错次数。N，正常对照猴；IT，颞下回切除猴；S，纹状皮层切除猴。（引自 Fuchs and Phillips，1989；有删改）

猴颞下联合皮层神经元参与图形或物体识别、记忆及相貌认知

行为神经生理学研究表明，猴颞下联合皮层（20 区和 21 区）存在对复杂图形或物体进行识别、分类及记忆的神经元（表 11-2）。21 区和颞上沟（superior temporal sulcus，STS）底部存在对特定相貌起反应的神经元。图 11-19 为一例对特定形状图形起反应的 21 区神经元；图 11-20 为一例对特定相貌起反应的 21 区神经元。

表 11-2　猴颞下联合皮层神经元的信息处理特征

神经元类型	分布部位	信息处理特征
1. 形状识别神经元	20 区，21 区	这类神经元对某一特异形状的图形起反应。当这一图形的大小变化时，神经元的反应幅度也随着改变，但对这一图形的类似图形或它的旋转图形没有反应。
2. 形状分类神经元	21 区	这类神经元对某一特异形状的图形起反应。这种反应不因图形的大小、颜色、亮度等物理属性的改变而改变。对这一特异图形的类似图形或它的旋转图形有相似的反应，但对构成该图形的要素没有反应。
3. 图形/物体记忆神经元	21 区	这类神经元参与对图形或物体的短期或长期记忆。
4. 相貌认知神经元	21 区，STS 底部	这类神经元选择性地对人或动物的相貌起反应，对相貌以外的复杂刺激没有反应。

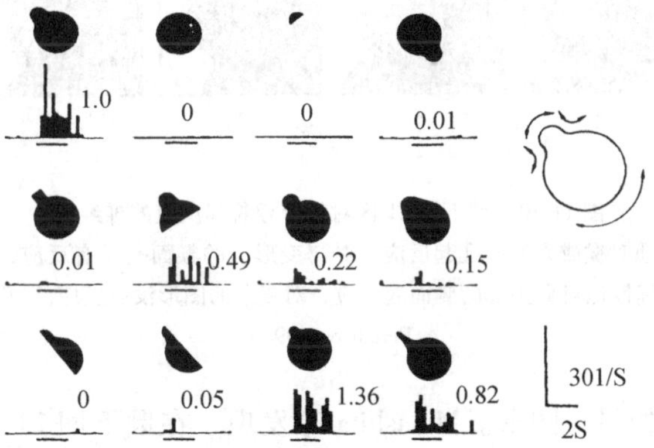

图 11-19　颞下回 21 区对特定形状的图形起反应的神经元
每一图形下面是该神经元放电活动的直方图。直方图下面的横线代表图形刺激时间。（引自 Tanaka，1996）

Miyashita 等训练猴操作一种图形联想式记忆任务。他们把 24 个复杂的图形固定搭配成 12 对。实验时，猴用手压下一个压板启动任务操作，一秒钟后，计算机荧屏上呈现 12 对图形中任意一对图形中的任意一个图形，呈现时间为 1 秒（暗示图形），经过 4 秒钟的延缓期后，荧屏上出现两个图形，其中一个是与暗示图形固定搭配的，另一个是其他 11 对（即 22 个）图形中的任意一个。要求猴去触摸与暗示图形固定搭配的那个图形，然后获得少量的橘汁作为奖励。要正确地完成这一任务，猴必须在延缓期内联想

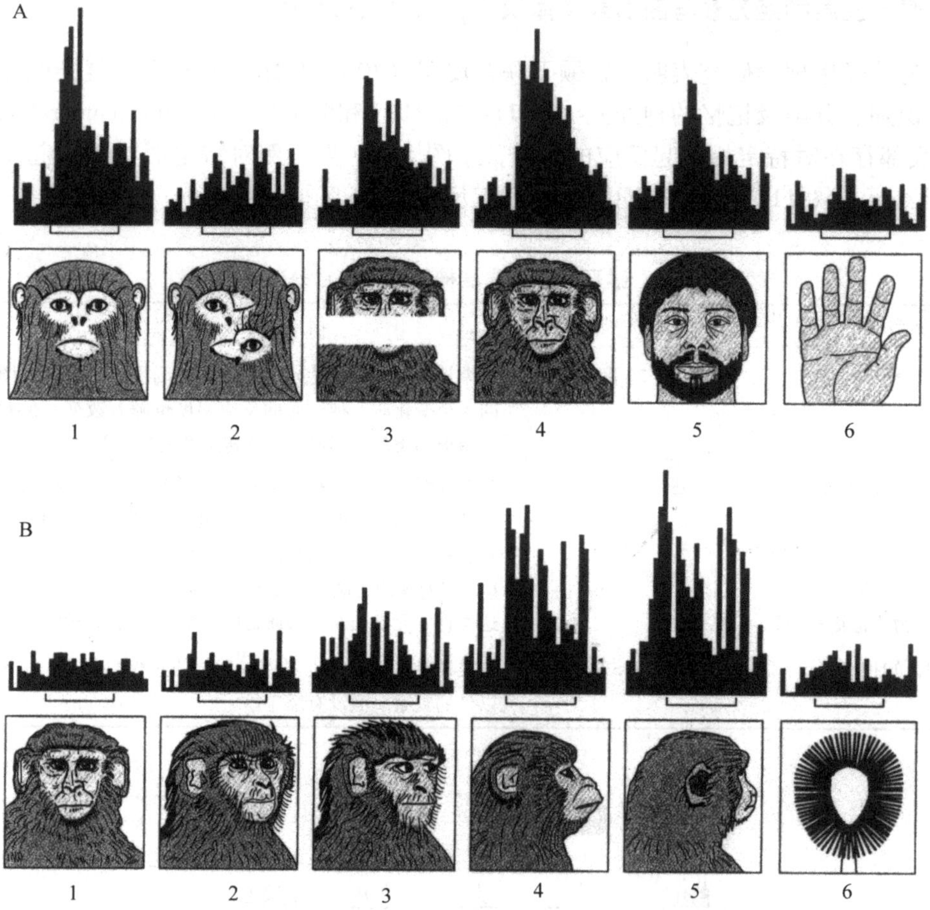

图 11-20　颞下回 21 区对特定相貌起反应的神经元

A. 这一神经元选择性地对猴或人的面孔起反应，对“变形”的猴面孔没有反应，对手的图形也没有反应；B. 这一神经元选择性地对猴头部的侧面起反应，对复杂的图形没有反应。(引自 Bear、Connors and Paradiso，1996)

与暗示图形固定搭配的另一图形。Miyashita 等发现，在颞下回 21 区有两类神经元：一类为配对编码（pair-coding）神经元，这类神经元只对某一对特定的图形有最大反应。另一类为配对回忆（pair-recall）神经元。这类神经元在猴看到某一特定图形后，联想与之固定搭配的另一图形的时候（即，在延缓期内）放电频率显著增大。Miyashita 等认为，配对编码神经元与猴对特定图形的长期记忆有关，而配对回忆神经元与猴联想某一特定图形的神经过程有关。

以上简述了颞下联合皮层的功能。概述之，颞下回 20 区和 21 区参与对图形或物体的特征识别与分辨，21 区参与对图形或物体特征的短期或长期记忆，21 区和颞上沟底部参与相貌认知。

11.2.3 前额叶联合皮层参与注意力调节、情感人格及工作记忆

前额叶联合皮层在解剖学上具有几个显著的特征：位于大脑新皮层的最前方；具有显著发达的颗粒第Ⅳ层；接受丘脑背内侧核的直接投射；具有广泛的传入传出纤维联系。动物从低等向高等进化，前额叶联合皮层面积也相应地变得越来越大。灵长类（包括人类）具有最发达的前额叶联合皮层。在人类，前额叶联合皮层占整个大脑皮层面积的29%左右。

人类前额叶联合皮层由Brodmann的9～14区及45～47区组成（图11-12）。11～14区及47区总称为前额叶眶回；9、10、45和46区总称为前额叶背外侧部（有些作者把8区和44区也归纳到前额叶皮层的范畴）。猴前额叶联合皮层由Brodmann的9～12区组成（图11-12）。Walker把猴前额叶联合皮层划分为9、10、11、12、13、14、25、32和46区（图11-13）。由于Walker的分区法已被普遍接受，下文凡涉及到猴的前额叶联合皮层，均采用Walker分区法。

前额叶联合皮层有着极丰富的皮层及皮层下纤维联系。前额叶皮层与纹状前视区、颞叶联合皮层、顶叶联合皮层有着交互的纤维联系。前额叶皮层是唯一与丘脑背内侧核有交互纤维联系的新皮层，也是唯一向下丘脑有直接投射的新皮层。前额叶皮层与基底前脑、扣带回及海马回有直接或间接纤维联系。前额叶皮层发出纤维投射到基底神经节（尾核和壳核），等等。这种复杂的纤维联系决定了前额叶皮层功能上的复杂性。

人前额叶联合皮层受损导致注意力分散、反应抑制障碍及情感人格异常

神经心理学研究表明，人类前额叶联合皮层受损导致多种多样的功能异常。比较典

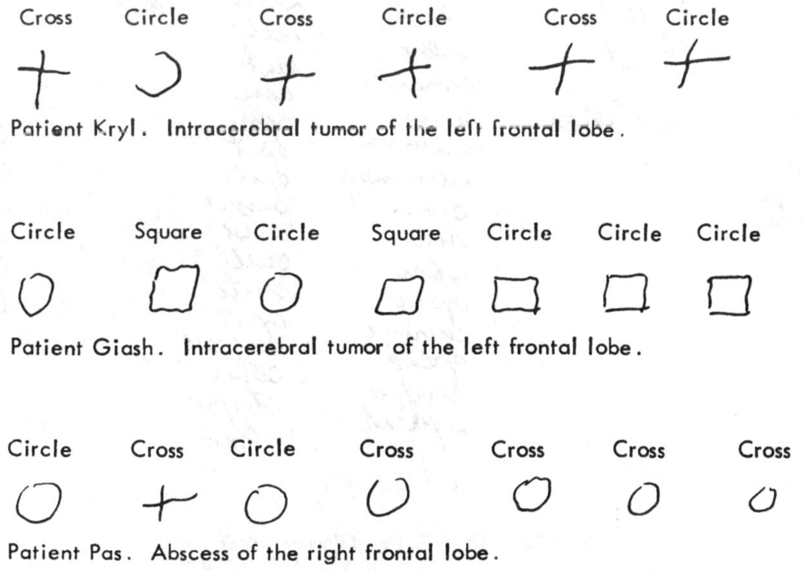

图11-21 前额叶病人根据文字提示进行的图形摹写
（引自Luria，1966，有删改）

型的几种情况是：①前额叶病人注意力调控能力低下，很难把注意力集中到被特别暗示的事情上，容易受无关刺激的干扰。病人要么注意力容易分散，要么注意力很难在不同的事物或不同的行为操作之间进行切换。②前额叶病人常常不能根据暗示信号调整自己的行为。例如，要求病人根据文字提示摹写一串简单的图形或符号，病人通常能正确地摹写出第一个、甚至亦能正确地摹写第二个。但是，越到后来，病人就无法再根据文字暗示进行摹写，而是一个劲儿重复绘第一个或第二个图形（图 11-21）。也就是说，前额叶病人很难抑制已建立起来的行为模式。③前额叶病人的联合学习和工作记忆能力低下。所谓工作记忆（working memory），指动物或人在进行某种复杂的认知任务操作（如下棋、思维、推理、行为的计划和组织、语言交流，等等）时，脑内“在线”式地短暂储存某种必要的信息的神经过程。④前额叶病人的发散思维（divergent thinking）能力及策略形成能力受到损害。病人很难列举出有相同或类似特征的一系列事物，例如在规定的时间内尽可能多地写出具有相同特征的英文词（图 11-22）；不能形成有效的策略来解决问题。⑤前额叶病人的社会及情感行为表现异常。例如，病人盲目乐观，生活态度无节制，随意说谎，伴有儿童行为；性犯罪、色情亢进及盗窃等反社会行为；对外部世界发生的事情漫不关心，缺乏积极意义的行动意欲。⑥左侧前额叶 45 区（Broca 语言区）受损或病变的病人丧失讲话能力，即 Broca 失语（Broca's aphasia）。

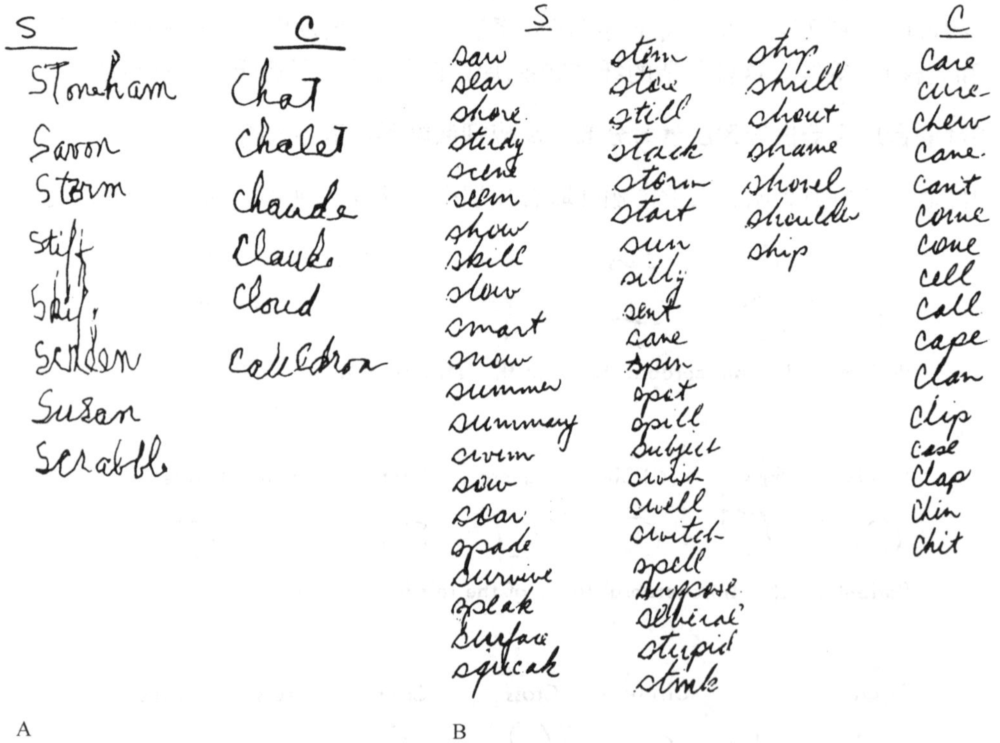

A　　　　B

图 11-22　词汇流畅（word fluency）检测

要求受试者在规定时间内尽可能多地写出“s”开头的单词或“c”开头、由四个字母组成的单词。

A. 前额叶病人的操作；B. 正常人的操作。（引自 Luria，1966）

猴前额叶联合皮层切除损毁导致空间记忆能力低下

切除损毁研究表明，猴前额叶联合皮层大致可分为5个功能亚区（图11-23）：弓状沟凹（8区）参与眼球运动控制；主沟区（46区）参与空间工作记忆；前额叶上凸部（9区）参与运动感觉分辨（kinesthetic discrimination）；前额叶下凸部（11，12和13区）参与反应抑制；内侧眶回（14区）参与嗅觉分辨及社会情感行为调控。

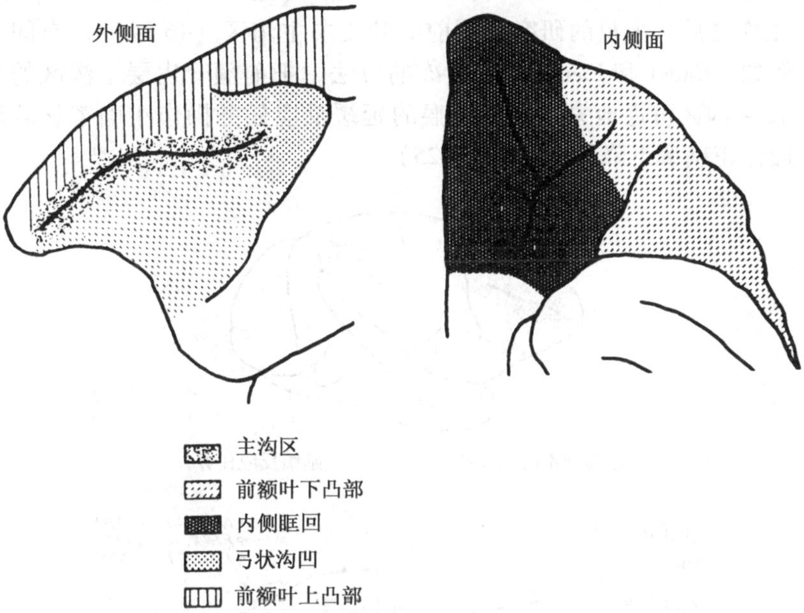

图11-23　基于切除损毁的猴前额皮层功能分区

（引自 Rosenkilde，1979）

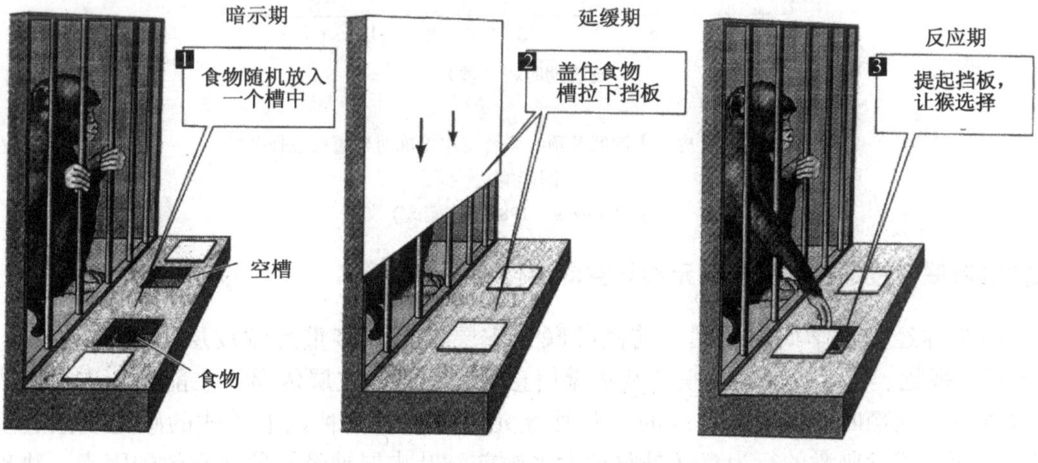

图11-24　检测空间工作记忆的经典延缓反应任务

（引自 Bear、Connors and Paradiso，1996）

本世纪30年代，Jacobsen首先报道，前额叶被切除后，猴的短时空间记忆能力受到严重损害。短时空间记忆的经典行为模型是延缓反应任务（delayed-response，简称DR任务；参阅图11-24）。DR任务一般都有三个时期：暗示期（cue）、延缓期（delay）和反应期（choice）。要求猴在几秒或几十秒的延缓期内把被暗示的某一空间位置记住，然后在反应信号出现后对被暗示的空间位置进行操作。这种短时程的、对空间位置的"在线"（on-line）记忆近年来亦被称作空间工作记忆（spatial working memory），或空间表象记忆（spatial representational memory），或活动记忆（active memory）。在Jacobsen的开创性工作之后，大量的研究表明前额叶皮层主沟区（46区）是空间工作记忆的关键区域。例如，Bauer和Fuster通过冷冻的方法，把前额叶皮层主沟区的局部温度降低至20℃，使主沟区可逆地失活，发现猴的延缓反应任务操作正确率显著地下降，延缓期越长，操作正确率下降越多（图11-25）。

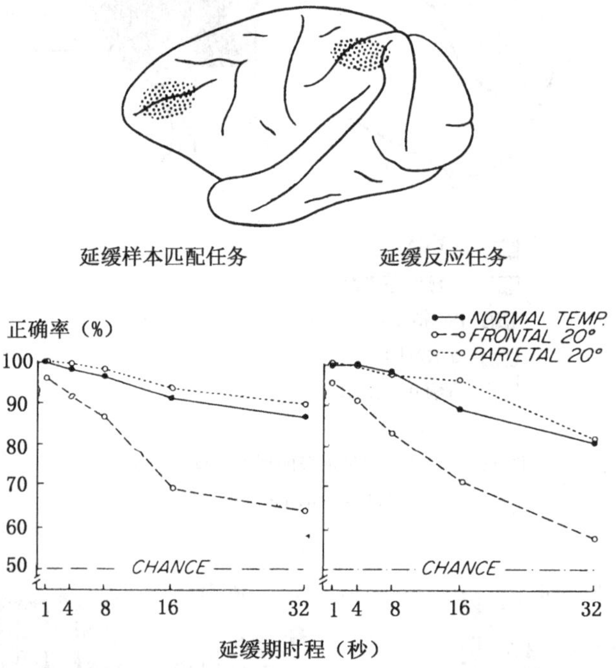

图11-25　前额叶皮层主沟区及顶叶联合皮层冷冻对延缓反应任务的不同影响

（引自Fuster，1989；有删改）

猴前额叶联合皮层主沟区神经元参与空间工作记忆

行为神经生理学研究表明，前额叶联合皮层是个"多重感觉皮层"（polysensory cortex）。视觉、听觉、触觉、嗅觉及味觉信息都向前额叶皮层传递，在前额叶皮层进行整合处理。前额叶皮层背外侧部的一些神经元对两种或两种以上模式的感觉刺激起反应。然而，感觉刺激的行为意义是驱动大多数前额叶皮层神经元的最有效的因素。物理性质完全相同的刺激，由于在不同的场合暗示不同的行为意义，引起的前额叶皮层神经元的反应也很不相同。

在前额叶联合皮层的诸多功能中，研究得较为深入的是空间工作记忆。70 年代初，Fuster 和 Kubota 分别率先在神经元水平上研究了前额叶皮层的空间记忆功能。Fuster 等训练猴进行延缓反应任务操作：实验者在猴前方左右位置上放置两只盒子，当着猴的面在左边或右边的盒子下放置食物（暗示期）。然后拉下一挡板挡住猴的视线，不让猴子看到食物盒子（延缓期）。几秒或几十秒后重新拉起挡板，让猴子翻盒子取食（反应期）。每一次测试中，猴必须在延缓期内记住左右两个盒子中哪个盒子里放有食物，才能在反应期做出正确的反应选择（参阅图 11-24）。Fuster 等发现，前额叶皮层主沟区有一类神经元选择性地在左边暗示或右边暗示测试的延缓期内放电持续增加（图 11-26）；延缓期结束，这类神经元的放电活动也随之结束；如果某一次测试中没有出现延缓期放电，猴在反应期内的位置选择也出错；如果暗示期内不在盒子里放置食物（“假”暗示），延缓期放电也不出现，猴在反应期内也不作任何反应选择。Fuster 等认为，前额叶皮层主沟区的这种延缓期放电代表着对空间位置信息的短时记忆。与此同时，Kubota 等在猴前额叶皮层主沟区开展了类似研究。Kubota 等采用的是空间工作记忆的另一个经典行为模型，即延缓交替任务（delayed-alternation，简称 DA 任务）。他们的结果同样表明，前额叶皮层主沟区一类神经元在延缓期内负责编码暗示位置的空间信息。

图 11-26　前额叶皮层主沟区神经元的延缓期放电活动
（引自 Fuster，1989；经过修改）

在 Fuster、Kubota 以及后来许多关于前额叶皮层神经元在空间工作记忆中的作用的研究中，一个没有很好地得到排除的因素是，实验猴在延缓期内有可能把眼睛“锁定”（lock at）在被暗示的空间位置上，因而延缓期放电活动实际上可能并不代表对空间位置信息的记忆，而是与猴的眼睛“锁定”暗示目标有关（后来的研究发现前额叶皮层的确存在这类神经元）。直到 1989 年，Funahashi、Bruce 和 Goldmen-Rakic 才真正地把前额叶皮层主沟区神经元的活动与空间工作记忆机制关联起来。Funahashi 等训练猴操作眼动延缓反应任务（oculomotor delayed response，简称 ODR 任务）。ODR 任务是这样设计的（图 11-27A）：猴用眼睛注视出现在计算机显示器中央的、形状为“x”的光点

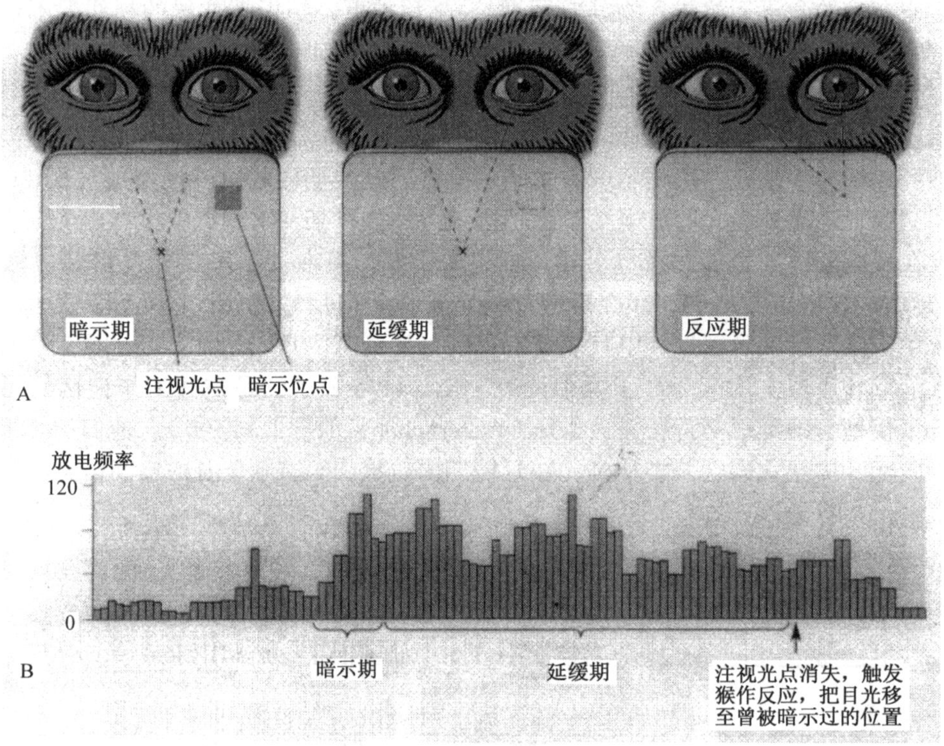

图 11-27　检测空间工作记忆的眼动延缓反应任务（A）和前额叶皮层神经元的延缓期放电活动（B）
（引自 Bear、Connors and Paradiso，1996；经过修改）

以启动任务操作。在猴注视“x”的过程中，一方块光斑在围绕“x”的外周位置（0°、45°、90°，135°、180°、225°、270°或 315°八个位置中的任意一个位置）上闪烁 0. 5 秒（暗示期）。然后是 4. 0 秒的延缓期。在暗示期和延缓期内，要求猴把眼睛一直注视着“x”光点（否则该次测试强行结束，重新开始下一次测试）。延缓期结束后，“x”光点消失，触发猴做行为反应。反应方式是：猴移动眼睛，把目光移至暗示期内被暗示的外周位点上。正确反应后，猴可以得到奖励（通常是桔子汁或水）。因此，猴必须在延缓期内在眼睛不能移动的情况下记住八个空间位置中哪一个是被暗示的位置，才能作出正确的反应选择。

Funahashi 等发现，前额叶皮层主沟区许多神经元在延缓期内放电频率持续增加。（图 11-27B）由于猴的眼睛在延缓期内一直注视着中央位点，因此，延缓期放电活动的确反映了猴对被暗示的空间位置信息的“在线”记忆。而且，这些延缓期相关神经元具有空间“记忆野”（memonic field），它们有各自最适的空间记忆位置（图 11-28）。

前额叶主沟区接受来自顶叶联合皮层的纤维投射。顶叶联合皮层在空间视觉（spatial vision）中起关键作用。视觉信息传至初级视皮层后，视觉信息中的空间成分（如视觉刺激的运动方向、朝向、远近以及组成刺激的各要素之间的空间关系，等等）传

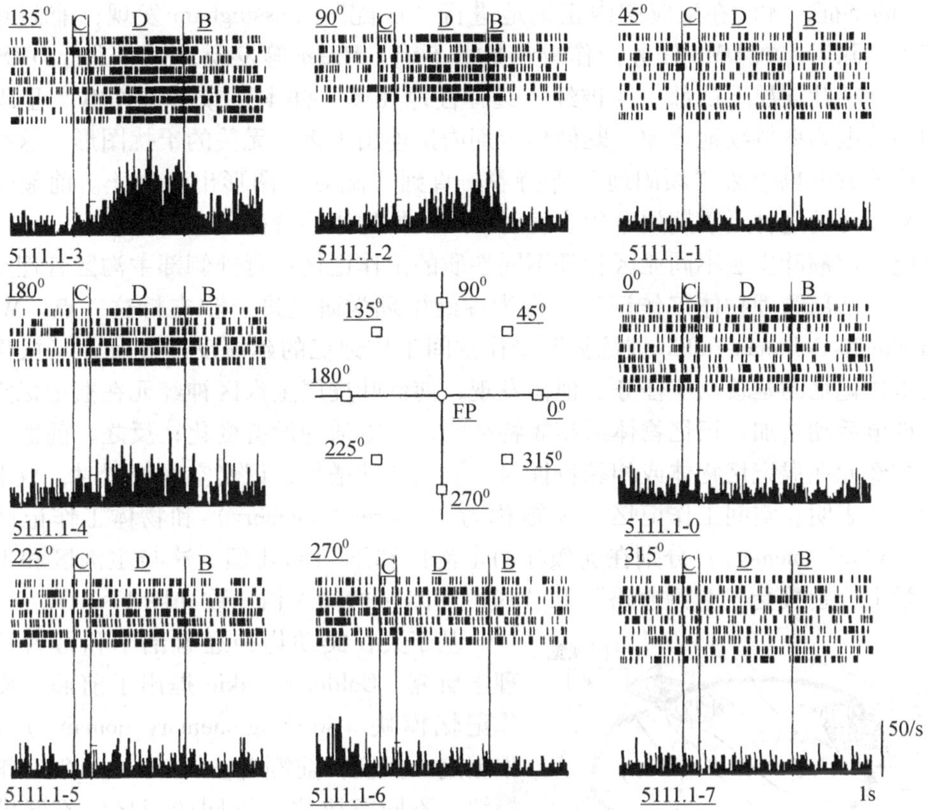

图 11-28　具有空间“记忆野”的前额叶皮层主沟区神经元

这一神经元只有当猴在记忆 135°的暗示位点时，延缓期放电活动最强。c，暗示期；d，延缓期；r，反应期。（引自 Goldman-Rakic，1996）

至顶叶联合皮层，在此加工处理形成空间知觉（这就是所谓的视觉空间信息处理的“背侧通路” dorsal pathway；参阅图 11-29）；经过整合的空间信息再由顶叶联合皮层传至前额叶皮层主沟区，在此形成空间工作记忆。另一方面，前额叶下凸部（12 区和 45 区）接受来自颞下联合皮层的纤维投射。颞下联合皮层在物体视觉（object vision）中起关键作用。视觉信息传至初级视皮层后，视觉信息中的特征成分（如颜色、形状、模式和相貌，等等）传至颞下联合皮层，在此加工处理形成物体知觉（这就是所谓的视觉特征信息处理的“腹侧通路” ventral pathway；参阅图 11-29）；经过整合的特征信息再由颞下皮层传至前额叶皮层下凸部，在此形成物体工作记忆（object working memory）。

与前额叶主沟区在空间工作记忆中的作用一样，前额叶皮层下凸部在物体工作记忆中的作用也得到了神经心理学和神经生理学研究的支持。延缓样本匹配任务（delayed matching-to-sample，简称 DMS 任务）是检测物体工作记忆的经典行为模型。DMS 任务的设计原则如下：假定有 A 和 B 两个物体或图形。在暗示期内给猴呈现 A 或 B 物体或图形（“样本”），然后延缓一段时间。延缓期结束后，给猴同时呈现 A、B 两个物体或图形，要求猴去翻动暗示期呈现过的那个物体或去触摸暗示期呈现过的那个图形（“匹配”）。正确操作后，猴可获得奖励。要正确完成这一任务，猴在延缓期内必须记住

“样本”的特征，才能在反应期内正确地进行“匹配”。Passingham 发现，前额叶皮层下凸部被切除后，猴 DMS 任务操作成绩显著下降。Miller 等发现，猴在进行 DMS 任务操作时，前额叶皮层下凸部一些神经元选择性地在 A“样本”或 B“样本”呈现后的延缓期内放电频率持续地增加，既使延缓期内接连出现多个无关的干扰图形，这些神经元的延缓期放电也依然“顽固地”保持着，直到“配对”图形出现为止。前额叶皮层下凸部神经元的这种延缓期放电代表着对被暗示的物体的特征信息的记忆。

因此，前额叶皮层不同亚区管理不同性质的工作记忆：背外侧部主沟区管理空间工作记忆，下凸部管理物体工作记忆。行为神经生理学研究进一步支持这一点。Wilson、O'Scalaidhe 和 Goldman-Rakic 训练猴既操作空间工作记忆的延缓反应任务，又操作物体或相貌工作记忆的延缓反应任务。他们发现，前额叶皮层主沟区神经元在猴记忆空间位置时，放电活动增加，记忆物体或相貌特征时，放电活动没有变化；反之，前额叶皮层下凸部神经元在猴记忆物体或相貌特征时，放电活动增加，记忆空间位置时，放电活动没有变化。表明，空间工作记忆（又被称为“where“ memory）和物体工作记忆（又被称为“what” memory）分别在前额叶的主沟区和下凸部处理。这与主沟区和下凸部在解剖学上分别接受“背侧通路”和“腹侧通路”的输入相一致（图 11-29）。

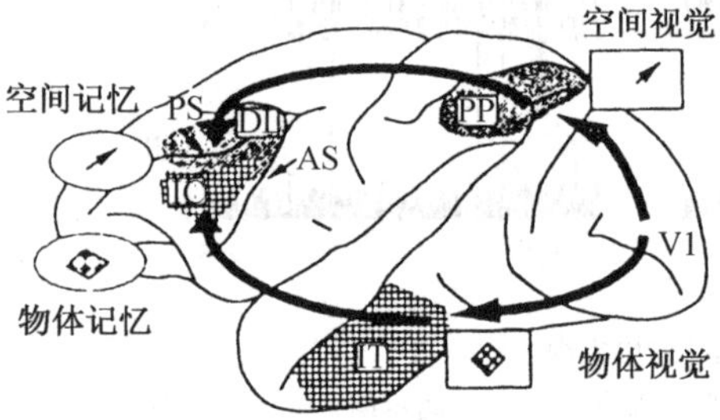

图 11-29 视觉空间信息和视觉特征信息的大脑皮层处理通路

PS，主沟；AS，弓状沟；PP，后顶叶；IT，颞下回；DL，前额叶皮层背外侧部；IC，前额叶皮层下凸部；V1，初级视皮层。（引自 Wilson、O'Scalaidhe and Goldman-Rakic，1993；有删改）

基于灵长类动物神经解剖学和行为神经生理学研究，Goldman-Rakic 提出了前额叶皮层工作记忆模块（working memory domains）假说。根据这一假说，前额叶皮层具有多个工作记忆模块，不同模块位于不同的亚区，不同模块主管不同性质的工作记忆。具体地说，前额叶皮层主沟区管理空间工作记忆；前额叶皮层下凸部管理物体或相貌工作记忆（图 11-29）；在人类，前额叶前端部分和/或更下部的区域管理与语言信息处理相关的工作记忆。Goldman-Rakic 认为，脑内存在多个模块化的、并列的工作记忆系统。Goldman-Rakic 的工作记忆模块假说得到了脑功能成像研究的支持。

以上简述了前额叶联合皮层的功能。概述之，前额叶联合皮层参与注意力调控及反应抑制；前额叶联合皮层在空间和物体工作记忆中起关键作用；前额叶联合皮层与性格、情感及社会行为调控密切相关。在人类，左侧前额叶联合皮层 45 区与运动性语言功能有关。

11.2.4 大脑两半球具有不同的认知能力

日常生活中，人们很难体验到大脑两半球在功能上有什么不对称。也许，唯一明显的例子是多数人具有利手。早在 1851 年，Broca 观察到左半球额叶受损导致言语障碍，患者不能讲话，而右半球对应区域受损不影响语言表达，大脑左半球在语言功能中扮演特殊的角色。Broca 首次证明大脑两半球的功能可能存在不对称性。从那以后，脑科学家们发现，某些行为更多地受左侧半球控制，而另一些行为更多地受右侧半球控制。例如，本世纪初，Liepmann 发现，左半球控制一些右半球不具备的特异运动功能；50 ~ 60 年代，Zangwill、Hecaen 及 Milner 等人发现，与左半球相比，右半球在视觉空间信息的处理方面更重要；60 年代后期，Geschwind 等的解剖学工作及 Sperry 等的裂脑人实验使人们确信，人类大脑左右半球在解剖结构及功能上是不对称的。

研究大脑两半球功能对称性或不对称性的常用方法有：第一，在单侧半球部分或全部受损（如中风或为缓解癫痫而进行手术切除）的情况下观察病人的行为变化；第二，单侧颈动脉注射 sodium amytal 选择性地使同侧半球短暂地失活（Wada 方法），观察受试者的行为变化；第三，裂脑实验。切断联络左右两半球的胼胝体（为防止癫痫从一侧半球向另一侧半球扩散，常常要给病人做这类手术），应用严格设计的心理生理学方法来检测两半球的功能；第四，应用现代脑功能成像技术，观察正常人在进行某种认知操作时的大脑两半球的活动。

Sperry 等率先利用裂脑病人研究大脑两半球的功能。裂脑实验方法如下：把裂脑病人一只眼睛的视线挡住，要求病人用另一只眼睛注视着屏幕的中央位点。实验者把字母或图形投射到病人的左侧和/或右侧视野的屏幕上，字母或图形呈现时间不长于 100ms，（这样可以保证单侧视野中的字母或图形刺激只被对侧大脑半球接受，而不会因为受试者可能发生的眼动被同侧大脑半球接受）。然后，要求病人用语言或用手触摸的方式来回答他所看到了什么（图11-30A）。另一种方法是，把裂脑病人一只眼睛的视线挡住，要求病人用另一只眼睛注视中央位点，实验者给病人短暂地呈现一张“杂合”面孔像，要求病人用语言或用手触摸的方法来回答他看到的是哪一张面孔（图11-30B）。应用这些精心设计的心理生理学方法，Sperry 等揭示了大脑两侧半球在某些功能上的相似性或差异性。

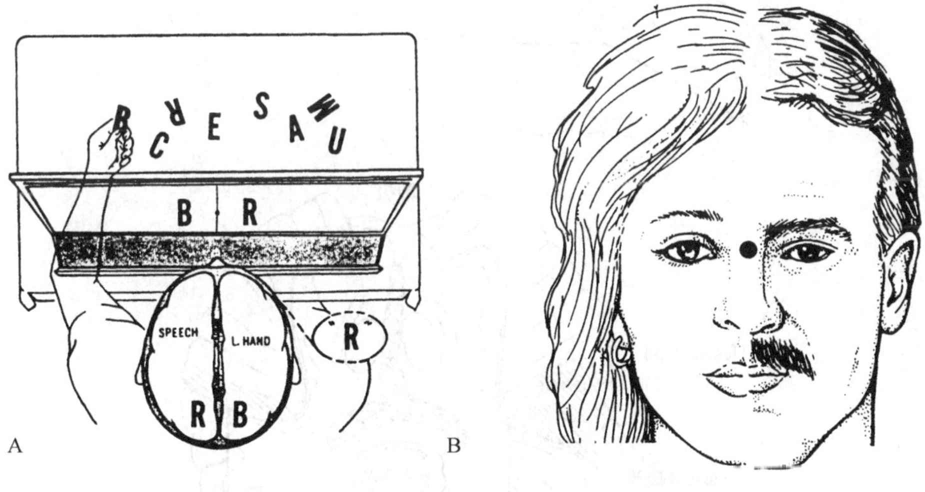

图 11-30　裂脑实验方法示意图（详细说明见正文）
（引自 Sperry，Gazzaniga，Bogen，1969；经过修改）

人类大脑两侧半球功能对称性

裂脑实验揭示，在很多情况下，左右两半球都具有独立的知觉、判断和感觉-运动整合功能。例如，用描述某种情景或事件的图片分别刺激裂脑病人的左右半球，左右半球都能够独立地感知图片表达的人际、社会或政治含义。再例如，用同一个物体分别刺激裂脑病人的左右半球，物体呈现在右半视野刺激左半球时，左手能够通过触觉在多个物体中找出刺激物体；物体呈现在左半视野刺激右半球时，右手也能够通过触觉在多个物体中找出刺激物体。这些实验表明，左右两半球能够分别对视觉经验和触觉经验进行整合。不仅如此，裂脑病人的左右手都能模拟呈现在对侧视野的手姿势，表明左右两半球能够独立完成要求复杂感觉运动整合的任务。上述三个例子说明，左右两半球在功能上具有完整性和独立性。

人类大脑两侧半球功能不对称性

裂脑实验揭示，左右两半球在某些功能上具有明显的不对称性。这种不对称性在语言功能方面表现得尤其突出。虽然左右两半球都能够独立地认知某种视觉刺激，但对视觉刺激的命名则是由左半球来实现的。例如，把“B”和“R”两个字母呈现在裂脑病人左、右视野。“B”字母刺激右半球，“R”字母刺激左半球。如果要求病人口头回答，病人总是说他只看到了“R”；如果要求病人用左手通过触觉在一组字母模型中找出他看到的字母，病人找出的是“B”。但有趣的是，如果要求病人口头确认他左手所选择的字母模型时，他坚持说他选择的是“R”（图 11-30A）。这一实验表明，如果一个任务要求用语言来反应，由左半球根据它接受到的信息来决定反应输出。

左半球语言优势不仅仅体现在命名，而且几乎体现在语言功能的其他所有方面。左半球在语言功能上的重要性还可以通过 Wada 方法来证明。例如，左侧颈总动脉注射 sodium amytal，使左侧半球短暂失活，受试的言语表达（speech）能力短时间全部丧失，

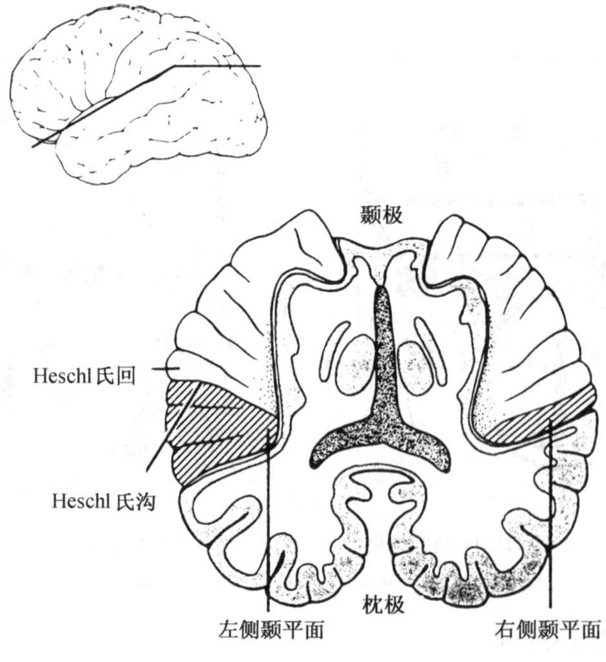

图 11-31　大脑两半球的颞平面的大小不对称
（引自 Kupfermann，1991）

但语言理解能力基本完好。另一方面，右侧颈总动脉注射注射 sodium amytal，使右侧半球短暂失活，受试者的言语表达和语言理解几乎不受影响。语言功能的半球优势在一定程度上还取决于利手。应用 Wada 方法，Rasmussen 和 Milner 发现，96% 的右利手受试者的语言优势在左半球，70% 的左利手受试者的语言优势也在左半球，而 15% 的左利手受试者的语言优势则在右半球。此外，有 15% 的左利手受试者没有明显的语言优势半球（左右半球都有同等的语言能力）。

功能不对称性与结构不对称性是相互联系的。最典型的例子是与语言功能相关的 Wernicke 区（22 区）和 Broca 区（45 区）。Wernicke 区所在的左侧颞平面及 Broca 区所在的左侧额叶盖比它们在右半球的对应区域要显著地发达（图 11-31）。另一个例子是与音乐功能相关 Heschl 脑回（即 Brodmann41 区和 42 区）。右半球 Heschl 脑回的面积比左半球对应区要显著地大。与此相对应，右半球的音乐功能优势于左半球。表 11-3 列出人类大脑左右两半球不对称的解剖学结构。表 11-4 列出现已知的人类大脑左右两半球不对称的功能。

表 11-3　人类大脑左右半球不对称的结构

解剖结构	优势半球
脑组织比重	左 > 右
外侧裂长度	左 > 右
岛回	左 > 右
扣带回	左 > 右
颞平面（temporale planum）	左 > 右
下顶小叶	左 > 右
枕叶宽度	左 > 右
侧脑室枕叶角长度	左 > 右
额叶盖（frontal operculum）总面积	左 > 右
体积	左 > 左
重量	右 > 左
Heschl 脑回（41，42 区）面积	右 > 左
内膝体	右 > 左
额叶宽度	右 > 左

表 11-4　人类大脑左右半球不对称的功能

功能	左半球优势	右半球优势
视觉	字母及单词的识别	复杂图形及相貌的识别
听觉	语言性声音	环境声音，音乐
躯体感觉		复杂形状的触觉识别
运动	复杂随意运动的控制	运动模式的空间组织
记忆	词语记忆	形状记忆
语言	听说读写	
空间能力		几何学，方向感觉
其他功能	数学能力	

大脑功能一侧化是大脑对颅内容积有限性和功能多样化的进化适应

人类大脑功能为什么会出现一侧化？在回答这个问题之前，首先必须考虑两点：第一，个体发育中，大脑功能一侧化是如何产生的？第二，大脑功能一侧化带来什么好处？

以语言功能为例。婴儿在出生前，与语言相关的大脑皮层区就已存在左右不对称。也就是说，婴儿在学习语言表达之前，左半球的结构优势就已存在。在婴儿期或儿童期，左半球受到伤害时，右半球会取代左半球行使语言功能。因此，左半球受损的儿童，经过一定时间以后，其语言功能会得到恢复。既然左右半球在个体发育过程中都有获得语言功能的潜力，那么，为什么多数人都表现为左半球语言优势呢？回答可能是，婴儿期业已存在的左半球结构优势使得语言功能优先在左半球发育。而语言的发育又反过来促使左半球语言区变得比右半球相应区更发达。

大脑功能越复杂、越高级，实现这一功能的神经网络联系随之变得越广泛、越复杂。连接大脑左右半球的主要通路是胼胝体，两侧半球通过胼胝体来协调各自的功能。假如每一种脑高级功能都要求左右两个半球来共同参与的话，胼胝体势必会变得越来越粗大，以致颅内空间无法容纳。因此，把复杂的高级脑功能局限在单侧半球内，可能是大脑对有限颅内空间的进化适应。这样，使左右两半球有所分工，以实现更多的高级功能。

在简述了人类大脑两半球结构与功能的不对称后，有几点需要提醒读者：第一，大脑结构与功能不对称既受遗传因素又受环境因素的影响（例如，性别和利手）。部分左利手及部分女性没有明显的功能一侧化；第二，功能一侧化不是绝对的。对于一些初级的感觉及运动功能，不存在一侧化现象。即便是语言功能，虽然左半球是优势半球，但右半球也具有语言能力；第三，大脑结构与功能不对称不只存在于人类，也存在于动物。例如，一些唱歌的鸟类（song birds）、猫、猴及类人猿都具有解剖上及功能上左右不对称的大脑。

§11.3 语言与语言障碍

语言是人类特有的通讯手段。语言在本质上是一套符号系统。人类借助语言交流思想，借助语言进行思维、推理。大脑的语言功能是心理学、人文学和神经科学研究的共同兴趣。现已知道，语言功能定位于大脑左半球。语言功能相关的大脑半球结构不对称在人类进化史上早在30万年前就已出现。人的语言潜能似乎在出生时就已存在。语言的普遍特征被认为部分起源于左半球语言相关皮层区域的特殊结构。从生物学意义上来讲，语言不是单一能力，而是一组能力，理解和表达就是其中的两个。语言理解和表达能力定位于左半球大脑皮层的不同区域。这些区域受损将导致不同表现形式的失语。对语言功能的神经基础的研究有助于我们理解大脑复杂的高级认知功能。

11.3.1 语言是人类独有的能力

语言的创造性、形式、内容和使用

语言以其创造性、形式、内容及用途区别于其他的人际交流方式。创造性：就像视觉并非感觉的简单集合，而是大脑对物理刺激创造性处理的结果一样，语言也是创造性的。我们学一种语言，不是靠简单地重复记忆库中的备用语句，而是通过理解那些创造有意义言语的规则来进行的。每当我们表达一个新的思想的时候，都会创造出独特的句子。语言听觉也是创造性的，我们能够在对方还没把句子说完时就知道他接下来要说什么。*形式*：语言是由种类有限的一组声音按一定规律的表意序列排列而形成的。人类能发出多种多样的声音，但世界上的每种语言都只建立在其中少数音的基础上。各语种所使用的音不尽相同。组成语言的声音称为音素。音素与音素之间的发音差别可以非常小，如 d 音与 t 音。*内容*：自然语言还有两个更高的结构层次。① 音素结合形成词（词法）；② 词结合形成短语和句子（语法）。在简单的符号系统中，符号的含义是与高度特定的情境挂钩的。而语言则不同，它提供了塑造和交流抽象概念的手段，这些抽象的含义是独立于即时情境的。语言根植于这样一种能力，即能够赋予不同条件下呈不同表现形式的同一事物单一名称。此外，语言含有情感内容，由手势、声调、面部表情及姿势等“语言外”手段来支持，不同的语言有不同的内容结构。*用途*：从根本上来说，语言是社会交流的一种工具。语言不只是交换对外部世界事实和现象认识的中性媒介，而且，我们可以通过语言组织感觉经验，表达思想、感情和期望。

语言起源的两种假说

人类语言是如何起源的，一直是人们感兴趣的问题。现代人类大脑皮层与语言相关的区域在形态学上是左右不对称的。由于大脑皮层重要的沟和回常常在颅骨内侧面留下压迹，因此，在颅骨内侧面可以找到大脑皮层左右不对称的痕迹。LeMay 搜寻了这种不对称性的化石记载，发现这种不对称性存在于 Neanderthai 人（距今 3 万至 5 万年前）和北京人（距今 30 万至 50 万年前）。

关于语言的起源有两种假说：即*手势假说*和*发音假说*。*手势假说*主张，语言由手势系统演变而来。当某些类人猿开始直立行走时，手被解放出来从事社会交流，从而出现手势系统。随后，声音交流的出现又使手解放出来以服务于其他目的。*发声假说*主张，语言由种类繁多的本能叫声（例如，表达沮丧、喜悦和性觉醒等情感状态的叫喊声）演变而来。大约 10 万年前，类人猿的口、颌和声道等解剖学结构上的变化使有意识地控制各种发声成为了可能。于是，至少在理论上，声音可以创造性地组合起来运用了。人类的这些祖先们分散在不同的居住区。地域之隔允许了不同语音系统的发展。语言在人类进化上可能是一次性发端的。这可以解释为什么所有人类语言都有如此之多的共同之处。此外，语言也可能来自手势和发声的共同演变。这种可能性或许可解释词汇语言和利手（手势）为什么都定位于同一侧大脑半球（左半球）。

语言能力是先天决定的

语言能力是先天赋予的还是后天习得的？语言的获得显然离不开学习。但是，语言功能的解剖学定位研究以及儿童语言发育研究提示，语言获得过程的很大一部分是由先天决定的。理由如下：

第一，自然语言和手语都是定位的。语言的优势半球是左半球。第二，语言在左半球的定位似乎与两半球间的解剖差异有关。例如，大多数右利手者左半球的颞平面较右半球的相应区域大。第三，颞平面的这一解剖学不对称性在发育早期（妊娠31周）即已存在，提示这种不对称性并非由于后天经验而发展起来，实为先天所有。第四，婴儿出生时对各种声音的差别具有广泛的敏感性，这种能力对于理解任何一种人类语言都是必不可少的。日后当个体学会了某一特定语种，这种敏感性就部分地丧失了。例如，大多数日本成年人不能分辨r音和l音之间的差别，但日本的婴儿却能够区分这两个音，只是在成年后才失去这种分辨力。第五，语言的习得有着普遍的规律。儿童学语都从咿呀语起步，然后进步到单词语，到有句法的双词语，再到复杂的言语（表11-5）。有些儿童历经这些阶段比别人快，但各个阶段的平均年龄在不同文化中都是相同的。并且，语言能力（以习得新语种的能力为度量）在青春期后显著下降。这些现象提示，在发育中有一个关键期，无论语言或手语，都可被轻易地习得。这段发育期可能对应于人脑的成熟过程，虽然尚未有将语言习得与特定脑区的成熟相关联的研究工作。在关键期内，儿童仅凭听周围人讲话来学习语言规则。当儿童开始学习造句时，显然已经懂得了这些规则，即懂得了语法。尽管特定的语言必须通过经验才能学会，但是，人类具有某种先天的程序，为后天一般的语言学习作好了准备。根据Chomsky的观点，婴儿学习语言是通过以一套遗传决定的规则（或称“生成语法”）为基准，不断测试日常耳闻的语言的特定细节来进行的。这套规则反映了规定一种自然语言特征的、先天决定的神经机制。也就是说，儿童天生就有一种能力来识别环境中自然语言应有的普遍特征。当置身于具备这些普遍特征的某一语言环境时，儿童就热切地学习这种语言。Chomsky认为，违背这些普遍特征的语言将是不可能被学会的。

总之，语言学家和心理学家认为，语言习得中普遍性的机制是由人脑的结构决定了的。根据这种观点，大脑的发育使人们准备好了学习和运用语言的能力，而人们所讲的具体语种、方言和口音则是由社会环境决定的。

表11-5　儿童语言的发育阶段

平均年龄	语言能力
半岁	开始咿呀学语。
1岁	开始理解语言及使用单词。
1岁半	开始单个地使用单词。能够使用30～50个词（简单的名词、形容词和动词），一次使用一个，但不能把单词连起来构成短语，不会使用句法必需的函子（functor），例如：the、and、can、be等等。
2岁	开始成双地使用单词。能够使用50至几百个单词，能大量地使用双单词短语，并能按句法法则进行排列。能够理解陈述的规则。
2岁半	开始三个或更多单词的多种组合。开始使用函子，但有许多语法错误和特异风格的表达方式，能很好地理解语言。
3岁	能够用完整的句子进行表达，很少错误。有1000左右单词量。
4岁	接近成人的语言能力。

11.3.2 语言信息处理的神经模型

Wernicke-Geschwind 模型

Wernicke-Geschwind 模型是临床鉴别脑的两大语言区受损的有用模型（图 11-32）。该模型可用复述一个听到的词来很好地加以说明。根据最初的 Wernicke-Geschwind 模型，在复述一个听到的词这一任务中，信息自耳蜗基底膜经过听神经传至内侧膝状体，继而传至初级听皮层（Brodmann 41 区），然后至高级听皮层（42 区），再向角回（39 区）传递。角回是顶-颞-枕联合皮层的一个特定区域，被认为与传入的听觉、视觉和触觉信息的整合有关。由此，信息传至 Wernicke 区（22 区），进而又经弓状束传至 Broca 区（45 区）。在 Broca 区，语言的知觉被翻译为短语的语法结构，并储存着如何清晰地发出词的声音的记忆。然后，关于短语的声音模式的信息被传至控制发音的运动皮层面部代表区，从而使这个词能清晰地说出。

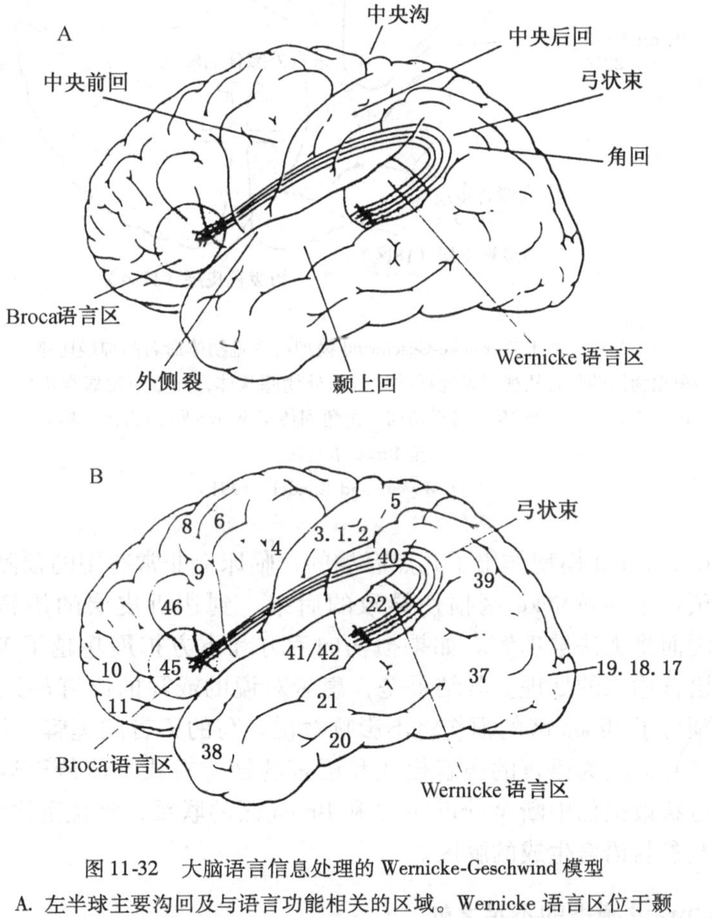

图 11-32　大脑语言信息处理的 Wernicke-Geschwind 模型

A. 左半球主要沟回及与语言功能相关的区域。Wernicke 语言区位于颞上回后部，靠近听觉皮层。Broca 语言区靠近运动皮层的面部代表区。连接 Wernicke 区和 Broca 区的通路称为弓状束。B. 左半球的 Brodmann 分区。41 区为初级听皮层；22 区为 Wernicke 语言区；45 区为 Broca 语言区；4 区为初级运动皮层。（引自 Mayeux and Kandel，1991）

Wernicke 和 Geschwind 认为，命名一个视觉识别的物体涉及到类似的通路（图 11-33）。根据他们的模型，视觉信息由视网膜传至外侧膝状体，从外侧膝状体传至初级视皮层（17 区），然后传至一个更高级的视觉中枢（18 区），并由此传至角回，然后至 Wernicke 区。在 Wernicke 区，视觉信息转化为该词的语声（听觉）表象。声音模式形成后，经弓状束传至 Broca 区。

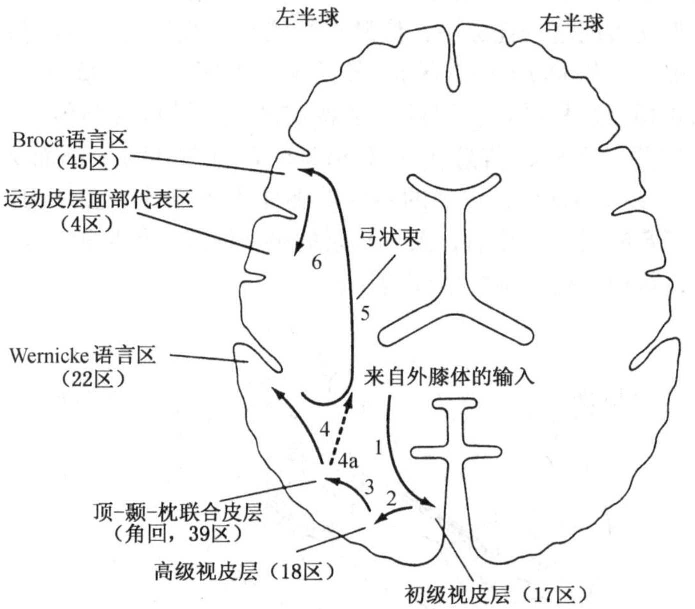

图 11-33　基于 Wernicke-Geschwind 模型的视觉物体命名的神经通路
视觉物体的信息从视网膜经视神经传入外侧膝状体，然后至初级视皮层，再由初级视皮层经 18 区传至角回，由角回传至 Wernicke 语言区，然后传至 Broca 语言区。
（引自 Mayeux and Kandel，1991）

Wernicke-Geschwind 模型作出了几点有趣的、临床上非常有用的预测：

第一，它预言了 Wernicke 区损伤导致的后果。到达听皮层的语言信息不能激活 Wernicke 区，因而将无法被理解。如果损伤向后方和下方扩展超越了 Wernicke 区，还将影响视觉性语言输入的处理。其结果是，患者对说的或写的语言都无法理解。第二，该模型正确地预言了 Broca 区的损伤将不影响对说和写的语言的理解，但引起语言和词句生成的严重障碍，因为语言的声音模式和语言的结构模式不能传至运动皮层。第三，该模型预言，弓状束损伤中断 Wernicke 区和 Broca 区的联系，将扰乱词语生成，因为听觉输入无法传至参与语言生成的脑区。

Wernicke-Geschwind 模型的不足之处

尽管 Wernicke-Geschwind 模型在临床上仍然有用，Damasio，Raichle 和 Posner 等的认知和脑成像研究表明，Wernicke-Geschwind 模型在以下几方面过于简单化：

第一，Wernicke-Geschwind 模型中强调的 Wernicke 区和 Broca 区在语言接收与表达方面的重要性实际上是基于范围大得多的损伤。局限于 Wernicke 和 Broca 原先鉴定的区域的损伤通常不引起 Wernicke 失语和 Broca 失语的全部特征症状。典型症状通常是周围区域同时损伤的结果。第二，Wernicke-Geschwind 模型强调皮层区域（以及它们之间的相互联系通路）的重要性。而现有的证据表明，皮层下结构（左侧丘脑、左侧尾核以及

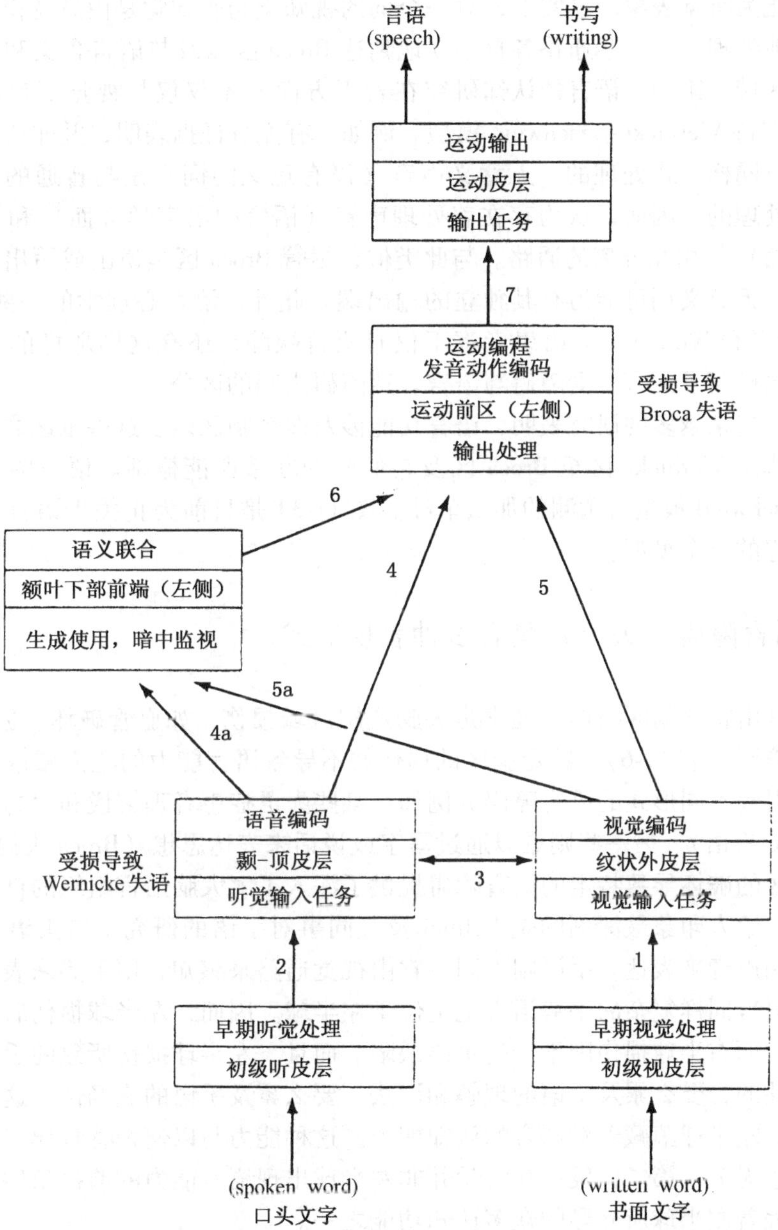

图 11-34 建立在 Wernicke-Geschwind 模型基础上的语言信息处理新模型

这一模型比 Wernicke-Gerchwind 模型更加复杂。这一模型显示了解剖结构与语言功能的相互关系。回路的每一环节上标明了解剖结构的名称，解剖结构名称下面标明该结构所执行的功能，解剖结构名称上面标明该结构所执行的特异语言技巧。

（引自 Mayeux and Kandel，1991）

邻近的白质）对语言也是非常重要的。例如，左侧尾核损伤导致听觉理解缺陷，可能是通过扰乱语音处理所需的听觉-运动整合而导致的。第三，听觉输入的语言信息的确由听皮层传至角回，然后至 Wernicke 区，再传递至 Broca 区。然而，视觉输入的语言信息并不经过 Wernicke 区，而是从视觉联合皮层直接传至 Broca 区。因此，通过眼睛看到的词并不转化为听觉表象。事实上，对一个词的视知觉与听知觉是由感觉模式特异的通路相互独立地处理的。这些通路各自独立地到达 Broca 区以及与语言含义和语言表达相关的更高级区域。第四，语言的认知研究在若干方面（不仅仅是视觉语言信息处理通路方面）不支持 Wernicke-Geschwind 模型。例如，有充分证据表明，并非所有的语音听觉输入都是以同样方式处理的。无意义声音（没有意义的词）是与普通的、有意义的词分开另行处理的。因而，认为存在着处理声音（语言的语声学方面）和含意（语言的语义学方面）的相互分离的通路。与此类似，尽管 Broca 区是说出或写出有意义词的共同输出端，无意义词可能另有其独立的输出端。此外，语言心理学的一些研究指出，Broca 失语患者和 Wernicke 失语患者都不仅有语言缺陷，还有这样那样的认知功能缺陷，这些缺陷模糊了语言接受障碍与语言表达障碍之间的区分。

事实上，越来越多的研究表明，语言功能涉及多个脑区以及这些脑区之间复杂的相互联系，并非由 Wernicke 区至 Broca 区及它们间的联系所能概括。语言障碍从来不像 Wernicke-Geschwind 模型所预测的那么单纯。图 11-34 是目前为止关于语言信息神经处理的较为理想的一个模型。

11.3.3 语言障碍（失语）具有多种表现形式

失语症是由特定脑区损伤（通常是大脑皮层区域损伤，如血管破坏、创伤或肿瘤）所致的语言障碍（表 11-6）。特定脑区的损伤并不导致语言能力的全面减退，而是不同脑区的损伤引起不同形式的语言障碍。例如，某些失语症患者理解说和写的语言均有困难（Wernicke 失语），另一些则难以通过写字或说话来表达思想（Broca 失语）。

特定脑区的破坏导致特定的语言障碍提供了深入了解大脑语言组织的良机。有关这方面的工作，给人印象最深刻的是 Bellugi 及其同事对手语的研究。口头语言由听觉通路来感知，用声音来表达。手语则不同，它由视觉通路来感知，用手势来表达。尽管如此，与口头语言同样复杂的手势语言也定位于左半球。因而，左半球损伤后，聋人变得对手语失语，而右半球损伤则不产生手语缺陷。而且，左半球损伤所致的手语障碍可以是相当选择性的，要么累及手语的理解和语法，要么累及手语的流畅性。这说明了三个问题：第一，左半球蕴藏着对语言的认知能力。这种能力与以何种感觉模式或运动模式处理语言信息无关；第二，发声和听觉并非左半球出现语言能力的前提条件；第三，口头语言只代表着左半球所介导的众多认知功能之一。

失语症有别于其他形式的讲话（speech）障碍，如构语障碍（难以清晰地发出词的声音）和发音困难。后两者起因于控制发声装置的肌肉功能减弱或活动不协调，因而只是讲话的机械过程异常。它们基本上不影响语言的理解或语言表达的中枢过程。小脑疾病患者（伴有构语障碍）和帕金森病患者（伴有发音困难）虽有严重的讲话障碍，但他们的语言能力完好。相反，失语症的标志正是那种不能归因于机械因素的语言能力障碍，失语症要么是理解能力方面的障碍，要么是言语生成能力方面的障碍，或两者兼有。

失语症最常见的原因是颅脑创伤。在美国颅脑创伤每年导致 20 万个病例。其次常见的原因是脑卒中。大脑两半球主要血管发生意外的患者中，40% 都有语言障碍。在美国，脑卒中每年导致 10 万例失语症。对具体的大脑血管损伤的研究增进了我们对失语症的认识，因为血管损伤不呈进行性发展且受损的大脑区域的解剖位置常与关键血管的分布直接相关。

目前，失语症尚无普遍接受的分类方法。以下简述失语症的几种主要的临床综合征。在临床上，患者的症状不一定总是符合单一的某种类型，因为皮层的损伤范围并非总与某功能位点范围完全重合。

Wernicke 失语（Wernicke's aphasia）

Wernicke 失语的特征是语言理解力的显著缺陷。损伤主要涉及 Wernicke 区：左侧颞叶后部或 Brodmann 22 区，但常延及颞叶上部的 40 区和 39 区以及颞叶下部的 37 区。损伤广泛时，视觉性和听觉性语言输入的理解都严重受损。然而，语言输出是流畅的。患者可能使用错误的词或词的错误组合（言语错乱，paraphasia），但语速、节奏和语调均正常。这些患者倾向于给词加上多余的音节，给短语加上多余的词，还可能臆造新词（语词创新，neologisms）。言语错乱和语词创新常涉及一些关键的词汇（名词、动词、介词和副词，特别是名词）。

患者可能表现为言语过多（多语症，logorrhea），此现象亦称为言语压迫（press of speech）。因为用词过多，患者的言语往往传递不了什么含意。例如，当一患者被问及住处时答道“我在这里之前来到那里，又回到那里”（“I came there before here and retuned there”）。Wernicke 失语患者无法把心中的想法表达出来（言语空洞，empty speech）。可能是由于语言理解受损，患者一般意识不到自己的这种缺陷。因为理解能力严重障碍，复述词和短语的能力亦受损。另外，Wernicke 失语患者有严重的阅读和书写障碍。除了上述失语症状，患者没有其他神经病征，但偶见右侧视野缺损。

Broca 失语（Broca's aphasia）

Broca 失语症的主要特征是语言理解能力通常部分地保留着，但语言的生成不流畅。患者有额叶运动联合皮层的损伤，通常涉及第三额回的后部（44 区和 45 区），即额叶盖（Broca 区）的一部分。重症患者尚有邻近的运动前区和前额叶（6，8，9 和 46 区）的损伤。患者的语言生成的缺陷程度不一，从几乎完全无语到慢速的、费力的、仅由很简单的语法结构组成的言语。Broca 失语症患者只使用关键词。他们通常用单数形式的名词，用不定式或分词形式的动词，并往往将冠词、形容词和副词一概省略。例如，在说“the large gray cat”时，Broca 失语症患者可能只说“gray cat”。

这种省略现象在较复杂的句子中尤为明显。因此，Broca 失语症的第二个特征是，无法将几个短语组分协调地构建成一个句子。例如，对于例句“the ladies and gentlemen are now all invited into the dining room”，Broca 失语症患者可能只能说“ladies，men，room”。当被问及职业时，一位患 Broca 失语的邮递员（mailman）答道：“mail...

mail... m...”。除了这些电报式的或无语法的言语外，患者的复述能力总是受损，命名能力也可能有轻度或中度损伤。与 Wernicke 失语症不同，Broca 失语症患者一般都能意识到自己的语言错误。

Broca 失语症患者虽然在语言的生成上有严重障碍，但对口头和书写语言的理解正常，因为他们的 Wernicke 语言区未受损。然而，Broca 失语症患者朗读困难，写字也像说话一样困难。Berndt 和 Caramazza 的工作提示，Broca 失语症患者对于那些他们构成不了的句法，理解起来也有困难。因为 Broca 区毗邻运动皮层及其下方的内囊，Broca 失语几乎总是伴有右侧轻偏瘫和右侧同侧偏盲。

传导性失语（conduction aphasia）

Wernicke 曾预言传导性失语的存在。他指出，颞叶语言理解相关的区域经由一条联系通路投射至 Broca 区。由此他推论，某种损伤有可能不破坏 Broca 区和 Wernicke 区本身，但使其间的联系中断。临床研究证实了这一预言。行走于白质中的弓状束连结 Wernicke 区与 Broca 区，其损伤导致传导性失语。

传导性失语症患者像 Wernicke 失语症患者一样，语言流畅，但有许多言语错乱的问题，即用错误的词或声音替换正确的词或声音。语言的流畅程度可能稍逊于 Wernicke 失语者，但理解能力良好。然而，Wernicke 区至 Broca 区通路的破坏严重损害复述能力。传导性失语症的其他特症也符合 Broca 区与 Wernicke 区的功能分离。命名严重受损，朗读异常，但患者能默读，默读时能很好地理解文意。书写也可能有障碍，拼写能力差，有字母的省略和颠倒甚至替换等现象。许多传导性失语症患者有一定程度的随意运动障碍。

命名性失语（anomic aphasia）

命名性失语唯一的语言障碍是找不到恰当的词来命名物体。这是一种罕见的失语形式，通常继发于左下颞叶的后部邻近颞-枕边界之处的损伤。命名性失语症患者偶而也有右上象限视野缺损。

完全性失语（global aphasia）

完全性失语症患者既不会说话，也理解不了语言；他们不能读、写、复述或命名物体。导致完全性失语的损伤通常涉及整个西耳维厄斯氏裂（即外侧裂）周围区域（perisylvian areas），从而同时损伤 Wernicke 区、弓状束和 Broca 区。完全性失语的症状伴有完全性右侧偏瘫和右侧感觉障碍，通常还有右侧同侧偏盲。

跨皮层失语（transcortical aphasia）

跨皮层失语有两个重要特征：① 患者有复述能力；② 病灶位于西耳维厄斯氏裂周围的语言中枢以外。这种失语症常常是由于大脑前、中、后动脉连接处，即所谓的边界区（border zone）或水注区（watershed）的血管破坏所致。边界区包括对词义记忆重要的联合皮层以及对技巧运动重要的辅助运动皮层。跨皮层失语有三种类型：

跨皮层运动性失语　由 Broca 区与辅助运动皮层间的联系中断所致。损伤通常位

于 Broca 区前方的额叶，引起非流畅性失语，患者不能生成创造性的言语，试图交流却只能说出少数几个音节。与此形成鲜明对比的是，患者能很好地复述词和短语。对语言的理解及阅读（默读与朗读）障碍均较轻，但书写可能严重受损。

跨皮层感觉性失语　由 Wernicke 区与后顶-颞联合皮层间的联系中断所致。常引起流畅性失语，伴有理解力的缺陷、记忆手势或单词含义的困难。患者不能读写，很难找到适当的词，但能流畅地复述别人说的话。这种类型的失语症通常由顶-颞-枕联合区损伤所致。

混合性跨皮层失语　这是一种极其罕见的失语，是跨皮层运动性失语与跨皮层感觉性失语的混合形式。患者不会说话，除非别人先对他说。患者的反应通常也只是直接复述对方的话（言语模仿，echolalia）。患者缺乏其他任何语言能力。

皮层下失语（subcortical aphasia）

上面概述了大脑皮层损伤导致的失语症。此外，皮层下的病变也可导致失语症，典型的例子有基底神经节和丘脑血管病变。左侧尾核或壳核的损伤引起流畅性失语，伴有语词创新，但病程短暂。丘脑损伤亦可致失语，其表现常与跨皮层性失语相似。最常见的症状是言语错乱，对口头语言理解力差，而复述能力完好。病程短暂，许多患者能完全康复。

在那些有理解障碍的皮层下失语症患者，观察到了对应的左侧颞-顶区域代谢活动减退。这也支持正常语言功能不仅有赖于皮层-皮层联系，还有赖于皮层下联系的概念。

表 11-6　失语症的临床特征

类型	输出	复述	理解	命名	损伤区域
1. Wernicke 失语	流畅	受损	受损	受损	左颞叶后上部
2. Broca 失语	不流畅	受损	正常	受损	左额叶后下部
3. 传导性失语	流畅	受损	正常	受损	左顶叶
4. 完全性失语	不流畅	受损	受损	受损	左额-颞-顶叶
5. 命名性失语	流畅	正常	正常	受损	左颞叶后下部或颞枕区
6. 跨皮层运动性失语	不流畅	正常	正常	受损	左额叶内侧部或边界区前部
7. 跨皮层感觉性失语	流畅	正常	受损	受损	左顶叶内侧部或边界区后部
8. 混合性跨皮层失语	不流畅	正常	受损	受损	左额顶叶内侧部或整个边界区

11.3.4　右半球也具有一定的语言功能

到目前为止，我们只讨论了语言的认知成分。然而，人类语言（更普遍地来说，人类的交流）还具有重要的情感成分。这些成分包括音乐性的语调（语韵）和情感性的姿态。Ross 发现，语言的某些情感成分依赖于右半球的专门处理。与右半球损伤相关的语言情感成分丧失称为语韵缺失（aprosodia）。语韵处理在右半球的组织方式与语言的认知方面在左半球的组织方式似乎相对应。右半球前部损伤的患者无论是悲或是喜，讲话时语调总是平板的；右半球后部损伤的患者则不能理解别人语言中的情感成分。

11.3.5 某些阅读和书写障碍有明确的解剖学定位

阅读障碍有先天性的，也有获得性的。获得性失读症特别有助于我们了解语言的神经基础，并且为 Wernicke-Geschwind 语言模型提供有趣延伸。因此，本节我们重点讨论这一语言障碍。

获得性阅读和书写障碍：失读症和失写症

失读症（dyslexia，阅读能力受到破坏）和失写症（agraphia，书写能力受到破坏）是成年人大脑皮层小范围损伤导致的阅读或/和书写能力被选择性地破坏，而说话及其他认知功能不受伤害的语言障碍。法国神经学家 Dejerine 在 1891 年和 1892 年首先报道了两例失读症和失写症例子：词盲（word blindness）。

词盲伴书写受损（失读症伴失写症） Dejerine 描述的第一位患者能够说话，也能听懂别人说的话，但失去了阅读和书写的能力。该患者及以后其他病例的尸检显示，失读症伴失写症通常与顶-颞-枕联合皮层的角回或缘上回的损伤有联系。顶-颞-枕联合皮层从事视觉、听觉和触觉信息的整合。经过整合后，信息被传送至颞叶 Wernicke 语言区，而后传送至额叶 Broca 语言区。角回或缘上回被损伤后，患者丧失阅读或书写能力，因为他们无法将视觉符号（字母）与视觉符号所代表的声音联系起来。同样地，患者不能识认大声拼读出来的词，自己也不会拼读。患者不能通过触摸识认浮凸的字母，因为皮肤触觉信息通过角回和缘上回向 Wernicke 语言区传递的通路被中断。

单纯性词盲（失读症不伴失写症） Dejerine 描述的第二位患者能够说话。这位患者原先是一个智力良好、发音十分清晰的人，突然发现自己不能阅读了。但是，他能听懂别人大声拼读出来的词，也能正确地进行词的拼读。尽管理解不了书写出来的词，但他能正确地抄写。在书写构成单词的各个字母以后，他能认出和理解这些词。患者伴有右侧视野偏盲（提示左侧视皮层受损），而左侧视野的视敏度正常。该患者及其他病例的尸检表明，左侧枕叶皮层（视皮层）及胼胝体后部（splenium）受到损伤。胼胝体后部是两半球枕叶皮层 18 区相互联系的通路，从而在两半球之间传递视觉信息。虽然来自左侧视野的视觉信息仍能在右半球处理，但胼胝体后部的损伤切断了信息由右半球向左半球角回及语言区的传递。

正如推测的一样，许多患者因 18 区损伤使视知觉能力被选择性的伤害。例如，50% 的单纯性失语症患者或者有颜色失认（color agnosia，不能命名颜色但能完成颜色配对），或者有全色盲（achromatopsia，不能知觉颜色，视物体为明暗不等的灰色）。

Trescher 和 Ford 进一步注意到，手术损伤胼胝体后部导致左侧视野阅读能力丧失，而右侧视野正常。相反，切断胼胝体前部不影响阅读（胼胝体前部不负责视觉信息在左右半球间的传递）。然而，胼胝体前部横断的患者无法用左手写字，因为控制左手的右半球不再与左半球的语言中枢接通；也不能基于躯体感觉来命名左手所持物体，因为躯体感觉信息不能到达左半球语言区。

语音符号和表意文字在大脑皮层的不同区域进行处理 在日本人群中，有一种有

趣的阅读和书写障碍。日语有两个不同的书写系统。其中一个是“假名”系统，这一系统由几十个表音符号（书写单位，即“假名”）组成，词由一个或多个假名按一定规则组合在一起形成（有点类似英语）。另一个书写系统是汉字，是典型的表意文字。日语中的常用汉字有1845个。假名构成的词是一个音节一个音节地理解的，不易一眼认出（这一点与英语不同）。而汉字是表意的，一眼即可认出。每个汉字都用假名来注音。在日语文章中，有很多场合用假名注音来替代汉字。也就是说，同样的概念可用汉字来表达，在一些场合也可能用假名符号来表达。

由于这两个书写系统对音素处理的依赖程度不同，因此，大脑皮层某些局限性损伤可能只影响某一系统的阅读和书写，而不影响另一系统。事实的确如此。虽然两个系统都依赖于左半球语言中枢，但在左半球内的处理机制则不同。位于顶-颞-枕联合皮层的角回的损伤严重破坏对假名（表音的）文字的阅读，但对汉字（表意的）文字的阅读理解基本完好。角回的损伤在一定程度上影响汉字的阅读，但影响的主要是音素的处理方面：患者可能诵读不出汉字，却能够准确地解释汉字的含义。然而，他们无法理解用假名符号表达的同样的概念。

以上这些发现支持脑成像研究的结论：左半球角回参与词的听觉表征，而不参与其视觉表象的处理。假名和汉字的处理机制还有其他相互分离之处。这些研究结果进一步提示语言的生成和理解过程有不同的信息处理机制。

（李葆明）

参考文献

[1] 梅镇彤. 若干有关学习和记忆神经机制问题的讨论. 生理科学进展，1996，27：183～188

[2] 梅镇彤. 习得性行为的神经调控问题. 生理通讯增刊，中国生理学会70周年纪念学术论文集，1996，15：111～115

[3] 梅镇彤. 学习和记忆的神经生物学. 上海：上海科技教育出版社，1997

[4] Bear MF, Connors BW and Paradiso MA. Neuroscience: Exploring the Brain. Williams and Wilkins, 1996, pp 402～576

[5] Berger TW and Salabassi RJ. Long-term potentiation and its relation to hippocampal pyramidal cell activity and behavioral learning during classical conditioning. Neurology and Neurobiology, 1988, 35: 467～497

[6] Faugier-Grimaud S, Frenois C and Stein DG. Effect of posterior parietal lesions on visually-guided behavior in monkeys. Neuropsychologia, 1978, 16: 151～168

[7] Frank DA and Greerbeng ME. CREB: A mediator of long-term memory from mollusks to mammals. Cell, 1994, 79: 5～8

[8] Fuches AF and Phillips JO. Association cortex. In: Patton HD, Fuches AF, Hille B, Scher AM and Steiner R (eds). Textbook of Physiology, 21st ed. W. B. Saunders Company, 1989, pp 663～692

[9] Fuster JM. Memory in the Cerebral Cortex (An Empirical Approach to Neural Networks in the Human and Nonhuman Primate). Cambridge, Massachusetts: MIT Press, 1995, 9～22

[10] Fuster JM. The Prefrontal Cortex: Anatomy, Physiology, and Neurophysiology of the Frontal Lobe, 2nd ed. , New York: Raven Press, 1989, pp 3～154

[11] Goldman-Rakic PS. Regional and cellular fractionation of working memory. Proc Natl Acad Sci USA, 1996, 93: 13473～13480

[12] Gustafasson B and Wigstrom H. Physiological mechanisms underlying long-term potentiation. Trend in Neurosci, 1988, 11: 156～162

[13] Ito M and Kano M. Long-lasting depression of parallel fiber-Purkinje cell transmission induced by conjunctive stimulation of parallel fibers and climbing fibers in the cerebellar cortex. Neurosci Lett, 1982, 33: 253～258

[14] Ito M. Long-term depression. Ann Rev Neurosci, 1989, 12: 85 ~ 102

[15] Kandel ER, Schwartz JH and Jessell TM. Essentials of Neural Science and Behavior. Stanfford, Connecticut. Appleton & Lange, 1995, pp. 651-694

[16] Kolb B and Whishaw IQ. Fundementals of Human Neurophysiology, 3rd ed. New York: W. H. Freeman and Company, 1990, pp 347 ~ 501

[17] Kupfermann I. Localization of higher cognitive and affective functions: the association cortices. In: Kandel ER, Schwartz JH and Jessell TM (eds). Principles of Neural Science, 3rd ed. Elsevier, 1991, pp 824 ~ 838

[18] Luria AR. Higher Cortical Functions in Man. New York: Basic Books, 1966

[19] Madison DV, Malenka RC and Nicoll RA. Mechanisms underlying long-term potentiation of synaptic transmission. Ann Rev Neurosci, 1991, 14: 379 ~ 397

[20] Mayeux R and Kandel ER. Disorders of Language: The Aphasias. In: Kandel ER, Schwartz JH and Jessell TM (eds). Principles of Neural Science, 3rd ed. Elsevier, 1991, pp 840 ~ 851

[21] Mayford M, Abel T and Kandel ER. Transgenic approaches to cognition. Current Opinion in Neurobiology, 1995, 5: 141 ~ 148

[22] McGaugh JL. Involvement of hormonal and neuromodulatory systems in the regulation of memory storage. Ann Rev Neurosci, 1989, 12: 255 ~ 287

[23] Mishkin M. Cerebral memory circuits. In: Exploring Brain Functions: Models in Neuroscience, edited by T. A. Poggio and D. A. Glaser. New York: John Wiley & Sons Ltd, 1993, 113 ~ 125

[24] Nicoll RA et al. Current excitement in long-term potentiation. Neuron, 1988, 1: 97-103

[25] Rosenkilde CE. Functional heterogeneity of the prefrontal cortex in the monkeys: A review. Behav Neural Biol, 1979, 25: 301 ~ 345

[26] Ruthrich H et al. Long term changes in ssynaptic excitability of hippocampal cell populations as a result of training. In : Neuronal Plasticity and memory Formation, Marsan CA et al (eds). Reven, 1982, p. 265

[27] Sperry RW, Gazzaniga MS and Bogen JE. Interhemispheric relationships: the neocortical commissures; syndromes of hemisphere disconnection. In: Vinken PJ, Bruya GW (eds). Handbook of Clinical Neurology, Vol 4, 1969, pp. 273 ~ 290

[28] Squire LR. Memory and Brain. New York: Oxford Univ. Press, 1987

[29] Tanaka K. Inferotemporal cortex and object vision. Ann Rev Neurosci, 1996, 19: 109 ~ 139

[30] Thompson RF. The neural basis of basic associative learning of discrete behavioral responses. Trend in Neurosci, 1988, 11: 152 ~ 155

[31] Tulving E and Schacter D. Primimg and memory systems. Science, 1990, 247: 301 ~ 306

[32] Wilson FAW, O Scalaidhe SP and Goldman-Rakic PS. Dissociation of object and spatial processing domains in primate prefrontal cortex. Science, 1993 260: 1955 ~ 1958

[33] Yan-You Huang, Nguyen PV, Abel T et al. Long-lasting forms of synaptic potentiation in mammalian hippocampus. Learning and Memory, 1996, 3: 74 ~ 85

第十二章　神经、内分泌与免疫系统的相互调节

§12.1　引　言

神经系统、内分泌系统与免疫系统以各自独特的方式，在维持机体内环境方面发挥重要作用。近二十年来，神经科学、免疫学和分子生物学的迅猛发展揭示了这三大系统之间极其复杂的相互关系，开辟了研究神经、内分泌、免疫系统相互关系的新领域，提出了“神经—内分泌—免疫网络”的概念。此概念的提出是当代生命科学研究的重大进展。

神经、内分泌与免疫系统的关系包括神经影响免疫、内分泌影响免疫以及免疫影响神经、内分泌系统等三个方面。

早在本世纪初，就有研究观察到应激可导致结核病人吞噬细胞活性下降，二、三十年代的研究表明，免疫反应与其他生理应答一样可有条件反射，指出了神经系统与免疫系统之间的关系，以及神经内分泌对免疫系统的影响。谢少文等在 1963 年构思了“大脑及几种激素在抗体形成中的示意图”，暗示了“神经—内分泌—免疫网络”的设想。限于当时神经科学和免疫学本身的发展及缺乏新技术的使用，神经免疫学在国内外相当长的一段时间内未得到充分发展。直至 70 年代末，Besedovsky 等（1977）首次获得了神经与免疫系统之间相互作用的具体证据。1980 年，Blalock 和 Smith 正式提出了“神经—内分泌—免疫网络”的设想。从此，神经、内分泌和免疫系统间的相互关系作为一个跨学科的新兴领域而进行研究。不少学者对此提出了不同的命名，如神经免疫调制作用（Neuroimmunomodulation）、神经免疫内分泌（Neuroimmunoendocrine）、心理免疫学（Psychoimmunology）、精神神经免疫学（Psychoneuroimmunology）、行为免疫学（Behavioral Immunology）、免疫精神病学（Immunopsychiatry）、思维与免疫力（Mind and

Immunity）等，尽管命名不同，但其研究领域的本质是相同的。“Immunology Today”杂志在 1994 年第 11 期专刊称之为“神经内分泌免疫学”（Neuroendocrineimmunology）。这一学科主要研究神经、内分泌与免疫系统之间的结构与功能关系，可以在不同水平上进行研究，包括分子水平、细胞水平、神经回路以及行为水平等。

90 年代是“脑的十年”，神经系统与免疫系统关系的研究已成为此领域的重点和热点。寻找治疗精神和神经疾病更好的方法是神经科学研究的焦点，在目前探索的方法中，颇有成功希望的五大领域之一就是“神经免疫调节”。其主要目靶是要发现免疫系统和神经系统间的化学和神经联系，研究参与这些过程的基因及其调控。这些知识无疑将导致预防、诊断和治疗许多人类疾病的新策略（Decade of the Brain，Approaching the 21st Century）。目前已吸引了全球众多神经病学、生理学、神经生物学、免疫学、分子生物学、数学、物理学和计算机等学科科研工作者到“神经免疫调节”这一领域里来。近年来，此领域的研究已迅猛发展，有关内容的国际会议和文献不断增长，达到了知识大爆炸。特别是随着分子生物学的发展，已逐步揭示出许多神经递质和激素、免疫系统的淋巴因子和单核因子以及两个系统的细胞表面有关受体等等的存在及其理化生物学特性，这就使两个系统之间相互作用的机理有可能得以阐明。目前已初步证实两个系统之间的作用是双向而不是单向的，但这种双向关系非常复杂，许多机理尚不是很清楚。神经、内分泌与免疫系统间的相互作用可简要地用图 12-1 表示。本章就神经、内分泌与免疫系统间的相互调节作用作一介绍。

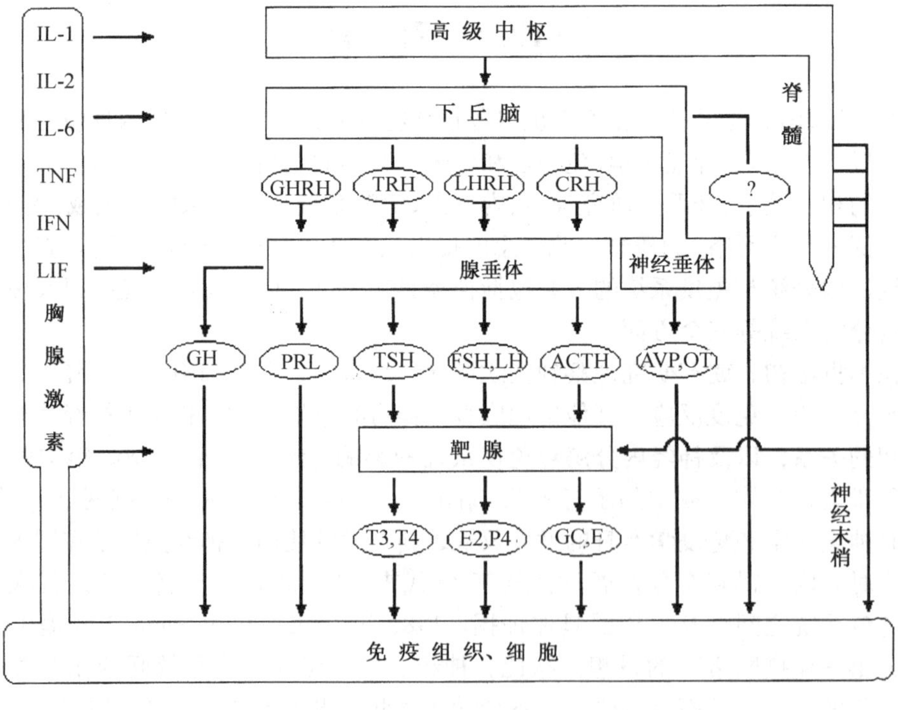

图 12-1　神经、内分泌和免疫系统间的相互作用概图

（根据 Savino & Dardenne，1995 改制）

§12.2 神经、内分泌系统对免疫系统的调节作用

机体内环境的稳定，即稳态，是生命体存在的基础。稳态是机体通过对内外各种刺激的识别、应答和调节来达到的。神经系统对内外刺激具有精细的识别能力。神经细胞通过突触联系，组成了一个极其复杂的神经网络，直接调节和控制着全身各组织器官（包括神经细胞本身）的功能。其中，神经系统通过控制内分泌系统的激素分泌，以及神经细胞自身分泌神经递质，在调节机体的生理功能、保持内环境稳定方面起重要作用。这样，内外环境的变化引起的生理变量的波动就可以在神经内分泌系统的调节下保持相对稳定，而不会产生有害于机体的剧烈变化。除此之外，神经、内分泌系统通过对免疫系统的调节作用，构成神经、内分泌、免疫网络的重要组成部分，在维持机体内环境稳定中发挥重要作用。

12.2.1 中枢神经系统对免疫系统的调节作用

中枢神经可作用于免疫系统的有力证据有：

（1）免疫反应可形成条件反射　将免疫抑制剂环磷酰胺作为非条件刺激物，以糖精作为条件刺激物，两者同时使用时可抑制动物对绵羊红细胞抗原产生抗体，然后再用糖精单独刺激也可同样抑制对该抗体的生成。细胞免疫亦同样可有条件反射。

（2）脑损伤可影响免疫功能　以损伤部位在下丘脑影响最明显，表现为免疫应答受到抑制；其他部位如隔区、海马或杏仁核等的损伤也可有相同结果；脑皮层的损伤也可抑制免疫功能。左脑皮层而不是右脑皮层的损伤可造成明显的免疫功能缺陷，如脾细胞数减少、淋巴细胞增殖及自然杀伤细胞（NK）活性下降等。不过所有这些研究都表明，脑损伤对免疫抑制作用是暂时的，术后约3周便可消失。

大脑皮层及精神因素对免疫功能的调节

50年代在巴甫洛夫学说的影响下，前苏联曾开展过以大脑皮层和下丘脑为中心的免疫调节作用的研究。但由于当时条件的限制，包括免疫学知识的积累和研究手段的缺乏，这些研究没有获得很有意义的结果。

临床上某些脑损伤的病人免疫功能极度低下。人为地破坏动物的大脑皮层可以明显地引起免疫功能变化。通过损坏小鼠大脑皮层的不同区域发现，大脑皮层对免疫功能的调节存在“分区管理”的现象，认为左侧皮层对免疫功能有正向调节作用，而右侧皮层则为反向调节作用。左侧额顶皮层的破坏可抑制T细胞分裂，抑制对同种异体抗原的反应和IgG抗体分泌减少。反之，右侧大脑皮层的破坏则出现T细胞功能亢进。

近年来，精神因素对免疫功能影响的实验研究逐渐增多，并已发展了心理免疫学（Psychoimmunology）的分支。目前认为，焦虑、紧张等心理应激主要影响细胞免疫，使T细胞活性下降，对病毒、真菌感染的抵抗力和对肿瘤细胞的监视能力下降，间接引起B细胞抗体生成能力的降低，导致继发感染。

其实关于精神心理因素可影响免疫功能这一事实一直受到人们的关注。早在公元

200年前就有描述，抑郁型的妇女比乐观的妇女易患乳腺癌。近年来这方面的报道不断增多，如悲伤者免疫功能显著低下；学生在期末考试前后传染病的发生率比平时高；更年期抑郁症或精神分裂症抑郁型病人在发病期淋巴细胞增殖功能或NK细胞活性均较恢复期低下。过分的忧虑、悲伤会影响机体的应激和免疫，降低机体抵抗力，情绪兴奋能使周围血淋巴细胞数增多，切除交感神经后这种反应消失。忧愁可暂时抑制T细胞功能，心情沉重和忧郁可使进入循环的T细胞数减少。精神分裂症病人多伴有免疫调节障碍，在体液免疫上表现为不同免疫球蛋白含量的改变；在细胞免疫上，与其他自身免疫性疾病相似有T细胞功能异常，激活T细胞增多。不少学者试图证明这种免疫抑制现象与皮质激素有关，但未能得到肯定的结果。抑郁症患者血清中促皮质激素及皮质醇均高于正常对照组，但用NK活性试验这种高水平的激素与低免疫应答活性之间无相关性。由此说明精神心理因素对免疫系统的作用非常复杂，其作用机制尚不是很清楚。

大脑深部核团对免疫功能的调节

下丘脑前部损害，除内分泌功能、水电解质紊乱外，许多免疫反应均受到抑制，如淋巴细胞转化能力降低、脾细胞数减少、胸腺退化，甚至影响巨噬细胞的抗原提呈作用。破坏下丘脑前部，可以明显抑制由各种抗原所致敏大鼠的免疫应答，抑制抗绵羊红细胞抗体的产生，降低动物对植物血凝素的应答，降低动物对组织胺的敏感性，使糖皮质类固醇增多而抑制组织胺释放和抑制免疫。破坏下丘脑后部，网状内皮系统功能下降和抗体产生减少。

海马、杏仁核破坏，常表现出免疫功能增强，包括淋巴细胞绝对数、免疫球蛋白、淋巴细胞反应性和NK细胞活性等。损伤动物中脑，则抑制抗体产生，使多能干细胞数减少。破坏尾状核可致外周血淋巴细胞数减少，尤以T细胞减少为主。然而，大脑深部核群破坏引起的免疫功能改变多数是暂时的，最大效应常见于术后第4天，而术后2～3周，几乎所有变化均能恢复到正常。对下丘脑、海马或杏仁核等通过何种途径影响免疫系统，尚需进一步研究。

应激与免疫

80年代以后，人们陆续认识到应激时，机体的免疫功能都明显下降。不同的应激刺激，包括过冷、过热、中毒、感染、创伤、外科手术、发热、缺氧、疼痛、过劳、恐惧等都可激活下丘脑—垂体—肾上腺系统，引起血中肾上腺皮质激素含量升高，而肾上腺皮质激素具有免疫抑制作用。

机体除了通过下丘脑—垂体—肾上腺轴的作用影响免疫功能之外，还有另一条通路。有研究报道，电击大鼠尾部，能够明显抑制血中淋巴细胞对分裂原植物血凝素的反应。切除大鼠肾上腺后，再观察上述电击的作用，发现淋巴细胞转化仍受到抑制。

如采用两种不同参数的电击造成动物应激，即间断性电击和连续电击，两种电击都可以产生应激性镇痛。但是，前者产生的镇痛可被阿片受体阻断剂纳洛酮所阻断（阿片样应激），后者则不能（非阿片样应激）。进一步研究表明，阿片样应激可以明显抑制大鼠NK细胞产生细胞毒的作用，并能被纳洛酮阻断，而非阿片样应激对NK细胞产生细胞毒的能力没有影响。范少光等的研究表明，应激通过内源性阿片肽的作用对巨噬细胞的功能也具有抑制作用。体内外研究表明，阿片肽可以通过直接的或间接的，也可以通过中枢或外周的作用，在应激抑制免疫功能中发挥重要作用。

12.2.2 神经递质对免疫系统的调节作用

儿茶酚胺对免疫功能的调节

情绪激动、恐惧等心理因素可使机体内儿茶酚胺水平升高，并使吞噬细胞的趋化和吞噬功能抑制。外源性给予啮齿动物儿茶酚胺，使外周血淋巴细胞的增殖能力下降，抗体生成减少。体外实验还观察到，儿茶酚胺可以抑制 B 细胞对 LPS 的增殖反应以及脾细胞对抗原的反应能力下降等现象。生理浓度的肾上腺素和去甲肾上腺素即可对巨噬细胞产生 IL-1 有抑制作用。还有研究发现，NE 能抑制 γ－干扰素（IFN-γ）诱导星形细胞表达Ⅰa 抗原，这一抑制作用能被 β 肾上腺素能受体拮抗剂心得安所阻断，但选择性 β_1 和 α 受体拮抗剂无阻断作用，说明 NE 是通过 β_2 受体发挥上述作用的。

5－羟色胺对免疫功能的调节

缝际核的破坏使血清 5－羟色胺水平下降，并使 B 细胞分泌抗体的能力增强。反之，若给实验动物注射 5－羟色胺或 5－羟色胺前体，均可使 IgG、IgM 的分泌能力降低。注射能干扰 5－羟色胺生物合成的 P－氯苯丙氨酸，可明显增强抗体分泌能力。有研究报道，生理浓度的 5－羟色胺即能抑制 IFN-γ 诱导巨噬细胞 Ia 的表达，与低浓度 IFN-γ 合用时能增强巨噬细胞对乳胶颗粒的吞噬作用，但与高浓度 IFN-γ 合用时，则对巨噬细胞吞噬作用有抑制作用，这双相作用均可被 5－羟色胺拮抗剂阻断。

乙酰胆碱对免疫功能的调节

乙酰胆碱可增加动物骨髓中淋巴细胞和巨噬细胞的数量。将毒扁豆碱经皮下注射小鼠体内，可抑制胆碱酯酶的活性，增强乙酰胆碱的作用，模拟副交感神经兴奋。20 分钟后处死小鼠，发现脾脏中的巨噬细胞产生的白细胞介素和脾淋巴细胞产生的白细胞介素-2（IL-2）水平都提高。

组胺对免疫功能的调节

组胺可抑制人末梢血单核细胞在 LPS 刺激下产生 IL-1。组胺对巨噬细胞产生补体成分 C_2 和 B 因子也有剂量依赖性抑制作用，可降低 C_2 和 B 因子特异性 mRNA 表达，并且此作用是通过 H_2 受体所介导。组胺对 PBMC 分泌 IFN-γ 和 IL-2 起抑制作用，外源性 IL-2 和 H_2 受体拮抗剂可以解除组胺对 IFN-γ 产生的抑制，提示组胺是通过 H_2 受体抑制 $T4^+$ 淋巴细胞产生 IL-2，而使 IFN-γ 分泌减少。

12.2.3 神经肽对免疫系统的调节作用

神经肽是一类生物活性多肽，在神经内分泌与免疫调节中起重要的调节作用，而内源性阿片肽是对免疫功能调节中研究最多的神经肽。

内源性阿片肽对免疫功能的调节

内源性阿片肽对免疫功能的调节，已有大量的从整体水平、离体的细胞和分子水平进行研究的报道。但是，由于阿片肽对免疫功能的调节机制相当复杂，到目前为止，许多整体和离体的结果不能吻合，不同实验室的资料也时有矛盾。

（1）阿片肽对淋巴细胞转化的影响

体内外实验结果显示，β－内啡肽（β-EP）可明显增强大鼠脾细胞的转化反应，转化反应呈明显的量效关系。但也有相反的报道，这可能是由于不同类型T淋巴细胞对β-EP有不同反应，亦可能是由于β-EP对淋巴细胞转化的影响具有双向效应，当β-EP的浓度为$10^{-14} \sim 10^{-10}$mol/L时呈增强效应，而浓度为$10^{-8} \sim 10^{-7}$mol/L时呈抑制作用。β-EP抑制淋巴细胞转化的机制，可能是通过T抑制细胞的作用产生的。β-EP可以抑制T淋巴细胞上IL-2的表达，这可能是β-EP抑制淋巴细胞转化的原因之一。甲啡肽（MEK）和亮啡肽（LEK）亦能促进小鼠脾淋巴细胞对有丝分裂原的反应。

（2）阿片肽对T细胞功能的影响

MEK、LEK在体外可提高正常人及病人外周血淋巴细胞活性、T玫瑰花形成率，而对总玫瑰花数目没有影响。MEK在体外可明显增强小鼠脾细胞对丝裂原PHA和ConA的反应性，促进ConA诱导的IL-2产生。β-EP在生理浓度下，亦可促进丝裂原诱导的淋巴细胞增殖，其作用不受纳洛酮阻断。在体外，β-EP可明显增强PHA和ConA诱导的T细胞株LBRM-33产生IL-2。β-EP和MEK对人单核细胞产生IFN-γ有加强作用，而纳洛酮不能有效地阻断。阿片肽影响T杀伤细胞功能的研究结果报道不一，β-EP和MEK在同种异体单向淋巴细胞混合培养中，可促进小鼠T杀伤细胞功能，此作用可部分被纳洛酮阻断，内啡肽和脑啡肽在增强T杀伤细胞功能方面无相加或协同作用，表明二者可能作用于淋巴细胞的相同位点上。但也有实验显示，β-内啡肽和MEK对T杀伤细胞功能没有作用。

（3）阿片肽对B细胞功能的影响

阿片肽在体外能明显抑制由LPS诱导的B淋巴细胞增殖，以及绵羊红细胞诱导的抗绵羊红细胞抗体的产生，其最低有效浓度为$10^{-14} \sim 10^{-12}$mol/L，其作用可被纳洛酮完全阻断。体内注射MEK亦可显著抑制绵羊红细胞诱导的抗体产生。对抗体生成的抑制强度依次为α－内啡肽＞脑啡肽＞β－内啡肽＞γ－内啡肽。以卵清蛋白为刺激物，α-EP可明显抑制孔斑形成反应。

（4）阿片肽对NK细胞功能的影响

β-EP与人外周血单核细胞共同孵育，可明显加强NK细胞对靶细胞的杀伤能力，这一作用可被纳洛酮阻断。MEK和LEK对NK细胞也有调节作用，它们均可加强人外周血NK细胞对靶细胞的杀伤性。MEK和LEK不仅能加强正常人血中NK细胞的杀伤作用，而且对癌症患者血中NK细胞也有明显加强作用。另有报道，脑啡肽对NK活力的调节作用具有双向效应，即加强低反应性NK细胞的杀伤力，抑制高反应性NK细胞活性。

（5）阿片肽对多形核白细胞、单核/巨噬细胞功能的影响

β-EP、MEK和LEK能加强多形核白细胞的趋化性，这一作用可被纳洛酮所阻断。

另外，β-EP 还可使多形核白细胞胞浆扩展和细胞伸长。强啡肽 A_{1-8}（$DynA_{1-8}$）对多形核白细胞的趋化性有双重作用，当浓度为 10^{-11}mol/L 时，呈抑制作用，10^{-7}mol/L 时则有加强作用。

MEK 可明显加强大鼠巨噬细胞的吞噬能力，产生 O_2^- 的能力提高。β-EP 和 Dyn 可加强腹腔巨噬细胞和多形核白细胞的产生 O_2^- 的能力，其中强啡肽作用更强。MEK、LEK 还可加强小鼠巨噬细胞杀伤肿瘤细胞的能力，强啡肽则能够增强由 IFN-γ 和 LPS 引起的杀瘤作用，而 β-EP 则无明显作用。但也有 MEK 和 LEK 可抑制多形核白细胞的产 O_2^- 的报道。

（6）阿片肽对细胞因子生成的作用

β-EP 可通过单核细胞而抑制 IFN-γ 的产生，当 β-EP 和 MEK 浓度为 10^{-11} ~ 10^{-6}mol/L 时，可以抑制人外周血单核细胞产生白细胞趋化因子，α-内啡肽则无此作用。相反，β-EP可加强大鼠脾细胞产生 IL-2，静脉注射结果亦与之一致，纳洛酮能翻转这一作用。

此外，β-EP 和 MEK 还可促进肥大细胞、巨噬细胞脱颗粒和释放组织胺，诱发风团反应，提示阿片肽可能参与速发型过敏反应。

综上所述，阿片肽几乎作用于所有的免疫活性细胞，对不同亚类的细胞作用不尽相同，作用机理非常复杂，这方面的研究尚需进一步深入。

P 物质对免疫功能的调节

P 物质是发现最早的一种神经肽，现有资料表明，P 物质是一种免疫调节肽，既影响非特异性免疫，又影响特异性免疫。

（1）P 物质对单核 巨噬细胞的作用

P 物质能促进此类细胞的吞噬作用、趋化性和游走活性。在体外 10^{-8} ~ 10^{-6}mol/L 浓度能刺激豚鼠腹腔巨噬细胞的有氧呼吸及花生四烯酸代谢，进而生成和释放 O_2^-、H_2O_2、PGE、白三烯 C_4 及溶酶体酶等。P 物质（10^{-10} ~ 10^{-6}mol/L）还可特异性地作用于人外周血单核细胞，促进其释放 IL-1、IL-6 及肿瘤坏死因子（TNF），促进 IFN-γ 的合成和分泌。P 物质可作为协同刺激物增强小鼠骨髓单核吞噬细胞系母细胞在集落刺激因子（CSF）作用下的增殖反应。有报道，P 物质在低浓度时增强脾脏 NK 活性和巨噬细胞杀瘤活性，高浓度时抑制 IFN-γ 对 NK 活性和巨噬细胞杀瘤活性的促进作用。

（2）P 物质对 B 淋巴细胞的作用

P 物质能促进 B 细胞合成免疫球蛋白的报道比较一致。在离体培养条件下，小鼠肠壁 Peyer's 结、肠系膜淋巴结及脾脏内 B 淋巴细胞，经 P 物质（10^{-8}mol/L）刺激，IgA 合成量均明显增加。如长期给予 P 物质，7 天后分离上述三种组织的淋巴细胞，进行体外培养，发现 IgA 和 IgM 的合成明显增加。由于 P 物质促进 IgA 合成的作用最强，而 IgA 主要参与粘膜防御，因此提示 P 物质对局部免疫功能的重要性。

（3）P 物质对 T 淋巴细胞的作用

P 物质（10^{-11} ~ 10^{-9}mol/L）可增加人外周血 T 淋巴细胞的 ^{3}H-TdR 及 ^{3}H－亮氨酸掺入率，并可被 P 物质受体阻断剂所阻断。P 物质能促进小鼠脾淋巴细胞、肠壁 Peyer's

结、肠系膜淋巴结等处的 T 淋巴细胞，促进其对 ConA 的增殖反应。P 物质还能增强丝裂原诱导小鼠脾淋巴细胞产生 IFN-γ。

(4) P 物质对中性及嗜酸粒细胞的作用

生理浓度的 P 物质（10^{-11}mol/L）即可刺激人多形核白细胞的趋化运动，但需药理剂量的 P 物质才可激活人中性粒细胞，导致氧耗量上升，H_2O_2 生成增加。然而，接近生理浓度的 P 物质却可显著加强由 C_{5a}等所致的中性粒细胞趋化、游走及吞噬杀菌作用，提示 P 物质更可能是以协同方式影响中性粒细胞的功能。

P 物质对嗜酸性粒细胞有两方面作用：直接刺激嗜酸性粒细胞释放过氧化物酶、乳酸脱氢酶及 O_2^-；使肥大细胞脱颗粒而间接地吸引嗜酸性粒细胞，促进其渗出和游走。

(5) P 物质对肥大细胞的作用

P 物质刺激肥大细胞释放组胺的效应已先后在小鼠、大鼠、豚鼠腹腔肥大细胞及人皮肤肥大细胞上得到证实。P 物质还可促进大鼠肥大细胞释放 5-HT，释放过程十分迅速，并依赖于糖酵解和氧化磷酸化过程，与 IgE 依赖性组胺释放过程不同。

(6) P 物质对脑内与免疫相关细胞的作用

脑内星形胶质细胞膜上有 P 物质特异性受体的存在，P 物质可刺激星形胶质细胞分泌 IL-1。P 物质还能刺激胶质细胞产生 TNF、促进 NDV 诱导胶质细胞产生 IFN。P 物质还能促进垂体内胶质细胞分泌 IL-6。因此，在中枢神经系统外伤、疾病等情况下，P 物质和细胞因子可能参与局部炎症、免疫反应和损伤修复过程。

血管活性肠肽对免疫功能的调节

血管活性肠肽（VIP）为 28 肽，是首先从肠组织分离出来的并具有广泛的生物活性。VIP 与人外周血淋巴细胞受体结合后，刺激细胞的腺苷酸环化酶，使细胞内的 cAMP 水平增高。如将 cAMP 类似物通过输入淋巴管注入淋巴结，可使该淋巴结的输出淋巴管中小淋巴细胞和淋巴母细胞数量减少，这提示 VIP 可促进淋巴细胞的腺苷酸环化活动，并通过这一机制来抑制细胞的流动。如将 VIP 加入到人肠系膜淋巴结皮下淋巴结、脾脏分离出来的淋巴细胞中，然后用 ConA、PHA 或 LPS 刺激，发现 VIP 可抑制 ConA或 PHA 诱导的细胞增殖，而对 LPS 诱导的细胞增殖无显著性影响。

生长抑素对免疫功能的调节

生长抑素为一 14 肽，可抑制生长激素、胰岛素等多种激素的释放。生长抑素在体外可抑制人脾脏巨噬细胞的杀瘤活性，抑制 VIP 刺激大鼠腹腔巨噬细胞产生 cAMP，但对 T 细胞增殖的影响报道并不一致。生长抑素能抑制 CSF 和 IFN-γ 的释放，但增加激活的淋巴细胞产生白细胞游走抑制因子。生长抑素对 NK 细胞和肥大细胞的活性的报道也不一致。生长抑素对免疫功能的调节较为复杂，其效应随靶细胞、实验方法、作用时间和浓度的不同而有很大的差异。

除了上述几种神经肽外，其他对免疫功能有调节作用的神经肽还有神经降压素、血管紧张素Ⅱ、精氨酸加压素等，但对其研究的报道较少。

12.2.4 激素对免疫系统的调节作用

糖皮质激素对免疫功能的调节

糖皮质激素是已确认的免疫功能抑制剂。几乎对所有的免疫细胞有抑制作用，包括淋巴细胞、巨噬细胞、中性粒细胞和肥大细胞等。

（1）糖皮质激素对体液免疫的作用

糖皮质激素对体液免疫的作用具有多样性。早期的研究发现，体外实验时低浓度的糖皮质激素对抗体的形成是必需的，糖皮质激素可增强 PWN 刺激人外周血 B 细胞的空斑形成反应，而用 LPS 刺激小鼠 B 细胞转化实验时，又发现去炎松缩酮对^{3}H-TdR 的掺入有抑制作用。至 80 年代，人们在了解 B 细胞活化过程的许多细节以及可以获得单一 B 细胞克隆的基础上，才认识到糖皮质激素能抑制 B 细胞激活的早期阶段。当 B 细胞受到抗原激活后，由 G_0 期向 G_1 期变化，此时的 DNA 复制和 RNA 转录均受到糖皮质激素的抑制。而 B 细胞在受到 B 细胞生长因子等作用后的克隆扩增过程，对糖皮质激素的作用已不敏感，至 B 细胞活化的最终环节，对糖皮质激素完全抵抗。因此，糖皮质激素只在 B 细胞活化起始阶段有抑制作用，当 B 细胞活化后，其作用较小。

（2）糖皮质激素对细胞免疫的作用

生理浓度和应激浓度的糖皮质激素对细胞免疫功能均有明显的抑制作用，包括 PHA、ConA 等有丝分裂原诱导的 T 细胞转化、特异性抗原对 T 细胞的特异激活、混合淋巴细胞培养反应，以及杀伤性 T 细胞的细胞毒作用等。地塞米松对 T 细胞产生 IL-2 有抑制作用，对外周 T 细胞在受有丝分裂原刺激后 IL-2 的 mRNA 表达也有抑制作用。生理浓度的氢化可的松对人鼠脾淋巴细胞产生 INF-γ 的能力有抑制作用，其作用与浓度呈正相关。地塞米松对 CL^{1+2-}/9TT 辅助细胞产生 IL-3 也有抑制作用，并与其浓度成正比。用特异性 DNA 探针检测 IL-3 和 GM-CSF 的 mRNA，发现当地塞米松存在时，细胞内 mRNA 含量比正常要低数倍至数十倍。此外，地塞米松可抑制 CK15-1 T 辅助细胞系受 ConA 刺激后 IL-2 和 INF-γ mRNA 的表达。另外，糖皮质激素还可抑制 T 细胞IL-2受体 mRNA 的表达。

（3）糖皮质激素对其他参与免疫反应的细胞的作用

巨噬细胞被激活后，具有杀肿瘤活性。生理浓度的皮质激素在体外即可抑制巨噬细胞的杀肿瘤活性。生理浓度的糖皮质激素能抑制巨噬细胞表达 IL-1 和 TNF 的 mRNA，抑制 NK 细胞的杀伤功能。此外，糖皮质激素能促使淋巴细胞合成和释放脂调素，脂调素除有抑制磷脂酶 A_2，使白三烯和前列腺素等活性物质减少外，本身对 NK 细胞的杀伤功能和抗体介导的细胞毒作用也有较强的抑制作用。

由于糖皮质激素对免疫功能的抑制作用已经明确，因此，在治疗过敏反应、自身免疫性疾病和抑制器官移植时的排斥反应中得到广泛的应用。

促肾上腺皮质激素释放因子（CRF）和促肾上腺皮质激素（ACTH）不仅通过下丘脑—垂体—肾上腺轴来调节免疫细胞的功能，而且本身亦可直接作用于免疫细胞。如 CRF 可促进淋巴细胞分泌 ACTH 而调节免疫功能，并抑制人外周血中 NK 活性。ACTH 的作用见下述。

促肾上腺皮质激素对免疫功能的调节

ACTH由39个氨基酸残基组成，其对免疫系统的作用与氨基酸残基序列有关，完整的ACTH有抑制抗体生成的作用，而ACTH（1～24）则无此作用。这与ACTH固有的促肾上腺皮质激素的功能不同，作为其固有的激素作用来说，上述两种ACTH的作用相同，说明免疫细胞与传统的内分泌靶细胞不同，它可以精细地区分开不同长度ACTH片段的不同作用。有研究报道，ACTH与B细胞生长因子或IL-2共同作用时可促进正常B细胞分化增殖，此结果与上述抑制抗体生成作用有矛盾，这种增强作用可能是发生在早期B细胞上，而抑制作用则发生于B细胞后期分化为浆细胞的阶段。ACTH尚可抑制T细胞产生IFN，并可完全抑制IFN-γ激活的巨噬细胞杀肿瘤作用。值得注意的是ACTH的类甾醇作用与免疫调节作用是不平行的。

生长激素对免疫功能的调节

生长激素是一种对免疫系统有明显作用的垂体前叶激素，几乎对所有的免疫细胞都具有促进分化和加强功能的作用。

（1）生长激素对胸腺的作用

生长激素的分泌在青春期达高峰，而后逐渐减低，与胸腺发育的年龄变化相平行。70年代初，就有研究发现生长激素能增加胸腺和脾脏的DNA和RNA的合成，此作用能被生长激素抗血清所阻断。如将能大量分泌生长激素的CH3垂体腺瘤细胞移植入老年雌性Wistar-Furth鼠，两个月后，这些老年鼠的胸腺无论是大体结构还是组织学形态均与青年鼠相似，而对照组的老年鼠胸腺发育仅呈残留状态。在侏儒鼠和侏儒狗可发现其胸腺萎缩，或血浆胸腺素减少。生长激素缺乏的侏儒症患儿血清胸腺素水平是下降的，给予外源性生长激素替代治疗后能恢复。这些结果表明了生长激素对胸腺发育的影响和调节作用。早期研究认为，生长激素能诱导胸腺前体细胞分化成为T辅助细胞，现在认为这不是生长激素的直接作用，而是生长激素增加胸腺激素的合成，由此再诱导次级淋巴组织中T细胞的终末分化。

（2）生长激素对淋巴细胞的作用

生长激素缺乏的人或小鼠B细胞的抗体合成减少，如将生长激素与B细胞作用，可增加抗体的合成。但也有报道称，生长激素缺乏的人，其免疫球蛋白浓度及淋巴细胞亚群均属正常范围。体外实验发现，生长激素可增加PHA诱导的T细胞转化及IL-2的合成，增加体外细胞毒T细胞的活性，甚至能刺激淋巴细胞合成、分泌生长激素。但也有生长激素使淋巴细胞增殖减少或不变的报道。有的实验结果还显示，低剂量生长激素对淋巴细胞增殖是增强的，而高剂量时是抑制的，产生这些差异的原因目前还不清楚。

（3）生长激素对吞噬细胞和NK细胞等的作用

生长激素可认作为一种巨噬细胞活化因子。将肝脏巨噬细胞与生长激素一起孵育过夜，巨噬细胞超氧离子的产生增多。生长激素可促进中性粒细胞在体外分化过程，还影响中性粒细胞的吞噬活性，这一作用与生长激素增加中性粒细胞的两个重要酶—髓过氧化物酶和溶菌酶的活性有密切关系。垂体切除或老龄动物的NK细胞活性降低，给予生长激素替代治疗后，能使NK细胞在一定程度上恢复，提示生长激素能影响NK细胞的杀伤活性。

由于生长激素可以由淋巴细胞合成和释放，因而不少学者认为生长激素对免疫细胞功能的调节作用可能主要由免疫细胞释放的生长激素完成，生长激素对免疫的调节作用是一种“局部作用”，免疫应答时淋巴细胞局部生长激素的合成和分泌比外周循环血液中生长激素浓度对免疫的调节更为重要。在应激情况下，机体内糖皮质激素的分泌对由应激引起的免疫功能抑制起重要作用，而这时生长激素的分泌增加，具有免疫调节作用，对糖皮质激素的抑制作用起抵抗作用。因此，生长激素在应激过程中以及应激刺激消除后免疫功能的恢复过程中，都起重要作用。

性激素对免疫功能的调节

胸腺功能易受性激素的影响是人们早已熟悉的现象。性成熟期胸腺开始退化，而去除性腺可使胸腺增生肥大，即使在老年动物也可出现。正常动物给予性激素可使胸腺萎缩。一般而言，雄激素的致胸腺退化作用比雌激素大。性激素与胸腺上皮细胞中的相应受体结合后，可调节胸腺激素的产生以致影响胸腺细胞的分化成熟。另有报道，睾酮能降低胸腺细胞产生 IL-2 的能力。如给鼠类注射睾酮，可延迟动物的移植排斥反应，具有免疫抑制作用。但不同剂量的雌激素具有免疫抑制和促进双重作用，低浓度雌二醇能刺激外周淋巴细胞的活性，高剂量则可产生抑制作用。孕激素是一种强免疫抑制剂，可抑制外周血淋巴细胞对 PHA 和 ConA 的反应，还能延长恒河猴同种皮肤移植及大鼠心脏移植的存活期。

人绒毛膜促性腺激素对免疫功能的调节

人绒毛膜促性腺激素是胎盘滋养层细胞分泌的、维持妊娠的激素，同时又是一种免疫抑制因子，可抑制细胞毒性 T 细胞及 NK 细胞的杀伤能力、T 细胞对有丝分裂原刺激的增殖反应、混合淋巴细胞反应及 IL-2 的合成等。其抑制作用可能是通过抑制抗原提呈的巨噬细胞功能或诱导产生抑制性 T 细胞所引起，还可能是通过孕酮的分泌而间接抑制免疫应答。

促甲状腺激素和甲状腺激素对免疫功能的调节

生理浓度的促甲状腺激素在体外即可促进抗体的生成，这种促进作用不依赖于巨噬细胞，但需要 T 细胞的参与。令人感兴趣的是，免疫系统的 T 细胞受下丘脑分泌的促甲状腺激素释放激素刺激后可分泌促甲状腺激素，进而增强抗体的产生，而其他下丘脑激素对 T 细胞则无此作用，这种增强抗体产生的作用可被促甲状腺激素抗体所阻断。这一结果表明激素可成为免疫系统的内源性调节物。淋巴器官对甲状腺激素的敏感性可因动物品系及所用剂量的不同而呈不同反应。大剂量 T4 使小鼠、豚鼠胸腺退化，中等剂量则能使因 X 射线引起的豚鼠退化的胸腺再生。有研究表明，T4 能促进胸腺细胞摄取胸苷，增加动物外周血中细胞毒性 T 细胞，诱导豚鼠淋巴细胞分化。还有报道，甲状腺和甲状旁腺 C 细胞分泌的降钙素是血钙调节剂，而结合钙离子的蛋白在活化细胞毒性 T 细胞的杀伤作用中起关键作用。

除上述几种激素外，其他激素如胰岛素、催乳素等均对免疫功能亦有调控作用，但研究报道较少。

神经递质、神经肽和激素是神经、内分泌系统作用于免疫系统的主要物质基础。下面将部分神经肽、递质和激素对免疫功能的调节作用概要地列于表 12-1 中：

表 12-1　神经肽、递质和激素的免疫调节作用

神经介质	免疫学功能
促皮质激素	抑制免疫球蛋白与γ－干扰素的合成，抑制γ－干扰素介导的对巨噬细胞的激活，增强 B 细胞增殖
γ－内啡肽	抑制免疫球蛋白的合成和分泌
γ－内啡肽	增强免疫球蛋白与干扰素的合成，调节 T 细胞增殖，增加杀伤性 T 细胞的产生，增加 NK 细胞活性，对单核细胞及中性粒细胞有趋化作用
亮或甲-脑啡肽	抑制免疫球蛋白的合成，增强γ－干扰素的合成，增强 NK 细胞活性，对单核细胞有趋化作用
甲状腺激素	增强免疫球蛋白的合成
生长激素	增加杀伤性 T 细胞的产生
精氨酸加压素和催产素	在γ－干扰素合成时取代对 IL-2 的需要
P 物质	增强 T 细胞的增殖，使肥大细胞与嗜碱细胞脱颗粒，增强巨噬细胞的吞噬作用，诱导 O_2^-、H_2O_2 的产生
生长抑素	抑制嗜碱性细胞释放组织胺，抑制 T 细胞的增殖
人绒毛膜促性腺激素	抑制细胞毒性 T 细胞及 NK 细胞的活性，抑制 T 细胞增殖，抑制混合淋巴细胞反应，抑制 IL-2 的产生，产生抑制性 T 细胞
糖皮质激素	抑制抗体产生，抑制 NK 细胞活性，抑制细胞因子产生
儿茶酚胺	抑制淋巴细胞对有丝分裂原的增殖反应
乙酰胆碱	增加骨髓淋巴细胞和巨噬细胞数量
性激素	抑制淋巴细胞转化，抑制混合淋巴细胞反应
甲状腺素	增强空斑形成细胞、T 细胞活化
催乳素	增强巨噬细胞活化和 IL-2 产生
血管活性肠肽	抑制细胞因子产生

§12.3　免疫系统对神经、内分泌系统的调节作用

免疫系统是除神经系统外，机体能特异地识别“异己”刺激、对之作出精确应答、并保留记忆反应的功能系统。免疫系统对侵入机体的异己成分（如细菌、病毒和各种病原体）以及发生了突变的自身细胞（如癌细胞）具有精确地识别、适度地应答和有效地排除的能力。免疫细胞通过膜抗原受体识别异己成分，再通过与各种免疫细胞的复杂的相互作用而被活化，并进一步分化为执行免疫功能的效应 T 细胞和分泌抗体的浆细胞，发挥排除抗原的功能。免疫细胞间的信息沟通和功能调节分子主要是细胞因子和抗体。细胞因子通过其多效作用形成的细胞因子网络，以及抗体通过其独特型决定基因

形成的独特型网络是免疫系统功能稳定的主要机制。这种“免疫稳态”机制在保证免疫应答的精确性，完成其免疫防御、免疫监视和免疫自稳功能，从而在维持机体内环境稳定方面发挥重要作用。

细胞因子在神经、内分泌与免疫系统的双相关系中起重要的调节作用，免疫系统对神经、内分泌系统的调节作用主要是指细胞因子对神经、内分泌系统的调节。

12.3.1 细胞因子对神经活动的调节作用

细胞因子对脑电和行为的影响

纯化的 IL-1 可明显延长动物的慢波睡眠（SWS）时相，而缩短快速眼球运动睡眠（REM）时相，并使脑电图中慢波成分增强。将 IFN-α 或 IL-1 注入脑室，可引起大鼠典型的睡眠行为和皮层脑电图同步化改变，而 IFN-β 和 IL-6 则无此作用。进一步研究发现，IFN-α 催眠作用是部位特异性的，小剂量 IFN-α 注入蓝斑核即可引起明显的睡眠行为及皮层脑电图改变，而相同剂量的 IFN-α 注入其他脑区则无此作用。预先应用纳洛酮处理动物，可阻断 IFN-α 催眠作用，提示在蓝斑核水平的作用是由阿片受体所介导。静脉或脑室注射 TNF 也可使 SWS 增强、REM 减弱及脑电图中慢波增强。因 TNF 诱发的 SWS 变化比由 IL-1 介导的菌壁二肽诱发的 SWS 变化要早，所以注射 TNF 后引起的早先 SWS 增强不是由 IL-1 介导的，但注射后 3 ~ 4 小时的 SWS 及脑电图变化则可能有 IL-1 参与。TNF 引起的睡眠变化及发热反应在时程上不平行，因此 TNF 的致眠作用不是其致热作用的结果。

IL-2 能引起神经元放电的改变。将重组人 IL-2 注射入 Wistar 大鼠第三脑室后，即能引起下丘脑腹内侧核放电频率降低，而视上核和室旁核则增加。由于视上核和室旁核能分泌抗利尿激素，因此可能解释 IL-2 治疗肿瘤患者过程中出现的水潴留现象。

用立体定位技术在不同脑区埋植套管后，微量注射 IL-2，观察到 IL-2 能引起行为迟钝反应，对清醒大鼠产生与剂量成正比的催眠作用和相应的皮层电图（ECoG）变化，其中最敏感的脑区是蓝斑。用 10^{-12}mol/L 浓度的重组鼠和人 IL-2 注入大鼠第三脑室后，产生的催眠作用和相应的 ECoG 慢波睡眠开始于 IL-2 注射后 5 ~ 10 分钟，并持续 30 ~ 140 分钟。通过对不同脑区注射 IL-2 所引起的效应观察，发现蓝斑是介导催眠作用的部位，仅 10^{-13}mol/L 浓度 IL-2 注入蓝斑就能产生上述行为反应和 ECoG 变化，同样剂量 IL-2注入其他脑区则不能引起明显的效应。由于蓝斑与觉醒—睡眠周期有关，IL-2 所引起的上述变化可以解释 IL-2 治疗肿瘤患者过程中产生的催眠效应。在 IL-2 注射前 15 分钟，注射阿片受体拮抗剂纳洛酮，能够拮抗 IL-2 所引起的上述行为改变和 ECoG 变化，相反，特异性 α-2 肾上腺素能拮抗剂则不能产生类似的拮抗作用。因此，IL-2 诱发的催眠反应和 ECoG 变化，可能是由于作用于特异性受体所致，IL-2 的这一作用与阿片受体有关。IL-2 微量注入尾核或黑质致密层部位，可以看到同侧转动和周期性同侧旋转这些不对称体位等行为反应，表示 IL-2 可能单侧抑制黑质、纹状体多巴胺能通路。与蓝斑不同，将 10^{-13}mol/L 浓度的 IL-2 分别注入海马背侧、下丘脑腹内侧核、皮层前顶部不能诱发催眠反应和 ECoG 变化，但是注入海马和下丘脑腹内侧核可以引起运动和掠夺行为。较大剂量（10^{-12}mol/L）的 IL-2 注入海马则可引导出高电压 ECoG 呈癫痫样放电，持续 80～120 分钟，并伴随制动行为。

IL-3 亦有引起催眠和相应脑皮层电图变化的作用。

细胞因子的致热原作用

脑室注射 IL-1β 时引起的发热反应较静脉注射时强烈且持久，提示 IL-1 可直接或间接作用于中枢神经系统。静脉或脑室注射 rIL-1β 引起的发热反应持续时间都小于 30 分钟，且是单相的，即只出现一次发热高峰。但有实验观察到，给家兔小剂量静脉注射或脑室注射 rIL-1α 时引起单相发热反应；而大剂量静脉注射时诱发双相发热反应，他们认为第一次发热高峰由 IL-1α 作用于外周靶器官，引起后者分泌前列腺素（PG）所致，而第二次发热高峰由 IL-1α 直接作用于中枢神经系统引起。IL-1 致热作用的这种差别说明 IL-1α 与 IL-1β 存在功能差异。下丘脑视前区微量注射 IL-1 能同时诱发发热反应和急性期反应，因此 IL-1 诱发这两种反应的作用点之一是下丘脑。体内外实验均表明，IL-1 可影响脑组织的花生酸代谢并刺激 PGE_2 的生成，因而 IL-1 诱发的发热反应可能由 PGE_2 及 PGD_2 介导。

静脉或脑室注射 rIFN-α 或 IFN-γ 可引起剂量依赖的单向发热反应，连续静脉注射 3 天后发热反应减弱，其原因不明，有可能是产生了耐受性。脑室注射 IFN-γ 引起的发热反应较静脉注射时强烈而持久，IFN-γ 还能刺激体外培养的下丘脑薄片释放 PGE_2，所以 IFN 的致热作用可能是通过作用于中枢神经系统而实现的。

早期用 TFN 治疗肿瘤患者时发现有致热副作用。以后的研究表明，此作用并非 TNF 制剂被致热源污染所致。TNF 的致热作用与 IL-1 很相似，静脉或脑室注射引起的发热反应持续仅 48～54 分钟，小剂量静脉注射或脑室注射 TNF 引起单向发热反应，大剂量静脉注射时诱发双相发热反应，但同剂量 IL-1 的致热作用较 TNF 强。也有报道脑室注射 TNF 可诱发双相发热反应。因生理浓度的 TNF 可刺激人单核细胞分泌 IL-1，将 TNF 诱导的第二次发热反应高峰时的血清注入家兔可引发类似 IL-1 引起的发热反应，而把抗 IL-1 抗体加入单核细胞与 TNF 共育的上清中，可使上清的致热作用消失。因此，静脉注射 TNF 诱发的第二次发热高峰可能由 TNF 刺激单核/巨噬细胞释放 IL-1 引起。TNF 还能刺激下丘脑体外培养薄片分泌 PGE_2，所以 TNF 也可能是通过刺激脑组织释放 PGE_2 引起发热反应。

细胞因子的镇痛作用

IFN-α 具有中枢镇痛作用，此作用可被纳洛酮阻断或翻转，因此 IFN-α 对中枢神经系统的这一作用与阿片受体有关。但纳洛酮不能阻断向大脑皮层中微电泳 IFN-α 引起的细胞放电频率升高，IFN-α 对中枢神经系统的这一作用不是由阿片受体所介导。给予吗啡成瘾大鼠脑室注射 IFN 后，可减轻动物纳洛酮戒断引起的行为反应，且有剂量依赖关系，脑室注射 IFN 还影响下丘脑腹内侧区、上丘及视皮层的诱发电位，在有吗啡或纳洛酮存在时，IFN 对上述部位的电活动的影响有所不同。IFN 可能是在神经元或神经核水平影响阿片功能。

采用不同动物模型、不同测痛方法，均观察到 IL-2 具有中枢和外周镇痛作用，而且 IL-2 的这一作用主要由阿片受体所介导。人 IL-2 分子第 62 位 Glu、20 位 Asp 以及

126 位 Gln 残基是 IL-2 与 IL-2 受体结合、信号传递和发挥免疫调节作用的关键残基，采用基因定点突变方法，将这三个氨基酸残基分别突变为 Leu、Leu 和 Asp。获得的三个 IL-2 突变体对 IL-2 依赖的 CTLL-2 细胞株的增殖能力显著下降或消失，即免疫学活性显著下降或消失，但它们仍具有明显的镇痛功能。这一结果表明，IL-2 具有相互独立的免疫和镇痛功能位点，分别介导免疫和镇痛活性。进一步研究发现，IL-2 分子的镇痛功能位点是 IL-2 分子通过空间折叠形成内源性阿片肽分子 N 端样结构所构成。

12.3.2　细胞因子对下丘脑—垂体轴的调节作用

细胞因子能够作用于下丘脑和/或垂体腺而影响神经内分泌，它们主要有 IL-1、IL-2、IL-6、TNF 和 IFN。

白细胞介素-1 对下丘脑—垂体轴的影响

垂体腺分泌的 ACTH 主要受下丘脑 CRF 和糖皮质激素的负反馈控制和调节。任何形式的应激包括感染、炎症可以激活下丘脑—垂体—肾上腺轴。致热原、白细胞分泌介质特别是细胞因子可以刺激 ACTH 和皮质类固醇的释放。

IL-1 通过 CRF 的介导，刺激 ACTH 的释放。IL-1 静脉注射可刺激小鼠、大鼠 ACTH 和糖皮质激素的释放，这一作用可以通过中和 CRF 所抑制，提示 CRF 介导 IL-1 引起的 ACTH 的释放。IL-1 脑室注射可导致 CRF 的立即释放，静脉注射后可在门静脉测出 CRF 浓度的升高。IL-1 可引起 CRF 神经分泌轴突分泌囊泡的排放。IL-1 在体外可增加 CRF mRNA 的表达，并直接刺激大鼠下丘脑 CRF 的释放。IL-1 引起的 CRF 释放是由廿烷样环氧化酶（eicosanoid cyclo-oxygenase）途径所介导。

下丘脑存在着 IL-1β 免疫反应性物质，其中浓度最高的是室旁核、弓状核和正中隆起。CRF 的神经细胞体存在于室旁核。业已证实，大鼠下丘脑存在着 IL-1 特异性高亲和力受体，抗 IL-1 受体拮抗剂可以抑制 IL-1 引起的 ACTH 的释放。有证据表明，内毒素引起的 ACTH 释放亦是通过 IL-1 受体所介导，这一作用可被 α-MSH 部分阻断。

加压素和 CRF 在下丘脑神经分泌细胞存在共分泌现象。加压素可加强 CRF 对 ACTH 的分泌促进作用。IL-1 通过对 CRF 分泌细胞的直接作用而刺激加压素的释放。

IL-1 和抗 CRF 抗体同时使用，可以减轻 IL-1 所致的厌食症状。表示 CRF 也介导 IL-1对食欲抑制的作用，这一机制可以解释急、慢性疾病中的食欲低下症状。

大鼠垂体前叶的促甲状腺素细胞内存在着 IL-1β 和 IL-1β mRNA，垂体腺内也存在着 IL-1α 高亲和力结合位点，提示 IL-1 在此水平有直接作用。在大鼠垂体前叶和小鼠分泌 ACTH 的垂体瘤细胞系 AtT-20，IL-1 能增加 ACTH 前体前阿黑皮素原的表达。IL 1α、β 均能刺激大鼠垂体培养细胞 ACTH 的释放。延长 IL-1 和 AtT-20 的孵育时间，可以促进 ACTH 的释放，IL-1 还可增强 CRF 对 ACTH 分泌的刺激作用。IL-1 增强 ACTH 释放与IL-6有协同效应。

IL-1 对下丘脑—垂体—性腺轴的主要作用是抑制促性腺激素释放激素（GnRH）的分泌。女性 GnRH 波动的频率和幅度对排卵至关重要。IL-1β 能抑制 GnRH 波动频率和幅度，抑制动情前期促黄体生成素（LH）高峰。阿片受体拮抗剂纳洛酮可以阻断 IL-1

对 GnRH 的抑制作用，提示 IL-1 的作用与内源性阿片肽有关。IL-1 引起的动情前期 LH 高峰和排卵抑制也与阿片受体有关。有研究表明，IL-1α 可抑制 LH 的波动频率，但对波动幅度没有影响，对促卵泡激素（FSH）的波动也无显著性影响。CRF 亦对 GnRH 和 LH 的释放有抑制作用，并可能由阿片受体机制所介导。去甲肾上腺素通过激起正中隆起 GnRH 的释放而抑制促性腺激素（GTH）排卵前期高峰。IL-1 能特异性阻断去甲肾上腺素所致的 GnRH 和前列腺素 E2 从下丘脑内侧基底部区域释放。可是也有一些相反的报道，他们认为 IL-1 对 GTH 释放呈刺激作用，IL-1β 脑室注射可刺激 GnRH 释放，IL-1α 则可刺激下丘脑培养细胞释放 GnRH，在雌二醇存在的情况下，这一作用更强。

IL-1 对垂体 GTH 释放影响的报道亦不是很一致。IL-1 对垂体前叶培养细胞 LH 的分泌有增加刺激作用，可是同样条件下有报道 IL-1 抑制 FSH 分泌，IL-1 能阻断 GnRH 刺激大鼠垂体前叶培养细胞分泌 LH 和 FSH 的作用。

垂体生长激素分泌主要由生长激素释放激素（GHRH）的刺激作用和生长抑素（SS）的抑制作用之间的平衡关系所控制。IL-1 能特异地刺激大鼠下丘脑 GHRH 和 SS 的释放，增加胚胎下丘脑 SS 的合成。IL-1 主要作用于 SS 的释放，因而导致总体上 GH 分泌的抑制。有研究显示，在分离的下丘脑内侧基底部或 SS 释放直接相关的下丘脑正中隆起水平，IL-1 对 SS 释放没有作用。这表示 IL-1 对 SS 的释放在下丘脑高水平面发挥作用。IL-1对 GH 释放的作用是通过前列腺素环氧合酶机制实现的。目前 IL-1 对垂体腺 GH 分泌的直接作用尚不清楚，报道也不一致。

IL-1β 皮下注射，可引起血清促甲状腺激素（TSH）水平的下降，而甲状腺素和三碘甲状腺氨酸在短暂升高后下降。IL-1 脑室注射亦可抑制 TSH 释放。IL-1 在体外则能刺激垂体前叶细胞分泌 TSH，延长 IL-1 的作用时间，可降低垂体 TSH 含量。IL-1 对甲状腺释放甲状腺激素也有直接抑制作用。IL-1 主要作用于下丘脑水平，对之有持续的抑制作用。

催乳素（PRL）是除 ACTH、GH 外在应激状态下可释放的激素，它主要受下丘脑多巴胺的抑制性控制。IL-1 对下丘脑多巴胺释放没有影响，但是 IL-1 脑室注射可刺激 PRL 分泌，而腹腔内注射则引起血清 PRL 水平明显下降。IL-1 能刺激发生垂体前叶培养细胞分泌 PRL，但也有报道 IL-1 抑制 TRH、血管活性肠肽引起的 PRL 释放及 PRL 基础释放。

白细胞介素 -2 对下丘脑—垂体轴的影响

将大鼠分离的垂体细胞和 IL-2 培养过夜后，其前阿黑皮素原（POMC）基因转录增加，CRH 基因转录亦有提高，对 AtT-20 细胞株也有类似的效应。

IL-2 能促进大鼠下丘脑 CRF 的释放，也能改变垂体腺激素的释放。IL-2 能够刺激 PRL、TSH 和 ACTH 的释放，抑制 LH、FSH 和 GH 的释放。在使用 IL-2 治疗肿瘤患者的过程中，会发生明显的神经内分泌反应，如引起 ACTH 和皮质酮的释放，但与IL-1和 IL-6的作用过程不一，IL-2 所致的 ACTH 释放过程缓慢。IL-2 还能直接刺激肾上腺释放皮质酮。

白细胞介素 -6 对下丘脑—垂体轴的影响

IL-6 静脉和脑室注射均能刺激大鼠 ACTH 释放。抗 CRF 抗体和 IL-6 同时注射大鼠，可阻断 IL-6 的上述作用，表示 IL-6 可能与 IL-1 一样，其促进 ACTH 的分泌是由 CRF 所介导。IL-6 在体外能刺激大鼠下丘脑 CRF 的分泌，IL-6 引起的 CRF 释放亦是由廿烷样环氧合酶途径所介导。IL-6 能刺激 AtT-20 细胞株分泌 ACTH，延长 IL-6 和 AtT-20 的孵育时间，可以促进 ACTH 的释放作用，但对正常垂体细胞的刺激作用尚未见报道。IL-6 还可直接刺激肾上腺释放皮质酮。

IL-6 能直接刺激大鼠垂体前叶培养细胞释放 GH，不过第三脑室注射并没有发现这一作用。IL-6 对 GHRH 和 SS 亦没有影响。有研究表明，IL-6 脑室注射卵巢切除术大鼠，血清 LH 浓度降低，但也有不一致的报道，认为 IL-6 对 LH 和 FSH 分泌均无影响。但IL-6对垂体前叶培养细胞 LH 的分泌有直接刺激作用。

IL-6 在体外能刺激垂体前叶细胞分泌 TSH，脑室注射亦能刺激 TSH 释放，而对下丘脑内侧基底部促甲状腺素释放激素（TRH）的释放则呈轻度刺激作用。IL-6 还能刺激大鼠垂体前叶细胞分泌 PRL，但第三脑室注射则并不影响 PRL 的释放。

大脑 IL-6 主要由垂体前叶 folliculo-stellate 细胞产生。此细胞所在区域接近 PRL 和 GH 分泌细胞，有证据表明，IL-6 作为旁分泌因子控制垂体激素释放。IL-1、VIP、垂体腺苷酸环化酶激活多肽（PACAP）和降钙素基因相关肽（CGRP）可以刺激垂体前叶释放 IL-6。用 forskolin 和霍乱毒素激活腺苷酸环化酶、cAMP 第二信使协同或者加入 dibutyrylcAMP 也可刺激 IL-6 释放。皮质类固醇、地塞米松可抑制 IL-6 分泌。IL-6 基因 5′端启动子区的 cAMP 和糖皮质激素效应元件，很可能是 cAMP 和糖皮质激素影响 IL-6 合成的作用位点。IL-1 在 cAMP 水平对垂体没有作用。由此表明有二个独立的系统：cAMP 依赖和不依赖机制作用于 IL-6 合成和释放。

肿瘤坏死因子对下丘脑—垂体轴的影响

TNF-α 不但对下丘脑 CRF 的释放有刺激作用，还可以直接刺激肾上腺释放皮质酮。TNF-α 静脉注射可增加 ACTH 的释放，作用机制与 IL-1 相类似，即抗 CRF 抗体可以阻断 TNF-α 的激活作用，因而认为作用于下丘脑，通过释放 CRF 而激活 HPA 轴。TNF-α 是否影响体外培养垂体细胞合成 ACTH 的报道并不一致。

TNF-α 能够刺激下丘脑体外培养细胞释放 GnRH 和 IL-6，在雌二醇存在下，这一作用加强。TNF-α 脑室注射卵巢切除术大鼠，血清 LH 浓度降低。TNF-α 静脉注射可对大鼠 GH 的分泌产生缓慢但逐渐增强的刺激作用。可是 TNF-α 对 GH 释放的作用，也有呈抑制作用的报道。而 TNF-α 对 GHRH 和 SS 的释放没有影响。TNF-α 能刺激大鼠垂体前叶培养细胞分泌 PRL，但对下丘脑多巴胺释放没有作用。TNF-α 对甲状腺分泌甲状腺激素有直接的抑制作用，另外，TNF-α 能够直接作用于垂体对生长激素的分泌起调节作用。

干扰素对下丘脑—垂体轴的影响

IFN-α 与 ACTH 存在着结构的同源性，在功能上亦有交叉。IFN-α 有类似 ACTH 的促进肾上腺肿瘤细胞株合成和释放糖皮质激素作用。IFN-α 还具有内源性阿片肽的生物活性。

IFN-α 对大鼠垂体培养细胞 CRF 所致的 ACTH 分泌起抑制作用。IFN-α 和 IFN-γ 总的来说，抑制 HPA 的神经内分泌活动，而且阿片受体 μ 亚型拮抗剂可以阻断 IFN 的作用，提示 IFN 的作用与阿片受体有关。

IFN-γ 对下丘脑—垂体—甲状腺轴能起持续的抑制作用，IFN-α 亦能明显地降低血中 T3、T4 水平。但是 IFN-α、β、γ 均能刺激大鼠垂体前叶培养细胞分泌 PRL，抑制 TRH 和 VIP 刺激产生 PRL 的释放。

胸腺及其激素对下丘脑—垂体轴的影响

胸腺影响神经内分泌系统功能的证据，首先来自对裸鼠的观察，裸鼠的小脑体积有不同程度的缩小，其中 Purkinje 细胞数量减少，胞体变小。新生裸鼠早期植入胸腺或注射胸腺提取物，则可使其低下的生殖功能基本恢复正常。胸腺不仅可以通过分泌胸腺素来促进下丘脑分泌黄体生成素释放激素（LHRH）、提高正常小鼠血清雌激素水平和影响睾丸 Leydig 细胞分泌睾酮，而且可以直接分泌神经递质及阿片肽类物质参与对神经内分泌系统功能的反馈调节。

关于胸腺对肾上腺皮质功能影响的研究，结果并不一致。有研究报道，裸鼠和新生期去胸腺小鼠的肾上腺重量增加、血浆皮质酮升高，但也有相反的报道。有报道胸腺素注入大鼠下丘脑和小鼠侧脑室可使肾上腺重量增加和皮质酮水平上升。

胸腺对甲状腺的影响主要表现为促进作用。新生期去胸腺小鼠和大鼠血清 T3 和 T4 水平明显降低，甲状腺重量减轻。注射胸腺提取液可使甲状腺增生。

用放免法测定发现在大鼠脑内广泛存在胸腺素 α_1，下丘脑处含量较高，以正中隆起、弓状核等处最高。还发现胸腺素 α_1 作用于下丘脑腹侧正中核和弓状核引起大鼠血浆皮质酮明显升高，提示胸腺素能通过中枢神经系统影响内分泌功能。目前认为，生命早期胸腺对神经内分泌系统的正常发育是必不可少的。

细胞因子与垂体肿瘤

约 2/3 体外培养的人垂体腺瘤细胞可分泌、释放 IL-6，它们往往是分泌激素肿瘤。原位杂交表明腺瘤细胞内存在着 IL-6 mRNA，用免疫细胞化学方法亦证实垂体腺瘤内有 IL-6 显示。IL-1 是垂体腺瘤培养细胞释放 IL-6 的强刺激因子。Forskolin 和 dibutyryl cAMP 能够加强肿瘤细胞 IL-1 引起的 IL-6 分泌。在垂体瘤细胞中未检测到 TNF 和 IFN-γ 的释放。垂体腺瘤内 IL-6 的作用还不是很明确，但与其激素的释放和/或肿瘤生长和增殖密切相关。IL-6 能促进 GH3 大鼠垂体瘤细胞的生长，而抑制正常大鼠垂体前叶细胞的生长。

目前已有大量的证据表明，细胞因子能够调节下丘脑—垂体轴功能，并直接作用于靶腺。有关细胞因子的调节作用的报道结果尚有不少矛盾，这可能是由于采用的技术不同、体内外试验的差异等原因所致。尽管如此，目前已比较清楚地表明，细胞因子对下丘脑—垂体—肾上腺轴有显著的刺激作用（IFN 起抑制作用），对下丘脑—垂体—甲状腺、性腺轴起强烈的抑制作用，并可能抑制 GH 的释放。细胞因子对神经内分泌的调节作用可概要地用图 12-2 表示。

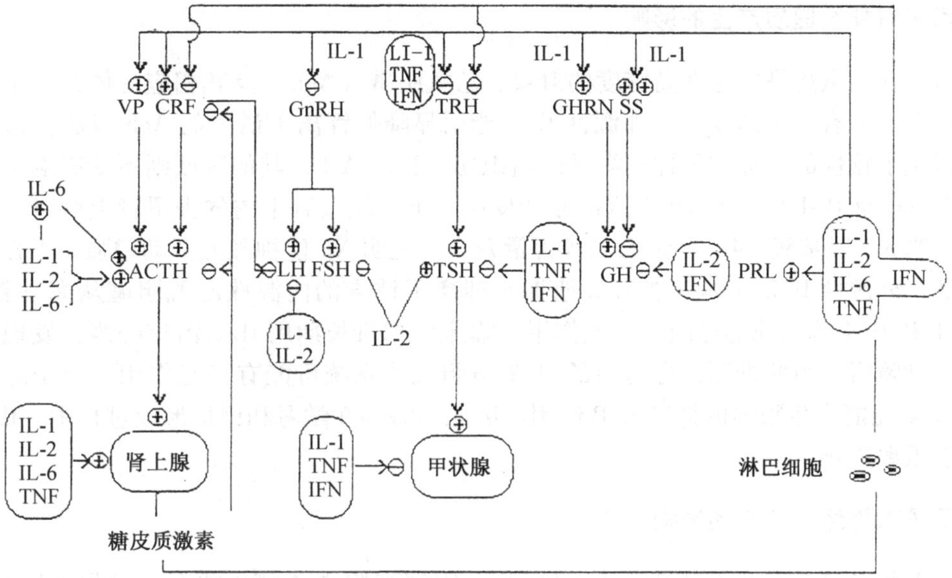

图 12-2 细胞因子对神经内分泌的调节作用

12.3.3 细胞因子对神经细胞活动的调节作用

细胞因子对神经元和神经胶质细胞的作用

IL-1、IL-2、IL-6 等均具有神经营养作用。IL-6 在体外同 NGF 一样，可促进嗜铬细胞瘤株 PC12 细胞轴突生长、分化以及 *c-fos* 基因表达，与 NGF 不同的是，IL-6 不能维持已分化的 PC12 细胞在体外长期存活。应用体外培养结合分子杂交技术发现，IL-1与纤维母细胞或雪旺氏细胞共育一定时间，可促进细胞内 NGF mRNA 表达，并增强该 mRNA 的稳定性。由于 IL-6 可增加体外培养的胶质细胞自分泌 NGF，且 IL-1 可促进胶质细胞产生 IL-6，因此，IL-1 的促进 NGF 产生的作用是直接还是由 IL-6 所介导的，还不是很清楚。无论是胶质细胞来源还是巨噬细胞来源的 IL-1，在体外均可促进星形胶质细胞的增殖，重组 IL-1 对新分离的胚胎期胶质细胞亦有促进作用。

IL-2 能够支持大鼠胚胎海马神经元的存活，并促进轴突生长，IL-2 还能支持皮层、纹状体和隔区神经元的存活。IL-2 还能明显地影响神经胶质细胞的生长，10^{-9}mol/L 浓度的 IL-2 能刺激新生大鼠少突胶质细胞的增殖和成熟，并引起髓磷脂碱性蛋白（MBP）的增加，但低浓度 IL-2（10^{-12}mol/L）则无效。半乳糖脑苷脂（CalC）阳性少突胶质细胞具有 IL-2 低亲和力受体。IL-2 通过促进基因表达的方式来影响胶质细胞的生长，促进 mRNA 的转录来调节胶质细胞 MBP 的表达。

星形胶质细胞、少突胶质细胞、小胶质细胞、感觉和运动神经元、垂体细胞等能对多种细胞因子起反应，这些细胞因子还包括 IL-3、TNF、IFN-α、IFN-β、IFN-γ、神经白细胞素等，提示细胞因子可能在中枢神经系统的损伤修复、生长发育和生理功能中起重要作用。

细胞因子对神经递质产生的影响

由于在大鼠海马区存在高密度的IL-2、乙酰胆碱（Ach）及其相应受体，提示二者在功能上可能有一定的联系。外源性IL-2能明显降低钾离子诱发的Ach释放，这一作用是区域依赖性的，即它只抑制海马区组织切片释放Ach，其他区域则不受影响。腹腔注射IL-1α及IL-1β可引起在大脑前额叶皮层、下丘脑及脑干内的去甲肾上腺素（NE）代谢产物3－甲基氧、4－羟苯乙二醇含量升高，说明NE能神经元活动增强，下丘脑尤为显著。外源性IL-2在体外能有效地抑制钾离子诱导的内源性乙酰胆碱从海马释放，而IL-1和IL-4等其他淋巴因子无此作用。临床大剂量长期用IL-2治疗肿瘤，发现有严重的识别障碍，由此推测，海马中的IL-2与胆碱能系统可能有相互作用。给予海马外源性IL-2还能产生很强的抑制LTP作用。因此，海马在学习和记忆形成过程中，IL-2可能具有重要影响。

细胞因子对神经肽产生的影响

IL-1和IL-2在体外与正常垂体细胞及垂体瘤细胞株AT-20共育均可促进阿片肽、黑素细胞刺激素（MSH）及ACTH的共同前体POMC的基因表达。放射免疫分析亦发现IL-1可增强CRF、去甲肾上腺素等诱导的AtT-20细胞分泌β-内啡肽。进一步研究表明，IL-1引起的β-内啡肽释放是通过诱导早期原癌基因*fos*及*jun*表达所介导，因为只有在培养物中同时加入*fos*和*jun*的反义RNA，才能阻断IL-1诱导的β－内啡肽释放。IL-1β与大鼠的颈上神经节组织共育可明显增加神经节细胞释放P物质及其基因表达，其他细胞因子包括IL-2、IL-6和TNF-α在相同条件下则无此作用。而IL-1β并不能促进纯化的神经细胞产生P物质，它的促P物质释放作用有赖于雪旺细胞与神经的密切接触。

至于这些大分子的细胞因子能否通过或如何通过血脑屏障而发挥作用，还不是非常清楚，目前已有证据并提出了几种可能性：

- 细胞因子可在血脑屏障薄弱环节——下丘脑前区终板血管器水平处通过血脑屏障。有实验证实，IL-1β和IL-2静脉注射可进入脑内发挥作用。
- 细胞因子可能通过血脑屏障部位的细胞转运功能而进入脑实质。
- 细胞因子刺激中间媒介的产生，并传递信号至下丘脑等部位。有证据表明，前列腺素参与IL-1外周给药引起的ACTH释放。
- 细胞因子刺激下丘脑等部位的细胞因子释放而发挥作用。

§12.4 神经、内分泌与免疫系统间相互调节的结构基础及其作用机制

12.4.1 神经系统对免疫系统的神经支配

目前已知，中枢免疫器官、外周免疫器官和免疫细胞都受神经系统的支配。神经支配主要来源于去甲肾上腺素能的交感神经链和大血管的交感神经丛，亦有人认为还存在副交感神经的同时支配，它们沿血管进入相应的免疫器官，现分述如下。

胸腺的神经支配

胸腺在其发育的早期就接受植物神经的支配。当胸腺由其起源的颈部下降时，迷走神经的胸腺枝于其皮质和髓质交界处继续发展为复杂的神经网。于其发育的晚期，由位于颈和胸交感神经链神经节衍化而来的交感纤维于髓血管周围形成神经丛。于围产期和青春前期，植物神经系统的其他神经开始穿入胸腺的实质。支配成年小鼠胸腺的神经由膈、喉返神经，也由颈和胸交感神经链的颈上和星状神经节衍化而来。

应用免疫化学方法证实，在胸腺内除了主要由副交感神经性神经支配之外，尚有交感神经性神经支配。其递质包括乙酰胆碱、去甲肾上腺素、P 物质、血管活性肠肽、生长激素抑制激素、血管紧张素和 γ-氨基丁酸等。

支配胸腺的交感神经纤维随大血管进入胸腺，分布于胸腺皮质，少量进入髓质，神经纤维的末端终止于富含淋巴细胞的基质中，这些细胞表面具有 β 肾上腺素能受体。胸腺的正常交感神经支配抑制 T 淋巴细胞成熟过程的增殖反应，并影响 T 细胞的表面标记。

骨髓的神经支配

骨髓的交感神经支配随小动脉进入骨髓，分布于骨髓髓质，到达造血细胞。刺激动物的交感神经干可引起骨髓血细胞进入体循环。

脾脏的神经支配

脾脏主要由源于胸髓内侧柱经上和下内脏神经的太阳神经节所支配。其大部分神经与小梁动脉相伴而进入实质，一般终止于白髓的小动脉树。大部分去甲肾上腺素能神经纤维从脾门和动脉一起进入脾脏，然后沿血管到达脾脏白髓的中央动脉周围，再与中央动脉周围的交感纤维分别进入富含淋巴细胞的区域。迷走神经终止于脾动脉附近也间接支配脾脏。切除鼠的脾脏交感神经可以增进抗体生成反应。

淋巴结的神经支配

交感神经纤维终止于富含 T 淋巴细胞的副皮质区，超微结构研究发现，交感神经末梢与淋巴细胞相紧邻，它们之间的距离小于典型的突触间隙。支配淋巴结的植物神经系统不如在胸腺或脾脏中那样致密和均一。乙酰胆碱酯酶阳性纤维局限于胞膜或胞膜下区，而儿茶酚胺纤维游离神经纤维则进入淋巴结并形成血管周围丛。

免疫组织的神经支配作为神经、内分泌系统对免疫系统调节作用的神经解剖学基础，在免疫系统器官的发育、身体内环境的稳定，以及特异性免疫应答的调节中发挥重要作用。

12.4.2 神经、内分泌与免疫系统共用的化学语言

免疫细胞上的神经递质、神经肽和激素受体

免疫细胞上存在着神经递质、神经肽和激素受体，这为神经、内分泌系统对免疫功能的调控作用提供了另一方面的物质基础。神经、内分泌系统的各种神经递质、神经肽

和激素可能是通过免疫细胞上的各种相应受体起调控作用的。

（1）儿茶酚胺受体

T、B淋巴细胞以及血液中其他白细胞上均存在着肾上腺素β受体。人多形核白细胞及小鼠脾小结中的淋巴细胞上可能存在着肾上腺素α受体。哺乳动物淋巴细胞上还有多巴胺受体。

（2）组织胺受体

T、B淋巴细胞上具有与组织胺特异性结合的受体，但不是所有的T、B淋巴细胞都有组织胺受体。因此，可以将淋巴细胞分成组织胺受体阴性和阳性两类。组织胺受体多属H_2型，T辅助细胞上可能还有H_1型受体。

（3）肽类受体

免疫细胞上有阿片肽、P物质、SS、VIP、胰岛素、胰高血糖素、TRH、GH、LH、FSH、CRF等肽类受体。这些受体的确切分布、受体类型和功能等还有待于进一步研究。

有研究报道，VIP通过对B淋巴细胞受体的作用激活细胞内的cAMP。VIP还能加强自然杀伤细胞的活性。SS则具有加强淋巴细胞转化，刺激肥大细胞释放组织胺和抑制嗜碱细胞释放组织胺的作用。以氯化汞作为T淋巴细胞DNA合成刺激物，发现P物质、SS、VIP等都具有加强DNA合成的作用。

1985年，Wybran等最早发现人类T淋巴细胞上有阿片类受体。他们证明吗啡及甲硫脑啡肽在10^{-9}mol/L的水平上就可以影响人T淋巴细胞的玫瑰花结花率，而且阿片受体阻断剂纳洛酮可以翻转这种反应。后来从受体分析、药理学方法、整体实验等多种途径证明淋巴细胞、多型核白细胞、肥大细胞、自然杀伤细胞、单核细胞和巨噬细胞等免疫细胞上不仅有阿片受体，而且存在着不同的亚型。阿片样物质不仅可作用在阿片受体上（可被纳洛酮阻断），而且可以作用在非阿片受体上（不被纳洛酮阻断）。

（4）类固醇激素受体

淋巴细胞和单核细胞内都发现存在糖皮质类固醇激素受体。这些受体在不同的免疫细胞及同一免疫细胞的不同活化阶段均可发生变化。而在异常生理或病理条件下，如妊娠或患内分泌疾病时，免疫细胞上的糖皮质激素受体也发生变化。体外实验表明，糖皮质类固醇相当于体内浓度即可对淋巴细胞转化、T淋巴细胞介导的细胞毒等反应有抑制作用。糖皮质类固醇可能以直接的方式作用于受体产生作用。此外，雌激素和孕酮对免疫反应也有抑制作用。以^{3}H标记雌二醇发现，人淋巴细胞上有雌激素特异性结合部位，这可能与雌激素对免疫的抑制有关。

另外，免疫细胞上还有Ach、甲状腺素及5-HT等受体。

在免疫器官上亦发现有神经递质、神经肽和激素受体。早在1969年，就有研究发现胸腺细胞上有GH受体。后来又陆续发现人胸腺细胞上有雌激素、糖皮质激素和（肾上腺素受体，胸腺上皮细胞还有Ach受体。

以上研究结果虽在某些方面未能完全一致，但可以肯定神经、内分泌系统对免疫系统在结构上具有调节作用的物质基础，从而使神经、内分泌系统能够实现对免疫系统的调控作用。

脑内存在着细胞因子受体

中枢神经系统不仅可产生多种细胞因子或免疫活性物质，而且可以表达细胞因子受体，这为免疫系统能够调节神经、内分泌系统提供了物质基础。采用放射自显影技术，啮齿类动物大脑齿状回及其他区域广泛存在着^{125}I-IL-1 高亲和力结合点，竞争性抑制试验表明，未标记 IL-1 可明显抑制^{125}I-IL-1 与脑片相应部位结合，提示 IL-1 结合的高度特异性。还有研究表明，大鼠下丘脑和垂体存在着 IL-1 高亲和力受体。

在正常人和早老年性痴呆患者脑中均检测到 IL-2 受体。用放射自显影技术证实，大鼠脑内几个不同脑区有 IL-2 结合位点的存在，其中以海马最高。海马损伤后，IL-2R 表达显著提高，达到正常对照的 17 倍。还有研究测出脑内 IL-2R（Tac）样免疫反应性部位与 IL-2 样免疫反应性部位相同，定量分析亦呈正相关。不少实验室均相继发现脑内有 IL-2 及 IL-2R 的存在。

脑内也存在着 IL-6 受体。采用原位杂交技术发现大鼠脑内存在 IL-6 及其受体的 mRNA。采用 RT-PCR 技术，检测不同育龄大鼠脑内 IL-6 及 IL-6R mRNA 表达情况，发现随着育龄的增大，IL-6R mRNA 明显增加。

免疫系统可直接产生神经肽和激素

免疫系统可直接分泌神经肽和激素，这是一个重要的发现，因为过去一直认为这些激素只有神经内分泌系统才能分泌。现已证明这些由免疫系统分泌的激素，其结构与功能和神经内分泌细胞所产生的相一致。它们是神经内分泌系统与免疫系统之间双向作用的枢纽之一。现将免疫系统分泌的主要几种神经肽和激素分述如下。

（1）促肾上腺皮质激素

早在 1980 年，Blalock 和 Smith 的研究表明，人 IFN-α 分子中可能有 ACTH 的活性片段。他们以 $ACTH_{1\sim13}$血清与人 IFN-α 共同孵育，发现这种抗体可以中和 IFN 的抗病毒活性；反之，以抗人 IFN-α 的抗体与 ACTH 孵育，ACTH 的活性也消失，这种与 ACTH 孵育后的抗 IFN-α 抗体也同时失去了中和 IFN 的作用。以胃蛋白酶消化人 IFN-α，可获得分子量为 1000～5000 的片段，具有 ACTH 的活性。

人外周血及小鼠脾细胞在受到病毒感染或与细菌脂多糖反应后可同时分泌免疫反应性 ACTH，其抗原性、分子量、在体内停留时间及生物学活性等方面均与脑垂体分泌的相同。还有研究表明，在切除小鼠的垂体后，新城病毒的感染仍可使血中肾上腺皮质激素的浓度升高，同时以免疫荧光检测发现，脾淋巴细胞中 ACTH 的活性增加，提示病毒可能通过对淋巴细胞的刺激产生 ACTH，再作用于肾上腺皮质，引起皮质激素的释放。因此，体内除垂体—肾上腺轴之外，还存在淋巴—肾上腺轴。

（2）促甲状腺激素

葡萄球菌肠毒素 A 可刺激人外周血淋巴细胞分泌 TSH，T 细胞白血病细胞系 Molt4 也可产生 TSH，而且可因加入葡萄球菌肠毒素 A 而增加产量。抗 TSH-β 的单克隆抗体可与这种产物发生结合反应，其分子量与垂体分泌的 TSH 相同。

（3）生长激素

T 细胞有丝分裂原 ConA 可诱导 T 细胞产生 GH 及 PRL 相关的 mRNA，这种淋巴细胞产生的 GH 可以以两种大小不同的分子量形式存在。一种分子量与垂体的完全相同，另一种则以高分子量形式存在。

(4) 绒毛膜促性腺激素

在混合淋巴细胞培养时，同种异体的淋巴细胞可刺激另一方的 T 细胞产生绒毛膜促性腺激素（CG）。用抗 CG-β 抗体的免疫荧光检测证明，这类 CG 的产生与此混合淋巴细胞培养系统中的母细胞转化应答是相平行的，而且这种淋巴细胞衍生的 CG 与标准的人类 CG 具有相同的分子量，同样由 α 及 β 两个亚单位组成并具有相同的生物学活性，如可诱导 Leydig 细胞产生睾酮，此活性还可被 CG 抗体所中和。

(5) 阿片肽

人外周血及小鼠脾淋巴细胞在受到病毒感染或与细菌脂多糖反应后可分泌内啡肽，其抗原性、分子量、在体内停留时间及生物活性方面均与脑内分泌的相同。人白细胞产生的 IFN 除了有 ACTH 片段外，还具有阿片肽样结构。研究表明，人 IFN-α 具有阿片肽样生物活性，小鼠腹腔注射 IFN-α，可以产生与阿片肽十分相似的镇痛、活动减少和木僵等反应，纳洛酮可以阻断 IFN-α 的这些反应。淋巴细胞产生的内啡肽样物质，很可能来源于 IFN。IFN-α 可与 ^3H 标记的双氢吗啡竞争阿片受体，其竞争力比吗啡强 320 倍。CRF 可促进淋巴细胞产生 ACTH 和 β－内啡肽。小鼠脾细胞的巨噬细胞内有免疫活性的 ACTH 和 β-EP，内毒素可刺激淋巴细胞产生内啡肽。将小鼠脾中的巨噬细胞在液氮中经冻融处理获得提取物，再经高压液相分离，以放射免疫法测定，发现能与内啡肽发生反应的主要是 $\beta\text{-EP}_{1-13}$。巨噬细胞内有 β-EP 前体 POMC 的存在，从而证实脾脏的巨噬细胞中可以合成 β-EP。有研究观察到 LPS 对内啡肽产生的作用呈量效关系，在刺激后 48 小时达到高峰，并测得淋巴细胞产生的这些物质分子量与 β-EP 和 γ-EP 相同，它们可以与阿片受体结合，并被纳洛酮所阻断。进一步研究免疫细胞内这些阿片样物质特性，发现 LPS 刺激后，近一半 B 淋巴细胞可表现为免疫活性内啡肽染色阳性，而 T 细胞未见阳性染色细胞。内毒素休克时，血浆 β-内啡肽可能来自垂体以外组织。由此，免疫细胞内的 β-内啡肽可能在内毒素休克时释放入血，而影响休克进程。

在人慢性淋巴细胞白血病人的白细胞、T 细胞瘤、巨噬细胞瘤系、巨噬细胞、肥大细胞和 T 辅助细胞株中发现脑啡肽前体 mRNA，其含量在 cDNA 文库中可达 0.4%，B 细胞瘤中没有这一前体，并发现 ConA 刺激 T 辅助细胞，在培养上清中可测得免疫活性脑啡肽。

除上述几种神经肽和激素外，免疫细胞可产生 PRL、OT、AVP 及 SS 等。表 12-2 列举了免疫系统产生的神经肽和激素。

由于免疫细胞可以接受刺激产生激素或神经递质样物质从而影响全身其他器官的功能，所接受的刺激如毒素、病毒、细菌等都是神经系统难以感受到的。因此，免疫细胞可能作为机体的另一类感受器，在接受这些刺激后通过所产生的激素或神经肽等，不仅影响和调节免疫功能本身，而且还可以影响和调节机体其他功能。免疫细胞可以起一种流动脑（mobile brain）的作用。

表 12-2　免疫系统直接产生的神经肽、激素

神经肽或激素	细胞或组织来源
促肾上腺皮质激素	淋巴细胞和巨噬细胞
脑啡肽	辅助性 T 细胞
促甲状腺激素	T 细胞
生长激素	淋巴细胞
催乳激素	淋巴细胞
绒毛膜促性腺激素	T 细胞
血管活性肠肽	单核细胞、肥大细胞和多形核白细胞
生长抑素	单核细胞、肥大细胞和多形核白细胞
精氨酸加压素	胸腺
催产素	胸腺
神经垂体激素	胸腺

中枢神经系统产生细胞因子

细胞因子主要是由免疫活性细胞产生的一系列免疫调节因子，体内外研究表明，中枢神经系统也可产生这类因子。目前，对细胞因子在中枢神经系统中表达、产生的调控因素，细胞因子对中枢神经系统生理功能的影响，以及细胞因子在中枢神经系统病理情况下的作用的研究，已成为神经生物学和免疫生物学中又一活跃的热点。这类神经、内分泌和免疫系统共有配体的发现，为这些系统间的联系提供了又一生化基础。

中枢神经系统主要由神经元和神经胶质细胞组成，从所占体积来看，神经元和神经胶质细胞大致各占一半，但从细胞数量来看，神经胶质细胞几乎是神经元的十倍。目前发现的中枢神经系统内产生的细胞因子，主要来源于神经胶质细胞，其中又以星形胶质细胞和小胶质细胞占多数。神经胶质细胞充填于神经元之间，起到支持和营养神经元的作用，另外具有吞噬、抗原提呈作用以及损伤后能发生增殖，起到修复损伤的作用。当胶质细胞受到外来刺激（如损伤、感染等）时，便可产生多种细胞因子。主要有以下几种。

（1）白细胞介素－1

将新生大鼠的星状胶质细胞分离出来后，在体外用 LPS 刺激，发现可产生 IL-1 样活性物质。当成年大鼠大脑皮层损伤时，亦可促进胶质细胞产生 IL-1。通过对不同发育阶段的正常大鼠脑内胶质细胞产生 IL-1 的研究发现，IL-1 主要来源于小胶质细胞，且发现脑内 IL-1 峰值与小胶质细胞出现的时间有明显的相关性。用放射免疫技术发现，人脑海马区的神经纤维及大鼠大脑前皮质、海马、纹状体存在高密度的 IL-1 免疫活性物质。IL-1β 样免疫反应性物质浓度最高的是室旁核、弓状核和正中隆起。大鼠垂体前叶的促甲状腺素细胞内存在着 IL-1β 和 IL-1β mRNA。用分子杂交技术，进一步证实小鼠脑内不同区域有 IL-1 mRNA 的表达。到目前为止，在人及大鼠脑内只发现表达 IL-1β mRNA,尚未发现有 IL-1α mRNA 的表达；与此相对应，应用抗人 IL-1 单克隆抗体发现人脑海马区内有与 IL-1β 单克隆抗体产生特异性反应的物质，而脑内任何区域均未发现与抗 IL-1α 单抗反应的物质，提示脑内细胞只产生 IL-1β，而不产生 IL-1α。可是，垂体腺内却存在着 IL-1α 高亲和力结合位点，其原因尚不清楚。

（2） 白细胞介素－2

1986 年，在多发性硬化症等神经性疾病的脑中检测到 IL-2 及其受体，而在正常脑中没有发现。但到 1988 年，在正常人的白质和灰质中亦检测到 IL-2 及其受体。检测不同育龄组正常和脑损伤大鼠脑抽提物 IL-2 生物活性，发现正常大鼠脑中有低水平IL-2存在，并随育龄增大而提高，脑损伤后第 10 天，IL-2 水平达到高峰，为正常的 17 倍。有趣的是，脑内 IL-2 样物质分子量较大，约为 23kDa。大鼠脑内几个不同脑区，有IL-2免疫反应性和 IL-2 结合位点的存在，其中以海马最高，海马损伤后，IL-2R 表达量显著提高，达到正常对照的 17 倍。还有实验用放射免疫法测出 IL-2 样免疫活性物质，其中浓度最高的是正中隆起、弓状核群、海马、大脑皮层Ⅳ区、外侧隔区、新纹状体以及小脑等脑区，而丘脑、内侧隔区和大脑皮层的粒细胞层浓度较低。

（3） 白细胞介素－3

将新生小鼠脑内胶质细胞进行体外培养，其上清液经凝胶层析技术可分离到一种分子量为 33kDa 的 IL-3 样物质，它能支持 IL-3 依赖细胞株 32D 细胞的生长，还能诱导裸鼠脾细胞的 20α－类固醇脱氢酶的活性及腹腔巨噬细胞的生长。胶质细胞培养上清中这一活性物质与 T 细胞来源的 IL-3 具有相同的生化特性和生物学活性，用 Northern blot 方法证实，中枢神经系统来源的 IL-3 mRNA 分子与免疫细胞来源的相同。

（4） 白细胞介素－6

将胎脑胶质细胞分离出来，在体外进行培养，发现胶质细胞可自发分泌 IL-6，如用 LPS 刺激，可增加 IL-6 的产生。另有报道，P 物质可增加垂体中胶质细胞分泌IL-6。采用核酸分子杂交技术表明，脑内 IL-6 mRNA 与免疫细胞来源一致。在垂体 IL-6 主要由垂体前叶 folliculo-stellate 细胞产生。一些垂体腺瘤亦能分泌 IL-6，可能参与其病理过程。约 2/3 体外培养的垂体瘤可分泌、释放 IL-6，它们往往是分泌激素的肿瘤，原位杂交表明腺瘤细胞内存在着 IL-6 mRNA，用免疫细胞化学方法亦证实垂体腺瘤内有 IL-6 显示。

（5） 肿瘤坏死因子

将人脑内星形胶质细胞在体外培养，发现 LPS 可诱导星形胶质细胞表达 TNF-α mRNA，产生 TNF-α。将 EAE 敏感和 EAE 不敏感的大鼠星形胶质细胞分离培养，同时加入 LPS，再观察产生 TNF-α 的水平，发现 EAE 敏感的大鼠星形胶质细胞能产生高水平的 TNF-α，而 EAE 不敏感的大鼠星形胶质细胞产生 TNF-α 的水平相对较低。P 物质能诱导胎鼠神经胶质细胞产生 TNF-α，此作用与 P 物质的浓度有关，P 物质拮抗剂可阻断该效应。如以钙离子导入剂预处理胶质细胞，可提高 P 物质诱导产生的 TNF-α 水平。

（6） 其他细胞因子

除上述细胞因子外，在脑内还发现有 TNF-β、IFN、集落刺激因子（CSF）等。大鼠星形胶质细胞、正常视神经存在 IFN-γ 免疫反应性物质。而用 NDV 病毒又可诱导体外培养的星形胶质细胞表达 IFN-α、β。将新生小鼠的星形胶质细胞进行分离培养，用小鼠巨细胞病毒、IFN-γ、LPS 等刺激，发现转化生长因子－β（TGF-β）、巨噬细胞集落刺激因子（M-CSF）的 mRNA 稳定存在，并随刺激有所增加。而 TNF-α、IL-6、白血病抑制因子（LIF）、粒细胞集落刺激因子（G-CSF）和GM-CSF的mRNA在受到刺激后出现，而且刺激物不同，不同的细胞因子mRNA表达量及动力学变化各有不同。还有报道，人星形胶质细胞在IL-1和TNF-α的刺激下可产生IL-8。脑内还可以产生炎症巨噬细胞蛋白、神经生长因子（NGF）、血小板衍生生长因子（PDGF）等。

12.4.3 神经、内分泌与免疫系统间相互作用的机制

通过共同的信息分子及相应受体构成神经—内分泌—免疫网络

综前所述，愈来愈多的证据表明，免疫系统与中枢神经系统间存在着双向调节作用。中枢神经系统通过植物神经对免疫器官、神经内分泌（神经递质、神经肽和激素对免疫细胞上的相应受体）两条途径对免疫系统进行调控，免疫系统则通过细胞因子、产生神经肽和激素两条途径作用于中枢神经系统。神经、内分泌和免疫系统间的相互作用是双向的，它们拥有一套共同的信息分子（神经肽、激素、淋巴因子等）及其相应的受体，即共用的化学语言。这些信息分子或配体与系统内或系统外的受体相结合，从而使得系统内或系统间得以呈网络状的联系和相互调节，我们可以以一个简图作描述（图12-3）。

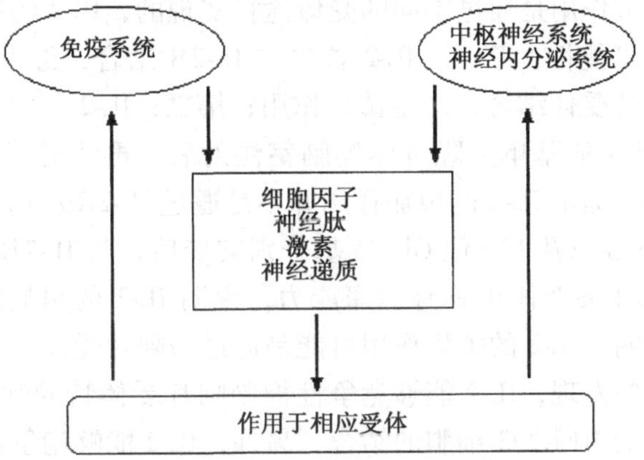

图12-3 神经、内分泌和免疫系统内及相互间联系模式（1）
（根据Blalock，1994改制）

通过信息分子的多功能位点与相应的不同受体相结合介导多样性功能

神经、内分泌与免疫系统间相互作用的机制，除了上述共用的化学语言以及共用配体与相应受体结合外，是否还存在着其他机制？笔者认为神经、内分泌与免疫系统间的调节作用可能存在一种信息分子的多功能位点及其多功能性机制。

细胞因子的多功能位点和多功能性——细胞因子对神经、内分泌系统调节作用一种可能的机制

细胞因子存在着多功能位点性及其结构上与神经肽和激素存在着相似性。IL-2分子与EOP存在着结构的同源性和功能的交叉性。本章已阐述IL-2分子具有相互独立的免

疫和镇痛功能位点，分别介导免疫和镇痛活性。其镇痛功能位点与 EOP 分子结构存在着相似性。

间接 ELISA 法结果显示，四种抗 EOP（β-EP、LEK、MEK 和 $DynA_{1-13}$）血清均与IL-2分子有着明显的交叉反应，提示 IL-2 和 EOP 分子间存在着共同的抗原决定基。EOP 分子一级结构的 N 端有一共同结构特征，即 Tyr-×-×-Phe，其中芳香族氨基酸 Tyr 和 Phe 残基是镇痛作用所必需。虽然从一级结构上分析，IL-2 分子并没有 Tyr-×-×-Phe 序列，但从 IL-2 分子空间结构上分析，第 45 位 Tyr 残基附近区域恰好有 44 和 117 位 Phe 残基以及 107 位 Tyr 残基。采用基因定点突变技术，将 IL-2 的这些氨基酸残基分别进行突变，获得的四个 IL-2 突变体，仍然保留了很强的免疫学活性，但其镇痛能力显著下降或完全消失。人 IL-2 分子第 45 位 Tyr 残基以及空间结构上相近的 44、107、117 位等芳香族氨基酸残基是发挥镇痛作用的关键残基，这些残基通过空间折叠，形成类似与 EOP 分子 N 端的 Tyr-×-×-Phe 结构，组成 IL-2 的镇痛功能位点。

除了 IL-2 外，其他细胞因子也存在着多功能位点性及其结构上与神经肽和激素存在着相似性。如 IFN-α 与 EOP、ACTH 存在着结构的同源性，在生物功能上亦有交叉。

细胞因子除了与细胞因子本身受体结合外，还能与其他受体发生作用。纳洛酮可以阻断 IL-2 的中枢和外周镇痛作用，而不能影响 IL-2 增殖 CTLL-2 细胞的作用，提示 IL-2 的镇痛作用和免疫调节作用是通过不同的受体途径实现的，IL-2 的镇痛作用与阿片受体有关。这存在着两种可能性：第一，IL-2 首先与 IL-2R 结合，继发性引起 EOP 等水平的提高，EOP 再和阿片受体结合，产生镇痛作用；第二，IL-2 与阿片受体直接结合，产生镇痛作用。抗 IL-2Rα 亚基单克隆抗体侧脑室注射后，再注射 IL-2，对IL-2提高大鼠痛阈的作用没有影响，提示 IL-2 的镇痛作用并不是通过 IL-2Rα 亚基实现。人 IL-2 分子第 62 位 Glu、20 位 Asp 以及 126 位 Gln 残基分别突变后，与 IL-2Rα、β 和 γ 亚基结合能力丧失，但这些 IL-2 突变体仍具有镇痛能力，说明 IL-2 的镇痛作用并不是由 IL-2R 所介导。这些结果表明，IL-2 的镇痛作用可能是通过与阿片受体直接结合所介导。

采用竞争结合试验发现，IL-2 能够竞争性抑制阿片受体特异性配体对 NG108-15 细胞和转染 δ 阿片受体的 HEK293 细胞的结合。另外，IL-2 能够竞争性抑制阿片受体广谱配体及选择性 μ、δ、κ 亚型受体配体与鼠脑阿片受体的特异性结合，竞争性抑制作用呈浓度依赖关系。IL-2 还能降低 NG108-15 细胞和转染 δ 阿片受体的 HEK293 细胞内 cAMP 的浓度。这些结果表明，IL-2 能与阿片受体发生特异性结合，并产生镇痛作用。

除 IL-2 可与阿片受体结合外，IL-1 和 IFNα 也可以与阿片受体结合。IL-1 的致热和行为反应即是通过不同的受体机制所实现的。

细胞因子已被证实具有免疫调节和神经、内分泌调节等多种生物效应，具有多个功能位点或结构域，而且可以与不同受体或受体亚型相结合，产生相应生物效应。笔者推测，可能存在着这样一种机制，细胞因子上不同的功能位点或结构域与相应的不同受体结合后，产生多种生物学功能。细胞因子的多功能位点是其既有免疫调节又有神经、内分泌调节等多功能性的结构基础之一。

神经介质的多功能位点和多功能性亦是神经、内分泌系统对免疫系统调节的一个可能模式

细胞因子对神经、内分泌系统的调节作用存在着多功能位点和多功能性现象，那么神经、内分泌系统对免疫系统的调节过程中，作为小分子的神经肽或激素是否也存在着这种现象?

β－内啡肽缺失N端的5个或17个氨基酸残基，其促进T淋巴细胞产生IL-2和IL-4的能力没有改变，结果表明β－内啡肽的N端并不参与这种免疫调节作用，但内源性阿片肽N端的4个氨基酸残基是其镇痛活性所必需，也说明β－内啡肽存在着产生镇痛作用和免疫调节作用的不同功能位点或结构域。

加压素（AVP）是一具有多种生物效应的九肽分子，其受体有V_1和V_2两种。AVP与V_1、V_2受体结合通过不同的细胞内机制引起最终效应。V_1受体受体的胞内第二信使系统为IP_3，介导血管收缩功能、免疫调节功能，而V_2受体则是cAMP，介导抗利尿作用。不同受体已有特异性的激动剂和拮抗剂，由于受体和配体结合的高度特异性，可以推测，构成与V_1、V_2受体结合的AVP分子中特异性结合位点的氨基酸残基组成或结构可能是不一样的，即AVP分子中存在着不同的特异性结合位点或功能位点，或者由于小分子多肽空间结构的随机性，由不同空间构型与相应的V_1或V_2受体相结合，产生不同的生物效应。

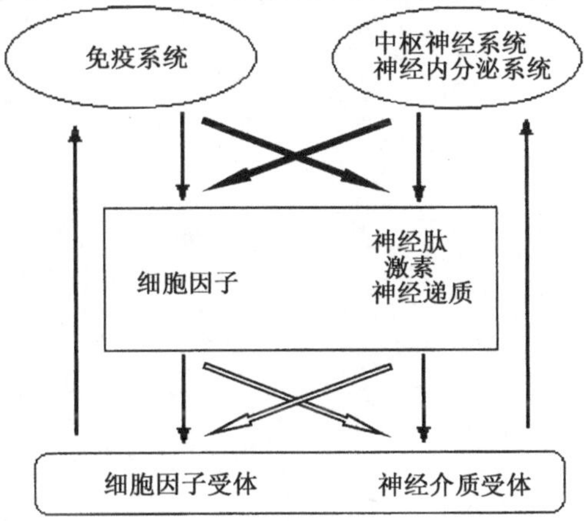

图12-4 神经、内分泌和免疫系统内及相互间联系模式（2）

细胞因子、神经肽、激素和神经递质及其受体作为神经、内分泌与免疫系统共用的化学语言，免疫系统可以产生神经肽、激素和神经递质，神经、内分泌系统也可以产生细胞因子，神经、内分泌和免疫系统均存在着共用配体的受体，共用的配体可以交叉作用于相应的受体，构成极为复杂的神经、内分泌和免疫系统间的网络关系。

不少神经肽有类似AVP的这种现象。因此进一步推测，神经介质的多功能位点和多功能性亦是神经、内分泌系统对免疫系统调节的一个可能模式。

笔者认为，神经、内分泌与免疫系统间相互联系、相互作用的结构基础之一，是这些系统共用配体的多功能位点性。细胞因子除了与细胞因子受体本身结合外，还能与神经肽、激素等受体结合，反之亦然，从而构成了神经、内分泌系统与免疫系统间极为复杂的网络关系和相互调节作用（图12-4）。共用配体的多功能位点与不同受体相结合介导多样性功能，是神经、内分泌与免疫系统间如何相互联系、相互作用的一个分子生物学机制。

（蒋春雷、陈宜张）

参 考 文 献

[1] 范少光，丁桂凤．见：袁锦楣主编，临床神经免疫学，第一版．北京：北京科学技术出版社，1992，p258

[2] 潘菊芬．见：张殿明，徐隆绍主编，神经内分泌学，第一版．北京中国医药科技出版社，1991，p358

[3] 许贤豪．神经免疫学，第一版．北京：北京医科大学、中国协和医科大学联合出版社，1993

[4] Approaching the 21st century: opportunities for NIMH neuroscience research. US DHHS publication, 1989
[5] Besedovsky H and Sorkin E. Network of immunoneuroendocrine interaction. Clin Exp Immunol, 1977, 27: 1
[6] Blalock JE. The syntax of immune-neuroendocrine communication. Immune Today, 1994, 15: 504
[7] Blalock JE and Stanton JD. Common pathways of interferon and hormone action. Nature, 1980, 283: 406
[8] Brines R. NeuroendocrineImmunologytoday. Immun Today, 1994, 15: 503
[9] Decade of the brain: answers through scientific research. National institute of health publication, 1989, No 88 ~ 2957
[10] Fabris N et al. Neuroimmunomodulation: the state of the art. Ann NY Acad Sci, 1994, 741
[11] Hanisch U-K and Quirion R. Interleukin - 2 as a neuroreguratory cytokine. Brain Res Brain Res Rev, 1996, 21 (3): 246
[12] Jiang CL, Lu CL and Liu XY. Multiple actions of cytokines on the CNS. TINS, 1995, 18 (7): 296
[13] Luheshi GN, Hammond E and Van Dam AM. Cytokines as messengers of neuroimmune interactions. TINS, 1996 19 (2): 46
[14] Ransohoff RM and Benveniste EN. Cytokines and the CNS. Florida: CRC Press, 1996

附录 1　分子生物学技术在神经生物学研究中的应用

§1　原位杂交法及其应用

此项技术的目的之一是鉴别转录特定信使 RNA（mRNA）的细胞。

1.1　一般原理

原位杂交（*in situ* hybridization）技术的原理是检测组织切片或培养的细胞中特定的核酸序列，通常指的是 mRNA，而所识别的序列则可能对应于特定的染色体 DNA，因此可称为发生在染色体上的杂交。使用对应于要检测的 DNA 或 RNA 核酸序列的互补序列的探针可实现这一检测或识别目的。为了使杂交后的探针易在显微镜下检测，通常用荧光、细胞化学法或放射性同位素进行标记。在杂交进行过程中，当探针与所测序列都共同存在时，探针通过互补结合与所测序列形成的杂交体可产生标记信号以便检测。

1.2　应用

由于原位杂交技术可检测基因的转录并定位由该基因编码的蛋白质或多肽合成的潜在位点，所以可以应用在许多不同的实验中。在研究神经细胞的例子中，这项技术可用来定位正在神经元中表达的神经递质、特定的神经递质合成或降解酶、或神经递质受体的基因。例如，这一技术已在哺乳动物中枢神经系统中用于定位转录编码脑啡呔（enkephalins）前体的 RNA 的神经元。因此，一张表明合成脑啡呔和其他阿片肽的详细图已由此技术建立。此外，由于这项技术可被用作分析与神经元活性，激素等因素相关的被转录 mRNA 水平的变化，所以，对不同因素参与多肽表达的作用也进行了详细的研究。

（1）制备神经组织切片　为了保存组织结构的完整，在切片前或切片后应用固定液对组织进行固定。

（2）制备不同类型的探针　探针可分为单链 RNA 探针、单链 DNA 和双链 DNA 探针。RNA 探针是通过使用 RNA 聚合酶转录克隆在具有启动子载体的双链 DNA 得到的。双链 DNA 探针的制备是通过使用反转录酶对 RNA 家族进行反转录和 DNA 聚合酶的作用完成的。这样得到的 DNA 称为 cDNA，它们再被克隆到载体中并在细菌中扩增，所要的 cDNA 片段再通过提取和用适当的酶切割获得。

（3）标记探针　标记单链 RNA 探针是通过在转录过程中把标记的核苷酸整合到转录链中获得；标记双链 DNA 探针则是用 DNA 酶（DNase）把探针切出许多切口，以后在 DNA 聚合酶的作用下，把标记与非标记的脱氧核苷酸通过结合而对切口进行修复得到。

（4）原位杂交　标记好的探针与脑组织切片一起进行孵育。

（5）检测杂交体　对于荧光标记探针可在显微镜下直接进行观察，对于放射性标记探针，载玻片需要与 X 光片接触，曝光分析结果。在结果满意时，用液体照相乳胶覆盖载玻片进行冲洗，然后用联甲苯胺蓝（toluidine blue）染片并在显微镜下观察。

§2　用遗传工程法（克隆技术）研究离子通道

遗传工程法在研究离子通道的结构与功能关系、装配机制和表达调控中起了巨大的作用。以下是以一种由不同亚基组成的多聚体的 n 型乙酰胆碱受体（nAchR）的研究为例加以阐述，所要解决的问题包括：

- 每一个亚基的跨膜部分的细胞内及细胞外的区域是什么？
- 受体外周部和中心部之间的同源程度有多少？
- 对于受体的功能而言，是否所有的 α、β、γ 和 δ 亚基都是必须的？
- α、β、γ 和 δ 亚基是否足够地对于具有功能的五亚基 α_2、β、γ 和 δ 进行正确的装配，还是否需要其他蛋白质的参与？
- 是否每一个亚基均有精细的功能作用？

为了解答其中的一些问题，首先需要了解每一个亚基的一级结构；要回答其余的一些问题，则有必要把天然受体的功能与重组的或人为突变的受体的功能进行比较。由于遗传工程技术的运用，已使这类研究成为可能。这项技术可以使不同种属的动物的亚基进行重组，或胚胎期和成体期受体亚基进行重组而产生重组的受体。同样，也可以由天然的与突变的亚基的不同比例的组合制成突变受体。

对于不同类型受体的功能鉴定，主要是采用电生理技术，最常用的为膜片钳技术（patch clamp technique）。

2.1　各亚基一级结构的分析

由于 DNA 测序比蛋白质测序容易得多，所以第一步是克隆编码每一个亚基的 DNA（图附录 1-1a）或 cDNA 片段（图附录 1-1b）并测序。从序列中可推演出每一个亚基的一级结构（图附录 1-1c）。并且，以此可以推断出各个亚基的亲水部位（hydrophobicity）和跨膜结构（问题 1）。同样，也可以对不同亚基的一级结构进行比较研究和寻找序列的同源性。

在研究对某一亚基序列进行修饰后分析结构与功能的关系时，可以通过用位点突变导向技术对 cDNA 序列精确部位进行突变（图附录 1-1b'）来实现。为了鉴别不同结构域（domain）的功能区别，可以通过交换来自于不同起源的受体（外周或中心受体），或来自不同物种的受体的不同亚基的 α、β、γ、δ 的同源区域进行研究。

2.2 天然、重组或突变受体功能的分析

目前，我们可以用两种表达系统（Ⅰ和Ⅱ）产生不同类型的天然或突变的亚基。每一种表达系统各有其优缺点。

表达系统Ⅰ

在非洲爪蟾（*xenopus*）卵母细胞中翻译不同亚基的 mRNA。

原理　分离和注射突变或天然 mRNA 到非洲爪蟾处于一定发育阶段的卵母细胞中，以后由卵母细胞中的酶系统翻译 mRNA 分子，所得到的受体亚基分子再被装配和插入到细胞膜中。这一表达速度很快（通常仅几个小时），并且所合成的分子允许积累数天时间。

- 正常 mRNA（d）可以从细胞中分离到（a ~ d），也可以在体外由克隆的 cDNA 合成产生（b ~ d′）。
- 突变的 mRNA（d′）可以由突变的 cDNA 在体内或体外转录获得（b′ ~ d′）。突变是由对 cDNA 精确位点导向突变产生的。
- 最后，注射决定不同亚基的天然或突变 mRNA 分子到非洲爪蛙卵母细胞中进行翻译，装配和插入宿主细胞的膜中（e）。

结论　这一表达系统快速但短暂（一般持续 2 天左右）。由于速度快，对于研究感兴趣的重组或突变受体进行快速搜寻特别有用。这是找到问题答案的方法之一。

表达系统Ⅱ

在细胞系（转染的细胞）中对核 DNA 或 cDNA 进行表达。

原理　这一表达系统可以是短暂也可以是稳定的转录系统。

短暂转染　在这一过程中，携带有特定 DNA 的质粒载体不整合到核 DNA 中，但能扩增。这一系统在大约 2 天时间内可达到高水平的表达。其优点与卵母细胞表达系统相同。

稳定转染　是通过整合核 DNA（图附录 1-1a）或 cDNA（图附录 1-1b）到永生细胞系的染色体中达到的。

- 克隆核 DNA 或 cDNA 片段
- 选择途径则是，先在 cDNA（图附录 1-1b）精细位点进行导向突变（图附录 1-1b′），再进行克隆。

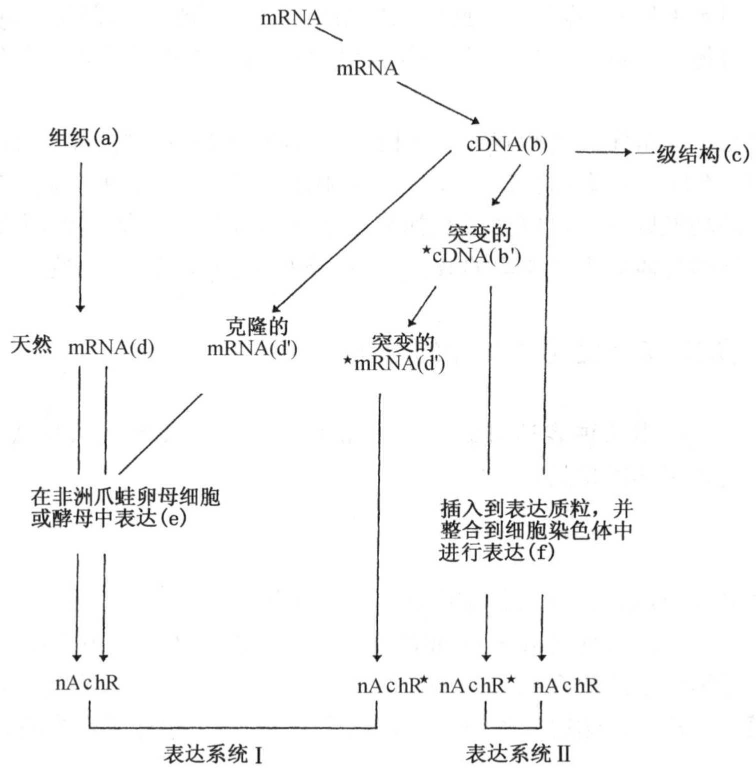

图附录 1-1

分析突变（nAchR＊）和非突变（nAchR）n 型乙酰胆碱受体在插入到宿主细胞膜过程中的功能变化的方法（包括电生理、动力学或生物化学的研究）。

- 把携带有特定 DNA 的载体通过不同的方法转染进宿主细胞，这一特定的 DNA 以后整合到宿主细胞染色体中，并持续转录和翻译（图附录 1-1f）。稳定地整合是进行这一转染的必须过程。

为了分离在基因组中已整合有特定基因的细胞克隆，可以采用挑选法进行。在这一转染过程中，同时有另一携带有选择基因的低浓度载体存在。人们假设，一个已经整合了选择载体的细胞通常也将整合携带有特定基因的载体，因为此特定基因是以高浓度被使用的（限速步骤为 DNA 的穿入）。一般需要 2 至 3 个星期完成这样的克隆，因此稳定转染需要较长的时间产生这一系统，但该系统可制造许多一致的细胞和整合了的 DNA 持续表达，提供了对所产生蛋白质进行系统研究的方法，这对于可移动膜受体的研究以及动力学研究特别有用处。

§3 转基因动物技术原理

转基因动物技术已成为近年来发展起来一个的研究基因功能的重要工具，目前常用的转基因动物主要为小鼠和果蝇。这里以小鼠为例加以解释：

可以通过把基因注射到刚形成的小鼠受精卵的核中对基因进行操作，对携带基因载体的选择是根据对基因靶目标起到直接重要作用。在某些情况下，基因是随意地整合到受精卵的染色体中；而在另一种情况下，则是进行定向的整合。由于胚胎是处在单细胞阶段，所以被整合的基因将进行复制并存在于（或几乎存在于）动物的全部细胞包括生殖细胞系（germline）中。

通过共注射产生色素的标记物基因到从白化体株（albino strain）中获得的受精卵中，可以很容易地检测出基因整合情况。带有斑块色素皮毛的小鼠表示了转基因的成功。一旦转基因小鼠开始成长，可对它们的DNA样品进行直接测试加以证实。

对哺乳细胞成功地进行致突变一直面临着许多障碍。除了在大量饲养的后代中对相对稀有的新突变进行筛选所消耗的昂贵费用和大量人工外，多年来一直缺乏有效的致突变剂。另外，正如对隐性致死突变分析一样，对新诱导突变进行连锁分析是很困难的。

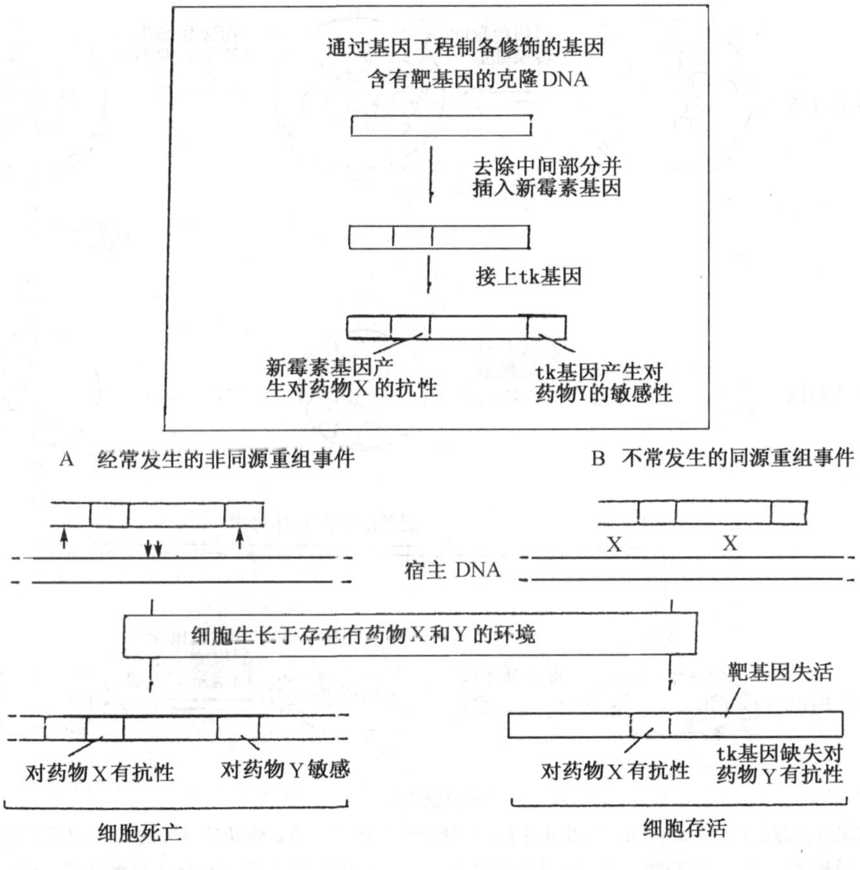

图附录1-2

在产生突变的转基因鼠中，第一步是在进行实验条件下的同源重组，首先采用基因工程技术修饰突变的靶基因克隆，使其含有新霉素（neo）的细菌基因。新霉素基因整合入鼠染色体后使鼠细胞对X有抗性，而其他细胞则会被杀死。一个病毒基因也被加到靶基因的一侧末端，它的整合使鼠细胞对Y药物敏感。在绝大多数情况下，插入发生在染色体的任意位点，并且总是包括基因工程修饰的DNA片段的两个末端（A中所示）。然而，通过同源重组后，通过去除末端的被修饰DNA片段使中部区域替换染色体的对应片段以此获得抗两种药物的能力。但是，以此法得到的殷细胞是非常稀少的（B中所示）。

最近在基因分子操作方面的进展，在某种程度上缓解了这一问题。其原理是，用一已突变的基因对染色体上某一已知的正常基因进行原位取代。成功地建立一个具有突变的转基因鼠取决于两个分别的操作步骤：①在特别的细胞系（embryo stem，ES 细胞）中，通过同源重组从染色体上取代基因（图附录 1-2）；②整合这一修饰过的细胞系到胚胎细胞的生殖细胞（germ）群中（图附录 1-3）。

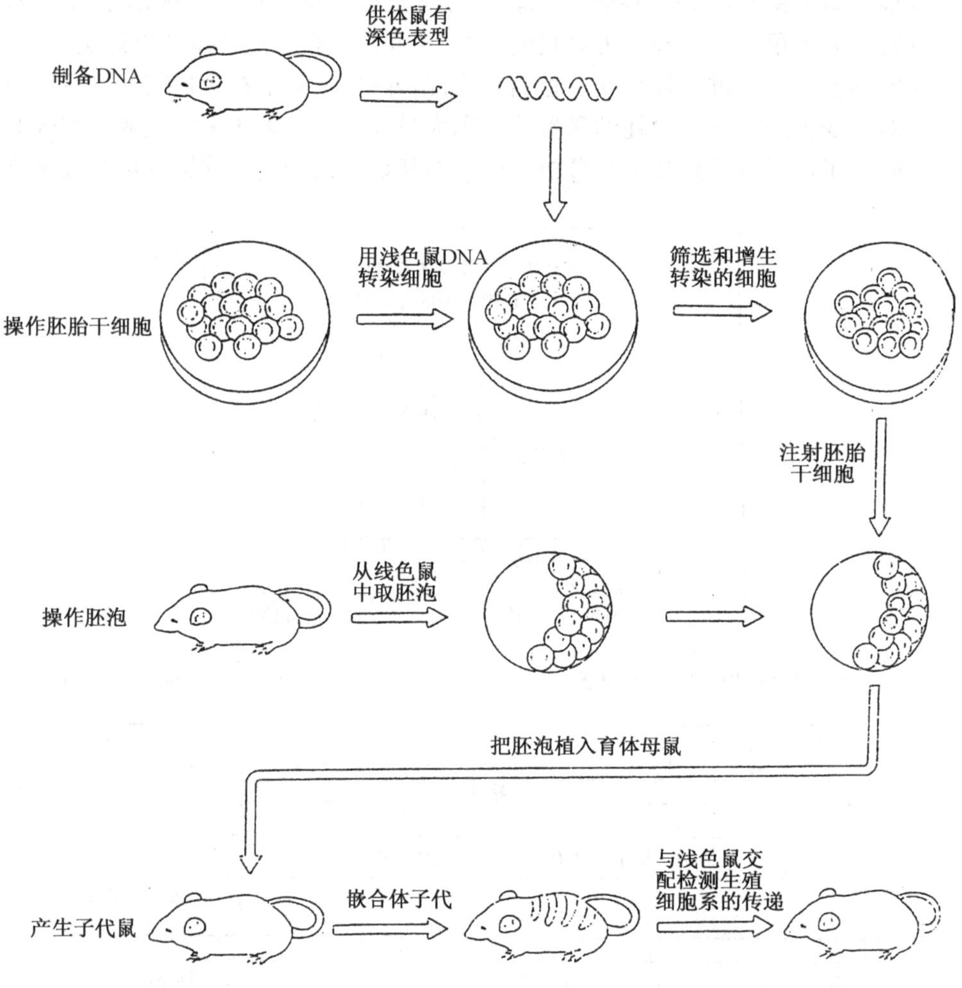

图附录 1-3

转基因鼠可由鼠胚泡（blastocyst）衍生出来的 ES 细胞产生而来。特定性状转基因的 ES 细胞可以通过其携带不同药物抗性基因对药物抗性的差异进行筛选。另一方法则是，用 PCR 技术检测已成功整合有供体 DNA 的 ES 细胞。一旦获得含有高比例标记 ES 细胞群，可以注射 ES 细胞到受体胚泡，再把其植入育体（foster）母鼠产生嵌合体鼠，嵌合体鼠的某些组织将由受者胚泡衍生出来；其他组织由注射的 ES 细胞演变形成。由于嵌合鼠缺少供体性状而是呈交叉性状，所以可以借此决定是否 ES 细胞已对生殖细胞系起作用。任何具有这种性状的子代一定是从注射的 ES 细胞的生殖细胞演变而来。运用这个方法，一个全鼠可以从原始的 ES 细胞产生而来。

基本策略包括对目标基因进行克隆和致突变，再插入一个选择标记基因（通常是药物抗性基因），然后，转染这个修饰后的基因到培养中的 ES 细胞，再分离带有该基因的细胞克隆。可通过测定每一个克隆的 DNA 样品，鉴别此新基因是否已经整合到同源部位而不是任意部位，插入到同源部位的概率要比插入到其他部位低 100 到 1000 倍。

一旦得到合适的克隆，即可注射该克隆细胞到胚泡（blastocyst）阶段的鼠胚中（受精后 3 ~4 天，大约有 100 个细胞的胚胎）中。这时的胚胎可重新移入由激素调节到允许着床的雌鼠子宫内成长发育。鼠中的胚胎干细胞（ES）具有加入所有发育部分的能力，包括加入生殖细胞系。因此，注射的细胞可成为生殖细胞并对修饰后的基因加以传递。

由于被整合的 ES 细胞通常与除了生殖细胞系以外的其他组织相混合，所以在被注射的胚胎出生后可对它们的存在进行检测。首先，可以简单地对胚胎供体鼠与整合有 ES 细胞鼠毛色的差异加以鉴定，嵌合体的后代具有斑块颜色的皮毛。然后，对这些后代进行配对测试后可证实是否 ES 细胞已变为生殖细胞。如的确如此，它们的后代的一条染色体上将带有通过 DNA 分析检测到的整合的基因。当两杂合子个体相遇时，1/4 的后代为突变体。这项技术在神经系统中被用着产生对发育或功能起关键作用基因的突变研究。

§4 神经与精神性遗传疾病的基因定位、分离克隆与突变检测

4.1 基因定位

此项工作大大受益于 80 年代末 90 年代初启动的人类基因组计划的迅猛进展。基因定位涉及的方法很多，但对神经精神系统遗传性疾病的基因定位犹如对其他遗传性疾病一样，连锁分析和关联分析法起到主要作用，这也是本章节介绍的重点内容之一。

连锁分析

1. 基本原理

在家系中，位于同一条染色体上的两个位点（致病基因与遗传坐标）在减数分裂的过程中会发生交换与重组。重组率越高，两个位点在一起传给后代的机会就越少。通过用覆盖密度适当的遗传图中的遗传坐标（genetic marker）在家系中进行连锁分析，以此找到与某一坐标紧密连锁的致病基因，从而确定该基因在染色体上的粗略位置。

2. DNA 多态性坐标

用于遗传病基因定位的坐标有许多种，如传统的 ABO 血型系统、血清蛋白多样性、HLA 抗原等。由于这些系统在 DNA 上的位点太少，不能很好的覆盖整个基因组，因此在基因定位上的应用十分有限，现已大多不用。

70 年代中后期建立起来的限制性片段长度多样性（restriction fragment length polymorphism，RFLP）方法曾广泛应用到基因组的研究中。RFLP 在整个人基因组中的位点数目可达 105 个以上，但终因更优越的多态性坐标的发现使其也逐渐被淘汰。

1985 年至 1989 年期间，不同数目的串联重复（variable number of tandem repeats，VNTR）开始被用作遗传坐标。一类称为小卫星（minisatellite）坐标，它们是由一些短

的简单重复单位组成，在人类基因组中分布较广。另一类是称为微卫星（microsatellite）坐标，其突出表现为2、3或4个核苷酸的串联重复序列组成。由于它们在基因组中分布更均匀和更广泛，等位片段数目多，且符合孟德尔遗传规律，因而可以为连锁分析提供足够多的遗传信息，又加之利用PCR及电泳检测手段相对容易，这是目前在基因定位研究中应用最多的坐标系统。

单核苷酸多态（single nucleotide polymorphism，SNP）坐标是近一年左右刚刚引起人们高度重视的全新一代坐标。它是由单碱基突变形成的双等位型坐标（biallelic marker），在人类基因组中平均每隔1000个碱基就出现一个。因此将构成今后遗传学研究一大主要工具。

3. *分析方法自动化*

（1）家系的收集与处理。连锁分析的方法一般是通过利用遗传家系进行基因定位。作为连锁分析的理想家系应经过严格诊断，而且要求迁移较小，相对封闭的人群；家系的数目及家系的大小要达到一定要求；对家系要有明确的遗传相关数据，如遗传度、外显率等。收集家系血液样本后，按严格的方法进行DNA提取等。

（2）微卫星坐标的选择与作用。微卫星坐标的选择一般应达到在染色体上平均覆盖5～10cM左右。然后合成这些微卫星坐标的PCR引物，其中一条引物的合成过程中引入荧光物质（如Cy5）进行标记。

PCR反应在96孔板中进行。PCR反应液的制备可由与其他设施配套的机器手完成取样、加样等过程。PCR反应完毕后加入甲酰胺等“终止液”，再加热到95℃使产物变性后即可用于电泳检测。

也可以通过对微卫星坐标PCR产物不同尺寸的组合或分别用几种不同的荧光物质标记的方法，在同一反应管中进行多个PCR反应，即“多重PCR”（multiplex PCR），使PCR过程更迅速、方便。

（3）电泳检测。PCR产物的检测是在自动激发荧光测序仪上进行的（Pharmacia、PE等公司）。在测序胶中进行电泳，测序仪上的特殊激光探头可以激发并扫描每一泳道的PCR产物的分子量大小。这种检测可以在每一泳道上进行多个PCR反应产物的检测，而且胶可以重复利用。

（4）自动等位片段分型分析。与测序仪连用的计算机系统可以直观地将每一产物的产量及分子量大小用曲线峰谱表示出来，使用相应的软件系统可将电泳检测到的这些数据进行处理。

首先是在软件的帮助下，准确测量每一泳道内的分子量内标，然后依靠内标绘出分子量的回归曲线；第二是软件进一步确定每一个峰的真实性。由于PCR反应中的不确定因素，电泳峰谱上会出现一些“噪音”，通常被称为“stutter”和“shadow”峰，原因尚不十分清楚。通过计算机进行综合计算和分析后可去掉这些峰；另外四核苷酸重复的标记物形成的图谱一般噪音较低，现采用较多。第三是对各个产物作出深入的检测从而根据回归曲线确定每一产物的分子量的大小，并由此而转化为片段长度大小。第四是对产物进行孟德尔遗传模式的校对与检查。最后是每一产物的基因型被确定并储存到软件中去，进行下一步的分析。

（5）基因组扫描综合分析。对经上述处理后的数据与家系分析得出的数据进行综合处理，就可以计算出每一个微卫星坐标的遗传 LOD 值，若某一标记物的 LOD 值较高则可认为这一标记物与致病基因连锁（一般认为大于 3 肯定连锁），通过这一方法即可将致病基因定位在某一染色体的某一区段内。在这一区段内选择密度更高的坐标位点及扩大家系量作进一步的连锁分析，可以将这一基因确定在更加狭小的区域，以后可以进行基因分离工作。

这种方法在神经精神系统单基因遗传病的研究中发挥了巨大的优势。复杂性遗传病如老年痴呆症、精神分裂症、躁狂抑郁等遗传病的研究中也具有巨大的潜力。笔者及其同事用此法已将双向情感躁狂抑郁症的基因定位在 4 号染色体短臂上。目前笔者的课题组正着手在一些精神及神经性遗传疾病中，利用该系统进行基因定位的工作。

关联分析

关联分析是在可能的候选致病基因附近选择遗传坐标等位片段多态性在病人和正常人之间进行比较，得到某一坐标等位片段和引起疾病基因关联的相对危险度（relative risk，RR），此值通常取决于比数比（odd ratio）。

肯定存在坐标与疾病关联的现象可以归纳为两种：一种是致病基因位点与坐标位点存在很强的连锁不平衡（linkage disequillibrium）；另一种是坐标位点本身与疾病的病理发生有关。

1. 连锁不平衡

虽然近年来通过连锁分析得到一些值得乐观的结果，但是即使它们被确证，进一步从遗传图谱上得到的粗略区域仍较难分离出病理突变。而且由于存在疾病的异质性，诊断分类问题，遗传模式不明确，因此需要缩小寻找区域以便分析突变基因。连锁不平衡分析在解决这一问题上是一有用的工具。它的基本原理是坐标位点和致病基因位点如果足够近，则在减数分裂时它们就不会随机重组分离。又由于被遗传隔离限制，染色体的一段小片段中突变致病基因可能引起坐标等位片段的一种非随机分布，可通过比较患病者与正常人的坐标等位片段频率得到连锁不平衡位点，这需要致病基因位点与坐标等位片段在一百万碱基对范围内，因此定位更加精确。

连锁不平衡可以被认为是对连锁分析的补充，但在未知连锁的条件下可以通过连锁不平衡确定致病基因位点。连锁不平衡相对于连锁分析更易找到只有很弱效应的基因，也是更适合于多基因遗传模式，并且寻找家系所带来的烦恼。但在实际检测中，连锁不平衡也存在着局限性，只能在一定条件下有效，如低的突变率，坐标位点与致病基因位点足够近才能避免频繁的重组等。

这一方法还要考虑到如何使病人组与正常人组相匹配，如人群，地理及社会背景等，而在这些不同条件下等位片段的频率往往有很大的差异，这一现象被称为人群层化（population stratification）。为克服这一问题，可在研究设计时增加患者父母未传递等位片段作匹配比较。当某一特定等位片段在传递时比随机传递的机率多得越多时，则越有可能存在连锁不平衡。基于此原理，目前遗传统计方法有对隐性遗传模式有效的 TDT（transmission/disequilibrium test）法。

随着一些新方法的出现，如 DNA 池（DNA pool），即进行多个样品一次 PCR 反应并对坐标的等位片段频率进行定量，将使在候选位点上使用密度更高的等位片段和进行全基因组连锁不平衡分析成为可能。

2. *候选基因法*

定位候选基因法（positional candidate gene approach）是从已知候选位点上确定致病基因的另一策略。结合连锁和连锁不平衡分析的结果，可以从基因组数据库上得到一系列的相关位点基因。例如，精神分裂症发生很可能与脑内基因表达有关，在脑内表达的30 000个基因中，55%～90%是脑组织所特有的。因此，检测这些可能与发病机制，组织特异性表达以及已知功能基因的突变将有助于最终发现精神分裂症致病基因。

定位候基因选法在人类基因组全部序列完成后将发挥巨大的作用。目前，可从全基因组上用连锁及连锁不平衡分析把相关基因确定在很窄的区域内，再用定位候选基因法进行分析。实际上，很多构成连锁不平衡位点也集中在可能的精神分裂症相关基因附近，如在神经递质相关的编码蛋白基因附近等。

4.2 基因的分离与克隆

如果是通过定位候选基因法找到的基因已存在，则不需做特别的分离和克隆工作。然而，如果所找的基因还未被发现，则需要通过定位克隆法分离和克隆该基因。其基本原理是找到对应于基因定位的染色体区域的克隆有人基因组的YAC或BAC或cosmid等文库，通过STS（sequence tagged site）使载有该区域片段的文库按正确方向排列成重叠群（contig），这一过程需要荧光原位杂交的帮助。以后寻找存在在这些片段上的基因，再用合适的限制性内切酶进行切割分离、并克隆到按设计要求的载体上。这是一项艰苦的工作。

4.3 基因的突变检测

基本原理

论理上，所有遗传病都几乎是由于基因突变引起的，而点突变所造成的遗传病占比率的绝大部分。所以，对点突变方法的认识有利于选择有效的研究手段，如对有效地分析新发现的基因、研究多态性、发现更多的遗传坐标并最终认清遗传病的发病机理及肿瘤的形成机制等均有很大帮助。此外，对进行临床分子预测和诊断也有巨大促进作用。

检测方法

目前，检测突变的方法繁多，各有千秋，由于篇幅所限只好采取归纳法加以介绍。根据检测原理大体可归为三大类。

（1）*物理方法*　利用碱基突变引起的物理变化，最终导致电泳迁移漂变而被检测。检测在200～800bp范围的DNA片段（适合多数外显子的大小）较为理想。其中具有较简单、成本低但假阳性较高的单链构象多态法（single-strand conformation polymorphism，SSCP）；通过分析由于突变引起的相应序列构象差异的杂合双链分析法（heteroduplex analysis，HTX）；达到近100%突变检测率的变性梯度凝胶电泳法（denaturing gradient gel electrophoresis，DGGE）；1998年在Nature Genetics上发表的用正常胶进行分析的双链构象分析法（double-strand conformation analysis，DSCA）。还有检测已知突变位点的 Taqman 法和同时检测 96 个样品的 MADGE 胶技术等。

（2）*裂解法* 相差单个碱基的野生型与突变型异质杂合双链中的错配碱基，使裂解法具有双重的突变检测机会。检测实用于 1kb 以上的片段。依据裂解剂不同分为：RNA 酶法（ribonuclease，RNase），杂交野生型及突变型的 RNA，并用核糖核酸酶在最终形成的异源双链错配点处进行切割分析。化学错配裂解法（chemical cleavage of mismatch，CCM），属于 T 碱基错配型 DNA，用四氧化锇/六氢吡啶裂解；C 碱基错配则用羟胺/六氢吡啶裂解。酶错配裂解法（enzyme mismatch cleavage，EMC），适合用于全部 12 类错配底物，被叫做 T4 核酸内切酶的十字形溶解酶切割错配链。

（3）*其他方法* 包括毛细管电泳、变性高效液相色谱分析（denaturing high-performance liquid chromatograph，DHPLC）、碱基切割序列扫描（base excision sequence scaning，BESS T-Scan™）、按照分子质量差异分析的质谱法（mass spectrometry）、等位基因特异性寡核苷酸杂交（allele-specific oligonucleotide hybridization，ASO）、等位基因特异性扩增（allele-specific amplification，ASA）、人工引入酶切位点（artificial introduction of restriction sites，AIRS）、引物延伸（primer extension，PEX）、有巨大发展潜力的 DNA 芯片技术（DNA chips）、相对准确、完美但价格较昂贵的测序法（sequencing），包括多重 PCR 测序法（multiplex PCR sequencing）和边合成边测序（sequcencing-by-synthesis）的 pyro 测序法（pyro sequencing），以及有发展前景的 DNA 池测序法等。

§5 中枢神经系统肿瘤的基因治疗

5.1 研究概况

虽然基因治疗在这两年有所降温，但基因治疗很可能将是人类解救自己的最终和最有效的途径。

80 年代初，国外已有不少实验室采用遗传工程技术进行遗传疾病的基因治疗研究。美国加州大学洛杉矶分校医学院的 Martin J. Cline 教授首次尝试将单纯疱疹病毒胸苷激酶基因（HSV-tk gene）和正常人 β-珠蛋白基因转到两个严重地中海贫血症患者的骨髓细胞中，再经静脉回输到患者体内。从那以后，由于逆转录病毒等载体介导的高效安全基因转移方法的建立，基因治疗在世界各地蓬勃发展起来，在短短十年内取得了突破性进展。1990 年 9 月，一个由于腺苷脱氨酶缺乏而患严重联合免疫缺陷症的四岁女孩接受了用逆转录病毒载体介导的自体 T 细胞静脉回输治疗，使该女孩至今已成长为一个健康和充满活力的小姑娘。目前已有百余例病人接受了基因治疗。普遍认为，到下个世纪，这将会成为一个非常普遍的治疗过程。

传统基因治疗的含义是单纯校正突变基因来对遗传性疾病进行治疗。近年来，由于研究工作的进展，基因治疗的概念有所扩展，其治疗对象不再限于遗传性疾病，在中枢系统肿瘤的治疗中已引入基因治疗的方法。而且从技术上说，基因治疗与传统药物治疗方法的区别也大大缩小，如人们已尝试像一般的药物一样直接对 DNA 进行注射。

5.2 技术路线

在体（*in vivo*）法与离体（*exo vivo*）法

在体内表达人们所希望表达的目的基因是基因治疗的主要目的。基因治疗的基本路线有两条。一条是在体内转移、表达目的基因，即所谓“一步法”或“在体法”技术路线，如肌肉直接注射DNA和静脉输注脂质包裹载有目的基因的复制缺陷转录病毒的包装细胞培养上清等。另一条技术路线则是所谓“两步法”或“离体法”技术路线，这是目前研究最多，也是相对最为成熟的基因治疗的路线。它是在体外向靶细胞转移目的基因，并使其表达后把改造过的靶细胞种植到机体内，在体内表达目的基因。目前，采用的两步法主要包括：

1）插入一个“自杀”基因，如导入编码HSV-sk的基因。“自杀”基因是指其表达产物能将一种相对无毒性的前导药（pro-drug）如Ganciclovir激活为高毒性因子的一类基因。当这类基因被转入到中枢系统肿瘤细胞后再加上前导药即达到肿瘤自杀的效果。

2）导入相关基因的反义核酸序列，抑制肿瘤细胞的生长。
- 导入IGF-1基因的反义核酸序列，阻断肿瘤细胞躲避免疫杀伤的机制；
- 导入IGF-1受体基因的反义核酸序列，控制IGF-1受体功能；
- 导入血管内皮生长因子基因的反义核酸序列；
- 阻断致癌基因（oncogene）的表达，如导入编码反义K-RAS的基因或插入一个野生型的肿瘤抑制基因*P53*。

3）增强免疫细胞以增强抗肿瘤活性和减弱致瘤性，如导入编码细胞因子（cytokine）的基因。

4）应用分离出的减毒HSV族进行基因治疗。

5）在肿瘤特异启动调控下，插入毒素基因（toxin gene）以杀死肿瘤细胞。

6）保护干细胞（stem cell）免受化疗的毒性作用，如导入多药抵抗基因MDR-1（multiple drug resistance type 1）。

基因转导法

其主要目的是把目的基因稳定整合至靶细胞基因组中使其发挥作用。涉及的方法有多种，应根据不同的需要进行选择。

1）化学法：磷酸钙-DNA等。

2）物理法：电穿孔法、显微注射等。

3）生物法：脂质体载体、逆转录病毒载体、腺病毒载体、类腺病毒载体、单线疱疹病毒载体等。其中逆转录病毒载体介导的基因转移能高效率，稳定整合至肿瘤靶细胞基因组中，可以有效地表达目的基因等优点，成为目前最常用的向肿瘤靶细胞内转移目的基因的方法并已有成功用于临床的例子。

5.3 存在的技术问题与前景

近几年随着对人类基因组研究的迅速进展，基因治疗各类疾病渐呈燎原之势，但这并不意味着基因治疗立刻就可以应用到各种疾病的治疗上，基因治疗具有优越性，也具有局限性，尤其在目前开展大规模的基因治疗仍具有不现实的一面，而对于中枢系统肿瘤这种机理复杂的疾病的治疗，临床上所取得的成功还微乎其微。因此，基因治疗神经系统恶性肿瘤还面临着诸多问题。

基因治疗的关键是导入基因在患病细胞内能有效表达，这就涉及到治疗基因的表达调控问题。即使成功地将这样的大基因片段整合到了宿主的细胞上，这时的治疗基因处于一个完全不同的背景中，这种基因重排同样会影响其表达。这使得许多治疗基因到达靶细胞后并没有进行我们所预想的表达。此外，基因载体必需精确地注射入病人的癌灶区，并且所注射载体必需特异性地攻击靶细胞，而不能对其他正常细胞造成伤害。现在一般以病毒为基因载体来治疗恶性肿瘤，病毒载体可以感染所有分裂细胞，因此处于分裂状态的正常细胞也可能被感染上治疗基因。即使基因载体进入靶细胞后，还需要它特异性地整合入宿主细胞染色体适合的位点，或者同源性地置换致病基因，只有这样才能避免这一插入可能带来的其他恶性事件的发生。例如这可导致插入突变而引起另一致病基因，甚至癌基因的启动。

现阶段所用的病毒载体大部分只可感染分裂状态的细胞，而并不是所有肿瘤细胞在一定时间内都处于分裂状态，至今尚无一种方法能使治疗基因识别并转染每一个肿瘤细胞，以及在肿瘤细胞中长时间稳定表达目的基因产物。再者，肿瘤细胞具有转移性，局部直接注射的方法不可能转染已浸润转移的肿瘤细胞。并且，肿瘤发生的机制非常复杂，是一个多基因参与的过程，但目前的基因治疗多用于单基因的方法，用单个基因的更替或增加来治疗肿瘤是否能收到预期效果，也值得考虑。同时，肿瘤不仅仅是分子和细胞水平上的问题，它还涉及到组织，器官乃至整个有机体的调控。

基因治疗的技术取决于对人类基因组的研究进展。在人类基因组尚未完全破译之前应用外源基因的插入或替代进行疾病治疗，而完全忽略了这一基因插入对宿主其他基因的影响，无疑具有一定的盲目性，并且在还未完全揭示整个人类基因组奥秘的情况下，这种人为地改变基因组的构成，会对整个人类的遗传和基因的平衡造成什么影响，仍是未知数。然而，基因治疗已在医治上开始了广泛的尝试，其中不乏成功的探索，但也有值得深思的种种忧虑。应该看到，虽然基因治疗仍是一个年轻的学科，但基因治疗这一新的治疗技术具有强大的潜力并将成为治疗中枢系统肿瘤的最重要的途径。21 世纪将是基因治疗逐步推广的世纪，为此我们对于中枢系统肿瘤基因治疗应有客观的认识和报有足够的信心。

（贺　林）

参　考　文　献

[1] 李胜、贺林．寻找精神分裂症致病基因的策略与进展．中华医学遗传学杂志，1999，16（1）：47～48

[2] 刘万清、贺林. 自动化大规模基因组扫描与连锁分析. 生命科学，1998，10（5）：233～235
[3] 王红艳、贺林. 大规模基因突变检测策略. 国外医学遗传学分册，1998，21（5）：241～244
[4] Arfuello JR, Little AM, Pay AL, Gallardo D, Rojas I, Marsh SGE, Goldman JM and Madrigal JA. Mutation detection and typing of polymorphic loci thronugh double-strand conformation analysis. *Nature Genetics*, 1998, 18: 192～194
[5] Blackwood DH, He L, Morris SW et al. A locus for bipolar affective disorder on chromosome 4p. *Nat Genet*, 1996, 12 (4): 427～430
[6] He L, Mansfield DC, Brown AF et al. Automated linkage analysis in psychiatric disorders. *Am J Med Genet* 1995, 60 (3): 192
[7] Heuser JE and Reese TS. Structure of the synapses. In: Broodhart JM, Mountcastle VB, Kandel ER and Geiger SR (eds). Handbood of Physiology, Vol 1, Part 1. Bethesda: American Physiological Society, 1997
[8] Joyner AL. Gene targeting: A practical approach, Oxford University Press, 1993
[9] Puumalainen AM, Vapalahti M and Yla-Herttuala S. Gene therapy for malignant glioma patients. Adv Exp Med Biol, 1998, 451: 505～509
[10] Lesch KP. Gene transfer to the brain: emerging therapeutic strategy in psychiatry? Biol Psychiatry, 1999, 45 (3): 247～253
[11] Zimmer A. Gene targeting and behaviour: a genetic problem requires a genetic solution. Trends Neurosci, 1996, 19 (11): 470～471

附录 2　影像技术在神经生物学研究中的应用

计算机断层扫描术（Computerized Tomography，CT）、正电子发射断层扫描术（Positron Emission Tomography，PET）和磁共振成像技术（Magnetic Resonance Imaging，MRI）的成熟与发展使神经科学家能够在无损伤的情况下观察人类大脑的结构和功能、使临床医生能够对大脑损伤或病变部位进行精确的定位。本节将扼要介绍这三种广泛应用的无损伤成象技术的基本原理。

§ 1　计算机断层扫描术揭示大脑结构解剖

应用计算机断层扫描术（CT），可以观察大脑的局部解剖。CT 与普通 X 光放射技术类似，也是基于组织对 X 光的不同吸收，只是 CT 分辨率更高。与普通 X 光放射技术不同之处在于，CT 可以把大脑白质和灰质区分开来。此外，CT 是二维成象，普通 X 光放射技术则是三维成象。

CT 的基本原理

CT 技术的关键部件是 X 光源、X 光检测器和计算机系统（图附录 2-1）。位于头颅一侧的 X 光源发出一串平行的 X 光束，X 光束透过头颅后，由位于头颅另一侧的 X 光检测器（由 scintillation 晶体组成）接收。X 光源和 X 光检测器可围绕头颅作 180 度旋转。在每个旋转角度上都可以得到一组放射密度测量数据。某一特定位点的放射密度用通过该位点的所有 X 光束的放射密度读数的总和来计算。CT 的空间解调（spatial resolution）能力就取决于这些放射束交叉位点之间的距离大小。计算机把成千上万的不同位点的放射密度数据换算成对应的衰减系数（attenuation coefficients），然后根据每个位点上的衰减系数大小用不同的黑白亮度来显示。所有黑白亮度不等的位点聚在一起形成一个点阵（matrix），构成我们通常见到的一张 CT 图像。由于脑组织对 X 光的吸收程度不同，因此，CT 图像使大脑某一断面上的解剖细节清晰可辨。CT 可检测出小于 2% 的放射密度差，空间分辨率可达到 1 mm（对软组织而言）。静脉注射碘化放射物（iodinated radiopaque material）可以增强脉管系统或血脑屏障功能障碍的脑区的放射密度对比。利用这一原理，CT 可以有效地显示脑血管、肿瘤和脓肿。

CT 可以清楚地显示颅骨、脑组织和脑脊液，可以显示脑内一些主要结构，如丘脑、

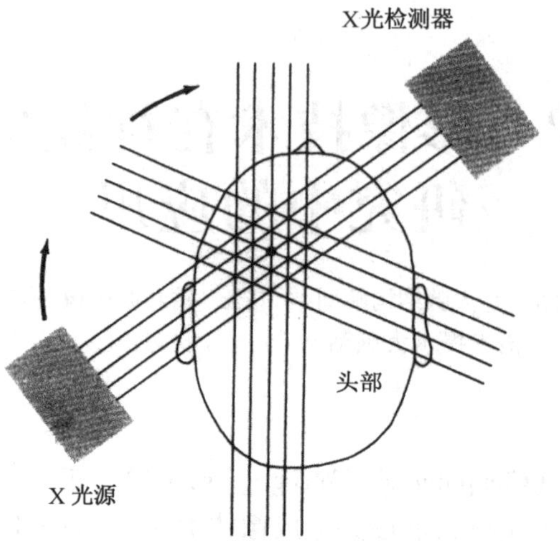

图附录 2-1　计算机断层扫描术的原理简图

X 光源发射出一串平行的 X 光束。平行的 X 光束穿过大脑，由 X 光检测器检测。X 光源和 X 光检测器围绕大脑旋转 180 度，在不同的角度上进行一次测试。计算机把通过某一特定位点（如图中的黑点）上的所有 X 光束的放射强度叠加，换算成衰减系数，并根据衰减系数的大小用黑白亮度来表示。所有的位点组合在一起即形成一张断层图像。（引自 Martin、Brust and Hilal，1991）

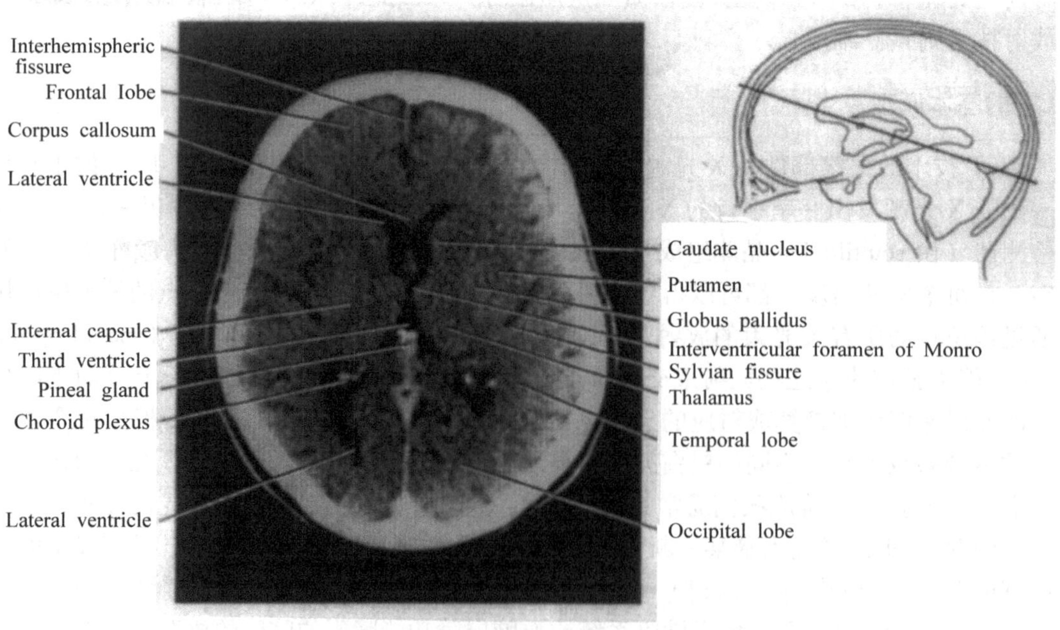

图附录 2-2　应用 CT 技术获得的大脑断层结构图

（引自 Martin、Brust and Hilal，1991）

基底神经节、大脑皮层灰质和白质以及脑室等（图附录 2-2）。由于 CT 能够揭示大脑的解剖细节，CT 的临床诊断能力与普通 X 光放射技术相比大大提高。由于 CT 提供的大脑图像是静态的，它只能用于观察大脑的解剖结构，不能用于监测大脑的功能状态。

§2　正电子发射断层扫描术揭示大脑活动的生物化学过程

应用正电子发射断层扫描术（PET），可以观察大脑活动的动态过程。PET 在原理上是 CT 与放射同位素成像（radioisotope imaging）的结合。在 CT 技术中，X 光源和检测器围绕头部旋转，基于不同大脑组织对 X 光的不同吸收能力来产生图像。PET 的原理与此相似。不同之处在于，PET 图像反映的是某种注入体内、能发射放射线的同位素在大脑组织中分布。

PET 的基本原理

在对大脑的神经活动进行 PET 检测时，需要事先给受试者注射同位素。PET 技术对同位素有如下要求：①最好是构成生物重要活性化合物的元素的同位素，而且能够发射正电子（positron）；②同位素标记后的分子应该保持其原有的生物活性；③有较长的半衰期（几分钟到几小时）。PET 技术常用的放射性同位素有 ^{11}C、^{13}N、^{15}O 和 ^{18}F（^{18}F 可以替代分子中的 H 原子）。

发射正电子的同位素可以用加速器来生产。加速器把质子（proton）加速，使其进入 C、N、O 或 F 原子的原子核内部。通常情况下，这些原子核内部包含的质子和中子（neutron）的数目是相等的，原子核是稳定的。外部进来的额外质子使这些原子变成不稳定的同位素。在半衰期内把同位素标的记化合物注射到受试体内。同位素标记化合物随血液循环进入大脑组织。为了重新获得稳定，同位素核内部的一个质子裂变成两个粒子：一个为中子，它继续留在原子核内部（一个额外中子的存在并不妨碍原子核的稳定）；另一个为正电子（positron）。正电子很不稳定，它飞离原子核，其能量在亦在飞离过程中逐渐耗失。最后，正电子与脑组织中的负电子（electron）相碰撞。碰撞使得正电子与负电子同时甄灭，产生两条方向正好相反的 γ 射线。γ 射线最后到达位于头颅两侧的一对由晶体 photomultipher 组成的检测器。两个检测器在同时检测到 γ 射线时才当作一事件记录下来（图附录 2-3）。这种检测手段能够把 γ 射线发射位点精确地进行定位。γ 射线的产生位点（PET 成像位点）距离正电子产生位点约为 0 ~ 9 mm，这使 PET 的空间分辨率受到一定影响。现有 PET 的空间分辨率一般为 4 ~ 8 mm。

通过把能发射正电子的同位素结合到适当的化合物上，我们可以检测脑内许多生物化学过程。例如，应用同位素标记的葡萄糖类似物，可以观察大脑的代谢活动（图附录 2-4）；应用同位素标记的神经递质，可以观察相应受体在大脑不同区域的密度和分布。PET 是一种非常敏感的分析工具，它能够检测出皮摩尔（picomolar）级的标记化合物的浓度或密度。

Sokoloff 和他的合作者们首先把 PET 技术应用于检测大脑的葡萄糖代谢。大脑神经元活动需要葡萄糖作为能量供应。大脑某一区域的活动越强，葡萄糖消耗就越多，局部脑血流量也越大。2-脱氧葡萄糖（2-deoxyglucose）是葡萄糖的一种类似物，像葡萄糖那

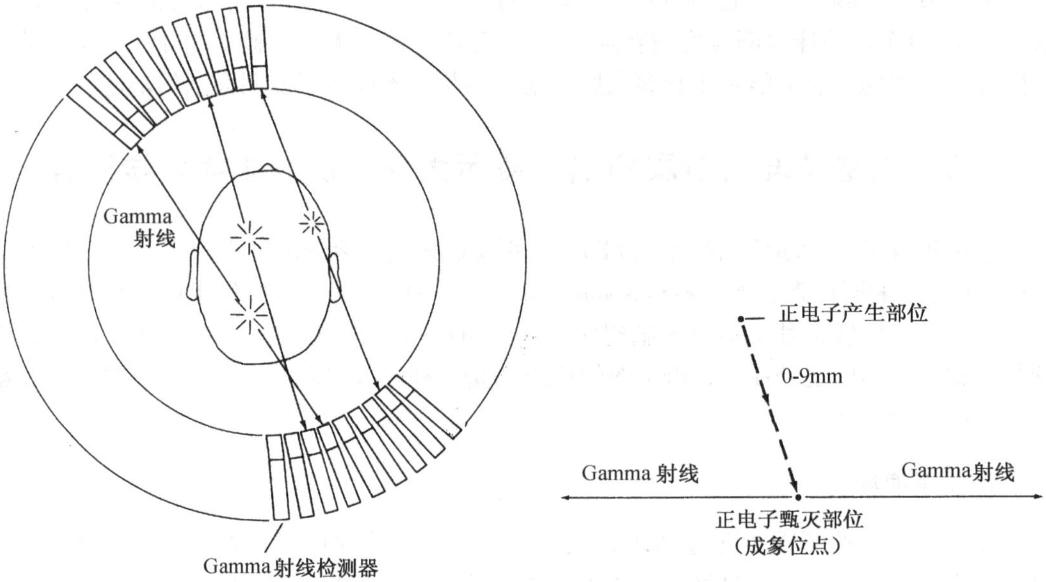

图附录 2-3　正电子发射断层扫描术的原理简图
同位素核内的质子裂变，产生正电子。正电子在飞离原子核的途中与负电子碰撞，产生两条方向正好相反的 γ 射线。γ 射线被 γ 射线检测器检测。通过这种检测手段能够把 γ 发射位点精确地进行定位。(引自 Martin、Brust and Hilal，1991)

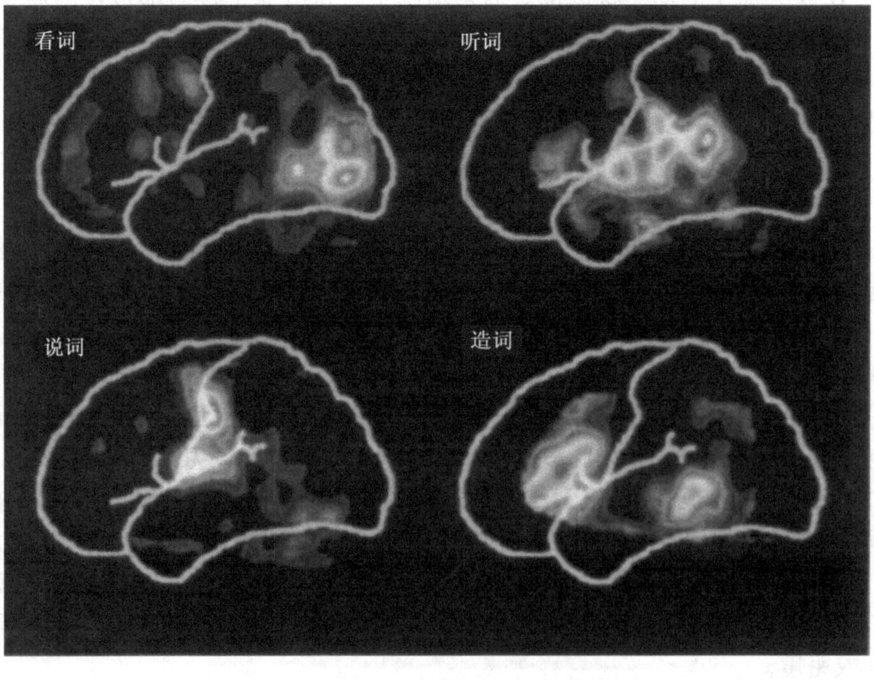

图附录 2-4　应用 PET 技术获得的大脑功能活动图
看、听、说和造一个单词激活大脑不同的部位。
(引自 Posner and Raichle，1997)

样能被神经元吸收，并被己糖激酶磷酸化产生6-磷酸脱氧葡萄糖。与葡萄糖的磷酸化产物6-磷酸葡萄糖不同的是，6-磷酸脱氧葡萄糖不能进一步代谢。这样，6-磷酸脱氧葡萄糖就在活动的神经细胞内累积。如果用同位素（如常用的^{18}F）标记2-脱氧葡萄糖，就有可能应用PET来检测大脑局部脑区的葡萄糖利用情况，从而知道局部脑区的功能活动状况（图附录2-4）。此外，神经递质、神经递质前体以及能与受体专一结合的其他物质，都可以用同位素进行标记，用来检测脑内受体的分布和活动情况。例如，[^{11}C] *N*-Methylspiperone能选择性地与多巴胺受体结合，因此可以用来观察脑内的多巴胺受体的分布。

§3 磁共振成像技术揭示大脑结构与功能状态

与PET相似，磁共振成像技术（MRI）也是以CT技术为基础。MRI既可用来观察大脑的解剖结构，也可用来观察大脑活动的动态过程。MRI的空间解调度远远高于CT。

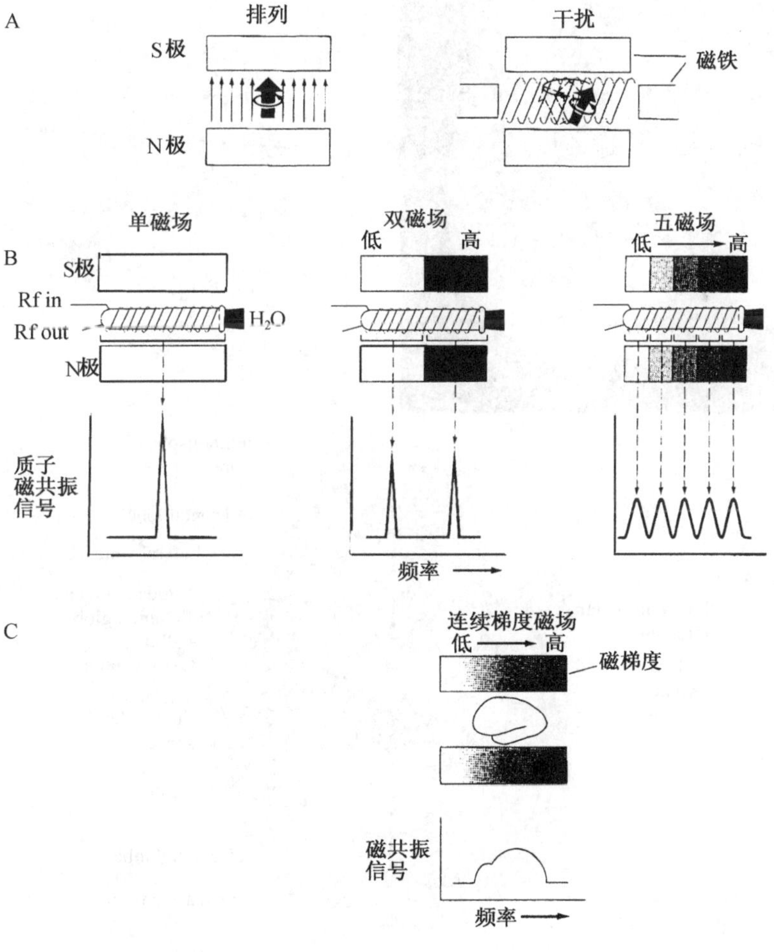

图附录2-5 磁共振成像技术（MRI）的原理简图（详细说明见正文）
（引自Martin、Brust and Hilal，1991）

在 MRI 的大脑成像图片上，灰质、白质及其他脑结构清晰、易分辩，几乎可与固定的脑组织或脑组织的切片相媲美。MRI 亦可用来检测水分子的运动。例如，磁共振造影（Magnetic Resonance Angiography，MRA）就是一种非常有应用前途的非侵入性技术。它可以从不同角度选择性地显示大脑脉管系统，对大脑血管形态进行精确的评估，这是普通脑血管造影术无法比拟的。

MRI 的基本原理

氢原子核由单个质子组成，质子核旋转产生旋转磁场。在稳态均匀的外部强磁场中，氢原子的质子核的旋转磁场的轴与外部磁场方向“排列”（align）一致。当施加某一特定频率的短脉冲电磁波进行“干扰”（perturb）时，氢原子的质子核吸收能量，跳

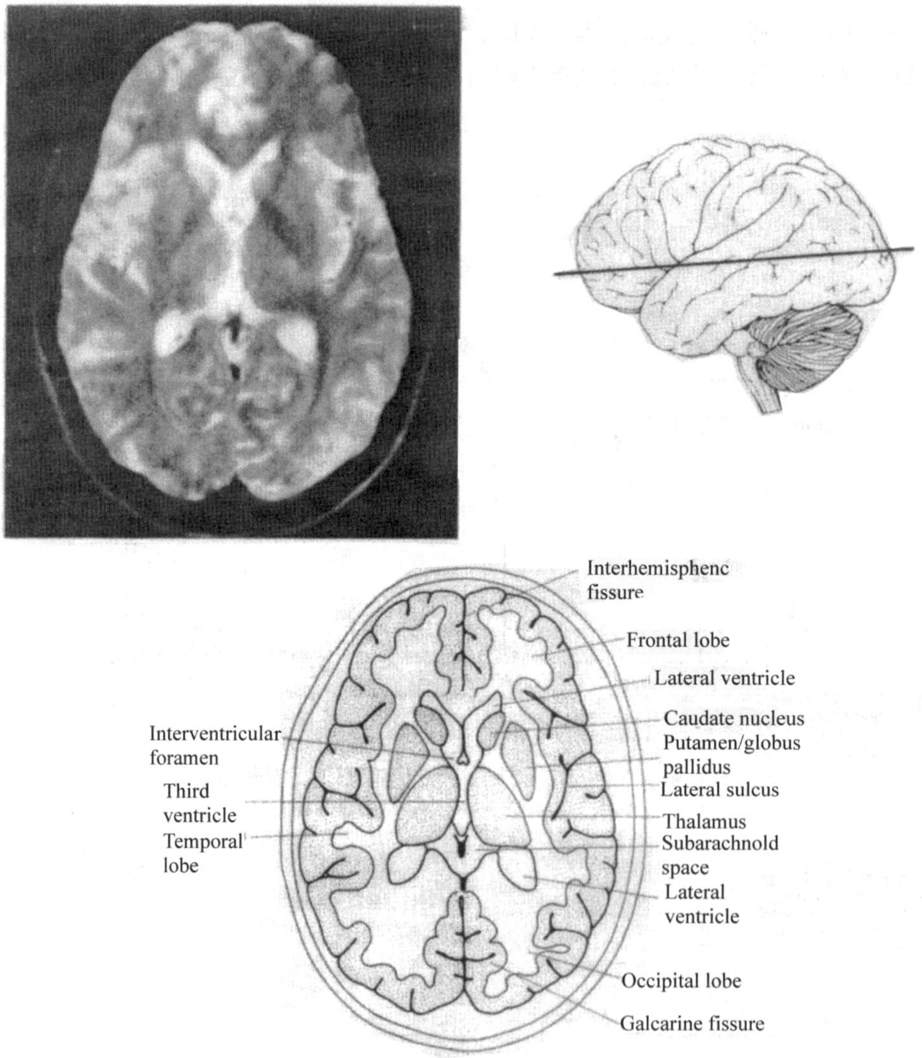

图附录 2-6　应用 MRI 技术获得的人大脑断层结构图

（引自 Martin、Brust and Hilal，1991）

跃至高能级状态，其旋转磁场的轴偏离外部磁场方向作陀螺状运动（precession；图附录2-5A）。质子核吸收电磁波能量的频率称“共振频率”（resonant frequency）。“磁共振”（magnetic resonance）就是因此而得名。当短脉冲电磁波结束后，氢原子的质子核释放能量，回到低能级状态，在此过程中，氢原子的质子核发射出某一特征频率的电磁波信号（磁共振信号，MR signal）。

氢原子的质子核发出的电磁波的频率直接取决于外部磁场的强度。对均一样品（如 H_2O）来说，在均匀磁场中发射出的电磁波是单频率的；在具有两种强度的外部磁场中时，发射出的电磁波是双频率的；依此类推，如果外部磁场强度沿着样品变化，样品发射出的电磁波就是多频率的，电磁波频率轴上的每一点就对应于样品中的不同空间位置。位于磁场高端的样品发出的电磁波的频率高，位于磁场低端的样品发出的电磁波的频率低。因此，特定频率的电磁波信号反映出特定的空间位置（图附录2-5B）。根据这一原理，在大脑（或身体其他部位）某一断面上施加一个梯度磁场，就可获得该断面上的组织发射出的一系列电磁波信号（图附录2-5C）。通过类似于CT和PET中的计算机处理，即可把电磁波信号转换成大脑（或身体其他部位）断层图像（image；图附录2-6）。

大脑组织的氢原子质子核的磁共振信号强度受诸多生理因素和物理因素的影响。其中，血氧浓度是一个主要的因素。当大脑某一区域的神经活动增强时，该区域的血流量也随之增加。在时间上，血流量的增加发生在氧消耗的增加之前。因此，静脉血中的氧浓度在短时间内升高。血氧浓度的升高使得大脑这一区域的磁共振信号显著地强于其他非活动的区域。应用快速MRI技术，可以把这一短时间内发生的事件检测出来。这就是功能磁共振成像技术（functional MRI，或fMRI）的基本原理。应用fMRI，我们可以在无任何损伤的情况下，观察人脑的结构细节和功能过程，这是脑科学以及基础和临床医学的革命性的技术突破。

（李葆明）

参 考 文 献

[1] Cohen MS and Bookheimer SY. Localization of brain function using magnetic resonance imaging. TINS, 1994, 17: 268～277

[2] Martin JH, Brust JCM and Hilal S. Imaging the living Brain. In: Kandel ER, Schwartz JH and Jessell TM (eds). Principles of Neural Science, 3rd ed. Elsevier, 1991, pp310～324

[3] Posner MI and Raichle ME. Images of Mind. Scientific American Library, 1997, pp. 115

编 后 记

本书是根据中国科学院教育局关于编写出版研究生教材系列丛书的通知，在中国科学院上海生理研究所所长杨雄里院士的倡导下，由我组织的十余位神经生物学者分头撰写，并加以编辑而成的。自从文革后中国科学院恢复研究生制度以来，上海生理研究所便组织所内外专家给研究生开设了神经生物学专修课，其各部分均聘请在该领域长期从事研究的学者讲授，而本书多数撰稿人便是或曾是该课程的授课老师。我们认为，本书各章都有各自的特色，因为它们是在各位学有专长的授课老师的讲稿的基础上写成的。

本书的编辑方针是力求使它成为一本既有较系统的神经生物学基础知识，又能反映当代最新进展，文字简洁、图文并茂的教材。但由于神经生物学正处于快速发展阶段，更新速度快，加上本书又是分头撰写而成，所以在内容的取舍、章节的衔接、插图绘制或选用等方面都会有欠缺之处。我们热切期望使用本书的老师和读者们提出修改意见并反馈给我们。我们希望在本书再版时将它进一步完善，使之成为一本符合学科发展的有用教材。

徐 科

中国科学院上海生理研究所

索　　引

（右栏数字代表页码）